新版 公害・労災・職業病年表

索引付

飯島伸子 編著

すいれん舎

新版刊行にあたって

2006年11月20日　宮本 憲一

飯島伸子さんの年表が新たに索引を付けて再版されることは，まことに意義が深い。初版の「序にかえて」に書いたように，本年表は公害論を学び運動する者にとって，座右に置かねばならぬ資料である。最近，環境問題に関する年表が出ているが，この年表ほど正確ではない。公害以外の環境問題をとりあげているが，対象が拡散して，かえって年表としては使いにくくなっている。

最近，石原産業がアイアン・クレイという酸化チタン製造過程で生まれる産業廃棄物を「フェロシルト」というリサイクル用品として販売した。愛知，三重，岐阜，京都などに約70万トンが埋められたが，フッ素や六価クロムなどの有害な物質が排出され，住民によって摘発された。四日市工場の副工場長が刑事事件で逮捕され，会社の責任で廃棄物の回収がおこなわれることとなった。石原産業はこれで，大阪アルカリ事件，四日市大気汚染事件，四日市港廃硫酸流出事件に次いで，実に四度目の過失を犯して裁判にかけられることになった。他方，「立地の過失」として，四日市公害裁判の判決できびしく行政の失敗を指摘され，その後は「公害先進県」として国連から表彰された三重県が，事もあろうに有害廃棄物をリサイクル製品と認定し，不法投棄を許していたのである。大きな行政的過失ではないか。

このように，歴史の教訓に学ばねば，何度でも失敗がくりかえされるのである。歴史の教訓に学ぶために，この年表の価値は明らかであろう。

2005年6月に，日本中を震撼させたクボタ・ショックによって，アスベストの災害が表面化した。実は，アスベストによる労働災害は1937年頃に，大阪泉南地区の公衆衛生の調査で明らかになっていた。また，1960年代にはアメリカのニューヨーク市立大学マウントサイナイ医学部環境研究所長セリコフ博士のグループの研究で，アスベストとガンの関係については明確な証拠が提出されていた。それ以後，アメリカでは6万件のアスベスト裁判が進行し，650億ドルの賠償金が払われたが，まだ解決していない。日本政府はこれらのことを知りながら対策を遅らせ，ついにクボタ・ショックによって，ようやく救済のための法律をつくった。しかし，今後年5000人前後の被害者が発生する可能性があり，今の解決策で済むとは思えない。

飯島さんの年表は，労災・職業病と連続して公害の歴史を述べている。これが卓見であったことは，深刻なアスベスト労災を出したクボタの周辺で100人を超える住民にアスベストの被害が発見され，会社と住民の交渉の結果，労災なみの補償がおこなわれることになったことでも明らかである。労災と公害は連続しており，両者は総合して社会的災害としてとらえねばならぬことは理論的にも実態的にも明らかなのだが，それを歴史的に総合した年表はこれが最初であろう。

このように本年表が今日もなお高い価値をもつものであり，再版され，さらに索引を付けて便利になることによって，研究者のみならず環境問題に関心をもつ市民にも活用されることは喜ばしいことである。できればこの飯島伸子さんの遺志を受けついで，この年表に収録されて以後の労災・職業病および公害の年表続編の出版を希望したい。

歴史は未来の道標である
——公害史研究のすすめ——

大阪市立大学　宮本 憲一

社会科学は自然科学と違って実験をすることができない。社会問題は実験をしたり，二度とくりかえすことはできない。社会科学者が未来を予測し，現状を分析する尺度は，過去の歴史であり，その歴史をつらぬく法則性である。歴史は未来の道標である。公害問題の研究もまさにそうである。

多くの人々は，高度成長の過程で公害事件に直面し，これを未知の現象と錯覚してうろたえた。一部の加害者は，公害は不可知の現象として責任をのがれようとした。四日市コンビナートの企業家やそれを擁護した行政当局者・弁護士などがそうであった。亜硫酸ガスの公害事件は四日市市から始まったように主張することによって，予防の困難性をあげようというのであった。

私が四日市公害裁判で証言した柱のひとつは，日本の大気汚染の歴史であった。当時はここに紹介するような公害年表はなかった。私は主として，別子鉱毒事件，日立鉱毒事件，大阪アルカリ事件を例にとりながら，日本の近代史の中で，亜硫酸ガスの公害がいかに大きな事件をひきおこし，その中で，半世紀以上にわたる激しい住民運動の結果，今日，私たちが考えうる公害対策の原理はほぼ確立していたことを証明した。

たとえば，住友鉱山と農民の煙害除去同盟が結んだ調停案では，公害対策は発生源での除害を原則としており，このために防止技術の開発とその同盟による確認のないかぎりは，製錬量の増大は認めないとした。現在，日本には約七千の公害防止協定があるが，半世紀以上前の農民の智恵におよばず，生産量制限という基本的な防止協定を成立しえたところはないのではないか。また，住友鉱山は農民の圧力，巨額の賠償(今日の貨幣に換算して100億円はこえているであろう)，さらに生産量の制限にたえかねて，技術開発をおこない，1934年には SO2 の排出濃度を1900ppm にまで削減している。1938年，日立鉱山では8380ppm であったと記録されているから，この開発は画期的なものである。この技術が戦争中から戦後にかけてひきつづき発展していたならば，戦後の公害はこれほど深刻でなかったであろう。私はこれらの史実を年表にして裁判所に提出し，その内容を証言した。この史実や考え方が判決で採用され，亜硫酸ガスの被害と対策は予知されていたにもかかわらず，コンビナート企業がそれを怠ったことを指摘され，「立地の過失」を問われたのである。

この裁判の過程で，石原産業の最終反論では，戦前の大阪アルカリに対する大審院の判決を引用し，「それ相当の設備」をしておれば，過失ではないのであって，石原産業はそれ相当以上の設備をしているから過失ではないと主張した。これは明らかに史実の一部しか読んでいない証拠で，実はこの大審院の差し戻し判決以後の大阪控訴院の再審判決では，再び大阪アルカリは全面敗訴した。控訴院判決は，日立鉱山の世界一の高煙突を引用して，「それ相当の設備」とはこのような既知の最高の技術を採用していなければならぬのであって，そのような設備のない大阪アルカリが周辺に亜硫酸ガスの被害をあたえたことは過失であるとしたのである。石原産業の社員と代理人は故意にこの再審の記録を引用しなかったのか，あるいは知らなかったために，致命的な失敗をおかしたといってよい。実は，その後の調査で，大阪アルカリというのは，石原産業の前身であることが明らかとなった。石原産業は実に亜硫酸ガス事件で二度の歴史的敗訴をしたのである。歴史を知らざるものの過失は大きい。

四日市公害裁判は，公害史裁判でもあったのであり，歴史の重みを知らざる経営者や技術者は現代を生きる資格がないことをはっきりとしめしたのである。

公害史の研究は現代のために必要であるとともに，歴史それ自体としても解明されねばならない。公害問題は資本主義のアキレス腱であり，私の主張する「現代的貧困」であるから，この史実の発掘なしには，近代史や現代史は構成できず，日本資本主義の性格もわからない。ところが，これまで，足尾鉱毒事件をのけてほとんど，史実が整理分析されていない。なぜか。

第一の原因は，企業にとっては公害問題はできるだけ秘密にしておきたいために，資料を公開せず，また，行政もこの企業の意向をうけて，当然公開すべき調査結果などをふせていたためである。公害問題がこれほど重大視され，環境保全が世論となっている今日においてすら，事態は従来と全く変わっていない。先日大変な衝撃をあたえたＮＨＫ ＴＶ のドキュメンタリーで「埋れた報告――熊本県公文書の語る水俣病」をみた方は，このことがよくわかったのではあるまいか。あの中でつかわれた資料というのは，私たちの研究会が発見したものだが，この資料は本来ならば，焼却されていたものである。たまたまある職員が，事件の初期の県の調査と方針が実行されていたならば，水俣病はあれほど深刻にならずにくいとめられたはずだという無念さのあまり，一件資料をひそかに残していた。このおかげで，県，政府そしてチッソの責任が改めて浮かび上がったのである。しかし，先のＴＶ でもはっきりとわかるように，事件の当事者たる知事や通産省の軽工業局長などは，いまだに真相については一言もしゃべらない。水俣病の真相はいまだに霧につつまれている部分がある。

もうひとつの経験を述べよう。私は別子鉱毒事件を調べている過程で，住友の本社が焼失してしまったと考えていた会社側の資料が新居浜の支社に残っていることを発見した。この資料はすでに半世紀ちかく前の事件をあつかったものであるから，当然，会社としては公開してしかるべきものであろう。しかも，先述のように別子鉱毒事件について，住友金属鉱山は他の企業にくらべれば，公害対策をすすめて一定の成果をあげたといえる。にもかかわらず，現住友金属鉱山の方針としては，この資料は門外不出としたいようである。私はこのような方針は一刻も早くやめた方がよいと思う。むしろ，戦前の会社の失敗や苦闘を明るみに出す方が，今日の企業に働く者にとって，重大な教訓となるのではないか。

それはともかくとして，このように企業や政府・自治体の資料が公開されぬために，公害史は軍事史と同じで，あるいはそれ以上に史実が不明であったり，資料の信頼性が確かめられず，研究がおくれたといってよい。このような資料発掘の困難は新聞報道が限定され，十分な報道がされてこなかったことによっても制約されている。

公害史研究がおくれている原因の第二は，公害史研究の方法論の弱さあるいは難しさにあるといってよい。もともと，公害論あるいは公害学の専門家というのはいないといってよく，この専門家の不足もあって，方法論の発展もおくれている。公害問題は学際領域にあって，史実の評価も学際的でなければならない。すくなくとも，経済学，農学，工学，医学，社会学，政治学，法学，教育，文化論などの領域について，ある程度の総合判断をもっていなければ，公害問題の研究はむつかしい。ところが，わが国の大学研究はせまい専門研究を優先しているので，総合科学の研究者が養成できていない。このこともあって，公害史のような総合科学の必要な分野の研究はおくれたといってよい。それに加えて，公害史は被害者の歴史として，まず構成しなければならない。ところが，農民運動史や労働運動史の研究者ならばよくわかっているように，被害者の資料はほとんど残っていないか，散失している。伝聞すらとぼしい。加害者の資料の入手以上に，被害者の資料の発掘はむつかしい。公害の歴史の中には，別子鉱毒については一色耕平編『愛媛県東予煙害史』あるいは関天洲『日立煙害問題昔話』という被害者がつくった記録がある。これらは資料として一級品だが，こういう被害者の歴史が残っているのはまことに稀なことであって，大阪アルカリ事件などは，いまだに被害者の指導者外村家の資料すらみつかっていない。このようなこともあって，公害史の研究は立ちおくれてきたといってよい。しかし近年，公害史研究は日本のみならず世界各国で急激に発展をはじめている。

ここに出版された飯島伸子さんの作品は，公害・労働災害・職業病という共通した社会的災害に関する年表としては，わが国でもっとも体系的な力作であり，かつ，いまのところ，他に比肩するもののない資料的価値の高いものである。編者飯島さんは，早くから公害史の研究の土台として年表の作成をはじめ，すでに1970年に多くの研究者や住民が重宝している『公害および労働災害年表』を発表した。今回はその全訂版であり，比較をしてみるとすぐにわかるように，この6年間に精力的に資料を発掘・整理されていることがわかる。扱われている時代は古くまでさかのぼり，かつ，各事項は一変するほど精細になっている。飯島さんは，水俣病，四日市公害，スモン病，カナダ・インディアン水銀中毒事件など内外の事件で被害者の立場に立って，精力的に研究をすすめてこられたので，公害資料をみる方法論がすぐれている。被害者の運動に十分なスペースをさいているのをみても，このことがわかるであろう。公害研究は数学研究のようにゲームの理論でなく，ここには被害者の生死がかかっている。その意味で，被害者の立場でつくられたこの年表は住民にとって，まことに貴重な歴史の道標である。

同時に，飯島さんは運動におぼれず，研究者としての科学性，客観性をつらぬき，全体的な流れの中で個別の事件を位置づけている。公害研究者の危険なおとし穴は，加害者に買収されることだけでなく，運動の目前の利害にとらわれて，科学性を失うことである。飯島さんは，このおとし穴におちいらず，冷静に史実で事件をかたらせている。したがって，この年表は科学者・研究者にとっても安心して使用のできる客観的な作品となっている。

この貴重な年表が，多くの住民の座右におかれて，公害防止運動の道しるべとなることを期待したい。また飯島さんもふくめて，公害問題の研究者が，この年表を活用して，個別の事件について多面的に研究をすすめ，従来の資料の信頼性を吟味し，さらに日本と他国の公害史の比較年表をつくるなどして，公害論の研究を世界的なものにされることを希望したい。

公害・労災・職業病年表（全訂版）の編纂にあたって

前版の『公害および労働災害年表』が出版されたのは1970年8月であるが，この時期というのは，多くの新聞が競い合ってその紙面を公害報道にさき始めたころであった。マス・メディアが公害報道に急に力を入れ始めた中で，日々繰り返し公害事件を知らされているうちに，受け手の側は，公害問題が，まるで1970年から問題となり始めたかのごとく錯覚させられそうであった。こうした時期に，明治時代以後の公害と労働災害の発生の歴史についてまとめた前版の『年表』を発表できたことはそれなりの意味を持ったようであった。

そのときからすでに7年が過ぎ，公害問題や労働者の健康破壊をめぐる状況にも，かなりの変化が生じた。まず，1960年代に公害問題の多発や労働者の健康破壊に拍車をかけた経済の高度成長は去り，経済の低成長期とされる時期に至った。しかし，それまでのいずれの時期においても，鉱・工業の発達と公害や労働災害・職業病の発生とが，ほぼ相関関係にあったにもかかわらず，生産力の伸び率の低下した経済低成長期にはいっても，公害・環境破壊や労働者の健康破壊の問題は，減少するどころではない。

その一方で，これらの重大な問題をひきおこした原因者たちは，経済成長が頭打ちになったことをタテに，公害防止や労働者の安全確保のための出費にはたえられない，あるいは，この不況期に公害問題などと騒ぐのはもってのほか，とする宣伝を抜けめなく続けている。さらに，原因者たちは，被害者が，文字通りに血をにじませる努力でかちとった因果関係の確定までも，力によって否定しにかかってくる。1975年から76年にかけて，自民党と産業総資本および業界寄りのマス・メディア，大衆雑誌などが歩調を合わせてイタイイタイ病の抹殺にかかったのなどは，その顕著な例である。金力に物を言わせて，こうした偽りの情報を広く流布させる原因者たちによって，「中立」を自称してきた研究者や科学者たちの間にも動揺が生じる。マス・メディアでも，経済成長の高→低への転換ののち，公害報道件数がめっきり減少し，扱いも小さくなった。団結して加害源企業や行政と交渉する，あるいは時間と金を浪費し身心をすり減らす裁判をおこす以外には，とくに目ぼしい決め手をもたない住民や労働者にとっては，事態は再び，一層悪化の方向に進み始めている。

1970年の頃の，マス・メディアが公害問題や関連する社会問題の報道に力を入れていたときには，原因者の企業も，企業の側の論理で行動する組織も個人も，反住民，反労働者的対応をすれば，一斉に攻撃されることを覚悟してかからねばならなかった。いきおい，その行動や発言は，被害者にいく分譲歩したものとなっていた。この限りでは被害者たちは，マス・メディアによって有利な位置を提供されたのだといえよう。しかし，今日マス・メディアは，そうした役割さえも放棄している。

とは言え，たしかに，被害者たちは，1960年代後半からの公害反対運動の高揚の過程で，力による抑圧や理不尽な被害に対して，抵抗し，たたかう心と方法をわがものとし，労働者の健康を守る行動も，これにやや遅れはしたが，次第に定着した。現在では，被害者たち，とくに公害の被害者・住民は，相手が強大な存在であっても，みずからの権利を守るために，これと対決してゆくだけの底力を蓄えている。しかしこれらの力も，日本という国家がたてまえとしての民主主義を実質的に葬るならば，もはや発揮することはできなくなる。政府・自民党，総資本は，住民や労働者に知らさないように，そして革新政党にも気づかれないように，民主主義を支えている要素を一つずつ除去していきつつある。その一例として，調査研究に携った研究者に守秘義務を強い，違反すれば6カ月以下または30万円以下の刑罰を加える条項が，労働省側の巧みな操作で改正労働安全衛生法に辷りこませられ，危くそのまま成立するところだった事件が，さき頃の国会で発生した。ことし6月9日に衆参両院において，反対は共産党と二院クラブだけという状況のもとで，賛成多数をもって同法は成立したが，その直前にこの守秘義務条項がいつの間にか加わっていることに気づいた社会党，共産党，公明党などにより反対が開始された。結局，自民党修正案の「ただし，労働者の健康障害を防止するためやむをえないときは，この限りでない」との条項が加えられ，可決となった。しかし，このような条項ていどでは，被害者の立場に立つ研究者を確保し，あるいは守っていくことはおぼつかない。

今回の全訂版の年表は，こうしたもろもろの事情をふまえて出版するものである。以下，今回の年表の主な改訂点と本年表の読み方について解説することにしたい。

今回の改訂点の第1点は，各事項末尾に典拠文献（数字で示してある）をつけたことである。この作業のためにかなりの時間と手間がかかったのではあるが，それでもなお，典拠文献には原典ではないものが相当数はいってきている。ただ，そうした第二次的文献の場合も，資料としての正確さを吟味した上で使用してはいる。全項目を原典で埋めるためには，さらに多くの費用と時間が必要であり，そうしたいわば研究者向けの厳密性は出版社の都合ということだけではなく，この年表の実用性という点から考えても，今回は退けなければならなかった。

改訂の第2点は，前版のときには，その「まえがき」で述べた理由から，化学工業による公害や労働災害を中心テーマにすえたのに対し，今回は，化学工業はもとよりではあるが，これを含めた第二次産業の問題を中心とし，さらに，第一次産業やサーヴィス・事務部門，自治体など公共機関による問題からも，できるだけ項目をひろう方針をとった。すなわち，前版では，公害問題にしても，労働災害や職業病の問題にしても，典型例や代表例にしぼってとりあげたのに対し，今回は，対象に選ぶ範囲をかなり広くとったのである。範囲を大幅に広げたことから，逆に，前版でとりあげていたものを省いたり短縮してとりあげるケースも出てきた。関連は深いものではあるが，公害や労働災害の年表に入れるには少し性質のちがう薬害の問題を，今回は，筆者が代表的と考えた最小限の事項におさえてあるのも，このためである。また，今回の範囲拡大方針の結果，前版にくらべてまとまりが悪く，とくにその傾向が1960年代後半以後70年代までについて目立つが，これはこの時期の公害・環境破壊そして労働者の健康破壊が，各地，各分野で一斉に顕在化し始めた実態の反映でもある。

改訂の第3点としては，時代をさらに古くまで辿り，江戸時代からの公害や働く人々の健康障害をとり入れた点である。だが，この点については，誤解される点があるかもしれないので，もう少し説明を加えておきたい。

まず，ことわっておかなければならないのは，筆者としては，明治時代以後，すなわち資本主義形成後の公害問題や，労働者の健康破壊の問題と，江戸時代のそれらの問題とは，社会科学的な観点からすれば，本質的に異なるとみなしていることである。明治時代以後今日に至るまでの100年余の間に問題化した公害や労働災害・職業病は数量的にもその全体としての深刻さの点でも，江戸時代300年のこれらの問題とは比較にならないほどに重大な様相を示しているが，明治時代以後のこうした実態をつくり出した一大要因は，わが国における資本の独特の利潤追求のあり方に求められる。この点からして，江戸時代の問題は，明治時代以後と区別して扱わなければならない。

区別しながらも，同一年表に江戸時代の問題をとり入れたのは，今日の公害や環境破壊，労働災害，職業病と見かけ上類似した現象が江戸時代に起きている事実があるからである。そうした事実がある以上は，それを無視することなど不可能であるし，それらの事件が，資本主義体制期に発生した類似の現象と，本質においてちがうという点については，あらためて指摘すればよいことであるからだ。

「見かけ上の類似点」としては，江戸時代と明治期以後，とくに明治期における問題発生の原因となった事業に関する共通性があげられる。すなわち，江戸時代に発生した問題の大部分は鉱山が原因のものであるが，明治時代においても，鉱山に原因する問題の発生が，かなりの比重を占めているのである。欧米の先進資本主義国にはるかに遅れて資本主義国家として歩み始めたわが国に，かろうじて蓄積のあった業種の一つが，江戸時代に幕藩の後押しで推奨された鉱山業であるが，その鉱山業が一方で，江戸時代から明治期にかけては，労働者と住民の生活と健康を破壊する中心的役割をになったのである。関連して述べておくと，明治中期ごろから，セメント業や初歩的な化学工業が発達し始め，これら工場による公害や労災・職業病が次第に問題となり，この後，時代がくだるにつれて，原因産業が同種である点における江戸時代と明治期以後の共通性は急速に失なわれてゆく。

主題に関する江戸時代と明治時代以後の共通性は，実は，もう一点あるのだが，これは，年表という形態では，表面化しにくい性格のものである。それは，資本主義体制となり，さらには民主主義が導入されてもなお，社会的，文化的には，封建時代をひきずっているような国家と国民のあり方である。主題の問題をめぐる日本的特徴の一面は，ここから出てきているものである。

ところで，江戸時代を本年表にとり入れたことに関し，さらにつけ加えておかねばならないことがある。先に，鉱山業が江戸幕藩体制下で盛んになったことを述べたが，鉱物採取というなりわいは，極端な言い方をすれば古代からなされていたものであり，鉱物の性質上，これを採取すれば，その周辺で，何らかの被害が生じていたことは考えられる。そうした例も公害なのか，あるいは，労働災害や職業病なのか，ということが議論になることがあるかもしれない。それがきっかけで，公害史や労災・職業病史を無原則的により古い時代に遡らせて古い時代と明治以後を一元的にとらえることで，資本主義体制にこそ根本的原因を求めらるべきこれらの問題の本質をすりかえる動きが出てくるかもしれない。しかし，本年表を編纂した者の立場としては公害あるいは労働者の健康破壊という観点から鉱山業をとりあげるにしても，せいぜい遡って江戸時代が限度であると考えていることを明かにしておきたい。原因者である事業体と被害者の住民や労働者という基本軸に沿って考えるとき，原因者である事業体というのは，強力な権力を備えた機関の支持のもとに，多少とも経営的に運営されたものに限定されてくる。したがって，遡っても，江戸時代まで，となるわけである。

また，くどいようで申し訳ないが，本年表は，あくまでも，資本主義体制のもとで，住民と労働者の生活と健康がどのようにして破壊されてきたのか，その背景，あるいは要因としての資本や行政の対応がどのようなものであったのか，ということについて見ようとしたものである。参考のために江戸時代の事件をつけ加えたことで，編者の意図とはまったく別の使われ方をされることのないよう切に望みたい。

改訂の第4点としては，第2次大戦後の分については，体裁を，「公害・環境破壊」「住民・支援者など」「企業・財界」「国・自治体」「労災・職業病と労働者」「備考」の6欄の分類としたことである。最初の「公害・環境破壊」欄には，公害環境破壊の実態（必要に応じて薬害も）をとりあげ，第2欄の「住民・支援者など」には，公害や環境破壊にかかわる被害者や支援者たちのとった行動をとりあげている。第3欄の「企業・財界」は，公害と労働災害・職業病のそれぞれについて企業や業・財界がとった対応，第4欄の「国・自治体」は，同じく，公害・労災・職業病のそれぞれの問題で，政府各省庁とその下部機関，自治体とその関係公共機関などがとった対応を記したものである。第5欄の「労働災害・職業病と労働者」は，公害に関して第1欄と第2欄を独自に設けたのに対応させて，労働者の健康破壊に関して独自に設けたのであるが，公害問題における被害者や支援者の行動にくらべて労働災害や職業病における労働者の行動には特筆すべき点が少く，また量的にいっても例数が少ないことから，被害の実態と被害者の行動とを同欄におさめたのである。最後の欄は，諸外国の関連事項やわが国の社会的，経済的ならびに技術的背景のうちで，前出の5つの欄に関係や影響があると考えられる事項をかかげてある。なお，化学工業による問題中心でまとめた前版年表では，備考欄に鉱山事故を入れていたのであるが，今回は，鉱山関係の労働災害は，第5欄に入れてある。

今回の6欄分類にあたって筆者が力を注いだことの一つに，原因者側の対応の記録がある。前版年表では，被害の実態も，被害者の行動も，行政も，企業側も，一括して扱っていた（今版の戦前の場合がそれである）ため，項目数がふえ，深刻な事件の多くなった戦後の問題点が一見したかぎりではわかりにくいという難点があった。この欠点を改善する目的で，今回の分類を試みたのであるが，その際，もっとも資料が不足している企業・財界と，企業・財界との一体性が目立つ学者，出版の対応の記録を集めることに努力したのである。それでもなお，この欄を十分に埋めることはできなかった。筆者が事実として知っている企業・財界といわゆる「御用」学者たちの反住民・反労働者的対応や発言よりも，そうした対応や発言の記録として集め得た資料の方が，少なかったのであり，この点が残念である。

今版年表の主要な改訂点は以上のようなものであるが，次に，本年表が，公害と労働災害・職業病を並べてとりあげた理由を述べておきたい。

まず，前版年表で，化学工業を中心テーマとして公害と労働災害をとりあげたいきさつとそのとらえ方を，まえがきで記しているので，関係箇所をここに再録する。

「この年表が，公害の他に労働災害をとりあげたのは，労働災害の化学工業から発生する根源的原因も，公害の場合と同様だからである。すなわち，化学工業は，その形成の初期のころから業種に応じて異なる労働災害を発生させた。その当時，公害の方は主として鉱害であって，化学工業が住民に与える災害は，労働災害に比較するときわめて少なかった。化学工業が住民にも頻繁に害を及ぼす存在として知られ出したのは，その規模の拡大した明治中期以後である。

年表からは，化学工業が新しい分野に進出すると，それに付随して必ず新しい災害（公害か労災，あるいはその双方）が惹起されたことが読みとれる。たとえば，明治のごく初期，多木製肥所が獣骨からリン酸肥料を製造する事業を始めると，付近住民はその臭気に悩まされた。つぎに，黄リンマッチ工業が開始されると，今度は，リンが原因の労働災害が多発した。黄リンマッチはしかも，その製造に伴う危険性のゆえに一たん製造禁止令（1890 年，明治 23 年）を出されながら，その年内に，中国進出に有利として禁止令解除とされた日くつきの工業である。労働災害頻発回避よりも，外国進出の方をとる点に，早くも，日本資本主義の災害対処の特色はあらわれているといえる。大正期以後に人絹工業に発生した労働災害にも，これと同一の原理が働いている。すなわち，人絹工業における二硫化炭素中毒の多発をよそに，人絹の生産高は 1933 年（昭和 8 年）で世界第 2 位，1936 年（昭和 11 年）には世界第 1 位という伸びを示しているのである。

化学工業はその発達につれ，この他にも業種ごとに新たな災害を発生させているが，戦前におけるそれらの記録は，実際に発生したと推測されるものに較べて驚くほど少ししか残されていない。それは，年表の中でも触れておいたように，「人命無視の監獄的労働と軍事機密の名分」のもとに，工場外へは工場内で起きたことを一切知らせないわが国の企業の性格に由来する。年表に記した労働災害の事項の多くは，したがって，工場創始者の思い出話や苦心談から拾ったものである。また，戦後の 1947 年ころにはじめて硫安工業の CO 中毒多発の問題がクローズ・アップされた事実も，それ以前の労働災害の多発が発表されなかった理由およびそういう状態下にあっては，災害発生数は想像を絶するほど多かったであろうことを説明する良き資料である。

戦後，民主主義は，労働災害や公害の顕在化を可能とした。が，一方，経済の高度成長は，戦前と比較にならないほど多くの災害と矛盾をもたらした。公害の典型とされる水俣病やイタイイタイ病，四日市ぜん息などのほかに，最近では農薬害，食品添加物害，食品包装害，プラスチックの処理をめぐる問題，原子力の害などが発生，生産の場，消費の場を問わず国民生活のあらゆる場が災害に侵されつつある。また，労働災害についていえば，原子力による労災や大型タンカーの火災などの新しい害と並行して，欧米諸国では，すでに製造が禁止されている発がん性物質を扱う染料工場の発がんの事実が，わが国では最近になってあらためてとりあげられたりしている。

日本の化学工業の持つ矛盾の一面を，労働災害や公害がするどく反映している事実を，この年表から指摘できるのではないだろうか。」（飯島伸子編著『公害および労働災害年表』公害対策技術同友会，1970 年，「まえがき」部分より）

わが国における公害と労働災害・職業病の歴史において，ここに紹介したように化学工業によってひきおこされてきた面の大きいことは，前版と今版のそれぞれの年表が示している事実であり，また，それゆえに前版では，まず化学工業の問題を基軸としたのであるが，今回のように範囲を拡大すると，上に再録した説明では不十分である。今回のように範囲を広くとって，なおかつ，公害と労災・職業病を結びつけて分析するのは，両者間に次のような関係があることによる。

公害問題と労働災害・職業病問題の間にある共通性は，① 同一工場や同一鉱山など，同一の事業体において，同様の原因によって，周辺住民に及ぶ公害と労働者の健康破壊とが発生，② 同一業種内で，公害問題と労働災害・職業病が発生，③ 日本の資本主義のあり方が双方の問題をひきおこす，という三つのちがったレベルにおいて説明できる。① の実例としては，年表に記載してあるが，明治時代の浅野セメント深川工場による住民の生活・健康障害の発生と労働者の健康障害の発生の関係や，いくつかの鉱山における亜硫酸ガス排出による住民と労働者の被害などがあり，工場の内側と外側での発生という表現が最も適切な関係である。② の実例としては，たとえば，鉱山における労働災害や職業病の多発と，鉱山に原因する公害問題の多発という関係や，化学工業における同様の関係などが指摘できる。③ は，① や ② の背景をなすものでもあるが，労働者の健康破壊を進める経営方針をとり続ける企業や財界のあり方が，住民の生活と健康を損う企業や財界のあり方と相通ずるという，より抽象化されたレベルにおける関係であって，たとえば，近年，事務部門を初めとする多くの分野の労働者に生じている頸肩腕障害と公害問題の間の共通性を説明する際の論拠となる。

一方，公害問題と労災・職業病の相異点としては，被害を受けるのが前者では住民で後者では労働者という点は言うまでもないことだが，このほかに，防衛や問題解決のために被害者のとる行動に対する諸制約の性格や強さが異なっているのである。たとえば，住民が公害反対運動を始めようとするときには，家族・親族関係や地域社会が桎梏となることが多いが，労働者がみずからの健康を守る行動にふみ切るにあたっては，日本的雇用形態から来る束縛が大きい，といった具合である。行政との関係も，公害問題と労働災害・職業病とではちがってくる。公害の場合は，住民が具体的な要求をまず持っていくのは国ではなくて自治体の方であり，その帰結として近年では，住民の側に立とうとする自治体も出現してきている。ところが労働者の健康破壊の問題では，労働者の側から出てくる要求も，法制定など国に対するものが先に立ち，要求が実現して法律が定められると，その運用はまた都道府県におかれた国の出張機関に委ねられるといったケースが多いのである。

このように，問題解決の段階での相異点があるために，問題発生の段階における共通性にもかかわらず，住民と労働者の共闘は，必ずしも容易ではない。発生の過程での共通性，そして，共に闘うことの必要性が認識されつつある一方で，相異点がこれを妨害しているという複雑に入り組んだ関係が両者の間に存在すること，両者の関係の整理・調整が，今後より重要となると考えられることなどから，本年表でも両方の問題をとりあげたのである。

さて，これまでに述べてきた主要改訂点とは別に，前版年表と今版年表とで一貫してとった方針としては，年表を読んだだけでも，とりあげた事項の大体の問題点がほぼ読みとれるように配慮しながら，要約した文章を考え，これを各欄に配置していったことが挙げられる。文章の要約に際しては，原則として，集めた資料に筆者が目を通し，必要と考えられる項目を選択してから，筆者自身が要約文を作成するという手順をとった。また，とりあげた項目について筆者が評注を加えることも，原則として避け，その代りに適切な事実を選び出して示すことで，評注を加えた以上の効果をめざした。

資料の蒐集にあたっては，出版元の公害対策技術同友会に経済的負担をお願いして，できるだけの手を尽くしたのではあるが，それでもなお，落ちがあるし，不十分でもある。ここでつくづく思うのは，日本各地の公害史や労災・職業病史研究家による資料の発見が全国的規模で調整され，国民の共通の財産とされるルートをつくることが重要だということである。この年表が，そうしたルート固めに少しでもお役に立つことを願うものである。

ところで，年表の項目の母体をなす資料を集めるについては，東京大学大学院経済学専門課程の武田晴人氏を初め，同大学医学部保健学科の大学院生や学生，東京女子大学の卒業生など多くの方々のお力を借りた。このほかに，公害対策技術同友会編集部の須藤英子さんにも，一方ならずお世話になった。須藤さんは，資料の蒐集や整理を手伝って下さっただけでなく，筆者の書きなぐっていく原稿全文を清書して，印刷労働者の負担を軽くするという大変な仕事をこなして下さったのである。しかも，その合間には，作業の遅れがちな筆者を，タイミングよく叱咤激励して下さったものである。また，狭い研究室を，資料のもちこみでさらに狭くしてしまったにもかかわらず，その不便さに常にニコヤカに耐えて下さった同室の園田恭一助教授の寛容さにも感謝を送らねばならない。気の遠くなるように面倒で煩雑で，しかも大部分は単調な作業を最後まで投げ出さないで完了させることができたのは，この方たちのご協力および，一々お名前をあげる余裕はないが，多くの方から寄せられた励しと期待，さらに丹念に活字をひろって下さっている印刷労働者の方たちの存在があったからである。

直接的，間接的にご協力くださったこれらすべての方がたにお礼を申しあげると共に，この年表が，住民と労働者の生活と健康の破壊の進行をくいとめるうえで，何らかの役割を果たしうることを望んで結びの言葉としたい。

1977年8月1日

飯島伸子

改訂版の刊行にあたって

この年表の初版が出版されて以来１年，多くの書評が本書を好意的に評価して下さり，また，編著者に直接宛てられた読者の手紙にも，本書への強い共感を示して下さったものが多いなど，思いがけないほどの反響に驚きもし，有難くも思った。

本書は「読む年表」の体裁をとってはいるものの年表にはちがいなく，年表である以上は，その本来の性格上，きわめて地味な書物なのである。その地味な書物である本書が，専門の研究者間で読まれ，評価されただけでなく，研究者以外の人びとの間に広く読者を得，しかも，その人びとの心をとらえた背景には，弱者を打ち棄て，踏みつけて顧ることの少ない現代の世相に対する人びとの激しい憤りがあるのだと思われる。

著者は，本書を，内容においては学問的検討にたえるように，方法においては科学的に，しかし，心情においては，著者もその１人に含まれる社会的弱者の心でまとめ上げた。したがって，選定された事項を一見するかぎりでは，本書は，事実を公平に，均衡よく選び出して適切な箇所に配置したというだけのものであるが，ゆっくり読み進んでいただくと，著者が本書を通じて強く訴えたいことが何であるかを判っていただけたはずなのである。

公害や労働災害によって，住民や労働者が受けてきた被害は，本年表が示しただけのものにしても巨大なものにのぼる。しかし，被害の巨大さに対して償いは微少であり，放置された犠牲者の上に新たな犠牲者を折り重ねたまま，時代は移ってきた。被害者は，自らの犠牲が後続する悲劇の発生を食いとめるきっかけになるというささやかな慰めさえ得ることは稀であった。また，僅かな償いにしても，患者や住民，労働者たちの，粘り強い要求があってようやくなされた例がほとんどである。被害を受けた側が行動を起こす以外に解決の道が無いことを体験した被害者は，協力し合い，集団となって行動することで，そしてそれを時間がかかっても倦まずに続けることで，事態を少しずつ変えてきた。しかし，加害源側は，往々にして，被害者側がようやくかちとったものさえもくつがえしてきた。こうした歴史的実態を本書は克明に記録し，いつまでもこういう事の繰り返しで良いのであろうかということを訴えたつもりである。

今回，改訂版は当初，再版として発行の予定であったが，再版にしても読者の方々のご期待にさらに応えたいと思い，編著者だけでは気づかない誤記，誤植と合わせて脱落の指摘をしていただくための一種のアンケート調査をおこなった。その結果，次の16人の方が，丁寧で詳細なご指摘や参考とすべき資料のご提供を下さった。

宇井純氏，加藤邦興氏，木村安明氏，久保在久氏，久保田重孝氏，小島義雄氏，沢井余志郎氏，須田和子氏，反町清治氏，武田晴人氏，椿忠雄氏，野村茂氏，丸山定巳氏，吉岡光春氏，吉村功氏，若林敬子氏

この方たちのご指摘やご送付いただいた資料のすべてを採用することは，さまざまの制約があってできなかったが，可能なかぎり，採用させていただいた。ご多忙の中でご協力下さったこの方々のご好意に心からの感謝を捧げたい。

また，環境科学総合研究会の公害史シンポジウムがきっかけとなって発足した公害

史研究会が，昨年11月に本書の合評会を開いて下さったが，主報告者の神岡浪子氏と加藤邦興氏を初め，福島要一氏，宮本憲一氏，宇井純氏，小田康徳氏，利根川治夫氏，武田晴人氏，中野卓氏，吉岡光春氏らのご意見も，今回の改訂版のための作業にあたって大変参考になった。同会の富井利安氏と小野寺逸也氏が別途にご送付下さった資料も改訂版にあたって使わせていただいた。

さらに，昨年12月に開かれた地域社会研究会月例会で本書が題材にされたが，その席上で述べられた本書に関する島崎稔氏，安原茂氏，蓮見音彦氏，中野芳彦氏，鎌田とし子氏，若林敬子氏，吉沢四郎氏らのご意見も，同様に貴重なものであった。

この他，三浦豊彦氏が事務局をしておられる労働衛生史研究会でのご助言もありがたいものであったし，福島要一氏，宮本憲一氏，三浦豊彦氏，中野卓氏，園田恭一氏，山崎俊雄氏が発起人で企画して下さった本書の出版記念会における各分野からのご出席者の方々のお言葉の一言，一言は，本書をより完全なものとしていこうという著者の意欲をかきたてて下さった。

そして，本年5月に，第4回東京市政調査会藤田賞を，本書によって受賞したことも励みとなった。

多くの方々のお励しによって改訂に至った本書が，初版よりもさらに充実したものとなっており，読者の方々のご支持とご期待にそむかないものであることを願うものである。

1979年4月1日

飯島伸子

目　次

新版刊行にあたって
序にかえて
解　説
凡　例

第Ⅰ章　封建時代 ―― 1
(1469〜1867)

第Ⅱ章　近　代 ―― 9
(1868〜1945)

第Ⅲ章　現　代 ―― 103
(1945〜1975)

1945（昭和20）年……104
1946（〃 21）〃……106
1947（〃 22）〃……108
1948（〃 23）〃……112
1949（〃 24）〃……114
1950（〃 25）〃……118
1951（〃 26）〃……122
1952（〃 27）〃……128
1953（〃 28）〃……132
1954（〃 29）〃……136
1955（〃 30）〃……140
1956（〃 31）〃……146
1957（〃 32）〃……152
1958（〃 33）〃……158
1959（〃 34）〃……164
1960（〃 35）〃……174

1961（昭和 36）年……………………………180
1962（ 〃 37） 〃 ……………………………186
1963（ 〃 38） 〃 ……………………………192
1964（ 〃 39） 〃 ……………………………200
1965（ 〃 40） 〃 ……………………………210
1966（ 〃 41） 〃 ……………………………220
1967（ 〃 42） 〃 ……………………………230
1968（ 〃 43） 〃 ……………………………242
1969（ 〃 44） 〃 ……………………………260
1970（ 〃 45） 〃 ……………………………280
1971（ 〃 46） 〃 ……………………………306
1972（ 〃 47） 〃 ……………………………322
1973（ 〃 48） 〃 ……………………………342
1974（ 〃 49） 〃 ……………………………364
1975（ 〃 50） 〃 ……………………………382

典拠文献リスト――――――――――1〜16
索　引――――――――――17
注記、訂正――――――――――85
あとがき――――――――――86

凡　　例

1 構 成

第Ⅰ章　封建時代（1469～1867年）
第Ⅱ章　近　　代（1868～1945年）
第Ⅲ章　現　　代（1945～1975年）

* 第Ⅰ章と第Ⅱ章は<公害事項><労働災害事項><備　考>の3欄により構成されている。

- <公害事項>欄は，公害・環境破壊に関する項目を収めた。
- <労働災害事項>欄は労働災害および職業病に関する項目を収めた。
- <備　考>欄は，公害・環境問題と労災・職業病に係わりがあり参考となる事がらや出版物などに関する項目を収めた。また薬害に関する項目を，この欄に収めた。

* 第Ⅲ章は<公害・環境破壊><住民・支援者など><企業・財界><国・自治体><労災・職業病と労働者><備　考>の6欄により構成されている。

- <公害・環境破壊>欄は，公害・環境破壊の現象などに関する項目を収めた。
- <住民・支援者など>欄は，公害・環境破壊の被害者の立場の人々やその支援者の動きに関する項目を収めた。
- <国・自治体>欄は，公害・環境破壊と労働災害・職業病との双方に対する国・自治体の，行政・司法・立法の動きに関する項目を収めた。
- <労災・職業病と労働者>欄は，労働災害・職業病の発生，研究者の発表，労働者自身の対応などに関する項目を収めた。
- <備　考>欄は，各欄と係わりがあり参考となる事がら，出版物に関する項目などを収めた。

2 月日の記載形式

* 年代・月日の表記は，西洋紀年・陽暦を用いた。特に陰暦の月日を用いたものは，その月日を〔　〕で表わした。（例：〔11•22〕）

- 項目の最初の太数字は月，つぎの数字は日を表わす。（例：**6**•30は6月30日）
- 日付の位置の上・中・下は，それぞれその月の上旬・中旬・下旬を表わす。
- 日付のないもの，および—は，1）日または月日を確定できないもの，2）日または月日が不明のもの，3）日または月日を確定しえなかったものである。

3 典拠文献の記載形式

* 各項目の出典は，項目末尾（　）内に示した。

- 単に数字のものは，書籍・雑誌・団体発行文書からの出典の場合で，文献番号を示す。これにより巻末の典拠文献リストを検索する。
- （例：朝 **4**•1）などは新聞からの出典を示す。漢字は新聞紙名，太数字は発行月，細数字は日を表す。

朝＝朝日，毎＝毎日，読＝読売，産＝産経，日経＝日本経済，赤＝赤旗， 北＝北海道，西＝西日本，信毎＝信濃毎日，富＝富山，新＝新潟日報， 秋＝秋田さきがけ，大分＝大分合同，沖＝沖縄タイムス，琉＝琉球新報， 北日本，上毛，新潟

4 備考欄の書名は<刊行>を意味する。

5 その他

㈱＝株式会社，㈴＝合名会社，㈾＝合資会社，（互）＝相互会社，（財）＝財団法人
（社）＝社団法人，（特）＝特殊法人

* 人物氏名の敬称を略した。

【凡例追補】
原著本文の疑問箇所については下線を引き、一括して「注記·訂正」（85頁）に注記あるいは妥当と思われる表現を記した。

第Ⅰ章　封建時代

1469（文明元）～1867（慶応 3）

年　号	公　害　事　項	労働災害事項	備　考
1469 文明元			一　筑後の国（現福岡県）で**三池炭田**，農夫により発見さる。（596）
1520年代 大永年間 または 1542 天文11			一　但馬の国（現兵庫県）で**生野銀山**発見さる。（596）
1542 天文11			一　越後の国（現新潟県）で**佐渡銀山**，商人により発見さる。（596）
1556 弘治 2			一　独人アグリコラ『デ・レ・メタリカ』（720）
1591 天正19			一　常陸の国（現茨城県）で**赤沢銅山**開坑。（544）
1596～1614 慶長元～19			一　日向の国（現宮崎県）で**土呂久銀山**発見さる。（596）
1600 慶長 5			一　生野銀山，大盛況で人家880軒。（596）
1610 慶長15			一　下野の国（現栃木県）で**足尾銅山**，農民により発見さる。（16）
1630頃	一　松江藩，宍道湖の埋没を恐れ，簸ノ川上流での鉄穴流しを禁止。（822）		
1640～1690 寛永17～元禄3	一　**赤沢銅山**，数回試掘されるが鉱毒発生に伴い，下流農民の激しい抗議を受け，廃山となる。（544）		
1642 寛永19	一　**東北南部地方**（現岩手県）の**野田通小倉金山**，川を濁し田地に被害を発生させたことが理由で，経営禁止となる。（449）		

年　号	公　害　事　項	労働災害事項	備　　考
1666 寛文 6	一　南部領（現岩手県）　田名部通の砂鉄精錬に関し鉱山師ら，南部藩に精錬許可を願い出。その文書の中に「田畑に被害を与えぬところで精錬する」旨，記されており。(167)		
1673～1680 延宝年間		一　佐渡相川町の医師益田玄皓，銀山の金穿師の病気（煙毒）に対し紫金丹を施薬。(580)	
1674 延宝2年	一　宍道湖周辺で鉄穴流しによる川床上昇で洪水，水稲被害74,200石，溺死者229人。(823)		
1690 元禄 3	12・11　日向の国高知尾（現宮崎県高千穂）の庄屋たち，土呂久鉱山の煙害によるウルシ被害発生などで減免願い出。(721)		
1691 元禄 4			一　伊予の国（現愛媛県）で別子銅山開坑。(577)
1697 元禄10			一　別子銅山産銅1,348 t。日本の産銅高世界最高。(596)
1700 元禄13			一　伊人ベルナルディノ・ラマッチニ『働く人々の病気』。(536)
1704～8 宝永元～5	一　伊豆の国（現静岡県）白田村で硫黄採掘による漁業被害発生し，採掘差止めとなる。(719)		
1705 宝永 2	一　紀伊国屋文左衛門，赤沢銅山の採掘を手がけるが，鉱毒発生のため中止。(544)		
1730～1731 享保15～16	一　南部藩（現岩手県）東磐井郡松川村地方で大洪水，2年にわたり発生。村人ら，上流の大原村地方における砂鉄生産に伴う濫伐や川底上昇などが原因と指摘。(167)		
1738 元文 3			一　大坂に銅座設置。銅の売買を司る。(596)
1748 寛延元	一　別子銅山所有者住友家による立川銅山（別子の山続き）の合併所有，実現直前に一時中止となる。西条領（現香川県）内数カ村民による反対運動のため。一手稼業となれば鉱毒水がことごとく西条領へ流され，国領川沿岸の田畑が甚大な損害		

年号	公害事項	労働災害事項	備考
1748 寛延元	を被るであろうとの理由。幕府，松山藩（現愛媛県）・西条藩に円満解決を命じ，両藩による説得の結果1749年合併し，住友家の一手稼業となる。(577)		
1750 寛延 3	― **岩代の国(現福島県)吾妻山**，農民の田畑への鉱毒をおそれた反対により，採鉱開始を一時停止。(560)		
1754 宝暦 4			― 御用銅納入，秋田諸山826.25 t，南部諸山482.53 t，別子・立川475.92 t。(596)
1756 宝暦 6		― このころ，**佐渡銀山**の大工（坑夫）は，金銀採掘時の毒・灯油の烟などのため30歳以下の短命。3年も働くと死亡。(223, 705)	
1759 宝暦 9		― **別子銅山**坑内で，酸素欠乏に伴う鉱夫の呼吸障害発生し，その周辺での作業従事が暫時休業となる。(577)	
1768 明和 5	― **備中の国（現岡山県）吉岡銅山**の悪水で田地被害発生。銀座より手当銀3貫の支給。(59)	― このころ，**水銀**利用の皮膚病用軽粉製造者の間に発病者の多い傾向（水銀中毒発生の可能性）発見さる。(327)	
1792～1800 寛政4～12	― このころ，生野銀山での新鉱脈開発につき，農民からの反対陳情しきり。(824)		
1803 享和 3		― このころ，**東北諸山**の金掘工は，「烟病」により短命のため，32歳になると祝う風習あり。(223, 706)	
1809 文化 6	― **別子銅山**，山の南側への排水工事を中止。阿波(現徳島県)領内農民による，鉱毒被害をおそれての激しい反対および工事の経費難のため。(577)		
1811 文化 8		― 羽後の国(現秋田県)**大葛金山**の山主，金掘坑夫の金掘病（烟毒）	

年号	公害事項	労働災害事項	備考
1811 文化 8		の症状を江戸へ書き送り，石粉の吸入が原因と示唆。(707)	
1814 文化11	— **杖立山銅山（現高知県）**，文化年間に採掘を開始するが，阿波領民が鉱毒による農漁業への被害をおそれ阿波藩に申し出たため，調査の結果，阿波藩と土佐藩の話し合いによって採掘停止となる。(659) — **南部藩**下閉伊郡内4カ村と**板橋鉄山**との間に紛争。藩の後援のもとに大々的に実施された鉄山経営が，貧しい村落の経営を混乱させたことをめぐる紛争。(167)		
1816 文化13	— 阿波・土佐領境の**本川郷の銅山**採掘開始。阿波領民，吉野川へ鉱毒流入と申し出。阿波藩，土佐藩に抗議し，1818（文政元）年に差止め決定。(659)		
1818 文政元		— **生野銀山**で煙毒患者を治療した医師ら4人に，御手当米が支払われる。困窮した患者家庭には治療代支払能力がないため。(707)	
1819 文政 2	— 幕府，阿波藩の訴えにより，**別子銅山**に原因する吉野川鉱毒被害状況視察のため，検分使を派遣。住友家へは，検分使派遣は前もって通知。「検分」ののち検分使ら，関係諸村に対し，「銅汁はとくに増しておらぬゆえ鉱毒など事新しく言いたてぬ」との一札を出すよう命令。(577)	— **生野銀山**で煙毒により死者32人。1820（文政3）年死者26人。1821(文政4)年死者34人。1822（文政5）年死者25人，患者26人。(707)	
1821 文政 4	— 南部藩大橋村に銅山発見。経営の申請に対し，同村は漁業被害を理由に拒否。しかし，藩は許可。(167)		
1826 文政 9		— 佐竹藩**大葛金山**よろけ患者の金掘師に藩医を付き添わせ江戸で受診さす。また同金山では，予防のため「覆面」や水の携帯などを考慮との記録。(223)	

年 号	公　害　事　項	労働災害事項	備　考
1827 文政10		― **別子銅山**坑内で酸素供給が止まり，坑夫に即死者発生。(577)	
1828 文政11	― **野田松倉鉄山（東北・南部地方）**の廃水で小本川の名産魚が減産し被害農民，松倉鉄山を相手に訴訟を提起。このころより，鉱毒問題のほか森林濫伐，村民の共有財産の侵害などをめぐり，南部地方における鉄山業者と農民の紛争が頻発。(449)		― **足尾銅山**衰微し，作業中止。(570)
1833 天保 4		― **大坂の住友銅吹所**で御用棹銅吹をしていた小吹大工，両足に熱湯を浴びて大火傷。3日後に死亡。(708)	
1836 天保 7	― **大野鉄山（東北・南部地方）**鉱毒水で水田に損害を与え，経営禁止となる。(449)		
1838 天保 9	― 幕府からの派遣使の阿波藩巡視の際，別子銅山の鉱害につき「吉野川筋の銅気は以前よりも多く，魚産高は年々減少」と報告。(659)		
		― **佐渡**奉行川路佐衛門尉聖謨，**金掘師**について，「3年か5年でやせはて，ひんぱんに喀をし，煤ようのものを吐き40歳未満で死亡」「佐渡に，25歳になると男は祝賀する風習あり。金掘大工は30歳を越える者がまれ」と記録。(223, 580)	
1842 天保13		― **生野銀山**で煙毒予防に梅干を全坑夫に割り当てとの記録。(580)	
1843 天保14		― このころ，**生野銀山**で「煙毒薬」を施薬。(223, 580)	
1846 弘化 3	― **備中国高梁川沿岸**で，砂鉄精錬事業による川水汚濁・農業用水被害・洪水など発生し，農民，幕府		

年　号	公　害　事　項	労働災害事項	備　　考
1846 弘化 3	に訴願。安芸国守浅野，農業休止期間のみ，砂鉄を精錬することで和解を成立さす。(167)		
1847 弘化 4		— このころ佐渡金山において，金掘坑夫の発病(よろけ)予防に「救工丹」を施薬。(223)	
1849 嘉永 2	— 加賀藩（現石川県）河北郡18カ村の漁民，河北潟埋立てに反対し，工事を妨害。工事が強行されたため，工事人銭屋五兵衛宅を襲撃。(158)		
1852 嘉永 5			— 土呂久鉱山，延岡藩により採掘開始。(443)
1854～1855 安政 元～2	— 美濃の国（現岐阜県）大洞村で，瓦屋開業に際し，煙口による養蚕被害を懸念した地元住民の反対あり。(808)		— 別子銅山に暴風雨や地震，火災など相次ぎ，幕府に休山を願い出るが幕府，復旧費として銀300貫を貸付け，継続稼業を命令。(577)
1856 安政 3	— 筑前の国（現福岡県）金田村で，田地２反余，石炭採掘に伴い植付不能となる。(119)		
1859 安政 6	— 伊豆の国東浦10カ村，白田硫黄山採掘禁止歎願書を韮山代官所へ提出。(719)		
1865～66 慶応 元～2			— 幕府，横須賀・横浜に製鉄所建設。(242)
1867 慶応 3	— 伊豆の国東浦12カ村，白田硫黄山採掘禁止で各村の採掘への加担を厳しく取り締まった規定書を取交す。(719) — 幕末より維新期にかけ，諸炭鉱，湧水問題に振り回される。(491)		— 薩摩藩，英国より紡機を輸入。綿糸紡績業の始まり。(484) — 小坂鉱山，南部藩の御料山となり銀山として稼動開始。発見は1861（文久元）年農民による。(7,8,249)

第II章　近　　代

1868（明治元）～1945（昭和 20）

年号	公害事項	労働災害事項	備考
1868 明治元 (9•8 改元)		— **三池炭山**坑内には炭酸ガスが多量で，「おそるべき空気汚濁の状況」との外人技師の指摘あり。(491) — 横須賀造船所，軽罪囚人を「製鉄所」作業に使用。(487)	2•13 三井・島田・小野組，為替方に (501)。 2•25 大阪に銅会所設置。明治政府の鉱山行政開始。7月鉱山局，12月鉱山司と改称し東京銅座役所を出張所と定める。(242) 10•28 大阪に舎密局設置。(445) 〔12〕 **生野鉱山**に鉱山司出張所設置。(242)
1869 明治 2	9 東京府，市往還掃除令の触れ。街路へのゴミ投棄禁止と街路上のゴミ掃除を命令。(180)		2•5 大阪に造幣局設置。(537) 〔4〕 **佐渡鉱山**に鉱山司支庁設置。(242) 〔4•2〕「鉱山司規則書」，民間採掘を許可。(242) 〔10•28〕横須賀・横浜の両製鉄所，官有。(242) 〔11•24〕**小坂鉱山**に鉱山司支庁設置。(242)
1870 明治 3		5 福島県伊達郡の**半田銀山**で，炭酸ガス中毒により11人死亡。当時は半田村民早田伝之助の経営。同山この事故のため廃坑となる。(250)	4 **高島炭鉱**でわが国初の坑夫騒擾。(521) 〔10•20〕 **工部省**創設，鉱山事務を民部省より移管。大阪鉱山司，東京鉱山司に移管。(242) 10 横浜ガス会社設立。(537)
1871 明治 4	11 **食物への有害染料混用禁止命**。唐藍・紺青・緑青・唐緋。(642)		4•4 大阪に**造幣寮**設置。ガス製造所とコークス製造所建設。(168) 5•10 新貨幣制度実施。金本位制。(168) 〔11•22〕 **勧工寮**設置。また，そこに活字製造場設置。(242)
1872 明治 5			〔3•27〕 **「鉱山心得」**布告。全鉱物を政府の所有とする。(242)

年号	公害事項	労働災害事項	備考
1872 明治 5			〔8・2〕 勧工寮に製煉所設置。釉薬各種の製造，化学的試験の開始。(242) 9・29 横浜に**ガス灯**，初めて点火。わが国ガス事業の起源。(352) 10・4 官営富岡製糸場開業。(501) 11 抄紙会社創業。(272) 12 大阪造幣局，鉛室法で硫酸製造開始。(537) 12 **高島炭鉱**で再び坑夫の暴動。(521) ― **官営セメント工場**，東京深川で創業。(14)
1873 明治 6 (1・1より太陽暦)		7・5 政府各寮に働く**職工及び役夫の死傷賑恤規則**制定。(242) 7 **三池炭山**，官営移行に伴う労働力の供給確保のため**囚人労働**を採用。こののち囚人労働力，三池炭山の基幹となりゆく。(491)	1・25 勧工寮内に製糸場設置。(242) 2 高島炭鉱で坑夫暴動。(521) 7・1 勧工寮に女工伝習所設置。(242) 9・1 **日本坑法**施行。坑物国有化明記。(242) 9・5 **三池炭山**官営，三池支庁設置。(242) ― 住友，別子銅山の山村に小学校創設。(577)
1874 明治 7	7 **半田銀山**（福島県）山麓にて，鉱山洗鉱水による稲苗被害発生。翌年同銀山，一時休業となる。(560)		1・16 **高島炭鉱**官営。高島支庁設置。(242) 1 東京会議所，ガス工場および街灯建設に着手。(352) 2・6 台湾出兵決定。(168) 7 **五代友厚**，半田銀山経営に着手。(250) 11・23 高島炭鉱，東京府士族の**後藤象二郎**に払下げ。(242) 11 高知県の士族**岩崎弥太郎**，生野・佐渡両鉱山売下げを請願。(242)

年　号	公　害　事　項	労働災害事項	備　考
1875 明治 8	1・8　愛媛県周布郡**千原鉱山**で鉱毒問題起きる。(86) —　このころ**横浜ガス局**のタールが海に流れ，魚類が斃死。付近漁民の苦情を受ける。(352)	4・9　**官役人夫死傷手当規則**布達。明治6年の規定は廃止。(242) —　**高島炭鉱**坑内でガス爆発。坑夫40人死亡，31人負傷。(242)	4　清水誠，東京芝に**マッチ工場**設置，黄燐マッチ製造開始。(496,638) 5・19　東京深川の官営セメント工場，セメント焼成開始。(14,242) 11・1　阿仁銅山・院内銅山，官営。(242) 12　横浜で三菱製鉄所経営開始。船舶修理(610) —　工場数635。(501)
1876 明治 9	—　**渡良瀬川沿岸**の群馬県山田郡の鮎，年産額の記録あり。大間々町で83万尾，広沢村で3万3,000尾，毛里田村で1万3,000尾，境野村で12万6,000尾，計**100万2,000尾**。(660) —　**浅野総一郎**，横浜ガス会社が処分に困ったタールを買受ける。(352)	—　高島炭鉱，囚人使用を願い出，許可さる。(487)	2　大蔵省の抄紙工場完成。(537) 4・4　官営品川硝子製造所創設。(242) 5　抄紙会社，製紙会社と改称。(272) 7　三井物産会社設立。三池炭の一手販売権獲得。(610) 9　清水誠，東京本所にマッチ工場**新燧社**を設立。黄燐マッチを製造販売。(496，638) 12　**別子銅山**，**湿式収銅法**で沈殿銅の回収に成功。(577) 12　陸軍の**硝化綿工場**落成。黄色火薬製造開始。(300)
1877 明治10	2・19　太政官布告にて**毒薬劇薬取扱規則**。毒薬として亜ヒ酸・昇汞・ヒ石剤・沃汞・青酸ほか。劇薬に硝酸・硫酸・酸・蓚塩酸ほか。(413) 3・29　東京府，燐製の鼠取薬を毒薬であるためとし，禁止の布達。(413) —　この年および明治12年コレラ流行時に，予防薬として**石炭酸**を飲み**中毒**に罹った者，各地に多い，と医師の指摘あり。(400-115号) 5・23　大阪にて**鋼折**，鍛冶，湯屋三業取締規則発布。(642)		1・11　工部省に鉱山局設置，諸鉱山支庁は鉱山分局となる。(242) 1・30　西南戦争始る。(168) 3　**古河市兵衛**，相馬家と共同で渡良瀬川上流に位置する**足尾銅山の経営**を開始（払下げは2月）。この年の産銅，93,457斤。(637) —　別子産銅1,348,235斤(637)

年　号	公　害　事　項	労働災害事項	備　　考
1877 明治10			6・22　横須賀造船所，わが国最初の軍艦竣工。(168) 〔6・30〕小坂・大葛両鉱山分局，廃止され華族南部利恭に貸下げ。(242) —　この年代より大正年間まで阪神地帯，日本で最大の工業地帯となる。(739)
1878 明治11	11・28　大阪にて銅器危害状態等注意の布達。(642) —　静岡県東伊豆町の白田硫黄山被害反対闘争に分裂。10余村のうちから，まず白田村民，補償金で採掘業者と合意。(719) —　このころまで日本硫酸，化学薬品（特に苛性ソーダと硫酸）の製造を企画するが果たさず。悪臭や毒ガス発散もその理由の一つ。翌年に至り漸く許可を得る。(493)	6　浅草マッチ工場，10～15歳の女工300人を募集。	7　高島炭鉱で，賃上げを要求し坑夫暴動。(521) —　マッチの輸出額，2万4,000円。(638)
1879 明治12	4　衛生局，鉱色性染料の飲食物着色取締り。(409-45号) 5・27　千葉県下の農家で，彩色用唐緑青で着色した団子を食した子供の事件発生。(409-68号) —　このころ飲食物・玩具に劇毒色素を用いる者が多く，問題とされる。(409-84号) 夏　栃木県渡良瀬川で，魚類数万尾が原因不明の浮上。翌1880年にも夏に同様事件発生。(240)	2・1「各庁技術工芸ノ者，就業上死傷ノ節手当内規」制定。(182,524)	5　大阪にて，川口硫酸製造会社設立。のちの大阪アルカリ（明治26年改称)。(195) 12　銀行数，国立銀行で151行。こののちは私立銀行・銀行類会社の設立盛ん。(168) —　別子銅山，硫酸化収銅法による湿式製錬場を建設。副産物として硫酸鉄を得る。(577) —　工場数 960。(501) —　足尾産銅151,420斤。(637) —　安全マッチ製造開始。この頃，静岡・愛知・大阪・兵庫・岡山等の各地にマッチ工場設立さかん。(486,638)
1880 明治13	1　内務省，「市場・製造場・屠場・魚干場等の位置，建造方に注意し，健康に害を与えることがあれば，改良の見込みをたてよ」との達し。(88-1・13) 3　中央衛生会，淀川を汚水と結論。大阪府庁，		1　渋沢栄一，足尾銅山の共同経営に参加(17) 4・5　集会条例公布。(168) 6・1　小坂鉱山再び官営。

年　号	公　害　事　項	労働災害事項	備　　考
1880 明治13	4月30日限りで**河水の飲用を禁止**。(14,88-3・13) 6・27　愛媛県下にて，**絵具緑青着色団子**による200人余の**中毒**事件発生。(57-30号) ―　東京の目黒村民，**三田用水**の工場引入れに対し，村をあげて反対。(280) ―　**別子銅山**，江戸時代より問題化していた下流への鉱毒除害のため，**流水沈殿法**試用開始。(577)		(242) 6　東京の目黒に**火薬製造所**創設。(300) 11・5　工場払下概則，定まる。(168) 11　高島炭鉱坑夫数百人，暴動。(521)
1881 明治14	―　**栃木県令藤原為親**の「渡良瀬川の魚族発売禁止」の訓令。1880年との説もあり。ただし，訓令現物は不明。(藤原県令在任期間は明治13年10月～16年9月まで)。(100,235)	7・15　後藤幾太郎，**水銀中毒・炭酸ガス中毒**にふれた医学論文で，慢性中毒として職工の発病に言及。(57-42号) 4　**別子銅山**，囚人労働開始。(165) 4～5　訳者不明の翻訳論文「**職業衛生概論**」医学雑誌に掲載。(409-161～3号) 6・24　高知県，樟脳再製業取締布達。(258) ―　このころ三池炭山の囚人労働者800人以上。三池労働者数の4割強。(491)	3　**三菱**（岩崎弥太郎），高島炭鉱を譲受け，経営開始。(722) 4　農商務省，内務省から独立。(310) 8・13　石油取締規則布達。(168) 11　日本鉄道会社創立。(521) 12　官営愛知紡績所開業。(501) ―　**光明社**（のちの日本ペイント），顔料および堅練ペイントの製造開始。塗料工業の始まり。(513)
1882 明治15	2・15　大阪府，郡区役所と戸長役場に対し，「火力蒸気力または爆発物を取扱う製造所設置願について，**公害**の有無を検べたのち許可をする」旨，人々にゆきわたらせるよう布達。(96,724) 5　**長崎県高島村**人民総代，土地の陥没や家屋の傾斜・水源涸渇・漁業不振をもたらした高島炭鉱のさしとめか，あるいは村民の生活保障を県知事に請願。(491) ―　このころより**渡良瀬川**の鮎・鱒など，それまで多産であった**魚類，激減**。(725)	4・20　医学士**江口襄**，**製紙所職工**の死者数がこの数年増加しており，原因は製造工程中有害物質にさらされることで対策の要あり，と指摘あり。(57-55号) ―農商務省，**工場条例立案**の資料調査開始。(310,524)。 ―　幌内炭鉱採炭開始。幌内地区に空知集治監設置。三池同様，囚人労働力への依拠始まる。(491)	10　**大日本紡績連合会**設立。(508,521) 11・8　農商務省で働く独人のドクトル・ナウマンの編んだわが国鉱山の弊害と改良案，工部省に送付。(242) 11　岩鼻火薬製造所，製造開始。(300)
1883 明治16	4・14　群馬県下で**緑青着色餅**による家族など8人の**中毒事件**発生。(409-163号) ―　大阪および徳島地方で，**黄燐マッチ**の摺附木による子供の中毒多発。**徳島県，黄燐摺附木取締方**	3～6　広田京斉，塗工や染工に**亜ヒ酸中毒**の発生，銅鉱使用職工に**銅中毒**の発生および坑	2・15　東京電灯会社設立。(501) 4・16　東京深川の官営セメント工場，神奈川

年号	公害事項	労働災害事項	備考
1883 明治16	伺出。(522) — このころ**東京深川**のセメント工場の**セメント粉塵**について，周辺住民に不満や苦情あり。(251-51号) — このころより，**大阪市内の煤煙**問題化。(362)	夫・研工・陶工・鍛冶工，紡工など金石粉末や獣毛綿布細粉の中で働く者に，**肺労**の発病の多いことを指摘。(57-79, 83, 87号) 7・5 **大阪紡績会社**，操業開始。8月26日夜間業開始。初給は男工12銭，女工7銭（日給）。(168, 487) 7・25 早川精一郎，埼玉県下の女性鋳工の**硫酸中毒**について報告。但し中毒の原因は誤飲と思われる。(57-92号) 9 三池大ノ浦炭鉱で囚人坑夫暴動を押さえるための坑口閉鎖により，46人が生きうめ。(607) — 深川セメント工場で粉塵のため労働者に吐血するものあり。(14)	県の平民**浅野総一郎**に貸与。(242) 5 住友，別子山村に病院設立。(577) 7・15 種痘による死亡や麻痺についてのニューヨーク医事新聞の翻訳，医師らに種痘害についての注意喚起のため日本の医事新聞に掲載さる。(57-91号) — 大阪付近に工場建設多数。また紡績工場急増。(362) — 足尾銅山産銅1,089,733斤。(637) — 高島炭鉱で坑夫数百人，暴動。(521) — 私立銀行197行。銀行類似会社699。(168)
1884 明治17	4・25 **富士川游**，英国における緑青着色料事件を紹介し，緑青の有害性を説いた論稿を発表。(400-98号) — **大阪に「船場，島の内に鍛冶銅吹工場建つこと相成らず」との布達**。わが国煤煙防止令の最初。紡績会社の急増と排出煤煙量の激増による，との指摘。(362-4巻10号) — **別子銅山**，愛媛県新居浜惣開に地元農民の反対を押して洋式鉱炉築造。(726)	6〜7 活字工，白粉・丹製造工，画工，弾丸製造など常時鉛気に接触する者に慢性鉛中毒と警告。(409-326, 327号) 夏〜 **高島炭鉱**で労働者の間に**脚気多発**。7月だけで800人。(491) 10・11, 18 横山詡，「職業には，健康に有益な物よりも有害なものが多い」と論じた外国の論文を訳し，医学雑誌に掲載。「職業並遊戯論」(409-341, 342号) 11・1 医学士戸塚巻蔵，『ベルリン医事週誌』に掲載の，「活版事業や洋風彩色従事者は鉛中毒に往々かかる」との記	9・18 小坂鉱山，東京府下の商人久原庄三郎に払下げ。(242) 9・19 官営**深川セメント工場**，**浅野総一郎・西村勝三**に払下。(242) — 会社数1,298。工場数1,342。銀行数356。(501) — 大阪紡績会社，電灯使用。深夜業広まる。(497)

年号	公害事項	労働災害事項	備考
		事を紹介。(409-344号)	
1885 明治18	3 **多木製肥所**の獣骨を炒ることによる臭気,付近住民の苦情を受ける。(384) — 東京深川の**浅野セメント工場**からのセメント粉塵被害,周辺住宅で強まる。警視庁,**宇都宮三郎**に粉塵減少策を依頼。宇都宮,粉塵は工業に伴うもので避けられぬと返答。警視庁,この言葉に依って,住民を説得。(448) — **渡良瀬川沿岸**の農作物,このころより年々目に見えて減産。(17) — **足尾銅山周辺の栃木県松木村**はじめ5村に,製錬所排出ガスによる農作物被害発生。(17) 松木村を除く5カ村は古河と示談。(599) — **松江・奥谷村**で石炭坑試掘による鉱毒水をめぐり,村民との間に紛争発生。(264-8•4)	8〜9 高島炭鉱でこんどはコレラ多発。避病院10棟を増築。(491) — **陸軍に脚気多発**。明治11年よりこの年まで患者6万9,224人, 死者1,655人。(409-718号) — 政府,**黄燐マッチの製造禁止**。(638)	1•20 院内鉱山,古河市兵衛に払下げ。(242) 3•1 **多木製肥所**, 獣骨を原料としてリン酸肥料の製造開始。(384) 4•14 阿仁鉱山,古河市兵衛に払下げ。(242) 8•28 **東京瓦斯局,渋沢栄一**らに払下げ許可となり10月1日,東京瓦斯会社営業開始。(168) 〔12〕 工部省廃止。(242) — 別子の産銅2,512,312斤。小坂53,615斤。(637) **古河産銅高(全国比53.4%,うち足尾6,835,581斤)**。(637)
1886 明治19	4•22 農商務省,静岡県東伊豆町の**白田硫黄山**開坑を遂に許可。(719) 12•7 大阪府郡部会議長,大阪府知事に対し「高津入堀川の澱滞汚溜は衛生上の大害」と指摘し,清流に戻すなどの策につき建議。汚濁の原因は未詳。(95) — 三井組の神岡鉱山進出に反対し,岐阜県神岡町民,激しい反対運動を開始。(112)	1〜2 高島炭鉱で新たに痘瘡大流行。(491)	場工女同盟罷業。わが国で最初のストライキ。(197) 7•5 東京電灯会社開業。(168) 8 **別子銅山**, 愛媛県新居郡角野村**山根製錬所**設立。(577) 12 土谷ゴム製造所(のちの三田土ゴム)創立。(195)
1887 明治20	6 **栃木県梁田郡**の梁田宿外4カ村用係,**渡良瀬川**について,「水源の足尾に銅山が開けてより,**鉱毒水**が流出し,魚類を減らし,絶滅に近くした」と記録。(727) 9 警視庁令として「塵芥取締規則」布達。(180)	4 兵庫県マッチ製造業組合創立。マッチ業者組合の最初。(496) 6 農商務省,職工条例及職工徒弟条例案脱稿。未発表に終わる。(310) 9 愛媛県八幡浜のマッチ会社や製紙会社, 7〜8歳の幼年工を雇用。	1•22 東京に初めて電燈点火。(168) 4•28 東京人造肥料会社設立許可。(537) 9•22 名古屋電燈会社設立。(168) 12•26 保安条例公布,施行。(168) 12 **大阪の中之島に大阪電燈会社設立**。(811) 12 四日市製紙設立。(168) — 内地綿花収穫高最

年　号	公　害　事　項	労働災害事項	備　考
1887 明治20			高，3万1,067 t。(168) — 紡績会社．大阪を中心に続々設立。(168)
1888 明治21	5•16 大阪府**着色料取締規則**布達。飲食物・玩具への着色に関する取締規則。(642) 7 1882（明治15）年に**高島村村民**のおこした，高島炭鉱に対する差しとめか**鉱害賠償の訴えに判決**。被告岩崎久弥（三菱社長）の勝訴。(491) — **大阪**に「**旧市内に於て煙突を立つる工場の建設相成らず**」**の布達**。大阪電燈会社の煤煙の猛烈さに大阪府がへきえきしたためとの指摘。(361,362) — 別子銅山(住友)，山根製錬所に本格的湿式収銅法の装置建設。江戸時代以来の鉱毒水対策のほか，廃物利用のため。(577)	6 **高島炭鉱**における坑夫の**虐待問題化**。1886(明治19)年の痘瘡大流行のおり，死者を古びた酒樽に入れて犬猫のごとく火葬のことなど，『日本人』に掲載。(491) 8•25 **後藤新平「職業衛生法」**を医学雑誌に連載開始。(728) 11•24 大谷周庵，**三池炭鉱**における炭鉱労働者**肺労**に関する出張報告を発表。(409-556号)	3•1 東京人造肥料会社，肥料製造開始。(382) 5•10 日本石油会社，設立。(729) 8 **三池炭鉱，三井**代人佐々木八郎に**払下げ**。(242) 8 東京市区改正条例公布。(180) 11 愛媛県議会，別子銅山の囚人労働禁止の建議を知事に提出。(165) — 紡績会社の設立続く。(168) — 三池炭鉱の労働者3,103人，うち囚人は2,144人と7割弱。(491)
1889 明治22	— **三池鉱山**周辺の家庭に井戸水の枯渇や著しい減水。住民，三井組に補償金支払いを要求し受けとる。(220) — **大分県**の**佐賀関鉱山**で製錬開始に伴い，近隣部落の山林に被害。農民，福岡県の鉱務署に訴えを繰りかえし，製錬中止にもちこむことに成功。(461) — 大阪府「塵芥場規則」および「塵芥掃除規則」制定。(180)	2•23 星野元彦，**俳優の慢性鉛中毒**を医学雑誌で報告。(409-569号) 9•5，10•20 医学士島村俊一，**鏡職工の水銀中毒**を報告。(408-3巻17,20号) 11•28 医博**坪井次郎**，東京医学会例会にて，松保土鉱山と細倉鉱山の巡覧結果を発表。細倉鉱山労働者の病は①負傷，②窒息，③**塵埃吸引病（塵肺）**，④金属中毒。(408-3巻24号) 12•20 医博**坪井次郎**，国政医学会常会で，「**塵埃吸引病**」と題し講演。石工，鍛冶工，坑夫，硝子工などに特別の塵埃を吸ったために発生。(747-36号)	2•11 大日本帝国憲法発布。(168) 3•5 海外における駆虫剤綿馬越幾斯による視力障害発生の紹介，医学雑誌にあり。(408-3巻5号) 3 紡績連合会，対罷工規約を作成。(501) 4 『工部省沿革報告』刊行。(242) 7•27 京都電燈会社開業(168) 9•30～10•5 大阪天満紡婦人労働者同盟罷業。(197) — 佐渡・生野両鉱山，皇室財産に編入。(168) — 東京昇光舎，硝化綿よりセルロイド生地製造。家内工業として始まる。(300)

年号	公害事項	労働災害事項	備考
1889 明治22		— **昇光舎**（セルロイド製造所）で火災発生。10数人が死亡。(300) — 農商務省，汽缶職取締法制定のため実態調査を開始。(310)	— 大阪に市制。(180) — **別子銅山(住友)**，新居浜惣開に**新居浜分店**を置き，工作方（のちの住友機械工業）を増設。(577)
1890 明治23	3・7 佐賀県佐賀郡諸富港の漁民，筑後川工事の漁業への影響に関し集合。(158) 3・15 医博佐藤進，一般人の白粉による鉛中毒発生について報告。(409-624号) 8・23 **渡良瀬川，足尾銅山の乱伐および亜硫酸ガス被害による禿山化が原因で大洪水**。洪水の引いたあと，農作物などに異変。農民の間に「**鉱毒**だ」との声強まる。また魚類も多数死滅。**農漁民に被害甚大**。(236) 10 栃木県足利郡毛野村の被害農民，栃木県立宇都宮病院調剤局に対し，**渡良瀬川水質の**試験を依頼。調剤局長，10月14日付で試験の結果，川水が亜硝酸・銅・アンモニアを含有しており，飲用に適さないと報告。(17) 11・12 横浜市尾上町でガス爆発事故。(742) 12・18 栃木県足利郡吾妻村，**足尾銅山の採掘停止要望**の上申書を県知事へ提出。代表は村長亀田佐平。(388) 12 栃木県会，足尾鉱毒除去への適当な処分を求め，知事宛に建議を提出。(314) — **宮崎県土呂久**に，互助自治組織としての＜和合会＞結成。(443) — 東京目黒で火薬製造所と目黒村民の間に，用水利用をめぐって紛争。製造所が契約に反した水利用をし，このため下流で灌漑用水不足が発生。(647)	4・7 **生野鉱山**における鉱山労働者肺病発生について担当医師**佐藤英太郎**，「いわゆる煙毒は，塵埃とくに石粉吸入による**鉱夫肺病**」と報告。(57-326号) — **兵庫県，摺附木製造所取締規則**制定。(522) — 内務省，**製造所取締条例**発布を企画するが，農商務省の強い工業保護論により実現せず。(522) — 黄燐マッチ製造禁止，同年中に解禁。(638) — 軍医土岐頼徳，陸軍の脚気患者，麦飯摂取により減少と報告。(408-4巻18,19号) — 開業医桑原文作，桐生の織物婦人労働者の脚気多発について報告。100人中40人に発病。(408-4巻19号) — 医師飯島茂，**製糸婦人労働者**の健康障害は劣悪な労働条件のためと指摘。(408-5巻14号)	4 ベルリンで万国労働者保護会議。(251-45号) 6・15 初の紡績操短。(168) 7・24 鉱山監督署官制公布。(220) 7・25 集会および政社法公布。(168) 9・26 **鉱業条例公布**。(168) 10・1 横浜共同電燈会社開業。(168) 12 足尾銅山間藤に水力発電所竣工。わが国で最初。(570) — **静岡県鷹岡町**にて製紙会社，**パルプ製造**開始。(566) — 別子銅山山根工場，塩化焙焼法による浸出収銅を開始し，良銅産出に成功。(577) — このころ（明治中期)，**土呂久鉱山**で**亜ヒ酸製造**始まる。(443)

年 号	公 害 事 項	労働災害事項	備 考
1891 明治24	1 三池炭鉱，大牟田町における家屋傾斜事故に補償金を支払う。この後も同様事件続く。(220) 2・28 東京衛生試験所技師村井純之助，**静岡県の製紙会社排出の汚水**が，飲料水水源の潤川を**汚染**している件に関し，刑法を引用して非難した論文を医学雑誌に掲載。地域の人々の苦情を受けた県当局の要請で行った実地調査の結果。(251-46号) 2 群馬県会，足尾鉱毒事件を論議。(17) 3 群馬県会，足尾鉱毒事件で，県庁に対する調査，救済を要望した建議を提出。(17) 4・3 栃木県足利郡吾妻村， 前年の上申書に知事の返答がないため，被害の調査依頼の上申書を知事へ提出。(17) 4・13 栃木県知事，安蘇・足利・梁田郡など渡良瀬川沿岸の実況見まわり。こののち，鉱毒被害調査費とし，140余円の支出を決定。(17) 4 渡良瀬川上流の**群馬県待矢場両堰**水利土功組合,帝国医科大学教授**丹波敬三**に鉱毒調査を依頼(314)。また，自身も足尾銅山へ現地調査。(333) 5・1 栃木県鉱毒激甚地区のうち， 吾妻・毛野・梁田3郡の有志（亀田・長・早川など),毛野村で集会し足尾銅山の実地調査。**農科大学**への土砂分析依頼，費用の分担方法等を決定。この先梁田村有志の士族**長祐之**の名で行った農商務省地質局に対する畑土と水質分析は， 4月22日付で「依頼に応じ難し」と拒否される（**農相陸奥宗光**は足尾銅山経営者の古河家と姻戚関係にあり)。(162,388) 5・20 梁田村の**長祐之**， 5月初旬に実施した足尾銅山の実地調査結果を報告。足尾銅山が下流の被害の原因である確信を深め，大運動をおこす必要あり，と。(162) 6・1 この日付にて農科大学助教授**古在由直**より，渡良瀬川沿岸被害民たちよりかねて依頼の土壌分析結果届く。**被害の原因は銅の化合物**。(162) 6・7 医科大教授片山国嘉，十二指腸虫患者に綿馬越幾斯を使用し両眼を失明させた件に関し，医療過誤か偶然かを論じて医事新聞に投稿。(57-354号) 7・30 医学士三島通良，瀬戸引鍋の鉛分含有を指摘し，鉛中毒について警告。(251-51号) 7 **長祐之『足尾銅山鉱毒，渡良瀬川沿岸被害事情』**を出版。足尾鉱毒に関する民間最初の出版物だが，発行後治安妨害として**発禁**となる。(20) 11・25 雑誌**『足尾之鉱毒』**，『足尾銅山鉱毒，渡良瀬川沿岸被害事情』の発禁に抗議する寄稿を掲載して**創刊**。これも直ちに**発禁**となる。(20)	1・9 **神奈川県， 黄燐摺附木製造取締**規則。県令第1号。(183) 11・25 医科大教授片山国嘉，船員の一酸化炭素中毒事件と解剖結果を報告。欧州に多い中毒で筆者としては初の解剖例，と（日付は解剖日)。(409-718号) ― 医科大学教授榊俶，白粉による鉛中毒について，「従来俳優に関する報告が多いが，自分も一例を扱った」と発表。(408-5巻23号) ― 農商務省，全国商業会議所に対し,「**職工の取締及び保護に関する件**」を諮問。堺商業会議所を除き，**全商業会議所がこれに不賛成**の答申。(310,522)	1・19 大阪府，井上貞次郎出願の黄燐マッチ製造工場設立を許可。同府下最初。(168) 4・1 高島嘉右衛門経営の旧横浜ガス局，横浜市に引渡し。(168) 7・1 熊本電灯会社開業。(168) ― 足尾産銅10,141,076斤。小坂産銅 131,887斤。別子産銅 3,039,578斤。(637) ― このころより**マッチ工業，大阪・兵庫に集中**。輸出入の便利さと低賃金のため。マッチ工業立地地域はスラムおよび都市の未解放部落であり，これにより低賃金問題発生。(486)

年号	公害事項	労働災害事項	備考
1891 明治24	12・18 **代議士田中正造**，足尾鉱毒に関する質問書を衆議院へ提出（**足尾鉱毒に関する国会初質問**）。これに対する政府答弁，「被害の原因不明につき調査中。鉱業人は(独)・(米)より粉鉱採取器を購入し鉱物流出予防準備を整えた」。(388) 12・25 田中正造，帝国議会で2度目の鉱毒質問。この後議会解散し，政府回答得られぬまま。(236) 12・25 製薬士細井修吾，琺瑯鍋の釉薬の鉛質を指摘し，連用したときに慢性中毒発生のおそれのあることを医学雑誌に発表。(251-56号) — 山梨の医師飯島茂，**製紙業廃水**の地域への影響にふれた論文を医学雑誌に発表。(408-5巻14号) — 福井県**三光銅山**で鉱害問題発生。明治25年鉱害地に編入，明治40年解除。(559)		
1892 明治25	2・22 栃木県内務部，**古在由直・長岡宗好**による『渡良瀬川沿岸被害原因調査に関する農科大学の報告』を刊行。公的機関としては，足尾鉱毒事件に関する最初の刊行物。(717) 2 **栃木県知事**折田平内，県会決議を受け，**<仲裁会>**を組織。県議などによる構成。**示談促進**のためで群馬県では水利組合が同じ役割。(314) 3・25 足尾銅山，群馬県待矢場用水組合と協議のうえ，粉鉱調査費約570円，寄附金6,500円を同組合に支払うことを決定。(333) 3 栃木県足利,梁田郡内に<**鉱毒被害者同盟会**>結成。仲裁委員の仲裁を拒否し，古河市兵衛に対する行政処分請願を行うことを目的としたもの。(161) 5・23 代議士田中正造，足尾銅山鉱毒問題で第2回目の質問書提出（衆議院）。政府，6月11日に書面で答弁。田中，納得せず13日，再度質問書を提出し，14日質問演説。この日は議会最終日にて政府の答弁なし。(236) 5 栃木県で組織された足尾鉱害事件の<仲裁会>と被害民代表者数百人，初会合。この後各地で同様の会合あり，被害民代表者ら，次々と仲裁委任を決定。(333) 6・10 **農相河野敏鎌**，田中正造の質問に答弁書。足尾銅山は，粉鉱採集器設置・沈殿場工事準備中につき多量の鉱害流出はないと認める，と。答弁書掲載の**官報・新聞**，被害地に無料配布。(236) 8・27 **水銀軟膏**を手指の皸裂に塗布した女性の**急性水銀中毒**の事件(外国)，医学雑誌に記載。10月に	1・22 生野鉱山の医師**佐藤英太郎**，再び坑内労働者の「**煙毒**」について論文発表。明治24年水搗法になってより良好，と。(57-369号) 7～10 北海道**幌内炭山**における**囚人労働**の労働環境，労働条件の劣悪さについての記述，坑内労働者に**内科・外科・眼科的病**が多く，解剖結果より**塵埃肺労**も発見のこと，医学誌に掲載さる。(397) 11・10 **鉱夫使役規則,鉱夫救恤規則**,制定実施。(593) 12・30 大阪の大阪紡績三軒工場で出火。婦人労働者ら数百人，逃げ場がなく死傷。(309)	3・16 鉱業条例施行細則公布(220) 4・1 鉱山監督署官制施行。(220) 6 三池炭鉱，三井物産より分離，三井鉱山㈾設立。(610) 6・1 鉱業条例施行。(839) 12・末 マッチ製造業労働者1万5,264人，製糸労働者6万8,783人，紡績労働者2万9,103人，織物労働者2万3,176人。(486)

年　号	公　害　事　項	労働災害事項	備　考
1892 明治25	も類似の事故の記載あり。(409-752号) 8・23　**足尾鉱毒被害地**の一部で，古河市兵衛と被害民の間に**示談契約成立**。こののち翌年にかけ，各地で同様の示談契約。「1893(明治26)年6月30日を期限とし，古河は精巧な粉鉱採集器をとりつけること」および「1896(明治29)年6月30日までに同器が効果をあげたとき，契約は終了」との条件をつけ示談金支払を定めたもの。のちの永久的示談契約とは，制約をつけている点で異なる。(236) —　**津田仙**編『農業雑誌』，「足尾銅山の鉱毒は試験の結果，作物に大害あり」と掲載。(528-447号) —　足尾銅山製錬所拡張のため，周辺の**栃木県松木村**で樹木・農作物・桑などに大被害発生し，農民の生計成りたたぬほど。被害農民，足尾銅山に損害金要求の交渉開始。(599)		
1893 明治26	9・25　**愛媛県新居浜村**で村民数十人，別子銅山新居浜分店に対し，製錬所の**亜硫酸ガス**による農作物被害を訴え，製錬事業の停止を要求。(577) 9・26　愛媛県新須賀・庄内・金子の3村民約100人，また27日には金子・新居浜村民が別子銅山新居浜分店に行き，製錬所移転と被害調査を要求，徹夜の交渉。28日，数百人の村民が交渉に参加するが，警官の出動で退去。(577) 10・1　愛媛県新居浜村の**別子銅山新居浜分店**，県技師の報告に基づき**農作被害と製錬所とは無関係と説明**。村民，この説明に怒り8日，数百人が分店に行き，暴動寸前に至る。この後，県知事が斡旋にのり出し，村民代表と分店側との連日に近い折衝へと移行。(577) —　石川県**倉谷鉱山**で製錬に伴う排出ガス被害および川魚漁被害発生。犀川沿岸漁民，県に対し保護を陳情。(123) —　鳥取県日野郡で，たたら製鉄用の砂鉄採取による下流農民の被害が問題化。流砂による川床上昇や濫伐により，水害が頻発。(438) —　横浜市，相模川支流道志川に水道用水取入所移転を計画し，上流にある銅鉱の許可をせぬよう東京鉱山監督署に上申。(670)	5　医師井上達七郎，「**鉛山労働者**の**鉛中毒**および**俳優**の白粉中の鉛による**視神経障害**について」投稿。(408-7巻10号) 12・15　薇邨居士，**慢性燐中毒**について「**マッチ製造所**における燐や燐化水素の蒸気吸入により起きる例」医学雑誌に紹介。(257-12号) —　医学雑誌に，海外における**ゴム製造所**などでの**二硫化炭素中毒**に由来する急性躁狂3例紹介。(408-7巻9号) —　このころ石油の手掘に伴う労働者の死傷事故，断続的に発生。(492)	4・22　医師井上達七郎，綿馬越幾斯濫用の弊害として視力障害・副作用がすでに80余年前に外国で報告されていると記述。(408-7巻8号) 5　別子銅山の鉱山専用鉄道，端出場と惣開の間でまず竣工，12月には山頂近くの角石原，石ケ丈山との間にも竣工。(577) 7・1　**三井鉱山**(名)(**神岡**)開業。(610) 11　明治5年設立の抄紙会社，**王子製紙**と改称。(98) 12・15　三菱社，三菱(資)に改称。社長，岩崎久弥。(722) 12　藤田組設立，**小坂鉱山**の経営。社長，藤田伝三郎。(168) —　棚橋寅五郎，**棚橋製薬所を**創業。のちの日本化学工業。(195) —　砂鉄採取法制定。

年　号	公　害　事　項	労働災害事項	備　　考
1894 明治27	**5・下**　**別子銅山**の**新居浜製錬所**より排出の**亜硫酸ガス**のため，麦不作。(577) **7・19**　**別子銅山**，亜硫酸ガス問題で愛媛県金子・庄内・新須賀3村の農民数百人，蓆旗・竹槍を持って**新居浜分店**を襲う。この件で農民23人が**兇徒嘯集罪**で逮捕される。(577) **8・21**　福岡県鹿町村，石炭鉱区訂正出願に対し，公益上有害であると県に上申。福岡鉱山監督署は調べの結果，飲料水源・溜池等に何ら障害なしと結論し県知事に許可を依頼。県，1896（明治29）年11月再調査を同村に指示。同村，1898(明治31)年5月，鉱主と地主の間に土地を買収することで示談が成立，と上申。(119) **12**　別子銅山新居浜分店，大阪の住友本店に対し，山根製錬所の作業停止を稟議。(577)	**5・15**　薇邨居士，**格魯児（クロム）酸カリ中毒**と水銀中毒について報告。鉱夫，鏡製造人，鍍金業，検温器製造者などに慢性水銀中毒が多発。(257-17号) 秋　**大阪私立衛生会**秋季総会にて「**職工年齢および労働時間調査**」の実施を決議。紡績，燐寸等各種工場の急増に伴い，労働者の健康状態低下が目立ち，徴兵検査において不合格者が多数発見されたことが調査のきっかけとして説明さる。調査報告は1896（明治29）年3月1日付で発行。(312)	**4**　陸軍，宇治火薬製造所を建設。(300) **8・1**　日清戦争始まる。(168) —　医博片山国嘉，某県で発生した29歳の十二指腸虫患者が，駆虫療法で綿馬越幾斯を毎日3.0ｇ，12日間投与され，12日めに失明した事件を発表。患者，主治医を医療過誤で訴え。1895(明治28)年4月，鑑定の結果，医師の不法なしとなる。(409-875号)
1895 明治28	**2**　**別子銅山**，**新居浜製錬所**の亜硫酸ガス被害で**被害村の総代**40余人，**大阪住友本店**と直接交渉。村民の示した被害内容には，各種農作物・山林・家屋の被害のほか，泉水中の鯉，鮒などの斃死や人間の呼吸器疾患の増加などがあり。本店との交渉は空転し，あらためて新居浜分店と交渉。(577) **2**　別子銅山，山根製錬所を閉鎖。(577) **3**　足尾鉱毒事件の被害民，**足尾鉱山**との間に初回示談金の半額以下で，「今後一切要求をせぬ」との条件で**永久示談契約**を締結。被害者の生活の困窮化を古河側に利用されたもの。(236) **8**　足尾銅山，明治25年の栃木県松木村の亜硫酸ガス被害農民からの交渉に回答。損害金として地価の2倍を出す，と。被害農民，要求との格差大のため示談を拒否し，足尾町役場に請願。(18) **10・24**　**栃木県松木村**村民代表と**足尾銅山**，**示談契約**を締結。被害民が当初希望した地価の7倍の金額は大幅に削られ，地価の3倍半におちつく。また契約書に，子々孫々に至るまで足尾銅山の鉱烟につき一切請求せずとの一項。(18，599) **11・29**　栃木県会，県知事に対し，「足尾銅山の土砂鉱屑の渡良瀬川への投棄禁止」を建議。渡良瀬川源流は古河の借区外であることが論拠。(643)	**10・5**　外国における**潜水夫の疾病**について，「日本においてもやがて発生するもの」と注釈つきで医学誌に報告あり。(409-914号) —　農商務省商工局，各地に職員を出張させ工業の実態調査を実施。その視察報告，明治29〜30年に『**工業視察紀要**』として刊行。(312)	**6・20**　井上善次郎，副作用をおこす綿馬越幾斯の代用品として使用され始めた知母爾が，5.0ｇ以上量を使用すると嗜眠昏睡虚脱を引きおこすことを医学雑誌に報告。(400-366号) —　別子銅山，山中の小学校の分教室を新居浜惣開に開設。(577)

年号	公害事項	労働災害事項	備考
1895 明治28	11・29　栃木県会，「足尾銅山付近における官有山林採伐跡の土砂崩落禁止，水源涵養に関係ある官林伐採の禁止，足尾銅山付近官林伐採の跡地へ植樹のこと」を，内務大臣へ建議。(643) 11　**別子銅山**，新居浜の亜硫酸ガス事件解決のため製錬所移転を計画し，瀬戸内海上の**四阪島を買収**。(577) 11　徳島県知事，農商務省に対し，吉野川筋の鉱毒予防の件で具申。(577) —　**日本矯風会**，足尾鉱毒事件で被害現地へ救護班を派遣。(388) —　**長瀬商店**，花王石鹼製造所の増築を東京の千駄ケ谷村で開始するが，新宿御苑に近く煙突の建設が許可されないため工事を中止。翌1896(明治29)年本所区向島に敷地替え。(113)		
1896 明治29	2・11　**神奈川県，汽缶並汽機取締規則**公布（県令第7号)。「公安に害ありと認むるときは之を**認可せざる**ことあるべし」の一節。(183) 3・22　田中正造，「足尾銅山鉱毒に関する趣意書」を議会に提出。25日説明演説。政府の答弁得られず。(389) 6・12　群馬県新田郡長（水利組合管理者)，群馬県知事に対し，「足尾銅山の除害装置は効を奏さず，水田耕作物の被害は年々甚し。技師を調査のため派遣するよう」農相への申請を依頼した上申書を提出。(333) 9・8　**渡良瀬川大洪水**。下流で鉱毒による**大被害**発生。安政6年以来の大洪水。**東京府本所区**にまで斃死魚類漂流。(236,338,387) 9・15　足尾銅山による鉱毒地の被害農民ら，「足尾銅山鉱業停止請願」のビラを作成。農相榎本武揚へ提出。(17) 9・25　別子（住友)，四阪島への製錬所建設を農商務大臣に申請。12月25日許可となり，建設工事を開始。(577) 9・27　栃木県梁田全郡，鉱毒除去請願を決定。10月2日には栃木県安蘇全郡が請願を決定。(17,389) 10　足尾鉱毒被害地の栃木県安蘇郡**植野村と界村**の有志，**鉱業停止請願書**を提出。永島与八によれば最初の請願書。この後，被害地の総代・有志，相次いで上京し請願を行う。(236)	5　大阪市立衛生会，調査委員を設置し，紡績工場14工場の労働衛生についての調査を行う。結果発表は1897(明治30)年。その内容に，労働時間は各社平均11時間で長過ぎ，食事は粗食，食器の洗浄法も不適などの記述あり。(312) 10・19　政府，**農商工高等会議**を発足。同会議に対し，職工の取締および保護に関する諮問案を提出。これより先地方長官会議にも諮問。(310,312) —　空知炭鉱歌志内，夕張炭鉱（ガス爆発）事故で計26人死亡，21人負傷。(169) —　製薬士**田原良純「我国ノ工業衛生ニ就テ」**を医学雑誌に発表。各種工場よりの有害ガス，汚水排出に伴う住民被害や労働者の健康破壊について警告。	1　板橋火薬製造所(陸軍所管)，**ピクリン酸火薬**の工業生産を開始。(168) 3・30　**製鉄所官制**発布。1897（明治30）年に福岡県八幡村に製鉄所建設を決定。(654) 4・8　**河川法公布**。(168) 8・28　大阪瓦斯㈱設立。(730) 9　陸軍，無煙火薬および硝化綿の工業的製造を開始。(300) 10・1　川崎造船所設立。(168) 10　佐渡・生野両御料鉱山と大阪製錬所，三菱㈾に払下げ。(722)

年号	公害事項	労働災害事項	備考
1896 明治29	10 熊本県の高橋元長ら，赤沢銅山（茨城県）の鉱区の増区を出願。地元農民，鉱毒を懸念しこれに抗議。除害を行うことを条件に，1899(明治32)年許可となる。(544) 11・2 群馬県邑楽郡渡良瀬村早川田の**雲龍寺に，群馬・栃木両県鉱業停止請願事務所**設立。(236，17では10・5) 11・18 農商務省，農事試験所技師を群馬・栃木両県へ派遣。鉱毒被害調査報告の提示請求。(314) 11 群馬・栃木両県鉱業停止請願事務所，初仕事とし，両県3郡9カ町村鉱毒被害民名で，農相榎本武揚に対し，足尾銅山鉱業停止請願書を提出。(236) 12・4 群馬県会，鉱業停止を求めた内務大臣宛建議を可決。(314) 12月17日には「水害工事復旧に就て建議」，12月19日には「渡良瀬川末流新川開さくの建議」を可決。(17) 12・12 栃木県会，鉱毒問題で県知事と内務大臣樺山資紀に対する建議書三つを可決。県知事へは事態放置の怠慢を問い，内務大臣へは堤防の国費による建築と同じく新川開さくを要求。(314)	(731-158号) — このころ**陸軍の宇治火薬製造所**硝化綿製造設備について，「衛生設備皆無のため，モウモウたるガスの中で作業」との記録あり。「労働者にガスを吸って喀血した者あり」とも。(300)	— 東京市，府下綾瀬村にゴミ焼却場建設用地買収。建設は実現せず。(180)
1897 明治30	1・28 渡良瀬川沿岸の被害農民による鉱毒反対組織の**4県連合鉱毒事務所**，「鉱毒荒地無期限免減租請願」を松方蔵相へ提出。同じく2月付で「渡良瀬川沿岸堤防改築請願」を樺山内相へ提出（日付は請願ビラ）。(17,389) 2・15 **群馬県待矢場用水組合**と古河市兵衛の間に，示談契約継続の手続。(333) 2・20『足尾銅山鉱毒被害種目参考書』，4県連合鉱毒事務所により公表。24日には同じく『栃木・群馬・埼玉3県足尾銅山鉱毒被害概表』を公表。(22,437) 2・23 古河市兵衛と**足尾鉱毒被害地地主**の間に示談。この日28人の地主が示談契約書の継続に調印。(338) 2・26 田中正造，「公益に有害の鉱業を停止せざる儀に付質問書」を衆議院に提出し，質問演説を行う。(17,338) 3・上 東京の神田青年会館で田中正造・津田仙・松村介石などにより，**鉱毒問題と社会問題**解決を目的とした団体＜**協同親和会**＞結成。こののち，著名な社会運動家の参加が続く。4月10日，神田三崎町で演説会。(389) 3・2,3 **渡良瀬川沿岸被害農民2,000人**，雲龍寺を起点として深夜出発し，徒歩で上京。請願のため	2 農商務省商工局，**工場法案**を立案。(312) 6 農商務省，商工局から工務局を独立させ各地工場視察を実施し，工場法案の起草を進める。(312) 8・21 **東京砲兵工廠**の労働者の労働環境・労働条件についての**軍医総監石黒**の調査報告，経済雑誌に掲載。休憩時間が5分から30分以内。有害ガスの発生による労働者の失神事故の発生，夥しい塵埃による呼吸器系患者の多発等の記述あり。(312) 9 実業界の機関誌『**時事新報**』，「工場巡視記」の連載開始。工場法案起草へ対抗する一つの現れとの解釈あり。(312)	2・6 官営製鉄所を福岡県八幡村に建設のこと決定。(654) 3・1 農商務省商工局『工場及職工ニ関スル通弊一斑』を刊行。不潔で有害な工場の労働環境についての報告あり。(226) 4・1 住友，住友伸銅場（住友金属鉱業㈱の前身の一つ）を開業。(330) 8 光明社に亜鉛華製法特許。(723) 秋 大日本綿糸紡績同業聯合会，紡績労働者の調査を実施。1898（明治31)年1月『紡績職工事情調査概要報告書』として刊行。(226)

年　号	公　害　事　項	労働災害事項	備　考
1897 明治30	の**大衆上京行進の最初**。(17) 3・9　農商務省鉱山局，足尾鉱毒被害に関し，農作物被害の実態，出産の死亡数等の調査依頼を被害県に対し行う。(17) 3・13　渡良瀬川沿岸4県の被害農民，「鉱業停止，しからずんば死を与えよ」のビラを作成し公表。(17) 3・15，17　田中正造，2月26日の質問書への政府答弁を促して，衆議院で質問。これに対し政府，3月18日に答弁書を提出。被害人民総代との間に，すでに示談契約が成立し，示談金も支出済みであるとの趣旨。(389) 3・19　**谷干城**，渡良瀬川沿岸を視察。(17) 3・23　**農相榎本武揚**，農学者**津田仙**に忠告され，**渡良瀬川沿岸の被害地を視察**。惨状を見て帰京。翌日臨時閣議を開き**足尾銅山鉱毒調査会**を内閣に設置。27日被害民総代と面会，28日辞職。(236，338) 3・24　**足尾鉱毒被害民第二次大挙上京**。憲兵に阻止され上京しえたのは100人余。(236，338) 3・24　田中正造，衆議院において再質問。(338) 3・28，29　足尾鉱毒被害農民数百人，古河の示談に応じた村長や県議宅に抗議。(236) 3・29　足尾銅山鉱毒調査会委員および内務・農商務の次官，被害地視察。(17) 3・31　宮内省より広幡侍従，足尾鉱毒地視察。(236) 3　東京に**足尾鉱業停止東京事務所**設置。「足尾銅山鉱毒被害地惨状御見分願」を印刷し，広く配布。(17，389) 4・7　内大臣徳大寺実則，足尾鉱毒被害の実態の報告を被害県に対し要請。(17) 4・9　内務大臣樺山資紀，足尾鉱毒被害地視察。(338) 4・22　群馬県勢多郡長，県内務部長あてに足尾銅山鉱毒被害調書を提出。その中に銅山製錬より生ずる煙による山林枯死の報告あり。(17) 4・24　**足尾銅山製錬所排出ガス**により，周辺山々の**樹木に影響**の生じていること，新聞記者の取材に基づき，東京日々新聞が報道。(416-4巻24号) 4・30　農商務省鉱山局長**和田維四郎**，鉱毒について**企業弁護**の文を鉱業雑誌に掲載。(479) 5・11　憲兵30人・警官数百人，群馬県桐生町より茨城県境町まで配置さる。「足尾鉱毒被害地に不穏の動き」との中傷に基づく，と指摘あり。(389) 5・27　鉱毒調査委員会の命に基づき東京鉱山監督署長南挺三，**古河市兵衛に対し**37項より成る「**鉱毒防禦命令**」を行う。第37項は「違背のときは直ちに鉱業停止」。古河，工事にとりかかり，足尾町	10　国家医学会総会にて医学士**入沢達吉**，「**職業と疾病の関係**」という題で講演。「その職業を執らねばその疾を患わずに済むことゆえ，特に人為の関係の最大の疾病」と述べ職業的神経症と機械化との関係を事例にとりあげる。また「鉛，水銀，ヒ素等を使用する職工はその中毒にかかりやすい」とも指摘。(251-129号) 10　内務省，労働者疾病保険法案を起草し，農商務省に廻付。(310) 12・15　医事新聞に，**アニリン染業者**の固有の**角膜病**に関する海外報告の紹介あり(57-509号) —　**土佐旭鉱山**在の斎藤精一，鉱山労働者の疾病の原因として，汚染空気の吸入・過労・不自由な姿勢の労働・温度の激変・圧搾空気中での労働を指摘。(478) —　この年度，**鉄道関係の死傷者** 242人。うち職員14人死亡，37人負傷。(251-144号) —　前年9月より1年間の**全国紡績工場の死者** 247人，患者4万4，270人。紡績連合会調べ。死者数が少数なのは，不治の病や危篤状態になった者は故郷に送還するのが工場一般の風習で，帰郷の途中の死亡は上記死者数から除外のため（農商務省係員の注釈）。(313)	

年号	公害事項	労働災害事項	備考
1897 明治30	町民，手弁当で工事に助力。(570) 6・27　足尾の鉱毒被害地復旧請願在京委員（群馬・栃木両県），長文の「鉱毒被害地復旧請願」を各大臣・鉱毒調査会に提出。(314) 6　**別子銅山，鉱毒予防工事**を開始。沈殿池，濾過池の設置。(577) 8　愛媛県新居浜村村長・地主ら，大阪鉱山監督署へ，別子銅山新居浜製錬所の亜硫酸ガス害について訴願。(577) 10・2　東京・大阪・札幌・福岡の鉱山監督署長，農商務省における鉱業条例改正のための**全国鉱山監督署長**会議のあと，**足尾銅山の除害工事視察に出発。**(17) 10・7　**足尾銅山の鉱毒防御施設の不備判明。**この日，足尾鉱毒被害者在京委員，**除害工事破損検分の儀につき上申**を行う。(389) 10・8　栃木・群馬・茨城・千葉県の町村長ら83人および**鉱毒地**人民総代ら22人，「足尾銅山鉱業停止請願書」を関係大臣・貴衆両院に提出。納税すべき田畑なく，義務もない境遇でなお**課税の窮状**を訴う。(236) 10・30　鉛水道管による鉛中毒の発生のおそれについての指摘，医学雑誌にあり。(409-1021号) 10　**島田三郎**，国家医学会総会で「医学と社会との聯鎖」と題して講演し，浅野セメント粉塵事件に触れる。(251-51号) 12・4　横浜市内の写真館にて**ガス爆発**。12人が重軽傷。(57-508号) 12・7　足尾鉱毒被害地在京委員，**「沈殿池の無効につき請願書」**を農相に提出。(389) 12・14　群馬県議会，地租減免について群馬県知事に建議。(314，17では12・24) 12・14　足尾鉱毒被害地83町村長，**「憲法による被害民保護請願書」**を提出。(389) 12　愛媛県会，内務省に対し，別子銅山新居浜製錬所の亜硫酸ガス害で内務省へ建議。(577) 12・28　栃木県会，冬期における足尾銅山除害対策や渡良瀬川の築堤について内相に建議。(314) ―　**栃木県松木村**の足尾銅山による**亜硫酸ガス被害**，さらに激増。政府命令により，製錬所が一カ所に集中したため，と地元民の判断。(599) 同銅山の脱硫装置がまったく無効で，周囲の山林草木樹皮がことごとく枯死していることは，この年同地区をひそかに調査した＜足尾銅山鉱毒被害救済会＞によっても報告されている。(18)	―　夕張炭鉱(ガス爆発)事故で5人死亡，19人負傷。(169)	

年号	公害事項	労働災害事項	備考
1897 明治30	— **足尾鉱毒問題**で被害の実態と救済を訴える**演説会，頻繁**に開催。また**現地視察も頻繁**。さらに被害地よりの請願・陳情は20件余。(338) — 岡山県小田郡中本村の山林について，銅試掘の請願。1899(明治32)年に，公益上有害の理由で不許可。この後，1918（大正７）年まで出願繰り返されるが，そのつど鉱毒が理由で不許可。(102)		
1898 明治31	1・5 群馬県館林町で足尾鉱毒演説会。円城寺清・高橋秀臣の２人が東京よりの講演者。聴衆 5,000人。(338) 1・31 栃木県佐野町で田中正造，医師数十人に対し足尾鉱毒衛生演説。(338) 2・24 渡良瀬川支流にある三栗谷用水土地改良区，「鉱毒泥砂除害の沈殿場設置」を建議。(161) 2・20未明～26 **足尾鉱毒被害民**，雲龍寺に集合。**3,000人**が，夜，徒歩で**上京**を開始。**警官・憲兵**，力ずくで**阻止**し，永島与八ら４人の鉱毒被害民に負傷さす。(236) 2 各地の足尾鉱毒被害地より「**鉱毒地特別免租処分請願書**」，大蔵・内務・農商務各大臣へ提出さる。(161) 3 この月前半，群馬県内各鉱毒被害地で，交互に，連日のごとく**鉱毒談話会**。ときに政談演説会。(338) 3・16 **衆議院総選挙**。**田中正造**，**圧倒的大差で当選**。(338) 4 福島県下に貝中毒によるとみられる猫の狂死あり。(57-517,518号) 5 別子銅山新居浜製錬所，鉱山当局の命により，各煙突の補築，焼鈹窯の改造に着手。(577) 5 **政府**，**足尾鉱毒被害救済**の一策として，**免租処分**を実施(17)。これらの措置により，鉱毒被害地で**公民権を喪失**したもの多数(161)。 6・6 **田中正造**，衆議院で**鉱毒質問２時間30分**。「邦内の一国に比すべき戸数及人口を有する土地に対し鉱毒除害処分を果たさざる義につき質問」。政府の答弁なし。(338) 6 栃木県足利郡御厨村長，内務大臣・大蔵大臣に対し「**村歳入減損につき国庫金補助願**」提出。免租処分の結果，村財政に破綻が生じたもの。他の被害地においても事情は同様。８月25日，栃木県足利郡久野村人民惣代室田忠七，同じく村費補助願を内務大臣・大蔵大臣へ提出。(161) 7・13 栃木・群馬両県３郡９カ町村鉱毒被害民総代，松方蔵相に対し「**鉱毒荒地無期限免租減租請**	6・30 生野鉱山鉱夫共済組合病院長佐藤英太郎，「**生野鉱山における鉱夫共済組合**現況を述べて世の注意を促す」との論文を医学新聞に掲載。鉱山労働者の劣悪な労働条件と貧しい限りの生活を目のあたりに見ている医師として，共済組合制度の利点を紹介したもの。(57-522号) 9 国家医学会常会にて医博井上達七郎，職業病としての眼患眼傷害を講演。その中で起草中の職工保護法案にふれ，「職工の存否はひいては国家の生存力に関するものゆえ，双手をあげて賛成である」と述べる。(251-136号) 9 第３回農商工高等会議に，農商務省立案の「工場法案要領」提起さる。幼年労働者・婦人労働者の労働時間短縮などの案を含む。炭鉱・紡績など**代表的企業**，これに対し**絶対反対**を主張。政府，法案を撤回。(522)	1 大日本綿糸紡績同業聯合会『**紡績職工事情調査概要報告書**』を刊行。(226) 4・1 日本ペイント製造㈱設立。光明社の後身。(723) 4・1 ㈾**神戸製紙所**設立。のち1904(明治37)年には㈾**三菱製紙所**，1917（大正６）年に**三菱製紙**㈱となる。(722) 8 三菱㈾三菱造船所，貨客船常陸丸 6,172 t を完成。日本最初の大型汽船。(168) 11・3 大阪舎密，ソルベーコークス炉を操業，副産物の硫安回収。(168) — 10人以上を使用する生糸工場数2,163，労働者数107,841人。(141)

年号	公害事項	労働災害事項	備考
1898 明治31	**願書**」提出。(236) **7・18** 足尾鉱毒被害地のうち，同年5月に2年の負担処分を受けた足利町，「鉱毒被害地免租継年期付与の請願」を提出。(161) **7・31** 栃木県足利郡久野村が地租免租処分を受けた結果，500余の全戸が公民権を喪失のこと報道さる。(681) **7** 東京の目黒地区で，**日本麦酒**（明治20年創業）と**三田用水組合**の間で水使用をめぐり紛争発生。日本麦酒が使用料を4倍支払うことで決着。(647) **8・27** 栃木県足利郡梁田村村長，「村歳入減損につき，国庫金補助願」提出。この年後半は，**免租処分に伴う村費補助願**と**公民権復活要求**が，足尾鉱毒被害地住民の中心的活動。(17，161) **9・3，9** 足尾地方に大雨。**足尾銅山沈殿池の**1つが決壊し，**渡良瀬川大洪水**。(17，389) **9・25** 群馬県雲龍寺に**鉱毒被害農民約1万人集合**。翌早朝，徒歩**上京**を開始。**警官・憲兵**らの**阻止**，また田中正造の説得により，実際の上京者は代表約10人。農相・内務大臣に面会を求めるが，内務大臣は拒絶。農相は違約ののち10月1日に面会。(338) **10** **宮田用水土地改良区**，尾西織物・**染色業者**の用水利用による**稲田白枯被害**発生のため，業者の同用水使用禁止を愛知県へ出願。(328) **11** 足尾鉱毒被害地小作人ら，「**鉱毒被害地小作料減額歎願書**」を町村地主へ提出。(161) **11～12** 医博**坪井次郎**，医学雑誌に「足尾銅山の鉱毒について」を掲載。「現地に出張して調べた結果，坑夫には中毒症を認めず。被害地については魚や下等動物への影響は認めた。しかし，高等動物や**人には少量の銅分は敢て有害でなし**」とするもの。(251-142，143号，408-12・23，24) **12** 医事新聞に医学士**入江達吉**の「所謂鉱毒の人体に及ぼす影響について」との論文，連載。1897（明治30）年5月に被害地住民と鉱山労働者の健康調査を行った結果について，**銅中毒は無い**と報告。(57-533，534号）1902年に再録。(251-179，180号) **12** 群馬県会で2件，栃木県会で3件，足尾鉱毒事件での建議。(314)	― 農商高等会議の村田委員，**黄燐マッチ工場**における**幼年労働**の問題および労働者が有害薬物・有害ガスにさらされていることについて報告。(163) ― この年度，鉄道事故の死傷者311人でうち職員は死者28人，傷者73人。(251-144号) ―夕張炭鉱（ガス爆発）事故で1人死亡，31人負傷。(169)	
1899 明治32	**2～5** 足尾鉱毒被害地町村から，内務・大蔵両大臣に対する「村費国庫補助請願」頻繁。(161，314) **3・15** 栃木・群馬・埼玉3県5郡18町村の鉱毒被害	**3・7** 船員法公布。船員の業務上災害に対する扶助に関する法。(182)	**3・7** 産業組合法公布。(168) **3・10** **治安警察法**公布。

年号	公害事項	労働災害事項	備考
1899 明治32	民3,150人，「鉱毒被害憲法保護の請願書」を作成。松木村村民の窮状にも触れ，鉱毒と烟毒の根絶を請願。(236) 5・30　栃木県足利郡梁田村村長，内務大臣と大蔵大臣に対し「村税欠損額国庫補助再願」提出。前年の免租処分決定の結果，村財政の破綻が引き続いているもの。他の被害村もほぼ同様の状況。(161) 8・28　**別子銅山一帯は亜硫酸ガス**のため禿山と化しており，そこへ大雨。**未曾有の大洪水**となり，別子銅山中に大被害。これがきっかけで11月，山中の製錬所をすべて新居浜へ移す。(577) 9・13　足尾鉱毒処分請願同盟事務所，内務・大蔵・農商の3大臣にあて長文の「**鉱毒被害地自治破壊に付救治陳情書**」を提出。鉱毒免租処分により失われた公民権の回復と，村税欠損額の国庫補助を要望，請願。(161，236) 11　宮田用水土地改良区，地内用水路（一宮井筋）に染色業者が無断設置した洗浄用設備が用水疎通を妨げるゆえ取り払うよう一宮町へ依頼。(328) 11～12　**足尾鉱毒被害地出生死者調査統計第一，第二報告書**，被害民側自身の調査に基づいて完成。(25，26) 12・22　足尾鉱毒被害地に<**鉱毒議会組織**>，青年を中心に議員選出。(389) ―　第13議会で，渡良瀬沿岸鉱毒被害地の請願書，貴衆両院を通過し政府へ廻送。しかし，政府の対応は皆無。(338)	6・15　九州の豊国炭鉱でガス炭塵爆発。210人死亡。(169) 6　内務省，**職工衛生に関し訓令第19号**を発す。工場法案通過までの暫定措置。(522) 11　大阪市の大阪金巾製織会社工場の婦人労働者に肺ペスト発生。家族・主治医・同僚そして付近住民にも伝染し，41人の患者発生に至る。第1回のペスト流行。その後1920（大正9）年まで紡績工場におけるペスト多発続く。(522)	集会および政社法廃止。(168) 4　**横山源之助『日本の下層社会』**刊行。(506) 5・1　第3次紡績操短開始。(168) 12・17　東京市淀橋浄水場完成。わが国初の浄水場。(168) ―　造船，車輛，機械製造（総称鉄工）工場で労働者100人以上の民間工場数は30。労働者数は1万1,437人で，うち女子は20人。(405) ―　労働者10人以上使用の印刷工場160。労働者7,831人のうち女子は865人。(77) ―　労働者10人以上使用の燐寸工場180。男子労働者3,489人，女子労働者1万1,560人。(601) ―　労働者10人以上使用の織物工場1,291。男子労働者1万9,691人，女子労働者9万61人。(106)
1900 明治33	2・8，9　足尾鉱毒被害地住民，「**流毒の根元を絶つ能はず**水を清むる能はず，土地を復する能はず，権利を保全する能はず，**生命を救ふ能はずば，むしろ，我等臣民を殺害せよ**」との激しい請願書を貴衆両院・内閣総理代臣・農商務省ほかに提出。(161，389) 2・9　田中正造，衆議院において，鉱毒問題で何らの対策をとらない政府を批判する質問演説。(338) 2・13　田中正造，衆議院で再度質問演説。「鉱毒のため天産を亡滅すべき有形上の価格に付質問」。(338) 2・13　**足尾鉱毒被害地の数千人の被害民**，請願のため上京の途上，群馬県下利根川畔**川俣村**渡船場で待機中の憲兵・警官に襲われ，乱闘の末，中心人物68人が**逮捕**さる。「**兇徒嘯集**」「**治案警察法違反**」「**官吏抗拒**」の罪名。(338,389) 毎日・万朝	4　農商務省工務局に**工場調査掛**設置。このの ち工場法制定に向けての大規模な「工場・職工調査」，この工場調査掛により実施さる。5月業務開始。2年後に調査結果がまとまり，1902(明治35)年から翌年にかけて10余の報告が刊行さる。(312) 8・10　尾去沢鉱山医**浦井財治『アントラコージス肺』**を著す。坑夫のアントラコージス肺	3・7　下水道法公布。(168) 4・1　**汚物掃除法**施行。塵芥の蒐集，処分は市の義務とする。(180) 4　内務省，**有害性着色料取締規則**を発布。(154) 6　**木下尚江『足尾鉱毒問題』**。毎日新聞に連載のもの。(19) ―　紡績職合会加入の紡績工場76，労働者7万余人。(648)

年号	公害事項	労働災害事項	備考
1900 明治33	報・日本新聞などが報道。(236) 2・14,15 **田中正造**，衆議院へ質問書2通を提出。1つは「院議を無視し，被害民を毒殺し，その請願者を撲殺する儀に付質問」。他の一つは「政府自ら多年憲法を破毀し，曩には毒を以ってし，今は官吏を以ってし，以って人民を殺傷せし儀に付質問」。また15日には質問演説実施。(338) 2・17 田中正造，衆議院へ質問書を提出し，演説。「亡国に至るを知らざればこれ即ち亡国の儀に付質問」。(338) 2・21 内閣総理大臣山県有朋，田中正造の数回にわたる，長く熱烈な質問に答え，「質問の趣旨その要領を得ず，以って答弁せず」との**答弁書**を衆議院に提出。(388) 2・23 田中正造，22項目の質問書を衆議院に再提出。24日，政府からの誠意ある答弁は一切ないままに第14議会閉院。(338) 4・上 **古河鉱業事務所**，愛知県**久根銅山**操業に先立ち，鉱毒問題の発生を予想し，天滝河水産物の種類・収穫・漁業者数などを初めとし，同地方の詳細な調査に着手。(明治27年，前所有者が鉱毒を発生させ，手放さざるをえなかったいきさつによるもよう)。 4・15 **『六合雑誌』**，「**足尾銅山の鉱毒**」掲載。(682) 4・下 愛知県宝飯郡三谷町の漁民，**古河**鉱業事務所による**久根銅山製錬所建設に反対**。(644) 4 **別子銅山新居浜製錬所**，政府の命で，約70mの煙突を完成。**全国有数の大煙突**と称せらる。(577) 5 足尾銅山，栃木県松木村に対し，林道新設のため，敷地借用を申し入れ。松木村民，足尾銅山の烟害被害地ゆえ，全敷地を地価の10倍値の1万6,000円で売ると回答。銅山，高すぎると拒否。被害民ら9月10日に集会し，田中正造に相談することを決定。(599) 7・9 前橋地方裁判所にて，2月13日の川俣事件で有罪の予審決定。(236) 7・21 東京の神田青年会館で，足尾銅山＜**鉱毒調査有志会**＞設立。**谷干城・島田三郎・安部磯雄・花井卓蔵・松村介石**など21人が出席。(338) 9・中～下 **栃木県松木村**村民代表星野嘉市・星野金次郎，**田中正造**を訪ねて旅立ち。正造とはめぐり合えずに予定期日が過ぎるが島田三郎には面会でき，窮状を訴える。なお，こののち10月25日に田中正造・花井卓蔵らとの面会実現。(18) 10・18 栃木県梁田村被害民146人，連名にて「足尾	は烟煤砂塵中の労働，烟煤中での生活によると記述。(56-571号) 8・30 **足尾銅山**における**坑夫の虐待**，新聞にて指摘。(681) 9・3 農商務省，工場法案通過までの暫定措置とし，「工場の災害事故に関する報告方規定」に関し訓令。10月1日施行。(522)	

年号	公害事項	労働災害事項	備考
1900 明治33	銅山鉱毒事件につき陳情上申書」を前橋地裁に提出。内容は兇徒嘯集事件被告人の救済。(161) 12•19　栃木県会議長木村半兵衛，県知事に対し「**足尾町煙毒救済の儀に付意見書**」を提出。上都賀郡足尾町大字松木の住民の救済をめぐる建議。(314) 12•22　前橋地方裁判所にて，**川俣事件の判決。有罪**。検事，被害民とも控訴を申し立て。(236) —　東京三田用水下流の下大崎・品川の村民，府知事にあて，三田用水利用組合幹部と日本麦酒の結びつきを指摘し，厳しい取り締りを要請した上申書を提出。工業と農業の水争い，深刻化。(647)		
1901 明治34	1•26　栃木県**松木村**村民，「足尾銅山の亜硫酸ガスのため生命の危険あり」と全村挙げて他地への移住を企図，「**人命救助請願**」を行う。(18) 1•28　栃木県梁田村被害民236人，農相と貴衆院議長あて，銅鉱製錬所禁止の請願書。明治30年の鉱毒予防工事の無効性を訴えたもの。松木村の亜硫酸ガス被害も指摘。(161) 2•7　代議士大村和吉郎ほか3人，衆議院に「足尾銅山鉱毒調査会設置に関する質問書」提出。第14回帝国議会で同調査会委員会を組織し，実地被害を調べ救済法の設置を建議したにもかかわらず，政府の対応がないことをただしたもの。(338) 3•14　代議士島田三郎ほか5人，衆議院に「足尾銅山鉱毒の件に関し院議を空しくせし処置に対する質問書」を提出。2月7日の質問へ追いかけての質問。(338) 3•18　政府，2月7日・3月14日の質問へ答弁書。「現在調査中であり，また調査委員会を設ける必要は認めず」と。(338) 3•22　田中正造，「大村島田両代議士への答弁要領を得ざる儀に付質問」を衆議院に提出し，長い演説。政府，これに対し23日，「質問と認めず，故に答弁せず」との答弁書。(338) 3•24　**田中正造**，衆議院で**最後の演説**。翌日議会閉会。(338) 5•21　鉱毒調査有志会，東京の神田美土代町で会合し，足尾鉱毒被害地の死亡者調査実施の旨を決定。この決定に基づき，内村鑑三ら4人の委員，7月・9月・10月に被害現地を調査。(21) 6•15　兵庫県高砂町で**神戸製紙所排水**による苗枯れ発生。7月15日町当局と神戸製紙所，新排水路を町費で建設し，隣村荒井村境の溜池に排水することを合議。8月6日着工するが，荒井村の農民に	2•15　医学博士岡田和一郎，紡績会社や鉱山における鼻病は，労働環境の影響と医学雑誌に発表。(251-166号) 2•20　広島私立病院副院長大出貫一，神経病とみなされている**書痙**のわが国における実例を社会文明と関係のある病気として医学雑誌に発表。(400-502号) 5•15　**農商務参事官窪田**，大阪地方の各工場を視察の結果，「白粉・ペンキ・鉛丹などの小製造工場には，有害物が付着しても浄う設備さえなく，この種の**化学的工場こそ実害は大**」との記事を医学雑誌に掲載。また「機業工場も，睡眠時間は3～4時間であり制限を加える必要あり」など明確な指摘。但し扱いは雑報。(251-169号) 11•15　医学士山根正次，欧米の工業衛生と日本の現状を比較し，「日本の工業は何の設備もなく，労働時間は無制限，幼年労働など問題が多	2•5　**官営八幡製鉄所**，第1高炉火入れ。(654) 6•22　住友，住友鋳鋼場を開設。(住友金属工業㈱の前身)。(330) 6　**神戸製紙所**，兵庫県高砂町に開業(明治37年㈾三菱製紙所と改称)。(722) 10　内務省，**人造甘味料販売取締規則**発布。(154) 12　開業医窪川忠吉『工業衛生学』。島田三郎や幸徳秋水の序あり。(818, 821)

年　号	公　害　事　項	労働災害事項	備　考
1901 明治34	襲われ，町議と製紙会社員が負傷。夜にはいり，紛争は荒井村農民と高砂町町民との実力行使にまで拡大。消防夫・警官が出動して鎮圧。(615) 6　**別子銅山，** 生鉱吹製錬法試験を理由に**四阪島製錬所**の完成期限を予定の 1902（明治35）年12月より，**2年延期**を政府に願い出る。(577) 7・10　『風俗画報』,「**足尾銅山図会**」の特集。栃木県松木村の煙害についての記述あり。(557) 9・20　**東京控訴院**で**川俣事件**公判開始。弁護団，被害地の臨検を申請。この結果10月6～13日まで鑑定証人による被害地への出張調査実施さる。(236) 10・23　**田中正造，代議士を辞任。**(338,387) 10・29　**栃木県松木村**の村民25人，新移住地の買受代金など4万円で，松木村の**土地売却契約**を古河との間に締結。1902（明治35）年1月21日，現金支払われる。(18) 11・20　鉱毒調査有志会,「足尾銅山鉱毒調査報告第1回」を発表。(21) 11・22　**横井時敬ら，** 足尾鉱毒地の農作物被害に関する鑑定書を裁判所へ提出。**鉱毒の影響**を証明。この後,証人として同様に銅の被害を明言。(338) 11・29　東京の神田美土代町青年会館で,＜**鉱毒地救済婦人会**＞発会式。婦人矯風会の**矢島楫子，潮田千勢子**，毎日新聞記者**松本英子，島田三郎夫人**信子などが中心。(236,389) 11・30　古河市兵衛夫人，東京の神田橋下で水死体で発見。投身自殺といわれる。(603) 11　**毎日新聞,「鉱毒地の惨状」**を連載（明治35年3月まで)。足尾鉱毒被害民を訪問した＜**救済婦人会**＞の婦人の筆とし，被害民と被害地のひへいした実情を絵入りで詳細に描写。1902（明治35)年,松本英子の『鉱毒地の惨状』として一冊にまとめ刊行さる。(597-11・22～1902年3・21) 12・4　川俣事件控訴審第16回公判で，入沢達吉など医師3人の証言。いずれも人体への鉱毒の害について，きわめてあいまいな証言。(235) 12・5～30　毎日新聞，「咄々怪事とは鉱毒問題の顛末なり。無政府的日本帝国」を連載。政府および栃木・群馬両県を激しく糺弾。(597-12・5～30) 12・7　田中正造，兇徒嘯衆事件公判で大欠伸。官吏侮辱罪で訴えられる。(387) 12・9～12　**日本新聞，** 農科大学助教授**長岡宗好**の**鉱毒鑑定談を連載。** 長岡，「土壌被害の原因物質は渡良瀬川からきた銅」と断言。(489-12・9～12)	い」ことを指摘。(251-175号) ―　夕張炭鉱（ガス炭塵爆発）事故で，19人死亡，8人負傷。(169) ―　この年度，**三菱造船所**における**負傷者3,838人**，中毒者3人。同年末の労働者数5,068人。(405) ―　この年度の官立8工場の負傷者1,147人，死者10人。(405) ―　このころより**福岡鉱山監督署**管内において，**変災・死傷者数急増。** その原因を筑豊石炭鉱業組合月報は1887～1888（明治21～22）年前後における石炭乱掘などによると指摘。(491)	

年号	公害事項	労働災害事項	備考
1901 明治34	12・10 **田中正造，**鉱毒事件で**明治天皇へ直訴。**警備兵の阻止にあい果たせず。訓戒のみにて不起訴。(274-12・11,14号) 12・26 栃木県会議長，内相および県知事に「鉱毒被害地救済に関する意見書」を提出。(314) 12 栃木県足利町にて<**足尾鉱毒救済会**>発足。被害地視察，義捐金品の募集，鉱毒演説会，各地の救済会との連絡など多様な運動に参加。この後数年続けられる。(161) 12 足尾鉱毒をめぐる演説会，頻繁。毎日新聞に「盛なり鉱毒演説会」の見出し入りの記事にて，東京の有楽町数寄屋橋教会における12月11日の鉱毒地救済演説会の報道。(597-12・10) 12 **鉱毒地視察慰問**の婦人や学生，足尾鉱毒被害地をしばしば訪問。12月26日には学生1,000人が足尾鉱毒被害地視察。(389) — 医学得業士斎藤蔵之助，駆黴療法に水銀パラフィンの筋肉注射を施し，呼吸困難をひきおこした例を医学雑誌に発表。(426-25号)		
1902 明治35	— 前年暮れよりこの年の初め，足尾鉱毒に関する演説会，30回にのぼる。(235) 1・1 帝大・学習院・慶応義塾・明治学院・曹洞宗大学林・開成中学・麻布中学など約20校の学生の参加による<**学生鉱毒救済会**>，街頭演説実施。警察，これを妨害。(389) 1・4～24 毎日新聞，「足尾鉱山処分論」を連載。(597-1・4～24) 1・7 **文部大臣**および官学の校長・東京府知事，**学生の足尾鉱毒地視察・募金・街頭演説を厳禁**の令。(389) 1・17 <救済婦人会>，足尾鉱毒問題で，貴衆両議院に対し，檄を飛ばす。(389) 1・26 **帝国大学**の法・文・理・工・農・医の**有志学生**250人余，**足尾鉱毒地視察。**文相，前日の25日，帝大総長に対し，政治運動として視察禁止を命令。学生は視察を強行。(389) 1・29～2・19 毎日新聞，「鉱毒問題弁疑」を連載。政府の失政を追及，被害民移住説に反対。足尾の製錬・選鉱所の移転を主張。(597-1・30～2・19) 2・上 **横浜新報，**「鉱毒問題の解決」を3回にわたり連載。「慈善救済は永続せず，解決の根底は移住」と**植民地への移住を提案**し，鉱山開発禁止には反対。(732・2) 2・7，8 横浜新報，「鉱毒問題に対する政府の責任」	8 大阪の**砲兵工廠内火薬庫爆発。**労働者70余人負傷，人家240余戸に被害。(168) 10・23 **農商務参事官窪田，**国家医学会総会において「**工場衛生に就て**」講演。労働者の生活・就労時間・工場の性質により，労働者に害が生じることなどについて述べ，労働者の健康は資本のもとであり，その健康に注意すべきと警告。(57-625号) 11・5 農商務省，窪田静太郎らにより作成された**工場法案**を全国の商業会議所に諮問。翌年にかけ，反対や時期尚早の決議相次ぐ。(168) 11・15 医学士**今村保，足尾銅山**への出張報告を医学雑誌に発表。坑	4 **松本英子**編『**鉱毒地の惨状**』。(239) 10 農商務省，「**工場調査要領**」。(312) 11 ㈴鈴木商店，神戸で発足。(463) — **人絹工業，**わが国にはじめて紹介さる。製造工程における二硫化炭素排出，職業病のもととなる。(163) — 手術の際にガーゼを体内に遺留した，いわゆる「ガーゼ事件」起きる。(251-194号)

年 号	公 害 事 項	労働災害事項	備 考
1902 明治35	を2回にわたり連載。ここでも被害民の移住説をくり返す。(732) 2・14 **野州日報**，栃木県上都賀郡字松木の住民の1900(明治33)年の，議会や政府に対する働きかけにふれ，「聞くもまた是れ疳癪の種，書くも勿論嘔吐の源」と論評。同紙はこのほか田中正造・島田三郎や足尾鉱毒被害民に対する同様論法の記事を一貫して掲載。(652-2・14) 2・17～3・24 **大阪朝日**，「哀れ斯民」を連載。足尾鉱毒被害地と被害民についての報道・論評。(88) 2・20 **足尾鉱毒地の婦人**17人，**貴族院前で座りこみ**を実施。(274-2・21) 2 帝国議会にて，別子銅山の四阪島工事延期の不当性，問題化。このため住友，再検討し12月には工事再開を決定。(577) 3・15 **兇徒嘯聚事件に判決**。傍聴700人，警官30人。野口春蔵・永島与八・小野寅吉を除き無罪。被告，検事ともに上告。(235) 3・15 『国家医学会雑誌』，足尾銅山の鉱毒問題を特集。医博入沢達吉・医博坪井次郎らの人体への影響否定の論文を再録。農博横井時敬らの農作物への鉱害を明らかにした鑑定書，薬博丹波敬三の土砂分析，安西茂太郎の足尾地区の住民の貧しさと空気の汚染状況報告，および医学士林春雄の被害地に銅中毒は無しとする論文など，相反する内容のものも収録。(251-179,180号) 3・16 東京の神田錦輝館で東亜仏教会による鉱害被害死者の大施餓鬼。(235) 3・17 政府，**内閣に(第二次)鉱毒調査会を設置**。(274-3・18) 8～11月に調査完了予定。(597-8・8) 3 **神戸製紙所**(高砂)と漁民の間に紛争。排水による漁業への影響をめぐって。(614, 615) 4・17 **下野日々**，足尾鉱害被害民を「憂ひなき予防工事の完備し居るに拘はらず漫りに鉱害甚大なり人命危険なりと誇張の暴論を逞ふする」と評した下都賀郡一農民と称する者の投稿を掲載。(288-4・17) 4・26～29 **下野新聞**，「鉱害問題の解決に就て」を連載。被害民の行動を激しくしたのは，政府が姑息の処置をしてきたためと論評。(287) 5・9 田中正造が前年ひきおこした官吏侮辱事件(アクビ事件)に有罪判決。田中控訴。(235) 5・12 **兇徒嘯聚事件**で大審院，前判決を破棄し，**宮城控訴院へ移送**。(23, 236) 6・16～7・26 田中正造，アクビ事件で入獄。(338)	夫に**呼吸病**多しとの記述。(251-187号) ― このころより1907(明治40)年ごろにかけ**八幡製鉄所**における**労働災害，おびただしい数**。(488)	

年号	公害事項	労働災害事項	備考
1902 明治35	8•8 **足尾地方に豪雨。栃木県谷中村で破堤，**同村は湖水と化す。(597-8•18) 9月上旬，同地方に再び大洪水。(287,288,652-9•6～8) 9•28 **足尾地方に豪雨。**行方不明125人，流失家屋386など被害大。(317-10•2,7) 銅山周辺の山々が禿山であることが大被害の原因との指摘。(287-10•3) **渡良瀬川水源で大量の山崩れ**あり，下流に厚く新土を運ぶ。一時的に農作物実る。(338) 12•12 東京の鉱業停止期成同盟会(足尾)，5県53町村長の連署をもとに，貴衆両院へ鉱業停止請願書提出。(389) 12•23 群馬県会，内務大臣に鉱毒救済を建議。この年群馬県会のとった唯一の対鉱害策。(17) 12•25 宮城控訴院で足尾鉱毒被害民の**兇徒嘯聚事件**第2回公判。明治33年12月22日付の前橋地裁からの控訴申立書の署名が自署でないことが判明し，控訴不受理の判決となり，**一同無罪。**(235) — 愛媛県井野浦に設置の小規模買鉱製錬所，周辺農漁業に大被害を与え，被害部落青年100人余の襲撃を受け破産。(461) — 秋田県秋田郡にて**小坂鉱山の亜硫酸ガス**による山林・農作被害発生。とくに畑作物は収穫が3分の2に減少。(9) — **大阪府会**議長山下重威，「**煤煙防止に関する村会決議**」を知事に建議。(357)		
1903 明治36	1•15 鉱毒調査会の調査の結果，「銅害の実害はほとんど発見されず，ただ鉱毒地の人民に十二指腸虫患者が夥し」との記事，医学雑誌に掲載。(251-189号) 1•16 栃木県会に「**谷中村買収案**」上提され，否決さる。(389) 3 栃木県庁，谷中村の前年の洪水による破堤所の復旧工事に漸く着手。未完成のうち，9月の洪水で再び破堤。(387) 春 **(第二次)鉱毒調査会の調査結果**，前年秋よりこの年春までに次々と調査会に対し，**報告提出**さる。古河の鉱毒予防工事について，脱硫塔の不備，通洞の沈殿池の容積不足。(237) 報告，3月4日に内閣総理大臣へ提出さる。しかし公表はされず，その後も議会で公表を求める質問，島田三郎などから提起さる。(17) 6•18 秋田県山本郡東雲村の農作物に，**古河鉱業会**社経営の**東雲製錬所**から排出の亜硫酸ガスによる被害発生。悪天候とあいまって，収穫皆無の地区	3 農商務省刊行の『**綿糸紡績職工事情**』，徹夜業と綿塵呼吸とが紡績女工中の結核の極めて多発していることの基因と指摘し，**徹夜業廃止を提案。**(648) 3 綿糸・生糸・織物工場で，14歳未満の幼年労働者が14～17%おり，とくに綾通織物では50%が14歳未満との指摘，農商務省の報告にあり。(106,141,648) 4•15 医学士今村保，笹子隧道の調査について発表。坑内の炭酸ガスは外界にくらべ10～数百倍。(251-192号)	3•31 農商務省『**職工事情**』。(313) 4•5 古河市兵衛没。(570) 4 農商務省，「**鉱夫扶助に関する調査**」発表。(312) 6•1 **小坂鉱山**に最新の六座の熔鉱炉完成。巨大な煙突竣工，地元の人々，「オバケ煙突」と称す。(249) — 「ガーゼ事件」に関連し，医術と過失殺傷をめぐる論議あり。(232-10巻2号，251-194号)

年号	公害事項	労働災害事項	備考
1903 明治36	もあり。東雲村長，古河に対し交渉を開始。(744) 7・4　鉱毒地救済婦人会会長の潮田千勢子没。(388,389) 7・21　東京鉱山監督署，古河潤吉に対し足尾銅山除害工事を命令。鉱毒調査会の調査ののちに出された命令で古河がわにとっては，明治30年の命令に比してきわめて容易なもの。(734-7・22,23) 9　内務省，**飲食物防腐剤取締規則**を発布。(154) —　大阪市，最初の塵芥焼却場を福崎に建設。(377) —　**浅野セメント**（深川），回転窯を輸入し生産高急増。一時おさまっていた**セメント粉塵問題，再燃**のきっかけ。(448) —　紫色鉛筆の含有色素の毒性，眼科医の間で論議さる。(475-7巻6,10号) —　群馬県三栗谷用水土地改良区，内務大臣に対し，前年大暴風雨の結果鉱毒にさらされた水源の保護対策を要請。(161)	8・1　医学士竹中成憲，炭鉱労働者に肺結核が非常に少いと発表。1898～1902（明治31～35）年の北海道の記録に基く。(410-1318号) —　小幡亀寿，大阪の**マッチ工場**における5人の**燐毒性骨疽患者**について発表。(89-2巻6号) —　医学士林曄，労働者災害の状況とその保険法や施療院設立による保護の必要を述べる。(731-237号) —　鉱山事故：二瀬炭鉱，大任炭鉱，赤池炭鉱（坑内火災で坑内密閉）などにより，165人死亡。(169)	—　テオドール・ベイル衛生学テキストから特にとり出した一章『煙害』を出版（独）。
1904 明治37	1・26　群馬県新田郡長，古河潤吉に対し，**待矢場用水組合**との契約の期限切れについて通知するとともに，今後の方針を打診。これに対し**古河潤吉**，2月3日に返答，「本件ニ関スル内外全体ノ形勢ハ勿論小家ノ之ニ対スル位置責任等ニ至ル迄該契約締結ノ当時即チ30年2月ト今日トハ全ク変化致シ居候」と鉱毒交渉を拒否。日露開戦に際し，銅の最大供給源としての地位の誇示と，それに伴う被害農民の敗退の一断面。(333) 3　栃木県，谷中村の再破堤（前年9月）の復旧工事に着手。労働者の賃金極めて低く，工事が進まぬうちに5月4日，少しの出水で破堤。この後復旧工事の名の下に護岸取崩しが進められ，7月11日にまたも破堤ののちには工事を中止。(387) 7　**田中正造，谷中村に入居**。青年に呼びかけ＜谷中村悪弊一洗土地復活青年会＞を組織。(387) 7　**別子銅山四阪島製錬所**，一部竣工。8月1日**一部試験操業開始**。10月鎔鉱炉の試験操業開始。(577) 12・10　栃木県**谷中村買収案**，警官の守る中，深夜の県議会で**可決**。この直後，谷中村の島田宗三宅で東京の＜青年修養会＞・黒沢酉蔵・地元県議などを迎え村民大会。谷中村破堤個所の復旧を自費で行うことを決定。(387) 12・23　帝国議会で，栃木県谷中村買収のための災	8・20　医博渡辺煕，**職業的扁平足**について発表。(400-586～591号) 11・20　ドイツの視察より帰国した医学博士三島通良の，ドイツにおける職工保険制度の紹介記事，医学雑誌に掲載。(251-211号) —　鉱山事故：空知炭鉱・夕張炭鉱などで，炭塵爆発ほかにより34人死亡，25人負傷。(169，593)	2・4　肺結核予防令公布。(168) 2・10　対露宣戦布告（日露戦争）。(168)こののち火薬製造のため硫酸市況，好転。(745) 2　農商務省商工局**『工場調査要領第2版』**(229) 4・6　官営八幡製鉄所，第一次高炉第2次火入れ。7月23日第3次火入れ。その後順調。(168) 6　神岡鉱山下之本坑，三井鉱山の所有となる。(112)

年号	公害事項	労働災害事項	備考
1904 明治37	害土地補助費の支出可決。(387) 12　別子銅山四阪島製錬所の対岸，**愛媛県宮窪村に麦葉の被害**発生。(577) —　愛媛県周桑郡**千原鉱山**の製錬所からの排出ガスによって，農作物被害発生。(84) —　薬学士島田耕平，人造甘味質の濫用の実態について医学雑誌に報告。(199-59号)		
1905 明治38	1　**別子銅山四阪島工事竣工**。事業の移行完了。移転にあたり住友，新居浜村はじめ数カ村に町村基金財産として，12万5,000円を寄付。8月の**本操業とともに愛媛県越智・周桑両郡の各村に亜硫酸ガス被害発生**。(577) ～春　田中正造，谷中村の婦人会に呼びかけ<谷中村を潰さぬ決心仲間>を組織。(387) 11　**栃木県谷中村の一部村民**，買収を受諾。**那須野に移住**。(338，387) 12・2　秋田県北秋田郡釈迦内村長，秋田県会議長に対し，**小坂鉱山の鉱害被害**排除に関する請願を行う。この時期の小坂地方の鉱害反対運動は，町村長や地主層による防除設備の完備や十分な賠償を要求した，穏やかな陳情。(7,9)	3・3　**鉱業法公布**（施行は7月。鉱業条例は廃止)。(220) 5　東京砲兵工廠内雷汞乾燥場爆発。死亡16人，負傷者104人。(168) —　鉱山事故：北海道夕張炭鉱で36人死亡，10人負傷。(169)	3・21　**古河鉱業会社**設立。社長古河潤吉，副社長原敬。(571) 9　別子銅山，新居浜に火力発電所を竣工，運転開始。(577) 12・26　**久原房之助，日立鉱山**を開業。(544) —　平塚海軍火薬製造所にて接触法による硫酸製造。(168) —　横浜精糖・東京電気，川崎町内に用地を確保。川崎町への工場進出の始まり。(129) —　医学雑誌に医師の「ガーゼ遺失事件」に関連し，医師の責任についての投稿，ひんぱん。(153-134，135号，251-213，216号)
1906 明治39	4・15　栃木県**谷中村**，管掌村長の独断で**廃村決定**となる。7月1日藤岡町へ合併さる。(387) 4・30　**栃木県**，多数の人夫を**谷中村**に派遣し，村民**が自費で築いた堤防を**，河川法に違反と称して完全に**破壊**。この時点では河川法への違反の事実は無し。(387) ～春　愛知県一宮町**一宮井筋**（農業用水）における**染色業者**の無断洗浄が続出し，川水が黒色化。化学染料使用のため，汚染水流入の苗代田で**稲腐蝕**。宮田用水組合，愛知県農事試験場に鑑定依頼。5月12日，鑑定結果は「染色悪水はアルカリ性の強きものにて勿論有害なれば，その悪水の流入する地所に苗代を設けざる様なすべし」。(328) 7・19　栃木県谷中村村民38人，管掌村長による村税賦課を不当とし取り消しを訴え許願書提出。(236)	2～3　医学士木村彬，東京市電話交換手の耳鼻咽喉検査を実施した結果を報告。頭痛40.8%，めまい11.0%，軽度聴力障害15.3%など。(381-12巻2,3号) —　鉱山事故：高島炭鉱（ガス炭塵爆発)，夕張炭鉱で，計312人死亡，11人負傷。(169) —　国際労働者保護会議，「黄燐マッチの製造禁止」を決議。ただし日本は拒否。(638)	1・12　**曾木電気㈱**，鹿児島県大口村に**野口遵**らにより設立さる。資本金20万円。のちの日本窒素肥料。(531) 9・7　**古河鉱業会社の副社長原敬，内務大臣に就任**。(168,571) 11　南満州鉄道㈱(満鉄）設立。(168) 11　岩鼻火薬製造所，ダイナマイト製造開始。(168)

年号	公害事項	労働災害事項	備考
1906 明治39	7・21 **愛媛県周桑郡**に亜硫酸ガスによる**稲葉被害**発生。(84) 7・25 栃木県谷中村の一部村民，大洪水ののち県の買収に応じ，下都賀郡南犬飼村の国有地への移転を承諾。(387) 9・21 愛媛県周桑郡の別子四阪島製錬による被害町村長，協議会を開く。(84) 11・5 宮田用水土地改良区，愛知県中島・葉栗両郡内関係町村長に対し，「宮田用水組合用水路の染色業者の使用禁止」と，「用水路内工作物取り払い」を求めた依頼書を発送。この後も染色業者の農業用水無断使用はやまず。(328) ― 横浜市高島町で，横浜電鉄の煙突の火災の危険をめぐって付近住民の陳情あり。(668) ― **日立鉱山の煙害**により，**入四間地区**の農作物・山林に被害発生。(543)		
1907 明治40	― 前年よりこの年にかけ，別子銅山**四阪島製錬所の亜硫酸ガス被害**，四阪島を中心に半円内にある数ヵ村に発生。愛媛県庁・鉱業所おのおのの調査により，四阪島の煙害であること確認さる。(577) 3・21 代議士島田三郎，議会で谷中村問題につき政府と県当局を激しく追及する質問を行うが，期待に沿う結論は得られず。(387) 3 **宮田用水土地改良区**，用水使用規定を設け，許可を申請するが，水利条例に明文なしとして却下。このため同組合，政府や代議士に対して猛運動を開始。(328) 4・24 栃木県，収用審査会に**て谷中村**を**遊水池**とするための**収用を裁決**。これに対し村民側，「土地収容法81条により，裁決取り消し」を訴えた請願書を5月12日，内務大臣原敬へ提出。(387) 5・28 田中正造の提案により，東京の神田錦輝館で谷中村事件演説会。聴衆1,600人。(387) 5 日立鉱山と被害者側，話しあいにより補償を進める。**日立鉱山亜硫酸ガス被害交渉**のこう矢。(543) 6・1 東京の神田錦輝館で，第2回谷中村事件大演説会。(387) 6・13 田中正造の官吏侮辱事件控訴審判決，無罪。(387) 6・29～7・5 谷中村強制撤収。7月29日，谷中村救済会(弁護士が構成)の勧めで**谷中村残留民**，県を相手に不当廉価買収に関する訴訟をおこす。(387) **(土地収用補償金額裁決不服事件)**	3 東京の医師佐々木誠四郎，**石工の石粉吸入**量を示し，その肺中へ沈滞する害は実におそるべき，と指摘。(470-3巻2,3号) 5・9 官役職工人夫扶助令公布(明治8年の規則改正)。(182) 10 **大阪廃弾工場**で，**火薬庫爆発**。死者66人。(168) 12・3 神奈川県，「**製造場工場取締規則**」制定。(183) 12 社会政策学会，工場法を討議題目として第1回大会。(168) ― 鉱山事故：真谷地炭鉱・豊国炭鉱(ガス爆発)で死者369人，負傷8人。(169)	2・4～7 足尾銅山で坑内労働者900余人，賃金引上げ交渉がゆきづまり，ダイナマイト使用など実力行使。高崎歩兵15連隊が出動。(407-2・5～8)平民社捜索(576-2・8)。 3 熊本県芦北郡**水俣村**に藤山常一・野口遵ら，**日本カーバイド商会**設立。(495) 4 ㈾**鈴木製薬所**創立。(31) 5 日本化学工業設立。(537) 6・4～7 別子銅山で坑内労働者数百人，前年9月の大量解雇および本年5月の賃上げ要求却下がきっかけで，ダイナマイトを使用し暴動。松山歩兵第22連隊出動。(407-6・6～8) 8 荒畑寒村『**谷中村滅亡史**』。直ちに発禁。(653)

年号	公害事項	労働災害事項	備考
1907 明治40	6•下～7　時事新聞，東京日々，国民新聞など，栃木県谷中村の強制破壊を報道。(248,274,287,407,416,597) 7　**三菱製紙**（高砂）と漁民の間に再度紛争発生。当局斡旋のもと，2,500円で解決。(615) 8•25　茨城県に大洪水。**谷中村貯水池の無効**，判明。隣接町村ではいずれも破堤。(387) 12•26　茨城県古河町で，田中正造の提案で利根川逆流問題政談演説会。(387) —　浅野セメントの降灰事件，再び問題化。(448) —　横浜市吉田町の住民，横浜製箱会社の騒音で苦情。(668) —　横浜市平沼町の住民，保土ケ谷の肥料会社の悪臭に反対。(668) —　このころより**三井三池炭鉱による鉱害問題**，徐々に起き始める。(220) —　石川県石川郡**倉谷鉱山**の鉱害，1893(明治26)年ごろ発生し未解決のままであったが，このころより再び問題化。1910（明治43）年，鉱山側の事情で閉鎖し，鉱害問題は未解決のまま立ち消え。(123) —　このころより，秋田県**小坂鉱山**に対する農民の運動に分裂。妥協的町村当局や地主層に対し，急進的な中貧農層。この層において，次第に激しい動きが現われ始める。(7)		9　**岩崎久弥，旭硝子㈱**を創立。板ガラス工業を中心とする。わが国化学工業の先駆。(722) —　ゴム工場20軒，職工500人。(163) —　鈴木商店，三菱，岩井とともに，日本セルロイド人造絹糸㈱創立。(163)
1908 明治41	2•13　**神奈川県橘樹郡平沼沿岸**の漁民，**南北石油会社**の海底輸送パイプからの**原油漏れ**に反対し，130人が抗議集会。(644) 2•17　横浜市保土ケ谷の住民920人余，同地区の**南北石油会社の悪臭**除去と危険防止を要求する陳情書を，神奈川県庁に提出。横浜市会や県警察部のすすめもあり，同社，防臭設備の強化にとりくみ，問題は一応解決。(669) 3•3～数日　栃木県谷中村の強制撤収以後の残留民，再び予防の畦修築。半農半漁の自活の努力を継続。(387) 3　横浜市内**南北石油会社の原油もれ**により，沿岸魚藻類死滅。平沼の漁民130人，同社に防止策を要求。また同社の油粕投棄による異臭貝も発生し，子安・生麦村の零細漁民が失業。年末に各漁組連合し，<東京湾内油毒除害期成同盟>を結成し油毒反対運動を展開。これにより同社，油粕の海中投棄を中止。(669) 3～4　**愛媛県周桑郡**に，**亜硫酸ガス**による被害，数	5　岡崎亀彦，**三重紡績**での1年半の調査をふまえ，**肺結核**発生について報告。雇用後6カ月以内発病が圧倒的に多し。(232-5巻3号) 6•23　日立鉱山で建設中の大雄院製錬所の熔鉱炉の上屋が倒壊し6人死傷。(544) 12　鈴木製薬所の**味の素**製造工程より**塩酸ガス**発生。労働者はマスクをかけて従事。また重曹で，うがいなどさせる。(31) —　鉱山事故：新夕張炭鉱(ガス爆発)，夕張炭鉱で事故，計死者92人，	4　社会政策学会『工場法と労働問題』(292) 8•20　熊本県**水俣村**に**日本窒素肥料㈱設立**（曽木電気と日本カーバイド商会を合併）。資本金100万円，本店は大阪市。(495) 9　㈾**鈴木製薬所**，東大池田博士の特許権共有者となり，12月逗子工場にて，**味の素製造**を開始。(31)

年号	公害事項	労働災害事項	備考
1908 明治41	回発生。郡長・町村長，住友および県に被害調査を要請。(84) 4・26　愛媛県周桑郡農民2,000余人，被害について農民大会。(84) 4・27，5・10　愛媛県被害町村長ら，住友新居浜鉱業所支配人らと交渉。**住友側，加害を認めず。** 8月8日，加害を認める。(84) 5　四阪島煙害の一層の激化に伴い，愛媛県庁，農商務大臣に解決を請願。(577) 7・21　**栃木県**，谷中村残留民追い出しの最終の手段とし，**谷中村堤内一円に河川法の規定準用認定**を告示。25日より施行。(314) 7・26　愛媛県周桑郡で，別子銅山四阪島と千原鉱山の亜硫酸ガスによる被害町村，会合。この後も千原鉱山の問題は四阪島問題をめぐる被害農民の闘争の中に含めてとりあげられ，1914（大正3）年3月末日をもって焼鉱停止にまでこぎつける。(84) 8・13～16　**愛媛県越智郡**の郡内各村・各部落の農作物，住友四阪島製錬所よりの煙のため**大被害**（亜硫酸ガス被害）発生。農民の激昂，頂点に近づきつつあり。(407-8・28) 8・25　愛媛県越智郡で農民大会。5,000余人参加，＜越智郡煙害除害同盟会＞結成。(273) 8・26　愛媛県周桑郡で農民大会。2,500人参集。(273) 8・26，27　四阪島よりの亜硫酸ガス被害をめぐる農民と住友の談判，決裂。農民，決死隊を編成し，食糧や日用品・薪水など籠城の準備をし，1,500人（一説に2,000人(273)）が，新居浜店に向かう。(407-8・28) 8・27　四阪島煙害の被害農民2,000人，新居浜分店に集合。鉱業所支配人，損害賠償を約束。(273) 8・30～31　愛媛県の四阪島煙害被害農民代表，上阪し，住友幹部と交渉。稲の開花期15日間は大煙突の使用中止と決まる。賠償は認められず。(273) 9・19　田中正造と栃木県谷中村残留被害民，「貯水池認定河川法準用不当処分取消の訴願書」を藤岡町役場へ提出。同役場助役田名網の機転と好意で，期限内に提出可。(387) 9・26　栃木県，下野煉瓦会社に谷中村の一部を払下げ。(387) 9　愛媛県選出の代議士，四阪島亜硫酸ガス被害の実態を調査。(577) 11・4　栃木県藤岡町の谷中村旧地主・谷中村移住民ら，元谷中村堤内土地を元の所有者である自分達	負傷91人。(169)	

年号	公害事項	労働災害事項	備考
1908 明治41	へ払い戻すよう，との願書を県へ提出。(387) 11 **日立鉱山，大製錬所を完成**。また鉱山に日立の病院設立され，病院長，亜硫酸ガス被害の罪ほろぼしに，と無医であった入四間地区へ往診を始める。このことにより入四間の煙害被害者の日立に対する反感，ずいぶんやわらぐ。(543) 12・9 栃木県会議員初選出の碓井要作，谷中村問題について通常県会で大質問。(387) 12・24 秋田県大館地方17カ村の被害農民，**小坂鉱山**に対する損害賠償要求が，不当に低められつつあることに怒り，同鉱山に向かう。(407-12・25) 12 愛媛県会，農商務大臣と県知事に対する陳情決議案を可決。(273) 12 味の素の製造まもない神奈川県三浦郡逗子で漁民，**鈴木製薬所**による**でんぷん廃水**の川への排出に抗議。また**塩酸ガス被害**も発生。(31) — 北海道で幌別鉱山による鉱毒問題発生。(532)		
1909 明治42	1 貴衆両議会に，愛媛県煙害被害農民の救済請願書，愛媛県農会から提出さる。(577) 1 日立鉱山，職制改正にあたり，鉱毒問題処理のため地所係を創設。(543) 2～3 田中正造，および谷中村被害民たち，**「元谷中村堤内農耕許可請願の事実及理由書」**，**「憲法擁護の請願書」**など，次々と栃木県や貴衆両院へ提出。(387) 3・11 高木正年・花井卓蔵ら3人，「栃木県谷中村民の居住に関する質問書」を衆議院に提出し，高木正年，質問演説。(387) 3 全国主要鉱山の**「鉱害救済鉱毒予防取締損害賠償に関する質問書」**，衆議院に提出さる。(577) 4・20 **住友本社，四阪島亜硫酸ガス害の被害者と尾道で会合**。被害除去のための努力を明言。ただし，賠償交渉は決裂（5月1日）。(84) 4・21 政府，**鉱毒予防調査会設置**。専門家を委員とし，煙害予防法を研究。(387) 5 日立鉱山，大雄院事務所構内に気象観測所を設ける。(544) 7 日立鉱山，事務所の本山より大雄院への移転（3月1日）に伴い，本山の製錬所を廃止。(544) 7 愛媛県の周桑郡被害農民代表**一色耕平**，住友吉左衛門に対し，理事者達の不誠意を追及し，至急対策をとるよう要求。また越智郡代表18人が上阪し，住友に「稲開花期50日間の製錬中止」「住友氏の現地視察」を要求。いずれも拒否さる。	5・10 医学士森田正馬，俳優の鉛中毒とそれに伴う精神異常発症を紹介。(45-6巻12号) 8・15 煙草製造工場の女子労働者にトラホームと咽頭カタル多発との報告あり。406人中，トラホーム168人(41.3%)，咽頭カタル268人(66.0%)。(55-3巻8号) 12 農商務省，**工場法案**を作成。当初は女子・年少者の深夜業禁止を含まず。内務省と中央衛生会の強い主張にあい，10年の猶予期間をおいて夜業禁止の条項を加え，再度中央衛生会に諮問。その後第26帝国議会に提出するが否決。(522) — 夏目隆次郎，**寒暖計製造業者の家族の婦人の水銀中毒**について報告。(396-86，87号)	5 **鈴木製薬所，味の素の市販開始**。(31) 9 三井鉱山㈴神岡鉱山，亜鉛鉱にポッター式浮遊選鉱法を実施。(168) 11 **日本窒素肥料，水俣肥料工場**を完成。フランク-カロー法により石灰窒素製造開始。(495)

年号	公害事項	労働災害事項	備考
1909 明治42	(273) 9 政府，渡良瀬川改修工事を群馬・栃木・埼玉・茨城4県に諮問。改修工事の益害を焦点に関連地域の住民，賛成または反対運動を展開。(387) 9 渡良瀬川改修—遊水池設置案，栃木県会を通過。(日付は23日かそれ以後)(387) 9・25 茨城県会，渡良瀬川改修案を否決。11月には可決へと急変。(387) 10・3 埼玉県会，渡良瀬川改修—遊水池設置案を否決。(387) 12・28 宮田用水土地改良区，明治40年末の運動の結果，「用水路に工作物を設置することは許可せず」との一項を盛りこんだ**宮田用水普通水利組合営造物使用規定の許可**を受けるのに成功。(328) 12 **愛媛県会**，全会一致で内務大臣への**煙害救済陳情建議案を可決**。(273) — **日立鉱山による亜硫酸ガス被害激化**。交渉に基づき補償金支払われる。(543) — この年度，秋田県北秋田郡当局，小坂鉱山の被害調査を開始。(142)	— 鉱山事故：夕張炭鉱，若菜辺炭鉱，大ノ浦桐野第2坑（ガス炭塵爆発）で計262人死亡，23人負傷。(169)	
1910 明治43	1・19 栃木県下都賀郡野木村の村会議員・村長・助役・収入役，内務大臣平田東助あて長文の「足尾銅山鉱業停止憲法擁護栃木群馬茨城三県県会決議に関する陳情書」を提出。(387) 1 愛媛県の別子銅山亜硫酸ガス被害町村の代表者，上京して貴衆両院に請願書を提出。帰路2月26日，大阪の住友本社にたちより，賠償契約の促進を要請。(84) 3・上 政府，渡良瀬川改修費予算案を議会に提出。(387) 3・8 **栃木県谷中村の残留民島田宗三**，「憲法制度法律の破壊せる海老瀬村自治の回復請願書（2月26日海老瀬村村民より議会へも提出済み）」，「足尾銅山鉱業停止関宿石堤取払憲法擁護元谷中村回復請願書（2月28日，元谷中村住民より貴衆両院議長にも提出済み）」を添付した請願書を平田内務大臣へ提出。(387) 5・26 田中正造の指導により，谷中村残留の青年の精神修養と谷中問題研究のため，元谷中村同志青年会，現地で結成。(387) 7・3 栃木県谷中村で，**谷中村強制破壊三周年記念式**。木下尚江，東京より参加。(387) 7・中 和歌山県海草郡宮井筋村々の農漁民2,000人，鉱山開発に伴う用水汚染，海苔被害をおそれ，不	6・20 医学雑誌にドイツ労働者保護法についての紹介あり。(251-278号) 10・5 岡崎亀彦，三重紡績の調査の結果，「特に**織布工場に立脚性浮腫(扁平足)**が多く，対策として，休み時間を与え，床を柔かくする，などが必要」と発表。(45-8巻6号) — **石原修，鉱山労働者の健康状態**調査開始。(251-332号，470-9巻2号) — 戸塚巻蔵，フランスの工場監督官報告から，ニッケル取扱労働者の**ニッケル痤瘡**に関する部分を医学雑誌に紹介。(251-276，7号) — 山田義雄，幼少の頃から鍛冶工であった男	10 大日本人造肥料㈱設立。東京人造肥料会社の後身。(382) 8・21 大阪朝日新聞，「腐った大阪の河」と題し，市内河川の汚濁を報道。(88-8・21)

年　号	公　害　事　項	労働災害事項	備　　考
1910 明治43	穏。役所側は認可の意向。(644) 8・9　**関東地方に大豪雨**。11日，利根川の大洪水で栃木県**谷中村は水没**。1906(明治39)年の空前の大洪水よりも約 1 m 高い水面。**田中正造**，12日付で「**天災にあらず**」と題した印刷物を各方面に発送。(387) 8・22　**愛媛県新任知事伊沢多喜男**，別子銅山による亜硫酸ガス被害，問題解決への積極的なとりくみを開始。まず問題解決の方法に関し，案を提示。(84) 10・4　8月22日の愛媛県知事の解決方法案に対し，被害4郡（越智・周桑・新居・宇摩）よりの代表者が合議の上，書面を知事へ提出。(84) 10・12～15　農商務大臣，愛媛県の煙害を視察。(84) 10・25　愛媛県知事伊沢多喜男の斡旋で，東京の農商務大臣官邸にて，住友と愛媛県被害農民代表者との第1回協議会開始。17日間継続し11月9日，双方契約書に調印。賠償金は4郡に対し明治41,42,43年分が23万9,000円プラス10万円。明治44年以降3年間，毎年7万7,000円。「1カ年製錬鉱量の上限を5,500万貫に制限」，「稲・麦作重要期には，各10日間溶鉱炉の作業中止」，「40日間鉱量を1日10万貫に減量」など画期的なもの。(84) 11・20　岐阜県益田郡高根村**高根鉱山**，明治20年ごろよりの経営を排水不完全のため休止。大正2，3年三菱㈾に売渡し。(146) 秋　神奈川県逗子で**鈴木製薬所**の味の素製造開始により発生する**塩酸ガス**のため，付近農作物に被害。坪刈りして補償額を決める。またでんぷんの廃水を小川に流し，農民や住民の苦情を受ける。このため葉山沖へ廃棄し，今度は地元高級住宅街住民や警察より苦情。(32) 12・19　**横浜市本牧**の海苔採取場に，**英国船が廃棄した石油**が流入，大被害。(675-12・22) ―　山形県東置賜郡**朱山鉱山**，試掘されるが江戸時代旧坑の鉱毒水により苦情が出，廃坑となる。(541) ―　このころ，東京深川の浅野セメント工場の粉塵をめぐる工場と住民の対立，険悪化。(13)	子に発症した白内障につき，職業に由来するものとして医学雑誌に発表。(396-92～94号) ―　二階堂保則，公務・自由業者の明治39，40年の死因統計を検討し，**教育家**に特に**肺結核死亡**多く，その理由は教育家の大多数を占める小学校教員の収入の少ないことにある旨，医学雑誌で発表。(251-276号)	
1911 明治44	3・12　東京の深川で，**浅野セメント粉塵被害者の共同大演説会**，大日本青年協会の主催で開催さる。代議士高木益太郎など演説。(315,407-3・13)	3・29　**工場法公布**。農商務省，1913年度より施行のため，準備費30万	2・14～3～13　貴衆両院で，官営八幡製鉄所第2期拡張費決定。(168)

年号	公害事項	労働災害事項	備考
1911 明治44	3・13　東京深川の浅野セメント粉塵問題で，同社と地元青年団代表，会見。焦点は工場移転問題。同社は移転の必要を認めながらも敷地選定中で移転日は未定，と回答。(315,407-3・13,18) 3・14　北海道苫小牧村民，**王子製紙苫小牧工場廃液**による漁業被害で，同工場に慰謝料3,000円を要求。工場，25日に漁民9人に対し3,000円を支払う。(98) 3・19　東京の深川で，浅野セメント粉塵問題で，再度演説会。(407-3・21) 3・20　代議士**高木益太郎「浅野セメント合資会社粉害事件に関する質問趣意書」**を帝国議会に提出。被害の実態について詳しい紹介あり。内務大臣平田・農商務大臣大浦，翌日答弁書を提出。近年はその拡張を許さず，被害除去の方法については，会社に既に命令，と。(733) 3・24　東京の深川で，浅野セメント粉塵問題の企業側と住民代表の交渉決裂。被害住民，強く憤激。(407-3・26) 3・26　東京深川の青年数十人，浅野セメント工場との交渉にあたってきた住民代表を手ぬるいと責め，独自の行動をとることを申し出，同地域は一触即発の状態に至る。この翌日**浅野セメント**，5年後までに**工場撤廃を約し**，住民との交渉まとまる。(13) 3　医博北豊吉・中野昂一，**大阪市内河川汚染**につき，諸川根源の淀川の水質は比較的良好で，市内にはいるにつれ水質悪化。大阪と京都では，大阪の汚染がやや高しと発表。また欧州と比較すると，日本の汚染度は2～10倍低い。欧州はし尿に工業用水が加わるが，日本はし尿だけゆえ，とも。(470-6巻3号) 4・9　愛媛県周桑郡中川村村長と壬生川町町長一色耕平，伊沢知事に**千原鉱山被害賠償問題**について陳情。(84) 5・28　**農博横井時敬ら，千原鉱山**視察。(84) 5　日立鉱山に"百足煙道"竣工。(544) 6　**日立鉱山**の廃石，集中豪雨により2km下の入四間地区へ流出。このため河川溢水で，入四間村全滅寸前の危険を経験。鉱山側，無条件で復旧防災工事を行う。(543) 7・7　宇都宮地裁，土地収用補償金額裁決不服事件で，7月12日を和解期日と一方的に定め，谷中村民に通知。谷中村残留民，18日，和解勧告を退け訴訟継続を決定。この頃，原告代理人のうち在京	円の予算を計上するが大蔵省，これを認めず削除。(522) —　軍医向井要，**マッチ工場労働者の燐毒性顎骨壊疽**の症例を報告，医学雑誌に掲載。(400-750,752号) —　佐々木秀夫，岩手県の**古河鉱業会社**水沢鉱業所の労働者の**鉱夫性肺炎(煙肺，坑肺)**について発表。(746-61号) —　幌内炭鉱，新夕張炭鉱，潟炭鉱，若菜辺炭鉱(海底陥没)，忠隅炭鉱（ガス炭塵爆発）事故で計185人死亡，19人負傷。この年代，**わが国の鉱山災害率は国際的に最高位。**(169,508) 7・14　大阪砲兵工廠で**火災**。兵卒7，職工38人が挫傷，熱傷。(88-7・16)	7・22　古河虎之助，育英上の功労の故として，勲三等瑞宝章を授与さる。(416-7・23) 12・16　**三井鉱山㈱設立。**三井㈴鉱山部の独立。(616) 7・7～8　大阪朝日新聞，「泥水の大阪」と題し，市内河川の汚濁を報道。(88-7・7～8) —　大阪市立衛生研究所，市内河川の水質検査実施。(88-2・8)

年号	公害事項	労働災害事項	備考
1911 明治44	者はほとんど手を引き，栃木町の弁護士茂木清のみ，無報酬の弁護。(387) 9•18 宇都宮地裁で田中正造，土地収用補償金額裁決不服事件公判において，「本訴訟の目的は多くの金をとるということではなく，なされた乱暴の事実を明らかにすること。そして解決はただ一つ土地の回復にあり」と大弁論を展開。ただし，弁論調書にはこれに関する記載なし。(387) 10•上 山口県豊浦郡宇部村の漁民，漁業と塩田被害をおそれ，製紙工場設置に反対。(644) 11•1 青森県三戸郡鮫町の漁民約600人，東洋漁業会社の捕鯨事業で，沿岸が汚染されイワシが不漁になったとし，同社を襲撃し焼き払う。(158) 11•20 **大阪府工業試験所内に**，府知事を代表とする**煤煙防止研究会**設置。この時期，大阪市内の主要工場の煙突3,000本。(354,365) 11 茨城県会で日立鉱山の煙害，重大な社会問題としてとりあげられる。(543) 12•19 **川崎町田島村**の村民，東京深川の浅野セメント工場が，同村地先海面を埋立てて進出することを知り，農漁業被害をおそれ，村の幹部を除く全戸が一致して，**浅野セメント起業反対**の陳情書を神奈川県庁に提出。このときすでに明治42年，村長出川太一郎らにより，秘密裡に村民の漁業権は放棄されていた。また埋立権利も7月までに浅野総一郎（浅野セメント社長）に売り渡し済み。(183,675-12•20,22,23) — 日立亜硫酸ガス被害地域，鉱山を中心に半径8 km に広がる。農作物で2町10カ村，山林で3町18カ村に及ぶ。(544) — **鈴木製薬所**逗子工場に対し，ガス害のため損害賠償するよりも**工場移転せよ**，との住民の要求。土地を探し，多摩川六郷村付近を物色したが，農漁民の東京府選出代議士を擁した大反対運動にあい断念し，対岸の川崎町を物色。(31)		
1912 (明治45)	3•1 栃木県，谷中村残留民の畦畔修築（村民の自費・自力による）に中止命令。このため8月の増水で畦畔は流出。(387) 3•29 **山口県佐々並村内**で，鉱毒による田地約15町歩の被害発生と飲料水の有害性，発見さる。(262) 4•20 谷中村残留民による**土地収用補償金額裁決不服訴訟に判決**。主張金額6万8,000余円に対し，1万2,000円足らずを県に補償させるというもの。(387)	5•10 堤友久，粗製クレオソート剤を用いた鉄道枕木により角膜腐蝕となった鉄道工夫の例を報告。(132-7輯4折) — 夕張第1坑（ガス爆発），夕張第2坑（ガス爆発）事故で483人死亡。(169)	4 **鈴木製薬所，㈾鈴木商店と改称**。(31)

年号	公害事項	労働災害事項	備考
1912 明治45	5・10 堤友久，白髪染剤（君ケ代に因める名称）を使用して悪寒発熱，開眼不可などの症状を発した婦人の例について報告。(132-7輯4折) 6・4 田中正造，**土地収用補償金額裁決不服訴訟の控訴審の弁護人**として，新井奥邃の紹介で**弁護士中村秋三郎**を訪問。同事件の控訴状，中村弁護士により6月12日，東京控訴院へ提出。この事件は大正8年8月，控訴審で勝訴となる。控訴以後の弁護を引き受けた中村弁護士も，勝訴までを無報酬で尽力。彼は大正10年から12年12月まで，谷中村事件の延長である刈萱事件の弁護を引き受け，事件落着後の大正13年に死亡。疲労の極。夫人，長女も相ついで死亡。(387) 6〜7 日立鉱山の亜硫酸ガスで，周辺村々の農作物・山林に大被害。こののち，3年間ほど被害激甚期。(543)		
1912 大正元 7 改元	7・27 川崎町議会全員協議会，町長石井泰助の提議である**「工場招致を川崎の町是とする」**ことを満場一致で可決。(186) 7・30 栃木県谷中村残留民2人，河川法違反で起訴さる。10月25日，各人20円の判決を言い渡され，両人ただちに控訴。11月22日，控訴棄却となり，両人ただちに上告。(387) 9 川崎町田島村地先の浅野セメントによる埋めたてをめぐる村民の反対，県知事・関係郡村長の斡旋のもとに終結。(734-10・1) 10・1 栃木県谷中村残留民による**土地収用補償金額裁決不服事件控訴審**の**第1回公判**。(387) 10・5 栃木県谷中村で**谷中村縁故民大会開催**。200人余が参加。(387) 10 秋田県小坂村の郡会議員，日立鉱山被害地を視察。(543) ― **日立鉱山**が鉱山職員の煙害防止のために作成した**巨大な横坑道：百足煙道**（明治44年5月竣工），**却って被害を激化**。4町24カ村。(544) ― 島根県八束郡出雲郷村の**宝満山銅山製錬所**，その亜硫酸ガスによる付近山村や稲の被害補償を出雲郷村民に要求され，急場の対策とし肥料代100円を無条件貸与。この後毎年のように，鉱害とその補償で村民との間に紛争があり，1917（大正6）年に同郡本庄村への移転決定。そこでも村民の反対にあい，遂に移転中止。(318) ― **久原鉱業㈱**，愛媛県佐田岬半島三崎村を中央製錬所用地として買収するが，ミカン栽培農民たち		10・1 **久原鉱業㈱創立。**(544) ― 日立鉱山事務所，個人経営より株式会社へ編成がえ（544） ― サルバルサン中毒問題化。(381-18巻2号，409-1779号） 8・19 大阪朝日新聞，「恐ろしい大阪」と題し，不健康地大阪について報道。(88-8・19)

年　号	公　害　事　項	労働災害事項	備　考
1912 大正元	**の鉱害**をおそれての反対のため，三崎村進出を断念。約 5 km 離れた井野浦部落の物色を開始。(461) — **山梨県道志村**の村民，村内の銅鉱の採掘の許可を得るが，1915（大正4）年，横浜市が道志川水源地を買収してより以後，水道水への影響のため廃坑。(422) — このころから，福岡県粕屋郡高田炭鉱，鉱害被害者との契約で，被害物件の鉱害補償金積立て制度を採用。(639)		
1913 大正 2	— 政府，この年早々諸鉱山に対し，亜硫酸ガス稀薄装置をとりつけるよう通告。このさい鉱毒調査会は，太く短い煙突をつくることを勧告。「**硫酸稀釈法**」とよぶ。(544) — **兵庫県加古郡別府村**の農民44人，**多木製肥所**代表者の多木粂次郎に対し，大正元年の稲収穫の減少に対する**損害賠償請求訴訟**を提起。(219) — 岐阜県吉城郡船津町，**三井神岡鉱山**による有毒鉱塵と亜硫酸ガスによる**農作物・家畜被害**深刻化。「火製煉」法使用のためとの説明あり。(145) 2・17 **弁護士中村秋三郎**，栃木県谷中村を視察。その後2月25日の第4回控訴審では谷中村の魚類の現物を法廷で提示。(387) 2 川崎町田島村地先への浅野セメント進出は，前年に補償金支払いで折り合いがついたが，浅野側の支払いはなされず，村民の間に動揺。(675-2・8) 5 和歌山県海草郡の禰宜山をめぐり，経営出願と鉱害を懸念してのその阻止で紛糾。(738) 5 **岐阜県中津町**で，1906(明治39)年設立の**中央製紙会社による，汚水・水量減・山林濫伐など**の被害をめぐり，町民の反対運動起きる。町民，町長の会社との結託に対抗し，臨時民立用水組合を設立。(145) 6 **川崎町への鈴木製薬所進出**に対し，対岸の東京府下六郷村村民，多摩川の氾濫をおそれ，工事認可取消の陳情を開始。川崎町の町長と町会議員，味の素工場の存否は町の発展に多大の影響あり，として態度を硬化。(675-6・28) 6 **日立鉱山**，鉱毒調査会の勧告どおりの煙突を完成したところ，被害激増。この煙突はその後「**阿呆煙突**」あるいは「**命令煙突**」と呼ばれる。(544) 7 横浜市で，市民の水道水取水源である**道志川の水源地**（山梨県道志村）への**水力発電所設置**をめ	1 夕張炭鉱に火災発生。坑夫53人が生死不明のまま消火のため坑口密閉。(168) 8 福山喜一郎，火薬製造所における労働者の**ニトログリセリン中毒**および同じく湿疹の多発について119人中39人が要治療，と医学雑誌に報告。(178-45号) 3 牟田熊彦，剝製業従事者の亜ヒ酸による急性皮膚炎について臨床所見を発表。(101-278号) 10 **石原修，「鉱夫の衛生状態」**を発表。(251-332号，470-9巻2号) 11 **石原修の「女工の衛生学的観察」**，医学雑誌に掲載。紡績工場の女子労働者における結核のまんえんと，彼女達の帰郷に伴う，結核未汚染農村地帯へのおそるべき早さの結核拡大の実態を報告。(251-332号，470-9巻2号) — **農商務省，工場法施行のため，大正3年度予算に工場監督官養成準備費5万円を計上す**	2〜3 鈴木製薬所（味の素），川崎町に代替地1万9,000坪を買収。(32) 8 **三井鉱山㈱の神岡鉱山の亜鉛製錬，本格製錬開始**。(66) 9・22 住友，新居浜に住友肥料製造工場創設（のちの住友化学工業㈱）。硫化鉄より硫酸とそして過リン酸石灰を製造。(330) — 綿織物工場2,087。(168) — 工場数1万5,811。工場労働者数91万6，252人。(501) — 東工業㈱（のちの帝国人絹），米沢にて設立。ビスコース・レーヨン工業の始まり。(542)

年　号	公　害　事　項	労働災害事項	備　考
1913 大正 2	ぐり，市民・市会，一致して**反対**。(669) 8・2　**田中正造**，栃木県足利郡吾妻村庭田清四郎方で行き倒れ，そのまま病床につき9月4日，同家で**死亡**。73歳。(387) 9　**大阪府，煤煙防止令**の制定を企画し，**草案**を大阪商業会議所に諮問。大阪商業会議所，議論に1年以上を費し，翌1914（大正3）年11月に「防止器設置の負担に工場所有者はたえられず，強行すれば工場閉鎖が頻出」と知事に内申。知事，これを了承し諮問案を回収。(364) 9　鈴木製薬所（味の素），川崎町に年産45t規模の生産設備を完成。川崎町の進出にあたっては，六郷村村民や町内一部農業者の反対があったが，町長はじめ町の有志が，大工場歓迎の方針のため，最終的には進出可能となる。塩酸ガスや有害廃水は流さぬ，とも説明。(31) 10・10　別子・四阪島製錬所も鉱毒調査会の勧告に従い，それまでの1本の高煙突を廃止し，6本の低煙突に着工。(577) 10　**久原鉱業㈱，中央製錬所候補地**を最終的に**大分県佐賀関**と決定。12月13日，町長に公式に協力を要請。(461) 12　松山市で，四阪島の亜硫酸ガス被害に関する別子銅山（住友）と農民の第2回協議会，知事斡旋のもとに開催。硫酸稀釈装置に期待し，契約期間は1カ年に切る。(577) ―　鳥取県**荒金銅山**の鉱害問題化。経営が軌道に乗り始めた直後，川魚の減少。苗代の苗などに被害。(438) ―　**山口県佐々並村**で複数鉱山による鉱毒被害，田地延べ100町歩に発見さる。また飲料水・灌漑水への悪影響も，いくつかの鉱山により発生のこと判明。この後も被害発生は続くが，とくに反対運動もおこされず，また対策もとられぬままであった。(262) ―　**久原鉱業㈱**，亜硫酸ガスによる日立鉱山周辺の山々の荒廃復旧のため，諸検討の末大島桜苗木の**植栽を開始**。12カ年続行。(544) ―　このころ**大阪市**で，**煤煙問題に関する市民の不満，きわめて強し**。新聞紙上に，名所の梅の枯死・交番の巡査の制服の甚だしい汚れ・灰色の蜂蜜・農作物の不作など，大阪市内各地の被害の実態紹介さる。問題工場として，**市営電鉄発電所・住友伸銅所・日本紡績会社**などの名あり。(360)	るが，大蔵省はこれを認めず。(522) ―　二瀬炭鉱，高松炭鉱でガス炭塵爆発，計118人死亡。(169)	

年号	公害事項	労働災害事項	備考
1914 大正 3	**2～4** 大分県佐賀関への久原鉱業㈱中央買鉱製錬所進出をめぐり，地元に賛否両論。地元から，四阪島や日立鉱山へ調査団派遣さる。(461) **3・7** 衆議院議員高木正年，高木益太郎らの賛同のもとに，**「多摩川流域における味の素製造建設許可に関する質問主意書」**を議会に提出。神奈川県などが許可をした味の素の建設場所が，多摩川出水時に下流住民に惨害を及ぼすおそれのあること，および味の素会社は逗子時代，臭気と悪水で住民に嫌悪され，漁民に多大な被害を与えたことを述べ，政府の責任を問い，対策を問うたもの。これに対し，3月19日，内務大臣**原敬**，建設場所は危険はなく，他へも危害を及ぼさないこと，また汚水は衛生上も魚類への影響上も有害ではない，との**答弁書**を提出。足尾鉱毒事件における政府の対応と共通。(735) **3・12** 大分県北海部郡佐賀関町長，県知事に対し，製錬所誘致を依頼した陳情書を提出。地元の反対運動は，一，二の野心家の煽動による，と。(461) **4** 前年より問題化の**岐阜県中津町**の**中央製紙汚水**被害とその事業拡張に関し，町会は住民派（11人）と会社派（7人）に分裂し，町会の委託を受けた4委員，会社の事業拡張計画の無期延期を決定し，町会に報告。5月，郡長・町会議員との協議会を突如開き，出席者少数の事態の中で，郡長への無条件一任を決定し，会社ペースのことの運びに努める。(145) **4** **大分県佐賀関で，**各地の鉱害調査団帰郷後，**久原鉱業㈱製錬所設置**について**賛否の対立激化**。賛成派は主に市街地住民，反対は主に農漁民。開会中の町議会に漁民400人が押しかけるほかの強い動きにまで達し，町長は辞表提出。6月，同鉱業が製錬所設置準備中止を同町に申し入れる。(461) **5** **大阪市**北区の**住友伸銅所**，同じく下福島の**日本紡績**の工場の大煙突よりの**煤煙**，付近住民の衛生上の被害をはじめ，器具・商品の汚損甚大として，町民総代，所轄警察署に陳情。(360) **5** 秋田県八郎潟東岸大久保村の漁民，**日本石油会社**黒川油坑の**原油流出**による漁業被害事件で，同社に対し損害賠償請求。(158) **5** 大阪市北区の町民の陳情により，警察が住友伸銅所，日本紡績による被害を調査。住友伸銅所近くの小学校の40坪ほどの運動場に，半燃焼の粉炭が一面に落下し，朝夕各一回集めると，バケツに一ぱいずつの粉炭あり，と。(97-5・9)	― 程ヵ谷曹達技師長中野友礼（のちの日本曹達創始者），電解ソーダ法実験で肺をいため喀血。(493) ― 夕張炭鉱，金谷炭鉱（ガス爆発），文珠炭鉱，若菜辺炭鉱（ガス爆発），方城炭鉱（ガス爆発）など，全国石炭山の地下事故による死亡労働者1,494人。内訳は炭塵爆発1,093，落盤212，出水62，坑車事故49，捲揚坑道20，窒息15人など。(169,301) ― 菅井竹吉，光永常四郎，**一酸化炭素中毒**後の脳軟化症について報告。(45-12巻)	**8** ドイツ宣戦布告（第一次世界大戦）。(168) **9** 鈴木商店（味の素），硫酸法により，味の素の月14貫生産設備を完成，製造開始。(129) ― 住友，硫化鉄の販売開始。(577) ― 工場数1万7,062。工場労働者数85万3,964人。(501)

年　号	公　害　事　項	労働災害事項	備　考
1914 大正 3	**10**　岐阜県中津町の製紙工場問題で被害農民，小作人大会を開催。この後会社側，山林濫伐の中止を約束。(145) 秋　栃木県谷中村の残留民，**谷中村復活運動は断念**。(387) —　**大阪市**の**農民**37人，明治39，40年度の農作物収穫が激減したことをめぐり，当該農地の北東にある**大阪アルカリ会社**排出の亜硫酸ガス・硫酸ガスが原因とし，**損害賠償請求訴訟**を提起 (217) —　**日立鉱山による被害，4町30ヵ村**。村民の怒りきわめて激化。太田町を中心に1町16カ村は連合で煙害調査会を設置し，日鉱に強硬な交渉。この年日鉱の支払った全補償金，20万円余と最高。3月13日，大煙突工事に着手，久原所長の発案。12月20日，**156 m の世界一の高さの煙突を完成**。煙害はこれをもって減少。(544) —　**山口県和木地区**に**日本紙業の廃水**による漁業被害発生。(333) —　新潟県の古くからの出油地**新津**で，製油所煙害除害装置を求めた町当局の通達出される。(456)		
1915 大正 4	**3**　久原鉱業㈱，大分県佐賀関で買鉱製錬所設置用土地の測量をひそかに開始。(461) **4•23**　**大分県佐賀関町**で漁民ら400人，**久原鉱業㈱**の製錬所進出に関連し，工場誘致派有力者宅を急襲し乱入。亜硫酸ガス被害が発生すれば生活が破壊されるとの思い込みから。293人検挙さる。このの ち同町内での反対運動はほとんどなくなるが，郡レベルでの文書・新聞に依拠した理論的反対運動はむしろ強化。(461) **4**　神奈川県中郡平塚町の**アームストロング社**火薬製造場の煤烟により同町鎮守八幡神社境内の松の被害が数百本に及ぶこと，この頃問題化。(675) **7•27**　**大阪アルカリ事件**，原審の大阪控訴審は大阪アルカリの過失を認め，原告の**農民らに勝訴判決**。被告会社，上告。(217) 夏　**鈴木商店（味の素）川崎工場**による果樹・**農作物被害発生**。(31) 秋　大分県佐賀関への製錬所反対運動のリーダー，日立鉱山周辺地の調査に出かけ，茨城県中里村入四間部落の被害者代表に面会。被害者代表の「被害あれども不信なし」の言葉に接する。こののち，大分県の反対運動，条件闘争に切りかわる。12月12日，会社と住民との間に和解式。(461) **12•16**　秋田県会議長，内務大臣一木喜徳郎に対し，	**4•12**　東見初炭鉱，海底陥没。236人死亡。(169) **9**　**電解ソーダ法**開始により，労働者や付近住民に**塩素中毒者**発生（この項は同時に公害でもある。付近住民は工場の前を通ると咳き込むが，毒ガスと知らなかった）。(493) —　この年度，工場法の大正5年度からの実施予算の一部，5万円がようやく認められる。(522)	**4**　程ケ谷曹達工場創立。9月，電解ソーダ法開始。(493) **4**　鈴木商店（味の素），硫酸法に失敗。塩酸法に転換。(31) **6•21**　染料医薬品製造奨励法公布。輸入途絶に伴い，火薬・染料・医薬品が不足してきたため。(736) 秋　久原鉱業㈱，電気収塵の工業的規模の実験装置を建設。(218) —　**棚橋製薬所**，日本製錬と改称。わが国で初めて**重クロム酸カリ**，珪酸ソーダ，過マンガン酸カリ製造を開始。(831)

年号	公害事項	労働災害事項	備考
1915 大正 4	**小坂鉱山**による被害の甚大さを訴え，救済を依頼した意見書を提出。(10) — **住友四阪島**，日立鉱山と同様鉱毒調査会の示唆に従い，35万円をかけて6本の大煙突（従来の半分の高さの太い煙突）を完成。**硫煙稀釈装置**と称する。この煙突を用いて操業するや否や，**高濃度の亜硫酸ガス**が四阪島全体を包みこみ，対岸にも，従来より濃い硫煙が届く。**四阪島は「生き地獄」**とのこと。新たに社会問題として尖鋭化。(577) — 福井県大飯郡**三光鉱山**，鉱害問題再発生。(559) — 茨城県で高取鉱山による鉱害問題発生。(74) — **小坂鉱山・亜硫酸ガス被害**19村に及ぶ。佐藤安久の「小坂式煙害算出法」により水稲の煙害補償をはかる。(379)		
1916 大正 5	3　**8大鉱業家**（三菱・三井・住友・久原・古河・藤田・田中鉱山・田中鉱業）の出資により，金属製錬所の煙害問題解決を目的との趣旨のもとに，**金属鉱業研究所**設立。(218) 4　蒼鉛薬剤中毒につき，医学雑誌に報告あり。(589-31巻2号) 5•1　神奈川県，警察部に工場監督課を新設。(183) 5•31　栃木県下都賀郡選出の**県議2人**，**谷中村残留**民に対し，県の意向を受け**立ちのきの斡旋**をはかる。また10日，かつての田中正造支持者の一人と目されていた**高橋秀臣**も，宮城県下の官林を代替地として**谷中村立ちのきをすすめる**。残留民は，このいずれについても応ぜず。(387) 6　愛媛県庁において，別子・四阪島製錬所の亜硫酸ガス害に関する第3回協議会。住友・農民，ともに硫酸稀釈装置（6本の大煙突）が除害に無効であることを確認。損害賠償は年10万円に増額となり，さらに別途寄付金3カ年分25万円に決定。さらに住友は気象・季節に応じた煙の調節義務を負う。(577) 7　神奈川県程ケ谷町にある**程ケ谷曹達工場**が拡張を続け，**一大工場となるにつれ**，付近の三字（山下，帷子，河岸）で**樹木の衰えや枯死**発見。住民の調べにより，同工場の排出煙に原因ありとわかり，交渉を開始。(675-7•7) 7〜8　**大阪アルカリ会社**の亜硫酸ガス，農民のみならず，周辺10数町に悪臭を散布。草木被害はもとより**乳児や小学生の呼吸器に害**を与え，女学校や	2　三浦謹之助，6歳のときから15年間女優であった女性の鉛中毒について報告。(316-15巻2号) 8•3　工場法施行令公布。施行は9月1日。(182) 8•3　**鉱夫労役扶助規則**公布。9月1日施行。鉱夫の雇傭，労役，扶助に関する事項を規定。(182,220) 9•1　**工場法施行**。(公布されたのは明治45年3月29日)(182) 9•1　**改正鉱業警察規則**施行。鉱夫労働の衛生，各害予防についての規則。(168) 10　服部清ら，**佐世保海軍工廠**における疾病発生1年間のまとめの発表あり。全人員の42.60%が患者で，眼・呼吸器患者多し。職場では造船工場に多し。(109-65号) — 真谷地炭鉱，三井登	2•25　日本染料製造㈱設立。(445) 3　浅野セメント，コットレル式集塵装置に関する調査の検討を開始。(13,448) 6•5　日本火薬製造㈱設立。(736) 11•21　金属鉱業研究所，30万円を投じ，コットレル装置に関する全権利を米国より買収。(218) — **ビスコースレーヨン工業**，数社に増加。(542) 1　工場監督官制度発足。(472)

年号	公害事項	労働災害事項	備考
1916 大正 5	中学校その他からも苦情甚しく，大阪市工場課，2カ月内に除害設備をすべしとの命令を発する。関西日報，大阪朝日など市内各新聞の大阪アルカリへの攻撃も盛ん。(360) 9·12　神奈川県，**工場取締規則**を公布。「有毒ガス，悪臭もしくは音響を発し又は著しく粉塵を飛散する」工場，「危害を生じ又は健康を害しもしくはそのおそれある」工場を適用範囲に追加。(183) 10·8　大阪市内大井製薬所による煤煙被害，報道さる。「豚小屋の如き仮工場内に俄か造りの釜 3,4 本を増したるため煙突からは絶えず毒々しき煤煙を吐き出しつつあり。付近住民の被害は夥しく喧擾を極め居れり」など。(88-10·8) 10·24　**多木製肥所**に対する地元農民からの損害訴訟控訴審で**農民勝訴**。(217) 10·31　岐阜県大野郡丹生川村の**平金鉱山**排出ガスにより，大野・吉城両郡の山林一帯の樹木枯死，報道さる。また，吉城郡の**三井神岡鉱山の亜硫酸ガス**は，さらに激甚な被害を惹起。地元船津町では樹木の枯死，畑作物の不作，土壌の酸性化，家畜の斃死相次ぐ。富山県側にも被害発生。(145) 11·22　栃木県，谷中村残留民に対し，立ちのき命令文書。同文書では，強制執行や厳しい処罰についても言及。(387) 11·22　**浅野セメント**，本年末の工場移転期限に関し，第一次世界大戦で材料入手難，注文機械の遅延などのため不可能となったとし**期限延長交渉**を，深川区民代表と持つ。12月1日協定が成立し，1917（大正6）年12月25日が撤廃期限となる。(13) 12·22　**大阪アルカリ事件に差し戻し判決。** 相当の設備予備あるにつき賠責なし。(217) 12　**大日本鉱業㈱**，秋田県下吉乃鉱山に**製煉場新設を計画するが**，鉱害をおそれた雄勝郡・平鹿郡など，3郡の農民および郡長らも含めた激しい反対運動により，大正6年に至り不許可となる。この時期，東北の諸鉱山でもさまざまの鉱毒紛争あり。(7,10,461) —　**鈴木商店（味の素）**，生産増とともに付近の梨・桃畑・農耕地所有者から，**塩酸ガス**による果樹・**農作物の被害**申出相次ぐ。味の素，大正6年より賠償支払い開始。年数百円ていど。(32) —　**秋田県**，**鉱毒調査費**を大正6年度予算より削除。県会で議論あり。(11) —　大阪市，塵芥量増加に伴い，焼却能力1日2万貫の大量焼却炉を木津川に設置。(377)	川炭鉱で計11人死亡。(169) —　このころ，大同毛織で，夏のかっけ防止のため，飯にあずきや麦を入れるなどの工夫あり。また，このころより同社では，嘱託医の毎日，午後の診療開始。ただし，かっけになった者は，立ち仕事にまわし，肺尖カタル・肺炎にかかった者は，多く解雇とするなど，問題あり。(69)	

年号	公害事項	労働災害事項	備考
1916 大正 5	— **岐阜県船津町民，三井神岡鉱山**に対し，**損害賠償を請求**し，数十回の交渉。**会社，応ぜず。**(145)		
1917 大正 6	～夏 **岐阜県船津町町民**，烟毒予防調査会を組織し，**三井神岡鉱山**に製錬中止と夏蚕不作の**損害賠償を要求**。このの ち損賠，1町1村について3万5,000円を獲得。また8月2日，三井神岡鉱山の労働者の過半数を占める岐阜県船津町出身の労働者，神岡鉱山の製錬所撤廃を要求する船津町民の運動を支持し，集会。(145) 1•9 神奈川県橘樹郡鶴見で，汽車の火の粉が原因で，火災発生。隣の町田村でも同様に汽車の火の粉で火災。(675-1•10) 1•19 栃木県**谷中村残留民**，地元選出県議・県土木課長・弁護士中村秋三郎と会合し，谷中村に近い下都賀郡三鴨村の**内務省埋め立て地への移住を承諾**。ただし，谷中の耕地の使用は従来通り，との趣旨の覚書を交換。2月末日までに移住と決定。(387) 2•6 秋田県平鹿郡長，秋田県内務部長に，**「吉乃鉱山製煉場設置中止**となったことで，郡民はいずれも満足の状態。反対期成同盟会も2月5日付で解散し，郡内はまったく平静を回復」との書面を提出。(10) 3 鳥取県**荒金銅山の鉱毒**，本格的に問題化(小田川鉱毒問題)。(438) 6 鈴木商店(味の素)，ガス被害申出に対し，委嘱査定法に基づく賠償支払法をとる。(32) 7•16 **川崎町大師河原村**，神奈川県知事に，**浅野セメント工場の粉塵**による果樹生育への影響を述べ，対策を求めた嘆願書を提出。27日には県庁に出向いて陳情。県，「被害は事業中止を命令するほどまでには至っていないが，調査の上予防装置のとりつけを勧告する」など，あいまいな姿勢。(129，675-7•25，8•18) 7 岡山県邑久郡犬島の藤田組製錬所の煙により，対岸の牛窓・久々井地区農作物に被害。(103) 9 **別子四阪島製錬所**，被害を激増させた鉱毒調査会命令の硫煙稀釈装置の停止の認可を得，10月26日，**稀釈作業を停止**。(577) 12•18 **浅野セメント深川工場，コットレル式電気集塵機の試運転**。23日その効果判明。この結果，25日，深川区民代表者と会合。区民，以前の工場撤廃要求を撤回し，問題落着。(13) 12 **神岡鉱山，コットレル式電気集塵機**を設ける。	2 荒井恒雄，**石工の塵埃吸入**によって起きる疾病について，注意を喚起する報告を行う。(299-530号) 2 愛知県で工場医会創立。(522) 12•末 東京京橋の旭電化工業工場で寒さのため塩素管氷結。氷結除去のさい，塩素が著しく漏洩し，従業員に影響して欠勤増加。(294) 12•下 同年9月に**体温計工場で**働き始めた22歳の男子，**両手の振顫**，ついで**言語障害**発生。(326) 12 警視庁調べによると，工場法適用工場中，保健衛生施設に関する回答を得た2,106工場のうち，工場医嘱託は1,571工場，専属医師は29人。月1回工場に来る医師493人，年1度か用のある時工場に来るのが1,632人。医局のあるのは20工場，ほうたいや薬もない工場が892。(69) — 上歌志内炭鉱，文珠炭鉱，大野浦炭鉱(ガス爆発)で計395人死亡，7人負傷。(169)	1•27 東京京橋に旭電化工業㈱創立。10月苛性ソーダ販売開始。(294) 8 森矗昶・鈴木三郎，東信電気㈱設立。(195) 9 日本染料製造㈱，**各種合成染料の本格的生産**を開始。(736)

年　号	公　害　事　項	労働災害事項	備　　考
1917 大正 6	(379) 12　大阪市外豊崎町で，近年設置された内務省衛生試験所製薬調査所煙突よりの異臭の煙，住民を苦しめ，樹木の枯死を招く。また住民にのどをいためる者多し。町長と住民総代19人，強硬に抗議。(92-12•11) 12　和歌山県**和歌浦**の海苔漁民，和歌川沿岸の**由良染料㈱の排水**による**海苔不作**をめぐり，損害賠償を要求し，らちがあかず紛争。(158) —　**石炭採掘**に伴う**福岡県下**の**水田陥没**被害面積1,862.4町歩。このほか鉱毒水被害地933.4町歩。(293) —　鈴木商店(味の素)大阪支店，葉煙草数万貫を兵庫尻池の空地で焼いて多量のカリを得る。この煙で畑作物枯死，小鳥や鶏の死，人がむせるなどについて苦情多数。味の素，詫金を払う。(31) —　**大阪市**に明治44年設立の**煤煙防止会，事業を中止**。経費不足，好景気に酔った一般市民の煤煙防止に対する無関心，資本家や市内有力者の白眼視などに原因あり。(364)		
1918 大正 7	3•15　横浜市岡野町の横浜魚油会社，戦後の需要急増で生産を拡大し，有害ガスと悪臭で岡野町はじめ付近3町の住民を苦しめていたところ，同所の二大タンクに酸素と水素が貯蔵されていることが住民に判明し，その爆発をおそれた町民代表，当該事業差し止めと防害施設完備命令を求めた陳情書を神奈川県知事に提出。(675-3•15) 3•25　**岐阜市外荒田川沿岸で水質汚濁問題化**。岐阜市の下水整理とそれに伴ないふえた諸工場からの排水により，水利被害めだちはじめ，この日，荒田川閘門普通水利組合，被害など調査のため，臨時委員6人の設置を決議。昭和12年11月の組合解散まで継続。(147) 4•25　**神奈川県橘樹郡町田村**で**浅野造船所**が水道を建設した結果，付近一帯の井戸水が涸れ，**飲料水不足の被害**発生。隣接川崎町にも影響。この日，川崎署が現場調査。川崎町・町田村の町村民代表，会社に対し抗議。(675-4•26) 5•2　神奈川県下，**浅野造船所**による**井戸水枯渇問題**で浅野，住民の抗議に対し，「井戸水の枯渇は気候のせい」などと回答していたが，この日たまたま同所揚水機に故障が生じ，6時間揚水を中止。この結果，付近井戸水たちまち満水となり，浅野造船所に原因のあること，明白に立証。	2　工場法施行以来企画されていた大日本鉱業所衛生協会，創立協議会を開催。(522) 2　戸塚隆三郎，大阪砲兵工廠における樟脳油使用（金属洗浄用）に伴う皮膚障害につき報告。(546-18巻2号) 4〜7　南条政人大阪砲兵工廠における3年間の外傷患者統計を発表。負傷者延べ24万7,158人。(251-375〜8号) 5•15　**農商務省，災害防止調査，工鉱業衛生調査**事務のための臨時職員設置の件を公布。5月31日付で専任技師に鉱業監督官**石原修・鯉沼茆吾**，医学方面技師として**桜田儀七**など。(労働衛生調査室)(522) 6　**呉秀三，体温器職工**	2•15　渋沢栄一ら玉川水道㈱設立。11月，入新井町・大森町に給水開始。(430) 5•1　三菱鉱業㈱創業。(616) 9•29　**原　敬，(もと古河鉱業副社長) 総理大臣**に就任。(168,570) —　このころより岐阜市およびその付近に工場，次第に増加。(36) —　このころ，宮崎県児湯郡木城村で**松尾鉱山**，開発。(443)

年号	公害事項	労働災害事項	備考
1918 大正 7	(675-5・4) 5・12 神奈川県下で井戸水枯渇をひきおこした浅野造船所，ようやく原因が自社にあることを認め，夜間の揚水を中止。また，住民の井戸改築等の実費負担を被害者代表に申し入れ。(675-5・14) 5 神岡鉱山，石灰乳を使用する脱硫塔を設置。(379) 7・5 **大阪市**北区の**住友伸銅所の煤煙**，再び新聞紙上で追及。隣接下福島小学校は，数年来被害を受け続け，夏も暑さの中で窓を開けられぬ状態と。(88-7・5) 8 大阪市内西野田，下福島，安治川一・二丁目住民は付近の工場からの排煙，とりわけ**大阪電燈会社安治川発電所の排煙**に苦しんでいるが，このころ住民代表者が，米粒大の煤煙一升ほどを会社に提示し抗議。(88-8・19) 9・29 横浜市滝頭町，**三井物産**所属横浜製材所の**煤煙と火の粉**による危険について，付近住民数百人，警察に相当の措置をとるよう陳情。(88-10・1) 10・19 広島市内1住民が広島市に対し，損害賠償を求めて提起していた同市とりつけ灌漑用ポンプによる家屋被害事件，原審広島控訴院で勝訴。広島市，上告。(217) 10 岐阜県大野郡の**平金鉱山**，吉城郡国府村の三川・上広瀬2部落用の水路カラミ鉱毒溜池の掘設に着手。完成は翌年4月。(525) — 大阪市，塵芥焼却場を拡張。塵芥量1日12万貫以上。(377) — 高知県大川村の白滝鉱山，1915（大正4）年からこの年までに鉱害賠償で9,842円を50余人に支払う。(87) — 岐阜県神岡町の農民. 三井神岡鉱山による農業被害を懸念し，同山に対策要求開始。(112)	**の水銀中毒症**2例について発表。(326) 6 今井政吉，横須賀海軍工廠造兵部職工の脚気について下宿者・低賃金者に多発の傾向と指摘。(110-6巻19号) 8 鉄道院各工場の3年間の職工負傷の統計あり。大正3年，負傷者1万6,526(延)人・職工数1万4,755人。大正5年負傷1万5,126人・職工数1万2,482人。職工1人が年1回以上負傷の割合。(499-4巻8号) 10 高見健一，**女子労働者**における**産時保護の必要**を，全国死産統計の激増と関連させて説く。(740-269号) 11・21 傭人扶助令公布。明治40年の令改正。(182) 11 平野権之助，製薬工場労働者に**メタディニトロベンゾールやフォスゲンガス中毒**の発生と報告。(544-239号) 12 石原修，「**鉱山衛生の統計的観察**」を発表。1917年中の鉱山事故で死者880人，負傷15万6,367人。1917年6月末，鉱山労働者数は43万3,843人。(504-8巻262号) — 夕張炭鉱，幌内炭鉱，大和田炭鉱で計29人死亡，56人負傷。(169) — 東洋紡績，九州帝国大学医科大学助教授大平得三に，工場衛生全	

年号	公害事項	労働災害事項	備考
1918 大正 7		般にわたる指導監督を依嘱。紡績業者に対する女工の結核多発を批判した世論の高まりを反映。ただし，大工場のみの反応。(522) — 香川斐雄，**紡績女子労働者の夜業と体重の関係**の調査報告を発表。(81-14巻2号) — 各種工場（製糸・電球製造・紡績・印刷・製鋼）における**工業湿疹**に就て，医学的指摘あり。(546-18巻5号)	
1919 大正 8	3・3 **信玄公旗掛松事件の大審院判決**にて，松樹所有者勝訴。中央線日野春駅舎のすぐ傍の地元民が古くから「信玄公旗立の松」として大切にしていた松樹が機関車の煙で枯死していたことをめぐり，老木所有者が国に損害賠償を請求したもの。(581) 3・5 福岡県下の石炭鉱害被害地の4郡関係町村農会長，農相あてに「鉱業より蒙る農業上の被害に関する陳情書」を提出。鉱業法に農地保全，損害賠償の項目を加えるよう陳情。(293) 3 横浜市大岡川沿岸の化製肥料工場や汚物取扱場の悪臭甚しく，近くの大岡川小学校に影響。雨天のときは臭気に耐えられず，授業中止もしばしば。同校長，市に対し善後策をいくたびか要望。(675-3・8) 6・12 **栃木県谷中村もと残留民**のおこしていた**不当買収価格の控訴審に判決**。県の買収価格の5割増しを控訴人に支払うよう命じたもので，**原告勝訴**。弁護士にももと残留民にも不満な判決内容ではあるが，もと残留民もすでに谷中村を追われ，また弁護士は8年間の無報酬の活動であり，上告は諦め，判決確定。(387) 6・下 大阪市の**大阪電燈春日出発電所の煙害問題**で住民，しばしば町民大会をもち，移転を強く要求していたが，この日ごろ，問題の煙突8本めの増設が始められていることが判明。住民激昂し，工事中止を所轄警察に陳情。(365-4巻11号) 6 横浜市市区改正局，工場設置に際し，煤煙・悪臭・悪液・有害ガス・甚しい振動・音・粉塵など	6・15～21 東京で，わが国初の安全週間。“緑十字”のマークの採用決まる。(503) 10 第1回ILO（ワシントン市）にて女子・少年の深夜業禁止。1日8時間労働，労働者最低年齢法などの条約成立。日本は，政府代表岡実・資本家代表武藤ともに後進国であるとの理由で，欧米との同一行動を拒否。(522) — 医学博士鯉沼茆吾，関西地方の**マッチ工場**を調査し，**108人の中毒者**を発見。その中にとくに，幼年時から長年勤続した者が目立つ。(307) — 東京府では，職工50人以上の工場のうち回答をよせた187工場の32工場のみが，医務局・治療所を設置。(69) — 真谷地炭鉱（ガス爆発），豊国炭鉱(出水)，空知炭鉱（ガス爆発），	2 大原社会問題研究所，倉敷紡績社長大原孫三郎により，大阪にて設立。(842) 春～1920年3 戦後ブーム（168） 7～8 サルヴァルサン注射の副作用，再び問題化。(686-111号) 9・8 大日本セルロイド㈱設立。(168) — 第1次世界大戦後，工場数の急速な増加で工場労働者数1,77万7,171人。(501)

年号	公害事項	労働災害事項	備考
1919 大正 8	を発散する工場は許可しないことを決定。(675-6•8) 7 **住友**，四阪島の亜硫酸ガス被害者との第4回協議会にて，1ヵ年15万円，寄付3カ年で30万円の**賠償を決定**。さらに風致地区保存，公益増進の名目で3カ年30万円の寄付を加算。(577) 7〜8 **大阪電燈春日出発電所の煤煙被害**で，住民の運動激化。同所の大株主との膝詰談判などの実力行使。会社側，最後まで煤煙排出は変更せず，4万円の慰藉金を被害住民に支払う。これで一応，問題解決。(365-4巻11号) 12•27 **大阪市の大阪アルカリ訴訟**，差戻後の大阪控訴院で**判決**。「大阪アルカリは旧式焚鉱炉を用いており，技術者のなしうる適当の防止方法をつくしたとはいえない」とし**原告農民を勝訴**とする。(217) — **岐阜県荒田川の工場汚水被害**，この年も引続き発生。被害者の行動としては水利組合が調査に重点を置き，被害各町村は単独に陳情を行う程度で効果なく，被害はふえる一方。(36) — **福岡県下の石炭採掘に伴う農地陥落**被害3,375.6町歩，このほか鉱毒水被害34.0町歩。(293) — 「**大阪市内の煤煙量の多さは，世界一**の煤煙都市」などとして報道さる。煙突数1,947本。(97-6•27)	幌内炭鉱（ガス爆発）で計28人死亡，10人負傷。(169) 12•18 農商務省工務局，工場資料第13輯として「金属中毒の予防注意書」を発行。鉛，黄燐，砒素，水銀，クロムの中毒予防と鉄・銅・亜鉛・ニッケル・マンガンについて「健康障害上注意スヘキ事」を記載。(830)	
1920 大正 9	2•21 福岡県農会長，首相・農相にあて「鉱業による農耕地の被害救済に関する建議」提出。前年の町村農会の陳情書と同趣旨。(293) 2 山口県玖珂郡川下村の川漁に，呉海軍の鎮守府建築用砂利採取による被害発生。(158) 4 **宮田用水の汚濁問題**で一宮町長，染色業者らに対し，営業地域を限定することを申し入れ，業者もこれを承諾。(329) 5•26 横浜市のガス供給機械の振動に関し，差止請求を行った付近居住一市民の訴えに東京控訴院，「その振動は提訴者の家屋所有権侵害の程度に達しないとともに，ガス事業は公共性を有する」と述べ，請求を棄却。(217) 6•12 福岡県の若松・戸畑両漁業組合，洞海湾開発に伴ない漁場が縮小してきたことで，若松築港会社に対し，失業救済の陳情を行う。この結果，11月10日に両者の間で漁業権放棄契約が成立し，会社は両漁協に4万5,000円の補償を行うことに決定。(715)	3 井口哲宗，夜業が女子労働者の体重に及ぼす影響について発表。(81-15巻4号) 11 医博三浦謹之助・佐藤淳一，褐石磨砕夫およびマンガン精練所工夫における**慢性マンガン中毒**発症例につき報告。(316-19巻11号) — 若菜辺炭鉱，空知炭鉱，夕張炭鉱（ガス炭塵爆発），高田炭鉱(出水)，計290人死亡，38人負傷。(169) — 東洋紡績，九州帝大医大助教授大平を労務部課長とし，結核対策	2•1 八幡製鉄所で大争議。日本労働史上特筆の争議。(168,521) 3 戦後恐慌始まる。(168) — 日本窒素肥料水俣工場に，橋本彦七入社。(529) — **宮崎県土呂久鉱山**で亜ヒ酸製造本格化。(443)

年号	公害事項	労働災害事項	備考
1920 大正 9	9・30 福岡県鞍手郡の農地，**筑豊炭田の石炭採掘**に伴い，陥落して**耕作不能**となる箇所増加。また，鉱毒水による灌漑用水の悪変や農地不作も増加。さらに宅地，道路，水路の陥落や井戸水の枯涸なども年を追って拡大。この日付の鉱業被害状況は，不毛となった田地が同郡内で約200町歩，5割以上減収地が約220町歩，3割以上減収が約320町歩。家屋陥落1,874カ所，井戸水の変質枯渇384カ所，河川溜池涸渇25カ所，道路の陥落16カ所など。(175) 9 高取鉱山の鉱害に対し桂川下流の農民，反対運動を開始。(74) 9 石原真蔵，**駆黴療法**に使用の水銀剤の注射および水銀軟膏塗布による**副作用発生**について報告。このほかにも，水銀エレクロイドの副作用についての報告あり。(409-2176号，737-7号) 9 石川県金沢市，長町川岸の日本硬質陶器と倉庫精錬の排出煤煙で，付近の住民，両者に対し煤煙防止装置の実施を要求。また，住民500人余の署名を集め，県に陳情。成果なし。(123) 秋～ **川崎町の味の素会社**，味の素の増産開始。それに伴い**被害の範囲拡大**し，被害査定者と被害農民の間に複雑な感情的対立が発生。(32) 12・16 栃木県**谷中村もと残留民**，藤岡町で**縁故民大会**。谷中村に対する権利を宣言し，県が進めている藤岡町への谷中地貸付に反対を決議。(387) 12 **大阪府，工場取締規則制定**。明治29年の製造場取締規則に比し公害対策の規定，簡略化。(346) — 福岡県下の石炭採掘に伴う農地陥落被害4,212町，このほか鉱毒水被害は2,803.7町。(293) — **静岡県駿河湾**で，**名産サクラエビ**に**製紙会社の排水で被害**発生，金銭補償で解決。この当時の製紙原料はワラのため，被害も軽微。(329) — **神岡鉱業所の鉱毒で稲作減収**。富山県上新川郡農会，鉱業所へ除害を要求。(66) — 生野鉱山，銅製錬所を人家から離れた直島に移転。生野地域の山を禿山にした亜硫酸ガス害の賠償や，その交渉の煩瑣に堪えぬための移転との指摘あり。(551) — 大阪市，林学博士葛城の訪欧に際し，煤煙防止問題の調査を嘱託委託。(357) — このころより，鉱害被害者による賠償要求，組織的な方向との指摘あり。(639)	に力をいれる。大平の治療と予防への努力の結果，同社における総死亡率および結核死亡率，年を追って低下。(522) — 高橋孝太郎，某兵器大工場の職工の肺気量を調べ，鍛工が最低であり炭肺が原因，と発表。また，作業塵埃が同工場の結核多発の一因と報告。(251-402号) — 戸田正三，都市労働者の家屋条件の劣悪さをとりあげ，それを度外視しての労働問題は無意味，と指摘。(409-2158号) 9 工場監督官鈴木孔三，同補古木仁が「主要なる工業毒物に関する研究の綜説」を発表，クロム，水銀，ニッケル，マンガンなどの有害性と中毒予防法を綜説。(464-第10年第1号)	

年号	公害事項	労働災害事項	備考
1920 大正 9	― このころより**東京の下町地域**で，**地盤沈下激化**の傾向。(234, 281) ― 国立の燃料研究所設立。(431)		
1921 大正10	1・13 栃木県藤岡町当局，同町消防組約200名・警官40名の出動を求め，もと**谷中村の萱刈取り**を実施。一方，もと谷中村村民200人も同様に刈取りに出向き，物々しい警戒に驚き，かつ怒り，異変もなく出動した消防組の責任を追及。(416-1・14, 407-1・14) 調べが進むにつれ，**異常事態の背景**が判明，**県下の大問題**となる。(387) 6・21 横浜市子安町町民，隣接守谷町の日本肥料製造㈱の悪臭被害で，衛生組合長ほか有志50余人連書の陳情書を市長に提出。(675-6・22) ― 川崎町の味の素会社，橘樹郡長に審査調停を依頼し，被害農民への賠償額を決定する方法を採用。大正14年までこの方式続く。この年の被害面積17反215，賠償金1,450円。(183) ― 大阪市西淀川区大野町に大阪製錬㈱設立され，排出汚水と有害ガスにより，名産大野蕗をはじめ作物の収穫皆無となり，また漁具のいたみ，魚類の激減なども発生。(88-1928年6・2)	春～ 鍍金師と助手3人，1日10時間7日連続作業で，**亜急性水銀中毒**1人発生。また助手3人も健康を害し，うち2人は作業中止。(223) 12 労働保険法案の調査機関としての保険調査官制公布。(522) ― 若菜辺鉱山で5人死亡，1人負傷。(169) ― 全国工場・鉱山（職工300人以上）のうち，報告を得た171事業所・135工場中，各95～96%がなんらかの診療施設を設置。(69)	1・15 染料輸入制限法施行。染料工業保護。(445) 4 **公有水面埋立法公布。**1922年4月10日施行。(168) 7 倉敷労働科学研究所（のちの労働科学研究所）設立。大原倉敷紡社長が暉峻義等の提案に基づき紡績労働者の健康と生産能率問題研究のため設立したもの。(842) 12・12 日本窒素，カザレ一式アンモニア合成法の特許を買収。(495)
1922 大正11	2・3 **栃木県もと谷中村の縁故民ともと残留民への有料占用許可**となり，もと谷中村の使用をめぐるもと**残留民ら**のたたかいに**小さな勝利**。(387) 6・10 横浜市中村町の脂肪肥料製造化製工場の，魚獣内臓煮沸による悪臭と排出汚水問題で，付近住民，警察に陳情。同地域は新開地のため，同工場設立当時の明治45年には人家も少なく，反対運動もなかった。大正10年ごろより警察に対し苦情の手紙多し。(675-6・11) ― 住友，四阪島亜硫酸被害者と第5回協議会。(577) ― **東京湾内深川浦地先**で**藤倉電線㈱**工場廃水による漁業被害発生。(417) ― 瀬木本雄，毛染液による眼炎多発について報告(475-26巻11, 12号) ― 大阪市立衛生試験所，市内煤煙降下量測定，浮遊物調査を開始。(357) ― 愛媛県西宇和郡の漁民，東洋紡績㈱川之石工場からの排出水による漁業被害で同社と紛争。救済金2,700円を受取り処理施設を設置。(158) ― このころ，**神通川流域**に**奇病発生**。(66) ― 田村昌，各種工場の火力使用は煤煙やガスの発	4・22 健康保険法公布。1926年7月1日施行。(182) 6 黄燐マッチ製造禁止。(638) 9 稲富稔，紡績婦人労働者に眼症多発のことを報告。(399-14巻9号) 9 内務省に社会局新設閣議決定。10月30日設置実施。(522) 11 **旭電化工業，塩酸合成工場**を完成し，操業開始。しばしば硝子合成筒が破損，爆発し，塩素が漏洩。**労働者の危険，甚だし。**(294) ― 福井屯，潜水夫病について報告。(199-160号) ― 清水賢末，23歳の女	8・1 <日本経済連盟会>設立。日本における総合的な資本家団体。(168)

年号	公害事項	労働災害事項	備考
1922 大正11	散を伴ない，都市の居住者の衛生上有害となろうと医学雑誌に警告。(45-20巻) — 燃料関係技術者，燃料協会設立。(431)	優の鉛中毒（脳膜炎）発生につき報告。(399-14巻5号)	
1923 大正12	**1•7** 福岡県農会副会長，貴衆両院議長に対し，「鉱業に因る農耕地の被害救済に関する請願書」を提出。大正8,9年の町村農会・県農会からの陳情や建議と同趣旨。(293) **2•1** **川崎大師漁組，海苔に被害**が発生したことの原因は味の素工場にありとし，1,200名が工場に押しかけ原因を認めるよう要求。味の素は，学理上絶対に被害なし，と拒否。(31) **2•5** 川崎大師町の海苔漁組合，味の素に対し損害賠償を要求。県で調査の結果，原因は気象となり，最終的には1万5,000円の見舞金で解決。(31,130-2•7,3•14) **3•6** 岐阜県水産会長，県知事に工場排泄物に関し建議を行う。「国家の大計と地方発展のため，大工場の簇出は喜ぶべきであり，河川，水産のごとき小を以ってこれを拒むは不本意，と隠忍してきたが，工場が続々と設置されてよりは，排泄物により漁業被害が大きく名産鮎も危機」と述べ，害の幾分を軽減する途を講ぜられんことを希望，との趣旨。農民の組合である荒田川閘門普通水利組合の姿勢とは，かなりの開き。(147) **3•12** **横浜市子安町**の**横浜化学・日本化学・大日本人造肥料会社**より排出の**有害ガス**，周辺3町住民に非常な害。従来も住民は防止法を迫ったが，会社は応ぜず。このため，住民代表，県警察部長に面会し，会社への厳命を要求。放任すれば椿事を惹起と語る。(675-3•13) **3•28** **長崎県**西彼杵(そのぎ)郡松島村の漁民，**松島炭鉱㈱の石炭採掘**に伴う沿岸岩盤の埋没，沿岸海底の海藻全滅をめぐり行なってきた除害設備設置の要求が通らぬため5,000円の損害賠償を要求。(158) **3** 神奈川県大師町町長，県知事に対し「**多摩川沿岸**各社からの**排出悪水**には酸毒含有のため，海産物の有毒化のおそれがあり，各社を取締ることを要望」との意見書を提出。挙げられた会社名は，明治製糖・東京電気・東京電線・富士紡績・蓄音器㈱・京浜電気㈱・味の素㈱・矢口村鉄道省発電所。(675-3•14) **3** 東京府芝区の漁民，**東京瓦斯㈱**芝浦工場の**タール含有排水**により，川および海の魚類が死滅したことをめぐり，同社と紛争。(417)	**1** 常吉剛太，褐石粉砕業に10年余従事した労働者の**マンガン中毒**発生例について報告。(500-10巻10号) **3** **改正工場法公布。実施は**引延ばされて1926（大正15）年7月。(503) **3** **工業労働者最低年令法公布**さる（実施は1926年7月）。(168) **6** 黄燐マッチ輸出禁止令。(638) **8** 三浦謹之助，**寒暖計職工の慢性水銀中毒**について臨床講義。(316-23巻4号) — 関東大震災のとき，多くの女工が逃げ遅れて死亡。原因として，たとえば富士紡績小山工場のように一たん逃げ出した女工を引き戻して拘禁し，ついに焼死に至らしめた例や，大日本紡績深川工場のように，崩壊寸前の古い三階だての三階を工場とし，非常口の用意さえなかったものなど，工場に責任のあるもの多し。(309) — 夕張炭鉱（ガス爆発），幾春別炭鉱の事故で計83人死亡，1人負傷。(169)	**7•17** 小坂鉱山で全山ストライキ開始。鉱山の象徴の大煙突の煙，止まる。22日，交渉妥結。(201) **9•1** 関東大震災 (168) **9•21** **日本窒素肥料㈱**延岡工場でカザレー法により，合成アンモニアの製造開始。(495)

年号	公害事項	労働災害事項	備考
1923 大正12	4・24　神奈川県大師町の町民，味の素の塩酸ガスによる桃梨の多大な被害を陳情。(129) 4　川崎田島村の浅野セメント，大正6年の交渉以降，さらに粉塵量を増大。大師町町会，予防装置の完全遂行を求め，町長名で県知事に意見書を提出。町民も県や警察へ陳情をくりかえす。(675-4・3,7,14) 6　**荒田川水質汚濁**につき，**荒田川閘門普通水利組合，本格的にとりくみ始める**。県への陳情など。(147) 6　**横浜市戸塚町**の**京浜電力㈱**より**流出の重油**により，苗代の枯死事件発生。町長，同社と交渉。会社は加害責任を一切認めず，東京本社に交渉せよとの返答。(675-6・6) 10　金沢市石川郡大衆免地区住民，同地区に集中の製箔工場の騒音防止対策を要求し，陳情活動をおこすが，とくに対策はとられず放置。(123) 11・25　**宮崎県土呂久**地区互助組織 <和合会> の議事録に「**亜砒酸煙害**ニ関スル事項の件」の記載あり。土呂久鉱山と折衝し，交付金として1カ月50円を受取ることが決まったもの。(443) 一　宮城県原町でキリンビール排水による稲被害が発生。被害農民，この年桃生郡鹿又村に結成の県下最初の日本農民組合支部の力をかりて被害者同盟を組織し，防止施設完備と補償金支払を要求し，ビール会社と交渉開始。解決は昭和3年6月23日で，1万1,017円80銭が支払われる。(635) 一　京大教授平井，原因不明とされてきた乳児の"所謂脳膜炎"を鉛中毒に他ならぬと確定。(307) 一　**久原鉱業㈱**，鳥取県の**荒金銅山**を買収。この後，農地と川漁の**鉱毒被害激化**。漁民を含め小田川流域住民，鉱山に補償を要求。県会でも大正14年以降，地元選出議員がしばしばこの問題をとりあげ，鉱山側も技術的対策を検討。石灰による中和と現物補償で，一応落着。(438) 一　**大阪市の煤煙量**，地区によっては，かつて煤煙が大きく問題化した大正2,3年ごろの場合とくらべ**甚だしく増加**，との報告あり。(354) 一　このころより，**水産関係者に船舶や工場の廃棄物による水質保護を求める運動，活発化**。(419)		
1924 大正13	1　岡山県和気郡伊部町で，藤田鉱業㈱柵原鉱山の鉱毒による魚類，養殖カキ被害発生。(158) 2　1月15日の地震で，**横浜市子安町**海岸の**小倉石油**子安貯油所より**原油流出**し，北は川崎市大師，南	1・5　北海道上歌志内鉱山でガス炭塵爆発。77人死亡。(169) 5　**大西清治，「鉱肺に関**	6　大原社研より『労働科学研究』創刊。のちの『労働科学』に連なるもの。(472)

年　号	公　害　事　項	労働災害事項	備　考
1924 大正13	は久良岐郡杉田にまで及び，魚貝類・海苔などに大被害発生。各漁組が会社に予防措置を要求する陳情書を県知事に出す，鶴見町町内会が防害装置とりつけか工場移転を要望する，などの動き。(675-2•10,23) 6•19　大正7年の項記載の広島控訴院で判決の出た，広島市モーターポンプ事件は，被告広島市が判決を不服として上告していたが，大審院判決で再び原告の勝訴と決定。(217) 7•11　川崎市外田島の浅野セメントと旧大師町とのセメント粉塵問題で浅野，従来通りの被害見舞金1万円の支出で承諾されたいとの申入れ。被害者側は，金額の多少の問題でなく被害の実態を知るべきで会社は不誠意，と反発。(675-7•12) 7•24　**川崎市浅野セメント**と旧大師町のセメント粉塵をめぐる交渉，会社が1万5,000円を支払うことを住民側委員が承諾し，21日に解決しかけるがこの日，町民1,000人が会社へ出向き，金銭による解決を拒否し，衛生保健上人体に及ぼす影響を詳細に調査することを要求。**被害激甚地区4部落**の住民400戸は，炊き出しなどをして**徹底的交渉**。被害激甚地区では真夏でも戸を締めており，またたんすの引き出しも粉塵が入り込むなどの実態。明治40年代前半の東京深川のセメント粉塵被害の状況ときわめて類似。 (675-7•22, 25, 26, 8•8) 8•7　**横浜市潮田町**の600余戸に，同町**日本石油鶴見製油所**の排泄管爆破が原因で，**石油が降る**事件発生。町民，大恐慌。(675-8•14) 8•14　川崎市浅野セメント粉塵事件，防塵装置完成期などをとりきめ，被害の実状調査なども条件とし，1万5,000円の見舞金支払いということで解決。(675-8•15) 8•27　川崎市の味の素㈱，塩酸ガス被害調査を終え，被害高1万6,000余円を見舞金として，被害地区に交付することを発表。(675-8•29) 10　東京市塵芥処分工場の塵埃の深川地先への投棄で，深川地先の漁業に被害。(417) 10　**秋田県鹿角郡小坂町**細越，砂小沢，野口部落に県下で最初の**日本農民組合細越支部**結成。小坂鉱山の被害農民らの働きかけ。(7) 11•7　**秋田県小坂町細越部落**の農民・老人・女性・子供など100人余，〈**鉱煙害賠償金請求団**〉と大書したムシロ旗をかかげ，数十頭の牛や馬とともに行列を作り小坂鉱山事務所に向かう。先頭に日農	**する研究概説**」を発表。(296-29巻5号) 8•9　福島県入山炭鉱(ガス炭塵爆発)，75人死亡。(169) 9•26　社会局，国際労働事務局所属・産業衛生諮問委員会調査結果を翻訳した「有害工業解説その一」を労働保護資料第9輯として発行。項目にべんぜん，水銀，剪毛業，一酸化炭素の4項目。(290) 9〜10　**鯉沼茆吾，蓄電池工場**における**鉛中毒**発生について詳細な発表。(289-452,3号) 10　**鉱夫総連合足尾連合会，珪肺対策要求**を出す。(29) 12　日本衛生学会で**小宮義孝・曾田長宗，鉱夫死亡について報告。** (81) 12　原田彦輔，製油所における鑞接作業による鉛中毒，また塩酸亜鉛・錫の有害作用について報告。 (289-455号) 12　小宮義孝・曽田長宗，慢性呼吸器病による鉱山労働者の死亡について実施した調査結果を発表。 (81-20巻3号) 12　**鯉沼茆吾，計器職工の水銀中毒**につき発表。寒暖計などの製造工場，東京府に11・名古屋市1・京都市2・大阪府2・山口県2。製作者674人（うち男性は582人)。水銀関係	6　日本石油鶴見製油所，ダブスクラッキングを行う。(168) ―　**ビスコースレーヨン工業**，この頃から**急速に発展。**(542)

年 号	公 害 事 項	労働災害事項	備 考
1924 大正13	関係支部から派遣された青年。小坂地域においては前代未聞の示威運動。警察分署，県警に至急連絡などし，人々をなだめて途中で引き返させる。細越部落の被害は被害地でも最大で，収穫が皆無であるための決起。牛馬を連れていったのは「生活全部を補償せよ」の意味。(12, 249) 11 **住友四阪島**，太く短い煙突の代りに新たに **48 m の高さの大煙突を建設**。(577) 11 **滋賀県膳所町**で，**旭絹織会社**の**人造絹糸工場**による**魚貝被害**発生。この後も被害続く。(158) 12・3 秋田県小坂町の細越部落など，被害激甚地区の代表20余人，小坂鉱山のにえきらない態度に怒り，交渉中に地所係長に激しく詰めより，眼鏡が割れるなどの騒ぎ。鉱山側，消防隊を招集。また被害民のうち9人は勾留となる。調べののち，特にとがめるすじはないため，すぐ釈放さる。(12) 12・25 **秋田県小坂町で煙害問題報告**第2回演説会。被害農民のほか，日本農民組合本部や全日本鉱夫連合会などからも参加。**浅沼稲次郎**，日農本部員として参加。全日本鉱夫総連合会の可児義雄，鉱山労働者と被害農民の労農提携を説く。(12) — **荒田川汚濁問題**で，荒田川閘門普通水利組合，この年も調査および郡や町への陳情をくり返す。12月5日には郡の工場課長が新聞紙上で，毒水被害を認めず，と発表していた点を追及。(147) — **荒田川汚濁問題**で**石博敬一**，岐阜県会で県を追及。(36) — 東京で，塵芥投棄による海苔被害，問題化。(208) — 福岡県下山野区の中島炭鉱(三菱飯塚坑の前身)の鉱害で，被害農民，約100町歩分の賠償金として243円を受けとる。鉱害地の復旧は無し。(70) — 浅野セメント門司工場の粉塵被害で住民の間に反対運動。(655)	作業者341人の検診の結果，43人の水銀中毒者発見さる。 (81-20巻3号)	
1925 大正14	1・7 秋田県小坂地区被害農民43人，鉱山事務所に赴き，交渉開始。鉱山側は，農民の要求が大きすぎる，第三者の日農の指導者が入ってきたなどの理由をあげ，このままでは要求に応じられないとの対応。(12) 1・18 **秋田県小坂地区被害農民**，全日本鉱夫総連合会の可児義雄にひきいられ，**大阪本社に交渉**。この結果，本社の調査部長ら，小坂視察を承諾。交渉が長びき，賠償金未支払いの状態の継続は小坂町役場や商店にも影響。役場では書記4人が交渉	3 **労働総同盟大会**で，**「ヨロケ」保護に関する件，可決**。足尾の鉱夫連合会からの要求に基づく。(29) 3 葛野周一，数年間活字鋳工に従事していた男工の鉛中毒に伴う死亡について報告。(546-25巻3号)	4・30 染料製造奨励法公布（10月15日施行）。(445) 7 富士製紙㈱落合工場，クラフト・パルプの製造開始。(168) 7 **細井和喜蔵『女工哀史』**。(309) 12 大阪府下の工場数1万5,388。労働者数，

年号	公害事項	労働災害事項	備考
1925 大正14	委員のため長期欠席をし，一方商店については，農民らの購買能力が失なわれたため。(12) 2・11 秋田県小坂地区で，各部落にできてきた日農支部を総合し，<日本農民組合小坂連合会>結成。このころ小坂地区農民は5分裂。第一は日農組合加入部落の加入者，第二は非日農組合参加部落の農民，第三は地主，第四は小作人，第五は日農支部存在部落内の非加入者。このためさまざまの障害あり。(12) 3 秋田県小坂地区の被害問題，大阪本社藤田組本店が示した小坂鉱山事務所の倍額の賠償金により，日農加入農民との間の交渉は解決。(12) 4・12 **宮崎県土呂久地区**の獣医池田牧然，「**岩戸村土呂久放牧場及土呂久亜砒酸鉱山ヲ見テ**」との報告書を作成。**亜ヒ酸鉱山**の5年前の開山以来，2～3年前から農作物の不作・植木の枯死・椎茸の無発生・蜜蜂の全滅・牛馬の斃死・野生馬類の死亡という**悲惨な問題**が起きているとの記述。この報告，県に送るが黙殺される。(443) 5 **住友四阪島**，亜硫酸ガス処理のため，**新ペテルゼン式硫酸装置**を採用。この方法で製錬硫黄量の70%以上を硫酸に転ずること可能。(577) 6 住友，第6回協議会にて思想善導を第一目的とした寄付，毎年10万円を決定。問題の落着する昭和14年までに住友がこの名目で支払った寄付は，総額178万円。なお昭和14年までの住友の支払賠償総額，730万円。(577) 11・6 **荒田川汚濁問題**で水利組合の委員関係町村長・地元県議の合同会議。林西部村長・委員ら，「もし村長が被害が大きいと騒げば，農民の騒擾を招くので，今相当の設備をさせつつある，などとなだめているが未だに何の対策もない」と工場側を非難。県の工場課長，工場と交渉する委員を決めることを提案し，交渉委員6人を決定。この年は12月25日まで，この問題をめぐる合同会議，ひんぱんに開かれる。(147) 12・下 秋田県小坂地区で，物価上昇とも関連し，被害農民（日農組合非参加）の鉱山への補償要求ふたたび始まる。(12) — 鈴木商店（味の素），除害装置を改良，ガス被害減少。この年の見舞金は5,500円に減少。9月5日支払い。(31) — 大阪市上水道の水源，淀川上流，瀬田川流域に旭絹織物㈱設立。(230)	4 石炭鉱業連合会，鉱山懇話会の共同調査会，「金属鉱山坑夫の"ヨロケ"に就て」を発表。(743) 5 第7回ILOにて職業病補償条約可決。同会議に南俊治出席。(307) 9 鏑木喜平，**海軍の二次電池工場**の219人の労働者について検査し，「鉛分吸収度の高い職場に**鉛中毒**罹病率高い」と報告。(111-48号) 11 〈**産業福利協会**〉設立。(503) — 高松炭鉱，雄別炭鉱，事故で計36人死亡，2人負傷。(169)	26万8,794人。(254) 12 大阪で，雑誌『**大大阪**』を**創刊**。(353-創刊号)

年　号	公　害　事　項	労働災害事項	備　　考
1926 大正15	1・29　川崎市の浅野セメントの粉塵被害に関し，大師河原の住民10数人，前年12月末までの除害装置の設置が遅れていることで川崎署に陳情。(416-1・30) 1・30　**秋田県小坂鉱山，賠償額を発表。**田畑山林各1町歩所有者に平均172円，最高592円。日農組合支部の調べにくらべ，1割に満たぬ被害見積り。2月末にかけ，日農参加の被害農民，さらに交渉開始を決意。(12) 1　川崎市，塵芥焼却場設置につき検討を開始。(675-1・23) 1　**荒田川汚濁問題**で加害源工場の一つ，**後藤毛織工場，汚水濾過装置のとりつけ**を承諾し，設計図も完成。(147) 2・21　浅野セメント川崎工場，川崎署・川崎市長・住民代表らによる3月末までの防塵装置の竣工，5月1日から絶対に粉塵を降らさぬことなどの要求を受け入れ，装置設置延期に伴う賠償金7,500円の支払いを約す。(675-2・23) 3・3　**小坂鉱山，**この日交渉に来ていた被害農民代表らに対し**暴力団**をさしむけ暴行し，負傷さす。**農民側，鉱山をただちに告訴。**全国の友好団体から激励の電報。(12) 3・5　**小坂地区**で細越部落農民組合，老人・幼児・60余人の女性をまじえ，合計300余人が小坂町内を**大示威運動**(12) 3・8　**小坂地区の農民の闘争に，鉱山労働者数十人が参加。**農民の賠償要求と労働者の賃上げ要求とが合体。9日，日本鉱夫組合小坂支部結成。(12) 3・20　小坂地区で，被害農民側と小坂鉱山の警戒夫との間に大乱闘。この後，小坂鉱山の防備，軍隊さながらとなる。(12) 3　**藤原九十郎**ら，「都市の煤塵と其防止問題第一篇」，「大阪市における煤塵に関する調査」を発表。13カ所の統計より見て，ロンドンにくらべても大量の塵埃量，との分析。(247-3巻7号) 4・7　小坂鉱山と，被害農民と共闘した鉱山労働者の間に，調停なりたつ。(12) 4　**日窒，水俣漁業組合との間に海面埋立の交渉。**「永久に苦情を申し出ない」という条件をとりつけ日窒，漁組に対し見舞金1,500円支払う。(619) 6　東京府足立区千住にて，千代田製紙工場による井戸水涸渇が生じ，石井桂警視庁建築課長・付近住民340人，連署陳情。同工場，旧式揚水装置の使用に戻り，問題解決。(741)	4　小林茂樹，上越南線清水隧道の開鑿工事に従事する労働者の隧道病に関し，ダイナマイト爆破による一種の酸化炭素中毒，と研究結果を発表。(499-12巻4号) 5　**鯉沼茆吾「工業的砒素中毒及鉛中毒」**を発表。中毒予防上，適当な法規制定の必要性について言及。(81-21巻6号) 5　鯉沼茆吾，「生糸女工の職業病いわゆる水虫の予防に就て」を発表。生糸婦人労働者に水虫，きわめて多発の実態あり。(254-363号) 8　鯉沼茆吾，「人造絹糸工場における職業性眼疾患」を発表。(44-1671号) 8　社会局，『労働保護資料第22輯』として「**工場鉱山ニ於ケル業務ノ不具廃疾者ノ現状ニ関スル調査**」を刊行。調査対象2,612人。そのうち生存者1,663人，死亡156人，行方不明793人。(228) 9　原田福象，海軍火薬廠における銅工生活版工23人中19人に鉛中毒に関係ある症状の発見された報告あり。(111-15巻4号) 11　社会局，『労働保護資料第23輯』として，「**有害工業解説其ノ二**」を刊行。項目は，赤燐，燐化物，燐寸，白	1・12　東洋レーヨン㈱設立。(168) 1・27　日窒，植民地朝鮮に進出し朝鮮水電㈱を設立。旧財閥に先がけての進出。国内では，3月，合成硝酸製造の研究着手。9月，信越窒素肥料㈱設立，工場は直江津。(495) 3・17　日本レーヨン㈱設立。(168) —　昭和製紙，設立(1938年，大昭和製紙)。(564)

年 号	公 害 事 項	労働災害事項	備 考
1926 大正15	6 多摩川・馬入川・酒匂川など，**神奈川県下の鮎の本場で不漁。砂利採取の影響**。(407-6・4) 7 北海道紋別の漁民，**住友㈾，鴻之舞鉱山**排出水による川海漁被害を道庁に陳情。9月21日にも被害発生。漁民，鉱山に対し損賠訴訟を提起。(651) 8・3 **横浜港外**で米国船ウエストハラロン号が破損し，**流出重油**で魚類被害発生。生麦漁組組合長，鶴見署に善後策を問う。(675-8・5) 8・10 結核療養施設に対する，隣接土地所有者の故意の**日照阻害行為に対し判決。原告**（結核療養施設所有者）**の勝訴**。(217) 8・28 川崎市の浅野セメント，第三工場の除害不備のため，150町歩の農地に被害。被害地4部落の住民300人余，集合。(407-8・31) 10・17 川崎市大師町民，粉塵問題で4,000人の連署陳情を集めるが，川崎署長の説得で，27日の浅野セメント会社の回答まで保留。(407-10・19) 10・25 **荒田川汚濁問題**で水利組合，後藤毛織の除害装置が設計図と異なる点を，県工場課長に陳情。(147) 10・28 **浅野セメント川崎工場**，今年1回限り賠償金を出すとし，住民側は反発したが，こののち**4,500円の賠償金で妥結**。(416-10・29, 675-12・17) 10 川崎市長が，浅野セメント東京本社で被害について訴え。会社側，装置のこれ以上の設置および賠償額設置も困難，と冷淡。このため川崎市の有力者，同社の立退きなどを要求し，地元市民2,000戸の署名を集め始める。(675-10・12, 13) 11 「**婦人の化粧と乳児鉛中毒**に就て」との論文，発表さる。婦人の含鉛化粧料使用の乳児に対する危険性を主張し，大正12年の平井博士の「小児のいわゆる脳膜炎は鉛中毒」との説を補強。(684-第14年11号) 11 川崎大師漁業組合長，大師海苔場の脱落・羽田の魚の斃死につき，大正12年のときと同様同情金を出すよう味の素工場に交渉。工場は，大師漁組へ2,000円，大師若宮神社神輿基金へ1,000円，羽田漁組へ1,000円を同情的寄付金として出す。(31) 12・下 北海道で唯一の**浅野セメント北海道工場，セメント粉塵で農業被害**をひき起こす。労働農民党の南喜一らの支援を受け，昭和2年1月，会社が田畑の荒廃防止設備をする条件で解決。(431) ― 大阪市西淀川区大野町の原田市三，同町の**大阪**	鉛，硫酸，塩素，漂白粉，硝化繊維素。(662) ― **鯉沼茆吾**，東京の**防水布製造工場**における女子労働者2人のベンゼン中毒を記録。(307) ― 夕張炭鉱，事故で計15人死亡，6人負傷。(169)	

年　号	公　害　事　項	労働災害事項	備　　考
1926 昭和と 改元	**製煉**㈱に対し，100万円の**損害賠償請求訴訟**を提起。同社の公害への抗議。(88-1928年6・2) — 福岡県鹿町村の炭鉱採炭による被害状況は，田221反余に及び，被害の状況は，水源枯渇・地盤陥没・川底陥没による灌漑不能，など。補償は全くなし。このような被害は各所に起きていたが，記録として残されたものは少なし。(119) — **荒田川汚濁問題**の一因たる岐阜市の下水道問題で，**水利組合，行政訴訟を提起**。(147) — 小坂鉱山の賠償額，4万7,116円。(6) — **川崎市**で工場群の揚水に伴い，**地下水面の低下**発生。(281)		
1927 昭和 2	1・23 **青森県**東津軽郡西平内村の茂浦地先沿岸で，**重油による魚貝類の斃死**発見される。入港船による汚物投棄が原因。(158) 3～4 藤原九十郎，前年に引続き「都市の煤塵と其防止問題」を発表。(353-4巻7，8号) 5・18 岐阜県長良川水産会長，県内務部長の求めに応じ「工場排水の水産業に及ぼす影響調査書」を提出。大正8年度と大正14年度の漁獲高の著しい格差を数字で示す。(147) 5 筒中セルロイド河内硝化綿工場，硝化綿製造開始。それとともに工場からの排気ガス，廃水，用水池問題など発生。粘り強い農家との交渉に工場困惑。高煙突を作って緩和策などはかる。(300) 6・3 川崎市大師町町民代表，川崎市長に対し，浅野セメントの粉塵が南風の季節となって再び問題化し，会社側と折衝に努めたが会見できず，衛生保健上困るので，市として方策を取られたい，と陳情。(675-6・4) 7・12 **大阪に煤煙防止調査委員会**，大阪都市協会の一部門として設置。(362) 7 雑誌『大大阪』，「無煙の白都（欧米）と煤けた都市（大阪）」，「欧米の煤煙防止研究」など，欧米の都市を意識した編集。(353-3巻7号) 8・1 川崎市大師町選出の市議など7人，東京の浅野セメント本社に出向き，損害賠償の永久化を要求。また8月には商工・農林・内務各省にセメント化した果実類や野菜などの被害物件を示し，除害装置の速やかなとりつけ厳命を懇請。大師町出身の内相鈴木喜三郎，浅野セメント会社への怒りを示す。(183，416-8・2) 8・19～29 19日に川崎市大師町民，県が誠意をもって**浅野セメント**の予防装置を完成させねば，被害	2 三宅鉱一，**ゴム糊製造**およびその糊を使用して靴の製造・修理をしていた零細自営業者の**二硫化炭素中毒**の精神障害について報告。(316-27巻5号) 6 **鯉沼茆吾**，亜ヒ酸製造・染料製造・船底塗料などの工場や，金属精錬工場における工業的金属中毒について，また作業場の衛生状況不良による職工の鉛中毒発生について発表。(289-485号) 6 阿部政三，**ゴム糊製造家業**に13年間従事してきた27歳男子の**二硫化炭素ガス中毒**とみられる腎炎・運動機能障害・多発性神経炎について報告。(316-27巻9号) 7 小此木修三ら（慶大）により，**クロム工場**で労働者の**鼻中隔穿孔**発見され，クロム中毒と診断さる。クロム酸中毒による鼻疾患としては，わが国最初の把握例。	3・22 金融恐慌始まる。(168) 4・5 鈴木商店破綻。(463) 4 日本窒素肥料㈱水俣工場，カザレー式工場を完成し，運転開始。(495) 5・2 朝鮮窒素肥料㈱設立。資本金1,000万円。(495) 5 栃木県警察部「足尾銅山に於ける各種運動の沿革並其の現況」という部外秘文書を作成。足尾銅山を中心として多くの社会運動が起き，全国の社会運動への影響が大のため，高等警察上の参考に，との県警部長の序言あり。(27) 7・1 住友別子鉱山㈱設立。(住友合資よりの独立。住友金属鉱山㈱の前身)。(330) 8 **海軍**にて**四エチル鉛**使用開始(輸入)。(203) 10・4 埼玉県の武甲森林組合，浅野セメント会社と石灰石採掘契約を

年　号	公　害　事　項	労働災害事項	備　考
1927 昭和 2	住民で県税不納同盟を組織することを決定。翌日300余人の被害農民が，被害農産物をトラックで県庁に運び，知事に陳情。この後被害住民の行動，いよいよ激化し，1,000人余を集めた町民大会では，南風のときの作業の完全中止要求などを決議。また29日は，代表200人が徒歩で上京し，浅野家に出向く。(416-8•24,30，675-8•21,25,28,29) 9　東京市砂町の汚水処分場工事により，東京湾の深川浦から浦安町までに漁業被害。(417) 9　神奈川県工場課長，大師町の粉塵問題で，「町民の被害の額とセメント工場を閉鎖した際の被害の額を比較すれば，後者の損失が大であり，震災後の復興に必要なセメントの需給の途を絶つ意はない」と発言。(675-9•9) 10　神奈川県稲田町に新設の，多摩川製糸産業組合の排水の悪臭と有害性，問題化。(675-10•22) 11•30　**川崎市の浅野セメント**による**粉塵問題**，大師町出身鈴木内相の調停案で，住民代表も承知。ただちに**調印**となり解決。調停案は来年度見舞金1万1,600円。昭和3年4月末日までに完全防塵装置を施し，県工場課がこの工事を監督，というもの。(416-12•1) 11　**静岡県**蒲原郡で，本州製紙㈱岩淵工場の専用排水路工事に伴い，名産**サクラエビが不作**。このため漁民，工場に損害賠償を求め，工事妨害の実力行使。(594) 12•23　福岡県会議長，「鉱業に因る耕地の被害救済に関する意見書」を内務大臣へ提出。また県下関係郡市農会長，首相ほか関係大臣へ同様陳情書を提出。(293) —　鈴木商店(味の素)，除害装置を完備。ガス被害，ほとんど発生せず。大師農事改良実行組合からの組合事務所建設寄付請求に応じる。(31) —　東京市衛生試験所，市内空気汚染調査測定を開始。(533) —　**荒田川の汚濁**の一因である岐阜市の下水問題をめぐる**行政訴訟**，上流の改修工事の進展に伴い解決の見込がつき，**和解**。(147) —　福岡県下の石炭採掘に伴う農地陥落被害4,565.1町歩，鉱毒水被害1,388.3町歩。(293) —　小坂鉱山の賠償額，6万1,805円。(6) —　このころ福岡県山田町で，全域にわたる耕作田の陥落被害発見される。炭坑採掘に伴う被害で，美田が変じて池となり，葦が生えるといった情景	(504-17巻74号) 9〜10　阪神および東京の**クロム工場従業員**調査の結果，検診172人のうち鼻中隔穿孔49人・中隔糜爛・潰瘍70人発見さる。小此木修三らの調べ（日付は雑誌発表日）。(504-17巻74〜81号) 10　1道3府21県で安全週間実施。全国安全週間のさきがけ (503) 12　黒岩福三郎，鍛工・船鍛工などの難聴に関し，これを職業病とした論文「耳性職業病と健康保健法」を発表。(589-42年6号) —　東京第二陸軍造兵廠忠海製造所，イペリットなど**毒ガス**製造開始。この結果，1933年から1955年の間に，地元住民を含め2,700人が死亡。(203) —　宮尾炭鉱（ガス爆発），空知炭鉱（ガス爆発），内郷炭鉱（坑内火災），岩屋炭鉱(坑内火災)，上歌志内炭鉱（ガス爆発），入山炭鉱（ガス爆発），芳雄炭鉱（ガス爆発），三菱美唄炭鉱（ガス爆発）で計352人死亡，67人負傷。(169)	締結。(667) —　人絹カルテル出現。(168) —　大阪市の上水道源の淀川上流に東洋レーヨン㈱操業開始。(230) —　日本窒素肥料㈱の橋本彦七ら，カーバイドを原料とする有機合成化学の研究に着手。(529)

年　号	公　害　事　項	労働災害事項	備　考
	もあり。(661)		
1928 昭和 3	2　大阪市で，市立都島工業学校職員・生徒，大阪市衛生試験所の指導で，市内煙突の排煙状況を観察調査。同様に9月にも行い，約200の煙突の観察記録が得られる。(353-7 巻11号) 2　江副民也，染毛剤“るりは”の経口服用に伴う中毒例について，医学雑誌に発表。その甚だしい有毒性を警告。(282-1 巻 2 号) 3•10　大阪市西淀川区大野町の**大阪製煉㈱**に対し，その排水で農作物被害を受けてきた**小作人**19人，**損害補償要求書**を提出。(88-6•2) 3　川崎市が市内境町に立地計画中の塵芥焼却場に対し，隣接地の3地区住民，煤煙の有害をおそれて反対を開始。(675-3•31) 3～6　東京府の京浜運河計画に，東京内湾漁場に依拠する大森町や羽田浦の漁民たち，示威運動をくり返す。直訴の試みまで出て，政府・東京府，数カ年の検討期間を設ける。(417) 4•7　第2回衛生学会（京大医学部で開催）にて，大阪衛生試験所の職員,「大阪市内4,000の工場の廃水は普通下水に放流していると都市衛生上由々しい問題を生じよう」と発表。(97-4•8) 4～5　大阪市，塵芥焼却場増築が間に合わず木津川突堤より海中へ投棄していたが，このため堺大浜海岸に漂着した塵芥で，名物はまぐりが死滅。堺市および堺漁業組合，大阪市に対し抗議するが，大阪市はとるすべを知らず。(97-5•1) 5•28　**荒田川問題**で協議会，京大教授**戸田正三**（衛生学）に調査を依頼。同教授，6月23日より24日まで,荒田川・工場排液などを調査。9月9日,戸田教授再訪し，悪水処理方法について指導し，また荒田川の上・中流は汚物沈殿池の観で，脂肪・色素・でんぷん・繊維類など多量の有機物による被害は甚大　との記述を含む報告書を提出。こののち水利組合，戸田博士の報告書に依拠し，各工場に具体的な除害を要求。(147) 5　浅野セメント川崎工場，この年4月までの除害装置とりつけを果たさず，セメント粉塵は生産強化で増量。(416-5•10) 6•28　川崎市，塵芥焼却場につき検討の末「悪臭はなし。またハエ時であり市民の苦情も多い」ため境町への立地を市会で決定。これに対し9月にはいって隣接地区の市民，大挙して反対運動を展開。(675-3•31,5•12,9•18,21)	1　野村守，**二次電池工場労働者**および**活版所労働者**の健康調査の結果，検査人員43人中35人までが**鉛中毒**症状のいずれかを有するとの発表あり。 (504-18巻6～8号) 1～2　星合甚之助，東京市内の水銀取扱工場における実態を報告。警視庁管下15工場の労働者413人中，**水銀取扱作業者**190人（男女）を検診の結果，男子労働者12人に**水銀中毒**発見。 (504-18巻8～10号) 2～3　大西清治，工業性鉛中毒につき報告。 (421-5～6号) 4　二本杉欣一，**クロム鍍金労働者**52人を検査した結果，53.6％に異常あり，と発表。**鼻腔内突出部への重クロム酸カリによる潰瘍**発生著明。(282-1巻4号) 4　小此木修三ら，クロム工場労働者の鼻腔の変化につき，クロム中毒の特徴を報告。 (381-34巻1号) 6　武田俊光，ラジウムなど**放射能物質**を取扱う人々の**職業的障害**につき発表。 (101-40年6号) 6　岡島寿・渡辺勝海，潜函作業従事者について96.2％が耳鼻咽喉疾患を有することを発表。(499-14巻6号)	4•1　東京電灯㈱，東京電力㈱を合併。(168) 4•10　日本商工会議所，設立。(168) 9　日本窒素肥料㈱，延岡工場に合成硝酸工場完成し，製造開始。日本で最初。(495) 10•22　昭和肥料㈱，川崎に設立。資本金1,000万円。東信電機と東京電灯の共同出資。昭和電工㈱（昭和14年6月設立）の前身の1つ。川崎に硫安工場。新潟県鹿瀬にカーバイド・石灰窒素工場。(127) 12•29　久原鉱業㈱，日本産業㈱と改称。(544) —　化学肥料が普及し硫安消費量,大豆粕並み。(168)

年号	公害事項	労働災害事項	備考
1928 昭和 3	7・17 川崎市古市場の区長ら，川崎署に対し，同署近くの川崎肥料会社の悪臭に対する対策を陳情。(675-7・18) 8 多摩川氾濫のため，鈴木商店（味の素）工場の排水溢れ，付近農作物に被害発生。農事改良実行組合に賠償金支払い。(31) 9・20～28 大阪都市協会，大阪府・市・大阪毎日新聞社・大阪朝日新聞社の後援で，“**白都市**”をめざし**大空中浄化運動週間**を開催。わが国**初の試み**。(360) 10 高橋次郎，東京地方の乳児の鉛中毒28例を医学雑誌に発表。(458-341号) 10 大阪市における大空中浄化運動週間を記念した雑誌『大大阪』特集号で村上鋭夫，「煤煙を大阪市のシンボルとしたのはもはや古く，都市から黒煙を除去する確かな方法は市民の世論。市民により実現する政治が今日のデモクラシー」と演説。(359) 秋 浅野セメント，埼玉県横瀬村に敷地約3万7,000坪を買収し，建設準備開始。村民，学童への影響と地場産業の機業への影響をおそれ，絶対反対の意思を表明。(667) 12・1 <全国淡水漁業聯合会>，首相ほか関係大臣・各府県知事などに，水利利用の事業上の建議を提出。また，首相・農相へはとくに「**水質汚濁予防法の速かな制定**」希望をも添付。(328) — この年より昭和5年まで，岐阜県水産会水産増殖試験場で，工場排水の魚類への影響試験実施さる。各工場排水の毒性，証明される。(328) — 小坂鉱山の賠償額，5万4,686円。(6) — 東京市城東区大島町の小倉石油所，この年2月21日，3月12日，4月27日，12月12日と失火騒ぎ。付近住民のおそれ大。(741) — 大阪府の石炭使用量，266万8,000t余，降下煤煙量2万100t余。(362) — このころより**大阪市西部**で**地盤沈下**，認められる。(281)	6 田中鉄治，隧道開さく労働者の約7%に爆発ガス中毒蓄積作用と考えられる肺浸潤症のあることを発表。(499-14巻6号) 7 広瀬隆，茶箪笥の色揚げに従事し，**重クロム酸カリ**を取扱う兄弟の患者の**鼻中隔穿孔**について報告。(381-34巻4号) 7 岩崎農，20年前に鉛中毒にかかった労働者の鉛中毒性痛風について発表。(838-5巻4号) 9 **鉱夫雇用労役扶助規則改正**。坑内労働者の就業時間制限，女子年少者の深夜業と坑内労働禁止措置とられる。(503) 11 産業福利協会の一部門として<産業衛生研究会>発足。(503) — 糸田炭鉱（坑内出水），三池炭鉱（落盤），鎮西炭鉱（ガス爆発），綱分炭鉱（ガス爆発），三池炭鉱（ガス爆発），春採炭鉱（坑内火災），事故で計45人死亡，22人負傷。(169)	
1929 昭和 4	1 **川崎市大師河原**の海岸に**三井物産**の難破重油船よりの**重油**流出し，名産浅草海苔全滅。損害100万円。県知事の裁定で決着。(675-1・10,23) 2・12 先年来，**川崎市二ケ領用水**に流しこまれていた，神奈川県稲田村の玉川製紙会社の汚水，県衛生試の試験で人体に有害と結論。川崎市長，この日同社社長に厳重注意。(675-2・13)	1 川手馨，タールまたは石油から生成の粗製ベンヂンを含んだ塗料による労働者の中毒発生を報告。(110-17巻6号) 2 暉峻義等らにより	4・2 染料製造奨励法改正公布。(736) 4・24 日本鉱業㈱設立。株式全額を日本産業㈱（久原鉱業㈱改め）で引受け。(544) 秋 世界恐慌。(484)

年号	公害事項	労働災害事項	備考
1929 昭和 4	**3・15** 岐阜県水産会長，県知事に対し「漁民の被害除去に関する建議書」を提出。(147) **3・22** 川崎市田島町の果樹に，こんどは横浜市鶴見区の埋立地にできた日本製薬会社による有害ガス被害発生。被害住民，川崎署に対策を求め陳情。(675-3・23) **3** 川崎市で，塵芥焼却場設置に対し，予定地近接住民，ことしも反対の意思表明。(675-3・15) **4** 川崎市の浅野セメント，前年防塵装置をとりつけたところが，被害は減少せず。また紛争が始まる。(675-4・7，18，19) **4** **埼玉県横瀬村**で，**浅野セメント進出に反対**する村民，村議会に緊急動議として同工場進出反対の決議をとりつけ，監督官庁に意見書を提出。このの ち，村内に工場建設促進運動がおこされる。浅野セメント，最終的には進出せず。(667) **5・20，21** 川崎市の東京電機，強烈な有毒ガスを放散。隣接地の植木は枯れ，通行人は吐気・のどの痛み。また学童の中には，このために寝ついた者もあり。町民，大挙して会社に押しかけるところを，地元選出議員がなだめる。地元市議ら，27日に川崎署長に有害ガスの取締りを陳情。(675-5・28) **5** 砂利採掘に伴う多摩川の鮎の損害，再び問題化。(675-5・30) **6・21** 長良川水産会長，岐阜県水産局水産課に対し，文書を提出。再三の汚濁調査の陳情をとりあげられたことへの感謝と同時に，調査には少くとも２日間は費し，また大垣市付近の調査を，と依頼。(147) **6** **福岡県**の石炭鉱害の関係郡市町村農会と関係各町村長，「**石炭鉱業に依る荒廃地復旧に関する陳情書**」を首相ほか関係大臣に提出。従来の救済陳情からの方向転換。明治35年より昭和３年までに復旧された農地はわずか669町歩。(293，338) **6** 釜石町の釜石製鉄所，設置依頼・鉱毒問題・漁業問題・土地の係争・水害などで，釜石町とことごとに対立。この月同社庶務課長三鬼隆，町議に進出し，これらの問題で地元との融和にのり出す。(567) **7・21** 東京市城東区大島町の大日本特許肥料中川工場の有害ガスに対し付近住民，有害ガス発散防止同盟を結成し，大日本特許肥料を糾弾。(741) **7・22** 東京市城東区砂町で，小西硫酸工場設置反対運動，地元４漁業組合によりおこされる。廃液による漁業被害をおそれたもの。(741)	**<日本産業衛生協議会>**結成。(503) **4，8** 陸軍軍医前崎圭一，陸軍酸工場で多発の酸気歯牙侵蝕症について報告。(178，504-109号) **5** 三田弘，硫化水素による職業的眼傷害について発表。(475-33巻5号) **6** 白川玖治，炭肺と肺結核の関係について報告。(409-2629号) **6・20** **工場危害予防および衛生規則**並びに**同施行基準**公布。安全衛生面の義務づけ，初めて企業に課す。(383，503) **7・1** **工場法の女子深夜業廃止規定**，15年の期間を経てようやくこの日より実施。(168，522) **8** 逢坂山隧道内で列車事故。石炭の燃焼不良により，機関手・助手・車掌３人に一酸化中毒発生。(296，499) **8** 石川旭丸，洋傘把柄色揚げ作業従業者（重クロム酸使用）の鼻中隔穿孔について報告。19歳の男子で約0.5 mm 径の円形穿孔例。(381-35巻5号) **10** 桜田儀七，女子労働者の職業病と肺結核について報告。(187-7巻10号) **11** 小西與一，紡績女子労働者1,211人の調査に基づき，11.1％に静脈瘤発生を報告。職業的疾患として指摘。(709-6巻4号)	一 鯉沼茆吾,『職業病とその予防』。(307)

年号	公害事項	労働災害事項	備考
1929 昭和 4	夏　福岡県下の石炭採掘に伴う被害視察に，農林省，技師を派遣。このあと福岡県知事，鉱業被害地復旧計画発表。昭和5年度からの実施計画で，加害企業負担額は総費用の25％300万円，あとは国費負担という案で結局，実現せず。(293) 10・29　大阪市住吉区津守町の代表者30余人，高畠肥料工場設置に反対し，660人の住民の署名を携え大阪支庁に設置反対陳情。同工場は魚骨や内臓から肥料を製造しており，悪臭のため現在工場のある尼崎市で移転を要求され，同町に転出を試みているもの。類似の問題，堺市三宝町の山科肥料工場などでも発生。(88-10・30) 10・29　大阪市東淀川区上新庄町町民30余人，関西硫黄工業所の硫化水素製造に伴う亜硫酸ガスの排出をめぐり，対策を府庁へ陳情。(88-10・30) 10　都市騒音の市民生活への影響が重視され，**大阪市**に市長管轄の**噪音防止委員会**設置。(353-9巻2号) 秋　昭和肥料㈱，硫安工場設置敷地決定までには，煙害や汚水，悪臭発生による住民の反対を考慮し，高崎・江戸川河畔の平井などを考えた挙句，この月浅野総一郎が埋立てていた東京湾の一角の川崎に決定。川崎市はきわめて好意的。(127) 12・24　福岡県会議長「石炭鉱業による被害救済に対する意見書」を内務大臣へ提出。(293) 12・下　大阪市西淀川区大野町住民による**大阪製煉**㈱を相手どった**損賠請求訴訟**，**和解**成立。25日に会社が5,000円，以後10年年賦で900円ずつ支払い，また煤煙予防も行うとの内容。(88-12・24) —　**東京瓦斯**大森工場からの**コールタール**様物質排出で，大森浦の漁業に被害発生。(417) —　大師農事改良実行組合，警察署長を介し，鈴木商店（味の素）に被害補償金に関し再三交渉。署長立案に基づき，向う3年間の補償額協定。(31) —　鳥取県の荒金銅山，久原鉱業㈱から日本鉱業㈱へ改組ののち経営が一層拡張し，鉱害被害，再び顕著となる。被害激甚の院内地区，鉱山に補償金を要求，その金で貯水池を築き全耕地の灌漑用水をまかなうことに成功。その他の被害地区も鉱山と交渉のうえ，中和効果や沈殿池の改良，拡大を行うことに成功。(438) —　小坂鉱山の賠償額，5万1,000円。(6) —　大阪市で工場の煤煙・悪臭・騒音・有毒ガスについて市民から府庁への陳情，増加。(88-10・30) —　大阪市，塵芥焼却場を拡張し，処理能力1日20	11　鈴木和夫，野田昌威，鉄道労働者にも塵肺の発生のみられること（明らかな塵肺7.5％，軽症34.1％）を報告。(499-15巻11号) —　高島炭鉱（坑内出水），三池炭鉱（ガス爆発・ガス炭塵爆発），松島炭鉱（坑内出水），上歌志内炭鉱（ガス炭塵爆発），三井山野炭鉱（ガス炭塵爆発），唐松炭鉱（ガス爆発），東見初炭鉱（ガス炭塵爆発）で計183人死亡，33人負傷。(169) 12・16　石炭坑爆発取締規則公布。（施行は1930年1月1日）(383)	12・16　**鉱業警察規則**公布。（施行は1930年1月1日）(383)

年 号	公　害　事　項	労働災害事項	備　考
1929 昭和 4	万貫以上。(377) — 福岡県山田町，石炭採掘で生じた約2町歩の陥落農地に水がたまり，湖水と化す。(661) — 東京市城東区大島町の小倉石油所，この年も3回にわたり失火事故。また，硫化水素ガスの悪臭や重油の粉霧飛散で，付近住民に恐怖と被害を及ぼす。(741) — 昭和2年よりこの年までの，工場公害に関する統計によれば，**公害問題の大部分は都市に集中**，との報告あり。(268) — この年も荒田川水利組合，汚濁源の工場群や県に除害装置設置要求を続行。8月には農林技手の調査があり，12月には工場排水や荒田川の水を東京帝国大学農学部水産化学教室に送付。(147)		
1930 昭和 5	2　村田晋，硬放射線療法の副作用，膀胱や直腸障害について医学雑誌に報告。(409-2660号) 3　大阪の木津川飛行場，工場からの排出物で白霧発生し，飛行に支障。また，金属も腐蝕。調査の結果，大阪窯業会社のセメント粉末と，大日本肥料・帝国人造肥料・グアノ製肥などからの亜硫酸，亜硝酸，珪フッ化水素ガスであること判明。(88-4•1) 3　川崎市南河原の東京製鋼㈱，操業中に**多量の重油**を多摩川へ排出し，多摩川の漁業および運航する船などに被害発生，問題化。(675-3•27) 5•22　川崎市で，塵芥捨場のずさんな管理にともなう悪臭やカ・ハエの多量発生を問題とし地元有力者30余人，市役所に対策を要求。(675-5•23) 6〜8　川崎の浅野セメント粉塵事件，この年も補償をめぐり，大師町民と会社の間で紛争。8月18日，3,000円の補償額で決定。(416-5•16，6•4，8•18) 8•18　**荒田川で**，工場排水のため**魚類多数斃死**。(147) 10•24　荒田川水利組合，新任警察部長・新任工場課長に，荒田川沿岸の耕地被害・魚類の斃死・悪水停滞・工場排水設備などの状況や経過を詳しく述べ，除害について陳情。(147) — 大師農事改良実行組合，前年の協定額以上の賠**償を鈴木商店**（味の素）に要求。警察署長を介し，**昭和10年までの補償金**を協定。(31) — 小坂鉱山の賠償額，6万6,280円。(6) — 大阪市で騒音の測定開始。(353-9巻1号) — 大阪府庁へはこの年も，工場の騒音・振動・悪臭・毒ガスなどに対する苦情，多し。とくに有毒	3　大阪瓦斯岩崎工場，爆発事故のため死者3名，負傷10名。(168) 3　田辺秀穂，紡績婦人労働者の聴力障害について「騒音度と障害度が比例」と報告。(704-7巻1号) 9　八木卓爾，郡是製糸会社の婦人労働者の職業的皮膚疾患(水虫)の調査結果を発表。春季に3,594人(44.48%)，夏季に2,983人(33.26%)の罹患率。(704-7巻3号) 9　向井利一，人絹工場で硫酸を取扱う業務に従事し，5カ月後に発疹が生じ増悪した例「職業性皮膚病」について発表。(547) 10　杉浦一雄，紡績男子労働者の下肢静脈瘤に関する調査結果を発表。6.9%に発生し，紡績婦人労働者と比較すると，婦人の方が発生率大，と。(704-7巻4号)	5•31　昭和肥料㈱，浅野総一郎の東京湾埋立地の土地を買収。(127) 12•4　日窒火薬㈱設立。(495) 12•5　日本窒素肥料㈱，硫燐安の製造販売を開始。(495) 12　朝鮮窒素肥料㈱，興南工場第二期工事を完成。硫安年産40万t。(495) — マッチ工場の婦人労働者，合計3,394人。労働年数20年以上が10.9%，10年以上は23.8%。(496) — 人絹生産高世界第5位となり，輸出超過。 — この年以後，苛性ソーダ生産高，輸入高を超過。(168) 4　友成安夫，内閣印刷局のメッキ，顔料製造労働者27人中15人(56.6%)にクローム中毒性の鼻障害などを認めたが，約1万円を投じた予防装置，月1回の定期検診などの結果，

年号	公害事項	労働災害事項	備考
1930 昭和 5	ガス排出工場対策をめぐっての住民の要求は強硬。8月16日，天王寺区南日本町の木村製薬所事件。9月1日，東成区中川町の滝川セルロイド工場事件。9月17日，西淀川区大和田町の紅ガラ工場事件など。(88-8•17，9•14，18)	11　野尻英一，染料製造労働者のトルイジン中毒2例について報告。(90-1巻8号) 12　平谷信三郎，絹糸・紡績婦人労働者の間の呼吸器疾患多発（絹紡塵埃の肺臓内沈着による慢性肺炎の一種）について発表。(89-29巻12号) —　入山炭鉱（ガス爆発），幌別炭鉱(雪崩)，三池炭鉱（ガス炭塵爆発)ほかで計77人死亡，30人負傷。(169)	中毒症状の後発を絶ったと報告。(268-5巻4号)
1931 昭和 6	1　政府，川崎市に対し，塵芥焼却場の建設費を3月までに施設をせぬならば，返還するよう要求。(675-1•23) 早春　阪神電鉄，神戸地下線乗り入れ工事を開始。杭打ちの騒音，震動，水替えのための付近井戸水の枯渇などで，沿道住民より苦情続出。(666) 2•1　大阪商船アラビア丸，観音崎沖で衝突事故をおこし，**重油**を流出。横浜市本牧，北方両漁業組合，海苔・養殖貝に大被害で10万円の損害。大阪商船に対し損害賠償を請求。会社，23日に2,500円を回答。漁民，承知せず紛糾続く。(675-2•25) 2　川崎市内小向の梅林近くに新設の川崎肥料会社の悪臭，設置以来毎夏ごとに問題化し，地元住民から移転請求がなされてきたが，この年は早くも2月に問題が発生。(675-2•25) 3•28　川崎市の塵芥焼却場の候補地にあがった旭町の有志約30人，市役所に出向き「町内の発展を阻止するので，立地反対」との意見を表明。(675-3•29) 4　小林晃，水銀含有剤ノヴズロールの使用に伴う幼児の急性水銀中毒症3例について報告。(688-5巻4号) 4　栗原善雄，サルヴァルサン注射により発生したヒ素黒皮症について報告。(695-6巻2号) 4　東京府北多摩郡の中島飛行機製作所田無発動機試験所の発動機の爆音，周辺4カ町村・数万里の住民1万人の安住妨害として，代表者，当局に陳情。昭和10年8月に至って，「完全消音機」を	1　桜田儀七，鉛製造工場・陶磁器工場・鉛板・鉛管工場・印刷工場・製缶工場・人造肥料製造工場などの労働者の鉛中毒について報告。(591-9巻1号) 4•2　**労働者災害扶助法，責任保険法**公布。工場，鉱山以外の屋外労働者も業務上災害扶助の対象。(182，503) 9　小此木修三，クロム鍍金工場及びクロマート製造工場におけるクロム中毒の多発について報告。中毒性鼻中隔穿孔症の多数存在のほか，咽喉頭の急性慢性炎症，全身における急性肺炎など。(320-臨増8号) 12　服部景一，製氷会社で作業中，圧縮器破裂のためアンモニアガス中毒にかかり死亡した患者について報告。	1•12　**日本窒素肥料㈱，**酢酸合成法（橋本彦七発案）の特許。(631) 4•18　日本労働組合総評議会結成。(168) 5•21　日本窒素肥料㈱延岡工場，分離独立し，延岡アンモニア絹糸㈱として設立。のちの旭化成工業㈱。(495) 9　満州事変。 11•16　**日本窒素肥料㈱，アセトアルデヒド抽出などの特許取得。**（橋本彦七・井手繁発案）(631) 12•8　硫酸アンモニア輸出入許可規制公布。国内硫安の保護。(168) —　日本海軍，航空機用加鉛ガソリンを輸入，混入開始。(203) —　婦人労働者数，146万9,037人で，労働者総数の31.46%。うち工場労働者96万1,287人(工場労働者総数の47%)。鉱山労働者2万4,247人

年号	公害事項	労働災害事項	備考
1931 昭和6	とりつけることで一応の解決。(741) 6 東京市，上水道用貯水池を古里村に予定し，全村あげて拒否されたため，この月小河内村に打診。小河内村長，ただちに承諾。(430) 6 池山清・駒田正雄，水銀軟膏塗擦および甘汞服用により，黴毒治療中の患者2人に発生した急性水銀中毒に関し発表。(178-216号) 7・21 荒田川水利組合，岐阜市付近にちりめんの大精練工場新設の計画を聞き，その悪水除去施設とりつけ要求の件で陳情。(147) 9 東京警視庁保安部工場課に煤煙防止促進委員会設けられる。企業と国立研究機関の燃料石炭研究の専門家30余人が委員。(222) 10・5 大阪府の煤煙防止調査委員会，内務大臣および大阪府知事に対し，**煤煙防止取締規則発布を建議**。(353-7巻11号) 10・5～11 大阪府で，第2回めの空中浄化運動，大大的に開催。いくつかの催しの中で，空中浄化にあたって電化の強調みられる。"白都"への志向，強化。(353-7巻10，11号) 10・9，10 大阪市立都島工業学校生180人・同市立泉尾工業学校生200人，大阪市衛生試験所技師の指導のもとに市内工場86，浴場47の煙突の観測記録を作成。リンゲルマン氏煤煙濃度調査表に基づくもので，この結果は『大大阪』に発表。(353-7巻11号) 11・6 神奈川県の**稲毛・川崎二ケ領用水組合**常設委員6人，南武鉄道社長に対する告発書を警察署長あて提出。同社が多摩川敷保護地域内で，不正に砂利を採取していた件。採取の影響で多摩川が大雨のさい増水し，堰留めを大破させ，同水利組合に1万円前後の損害を与えたことが事件のきっかけ。(183) 11 東京工場協会，煤煙防止促進に関する調査委員会の第一回委員会(222)。**東京における煤煙防止調査研究会**の嚆矢。(741) 12・4 神奈川県会で多摩川敷の不正の砂利濫掘と，それに伴う堤防の崩壊について，取締員の増員を要求する質問あり。県の回答として，次年度1人増員，と。(121-3号12・4) ― 工場監督年報，「工場公害」の項に一章。この年全国の工場公害紛争件数，継続分も含め69件。(227-第16回) ― このころ，川崎市に限らず東京市・大阪市・神戸市・横浜市・名古屋市などでも塵芥廃棄をめぐ	(283-26巻2号) ― 福島炭鉱(炭酸ガス)内郷炭鉱(落盤)，第二目尾炭鉱(鉱車逸走)，幌内炭鉱(ガス炭塵爆発)，新夕張炭鉱(落盤)，飯塚炭鉱(鉱車逸走)，茂尻炭鉱(ガス炭塵爆発)，弥生炭鉱(ガス爆発)，高松炭鉱(ガス爆発)で計65人死亡，69人負傷。(169) ― 福岡県下の硝子工場における熱中症の報告あり。(580)	(同じく12%)，日雇労働者など43万1,819人(同じく22%)など。(197) 7 尼崎に関西共同火力発電㈱設立。(825)

年 号	公 害 事 項	労働災害事項	備 考
1931 昭和 6	り，困難発生。(353-7 巻11号) — 東京市江戸川区の**石油工場廃水**で，葛西浦漁業に被害発生。(417)		
1932 昭和 7	1 川崎市扇町の早山石油会社が廃棄する**重油槽**で，大師河原の海苔に大被害発生。(675-1•9) 1 『大大阪』正月号で「巴里の騒音取締規則」を紹介。(369-8 巻 1 号) 2 川崎大師地区および多摩川対岸の羽田・糀谷・大森の漁業組合総代など10数名，鈴木商店（味の素）川崎工場を訪れ，多摩川下流両岸で養殖中の海苔が11月中ころ腐敗し始め，下旬にほとんど脱落したことで，同工場に汚水排除措置を要求。工場側で要求を入れなかったところ，業者200余名が多摩川を船にてデモ行進。3月には農林省・県知事・市役所へ陳情。鑑定調査の結果，原因は工場排水にあらず，となり，工場から両方の組合に各1万円の見舞金を支払い，5月に決着。(31) 3 東京市内の燃料関係業者や学者ら，東京工場協会に対し，煤煙防止緊急促進決議文を提出。(222) 3 川崎市，塵芥焼却場を大島堤外地に設置と決め，着工準備中であるのに対し，旧田島町14区が挙げて反対。(675-3•10) 4•22 荒田川水利組合，内務・農林大臣に排水に関する陳情をしたところ，地方庁で処理すべきことがらといわれ，警察部長・工場課長に改めて除害設備の陳情。(147) 5•5 **大阪府**工場課，大阪**工業団体**13団体の煤煙防止規則，汽缶取締規則の**発令延期願を退け**，4月30日付にさかのぼって，煤煙監視官2名を任命。(88-5•6) 5•20 鶴見沖合で三菱石油の**重油船**沈没し，沿岸海苔漁業に被害発生。1万1,000円の被害見舞金出される。(675-7•14) 6•3 **大阪で煤煙防止規則，わが国で最初に発令。**同時に汽缶取締規則発令。公布は16日。(346,371) 6•10 神戸市で在日外人の訴えにより，騒音防止座談会開催。(372-8 巻 7 号) 6•20 大阪市による市内煤煙調査の結果，北大阪付近一帯の工場煤煙は，煤煙防止規則（6月3日発令）規定以上のものが多数であること判明。(88-6•21) 6 大阪府の空中浄化をモットーとしている雑誌『大大阪』，巻頭言で，煤煙防止規則発布の直前に	1•1 労働者災害扶助法施行。(182) 3 岡本晴一，**製紙工場**の**硫化水素ガス**発生場所で作業していた労働者11人の急性眼障害を報告。(178-225号ほか，399-24巻 6 号) 7〜8 暉峻義等，「恐ろしき職業病の種類とその罹病経路」と題し，医学雑誌に発表。(323-4 年 6，8 号) 11 中村康，鉛白粉を数年間使用した芸妓の全身倦怠・強度の視力障害を伴う鉛中毒について発表。(132-27巻11号) 11 東京で，**全国産業安全大会**初開催。産業福利協会の主催。昭和15年まで続く。(503) 11 産業衛生協議会，**日本産業衛生協会**と改められ，産業医の中心団体となる。(503) 11 安全技術協会創立。(503) — 徳原正種，**ゴム製造工場**における**慢性二硫化炭素中毒**について報告。(247-9 巻10号) — 忠隈炭鉱（ガス炭塵爆発），高島炭鉱（ガス炭塵爆発），吉隈炭鉱（ガス爆発），長久手炭鉱(坑内水没)，新屋敷炭鉱(ガス爆発)，宮尾炭鉱(ガス爆発)，空知炭坑（ガス炭塵爆	**3 日本窒素肥料㈱，アセチレンを原料とする合成酢酸試験工場を完成。**試運転成功（アルデヒド酢酸工場稼動開始)。(495) — 染料生産急増。1945年まで出超。(168)

年号	公害事項	労働災害事項	備考
1932 昭和 7	なって工業団体が「工業を衰微させる」との理由で反対を始めたことに対し，「市民の生命に代えられない問題」と提言。(353-8巻6号) 7•18 川崎署，市内小向町の悪臭を放つ川崎肥料会社に対し，7項目にわたる注意事項を発し，警告。(675-7•19) 7 藤原九十郎，大阪市における講演で，「都市の浄化問題は保健上経済上と都市の美観上のために重大」とし，ピッツバーグの例を引いて，市民の日常生活上の経済的損失の具体的算出の紹介など。(373) 8•10 荒田川問題で，岐阜県が用水の改良で除害は可能，と失言したことをめぐり，水利組合，「排水を薄めることでは目的は達成されない，除害施設を厳重に取締まるよう」県に陳情。(147) 9•19 東京市城東区大島町の東京硫酸中川工場，硫酸ガスを排出し，地元住民の有害ガス発散防止同盟の抗議を受ける。こののち，同社および同所の大日本特許肥料，毎年問題発生。(741) 10•1〜7 **大阪府**で第3回の**煤煙防止週間**を実施。従来の空中浄化運動週間から，意味を明確にするため改称。(362) 10•4〜6 大阪府で煤煙防止週間中，西野田職工学校•泉尾工業学校の学生らにより，府下339工場•43浴場の煤煙調査。違反125工場•2浴場を発見。(88-10•15) 10 大阪府，煤煙防止規則施行。大阪市•堺市•岸和田市に適用。(375) 秋 大阪市上水道源上流の旭絹織㈱と東洋レーヨンの排水，この後急に不良。(230) 12 大阪市保健部長の安達将総，大阪市における煤煙防止講演会で，「大阪における煤煙防止運動は，大阪市の名物だった煤煙を打ち払い，大阪市を光り輝く白都市として，欧米文化都市の仲間入りさせる大事業」と講演。(374) 大阪市の煤煙防止運動で **"白都"**，合言葉のごとく使用される。(88，353) — 日本窒素水俣工場，第一期アセトアルデヒド工場の稼動を開始。アルデヒド工場の廃水，百間港へ無処理排出。(631)	発)，第二目尾炭鉱(ガス炭塵爆発)，昭和炭鉱（ガス炭塵爆発）で計125人死亡，68人負傷。(169)	
1933 昭和 8	2•9 長良川水産会長，農相•商工相•県知事に対し，縮緬精練工場建設に関する意見書提出。工場の汚濁水は絶対放流させぬよう，との意見。運動開始の頃にくらべ，姿勢が強化。(147)	2 矢野登，**八幡製鉄所労働者の職業性紅斑**について報告。製鋼ガス職工304人中184人に発	4•6 日本製鉄株式会社法公布。9月1日施行。(555) 4 日窒，第二期アセト

年　号	公　害　事　項	労働災害事項	備　考
1933 昭和 8	2　神奈川県上郡南足柄村に建設予定の富士写真フイルム工場の排水による農業への影響をおそれた下流の下郡農会，県に対し不許可を申請。会社は大阪府の日本セルロイド社から製品を運び，同所の清澄水で洗浄するだけとの出願設計。県工場課，出願本旨に違反すれば即禁する，と下郡からの陳情に声明。(675-2•13) 3　東京市城東区大島町の三木塗料工場の失火後の再築に付近住民，火気危険・悪臭発散をおそれて反対。警視庁，建物を耐火構造とし，充分な換気設備をとりつけさせた上で許可し，問題解決と。(741) 5　東京市江戸川区への東京硫酸工場設置をめぐり，付近住民と葛西浦漁組，反対の陳情。硫酸の健康への影響と農漁業への影響をおそれたもの。同社，昭和9年5月に神奈川県への設置を決め解決。(741) 6　宮崎義郎，滋賀県下の芒硝加工工場周辺住民の下痢患者続出事件につき，**井戸水が芒硝に汚染**されたことが原因，と報告。ただし町名・工場名の発表はなし。(469-5巻3号ほか，482-9巻12号) 6　東京市で，旧玉川水道㈱の塩分混入事件発生。工場排水による各河川の水質悪化のため。(230) 7　斉藤潔，鉛含有の汗シラズ“タカサ白粉”を，夏季に毎日塗布した1歳7カ月の男児に発生した鉛中毒について報告。(324-3巻2号) 8•25　荒田川水利組合，岐阜市の下水対策として工業排水問題も同時にとりあげるよう，強く要望。(147) 8•29　長良川水産会長，岐阜県知事に対し，岐阜市内に建設中の人絹染色工場の排水の，荒田川へ流入の計画に関連し，本流長良川の汚悪化を懸念して，工場排水除害設備完備を要望した意見書を提出。(147) 8　京都府，煤煙防止規則公布。実施は昭和9年1月。(741) 8　東京市淀橋区上落合の塗料製造を行う振東工業㈱，フォルマリン使用のため，悪臭や催涙などの害を惹起。この日失火で焼失すると付近住民約300人，再築反対運動をおこす。工場，品川方面へ移転し，解決。(741) 9•27　大阪府工場課，第4回煤煙防止週間に先立ち，煤煙防止規則実施以来1年ぶりに11工場を初告発。天満紡績㈱・摂津染工場・山内(工業薬品)製品所・五光商会染工部・ケーアール護謨(ゴム)	生。原因は未詳。(547-21巻2号) 4　長谷川信六，電池工場の女子労働者に発生した強度の視力障害について報告。電池製造に際し飛散する酸化鉛に原因，と。(399-25巻4号) 4　福島県の新妻幸之助，県下某鉱山坑内における熱湯の突然の湧出で，坑内労働者に角膜上皮欠損が多発したことを報告。強アルカリ性のアンモニアと硫化水素を含有する熱湯による。(399-25巻4号) 5　石川景親，住友炭鉱歌志内鉱山に関し，地下坑道労働者に一酸化炭素・炭化水素などの中毒者の存在することを発表。(409-2828号) 6　伊東祐俊，真鍮熔接労働者の，いわゆる**鋳造熱**の典型症候の神経症について報告。(278-224号) 9•1　婦人および16歳未満者，坑内労働禁止の実施。(197) 11　伊藤久栄，大阪造幣局の脚気患者発生状況について報告。夏より秋，高温の場・暗い場で働く者に発生率高し。(90-4巻11号) 12　藤原九十郎，**交通巡査の一酸化炭素曝露**の状況について報告。42人中22人が血液中に一酸化炭素を含有。(464-23年4号) —　日窒水俣工場の酢	アルデヒド工場稼動開始。(631) —　人絹生産高，世界第2位。(168) —　**昭和製紙㈱（後の大昭和），鈴川工場設置。**(714)

年　号	公　害　事　項	労働災害事項	備　　考
1933 昭和 8	会社など。(88-9・28)	酸合成工場で爆発事故。1人死亡，2人負傷。(631)	
	10・1～7　大阪府，第4回煤煙防止週間実施。(353-9巻11号)	— 日の丸炭鉱（坑内出水），西沖之山炭鉱(坑内出水)，雄別炭鉱(ガス炭塵爆発)，新手炭鉱（坑内泥土流入)，吉隅炭鉱(落盤)，崎戸炭鉱(ガス爆発)，華川炭鉱(坑内出水)，春操炭鉱(ガス爆発)，猪之鼻炭鉱(ガス爆発)，東見初炭鉱（ガス爆発)で計111人死亡，52人負傷。(169,639)	
	10・5　大阪都市協会煤煙防止委員会，府知事に対し，燃料試験所設立を協議。(353-9巻11号)		
	11・2　東京市丸の内で**日本人造羊毛㈱**の発起人会。神戸の鈴木商店や代議士など政財界有力者が発起人。このとき豊橋市商工会議所と市会，上京して同社に豊橋への誘致を懸命に申し出。(442)		
	11・15　豊橋市前芝村の海苔養殖業者，豊橋市長に対し，「人毛工場は化学工場であり，水産業への影響があろうから，他に適地を求めるよう」申し出る。市長，同工場は無害と回答。(442)		
	11・26　宮崎県土呂久で，地元住民の互助組織<和合会>，煙害について被害調査を開始。(443)		
	11・27　**大阪**の**木津川飛行場**で，夜間定期飛行郵便**機**，**煤煙**と**濃霧**のため視界をさえぎられ，着陸時に事故。機体は大破し，操縦士は1週間の傷。夜間飛行実施後，初の大事故。(88-11・28)		
	11　福岡県下の鉱害被害関係町村，**鉱業法に鉱害賠償項目**を含めるよう同法改正を要求する運動を再び開始。(338)		
	12・上　日本人造羊毛㈱，豊橋市の市当局と市商工会を挙げての誘致運動の結果，同市内に10万坪の敷地買収を決定。(442)		
	12・4　多摩川の砂利盗掘，神奈川県会で再びとりあげられる。「盗掘のきっかけを作ったのは，内務省みずからの同様の行為（ただし公有地であるので盗掘ではない）であり，盗掘者を一掃するだけという方法でなく，その転業を考えよ」との県議白井佐吉の質問。(121)		
	12・8　豊橋地区の漁業代表32人，東三水族擁護同盟会を創立し，工場設置絶対反対を決議。市長との11月後半の何回かの面会で，工場の排水無害回答が説得的でなかったため。(442)		
	12・13　多摩川の砂利採掘および東京市の大貯水池計画に関連し，下流・二ケ領用水地域の農業用水の確保を求めた意見書，白井佐吉ら4県議により神奈川県知事に提出される。(121)		
	12・25　豊橋市会，漁民の反対の中で人毛工場助成費，33万5,000円を可決。(442)		
	— 大阪市内で，工場の排出物被害に対する損賠訴訟，3件。(88-1934年10・27)		
	— この年度，福岡県下の鉱害被害地復旧費に農林省，2万5,000円を交付。国費補助は1934(昭和9)		

年号	公害事項	労働災害事項	備考
1933 昭和 8	年度までで打ち切り，のち県費による同額の補助，昭和13年度まで行なわれる。(338) — このころ，大阪市で騒音や自動車の排気ガスの問題，激化。(353-9 巻1～4号)		
1934 昭和 9	1•6 大阪の木津川飛行場付近で，試験飛行中の飛行士，煙突に衝突して重傷。(88-1•7) 1•16 豊橋の東三水族擁護同盟会，農漁民1,000人を集め，人毛工場の誘致反対決議。約500人の代表，決議を持って市役所へ出向く。漁業者のリーダーに旧労農党員あり。(442) 1•31 **大阪の木津川飛行場**で，**ガスと濃霧**のため夜間飛行機が着陸不能となり，海中に沈没。(88-2•1) 2•12 多摩川砂利採掘取締実施。(183) 2•21 豊橋市で市・市会・商工会議所・町総代会を一体にした大豊橋建設期成同盟会結成。人毛工場誘致のための組織。(442) 2～4 東京市品川沖の養殖場にタール様物質が流入し，漁業被害発生。(417) 3•12 **宮崎県土呂久の亜ヒ酸被害者**たち，和合会に交渉委員を設け，土呂久鉱山と交渉を開始。(443) 3 豊橋市の人毛工場反対の漁民ら，工場候補地と目される地区全戸に，反対の嘆願書を3度にわたり配布。3度目の嘆願書は，三河湾沿岸漁民の妻一同より市内の主婦にあてられたもの。(442) 5～7 秋田市，市内鉱区に対する石油試掘許可願が，他県人より県および仙台鉱山監督局に出されたのに対し，鉱業法第32条前項の，「公益を害するものと認められたるときは鉱業の出願を許可せず」を適用し，強硬な不許可の態度。これに対して仙台鉱山監督局は，市の意向をしりぞけ許可。市民の世論を待つのみ，と。(10) 6•3,4 これより先，**味の素の汚水**により，東京市羽田貝捲実業組合ほか**8組合の魚介類全滅**。1,500人の組合員，鈴木商店などへ大挙陳情に出向くが，川崎署など警察の阻止により達せず。(675-6•5) 6•7 神奈川県上郡南足柄郡に立地した**富士写真フイルム会社**，**汚水**を流し，上郡河川漁組に被害を与える。7月10日，同漁組賠償金1,250円請求の旨を警察に届出。(675-7•12) 6 大阪市，拡張塵芥焼却場を完成。1日約29万8,000貫の処理能力。排出塵芥量は1日31万貫。(377)	1～2 石原房雄，交通巡査の一酸化炭素中毒について報告。30%が頭痛や安眠障害。(44-2057，8号) 2•20 東京市八王子区の山川製薬工場で蒸留釜爆発。従業員3人即死。(741) 3 奥勤一，**人絹工場**で1933(昭和8)年度に発生した**二硫化炭素中毒者**52人について報告。(520-6 巻) 4 汽缶協会創立。(503) 5 土石採取場安全及衛生規則公布。(383) 6～ 日窒水俣工場で無水酢酸製造開始。従業員に目や手をおかされる者多数。同じく酢酸合成工場，ひんぱんに爆発。(631) 7 鯉沼茆吾，労働者の結核罹病率について報告。昭和6年度は10.0%，職場における予防や検診規定が不充分と指摘。(684-22年7号) 7 海軍の吉田太助，クロム中毒による鼻中隔穿孔について報告。(427-6 号) — **二硫化炭素中毒，人絹**・セロファン工業などで多発。(163) — このころより人造肥料工場の災害率，きわめて高いとの記録あり(1,000対0.93～1.09	1•20 神奈川県に富士写真フイルム㈱設立。大日本セルロイド㈱写真部からの独立。(168) 2 日本製鉄株式会社法に基づいて日本製鉄㈱認可設立。官営八幡製鉄所を中心に民間の輪西製鉄・釜石鉱山・三菱製鉄・富士製鋼を併合。(555) 2 住友肥料製造所，住友化学工業㈱と改称。(330) 3•28 石油業法公布。(168) 10 日窒水俣工場，第三期アセトアルデヒド工場稼動開始。(631)

年号	公害事項	労働災害事項	備考
1934 昭和 9	**6〜7** 豊橋市の人毛工場誘致反対運動，分裂や切り崩しの中でなおも継続し，8月4日には漁業組合員で誘致に賛成した者の漁業権停止を発表，即日実施。9月9日には組合員中の賛否相互の勧誘の一切停止を協定。人毛工場，10月下旬に工場設置を大分市に変更することを決定。漁民の生活権擁護の長い闘争に勝利。(442) **7・1** 警視庁，**東京市**における**自動車の騒音取締**を実施。(376) **7・17** 豊橋市で人毛工場誘致のため大豊橋市建設期成同盟会主催の市民大会開催。誘致促進の要望を市へ提出。(442) **9・30** 岐阜県稲葉郡加納町に新設の，**家田製紙の排水**で**荒田川**の**魚類が全滅**。また荒田川が合流する本流**長良川**でも，巨大な鮎が**多数斃死**し，全滅に瀕す。10月4日長良川水産会長，「長良川におけるこうした事件は従来まれであり，世界に名を得た長良川水産業のため戦慄せざるを得ない実情」と述べ速かな水質汚濁防止法制定・河川有毒物放出厳重取締法令制定を要望。(147) **10・1〜7** 大阪市で，第5回煤煙防止週間。(353-10巻10号) **10・26** 大阪市西成区の住民3,500人，同区所在の浅**野セメント大阪工場**の**セメント粉塵被害**に対し，損害賠償請求訴訟を提起。(88-10・27) **10** 岡崎哲，内膜炎・尿道炎治療のためのアクリジン系色素剤注射に伴う中毒患者発生について，医学雑誌に報告。(403-4巻10号) **10** 北海道の**住友㈾鴻之舞鉱業所**の廃液沈殿ダム，紋別地方を襲った豪雨で欠壊。流失廃液でモベツ川の鮭，多数斃死。紋別漁協，ダム完備と補償を鴻之舞鉱業所に要求。翌1935（昭和10）年9月1日，合意が成り立ち調印。鉱業所がモベツ川河口近くのマス・ニシン・チカの漁業権全部を買収，8万円を漁協に寄付。(651) **10** 大阪市此花区春日町一帯の住民，同町**日本染料㈱**から流出の染料と硫酸で，家具・食器・衣類に至るまで被害を受ける。おりからの台風の際の床上浸水時のできごと。(88-10・10) **—** このころより大阪市の水汚染の主たる加害源として，従来のし尿・塵芥に代り，工場の問題が増加。(230, 346) **11・13** 大阪市西淀川区内の住民，亜硫酸ガスを流出する同区福町の福硫曹製造場の移転を，大阪府工場課に陳情。(97-11・14)	の死亡率)。(473) — 綱分炭鉱（炭車の逸走），長札炭鉱(落盤)，万字炭鉱(ガス爆発)，平山炭鉱(ガス爆発)，松島炭鉱（坑内出水）事故で，計83人死亡，12人負傷。(169, 639)	

年　号	公　害　事　項	労働災害事項	備　　考
1934 昭和 9	11・13～15　東京工場協会・警視庁，**東京全市**において第1回**煤煙防止デー**。(222,435-20巻2号) 11　足尾銅山で，沈殿池溢水。このため下流，待矢場水利組合・赤岩水利組合（以上群馬県）・三栗谷水利組合（栃木県）の用水混濁。(161) 11　**改正自動車取締令**実施。**騒音防止**を規定。(376) ―　住友，生鉱吹きを抑制。その結果，亜硫酸ガス量，濃度減少。(577) ―　鈴木商店（味の素），味の素製造増強のため，石釜30個増設。神奈川県工場課，ガス被害が増強されるから，と増設石釜の撤去を要求。除害設備の完備化を条件に，やっと撤去を免除される。(31) ―　この年も川崎市では，塵芥焼却場設置をめぐり，激しく反対運動展開。昭和10年決着し，市内大島町で着工，昭和11年5月3日，業務開始。(675-1936年1・8) ―　この年も荒田川水利組合，会合。対策の討議，関係機関への陳情，意見書の提出など。こののち昭和12年12月に組合が解散するまで，こうした活動は続く。(147)		
1935 昭和10	1　**宮田用水**の奥村井筋用水路，起町付近で**染色業者**の用水路への汚水廃棄，発見さる。灌漑水への影響大。(328) 2・4　横浜市本牧で入港船排出の**重油**により，また も海苔被害。(675-2・20) 2　『都市問題』に東京市の煤煙防止運動に関し，「都会の緑化運動の一部門」との観点の論文掲載。煤煙防止運動の方向変更の一つの現れ。(435) 9　日戸修一，皮膚病に対する硫黄剤使用により，硫黄中毒の発生した例について医学雑誌に報告。(546-38巻3号) 11　東京市で第2回煤煙防止デー。(222) 12・4　東京府八王子区の山川製菓工場で，蒸留釜が爆発し，鉄蓋が2町先の住宅に落下。付近住民762人，連署して同社の火災防止と爆発取締を警察に訴え。(741) 12・13　東京府小河内・丹波山・小菅3村の住民，数年来未進行の小河内貯水池建設計画をめぐり，工事が着工されないための村民の生活困窮を，内務省土木局長，東京府知事に陳情。(430) 末　**鈴木商店（味の素）**，石釜を**エスサン釜**に替えたことでガス被害は解消。(31) ―　住友四阪島の排出する亜硫酸ガス濃度，0.19%	3　岩田正道ら，印刷工場と煙草製造作業に従事の既婚婦人労働者について，鉛中毒やニコチン中毒が発生，と報告。(511) 6　黒田静(**八幡製鉄所**)，**製鉄業従事者**715人のうち，25人に**珪肺症**，81人に疑似症，2人に肺結核を発見したことを報告。(515-3巻2号) 6　畑昇，製糸婦人労働者の脊柱右彎について報告。(179-15巻6号) 6　奥勤一，人造絹糸工場における二硫化炭素中毒について報告。昭和7年12月～9年12月の間に136人発生，うち6人が女性。(247-12巻6号) 7　神代元彦，長崎港停	9・17　住友金属工業㈱設立。(住友伸銅鋼管㈱と㈱住友製鋼所が合併)本社大阪。(330) ―　日産化学工業王子工場，農薬“王銅”の工業生産開始。1941（昭和16）年，銅製剤1号と名称変更。(537) ―　大日本セルロイド㈱，ユリア樹脂を生産。(300) 9　**日窒水俣工場**で，第4期アセトアルデヒド工場稼動開始。アルデヒド製造技術，この頃確立。**酢酸部門の生産量全国生産の50%**。(631) ―　宮崎県の**土呂久鉱山**，**中島飛行機系列会社に買収**され，操業も大規模となる。(443)

年号	公害事項	労働災害事項	備考
1935 昭和10	に減少。以後引続き，0.2%以下を持続。(577) — 木曽川本流，日本紡績犬山工場の排水により汚染され，農漁業被害発生。(147) — この年から昭和15年にかけ，大阪市西部の地盤沈下，激化。(281) — このころ**石油による海の汚染**と，そこからくる海苔・魚貝養殖被害に対する**根本的対策**を求める声，関係者の間で強まる。(183) — 四日市市，大正14年に完成した第2号埋立地への工場誘致をはかり，日本板硝子㈱を誘致。そのさいの工場立地条件調査報告書(四日市市)の中に次の一節あり。「日本板硝子㈱工場が其排水により万一問題を惹起したる場合に於いては，四日市市役所は是れが解決を引受くるものなり」。(676) 12 兵庫県，煤煙防止規則を制定。(825)	泊発動機漁船機関部員に発生の機械油による**職業性痤瘡**様疾患について報告。(444-13巻7号) 11 村松省吾・氏岡正行，**八幡製鉄所における一酸化炭素中毒の著しい増加**について報告。(157-6号) 11 大橋謙二，兵庫県の織布工場解雇労働者2,642人についての病状調査結果を報告。(157-6号) 12 宮治清一，足尾銅山ヒ素精製工場労働者のヒ素癌について報告。(477-36回9号) — 大原社研，倉敷工場を対象とし，**二硫化炭素中毒者の大規模調査**(人絹工場において多発)。この後は設備改良などにより急性多発から慢性化。(116) — 1926(昭和1)年よりこの年までに休退職した小学校教員の病因中，結核性疾患は66.8%。(750) — 高島炭鉱(自然発火ガス爆発)，茂尻炭鉱(ガス炭塵爆発)，入山炭鉱(ガス爆発)，雨龍炭鉱(ガス爆発)，豊国炭鉱(水害)，木屋瀬炭鉱(水害)，三井田川炭鉱(ガス爆発)，上山炭鉱(坑内出水)，上三緒炭坑(ガス中毒)，赤池炭鉱(爆発)事故で計347人死亡，48人負傷。(169,639) — 石川知福・木口浩三，	

年号	公害事項	労働災害事項	備考
1935 昭和10		印刷業者の鉛中毒とその予防につき報告。 (709-13巻1号)	
1936 昭和11	2・16　東京市水産会主催で，水質汚濁防止協議会開催。(417) 2・26　東京府，小河内ダム建設計画で，反対を続けていた下流川崎市二ケ領用水組合と，ようやく合意とりつけ。(430) 2　多摩川の砂利採掘を禁止された砂利採掘業者，こんどは神奈川県橘樹郡稲田町の果樹園から採掘開始。(675-2・11) 6　大阪市保健部，煤煙防止がかけ声のみで徹底しない中で，各警察署管内を一単位とする＜煤煙防止会＞の設置を計画。会員に煤煙排出源の工場主や浴場主を加え，月1回の会合をもとう，との試み。実現したのは12月19日。この日第1回煤煙防止連合協議会。(88-6・7，12・18) 7・31～8・1　尼崎市の朝日化学肥料会社排出の亜硫酸ガスで，尼崎市東部と大阪市一部地域に中毒患者多発。市民，未だ経験したことのない被害，と市に陳情。(88-9・4) 8　尼崎市市会に煤煙防止河川浄化委員会設置。(34) 8～10　多摩川下流**大師漁場で貝類斃死。**大師河原の貝養殖会社，大師漁組とともに**味の素**㈱に交渉。根拠薄弱のため，漁民が戦術を転換し，漁業不振に対する同情的寄付金を要求。県斡旋のもとに，9,500円支払われ決着。(31) 9・3　横浜市神奈川区平沼町の住民代表，横浜市ガス局，平沼製造所の煤煙と異臭について，早急な取締を県に対し陳情。(675-9・5) 9・5　**京浜工業地帯**の急発展につき，新聞紙上に描写あり。「**軍需工場**の目覚しい躍進に伴ひ京浜間をはじめ横浜市内及び近接地にここ素晴しい勢ひで大小無数の工場が増設され，日を追ふて浜の空は煤煙に蔽はれつつある」と。(675-9・5) 9・23　横浜市本牧の海苔，大阪商船ありぞな丸の衝突事故による**重油**流出でまたも大損害。(675-9・25) 9　横浜市磯子区の住民，数年来問題となってきていた塵芥焼却場の煤煙について，本牧などの風致を破壊するとともに，保健衛生上有害とし，移転要求。(675-9・5) 9　神奈川県橘樹郡稲田町の駒嶺染色工場および玉川製紙工場の煤煙で名産多摩川梨の花に黒斑発	1・10　石川知福，**印刷工**の職業性疾患調査報告を行い，**鉛中毒**の他に**結核患者多発**の傾向についても報告。「鉛症中毒」予防について述べる。(709-13巻1,4号) 1　助川浩ら，大阪市内18硝子工場の調査より，硝子工業における肺気腫，塵肺，白内障，歯牙磨滅症などについて報告。(709-13巻1号) 1　梅野正己，帝国人絹岩国工場における特に職業性原因と認められる眼疾患，皮膚疾患を報告。(709-13巻1号) 1　職業病委員会九州地方部会，**八幡製作所**における酸化炭素中毒・塵肺・うつ熱症などの対策について報告。(709-13巻1号) 1　鯉沼茆吾，「職業病」という題で報告。(50-6巻2～4号) 4　野地麟，硫黄鉱山労働者の表層角膜炎について報告。(399-28巻4号) 5　安藤守元，人絹工場における二硫化炭素中毒として，眼・呼吸器・神経障害発生について報告。(406-2980号) 5　鯉沼茆吾，人絹工場における二硫化炭素中毒とマンガン中毒について報告。(406-13巻5号) 5　黒田静・大西清治ら，	2・26　2・26事件。(168) 5・29　重要肥料業統制法公布。(168) 5・29　自動車製造事業法公布。自動車製造事業の保護助成。(168) 5　日本電気冶金栗山工場（北海道）が操業開始。(831) 6　日本合成化学工業㈱大垣工場，酢酸ビニル生産液相法開始。(168) 11　日窒水俣工場，アセチレン法によるアセトン，製造開始。(495) ―　堺臨海工業地造成開始（昭和19年中止，約80%完了）。(261) ―　**人絹工業**，日産531t。**生産高**2億8,000万ポンドで**世界第1位**。(168)

年　号	公　害　事　項	労働災害事項	備　考
1936 昭和11	生。このため，梨園所有者，損害賠償を要求。(675-10•2) 11•20　秋田県**尾去沢鉱山**の**鉱滓溜池**9万5,000立方坪が，**大欠潰**。死者362人，負傷80人，行方不明717人。仙台鉱山監督局，1月12日に欠潰前数回の漏水事故を鉱山側が十分に手当をしなかったことによると発表し，鉱業法違反で鉱業権者らを告発。この件，昭和13年3月28日免訴となる。(10) 12•18　川崎市大師町地先の海苔漁民，「多摩川沿岸の悪水で本年，約10万円の損害」と県に陳情。(675-12•19) —　第5回全国都市問題会議総会研究報告として，水道協会の三川秀夫，「工場廃水放流と其弊毒及び対策」を報告。その中で，工場廃水は水量の尨大さ，成分の多様さ，人体など生命への有害物の含有などの点で，その弊害はきわめて深刻であり，汚水中最大の難物，と規定。(230) —　京浜運河問題再燃。(417) —　二硫化炭素製造工場（奈良）より排出の硫化水素で周辺住民に中毒発生したこと問題化。蜂須賀信之（医師），それらの患者はいずれも中毒患者ではない，と発表。（工場名および問題の真相，前掲尼崎市の事件との関連は不明）。(468-740号) —　東京市内の仙波製紙工場排水で，大森浦の漁業に被害発生。(417) —　**日本亜鉛㈱**，**群馬県安中町**に日本高度鋼㈱というふれこみで工場用地取得。(164)	耐火煉瓦工場における硅肺症発生の状況およびその対策について報告。(709-13巻3号) 6　鯉沼茆吾，**塗料の溶剤•**希釈剤（ベンヂン，ベンゾール，トルオール，キシロール，四塩化炭素，トリクロルエチレン，メタノール，アセトンなど）が，容易に**工業中毒発生**の原因となることを報告。(421-3巻4号) 6　吉岡守人，**ピッチ**より，造癌性炭化水素•1•2ベンツピレン結晶を分離し，マウス実験で10例中4例に**肺癌**の発生したことを報告。(515-4巻2号) 6　黒田静ら，**八幡製鉄所**における従業員の50年間の疾病状況について報告。2万人中**癌患者**61人，うち肺癌12人。**ガス工に罹患率**高し。(500-24巻3号) 9　田中義剛，ビスコース式人絹工場における二硫化炭素，硫化水素，亜硫酸ガス中毒について報告。3,700人中，中毒性疾患で3日以上休業者は236人。**人絹工場**における**二硫化炭素中毒**（眼炎，精神障害）に関する報告，他にも多し。(143，247，409-2998号など) 9　**土木建築工事安全及衛生規則**公布。(503) 10　平岡寛，**藤永田造船所**における職業病について報告。種類として，	

年 号	公 害 事 項	労働災害事項	備 考
1936 昭和11		電光性眼炎・角膜外傷・結膜炎・耳疾患・皮膚の酸腐蝕傷，ピッチ皮膚疹，油疹，CO中毒，鉛中毒など。同じく松尾等，川崎造船所における電光性眼炎とガス中毒について報告。(709-13巻4号) 10 大塚協，**船舶解体作業者の鉛中毒**を報告。87人中26%に発生。(709-13巻4号) 12 黒田啓次，**除虫菊**による皮膚炎について報告。(90-7巻12号) 12 陣内日出二，横須賀工廠における亜鉛鍍鋼板電気熔接による急性亜鉛中毒患者発生について報告。昭和6年から10年の間に140人の患者発生。(111-25巻12号) — 室蘭製鉄所で労働災害事故件数急増。(636) — このころより，医学雑誌における労災・職業病に関する論文急増。(247,684,709など) — 三井砂川炭鉱（ガス爆発），吉隅炭鉱（坑内火災），亀山炭鉱（ガス爆発），忠隈炭鉱（人車の逸走），三菱美唄炭鉱（落盤），夕張炭鉱（落盤），弥生炭鉱（ガス爆発），茨城炭鉱（鉱車の転覆），大谷炭鉱（ガス炭塵爆発），月隅炭鉱（汽缶破裂），二瀬炭鉱（捲揚超過），綱分炭鉱（ガス爆発），勿来炭鉱（落盤），中鶴炭鉱（ガス炭塵爆発）事故	

年　号	公　害　事　項	労働災害事項	備　考
1936 昭和11		で計260人死亡，135人負傷。(169)	
1937 昭和12	1～3　昭和11年4月より本年3月までの**多摩川の水質検査**の結果，沿岸の主要3工場（白洋舎・東京製鋼・味の素㈱）のうちで，魚類の斃死時間が，**味の素工場**の排水中で著しく短いこと判明。(419) 2・4　**大阪府**で**河川浄化運動**の**第1回委員会**。城北地区の染織金属化学大工場密集地帯より，1日72万石の汚水が排出，との報告あり。(88-2・5) 3　宮崎県土呂久鉱山，反射炉を利用した錫採取を開始し，これによっても煙害甚大。住民，設備の完全を鉱山に要望。3年後，効率が悪いことを理由に錫採取は中止。(443) 4　宮崎県吾田村に日本パルプ工業の進出が決定。これに対し，油津地区の製材業者が地元製材業の衰退をおそれて立地反対を開始。機関紙『日向日報』を利用し，誘致派新聞『飫肥毎日』とこののち1カ年にわたり論戦。また油津の漁業組合も，廃液の漁業への影響をおそれ，反対を開始。(509) 4　古賀賢二，化粧品による皮膚炎発生6例について発表。(549-5巻2号) 4　渡辺龍三，乳児の疥癬治療用に家庭で調剤塗布した含水銀軟膏による急性水銀中毒に関し報告。(458-43巻4号) 4～9　群馬県安中町の**日本亜鉛電解工場**，**操業第1日より有毒ガス**発生，**付近一帯の篠笹白変**。桑蚕などにも大被害。付近の農民の抗議に対し，工場は，防毒施設を早急に完備すると約束。この約束は果されず，鉱害にさらされた農地を，農民は不利な条件で買収されることになる。(42,164) 5・20　大阪都市協会煤煙防止調査委員会，府知事に対し，「煤煙発生量の増加による市民の保健・衛生上憂慮に堪えざるのみならず，燃料経済上看過し能はざる」として，「適当なる機械的燃焼装置の設置」を建議。(378) 6　**多摩川下流**の**六郷橋付近**で**魚類の斃死続発**。調べの結果25日，冬期に沈殿していた工場排水・下水などの有機物が気温上昇とともに硫化水素・炭酸ガスと変わったものと判明。多摩川水質の甚しい悪化，12月，県会でもとりあげられる。(419) 7　**川崎市**の海岸に立ち並ぶ**工場群**よりの**大量の煤煙**に対し，被害激甚地区の大島，渡田，小田方面の**市民**，**1万余人**の署名を集め市・県・内務省などに**対策**を**陳情**。(675-7・14)	1　鯉沼茆吾，各種職業病のうち神経系疾患に関する総説を発表。(746-12巻1号) 1～5　石川知福ら，瀬戸市内の**窯業労働者**99人のレントゲン検査により発見した30人の**鉱肺**患者について報告。(709-14巻1,2,4,5号) 2　丸山頼人，名古屋市内の一硬質磁器工場における51人の硅肺患者について報告。(709-14巻2号) 2　篠井金吾，放射線技術者の白血球減少について報告。(684-25巻2号) 3　奥勤一，昭和9年度の某**人絹工場**における**受診者**（健康障害者）が**定員の177%**であることを報告。また，ヴィスコースの分解結果，その成分が硫化水素・硫化炭素・炭酸ガスであり，作業場では有害な濃度と報告。(247-14巻3号) 4　青山進午，塵肺を炭肺・鉱肺・石肺に3分し，それぞれ多発する職種について発表。(689-3巻4号) 5　田上初雄，製網工場における機械油付着による皮膚炎について報告。102例中42%に発症。(546-41巻5号) 5　石川知福ら，各種発塵作業場における珪肺	1　財団法人日本労働科学研究所設立。倉敷労研の後身にて，場所も東京に移転。(472) 2　**群馬県碓氷郡安中町**に**日本亜鉛**（のちの，東邦亜鉛）**製錬工場設置**。資本金580万円。(164) 6・21　住友鉱業㈱設立（住友別子鉱山㈱と住友炭鉱㈱の合併）。(330) 7・7　日中戦争。(168) 4　防空法制定。(503) 9　日窒水俣工場で第5期アセトアルデヒド工場稼動開始。(631) 11　内務省の高野六郎，戦争と結核多発の関係について報告。(534-312号) 12　風早八十二『**日本社会政策史**』(448)

年号	公害事項	労働災害事項	備考
1937 昭和12	7 宮崎県知事，吾田村地区への日本パルプ工業進出に反対する地主たちの名簿を入手。これにより地主ら反対をやめ，知事，8月14日に工場設置を認可。(509) 8 今治市にて，付近の火力発電による煙害発生。はじめは別子四阪島が原因とみなされたが，調査の結果，誤りと判明。(577) 10•27 神奈川県，煤煙防止策の第一歩とし，**煤煙**防止委員会規定を可決。(675-10•28) 11 永富勲ら，**放射線照射**による**癌発生**2例について報告。(409-3057号) 12•10 大阪府で煤煙防止標語受賞者表彰会。応募作品には燃料節約や防空の意味を含めたもの，煤煙防止は銃後の守の趣旨のものなども多数あり。(378) 12•13 長良川水産会長，長良川上流郡上郡に設置予定のパルプ工場に関し，魚類への影響をおそれ，廃水浄化に関する意見書を県知事に提出。(147) 12 川崎市で昭和12年12月に工業用水道が竣工し，各工場に給水開始後，近接地区の民家で井戸水涸渇。(675-1938年2•4) 12 **荒田川閘門普通水利組合解散**。(147) — **し尿投棄，多摩川の汚濁**の慢性化，海上での重油流出などのため，**東京湾**の東京市側沿岸**漁業に被害続出**。(417) — 大阪瓦斯，新工場を建設のため用地を要したが，住民が察知すると反対するので，極秘裡に社長自ら調査を進め，大阪市此花区酉島に決定。(730) — 日支事変で銅価騰貴し，鳥取県**荒金銅山**（日本鉱業）で鉱毒問題再燃。地元に鉱毒防止期成同盟結成。銅山側，被害を全額補償し問題解決。(438) — 東京市江東地区の地盤沈下，この年より翌年にかけ年間 10～12 cm。(281) — 川崎・鶴見工業地帯でも大気汚染，大きな社会問題となる。県会で，有毒ガスの防止対策に関する質疑応答あり。(183) — 全国の工場公害紛争件数，111件。(227-22回) — 王子製紙系の東北振興パルプ㈱が工場用地を探すにあたり宮城県知事菊山嘉男および石巻市長佐藤真平，「水産関係の苦情は石巻で引き受け会社に迷惑はかけない」との市長声明を行い熱心に誘致。このため同社，石巻への立地を決定。(635) — このころ川崎市に立地の**昭和肥料**，排出する**硫酸ガス**のため隣接工場の日本鋼管をはじめ農漁	発生状況について報告。罹患率は採石労働者で49.1%，タイル工34.5%，硝子原料製造労働者で31.0%など。(177-11年5号) 6 小幡士郎，人絹工場における視力障害について報告。(325-20巻2号) 7 田中初男，**八幡製鉄所**における昭和6年以降4年間の眼公傷者1,475人について報告。(546-29巻7号) 9 伊藤謙造，**染色染料工場**における**皮膚炎・痤瘡・腫瘍症・胼胝**などの特異な外観について報告。アニリン蒸気によるもの特異，と。(547-30巻3号) 10 近藤六郎ら，セロファン製造工場における急性硫化水素中毒例について報告。(247-14巻10号) 10～12 毒ガスの防毒に関する発表や講演，続く。(325,465,482ほか) — 岩鼻にて火薬製造所爆発。(203) — 日窒水俣工場でアセチレン爆発。死亡1人，重軽傷20数人。(631) — 沖ノ山炭鉱（落盤），二瀬炭鉱(落盤)，平山炭鉱（ガス炭塵爆発），大定炭鉱（ガス爆発），海軍新原ケ炭鉱（爆発），亀山炭鉱（ガス爆発），上山炭鉱（ガス爆発），夕張炭鉱(落盤)，築紫炭鉱(ガス燃焼)，嘉穂炭鉱（落盤）	

年号	公害事項	労働災害事項	備考
1937 昭和12	民・住民から苦情を受け，四面楚歌。(127)	事故で計119人死亡，36人負傷。(169)	
1938 昭和13	2•3 川崎市で前年末より問題化の工業用水給水にともなう民家の井戸水涸渇・農業用水への影響がおそれられはじめ，被害地区住民，川崎署に補償陳情。7月には区民大会を開き，飲料水供給の確保を決議し，川崎市長に陳情。市，9日「原因の何を問わず」と断りの上，水槽自動車を出動させることを決定。(675-2•9，12) 2•25 岐阜県長良川水産会，貴衆両院に対し，工場排水流入による多産鮎の減少をおそれ，対策を求めた請願書を提出。(147) 3•19 群馬県安中町の被害農民，県に対し，**日本亜鉛の煙**（硫酸ガス，亜硝酸ガス，硫酸ミスト）による**桑園7町歩の被害**を訴え，防止対策を陳情。(43) 3•27 **長良川水産会長，第73帝国議会へ「長良川清流保存に関する請願」を提出。**長良川には3カ所に「御猟場」があると強調し，魚族への甚大な影響にふれ，清流保護を請願したもの。議会，この請願を採択する。しかしその後，とくに対策はとられず。**荒田川に関する農漁民側の闘争記録，ここで途絶える。**(147) 4 横浜市本牧の海苔漁業，昭和産業㈱横浜工場廃水で被害。漁民，補償を要求するが拒絶され，訴訟にもちこむことを検討。(675-4•16) 4 吉田光雄，歯科治療で亜ヒ酸糊剤を貼付した患者における骨疽発症について発表。(150-2巻1号) 5 神奈川県藤沢地区を流れる引地川の河口鵠沼海岸漁業に，同川沿岸の理研大和醸造工場廃水で，魚類斃死の被害発生。(675-5•21) 6•4 横浜市神奈川区の衛生組合長ら8人，横浜市長に対し「従来，その煤煙とコークス石炭の臭気が問題であって，移転を要求していた横浜ガス製造所に今回拡張が許されたのは，町内発展上重大問題」として対策を要求。同様のことをガス局長にも陳情。(675-6•5) 6•18 兵庫県広畑で昭和12年7月より着工の日鉄広畑製鉄所建設工事で揖保郡大津村に排水不良と麦作70町歩の被害発生。この日補償要求あり。(555) 6〜7 群馬県安中町で**日本亜鉛鉱滓処理場，2回決潰**。水田20数町歩，鉱毒水で汚染さる。(43)	1 真鍋九一，**呉海軍工廠**における**ピクリン酸**使用作業増加に伴う**皮膚炎患者の急増**について報告。約55日間に受療患者124人。(178) 3 北海道東部の某金山製錬所で青酸中毒事故発生，4人死亡。(409) 3 小林袈裟夫，**足尾銅山の亜ヒ酸精製業者の皮膚疾患**について報告。30人の就業者中48.8%が罹患。(709-15巻3号) 3 飯沼寿雄，内閣印刷局の**クロム電気鍍金工20人**を4年にわたり検査の結果，**鼻中隔潰瘍**14例を発見。(709-15巻3号) 3 石館文雄ら，**アスベスト工場**労働者151人中45人に**塵肺**および疑いのある例について報告。(709-15巻3号) 3 人絹工場での疾患多発についての報告続く。(657，709-15巻3号) 4 石川知福ら，**石川島造船所**鋳造工の**鉱肺**発生状況について報告。300人について調査し，**21.7%**の患者発見。(684-26巻4号) 4 鯉沼茆吾，工業的水銀中毒とその予防について報告。(684-26巻5号) 4 植村卯三郎，**八幡製鉄所**の災害発生について，全体として減少の傾向だが，**臨時雇・職**	1 厚生省発足。(168) 1 政府，国策としてのパルプ自給策を打ち出す。(207) 2 キノホルム剤ビオホルム服用のスモンと考えられる患者，大阪で発生。(47-84巻9号，517-31巻3号) 3•15 国策パルプ工業㈱東京日本橋に創立。(207) 3•29 重要鉱物増産法公布。(168) 4•1 国家総動員法公布。5月5日施行。(168) 4•2 硫酸アンモニア増産および配給統制法公布。(168) 4 国民健康保険法公布。(7月1日施行)(503) — 海軍にて四エチル鉛の工業化実験。また2企業が軍の命令で四エチル鉛製造研究開始。(203) — 医学雑誌にサルヴァルサン注射に伴う中毒や死亡に関する発表続く。(549-6巻6号，695-17巻3号ほか) — 倉敷労研解散し，東京で日本労働科学研究所，新発足。(503) — 日本窒素肥料興南工場，海軍のイソオクタン工業化要請に応じ，カーバイド→アセチレン→アセトアルデヒド→ブタノールの工程を経た大工場建設を決定。(529)

年号	公害事項	労働災害事項	備考
1938 昭和13	7•5　阪神電鉄神戸地下線，大水害の影響でトンネルに浸水。1カ月以上不通となる。同地下線建設にあたり，神戸市の要求で工事中の土砂を新生田川の埋立に使用したため，洪水が行き場を失ったもの。(666) 7•22　東京府で東京湾内の水質浄化のための**東京湾水質保護協会創立総会**開催。参加は東京，神奈川，千葉の水産工業船舶衛生関係者，漁民代表者など。(675-7•22) 7　**住友**，煙害対策のため別子四阪島に**硫酸中和工場**を200万円かけて完成。(577) 8•24　羽田空港上空で民間機2機が空中衝突。市街地に墜落。死傷130人。(407-8•25) 8•29　富山県神通川流域の町村長・農会長・水利組合・水産組合など，＜**神岡鉱山防毒期成同盟会**＞を組織。この日，同盟会として岐阜県所在の神岡鉱山防毒設備の実地調査。明治時代以来の損害に対し，ようやく行動を開始。この後交渉を重ねるが，戦時下で重要資源確保が優先し，行動も中絶。(321) 秋　**高崎市で稲作減収**。安中町の**日本亜鉛の鉱毒水**が碓氷川を通じ，高崎市にまで及んだもの。(43) 10•6　尼崎市会，煤煙防止河川浄化について厚生大臣などへ意見書提出。また日本電力関西共同火力に対する抗議文可決。(34) 10•11　神奈川県橘樹郡などを合併し人口21万4,000人となり，大都市の様相を深めた川崎市の合併式典にて，川崎市長，工業都市としての躍進を祝う式辞。(129) 12•21　宮田用水組合，工場廃液や汚染水の被害除去のため，用水沿岸の染色工場など各工場の浄化施設完備を求めた申請書を愛知県知事に提出。(328) 12　小林大樹ら，14年間黄燐製造に従事して燐毒骨疽を発症した患者について報告。(687-8巻12号) —　いもち病用の**農薬“王銅”**による**土壌汚染**，関係者の間で論議されるが，安藤孝太郎博士の「汚染による障害よりも，経済効果の方が大」との説で立消え。(537) —　東京湾で，重油流出や多摩川汚濁に伴う漁業被害発生。(417) —　愛媛県西條地区で，関西捺染会社・伊予製紙会社の工場廃液で農漁業被害が発生し，紛争となる。(256)	**夫の災害は減少せず**と報告。(709-15巻4号) 5　勝木新次，**ボルドー液**使用に伴う農夫の**急性ニコチン中毒**について報告。(156-2巻5号) 7　森崎英夫，**四エチル鉛中毒**労働者の例について報告。(335-42巻7号) 8　福井信立ら，海軍における脚気の再増加について報告。(178-303号) 8　川畑是辰，**製鋼用発生炉ガス職**労働者の肺癌発生について報告。昭和8～12年の間に21人発病。(131-32巻4号) 8　宮崎県の西川修，レーヨン工場に発生する二硫化炭素ガス中毒性精神病について報告。(279-15巻8号) 8，9　武居繁彦，計量器工場における水銀中毒調査成績について発表。(191-4巻24号) 9　三浦百重，二硫化炭素中毒症数十例のうち13例の精神病的徴候について報告。**人絹工業の急速な発展に伴う二硫化炭素中毒の増加**との指摘。(335-42巻9号) 9　三枝正孝，金属鉱山の珪肺に関し，多くは結核を合併，と報告。(90-9巻9号) 10　**室蘭製鉄所の労働災害**，昭和11年頃より激増していたが**発生率，この年最高**で119.72。同月，安全委員会を創立してより毎年漸減。	—　スイスにてDDTの殺虫性発見。(33) —　**大昭和製紙**，静岡県岳南地域の製紙業界の中枢となる。(564) —　**石原産業**，四日市市に進出。(348) —　このころより京浜工場地帯，規模や従業員数などで阪神工場地帯を追いぬき，日本一の工業地帯となる。(748) —　この年には，尼崎地方の発電基地，わが国で最大に。(825)

年号	公害事項	労働災害事項	備考
1938 昭和13	一 東北振興パルプ株式会社（1949年12月に十条製紙となる）石巻工場配置に先立ち，石巻市長，会社側と排水，ばい煙問題では会社に迷惑をかけない旨の覚書を結ぶ。(840) 一 宮城県が農林省水産局に報告したものによれば，沿岸部の水産加工場や肥料工場で排水被害を与えるものが35工場あり。(840)	(636) 10 真鍋九一，呉海軍工廠労働者に発生した重症潜水病について報告。(111-27巻10号) 12 化繊工業保健衛生調査会創立委員会。関係会社を会員とする。(542) 一 高槻にて火薬工場爆発。(203) 一 大之浦炭鉱（坑内出水），大之浦炭鉱（落盤），鳳城炭鉱(坑内出水)，青葉炭鉱(ガス爆発)，海軍新原炭鉱(ガス炭塵爆発)，志免炭鉱(ガス爆発)。大島炭鉱(ガス炭塵爆発)，鹿町炭鉱(坑内出水)，大之浦炭鉱(ガス爆発)，志恵炭鉱(ガス爆発)，豊国炭鉱(ガス爆発)，夕張炭鉱（ガス炭塵爆発)，西ケ浦炭鉱(ガス爆発)，早良炭鉱(ガス爆発)，東邦筑紫炭鉱（ガス爆発）事故で計371人死亡，74人負傷。(169)	
1939 昭和14	1 多摩川沿岸の民有地における不法砂利採掘，この月も問題化。取締法規がなく，対策なし。(675-2•1) 1 京浜運河と海面埋立に関し，東京府と関係漁業者の間に協定成立し，工事着手に決定。(417) 2•2 神奈川県下の水産業者，京浜工業地帯の各工場主へ「東京湾水質保護に関する件」とした印刷物を配布。水産業者（神奈川県下で被害業者2万人）の死活に係る問題として，工場からの排出物への反省を求めたもの。(675-2•3) 2•8 兵庫県広畑で工場建設中の日鉱広畑製鉄所工場用地をめぐり所有者有岡直七ら，兵庫県知事を被告とした都市計画整理の換地不交付および補償金決定処分の取消しに関する行政訴訟提起。7月	1 太田正雄ら，工業用油脂による皮膚症につき発表。石油系燈油で高度発症。(693-7巻1冊) 2 赤木五郎，人絹工場に発生する特殊眼疾患の病因は二硫化炭素と硫化炭素によるものが多い，と発表。(709-16巻2号) 2 木戸知恵ら，紡績工場婦人労働者の機械油による職業性痤瘡の多発	2 小松経雄，1916(大正5)年より1937(昭和12)年末までに自身が実施した駆黴療法サルバルサン注射による副作用について発表。平均6回半の注射に1回の割で副作用ありと。(692-4巻2号) 3•23 **鉱業法，一部改正。鉱害無過失賠償制度立法化。**(338) 3•30 **日本軽金属㈱設立**(168)

年号	公害事項	労働災害事項	備考
1939 昭和14	27日には和解成立。(555) 2・17 東京湾羽田沖でし尿投棄あり，羽田浦漁協他で海苔被害甚大。(417) 2 原田一，和歌山県下で発生している斑状歯について，「原因と考えられる飲料用井水にクロール含有が日本薬局方判定標準の数倍，硫酸も比較的多量」と医学雑誌に発表。(271-19巻2号) 4 **宮崎県油津**の漁民，操業開始となった**日本パルプの工場廃液**による海の目に見える汚染に怒り，漁船による海上の示威運動を行う。県知事，5月になって操業停止命令を出すが，工場は「除害設備は時局柄，資料入手が困難」と回答し，命令解除に持込む。(509) 6 須川豊，兵庫県下で多発の斑状歯につき，フッ素に原因と指摘。(409-3139号) 7・26 神奈川県水産課と工場課，漁業保護と生産力拡充をめぐり対立。(675-7・27) 7 群馬県安中町中宿地区の水田に日本亜鉛の毒水流入し水稲減収。(43) 8・2 東京湾汚染に伴う魚貝類被害，この年も甚大。**神奈川県下の漁業関係者**代表，とくに川崎市鈴木町の味の素工場ほかへの徹底的取り締りを県に陳情。(675-8・3) 10 住友(別子四阪島)亜硫酸ガス害は中和工場の竣工により発生しなくなる。第11回協議会では，農民が交渉打ち切りの代りに永続的寄付を要求し難航。(577) 11・20 日鉄広畑の建設用地をめぐり有岡直七ら，県知事・日鉄社長を被告とする和解契約無効確認の訴訟提起。(555) 12 **住友**別子四阪島の**亜硫酸ガス害に関する最終協議会**，農民へ100万円，県へ6万5,000円の寄付金を支払うことを決め，ここに落着。(577) ― ヒ素および蒼鉛剤による中毒発生報告，若干あり。(151-34号) ― 放射線皮膚癌についての報告，若干。(477-209号) ― 川崎市で，亜硫酸ガスを含む工場群の煤煙で樹木や農作物の枯死・市民への影響など激化。(675-8・6)	について報告。1599人中98人。(414-9巻1号) 2 福沢億之助ら，**250余人の急性一酸化中毒患者**のうち39人についての臨床所見を発表。(335-43巻2号) 3 宮内憲一，**クロルナフタリン**を使用して座瘡や色素沈着の発生した患者について報告。邦製代用品を使用し始めて2カ月で発症，と。(692-4巻3号) 3 武居繁彦，大阪府下の鉛丹・白鉛など製造工場における鉛中毒発生について報告。(709-16巻3号) 3 村井寿夫，レーヨン工場における二硫化水素中毒発症例につき報告。(447-49巻3号) 5 金子栄寿ら，某電気機械製作工場における**パラフィン及びワックスによる皮膚疾患多発**につき報告。男子労働者160人中60人に，女子労働者108人中14人に発症。(546-45巻5号) 5 赤羽にてマグネシウム1屯工場爆発。(203) 5 石西進，**手持鑿岩機使用労働者**の身体障害発生について報告。珪肺，聴器障害，運動器障害，**上肢の知覚異常**など。(279-16巻5号) 6 丸岡紀元，八幡製鉄所労働者に皮膚病多発のことを報告。(546-45巻6号) 6～9 北海道庁の林信治，**クロム工場従業員**	3 **大昭和製紙㈱，富士市鈴川工場に日本初のクラフトパルプ工場**を完成。(564) 4 **日本亜鉛，長崎県佐須(対馬)の対州鉱山を買収し**，亜鉛原鉱石を確保。(164) 5 小川勇，ルミナール1.5g1日量を連続服用し，10日後，中毒の発症した患者について報告。(279-16巻5号) 6 神島文雄，サントニン中毒について発表。(475-43巻6号) 6 **昭和電工㈱設立**。資本金1億1,000万円。(203) 7・8 国民徴用令公布。(168) 8・1 肥料配給統制開始。(168) 8 日本亜鉛，カドミウム製錬開始。(164) 10・15 日鉱広畑，第一溶鉱炉の火入れ式・創業式。(555) 10 和田弌，アンチピリン中毒について発表。(475-43巻10号) ― 海軍燃料廠(四日市)着工。 ― **日本軽金属**，静岡県富士川町で軍の要請により**アルミニウム製錬**開始。(568) ― **日窒水俣工場，塩化ビニール試験製造開始**。また**酢酸エチル，酢酸ビニール製造開始**。(631)

年 号	公 害 事 項	労働災害事項	備 考
1939 昭和14		125人について検診結果を発表。有症88.8%で，最多は呼吸器疾患，次いで皮膚疾患。(592-5巻6～9号) 7 西村幾夫，染色工場労働者における膀胱腫瘍多発について報告。患者らは20年以上勤続で，ニトロベンゾール・ベンジジン・ナフチラミンなどを使用していたもの。(510-28巻7号) 7 山川章太郎，鉄橋解体工事に従事していて，重症の鉛中毒が発症した例について報告。(320-26巻7号) 8 厚生大臣，労働力不足の対策として「鉱夫労役扶助規制」にある女子の坑内作業禁止を取消す。この影響は工場法におよび，これを改正し化織工業紡糸工に女子を採用しようとする画策が行われる。(197) 12 武居繁彦，人絹工場労働者2,295人中職業性皮膚疾患患者1,257人を発見したことを報告。原液部にアルカリ腐蝕症，紡糸部の紡糸液腐蝕症など。(709-16巻11号) 12 佐藤哲一，果樹消毒に伴う中毒発生について報告。(403-9巻12号) — クロルナフタリン痤瘡や工業油による皮膚症に関する報告続く。(414-9巻1号，692-4巻3号，693-7巻1冊など) — 16歳未満の年少労働	

年　号	公　害　事　項	労働災害事項	備　　考
1939 昭和14		者死傷百分率9.0。(383) — 大之浦炭鉱（ガス爆発），村松篠原炭鉱（ガス爆発），沖ノ山炭鉱（ガス爆発），三菱美唄炭鉱（ガス爆発），夕張炭鉱（落盤，ガス爆発），亀山炭鉱（ガス爆発），歌志内炭鉱（発破），立川炭鉱（ガス爆発），唐津炭鉱（捲揚機切断），早良炭鉱（ガス爆発），差流渡炭鉱（ガス爆発），計死亡245人，108人負傷。(169,176)	
1940 昭和15	1　**川崎市**の沿岸地帯，前年に比し 10 cm から 30 cm の**地盤沈下**。(675-1・22) 1　群馬県安中町中宿地区で麦作に被害発生。(43) 3　川崎市会，市民の陳情を受け，「工業都市として忍ぶべきは忍ぶのが当然だが，市内600有余の工場からの煤煙による，学童・乳幼児の発育阻害は体位向上の時節がら，寒心に耐えぬ」との趣旨の意見書を県に提出。県，調査の結果，被害が甚大であることを認める。(183) 5　千葉県市川市に設置を予定中の味の海工場に対し地元住民，その有害性をおそれ絶対反対の運動を展開。7月25日工場，出願を取下げ。(395-5・6〜7・26) 6・2〜8　**川崎市で第1回煤煙防止強化週間**。(183) 6　北海道旭川市の国策パルプ，操業に先立つ試運転段階で，市内一部の井戸水の水質異常・養魚の斃死をひきおこす。(207) 7・10，11　日鉄広畑の焼結工場よりの排出煙で，稲に被害発生。被害地区長よりの陳情。同所，煙害拡大をおそれ，焼結工場の作業を一時中止。同月29日，除害装置竣工（石灰乳散布装置）後，作業開始。(555) 11・12　広畑製鉄所の水道鉄管工事に伴う，地元稲作被害の発生に対し，補償。(555) 11　川村鱗也ら，**井戸水**に**マンガンと亜鉛**が溶解していた地域で，**患者16人（うち3人死亡）**が発生した事件につき報告。井戸際に古い**乾電池**300個余が埋められていたことが原因。(254-537号)	6　林与吉郎，**八幡製鉄所**における圧延工場労働者などの**熱中症**について報告。(267-17巻6号) 7　中内義夫，**工業用油脂による痤瘡は，支那事変勃発と共に多発**，と発表。(546-48巻1号) 8・17　**鯉沼茆吾**，職業病に関し，保健上最も問題の多いのは工業職業病。鉛中毒・水銀中毒・二硫化炭素中毒はこれまでの問題であり，**新たな問題は石油・石炭工業におけるベンジジン・ベンゾール・炭化水素の害**，と発表。(468-936号) 8・17　赤塚京治，職業病に関し，幼年・婦人・高年者などの就業率急増のため，職業に由来する疾病も増加の見込みを報告。(468-936号) 8　所輝夫，某製鉄造船所の近年数カ年の工場	2・18　日本鉱業㈱，日立鉱山で朝鮮人労働者162人の使用開始。(544) 4・2　有機合成事業法公布。(168) 4・8　日本肥料株式会社法公布。(168) 4・8　石炭配給統制法公布。(168) 4　人工気胸に伴う言語障害などの発生についての報告あり。(689-6巻4号) 春　石原産業㈱，労働力不足に対し，朝鮮人雇用を開始。(348) 7・7〜19　各種労働組合，次々と解散。(168) 8・26　**国策パルプ（北海道旭川）**工場操業開始。(207) 11　大日本産業報国会成立。(383) —　この年より翌年，**わが国パルプ工業の戦前における最盛期**。(207)

年号	公害事項	労働災害事項	備考
1940 昭和15	12・6　広畑製鉄所に対し，地元漁協より水滓浮遊による漁業被害への補償陳情。(555) —　このころより，静岡県富士川町の**日本軽金属**蒲原工場の芒硝粉やフッ素ガスによる**蚕の斃死**発生。(714) —　東北振興パルプ石巻工場が操業を開始するとまもなく，地先海面の漁業に廃液による被害あらわる。(840) —　農林省農政課の調査によれば，この年，宮城県内で100町歩以上の農業被害をもたらした鉱山は細倉鉱山，岩倉鉱山，大谷鉱山，旭館正宮鉱山の四鉱山。うち細倉鉱山の煙害，鉱害水被害は3,421町歩ととびぬけて多い。また100町歩以下のものには，鬼首鉱業，富国鉱業，大島金山などがあり。(840)	災害状況について発表。災害頻度は逐年増加の傾向，と。(684-28年8号) 9・11　助川浩ら，アスベスト工場における石綿肺の発生状況について報告。650人のうち80人を発見。(590-3巻5,6号) 11　中村豊弥，釜石日鉄における外傷性胃腸管損失に関し，大部分は台車間で腹部を狭撃されておきたもので，死亡率50%と報告。(477-40回11号) 12　**久保田重孝**，「最近の化学工業における職業性疾患」と題し，**ベンゾール工場・ニトロベンゾール工場**での貧血や鼻出血，ベンゾールの**アミド化合物工場**における貧血や膀胱症状について報告。(709-17巻12号) —　鉱山事故で計135人死亡，26人負傷。(169) —　石炭坑用爆薬類及機械器具取締規則公布。(383) —　厚生省に国立産業安全研究所設立。(383) —　16歳未満年少労働者の死傷百分率9.2。(383)	
1941 昭和16	1　**真下博ら**，立川市内住宅地で前年末に生じた井戸水の工場廃液による汚染につき，井戸水の調査結果を発表。いずれの井戸水からも硫酸と銅を検出。(469-13巻1号) 2・16　東京市大森・蒲田方面で上水道水源の多摩川上流に，わかもと工場の石炭酸などが大量に混入したことによる水道の悪臭騒ぎあり。(430) 2・19　宮崎県土呂久の亜ヒ酸鉱害被害者たち，鉱山	2　有馬英二，金山・銅山など地下労働者や金属工業労働者，織布労働者の結核死亡率が他の職種に比し大なることを発表。看護人・看護婦の死亡率も大。(519-2巻2号)	1・15　石原産業四日市工場，火入式。(348) 1　工場労務監督官設置。(503) 3・3　国家総動員法改正公布。政府権限の大幅拡大。(168) 3・10　改正治安維持法公

年　号	公　害　事　項	労働災害事項	備　考
1941 昭和16	の契約の中止を決定。(443) 2•29　群馬県安中町の**日本亜鉛**と安中町中宿地区の被害農民の間に被害補償をめぐる**示談覚書**取り交される。1938（昭和13）年来の鉱毒水による農業被害への補償とし1万6,748円。汚染地5町8反余を東邦亜鉛が買収など。(164) 2　指宿統一ら，**大阪港**の河口域における海水水質に関し，**糞尿汚染著明**で危険，と報告。(91-8巻1号) 2　前年6月に旭川市内で，**国策パルプ**の試験操業とともに起きた付近**井戸水の変質**・養魚の斃死につき関係官庁，調査を開始。その結果，工場廃液による水質変化，証明さる。(207) 4•5　広畑製鉄所，前年起きた焼結工場からの排出ガスによる稲作被害に対し，見舞金支出。(555) 6•15～21　川崎市，燃料節約煤煙防止週間。(675-6•5) 6　小上駁雄ら，農薬ヒ酸鉛石灰液の付着した野菜を食した家族7人のヒ酸鉛中毒について報告。2人死亡。(684-29年6号) 6　アクリジン系色素中毒への警告，医学雑誌にあり。(56-108号) 11•25　**岳南地域の製紙工場**，原料に松を使用開始。**排水中に薬品**が混入しはじめ，名産**サクラエビに被害**発生ひんぱん。関係漁組，ついに漁業権を放棄，補償契約を会社と結ぶ。(328) 11　**国策パルプ**および**合同酒精**による**石狩川汚濁**にもとづく水稲被害（約1万町歩）をめぐり，農民との間に補償問題起きる。(207) 12　米原鉄道診療所の久木精祐ら，米原地方における降下煤塵量が1カ月平均100t余で大阪市の約5倍，と発表。(499-27巻12号) ―　**神岡鉱業所の鉱毒**に対し，被害関係町村代表，鉱害対策を鉱業所に陳情。(66)	3•11　労働者年金保険法公布。(182) 3　梶原三郎ら，中小工業に従事する少年労働者2,554人についての健康調査結果を発表。胸部要注意者13.3%，軽症脚気17.4%，トラコーマ要注意者7.0%。体格は中学生に比べ，劣る，と。(709-18巻3号) 5　鉱夫就業扶助規則公布。大正5年の鉱夫労役扶助規則改め。(182) 6　佐藤重人，海軍工廠内電気熔接労働者について視力の著明な低下のあることを報告。(350-30巻6号) 7　岡田貫一ら，多磨墓地の石工219人について検査した結果を発表。珪肺16人，結核17人。(231-2巻2号) 7　一条守正，製糸工場婦人労働者の特有な結膜炎多発について報告。(350-45巻7号) 9　久保田重孝ら，某化学研究所で水銀操作実験に1年半従事した化学者3人の軽症水銀中毒の発症について報告。消化器と神経症状発症。(709-18巻9号) 10　海軍の佐藤重人，硝化作業に従事する労働者につき，酸蝕歯牙罹患率のきわめて高率なことを発表。二酸化窒素ガスによる慢性中毒。(110-30巻10号) ―　この年より敗戦まで**四アルキル鉛中毒**，	布。5月15日実施。(383) 6•22　独ソ宣戦布告。(168) 8　ヲサメ硫酸工業㈱，気相酸化法により無水フタール酸生産開始。(168) 9　日本亜鉛，**東邦亜鉛**と社名を変更。(164) 11　**日本窒素肥料㈱，塩化ビニール生産開始。**(631) 11　国民勤労報国協力令公布。男子14～40歳，未婚女子14～35歳に勤労奉仕の義務を法制化。(503) 12•8　太平洋戦争。(168) 12•18　言論出版集会結社等臨時取締法公布，21日施行。(383) ―　硫安生産高124万t。戦前で最高。(168)

年　号	公　害　事　項	労働災害事項	備　考
1941 昭和16		100人以上発生。16人が死亡。(307) — 鉱山事故で計259人死亡，66人負傷。(169) — この年の労働災害率は1,000人対35.75で前年より0.93の上昇。16歳未満年少労働者の死傷百分率は9.6。(383)	
1942 昭和17	1 服部安蔵ら，工場廃水による多摩川の汚染につき化学的調査の結果，想像以上に著しい，と発表。(469-14巻1号) 3•31 広畑製鉄所，昭和15年に起きた水滓浮遊に伴う漁業被害に対し，補償金を支出。(555) 6 石川県小松市の**尾小屋鉱山**による8km四方，1市7カ村にわたる鉱害被害で，1市7カ村の市村長により鉱毒除外促進期成同盟会結成。(459) 7 川崎市大師河原の魚貝養殖会社，**味の素川崎工場**に対し，「魚貝が昭和14年7月と9月に大被害を受けたが，これは味の素によることが，学者のレポートにより明らかになった」として賠償請求。ただしレポートは提示せず，味の素，相手にせず交渉は不成立。(31) 10•1 大阪府，長期戦体制下の新角度からの検討とうたった第12回煤煙防止週間の第1日めに，煤煙防止優良工場14企業の表彰式を実施。(353-18巻11号) 10 静岡県富士川町中之郷の数十町歩の水稲，1夜で壊滅。**日軽金のフッ素ガスによる被害**。こののち被害，果樹園にも及ぶ。(568) — 広畑製鉄所に対し，地元広畑町役場より焼結工場排出煙による稲作立枯れ調査依頼申し出があるが同所は，除害装置をとりつけた以上は煙害はなし，として少額の見舞金を出すのみ。(555) — **石狩川汚濁**に伴い，その多量の浮遊物が灌漑水路の通水阻害・幼苗の成長障害などの被害が発生。(328) — このころ**熊本県水俣地区**にて，すでに**水俣病と疑われる患者**発生。(1972年4月13日熊本県議会での報告)。(朝-1972年4•14) — 含鉛白粉発売禁止でそれによる中毒はほとんど発生を見なくなったが，白髪染中毒に関してはこの年も発生の発表あり。(350-37巻5号)	4 熊沢満，**炭鉱労働者**に発症する皮膚炎：いわゆるガスまけを報告。(549-10巻2号) 4 満州本溪湖炭鉱(日本軍管理)で爆発，死亡者1,527人。炭鉱災害史上最大の死者。(593) 7 **若月俊一**，某製作所の労働者4,160人の1カ年間の災害発生について発表。災害件数1,587件で，運転中の機械，取扱中の工具製品，足場の不良などに原因。また生産速度，臨時産の多寡にかかわる，と。(518-6回4号) 7 監川五郎ら，亜鉛鉱・方鉛鉱・クローム鉱を処理する従業員1,000人の化学工場の過去3年間の災害について発表。外傷442人，腐蝕171人，火傷51人，ガス中毒27人，鉛中毒21人，皮膚炎4人。(518-7回4号) 9 木下博史，亜鉛金属精錬に伴うヒ化水素中毒発生について報告。(101-54年9号) 9 **陸軍**航空本廠の坪井中，**四エチル鉛中毒患者**について報告。	2 **宇部興産㈱**設立。本社宇部。資本金6,963万円。(168) 5•13 企業整備令公布。(168) 5 **日本窒素肥料㈱**，海軍燃料廠共同開発により，朝鮮竜興で**アセチレンからイソオクタン生産開始**。(529) 10•30 化学工業統制会社設立。(269) — 英国でBHCの殺虫性発見。(33)

年 号	公 害 事 項	労働災害事項	備 考
1942 昭和17	— 東北振興パルプ廃液被害問題で，漁民，石巻漁業会を保証責任者に立てて，県当局に陳情。(840)	(178-352号) 11 **久保田重孝**，人絹工場における**二硫化炭素中毒**に関し，**急性の減少**と**慢性の増加**を指摘。(464-31年11号) 11 国立産業安全研究所，厚生省研究所に統合され産業安全部となる。(383) — わが国における工業中毒の歴史や現況に関する発表多し。大西清治・梶原三郎・赤塚京治・原島進・久保田重孝など。 (464-31年11,12号) — 鉱山事故で353人死亡，88人負傷。(169) — 全国炭鉱の死亡者1,488人。このころより炭鉱災害，従来に増して急増し，死者も急増。戦時下において軍隊同様の産業戦士扱いで，一方的増産を強いられた結果，との指摘あり。(593)	
1943 昭和18	1 日窒と水俣漁組の間に漁業被害交渉再開。過去および将来永久の漁業被害の補償として，日窒，15万2,500円を支払う。(619) 3・4 愛知県瀬戸川の数年来懸案の汚濁問題で，当事者間に契約書とり交し，泥水処理施設を昭和19年3月末までに完了ととり決め。(328) 4・27 旭川市の**国策パルプ㈱**と下流の神龍・深川・空知**三土功組合**，補償金についての**協定を締結**。応急補償費14万6,720円(沈殿池造成一時応急補償)，昭和17年以降毎年4万円（溝路浚渫費として)，被害農民，これらの補償金で各自，水口に適当な沈殿池を掘さく。(207) 4 小松市ほか7カ村の**尾小屋鉱山による鉱害**の実態を，地元の<鉱毒除外促進期成同盟会>，東京帝大鈴木茂次教授に依頼して実施。また帝国議会へ被害除去設備の完成と補償要求を請願し，通常	4 古川三良，実験室内における毒ガス中毒（クロルピクリン）について報告。 (550-9巻1号) 4 村上俊雄，**イトムカ水銀鉱山**に多発の**慢性水銀中毒**について報告。(591-21巻4号) 5 浅野実，電線工場における銅塵と蓄電池工場における鉛塵吸入に伴う健康障害の著しい発生について報告。 (325-37巻4号) 6 玉山忠太ら，岡山県下	1・16 電力消費規制強化実施。軍需工業には100％供給確保。平和産業最高の使用制限。(383) 4・1 有機合成品統制株式会社設立。(168) 4・1 日本鉱業㈱，日産化学工業㈱を合併。(544) 4・21 女子勤労動員促進閣議決定。(197) 4 石原産業四日市工場軍需工場に指定。(348) 6・11 工場就業時間制限令廃止。(383) 6 労働者年金保険実施。

年 号	公 害 事 項	労働災害事項	備 考
1943 昭和18	国会で請願通過。しかし鉱山側との交渉はまとまらず，戦後に至る。(459) 7 農林省農業試験場技師**小林純**(のち岡山大教授)，**三井金属神岡鉱業所**より排出の汚毒水による**農業被害状況**を記した「復命書」を農林省に提出。(66) 9 鳥取県**荒金銅山**で，大地震のため**沈殿池欠潰**。荒金部落で民家20戸埋没。62人が生き埋めとなり死亡。この翌年の秋の出水で，このときの泥が下流水田に流入，以後数年間収穫なしの被害。これらの被害補償，昭和34年までに日本鉱業により支払われる。(438) 末 福岡県の赤池・豊国炭鉱，「戦時鉱区」の指定。強行採炭をおこない，戦後の鉱害の激化をもたらす原因を作る。(639)	で前年9月に発生した硫酸亜鉛浸出液からのヒ化水素発生による中毒者の発生について報告。(143-31巻3号) 9・10 熊谷一郎，潜函作業に伴う聴器障害発生について発表。(498) 11 金子健治，赤谷鉄山と日曹亜鉛鉄山について，珪肺発生率35.5%と報告。選鉱，採鉱労働者に多発。(589-58年11号) 12 勝俣稔，結核死亡率が1933(昭和8)年度より再び増加の傾向につき，戦争の影響と指摘。(347) この年戦争と結核，昭和初年以降の結核罹患率消長に関する発表，続く。(699など) 12 仙田平正，東海地方2大セメント工場について，セメント工場塵肺者にとくに肺活量低下，を発表。(447-58巻6号) — 香焼炭鉱(ガス爆発)，別保炭鉱(ガス爆発)，唐津炭鉱(ガス爆発)，大辻炭鉱(落盤)，茂尻炭鉱(ガス炭塵爆発)，砂川炭鉱(落盤)，三井芦別炭鉱(ガス炭塵爆発)，新幌内炭鉱(落盤)，日東美唄炭鉱(ガス爆発)，新夕張炭鉱(ガス爆発)，皆瀬炭鉱(山崩れ)，高島炭鉱(ガス炭塵爆発)，本山炭鉱(山崩れ)，芦別炭鉱(ガス爆発)，飯塚炭鉱(落盤)，白鳥沢炭鉱(ガス爆発)	(182) 7・1 東京都制。(197) 7・20 広畑製鉄，ベンゾール工場精製場の作業を開始。30日，陸軍監督工場となる。(555) 9 軍需省発足。(503) 10・31 軍需会社法公布。(168) 12・1 学徒出陣。(197) — 麦の雪腐れ防除にセレサン石灰を用いる。(33)

年 号	公 害 事 項	労働災害事項	備 考
		事故で計262人死亡，58人負傷。(169)	
1944 昭和19	6 徳田虎之助，メタノール含有飲料をのみ，失明した2人の患者につき発表。(110-33巻6号) 12・9 **国策パルプの廃水**で，石狩川川底に細菌発生し，下流江別町漁業に支障。また石狩河口の鮭の引網に障害。(328) 12・31 神奈川県稲毛・川崎二ケ領普通水利組合と，川崎・鶴見普通水利組合，廃止。工業都市化による灌漑耕地の激減・多摩川出水の大規模化と，それによる農業被害は負担にたえないなど，工業による農業の放逐の結果，明白。(129) — 静岡県富士川町の**日軽金フッ素ガス**により2市数カ町村の桑園被害と養蚕被害発生。交渉の結果，一応の補償の契約がまとまる。収穫皆無地区の永久補償は5回分割となり2回支払われるが，敗戦となり日軽金の支払い能力喪失のため，支払い停止。(568) — 東北振興パルプ排水被害問題，県当局のあっせんにより漁民が会社に要求した漁業権の買上価格3万円を半額に切り下げる半面，新たな漁業権の設定許可で「円満解決」。(840)	2・16 厚生年金保険法公布。(182) 3 厚生省の近藤宏二，結核死亡率上昇傾向に関し，戦争・産業との関係に重要な原因と発表。(519-5巻3号) 3 ヲサメ合成化学（日本触媒）フタール酸百t工場大爆発。 3 関門鉄道工事で約1年間に130人もの潜函病が発生，との報告あり。(498-30巻3号) 5・16 日鉄広畑製鉄所の硫安工場，従来稀釈使用してきた硫酸を未稀釈で使用開始。(555) 6・13 日鉄広畑製鉄所で第1号平炉，床損傷。熔鋼約45t流出。(555) 7 今崎義則，**静岡県**下5金属鉱山の1,900余人の労働者の検診により，多数の珪肺発生を証明した旨，発表。(447-59巻6号) 8 井上要ら，ニッケルカーボニルを取扱っていた労働者の中毒発生を報告。(425-35巻2号) 9 海軍におけるトリクロールエチレン中毒の発表。(110-33巻9号) 11 久保田重孝，クロルナフタリン中毒(痤瘡)につき予防法などを発表。(517-2巻10，11号) 12 大日本油脂㈱（花王石鹸）和歌山工場，潤滑油水添工場爆発。死傷46人。	1・17 日鉄広畑製鉄所，軍需会社に指定。(555) 1・31 鐘淵工業㈱設立。(168) 6 サルフォナミド剤による重症中毒発生の発表続く。27gで発症。(350-39巻6号など) 6・18 厚生省，臨時石炭勤労者対策本部を創設。(383) 8・23 学徒勤労令公布，施行。(197) 8・23 女子挺身勤労令公布，施行。(197) — **日本窒素肥料㈱**，水俣工場生産品中の軍需品の割合は50%。(631) — 日本製錬，軍需産業として数々の会社を合併ののち，**日本化学工業**と改称。(749)

年 号	公 害 事 項	労働災害事項	備 考
1944 昭和19		一 **わが国の炭鉱死者1,966人と戦前で最高。爆発もひんぱん。**(593) 一 航空機塔委員会の聴力や視野異変に関する報告若干あり。 (221-2巻1,2号, 691-21巻9号)	
1945 昭和20			3・6 国民勤労動員令公布。10日施行。(383) 5 大日本化学工業㈱(味の素—1943年5月20日改称)代表取締役社長の鈴木三郎助, 昭和電工㈱取締役に就任。(32)

第Ⅲ章 現　　代

1945（昭和 20）～1975（昭和 50）

公害・環境破壊	住民・支援者など	企業・財界
一　北海道**石狩川**沿岸の農地，農民が自主的に設けた2年前の沈殿池が無用化し，**国策パルプ**などの廃水のため再び被害発生。(207) 一　**筑豊炭田**地帯，戦時中の国の緊急要請に基づく強行採炭のため，農地の泥沼化，家屋の傾斜，河川・道路の陥落などがそのまま残され，危険と荒廃の極み。(338)		

国・自治体	労災・職業病と労働者	備　　考
8　軍需省廃止。厚生省に労働管理事項一元化。(503)		8･6　広島に原子爆弾投下さる。(朝 8･8,12,14,23) 8･9　長崎に原子爆弾投下さる。(朝 8･12,23) 8･15　第2次世界大戦終結。(朝 8･15) 9･2　GHQ，軍需生産全面停止を指令。(168)
12･22　労働組合法公布。昭和21年3月1日施行。(814)		12･6　足尾労働組合同盟会結成。(29) 12･16　三池三川坑労働組合発足。(607)
	―　三池炭鉱で事故による死者120人，重傷者936人，軽傷者937人。(754)	―　日窒，全財産の80%以上を在外財産として失う。水俣工場がただ1つの財産として残る。10月には硫安生産再開。(530) 11　財団法人労働科学研究所再建。(472)

公害・環境破壊	住民・支援者など	企業・財界
		2 **日窒，アセトアルデヒド・酢酸工場**の廃水を無処理で水俣湾へ排出。また，アセチレン残渣廃水を八幡プールへ無処理で排出。(631)
		3 八幡製鉄所，安全のための社内報『緑十字』の発行開始。1963(昭和38)年5月まで続き，社内報『くろがね』に吸収。労働安全のみを目的とした社内報としては，戦後初めて。(503)
4 富山県神通川流域にリューマチ性の地方病的症状の患者の多発がめだつ。宮川村農業会，金沢大精神科に調査依頼。(296-50巻7号)		
7 由利建三ら，パラ・ニトロ・オルソ・トルイジン(**甘味料**)中毒者7人について報告。(253-1巻7号)	5·27 **足尾鉱毒根絶期成同盟会**，恒久的対策を要求していたが，古河鉱業所との間で具体的対策が決定。(朝 5·28)	5 日本鉄鋼業経営者連盟設立。(758)
8 福島寛四ら，パラ・ニトロ・オルソ・トルイジンを連用(0.5ｇ20回，0.08ｇ25日）し，肝細胞性黄疸を起こした2人の患者について報告。(517-4巻8号)		
10 佐々貫之ら，戦後1年間のメチルアルコール中毒者2,000人以上，死者1,500人以上の事実について報告。(349-3巻18号)		
— 姫路市高木地区・四郷地区で，皮革工場(380工場）の排水で市川下流農地に被害。(553)		
— **足尾銅山鉱毒**による渡良瀬川沿岸の水田麦作被害，6,000余町歩。被害中心地は群馬県山田郡毛里田村。(朝 4·29)		8·16 経済団体連合会，(経団連)創立。(814)
— 上記例のほかにも，染料中間体のパラ・ニトロ・オルソ・トルイジンを使った人工甘味料が一般に流され，中毒者多発。**殺人糖事件**として問題となる。(307)		9 産業安全協会創立総会。(503) 11 汽缶協会，(社)日本ボイラー協会として再発足。(503)
— 大阪府，淀川支流芥川流域の農地60町歩に，セロファン工場と製薬工場の排水で被害発生。(328)		
— **戦争中の強行採炭**に伴う石炭鉱害，食糧増産ともからみ重大な社会問題化。住民にのみ犠牲を強いることへの批判あり。(658)		— 日本産業福利協会，あらためて創立。(503)

国・自治体	労災・職業病と労働者	備　　考
		1·12　民主主義科学者協会設立。(168)
		2·3　**三池炭鉱労働組合結成。**(607)
		2　**日本窒素，アルデヒド工場**再開。(631)
		3　**味の素㈱，DDT** 生産開始。(755)
4·27　商工省・群馬県知事・足尾銅山鉱業所副所長ら，**渡良瀬川沿岸**の**鉱毒被害**農民らと懇談会。(朝 4·29)		4　GHQ，日本製ペニシリン市販許可。(168)
		5·1　メーデー復活。(168)
	6·8　栃木県足尾町で，**足尾銅山労**組が中心になり，鉱山復興町民大会開催。**珪肺対策**を要求する戦後の第一声。(304)	
	6　森弘（京都），航空機塗装従業員の有機溶剤中毒例について報告。(156-42巻1～3号)	
	7·31　東京で日本鉱山労働組合の結成大会，ヨロケ（珪肺）根絶と保護法制定要求をスローガン化。(304)	7·24　日本鉱山労働組合（日鉱）結成。223組合，15万8,000人。(607)
9·27　労働関係調整法公布。10月13日施行 (815)		9·9　生活保護法公布。10月1日施行。(168)
		11·3　新憲法公布。(815)
	11　森田澄一ら，パラ・ニトロ・オルソ・トルイジンの塊を砕く作業を行い，マスク未着用だった作業員3人の肝障害（うち3人死亡）について報告。(349-3巻20号)	
		12·24　化学肥料工業を重点に**傾斜生産**決定。(814)
	12　青木平八ら，消防夫の眼外傷について報告。射水による損傷が大多数。(132-40巻10号)	
—　山形県，山野川鉱毒被害で，鉱毒防止対策事業とし，毒水の浸透枡の設置，集水堰堤工事を開始。(656)		—　岩国市に山陽パルプ㈱設立。(342)

1947（昭和 22）

公害・環境破壊	住民・支援者など	企業・財界
		2・19　鉱山経営者連盟（経団連）結成。(330)
4　安藤啓三ら，広島で原爆に被爆した人々に，1カ年後に多数のケロイドが発生し，苦痛を伴っていることを発表。(490-21巻1号)		
		5・19　経営者団体連合会結成。(537, 755)
6　藤岡茂敏ら，「化粧用クリームによる痤瘡様皮膚炎の発症例」について報告。この年多発。(548-57巻2, 3号)		6　**肥料生産**，このころ**戦前水準を上回る。硫安復興会議**，過燐酸工業復興会議結成。(345, 537)
7　長沢太郎ら（金沢大），富山県神通川流域農村に多発するロイマチス性疾患について報告。女性に多発し，合併症に骨軟化症，骨質鬆疎症など年齢35～76歳で罹患期間は4カ月から27年まで，と。(296-50巻7号)		
7　米川敏夫，コレラワクチン予防接種後の角膜膿瘍発生例について報告（132-41巻6号）。予防接種後の視神経炎発生につき，他にも報告あり。(132-41巻11号)		
9　小西光，昭和21年4月からの死因調査結果を発表。**死因の第1位はメチル・アルコール中毒**，第2位は食物中毒でアルカロイド類による中毒死も急増。(516-22巻8, 9号)		
9　小口昌美，梅毒性角膜実質炎患者に生じたアトロピン点眼に伴う眼障害を報告。(132-41巻8号)		

国・自治体	労災・職業病と労働者	備考
	1 松藤元ら，関門海底隧道工事で発生した潜函病について報告。患者数 1,332 人にのぼり，監督よりも現場労働者（人夫）に罹患率高し。(46-10巻1号)	1・25 炭鉱労働組合全国協議会（炭全協）結成。12月12日分裂。(607) 1 日本私鉄労働組合総連合結成。(521)
	2・20 **全鉱，"ヨロケ" 撲滅**とその保護法制定を目標として推進することを決議。(304) 2 福島義一，木炭自動車運転手の発生ガスに原因すると見られる慢性視神経炎 15 例について報告。(475-51巻1,2号)	2・20 全日本金属鉱山労働組合連合会（全鉱）結成。(814)
		3 全国労働組合連絡協議会（全労連）結成。(814)
4・7 労働基準法公布。9月1日施行。(815) 4・7 労働者災害補償保険法公布。(815)		4・12 地方自治法公布。(815)
5・1 労働基準局，厚生省労政局から独立新設。(503)		5・3 **新憲法施行。**(815) 5・9〜17 別子銅山で身分制撤廃の大争議。(330)
	7 菊野正隆ら，群馬県下の一機械工場で，同時に56人が**四エチル鉛中毒**にかかった例について報告。(752-8号)	
9・1 労働省発足。(503) 9・1 **労災補償保険法**施行。(503)	9・26〜10・下 別子銅山で大火災。鎮火にあたった4人の従業員（管理職を含む）が死亡。(330) 9 日立鉱山でダム欠潰。28人死亡。(814)	

公害・環境破壊	住民・支援者など	企業・財界
（132-41巻8号）		
10　来須正男ら（京都），広島で**原爆に被爆**した40人の患者について，症状の詳しい経過などを発表。（325-43巻3号）		
		11　**硫安復興会議**，硫安工業における一酸化炭素中毒多発など職業病の問題をとりあげ始める。（503）
12　政府の調べの結果，九州山口地方の石炭鉱害被害総額58億円。ただし調査もれなどあるため，実際被害額よりかなり少なめ。（658）		12･1　**農薬振興会**設立。（537）
—　淀川支流芥川，水汚染による流域の農地被害72町歩。（328）		—　硫安肥料工業経営者連盟設立。（345）
—　この年にも**メチル・アルコール中毒**多発。（132-41巻5号）		
—　このころ既に水俣市で**胎児性水俣病患者**と同程度に有機水銀により汚染された新生児が存在（1972年4月5日，日本衛生学会での発表）。（西 1972年4･2）		

国・自治体	労災・職業病と労働者	備　　考
	10　竹内勝，タール工業労働者の露出部の急性皮膚炎などについて報告。(548-57巻5,6号)	
12•20　臨時石炭鉱業管理法（いわゆる炭鉱国家管理法)公布。(168) 12•24　食品衛生法施行。(755,815) 12　政府，関係各省合同調査団を組織し，石炭鉱害を実態調査。(658) —　政府，石炭鉱害に関し「償還金制度」による農地の復旧措置をとる。戦後の食糧増産対策の一環。費用負担区分は国36%，県10%，鉱業権者54%で，鉱業権者の分は90%を国が立て替え払いで長期貸与という優遇措置。(658)	12　平尾正治ら，ペンキ塗装業の一家5人に発生した**四エチル鉛**中毒について報告。主人は死亡。ペンキ溶媒のガソリンに原因。(471-13巻3号) --　炭鉱事故：高松（ガス爆発），常磐（ガス爆発），稚内（爆発）で計20人死亡，30人負傷，13人行方不明。(朝9•9，10•22，29など)	

1948（昭和 23）

公害・環境破壊	住民・支援者など	企業・財界
		1　労働科学研究所所長**暉峻義等**，鉱山経営者・技術者・労働者に呼びかけ，珪肺対策樹立のための準備委員会を設立。3月金属鉱山復興会議に移管。(336) 3・31　日本鉱業協会設立。(330) 4　1947年創立の経営者団体連合会，日本経営者団体連盟（日経連）と改称。(755) 4　金属鉱山復興会議，第5回特別国会に対し，珪肺特別法制定など鉱山労働者の珪肺対策に関し建議。(336)
5　木村文教ら，サッカリン常用家庭におけるアフタ性口内炎の集団発生につき報告。(283-20巻2号)	5〜　高知県内でパルプ工場設置で被害を受ける地域，反対の陳情や決議。(233)	
6　**東京都内湾河川**のうち，目黒川・神田川・渋谷川・石神井川・隅田川が都市廃水により汚染の著しいこと報告あり。(328)	6　富山県の鉱毒被害地，農作物被害に対処するため＜**神通川鉱害対策協議会**＞結成。(66)	
10　政府の調べの結果，**九州と山口地方の鉱害**発生総量は**144億円**。（前回調査洩れ地区を含める）(658)	7　福岡県の遠賀川を水源とする田川・直方・八幡など7市，筑豊炭田各炭坑の洗炭汚水放流により，水源が汚染されるため，＜**遠賀川汚濁防止期成同盟会**＞を組織して運動した結果，この月より，特別鉱害復旧事業工事が着手されるに至る。(440)	
12　佐藤信之，水虫治療で放射線治療を63回受けた患者の皮膚癌発生につき報告。(477-47回1，2号)		
—　姫路市実法寺地区でニカワ工場（20工場）の排水により，夢前川下流住民に被害。(553)		
—　**岩国市**で工場排水による**異臭魚**など漁業被害発生。帝人岩国工場・東洋紡岩国工場の敗戦後間もなくの操業開始，山陽パルプ岩国工場のこの年の操業開始などによる被害。(76)	10〜12　高知県内の漁業関係者による**高知製紙㈱パルプ工場**の設置へ抗議する運動，高まる。(233)	
—　大阪市・堺市などで，工場排水による水の汚濁から，漁業減収の傾向現れる。(328)		11・1　日本鉄鋼連盟設立。(758)
—　芥川流域の農業被害，95町歩。(328)		—　高知製紙㈱社長，工場設置反対運動に対抗し，「害があれば工場を閉鎖」と発言。(233)
—　**除草剤 2・4-D** の著しい除草効果確認。強力すぎて誤用は許されないので実用化は延期。(537)		
—　この年より，福岡県下で水洗炭業による汚水により，農地，河川，道路，健康被害問題化。(338)		

国・自治体	労災・職業病と労働者	備　　考
4・9　政府，九州と山口地方に於ける鉱害対策を閣議決定。石炭および食糧増産と防災上復旧を妥当と認められるものに対し，緊急措置として原状回復を行うもので，「プール資金制度」と呼称。(658)		
		5　高知製紙㈱，高知市議会に亜硫酸パルプ（ＳＰ）工場の設置認可申請書提出。(233)
6・23　鉱害復旧のプール資金制度発足。(658)		6　昭和電工の商工省課長への贈賄事件発生。(昭和電工事件)(168)
7・1　水産庁発足。(417) 7・1　農薬取締法公布。8月1日施行。(815) 7・12　へい獣処理業等に関する法律公布。(133) 7・15　港則法公布，施行。(815)		7・30　医師法・医療法公布。(815)
	8　佐野辰雄，全国金属鉱山の珪肺および珪肺結核患者数は，総数5,600人程度，と発表。 (753-24巻4,5号)	8　東圧，北海道工業所で尿素生産開始。(168) 9　**東邦亜鉛㈱安中製錬所**，対州の亜鉛を原料とし，電気亜鉛製錬・カドミウム精錬再開。(164) 9　日産化学王子工場，**DDT** 5％粉剤製造開始。(537)
10　労働省，全国的に**珪肺巡回検診**を開始。(336)	10　丸岡紀元，八幡製鉄所でガス発生炉工として19年半勤続した労働者に発生した，**職業性タール癌**につき報告。(694-2巻4号)	10・11　**全日本金属労組**結成。(814) 10・20　風早八十二，『日本の労働災害』(508) 11　四日市市で東海硫安（のちの三菱油化）稼動開始。(766)
11　高知市議会，高知製紙㈱パルプ工場の設置を条件つきで認可。万全の施設，被害補償など。(233) 12　高知県知事，**高知製紙㈱**の高知市旭地区へのパルプ工場設置を認可。(233)	—　鉱山事故：松尾(坑内ガス窒息)三菱美唄（爆発），三菱勝田（炭塵爆発），夕張（崩落），川尻（炭車滑走）で計82人死亡，19人負傷，24人不明。 (朝 6・17,7・1,11・5,12・5)	11〜12　ジフテリア予防注射で重症中毒者や死者，多数発生。(168) —　ペニシリン中毒，サントニン中毒，アスピリン中毒，サルヴァルサン中毒など**薬剤中毒**およびガーゼの体内遺残により膿瘍発生や背髄麻痺法による下半身麻痺など，医療過誤事件の報告，続く。 (132-42巻7，10，11号，255-15巻5号，266-29巻10〜12号，694-2巻2,3号，477-47回1〜2号)

1949 (昭和 24)

公害・環境破壊	住民・支援者など	企業・財界
		1 日本化学繊維協会に，**化学繊維工業労働衛生研究会**設立。南俊治，勝木新次，久保田重孝，石川知福，原島進，梶原三郎など特別委員として参加。(542)
	5・25 **石狩川汚染**で戦前より被害を受け，交渉の末，一時的な補償を得ていた神竜・深川・空知3土功組合，国策パルプに再び被害補償と浚渫費増額を要請，浚渫費の改訂協定成立。(207)	5 石狩川汚染被害の3土功組合，国策パルプの意向もあり，同じく石狩川汚染源の合同酒精に補償を求めるが，合同酒精は拒否。(207)
6 **D.D.T**を散布した米による**中毒者発生**について報告あり。(690-4巻6号)		
6〜8 北海道**石狩川汚水**被害調査，道の依頼で実施され，水稲への被害の顕著なこと判明。(207)		
	9・上 群馬県安中町で中宿地区農民，**東邦亜鉛㈱**安中製錬所の焙焼炉，硫酸工場新設計画に反対し，区民大会で反対決議。(43,164)	9・上 東邦亜鉛㈱安中製錬所長，焙焼炉・硫酸工場新設にあたり，「区民の了解が得られねば他へ移転」と言明。(43)
	9・15 安中町中宿地区農民，群馬県に東邦亜鉛の工場新設反対の陳情書を提出。(43,164)	9 日本鉄鋼連盟，GHQに対し日本鉄鋼業の存在理由を主張。(758)

国・自治体	労災・職業病と労働者	備　　考
		1　高知市旭地区で，**高知製紙㈱**パルプ工場起工式。(233)
		2・15　石井金之助，『近代工業の労働環境』(163) 2　東洋レーヨン，ナイロン生産開始。(537)
	3　宇留野勝正ら，**DDT工場労働者**について，肝機能障害が軽度だが認められることを報告。(470-3・1)	
		4・1　水俣市制。(618) 4　**森永乳業㈱**設立。(756)
5・16　鉱山保安法公布。鉱業警察規則廃止。(815) 5・20　炭鉱国営，時限で終了。(168) 5・24　通産省設置。(168)	5　村元忠雄ら**四エチル鉛中毒** 5 症例について報告。(690-4巻5号)	5　東洋曹達工業㈱，BHC の製造開始。(460)
6・1　**改正労働組合法公布，施行。**(815)	6　**昭和電工川崎**アンモニア合成工場，爆発。9人死亡，80人負傷。	6　四日市市で**石原産業**，稼動開始。(586-530号)
	7　小林袈裟夫，**足尾鉱業所**で長年**亜ヒ酸製造**に従事した労働者30人の検診結果を報告。表層角膜炎17，視力減退12，鼻中隔穿孔6人。口腔粘膜障害，口内炎，舌炎咽頭炎多し。(267-3集)	7・3　全日本労働組合連盟（全日労）結成。(814) 7・14　GHQ が**太平洋岸石油精製所**の操業と原油輸入を許可。(537)
8・13　東京都，工場公害防止条例制定。(208) 8　労働省，**珪肺措置要綱**を制定。珪肺範囲が規定され，患者の措置も公的に規定。(336)		8・17　松川事件。(168)
9・15　配炭公団廃止。これとともに鉱害プール資金制度，消滅。(658)	9　久保田重孝，**硫安工業**におけるガス障害を警告。CO では心臓と末梢神経症，SO_2 では喀痰・喘息・歯牙，NH_3 では胃症・神経症の発現を確認。(267-4集) 9　東京の板橋で火薬爆発。死傷52人。(503) 9　野村茂，電気通信・化学工業に	

1949（昭和 24）

公害・環境破壊	住民・支援者など	企業・財界
	10　安中町周辺の農協長や農民ら，東邦亜鉛の焙焼炉・硫酸工場建設に反対し，くり返し県知事へ陳情。また政府関係各省・GHQ・警察・各政党へも陳情。（43,164）	10•5　安中町の**東邦亜鉛㈱**，群馬県知事に工場建築許可申請書を提出。9月の発言の**虚偽性**が判明。（43） 10　日窒，塩ビモノマー水洗塔廃水を百間港へ無処理で排出。（631）
	11　石狩川汚染で被害を受けている3土功組合，道知事・道議会議長に対し，**合同酒精**の汚水排出禁止を要望した陳情書を提出。（207）	
	12•中　安中町で高崎市など1市3町5村による＜東邦亜鉛鉱害対策委員会連合会＞，中宿地区や岩野谷村の農民の働きかけで結成。（43）	12　**合成樹脂工業会**および東京合成樹脂製品工業協同組合，厚生省に対し，ユリア樹脂食器は事実上無害と陳情。（300）
—　芥川流域の工場廃水による農地被害120町歩。（328） —　大阪市中津川，下水の急増のため，下水処理場より下流がどぶ川化。（273） —　粗悪な化粧用クリームによる皮膚疾患，この年も問題が続く。（694-3巻6号，547-45巻1号） —　このころより熊本県**水俣湾**でタイ・エビ・イワシ・タコなどの漁獲高減少の傾向。（631）	—　静岡県蒲原漁協，駿河湾汚染工場より年間15万円の「漁業振興費」という名目の漁業補償費を受けとる。（328）	—　**硫安復興会議**の中に，**労働衛生研究会**発足。（503）

国・自治体	労災・職業病と労働者	備　　考
	おけるクロルナフタリン中毒問題について報告。(267-4集)	
10•2　通産省鉱業課長と硫酸課長，安中町を訪れ，鉱毒被害なしと発言。(43)		
10　宇部市に降灰対策委員会発足。(319)		
11•17　群馬県知事，東邦亜鉛の工場拡張を認める意見書を建設省に提出。(43)		11•8　アメリカン・ケミカル・ペイントの2•4-**D**の技術導入，日産化学と石原産業に認可。(537)
12　長野県衛生局，**ホルムアルデヒド検出**にともないユリア樹脂食器の製造販売禁止命令を出す。(300)	12　全鉱，経団連との間に珪肺基本協定を締結。(322)	12　非適合異型血液輸血による死亡事故発生。(468-1348号)
	一　八幡製鉄所で労働災害による死者28人。 一　戦前に多発し問題であった人絹スフ工業や爆薬・染料・蓄電池・体温計・製鉄工場などでの各種中毒，その他労働災害や職業病の報告，相次ぐ。(267-3,4集,470-4巻2号,753-25巻8号) 一　硫安工場における災害度数率，55を記録する月あり。(345) 一　珪肺多発について医学報告続く。(267-4集,470-3巻1号,4巻2号) 一　炭鉱における災害発生件数，急増。たとえば北海道炭礦汽船における1946年の死者45人負傷3,356人，1948年死者50人負傷6,808人が1949年は死者50人負傷8,941人。(593) 北海道ではこの年，1,000人あたり1.20の炭鉱災害率。(79) またこの年度，日本の炭鉱において石炭生産100万tにつき労働者24人死亡が，米国では1.3人。(朝 1950年1•7)	一　薬剤調合の過失事件発生。(468-1328,1336号) また予防接種に伴う障害やガーゼ遺残事件，硫酸チニン剤中毒なども問題化。(132-43巻6～10号,265-16巻1号) 一　水俣市で水俣市漁業組合設立。旧組合は解散。(619)

公害・環境破壊	住民・支援者など	企業・財界
	1·8 群馬県の東邦亜鉛の鉱害被害地区農民,「被害区域農民大会」を開き，工場拡張反対決議。(43) 1·15～20 東邦亜鉛鉱害対策委員会役員30人，通産省に陳情。(43) 1 群馬県岩野谷村鉱害対策委員長**藤巻卓次**，東邦亜鉛に汚染された土壌·水の分析を東大に依頼。(43)	1·16 石原産業と日産化学，アメリカン・ケミカル・ペイントより2·4-Dの提携メーカーに指定されてより緊密な協力体制にはいり，<**2·4-D 普及会**>結成。(537) 1 日立鉱山，排煙利用硫酸製造工場建設工事着工。(544)
		2·22 **東邦亜鉛労組**，工場拡張推進の声明を発表。農民の被害状況をデマに近いときめつける。(43)
	3·1 群馬県岩野谷村鉱害対策委，東邦亜鉛に損害賠償を請求。3月22日高崎市片岡鉱害対策委も。(43)	3·22 東邦亜鉛，被害者の損賠請求に対し，工場拡張を条件に見舞金支払を回答。(43) 3 日本瓦斯協会に保安委員会発足。(503)
	4·20 群馬県の東邦亜鉛鉱害被害1市3町5カ村の農民代表，拡張とりやめを国会に請願。また藤巻卓次，吉田首相に面会し陳情。(43,164) 4～5 東邦亜鉛鉱害対策委員会連合会，脱退者が続き壊滅。東邦亜鉛による切り崩し，および被害農民側自身の方針とのからみあい。(43) 5 岩国市漁協，帝人・山陽パルプ·東洋紡に排水浄化設備設置と損害賠償を請求。(342)	
		6·1 **日本硫安工業協会設立。**(345, 537)

国・自治体	労災・職業病と労働者	備　　考
1·16　**総司令部**天然資源局**メリアム少佐，**「日本における鉱山での相次ぐ事故発生は，業者が安全に十分の関心を示さぬため」とし，**日本の炭鉱災害死亡率は世界最大**と記者会見で発言。（朝1·17） 1·18　北海道庁，事務官を旭川市に派遣。旭川市長を仲介として石狩川下流3土功組合と合同酒精会社との話しあいをまとめる。合同酒精が昭和23年以降，溝路浚渫費7万5,000円を支払うことを決定。（207） 1　**安中町長**田中龍三，　東邦亜鉛の工場拡張に「町民を代表し賛成」と発言し，地元新聞これを報道。（43）	1　過燐酸工場に発生のフッ素障害について医学報告あり。（470-5巻1号）	1　日本窒素，企業再建整備法により**新日本窒素肥料㈱**（以下新日窒）として再発足。この年の塩ビ生産180 t。（529,530）
2　農林省，群馬県安中町に調査団を派遣。（43） 2　労働省，珪肺法案を作成。予防面での具体的な規定を含んだもの。（322）		2·11　石原産業，**除草剤2·4-D**製造開始。（168） 2　輸血が軽率に行われていることについての投稿，医学雑誌にあり。（468-1348号）
4·11　**建設省，東邦亜鉛**の工場拡張に建設許可。（43） 4　**アルキルベンゾール輸入**決定。（759） 4　福岡県，水洗炭業による汚水問題化を受け，河川取締規則を公布施行。（338）		4　日本ゼオン㈱設立。本社は東京の日本軽金属㈱内。（351,757）
5·11　政府，特別鉱害復旧臨時措置法を公布。5月12日施行。ただし5年間の時限立法。（338） 5·26　国土総合開発法公布。施行は6月1日。（815） 5·31　港湾法公布。施行。（815） 5　火薬類取締法公布。（815）	11～12　野村茂，塩化ジフェニル（PCB）による肝障害を動物実験にて観察。（753-25巻7,8号）	5·4　改正生活保護法公布。（815）
6　厚生省，前年のユリア樹脂問題を引きつぎ，新しい合成樹脂食器		6·25　朝鮮戦争開始。（朝6·26） 6　レッド・パージ始まる。（朝6·26）

公害・環境破壊	住民・支援者など	企業・財界
		7 日本ゴム工業会設立。(757) 7 プラスチック協会設立。(757)
8 殺虫剤ヒ酸鉛，石灰液の付着した野菜による中毒・死者発生についての報告あり。(514-4巻3，4号)		
	10 福岡市姪浜町に<**鉱害復旧被害交渉組合**>結成。早良炭鉱採掘による家屋沈下などの補償要求開始。(西1951年2・9) 11 高知市の西日本パルプ㈱と地元旭区住民，廃液処理の契約調印。(233)	
— 神戸市で栃木化学工業の排水により，武庫川漁協など2漁協に被害発生。(553) — 兵庫県多可郡加古川の**兵庫パルプ**谷川工場による汚染で，**加古川**沿岸農漁民に被害発生。(553) — このころより東京都で，街頭放送の騒音，問題となる。(208) — このころ静岡県で，**特産さくらえび，未曾有の減産**。戦前最高は大正14年の197万貫，昭和7〜8年が130万貫台，この年23万貫。(328) また，これまで豊富な地下水に恵まれていた静岡県**富士市**で，市内各所の**湧泉に減少**の傾向。岳南地区一帯の全体的傾向。用水型の製紙，パルプ産業の発達と，それによる地下水の多量の汲み上げのため。(568) — 川崎市で工業復興に伴い，大気汚染に関する市民の苦情，著しくなる。(130)	12 **高知市**議会で吉松市会議員，**江ノ口川**の完全浚渫をするよう，市を追及する質問。(233) — 広島県大竹の漁民，日本紙業より海苔被害に対し564万円を受け取る。(342) — このころより1951年にかけ**戸畑**市の**日本発電所**の煤煙ひどく，婦人会が追放に立ち上がる。1951年，発電所は集塵装置をとりつける。(298-458号)	12 **西日本パルプ**の排水路，高知市内住宅街を流れる江ノ口川へ直結。(233) — 珪肺対策審議会，2月に労働省の作成した**珪肺法案**の検討。その過程で企業側から**強力な反対**意見。(322) — 東北鉱業会，鉱区禁止地域指定請求が宮城県知事と建設大臣から次々に出されたのに対し，各聴聞会に出席して反対意見を強力にのべ，禁止区域を縮小さす。(428)

国・自治体	労災・職業病と労働者	備　　考
の衛生試験法制定。(300)		
		7・11　**日本労働組合総評議会（総評）**結成。(607)
		8　川崎製鉄㈱設立。(758)
	9・3　新潟県下の発電所建設現場のトンネル内で落盤。42人死亡，3人重傷。(毎 9・4，7)	
10　**全国労働衛生週間**第1回。(503)		
		11・11　倉敷レーヨン，ビニロン生産開始。(168) 11・13　**川崎製鉄**の**千葉**進出決定。(758) 11　高知製紙㈱，資金難のためパルプ工場を分離し，伊予三島市・大王製紙の出資で**西日本パルプ㈱**として再建。(233)
12・20　採石法公布。(133) 12・20　**改正鉱業法**公布。(133) 12・28　毒物及び劇物取締法公布。施行。(133)	12・12　福島県発電所工事現場で資材運搬用ケーブルが墜落。死者12人，重傷8人。(毎 12・13) —　**鉛中毒**についての医学報告続く。(470-5巻1号，753-26巻4号) —　**ベンゾール中毒**についての医学報告，続く。(753-26巻4号) —　鉱山や鋳物工場・セメント工場における塵肺・珪肺発生についての報告多し。とくに松尾鉱山の珪肺について多し。(753-26巻4号) —　鉱山事故：雄別茂尻（ガス爆発），三流渡（ガス燃焼），松尾（発火），高井（豪雨により土砂崩壊），日鉄北松（ガス爆発），若沖（浸水）矢岳（ガス爆発），大日本勿来（ガス爆発）で計118人死亡，57人負傷，18人行方不明。(朝 1・28，29，毎 8・6，10・31，12・8，26) —　労働省の3年にわたる全国珪肺検診結果まとまる。4万6,000人の対象労働者中約6,600人が有症状者と判明。(502)	12　北海道幌別に北海道ソーダ創立。道内化学工業開発の礎石。(北 1951年1・3) —　いもちのセレサンによる防除始まる（1952年その効果確認。発明者小川，農林大臣賞受賞）。(33) —　ウィリアム・カップ，『The Social Costs of Private Enterprise』（米）(263) —　朝鮮戦争により設備投資増大。インフレ経済へ転換。(757) —　年末より1951年にかけ，北海道への農薬産業進出，目立つ。(北 1951年1・5)

1951（昭和 26）

公害・環境破壊	住民・支援者など	企業・財界
― この年より1954(昭和29)年まで大分県佐伯湾の漁業，**興国人絹パルプ㈱**佐伯工場の排水のため漁獲減などの被害。(340)	1 **鳥取県弓浜地区**の漁業組合，**日本パルプ工業**の進出に対し，廃液の影響をおそれ，工場の進出地変更を求めて県へ陳情を開始。(509)	
1・29 福岡県粕屋郡で**四エチル鉛中毒**と疑われる患者発見。診察した開業医は，過去2年4カ月の間に同町で14人の同様症状の患者を診察したと発表。戦後同町一帯に埋蔵された**航空燃料**の井戸水への混入が原因との見方。(西 3・31)		
1・29 鳴門市の爆弾処理工場で引揚爆弾を処理中，魚雷などが爆発。作業者20数人が負傷のほか，半径3km にわたる住宅に被害。(西 1・30)		
1・30 守口市で恩池製氷所のアンモニアタンク爆発。通行者など12人が重傷。うち1人が死亡。(西 2・1)		
2 札幌市で，定鉄豊羽鉱山の汚水放流による上水道の汚染発生。(北 2・20，24)	2〜4 大分県佐伯市に立地予定の**興国人絹パルプ工場**に，佐伯湾沿岸漁民4万5,000人が激しい反対を開始。4月16日，興人・県・市・漁民の四者懇談会の結果，覚書を交し，また見舞金等が支払われることで解決。(333)	2 日経連教育委員会に安全部会設置。(503)
	3 高知市議会で吉松議員，**江ノ口川浚渫**が未着手であることを追及質問。(233)	3・2 北海道新釧路川，上流の十条製紙の**ずさんな廃液処理**により汚濁のこと，道水試の調査で判明。(北 3・6) 3 全国建設業協会に労働災害防止対策委員会発足。(503) 3 自動車工業安全会議発足。(503) 3 日本造船工業会安全部会発足。(503)
5 和歌山県海草郡で**丸善石油㈱**と東亜燃料工業㈱の廃油・酸洗浄液で漁業被害。(340)	5・10 鳥取県弓浜地区の漁組，日本パルプ工業の地鎮祭に向かう知事と面会し，同工場の廃液問題で陳	5 日本鉄鋼連盟労働衛生専門委員会発足。(503) 5 長野県タクアン協議会と県経済

国・自治体	労災・職業病と労働者	備　　考
1　**鳥取県**および米子地区関係町村長，日本パルプの米子地区進出計画に関し，**工場建設のためには水田をつぶすのもやむをえぬ**との態度を表明。(509)		
	2・9　富山県魚津市の日本カーバイド魚津工場で**塩化ビニール工場**が爆発。2人死亡，19人負傷，11人行方不明。 2　北海道天北炭田浅茅野鉱山における"監獄鉱山"の実態，脱走事件で顕在化。(北 2・17)	2　千葉製鉄所(川鉄)設置。(758)
	4　わが国の**水銀鉱山**と寒暖計工場における水銀中毒発生の実態についての医学報告あり。 (753-27巻4号)	4・24　桜木町事件。死者106人。(168) 4　東洋レーヨン㈱，デュポン社よりナイロン生産技術導入を認可される。(168) 4　高知市旭区の西日本パルプ，初荷。(233)
5　**四エチル鉛危害防止規則**公布。(503)		5・10　鳥取県米子地区に日本パルプ工場，建設開始。(438)

公害・環境破壊	住民・支援者など	企業・財界
	情。知事，このため会場に遅刻。これにより日本パルプ，地元に工場に対する反対運動のあることを知る。(509) 5　島根県の漁民，鳥取県に進出予定の日本パルプ工業廃液の漁業への影響をおそれ，強硬な反対を開始。(509)	連，オーラミンの使用許可を厚生省に陳情。食品衛生法で使用を禁じられてはいるが，代用品では風味が悪く，オーラミンの有害性もはっきりしないため，と。(信毎 5・15) 5・7　日本パルプ工業，鳥取県米子地区へ進出にあたり，5月10日の地鎮祭に間に合わせるべく，この日開放農地の用途変更手続きをとる。「パルプ生産は国家的な事業であり，許可しなければ誘致した県の責任は大きい」とゴリ押しの結果。(509)
6　愛媛県新居浜で**住友化学**㈱菊本工場の廃液で魚類斃死。(340)		
7・24　長野県下でリンゴに散布した**ボルドー液**（ヒ酸塩加用）による**中毒事故**発生。(信毎 8・1)		
7・29　宮城県志田郡三本木町蟻ケ袋地区で，手島・岩瀬両炭坑の硫酸を含む坑内水がかんがい用水に流出し，30町歩に及ぶ水稲被害が発生。(840)	8〜12　浦戸湾漁協組，高知県に対し漁業被害対策を陳情。(233) 8・28　宮城県鳴子町の硫黄鉱山会社の亜硫酸ガスによって同町潟沼付近の松の木約300本が枯死，町当局は500万円の賠償金を請求したが，115万円の寄付金払いで示談が成立。(840)	
8　高知県浦戸湾でエビ・カキ・魚類が変死。(233)		
9・下　**東邦亜鉛**による中宿・岩井・野殿地区の畑10町歩余で鉱害被害激化。(43)	一　この年あたりから，宮城県志田郡松山町で亜炭採掘に伴う農地の陥没があらわれ，住民も参加した「鉱害対策委員会」が結成される。(840)	9　**東邦亜鉛安中製錬所**，亜鉛鉱焙焼・硫酸工場の操業開始と共に被害をひきおこし，「鉱害は出ない」とのそれまでの発言が根拠のないものであったことを証明。(43)
10・3　北海道衛生研究所の調べにより，札幌市内の河川の生活汚水や塵芥による汚染が判明。(北10・27)	10・8　安中町の農業委員会，鉱害被害激化の事情を調査し，早急な防止策と補償を要求。(43)	10　東京で全日本産業安全大会。戦後復活第1回。(503)
10・14　山口県上空を旋回中の飛行機から補助タンク状の物体4個が落下され爆発。民家3軒全焼，2	10・23　長野県上高郡町村議員総会，農産物の増産，鉱毒対策，硫黄鉱試掘許可の反対意見陳情などにつ	

国・自治体	労災・職業病と労働者	備　　考
6•1　道路運送法公布。(815) 6•7　**高圧ガス取締法**公布。(815) 6　診療エックス線技師法公布。(503) 6　宇部市,煤煙対策委員会条例を制定。(319) 6　尼崎市市会に防煙対策の専門委員会設置。(35)		
7•6～7　日本パルプ工業の廃液問題,鳥取県と島根県の発案で,米子市(7月6日)と松江市(7月7日)で関係者による会合。出席は県庁関係・漁協・県議・日本パルプ関係者。漁民,大昭和製紙工場の廃液を持参して廃液の有害性を主張。日本パルプ側は「クラフト法によるので95%を回収するから魚類へは無害」と説明。(509)	7•16　**昭和電工**大町工場でケイ素鉄電気炉が故障し爆発。1人死亡8人重傷。(信毎7•17)	
	9　福岡県に<福岡県炭鉱主婦連絡協議会(福炭婦協)>結成。(604)	9•9(日本時間)　日米安全保障条約調印。(朝 9•10) 9•28　安中町で東邦亜鉛安中製錬所の焙焼炉と硫酸工場,操業開始。(43)

公害・環境破壊	住民・支援者など	企業・財界
人即死，行方不明１人，重傷34人。故障した米軍機よりの投下。（信毎 10・15）	いて討議。猛運動の展開を決議。（信毎10・24）	
10　**高崎市**内の河川で魚類浮上。高崎保健所，**東邦亜鉛**の汚水によるものと認定して，市民に浮上魚を食べないよう警告。（43）		
10　鹿児島県大隅半島で，戦時中からの未処理爆弾の爆発ひんぱん。この年28人死傷。処理費用のないまま野放しされ問題化。（西10・7）		
10　群馬県碓氷川支流烏川周辺で漁業被害多数。東邦亜鉛廃水の影響。（43）		
12・25　福島県西白河郡で，**三菱製紙所白河工場**排水により阿武隈川沿岸に漁業被害，農業・生活被害発生。（614）	12・28　福島県西白河郡における**三菱製紙所**工場排水問題で県に招集された町村会，水質の原状復元などを要望。（614）	
12　**千葉県稲荷町**で**川鉄**の井戸試掘に基づく井戸水枯渇事件発生。（760）	12・下　愛知県庄内川下流の下之一色漁協，王子製紙などの排水被害対策を関係各方面へ要求。（328）	
—　日本海沿岸への**漂流機雷**激増。朝鮮動乱以来の傾向。海上保安庁，３月末，日本海機雷捜索隊を編成。（北 4・5）	—　大阪市漁協，大阪湾汚染加害源工場に対し漁業被害補償交渉を行うが，交渉の白熱化に伴う刑事事件まで発生。（342）	—　**三井神岡鉱山**，戦前よりの農業被害発生関係町村へ協力費として280万円を支出。（321）
—　「**横浜ぜん息**」発生。またこの年より1960年にかけ，川崎市大師地区に大気汚染による農作物被害著しくなる。（130，672）	—　**水俣漁協**，新日窒に組合財政窮乏を訴え，50万円を無利子で借受ける。その代償に，新日窒事業で害毒が生じても一切異議を申し出ないと覚書締結。（619）	—　長野県下で地下資源廃坑の発掘，次々と再開。（信毎10・24）
—　**高砂市**で**三菱製紙所**廃水などによる漁業被害再発。いけすの魚類の斃死がきっかけで漁協，三菱製紙と鐘淵化学工業に抗議。（333）	—　このころより，福岡県田川地区で“鉱害ブローカー”“鉱害ボス”の跳梁始まる。（639）	—　兵庫県高砂市における生す中の魚類斃死で責任を問われた三菱と鐘淵化学工業（鐘化），いずれも漁民の抗議を無視。（333）
—　愛知県下の新川・庄内川河口付近の漁場で**王子製紙**春日井工場の廃水により魚介類斃死。（328）		
—　東京，札幌などに**有毒色素“オーラミン”**使用の漬物，出回る。（朝 2・14，北 10・27）		
—　この年から翌年，**水俣湾**内でクロダイ・スズキの浮上，海草類の減少顕著。（631）		
—　この年以後，愛媛県三島・川ノ江地区で製紙工場群の廃液で漁獲減などの被害。（340）		

国・自治体	労災・職業病と労働者	備　　考
11　国会内に国会珪肺対策委員会発起人会結成。(322) 11　北海道開発庁，道総合開発の基礎として，**勇払原野の工業化計画**を進行。(北 11•25) 12•17　水産資源保護法公布。(815) 12•22　北海道阿寒国立公園の硫黄採掘申請(日本特殊鉱業会社，1950年3月申請) をめぐり通産省は許可，厚生省は不許可の対立を続けていた問題，この日橋本厚相が「風致を害さない」条件つきで承諾。自由党内の情勢による決定。(北12•23) 12　**福岡県**，これ以上の鉱害発生を防ぐため，1951年1月施行の改正鉱業法を利用し，土地調整委員会に「**採掘禁止**」を申請。(西12•12) —　**神奈川県，事業場公害条例**を制定。(672)	12　総評主催で**珪肺会議**。(322) —　**新日窒水俣工場**で**塩ビ新工場**稼動。この後事故多発。この年塩ビ工場の**労災発生率は1,000人対422人**。(631) —　この年も**珪肺**関係の医学報告，きわめて多数。(753-27巻4号など) —　**鉛中毒**に関する医学報告，多数。(753-27巻4，6号など) —　**高熱環境下**労働の健康への悪影響に関して，医学報告続く。その中に八幡製鉄所における**熱中症**の実態報告あり。(753-27巻4号) —　一酸化炭素中毒・塩素ガス中毒・亜硫酸ガス中毒・硫化水素ガス中毒など**有害ガス中毒**の報告続く。(753-27巻4，5号など) —　**ベンゾール中毒**に関する医学報告，前年に引続きあり。(753-27巻4号など) —　鉱山事故：雄別 (ガス爆発)，赤池 (ガス爆発・ガス噴出)，新屋敷 (ガス爆発) で計13人死亡，11人負傷，13人行方不明。(北 2•10，西5•26，9•29)	—　**日産化学**王子工場，“王銅”を改良した“特製王銅”と“ボルドー”の製造開始。(537) —　**結核**，死亡原因の中で初めて2位に下がる。(761) —　高知県内に**製紙工場続設**。(233)

1952（昭和 27）

公害・環境破壊	住民・支援者など	企業・財界
1・13　ビルマより輸入した米の中に黄変米，発見さる（**黄変米**問題）。(168)	1・27　長野県の千曲川漁協，長野市内の**長野製紙**に対し，製紙排水対策と損害賠償金10万円の要求を決定。近年の淡水魚不漁が，上流にある同社のサラシ粉漂白排水によるものとの調べがついたため。(信毎 1・30)	
2　ユリア樹脂のホルマリン溶出事件，新潟に発生。(300)		2　日立鉱山，煙害範囲激減のため，神峯気象観測所（明治43年に大雄院より移転）を閉鎖。(544)
		3　**日本パルプ米子工場**，先に解決した大分県佐伯市の興国人絹と漁民との覚書を検討し「工場管理の覚書きであり共産党的発想である」とし鳥取県に対し，覚書きから工場管理的部分をとり去ることを主張。この後除害施設とりつけと，害発生のさいの補償の項目から成りたつ覚書を作成，鳥取県に提出して一応問題解決。(438,509)
	4・17　福島県白河市で，1市11カ町村・会社・組合などからなる＜**西白河地方汚水対策協議会**＞結成される。(614)	
5・18　列車煤煙からの飛び火で，国鉄飯山線飯山駅前の民家数軒が焼失。(信毎 5・19～22)		
6　長野県下で再びユリア樹脂製食器よりホルマリン検出。(信毎 6・16)	6・30　長野県小県郡長村菅平で，1市10カ町村長が集り，**北信鉱業所**による同村内での**硫黄採掘**に鉱害被害の観点から反対を決定。こののち県知事・政府関係者・衆参議員などへ陳情。地域全体の総決起大会を重ね，11月18日に知事により，同村における鉱区禁止地域指定申請にまでこぎつける。(446)	
		7　高知県の**西日本パルプ**，浦戸湾漁協組に漁業被害見舞金69万円を支払う。(233)
		8・13　長野県下で菓子や玩具で炭酸石灰・オーラミン・ローダミンなど有害色素を使用した業者，県より警告を受ける。(信毎 8・14)
9　**荒田川の水質汚濁問題**再発。(36)		
9　福島県白河市堀川沿岸で，三菱		

国・自治体	労災・職業病と労働者	備　　考
1　衆議院労働委員会に，けい肺法制定のための特別小委員会を設置(503)		1　四日市市にて，**三菱モンサント化成工場操業開始。**(584-530号，766)
		4・9　もく星号事件。(朝 4・9)
		4・28　対日平和条約，日米安全保障条約発効。(朝 4・29)
		4　硫安在庫26万 t に達す。(537)
		5・1　メーデー事件。(朝 5・2)
		5　**日本ゼオン，塩ビ**の試運転開始。(348)
	6・20　福岡県弓削田江田鉱業所で火災。10人死亡。(信毎 6・22)	
7・15　航空法公布。(133)		7・4　破壊活動防止法案可決成立。(168)
7・31　電源開発促進法公布。(815)		
8・1　臨時石炭鉱害復旧法公布。(344)		
		9・11　日本炭鉱主婦協議会(炭婦協)結成。(607)

公害・環境破壊	住民・支援者など	企業・財界
製紙排水中の浮遊物が原因で井戸水湧出止まる。(333)		
10　**国鉄小海線で，ヤスデの大群が**線路上に密集し，列車運行不能となる事故あり(1976年に同様事件，頻発)。(信毎 10・11)		
	12・12　北海道旭川市滝川町で，農民代表による**石狩川廃液対策協議会開催。**(207)	12　三井金属神岡鉱業所，稲の鉱毒禍に対し，増産奨励費として農作物補償 300 万円を支払う。(321)
	12　広島市江波町に着工予定の日本酸素アセチレン工場に対し，地元江波漁協，工場排水の漁業への影響をおそれ，設置反対を開始。1953年10月10日，諒解事項成立。(485)	
一　尼崎市内の河川，下流工場廃液の逆流で漁獲減少がめだつ。(763-第 2 分冊)		
一　**高砂市**で地先海面などで，またも魚介類斃死。漁協，三菱・鐘化に補償を要求。(333)		一　**高砂市の三菱と鐘化，**漁協要求の損賠請求と魚貝補償は承諾するが，浄化処理施設については「技術および企業的」理由から保留。(333)
一　群馬県**安中地区**で，東邦亜鉛による鉱害激化し，農民，**麦作を断念。**(43)		一　一酸化炭素中毒研究委員会，1946，47年の硫安工場における**一酸化炭素中毒激増**をきっかけとして発足。(203)
一　熊本県**水俣市百間港**内湾で，貝類，ほとんど死滅。(631)		
一　このころ，**国策パルプ㈱**旭川工場の生産増に伴い，石狩川汚濁による農業被害も増加の一方。(207)		
一　この年以降，**小野田セメント**門司工場の泥水で下吉田地先海面の海苔の成育阻害。(340)		

国・自治体	労災・職業病と労働者	備　　考
		9　日本瓦斯化学，新潟で天然ガスよりのメタノール製造工場，操業開始。(537) 9　**新日窒**，わが国初の**アセチレン法オクタノール製造**を開始。独占市場。この年，1,200 t 。(631)
11・1　九州および宇部に，それぞれ九州，中国鉱害復旧事業団設立認可。(658) 11・29　長野県小県郡菅平の硫黄鉱山採掘反対で知事，総理府に反対理由をあげた陳情書を提出。**通産省は「鉱山の採掘権を尊重」**との態度を表明。(信毎 12・3,7) 11　北海道阿寒国立公園の新たな鉱物採掘防止のため，厚生省の申請を受けた土地調整委員会，同公園を鉱区禁止地域に指定。(北11・18)	11・5　新潟県西頸城郡青海町の電化工場爆発。6人死亡。(信毎 11・6)	
12・27　北海道道議会，20日付で石狩川廃液対策協議会より出された国策パルプと合同酒精廃液の根滅と清流復元の措置に関する陳情・請願を採択。(207)	12・22　名古屋市港区の**東亜合成化学工業**名古屋工業所で第三硫安製造工場が爆発。死者22人，傷者385人。(信毎 12・23)	
一　労働省基準局，東京と大阪の**中小染料工場**の労働衛生学的調査を実施。作業者の貧血例を多く発見。この後，作業条件の改善により漸減。(203) 一　尼崎市，各都市の公害防止資料の募集,62工場の基礎調査（煤煙・有毒ガス・排水など）を行う。(35)	一　鉱山事故：大和田寿(落盤)，松尾（防水堤決壊）で計5人死亡，10人行方不明。(北 4・25，信毎 6・20) 一　長野県下でホリドール農薬使用による中毒や死亡事件多発。(信毎1953年7・13)	一　**硫安**の生産水準，戦前の水準に達す。(345)

1953 (昭和 28)

公害・環境破壊	住民・支援者など	企業・財界
1·14 **昭和電工**塩尻工場下流の田川で魚類多数が浮上し死亡。(信毎1·21)		1·26 東北鉱業会，珪肺特別法の立法化について，労組・通産省・鉱山局長・鉱山保安局長・参議院各労働委員に対し陳情書を送付。(428)
		2 **全日本産業安全連合会(全安連)** 創立。(503)
3 長野県下で**ボルドー液**散布による蚕の斃死が問題化。(信毎3·11)		
3 石狩地方の神龍土地改良区，**石狩川の汚染**による灌漑用水量の著しい減水と，そのための水田の畑への還元状況について発表。(207)		
		4·1 農薬工業会設立。(537)
6 **昭和電工**塩尻工場の石灰窒素で，周辺果樹園に被害発生。(信毎 6·11)	6 長野県南佐久八ケ岳硫黄鉱害対策委，八ケ岳硫黄鉱業の硫黄採掘に絶対反対の立場をさらに強化。(信毎 6·19)	
7 大分県北海部郡佐賀関で，**日本鉱業㈱佐賀関製錬所**からの鍰流出で漁業被害発生。(340)	7·10 長野県下菅平の硫黄採掘をめぐる反対運動で，住民代表約 600人，訪長した総理府の委員に反対陳情。(信毎 7·10)	7·10 北海道瀬棚マンガン鉱山，馬場川部落に選鉱場を設置。下流住民，飲料水へ影響ありと問題にし，町警察などの調べの結果，鉱山側の無許可使用，漁業法・河川法違反など判明。(北 8·1)
7 **ユリア樹脂食器**，着色剤溶出事件(京都)。(300)		
	8·20 鳥取県米子市で漁民，廃液被害対策漁民大会を開き，**日本パルプ工業**操業に伴う漁業被害への対策を県に要請。(438)	
9 愛媛県松前町地先海面で，**東洋レーヨン㈱愛媛工場**の排水で漁獲減。(340)	9·29 長野県小県郡長村，同村内での硫黄採掘を禁止する鉱区禁止地域指定をかちとる。この日土地調査委員会，鉱区禁止地域とし，同村を指定。(446，信毎 9·30)	
	9·30 千葉県内湾の漁民，**京葉工業地帯造成**に関する埋め立てに反対し，京葉工業地帯漁業権確保漁民大会を開く。(158)	
10 操業を5月に開始した大分県佐伯市の**興国人絹パルプ㈱**の廃水に		10 長野県小県郡菅平の**北信鉱業所**，鉱山禁止区域指定に関し，

国・自治体	労災・職業病と労働者	備　　考
	2　東京多摩**火工砲弾製造原料爆発**。死亡20人，負傷２人。(503)	2・24〜26　日産化学，新農薬の有機燐系殺虫剤**パラチオン**の製剤を行うことを決定。(537)
	3〜　**新日窒で，労働災害頻発**。(631)	3　**新日窒**，可塑剤ＤＯＰ製造設備完成。この年水俣工場，日本有数のアセチレン有機合成化学工場としての地位を確立。(631)
	5　**工業クローム中毒**についての報告，日本産業医学会で行われる。(753-29巻5号) 5　**火薬工場**における **T.N.T 中毒**についての報告あり。(753-29巻5号)	
6　福島県白河市長と白河農業委員会長，三菱製紙所に対し，同社廃水の影響で生じる苗代被害の損害賠償および水路新設を請求。(614)	6・23　東邦亜鉛安中製錬所労働者の歯の腐蝕，群馬県労働基準局により職業病と認定さる。(43)	6　**川崎製鉄千葉製鉄所**，溶接棒工場操業開始。(758)
	7・10　長野県下でホリドール散布に伴う**ホリドール中毒**者の続出問題化。この日，死者１人発生。(信毎 7・10)	7　住友化学工業，米ＡＣＣ社からの農薬**パラチオン**製造技術導入認可。(168) 7　**三菱化成工業**，四日市市で操業開始。(584-503号，766)
8・1　と畜場法公布。(133) 8・25　日本国に駐留するアメリカ合衆国軍隊等の行為による特別損失の補償に関する法律公布。(133)		8・7　スト規制法公布。(815) 8・27　農業機械化促進法公布。(168)
	9・15　新潟県中魚沼郡の東電工事現場で落盤事故。５人死亡。(信毎9・16，21) 9　野村茂，クロルフェノール(PCP)中毒事件について報告。(753-29巻9号)	
	10〜12　**東邦亜鉛安中製錬所労働**者，労働条件の改善をめぐり長期	10　安全連，『産業安全年鑑』創刊。(503)

公害・環境破壊	住民・支援者など	企業・財界
よる漁業被害発生。（342）		「提訴しても採掘を続行」と表明。（信毎 10•14）
12•15　のちに**水俣病**と認定された患者，水俣市に発生。この段階では原因不明。（633） 12　川崎市大師河原夜光町で3月に東亜港湾工業埋立事業を開始したが，工事で川崎漁協の海苔漁場に被害。1954年3月，190万円の補償金支払いで決着。（129） 12　**山口県下**で日本石油下松製油所廃水により**異臭魚**発生。（340）		
—　近江絹糸紡績加古川工場排水で，漁業被害発生。（553） —　このころより，有明海・不知火海・島原湾で漁獲高激減。前3年平均より90万貫減少し，約140万貫。水産試験場や九大，農薬被害と結論を出すが九州農試は否定。（西1956年7•17） —　**水俣市**海沿いの漁村部落で，**ネコ3匹が狂死**。（633） —　四日市港で異常魚出現。（765）	—　福岡県田川地方における“鉱害ブローカー”の跳梁ピーク。（639）	—　東邦亜鉛，労働争議に対し，第2組合を結成させ切り崩し。労働者に徹底した打撃を与えて争議を終了さす。（43） —　違反色素「オーラミン」使用の漬物店，札幌市で20軒発見される。（北 9•20）

国・自治体	労災・職業病と労働者	備　　考
11・7　**鳥取県米子市**で廃水調査委員会開催。廃水の影響を認めながらも漁業被害発生を肯定せず。(438) 11・25　鳥取県水質汚濁防止委員会開催。漁業被害の有無については判定せず。(438) 12　鳥取県米子市，市内漁民に見舞金40万円を支出。(438)	スト。工場周辺の**農民**，これを応援。(164)	
	—　鉱山事故：三菱美唄（メタンガス漏出），築別（ガス発生），太刀別（ガス爆発・落盤）で計27人死傷。(北 4・11,8・14,9・14)	—　三井三池で組合の支部ごとに炭**婦協**，次々と結成。(604) —　キノホルム剤の**エンテロ・ヴィオフォルム**輸入開始。(332) —　この年より**有機水銀剤**，いもち病の特効薬として使用開始。(537)

1954（昭和 29）

公害・環境破壊	住民・支援者など	企業・財界
3•1 **第5福竜丸**の水爆被爆事件発生。（朝 3•16）		
3•5 東京大森海岸の**東京ガス**工場より**重油**が海に流出し，海苔や貝に被害発生。4月，被害に対し，東京ガスが1,100万円を補償金として支払うことで決着。（朝 4•27）		
4 群馬県安中地区で，**東邦亜鉛**焙焼炉からの硫酸ガスで大・小麦20 ha 全滅。6月には桑園 50ha 全滅，果樹4割減収。また安中・高崎地区の養魚池でコイ200匹死亡。（43）	4•23 日本学術会議，核兵器研究の拒否と原子力研究にあたっての3原則を声明。（168）	
	6•8 北海道深川土地改良区，道知事・道議会に対し石狩川汚染を清流に復元する措置を要求した陳情書を，独自に調査した被害報告とともに提出。（207）	
7•10 **ツバメ**の飛来が全国的に，前年に比べ3割減。**農薬パラチオン**のかかった虫を食べたことが原因。林野庁の調べ。（朝 7•11）	7•10 北海道の深川・空知・神龍3土地改良区，道土木部長・農地開拓部長にあて，石狩川汚染で陳情書を提出。石狩川の汚染源は国策パルプ・合同酒精・旭川市下水道汚水で，従来汚水の浄化をくりかえし当事者に要請してきたが，合同酒精は汚水の原始的放流を続け，旭川市は沈殿池の利用を怠っている，と追及。（207）	
7 北海道厚岸町で特産の切昆布に工業用染色剤マラカイト・グリーンが使用されていること判明。（北 7•9）		
7〜8 **東京湾**内でアサリ被害甚大。（417）		
	8•19 北海道の深川・空知・神龍3土地改良区，国策パルプ工業㈱に対し補償金の増額を，また旭川市長に対し，市下水の処理について申し入れ。（207）	

国・自治体	労災・職業病と労働者	備　　考
1•9　東京都に騒音防止に関する条例。(208)	1•15　釧路市の国鉄釧路工場でアセチレンガス発生基が爆発。2人死亡，2人重傷。(北 1•16)	
2•18　**北海道知事**，北海道の**国策パルプ工業**に対し，事業拡張に基く汚水排出増量を認めた**継続許可指令**を交付。3月24日，**合同酒精**にも同様指令を交付。(207)		
3•31　ガス事業法公布。(133)		3　**新日窒**，**塩ビ**製造設備を月産300 tに増強。この後昭和36年までほとんど毎年，塩ビ・D.O.P・オクタノールの設備増強を続ける。(631)
4•14　**大阪府に事業所公害防止条例**。旧条例(1950年)を全面改正。(133)	4•23　大阪市此花区の**住友化学工業**春日出工場で硫化水素漏れ。30人が中毒。(信毎 4•23)	4•22　**全日本労働組合会議結成**(全労)。(814) 4•23　青年法律家協会創立。(168) 4•28　日産化学から中国に向け硫安初輸出。(537) 4　日本ゼオン蒲原工場，**塩ビ**樹脂生産量 450 t と新記録。(351)
		7•1　防衛庁，自衛隊発足。(168)
	8　札幌市琴似町の水田農家の間に農薬による手や足首の湿疹症状，続出。パラチオンや粗製 BHC の影響，と市保健所の発表。(北 8•5,7)	8•30　北海道室蘭港で，タンカー爆発。6時間にわたり燃え続ける。(北 8•31) 8　鐘淵化学工業㈱大阪工場，塩化ビニルとアクリルニトリルの共重合物の生産開始。(168)
	9•1　旭川市の旭油脂工場の抽出工場爆発。5人負傷，2人死亡。抽	9•26　洞爺丸事件。(朝 9•27) 9•28　千葉市へ東電進出決定。(393)

公害・環境破壊	住民・支援者など	企業・財界
11・24　和歌山県和歌川上流沿岸で皮革・染料工場からの廃液で同川下流の**海苔**に大被害。1,350万円の損害。(340) 11～　和歌山県海草郡で東亜燃料㈱和歌山工場の廃ガス燃焼の光芒により，**伊勢エビ不漁**。(340) 12　和歌山県海南市で染色排水のため**海苔**の脱落枯死，約8万坪。1,500万円の被害。(340) 12　函館市内で，次亜塩素酸ソーダとホルムアルデヒドの縮合物を漂白剤に使った水飴，発見される。(北 12・9) 12　山口県和木村で日本紙業のパルプ排水で**海苔**の脱落枯死。(340) ―　山口県和木村で，興亜石油㈱排水のため海苔・魚に**異臭**付着。(340) ―　**東京都**江東区の**地盤沈下**，大正7年よりこの年までに272cm。(281) ―　**水俣湾**周辺漁村で**猫の狂死**，ひんぱん。(631) ―　のちに水俣病と認定された患者12人発生，ほかに5人死亡（認定は1956年10人，1957年2人)。(633)	―　**田子の浦漁協，サクラエビ**に関係する漁業権放棄を決定。静岡県紙業協会，1,100万円を同組合に支払う。(328) ―　**高砂市**の高砂漁協，前年とこの年，**三菱製紙所と鐘淵化学**に汚水浄化施設設置を要求するが実現せず。(333) ―　**戸畑市日鉄化学**の黒いスス被害が問題化し，婦人会の要求で市当局，交渉にあたる。(655)	10　日本ソーダ工業会安全衛生委員会発足。(503) ―　住友金属鉱業，銅製錬で中和工場を不要とする製錬排ガスの完全処理に成功。(330) ―　宮崎県土呂久の**土呂久鉱山**（中島鉱山），本格的に亜ヒ酸製造を開始。地元和合会の強い反対を，新型の亜ヒ焼き窯であり煙害は起きないとし，また地元に3年間10万円ずつ支出することを条件に，押しきる。(443) ―　**新日窒水俣工場**，残渣沈殿用に**海面埋立契約**を水俣漁協に求める。漁協，毎年40万円の補償を受け取ることで覚書締結。(619) ―　鐘淵化学工業㈱，PCB の製造開始(国産の始まり)。月産100t。(794)

国・自治体	労災・職業病と労働者	備　　考
	出槽バルブからのガス漏れが原因。(北 9・1)	
	9・6　北海道中川郡の鹿島建設によるダム工事現場で落盤。11人死亡。(北 9・7)	
	10　東京で第1回全国労働衛生大会。(503)	
11・25　尼崎市議会，騒音防止条例可決。(35)		
—　宮崎県および岩戸村，**中島鉱山の亜ヒ焼き**について，住民の反対を押さえるため積極的に中島鉱山を支持。(443)	—　B.H.C，有機燐製剤，パラチオンなど**農薬中毒**に関する医学報告，ふえる。(753-30巻4号など)	
—　**高知県商工課，浦戸湾**の漁業被害に関し，原因は製紙廃液でなく，地盤沈下と報告。(233)	—　**ベンゾール中毒**や**一酸化炭素中毒**に関する医学報告，引続き多し。(753-30巻4号など)	
	—　**珪肺**に関する医学報告，きわめて多数。(753-30朝4号など)	
	—　鉱山事故：住吉(ガス爆発)，久恒・土岐(浸水)，大府(落盤)，常磐小野(ガス爆発)，太平洋(ガス爆発)で計93人死亡，5人負傷。(北 2・7, 5・5, 9・1，信毎3・27など)	

1955（昭和 30）

公害・環境破壊	住民・支援者など	企業・財界
1・17 朝　**東京にスモッグ**立ちこめる。このころスモッグの出現，ひんぱん。（朝 1・17）	1・22　**長野県南佐久八ケ岳の硫黄採掘**に反対する地元の合同対策委員長ら36人，永田町総理府内の土地調整委員会前に，八ケ岳硫黄採掘絶対反対で座り込みを開始。（信毎 1・23）	
2　千葉県**木更津以南**の漁場，自衛艦からの油流出で**海苔被害**。1億1,000万円余。（158）		
3・1 午後　東京都墨田区の本所二葉小学校などで，雪印乳業製脱脂粉乳により集団食中毒事件発生。機械の故障，停電事故時の不手際で繁殖した細菌による。1,936人に中毒発症するが，症状としては比較的軽く，ほとんどは翌日登校。（664）		3・2 午前　雪印乳業，中毒発生校を見舞い事情調査。全支店に脱脂粉乳，スキム・ミルクの一時販売停止，製造工場に脱脂粉乳回収を指示。（664） 3・5～　雪印乳業，全国主要新聞に謝罪広告の掲載など，関係者・関係機関への謝罪を開始。（664）
3　東京都で有害漂白剤（ロンガット）使用の水飴取扱業者122軒，摘発される。（朝 4・7）		
4　3月1日から米国ネヴァダ平原で行われた原爆実験のチリ，2週間ほどで東京上空に達していたこと判明。（朝 4・2）	4　福島県白河市の**三菱製紙白河工場**に対し宮城県阿武隈川漁協，魚類の大量斃死（1万8,750kg）を抗議。補償金1,500万円を要求。（614）	
5・24　東京都北多摩郡砂川小学校と村山小学校で，赤痢予防ワクチン注射により500人が発熱。（朝 5・26）	5　河野稔・萩野昇，慈恵医大における医学会で，**イタイイタイ病**に関し発表。（65）	
6　ユリア樹脂食器より，ホルマリン溶出事件（兵庫県）。（300）	6　兵庫県多可郡黒田庄村の5部落の代表，**兵庫パルプ㈱**の工場廃液の「人畜または農作物」に対する影響の調査などを要求。（333）	
6～　西日本一帯に，乳児に下痢・発熱・嘔吐・皮膚の色素沈着などの奇病多発。8月にはいり，**森永乳業㈱のヒ素混入粉乳による中毒**		

国・自治体	労災・職業病と労働者	備　　考
2・26　厚生省食品衛生調査会**黄変米特別部会**，「在庫の黄変米はヌカがとれるまでツキ直せば無害」と結論。（朝　2・27）	2・4　静岡県磐田郡龍山村の秋葉ダム工事現場でダイナマイト爆発。19人死亡，重傷4人。（朝　2・5） 2　札幌市内のゴム靴工場，印刷・製薬・クリーニングなど44カ所のベンゾール・ガソリン中毒調査の結果，ゴム靴工場の換気が悪く，有害性の大きいこと，判明。北大衛生学教室の調べ。（北　5・16）	
3・2 午後　文部省，雪印乳業の脱脂粉乳出荷先の20都府県に，一時使用停止を指示し，都内665校より製品を回収。（664） 3・3　北海道衛生部，雪印乳業に脱脂粉乳の移動禁止を命令。4月21日解除。（664）	3・7　大分県北海部郡の旭化成坂ノ市工場で火薬が爆発。4人重傷，1人軽傷。（西　3・7）	
4・1　福岡県に公害防止条例・騒音防止条例施行。（西　3・31）	4・16　佐世保市**佐世保炭鉱**で**ボタ山**が崩落。鉱夫住宅6棟が崩壊し45世帯が埋没。68人死亡。（信毎　4・17）	4　第1回世界労働事故防止会議，イタリアで開催。日本も参加。（503）
5　高知県で江ノ口川改修工事開始。パルプ製造開始後，既に7年。（233）	5・13　静岡県磐田郡秋葉ダム工事現場で，再びダイナマイト爆発。2人死亡，重軽傷5人。（朝　5・14） 5〜8　三浦豊彦ほか「**手持ち振動工具による障害**」に関する調査結果を医学雑誌に報告。造船・鋳物・鉱山・自動車工場など広い範囲を対象としたわが国で初の報告。（753-31巻5,8号） 6・8　川崎市旭化工油工場でガス爆発，4人負傷。（朝　6・8） 6　北海道内のソーダ工場で歯牙酸蝕症の作業員6人発見。（北　6・6）	5・11　紫雲丸事件，死者168人。（朝　5・11） 5　日産化学木下川工場でメチルパラチオン製造装置試運転開始。王子工場でも新式装置の完成，相次ぐ。（537）

公害・環境破壊	住民・支援者など	企業・財界
であること判明。(650)	7•8 東京都台東区浅草で，区内小・中学校長，PTA 会長など集まり，騒音対策協議会を開く。学校周辺での交通騒音対策について。(朝 7•8)	7 兵庫県高砂市の三菱製紙，排水対策委員会を設置。(333)
8•24 森永のMF印粉乳からヒ素が検出され，これを飲用した乳児にヒ素中毒症の発症していること，岡山大学医学部教授浜本により公表される。(650) 8•25 森永のMF印粉乳で死亡した乳児の肝臓からヒ素検出のこと，岡山県衛生部より発表。これにより，中毒原因決定。(朝 8•26) 8〜9 東京湾内の羽田洲一帯で，アサリ，ハマグリ被害。(417) 夏 水俣市の水俣川下流で，スズキ・チヌ・ボラなど浮き始める。(631)	8•12 兵庫パルプ排水に関し，多可郡黒田庄村の5部落代表と企業が会合し，工場廃水を同村内に流さないこと，もし流すなら無色・無臭・無害にすることの要求書と，一層の努力をするとの回答書を交換。夜に至って，農民数百人が会社に向かい，一時は混乱状態。(333) 8•13 兵庫パルプの工場排水に悩む黒田庄村村民，村民大会を開催。(333) 8•27 岡山市で森永ヒ素ミルク中毒患者の家族により＜被災家族中毒対策連盟＞設立。(時事 8•29)	8•17 兵庫パルプ，農民代表・兵庫県議・県係官などとの排水問題での討議の席上，「8月12日の農民からの要求には応じられない。白紙に戻して新たな要求をするなら応じる」と回答。(333) 8•27 森永乳業のMF印粉乳の添化物（第二リン酸ソーダ）からヒ素検出さる。この第二リン酸ソーダは規格外の洗剤用のもの。(朝 8•28) 8•29 森永乳業徳島工場が，“工業用”とラベルが貼られ，規格品の3分の1の値段の第二リン酸ソーダを，ドライミルクの安定剤として使用していたこと判明。(朝 8•30)
9•29 この日現在で森永ヒ素ミルク中毒患者 9,653 人，死者62人。厚生省の調べ。(朝 10•4) 9 福岡県粕屋郡の住宅の井戸水で，**四エチル鉛中毒**発症。(西 9•20)	9•12 総理府土地調整委員会から派遣された，長野県南佐久八ケ岳硫黄鉱害問題調査のための委員を迎え，硫黄採掘絶対反対を叫ぶ郡民数千人，街道に座り込んで陳情。(信毎 9•13) 9•18 **森永ヒ素ミルク被災者同盟全国協議会結成**。(650) 9 川崎市観音町の住民，**日本鋼管・昭和電工**などの有害ガスや煤煙による健康への有害性，農作物被害を訴え，市議会に防止を請願。(129) 9 東京内湾の漁民，夢の島し尿処	

国・自治体	労災・職業病と労働者	備　　考
7　通産省，**石油化学工業**を13企業について初めて**正式認可**。(185) 7・1　**けい肺および外傷性せきずい障害に関する特別保護法公布**。9月1日施行。(朝 7・2) 7・13　東京都王子保健所，荒川放水路は上流の工場地帯からの汚水・汚物で水泳に好ましくないことから，同川の実地調査を実施（朝 7・13)。14日，北区教育委員会，区内の小・中学校に荒川放水路での水泳禁止を通達。また北区，一般人の水泳も禁止の方向。(朝7・15) 8・10　石炭鉱業合理化臨時措置法公布。(168) 8・24　厚生省，森永ヒ素ミルク中毒事件で，森永乳業徳島工場製造の粉乳：ＭＦ印の使用禁止を全国都道府県に通達。同日徳島県，同工場に対し，製品販売中止と回収を指令。(朝 8・25) 8・29　徳島県衛生部，森永乳業徳島工場を食品衛生法違反で徳島県警本部へ告発。(朝 8・30) 8・30　厚生省，森永乳業徳島工場に対し，9月15日から3カ月間の営業停止を決定。(朝 8・31)		8・6　初の原水爆禁止世界大会。(朝 8・6) 8・26　海軍および陸軍燃料廠あと払下げの件閣議決定。四日市海軍燃料廠跡地，昭和石油㈱へ払下げ決定。(766, 764) 8　三井石油化学工業，岩国市と山口県玖珂郡に，旧岩国陸軍燃料廠跡地への総合的石油化学工場建設の事業計画を説明。(西 8・26)
9・20　徳島地検，森永乳業徳島工場製造課長，前工場長を業務上過失致死傷容疑で起訴。(朝 9・20) 9・28　毒物及び劇物取締法施行令公布。毒物として四アルキル鉛含有製剤など指定。(133)	9・末　造船所における**アイソトープ**使用による放射能障害，問題化。この時まで10人の障害者発見。(西 10・3)	

公害・環境破壊

11　千葉県市原郡八幡浜の海苔漁場に千葉港沖で座礁した**タンカー**の重油流入。被害8,000万円。(158)

12・9　この日現在，**森永ヒ素ミルク中毒患者1万1,778人，死者113人**。(朝 12・16)

12・14　兵庫県高砂市を流れる加古川，黒褐色に変色。兵庫パルプや上流の西脇市染色業者の排水による。(614)

—　**千葉市に川鉄による大気汚染**発生。(393)

—　明石市で，川崎航空機工業㈱のジェット・エンジン試運転の騒音・振動で小・中学校の授業が妨害され父兄の間で問題となる。(1)

—　**川崎市田島・大師地区**，夏でも窓を開けられず，窓を閉めていても室内が油煙でけむるほどに**激しい大気汚染**。(129)

—　熊本県**水俣湾**における**漁獲物激減**（631)。

—　**群馬県安中地区**でサツマイモの**収穫皆無**。農民，陸稲の作付けを断念。(43)

—　日本の交通事故による死者数，世界2位。(朝 7・18)

—　高知市旭区の**西日本パルプ**で沈殿池が破損し，周辺住宅の井戸水，使用不能となる。(233)

—　このころ**有明海**の漁業被害，年間10億円の推定(西 6・21)。汚物・毒物の海への流入による沿岸漁業被害，各地で問題化。(朝 7・18)

—　このころ，**富士市**における**湧泉減少**，地下水位の低下などの傾向強まる。(568)

—　このころ，工業の復興に伴い川崎市周辺漁場でも**汚濁水**の流入激化。川崎港内航行船舶の急増に伴い**流油**も多くなり，浅海養殖中心の**川崎漁業**に深刻な脅威。(129)

—　このころより**スモン患者**，全国いくつかの地域で散発。(332)

住民・支援者など

理場設置に反対陳情。(417)

10・3　森永ヒ素ミルク中毒被害者の代表，森永乳業本社を訪れ補償要求交渉をするが，森永の経理上困難を理由とした拒否によって結論出ず。(朝 10・4)

11・6　北陸医学会で萩野昇と河野稔，イタイイタイ病に関し報告。(65)

12・19　<森永ヒ素ミルク被災者同盟全国協議会>，5人委員会の斡旋補償額に不満のため森永乳業会社と交渉するが，結論が出ず新要求を提出。(朝 12・19)

12・26　<森永ヒ素ミルク被災者同盟全国協議会>，森永乳業製品の不買運動を決議。(朝 12・27)

12　川崎市内に，**川崎市煤煙対策協議会**結成さる。(129)

—　日本パルプ工業米子工場の廃液に対し，鳥取県米子市漁協内に，廃液流出阻止委員会設置。知事に操業停止と廃液処理設備の完備促進を要求。(438)

企業・財界

10・10　兵庫パルプ，「農民たちの要求は会社存立の基礎を揺るがすもので応じられぬ。騒擾事件を繰り返さぬよう県が調停をするよう」と文書で県へ申し入れ。(333)

10・21　**森永乳業**，5人委員会の設立を機に，「被災者同盟からの要求額は森永の支払能力をこえるので，5人委員会の結論を実行することで紛糾を避けたい」と被害者に郵便で通知。(650)

11・8　経団連，公害問題に関する懇談会第1回を開き，通産省鉱山保安局管理課長と懇談。(836-3巻12号)

—　**東邦亜鉛安中製錬所**，農作物の育たなくなった汚染農地を安価に買い占める。(43)

国・自治体	労災・職業病と労働者	備　　考
10･1　**東京都にばい煙防止条例**，戦後の日本では初めて。(朝 10･2) 10･21　厚生省，森永ヒ素ミルク事件の補償問題で，斡旋役の**5人委員会**を設置。(朝 10･21) 12･5　徳島地裁で森永ヒ素ミルク中毒事件，初公判。(朝 12･5) 12･6　熊本市保健所，山口県長門市製のカマボコに多量のホウ酸が含まれていることを発見し，食品衛生法違反で押収，埋没廃棄。(西 12･6) 12･10　徳島地検，森永乳業本社と同社検査課長・前徳島工場長を，昭和29年5～10月間，牛乳の防腐剤として過酸化水素を使用した件で起訴。(朝 12･10) 12･12～17　東京都で年末騒音防止強調週間実施。(朝 12･10)		11･14　日米原子力協定調印。(773) 12　住友化学工業の英ＩＣＩからの高圧ポリエチレン製造技術導入許可。(168) 12　四日市市に**中部電力三重火力**発電所，稼動開始。(584-530号，766) 12･20　日本人文科学会，『近代鉱工業と地域社会の展開』(164)
12･15　厚生省依頼の**5人委員会**，森永ヒ素ミルク事件で，**死亡者1人につき25万円，患者1人につき1万円**の補償額決定を厚生省に報告。(朝 12･16) 12･17　鹿児島県志布志保健所，久留米市より仕入れた押麦1,200袋に螢光染料が混入していることを発見し，1,000袋を回収。(西 12･21) 12･19　**原子力基本法**と原子力委員会設置法公布。1956年1月1日施行。(815) 12　川崎市議会に公害防止特別委員会設置。(129) ―　大阪府，漁業問題の総合的解決のためとし，大阪湾汚水対策本部を設置。1961年解散。(342)	―　**新日窒水俣工場の塩ビ工場**で，触媒アセチルパーオキサイドによる爆発事故発生。(631) ―　鉱山事故：豊州（ガス爆発），大和田（ガス爆発），三菱大夕張（ガス爆発），常磐（落盤），住友赤平（ガス爆発），茂尻（ガス爆発），赤池（ガス突出）で計94人死亡，81人負傷，4人行方不明。(西 1･12，11･10，北 3･18，10･11，11･8，朝 6･4)	―　鈴木直治，イネに対する水銀剤の試験を行う。(33) ―　川鉄千葉酸素製鋼工場，操業開始。(758) ―　神奈川県営・川崎市営および東亜港湾工業の川崎臨海地帯における埋立て事業決定。(129)

1956（昭和 31）

公害・環境破壊	住民・支援者など	企業・財界
	1·5 この日までに**森永ヒ素中毒事件**被害者の98%が5人委員会の斡旋で補償金を受けとる。（読 1·6） 1 川崎市の住民団体 **＜川崎市煤煙対策協議会＞**，公害防止の法制化促進要望の陳情書を厚相・通産省に提出。（129）	1·25 中越パルプ，島根県に同県下への製紙工場建設を申し入れ。（598） 1·17 経団連，「公害防止立法に関する要望」をとりまとめ，政府国会などに建議。（837-248号）
2·3 東京都北区で，米軍基地の廃油が住宅の下水に流入して火がつく事故が発生。（朝2·4） 2·16 **洞海湾**，「日本一汚れた死の海」として報道される。（西2·16） 2 札幌にてユリア樹脂食器のホルムアルデヒド溶出事件。（300） 2 鳥取県米子市で，**日本パルプ工業**の廃液により，魚類斃死。（438）		4·11 経団連，「漁場水質汚濁防止立法に関する意見」をまとめ，自民党ほかへ送付。（837-260号）
	4 岡山市の〈森永ミルク中毒訴訟者同盟〉，森永乳業に対し損害賠償請求訴訟を提起。（650）	4·7 兵庫パルプ㈱，前年問題化した兵庫県多可郡黒田庄村における同社廃液による同村内水域汚染の件で，県議の「昭和30年度補償として100万円を出すように」との要請に対し，「公共施設などへの寄付名目でならば可能」と回答。（333）
5·1 **水俣病**，原因不明の奇病の発生として水俣保健所より**公表**される。この年50名発病，11人死亡。（633）	5·2 〈森永ヒ素ミルク被災者同盟全国協議会〉，森永乳業と補償問題で調印し同日，同盟を解散。（日経 5·3）	5·9 兵庫パルプ，兵庫県黒田庄村の道路建設資金中，地元負担額の一部として100万円を支出。これをもって同社廃液をめぐる農民との抗争に一応決着。（333） 5·19 旭川市にて国策パルプ・合同酒精・旭川市当局・3土地改良区，協議。3土地改良区が従来の補償費2社あわせて年44万5,000円を400万円に増額要望したのに対し，会社側は即答を避ける。（207）
6·上 東京湾口に面した房総・三浦半島の海岸，湾内各都市が海に廃棄する汚物で，観光や漁業に被害。これらの地域では，汚物廃棄を大島先の太平洋に，と厚生省に陳情。（朝6·10） 6·21 裏日本と東北各地の降雨より4,000～1万9,000カウントの放射	6·24 **〈森永ミルク中毒のこどもを守る会〉**設立。（650）	

国・自治体	労災・職業病と労働者	備　　考
1•1　原子力委員会・原子力局，総理府に発足（委員長：正力松太郎）。(773)		
	2　和歌山市で1935年以来ベンジジン製造を中心に操業してきた山東化学工業㈱，倒産。同社の従業員には全員膀胱炎や血尿ありといわれる。(71-118号)	
4•中　福岡通産局，九州の鉱害復旧工事の実態調査を開始。(西4•7) 4•20　都市公園法公布。(133) 4•26　首都圏整備法公布。(133) 4　衆議院商工委員会，川崎で公害の実態調査を実施。(129)		4　労働省労働衛生研究所，川崎市に設立。開所は1957年6月。(503)
5•7　熊本県衛生部，奇病調査のため技師1人を水俣市に派遣。(西5•8) 5•28　水俣市に，〈水俣奇病対策委員会〉設置。(623) 5　科学技術庁発足に伴い原子力委員会および総理府の原子力局，科学技術庁に移行，(773)		5•19　科学技術庁発足。長官に正力松太郎。(773) 5　西日本パルプ，伊予三島市で増設決定。(233)
6•11　工業用水法公布，施行。(133)		6•15　(特)日本原子力研究所発足。1955年11月30日に成立の(財)原子力研究所(茨城県東海村)の改組。(773，北6•27)

1956（昭和 31）

公害・環境破壊	住民・支援者など	企業・財界
能検出。米国のビキニ付近における原水爆実験の影響。(朝6・22) 6・27　北海道で，農薬パラチオンの水道水への混入が判明。(北6・27)		6　経団連と日化協の「漁場水質汚濁防止法案」への反対により，同法案の国会への提出見送りとなる。(837-268号)
7・26　別府市山家区郡橋部落で，小川の水への**パラチオン**微量混入が原因で，中毒患者60人が発生。(西7・28) 7　騒音の学校教育への影響について，東大理研などの調査結果まとまり，影響の大きいこと判明。(朝 7・17) 7　水俣市隣接村の**熊本県**芦北郡**津奈木村**で**猫，狂死**。(633)	7　米空軍および日本の航空自衛隊のジェット機で，基地周辺の子供の教育に影響が発生。全国7基地の7学校・PTA・教育委員会，文部省へ陳情。(朝7・29) 7　東京都中央区住吉神社の祭礼で，大正年間より続いた水中ミコシの催しをとりやめ。隅田川の汚染のため。(朝7・6)	
8・24　米国の原爆実験による航行禁止海域付近を通って16日北海道室蘭港に入港した信洋丸の乗組員全員に白血球沈下がみられること判明。(北8・28) 8　東京都心部の各河川の悪臭激化。(朝8・28)	8・6　群馬県高崎地区で東邦亜鉛による被害農民800人，〈東邦亜鉛鉱毒被害地区民大会〉を開き，県知事・高崎市長に陳情。(43)	
	9・10　群馬県高崎地区農民900世帯が〈**東邦亜鉛鉱毒対策促進期成**同**盟会**〉を結成。(43) 9・18　北海道の空知・神龍・深川3土地改良区，旭川市長に対し国策パルプ・合同酒精に要求する補償費値上げを申し入れ。(207) 9　鳥取県米子市の各漁協と日本パルプ，県の調停で覚書調印。(438)	9・7　国策パルプと合同酒精，旭川市当局を通じ，3土地改良区に対し，「昭和24年改訂時にくらべ物価上昇は2倍であり，10倍の要求は法外」との趣旨の意向を伝える。(207)
10　東京都内に，農薬のついたままのリンゴ，出回る。(朝10・27)	10・19　東京の隅田川沿いの7区の建設委員長，隅田川浚渫懇談会を開く。さらに〈荒川浚渫促進連合協議会〉の結成を決定。(朝10・20) 10　群馬県安中北野殿地区の〈鉱害対策委員会〉，県知事に工場拡張反対を陳情。この後毎年くり返すがとりあげられず。(43)	10　新日窒水俣工場の技術部，水俣湾などの魚介類のマンガン分析などを開始。(634)
11　**水俣病研究班**，第1回研究報	11・27　大分県鶴崎市小中島地区へ	

国・自治体	労災・職業病と労働者	備　考
7・12　厚生省，東京湾沿岸の海水浴場について，東京・横浜・横須賀・川崎など4都市の汚物による汚染の実態に対し，海水検査強化を関係保健所に指示。(朝7・12) 7　この数年間の有明・不知火海や島原湾を漁場とする漁獲高の激減に対し，関係4県くるめて3,600万円の漁業補助金交付決定。(西7・17) 7　横浜市，降下煤塵調査を開始。(122) 8・1　厚生省と海上保安庁，東京湾の汚物の問題で，現在の清掃法が規定している投棄禁止海面を拡大する必要あり，と共同発表。(朝8・2) 8〜9　水俣市，水俣病全患者を伝染病の疑いで伝染病棟に隔離。(633) 8・24　熊本県，熊大医学部に水俣奇病研究を依頼。同大学，もとめに応じ水俣病医学研究班設置。(623)	8　岡山の日本興油工業にてノルマルヘキサン蒸気の噴出により死亡11人，負傷8人。(503) 8・9　増田義徳ら，1954(昭和29)年に東京都内**ベンジジン製造工業**で実施した調査結果を報告。経済復興に伴い**染料工業**の再建がめざましいが，それに伴い中毒が問題化。外国では発癌性との警告があるが，わが国ではベンジジン製造作業による中毒について警告ほとんどなし。(753-32巻8,9号)	8・28　函館市郊外の北日本石油函館製油所（工事中）で，2万t原油タンクと日本一の長さの海底パイプ完成。(北8・28)
10・27　東京都，農薬つきリンゴの出回りについて，生産県に警告。(朝10・27)		
11・1　群馬県，公害対策協議会を設		11・5　日産化学王子工場に，高級ア

公害・環境破壊	住民・支援者など	企業・財界
告会で「ある種の重金属が疑わしく，魚介類を経て人体に侵入」，と発表。(623, 633)	の兵庫パルプ㈱鶴崎工場（クラフトパルプ）誘致計画に対し，地元三作・大在村・日岡漁協，〈パルプ工場誘致絶対反対対策委員会〉を結成し，反対陳情を開始。(333)	
12・25 **東京都**に午後から夜にかけ，**濃いスモッグ**発生。(朝12・26)	12・28 島根県益田沿岸漁民500人，**中越パルプ**工場誘致絶対反対の漁民大会。益田市が漁業補償についてとり決めの決まらぬままに調印したことで，怒る。(598)	12 経団連の再度の反対により漁場水質汚濁防止法案，今期国会への提出も見送られる。(837-338号)
	12 **川崎臨海地帯の埋立て**で，川崎漁協と県との補償交渉，1年ごしに成立。永久に失う漁場の損賠，漁場喪失による精神的損害などに対し，4億8,641円。このあと関係漁協の補償協定，次々と成立。(129)	
	— 田子の浦漁協，この年から年間130万円の減収補償を受けとる。(328)	— 1954年からこの年にかけ，和歌山市のベンジジン，ベータ・ナフチルアミンの製造，全国屈指の生産量のピーク。職業性腫瘍などの人体への影響を防ぐてだては一切なされず，危険であるとの教育もなし。(71-118号)

国・自治体	労災・職業病と労働者	備　　考
置。(43) 11・4　熊本県衛生部，水俣湾の魚介類は危険，との通告を出す。(633) 11・13　安中町長と高崎市長，県協議会に鉱毒対策依頼書を提出。(43) 11・27　国立公衆衛生院，水俣で疫学調査を開始。(633) 11・30　大分県・鶴崎市，兵庫パルプ工場誘致の覚書に仮調印。(333) 11　福島県，三菱製紙白河工場に排水処理設備を強く要望。(614) 12・28　益田市，中越パルプの製紙工場進出に関し，同社と調印。パルプ廃液排出に伴う漁業被害についての話し合いのつかぬまま。(598)		ルコール・アルキルベンゼン・その他スルフォネーションの中間試験工場完成。(537) 12・31　東電千葉，操業開始。(393)
―　札幌市で煤煙に関する調査研究開始。(432)	―　鉱山事故：高陽炭鉱（ガス爆発），常磐炭鉱（坑内火災），三菱古賀山炭鉱（火災）で計27人死亡，5人負傷，5人不明。 （西1・19，北9・20など）	

1957（昭和 32）

公害・環境破壊	住民・支援者など	企業・財界
1　熊本大学医学部,「**水俣病の原因は重金属，**それも**新日窒の排水**に関係あり」と発表。（762-31巻補冊1）	1・16　益田市で中越パルプ工場設置反対期成同盟会設置。（598） 1・27　水俣漁協，新日窒水俣工場に対し，工業用汚悪水の海面への流出中止，もし流すのであれば浄化装置の設置を要求。（633）	1・12　東邦亜鉛，三者協議会席上で初めて農作物と養鯉への加害事実を認める。（43）
2・3　北九州の工業化が進む中で，降下煤塵量，著しく増加。戸畑保健所，「戸畑市の降灰量は年間2,000〜2,800 t」と発表。（西2・3） 2・19　東京都心部に朝から濃い煙霧。（朝2・19） 2・26　水俣病医学研究班,「水俣湾内の漁獲禁止の必要あり」と結論。（623） 2〜5　不知火海の島々・**水俣地区**の漁村部落で**ネコの狂死続く。**（633）	2・22　鶴崎市の漁民，兵庫パルプの工場予定地への資材運搬を阻止。着工延期となる。（333） 2・28　兵庫パルプの鶴崎市進出に漁民，被害補償額などで合意。覚書に調印。（333）	2・8　兵庫パルプ，大分県に対し，金融などの都合で早急に工場建設の必要あるとし，2月16日までの最終結論を要求。（333）
3　新潟市で，地盤沈下の速さの増していること判明。（朝3・18） 3　福岡市野間本町で井戸水に**四エチル鉛**や**亜硝酸性窒素**混入のため，住民に中毒患者発生。（西3・31）	3　東京都の大森漁協，森ケ崎汚水処分場設置反対の陳情。（417）	3・14　安中地区農民，県知事らに東邦亜鉛の銅電解工場増築の新たな計画に反対の陳情を開始。県知事，これらを受け入れず，会社は4月に電解工場操業開始。（43）
	4・1　益田市で，パルプ工場誘致に関する全員協議会を傍聴中の漁民400余人，議場になだれこみ暴行。こののち中越パルプ，進出をとりやめ。（598） 4・19　石狩地区の3土地改良区，石狩川汚染被害地域の諸団体，有志に呼びかけ，**石狩川水質浄化促進期成会**を結成。（207）	
5・4　〈石狩川水質浄化促進期成会〉，被害町村の資料を基に被害調書を作成。土地改良区関係被害額は1,800万円，水稲被害1億780万円，農業共済組合関係被害253万円，鮭鱒捕獲組合関係564万円。（207） 5・9　福岡市旧市内一帯で上水道に異臭。市水道局における塩素消毒のため。（西5・10） 5　福岡市内37カ所の井戸より四エチル鉛検出さる。戦時中に九州飛行機会社が埋蔵した航空燃料が原因，と市衛生課の見方。戦後，これまでに四エチル鉛中毒で死亡した	5・21　福岡県鉱害対策被害者組合連合会長，福岡県鉱害対策連絡協議会長に，盗炭・水洗炭防止の対策について要望書を提出。（338） 5・27　水俣漁協，新日窒に対し排水の即時停止，沈殿物の除去などを要求。（634）	5　**新日窒付属病院**で，猫に対する重金属投与実験開始。（634）

国・自治体	労災・職業病と労働者	備　　考
1・12　群馬県公害対策協議会，県・東邦亜鉛・地元農民代表の3者協議会を開催。(43)		
2・16　鶴崎市の兵庫パルプ進出の件で大分県，漁民側と合意に達さないまま工場誘致を決定。(333)		
3・4　熊本県，**水俣奇病対策連絡会**を設置。(633)		
3・19　厚生省食品衛生課，水俣地区へ奇病調査官を派遣。(633)		
3・26　水俣市議会に水俣病対策協議会設置。(633)		
4・1　広島県，騒音防止条例を制定。(212)	4　兵庫県播磨造船修理中の船で冷凍用アンモニアにより中毒。12人死亡，2人負傷。(503)	4　丸善石油，ブタノール生産開始。(537)
5・1　人事院規則として，職員の保健及び安全保持規則，発足。(305)	5・14　大豊炭鉱副社長長戸慶之介，労務係員を使って同鉱山労働者に暴力をふるい1週間の傷を負わせ逮捕さる。労働者10数人が前日のガス爆発を恐れ，欠勤したことに怒ったもの。(西5・14)	
5　神奈川県京浜工業地帯大気汚染防止対策技術小委員会結成。(122)		

1957（昭和 32）

公害・環境破壊	住民・支援者など	企業・財界
人は市周辺で10人。（西5•10，12） 5　東京の羽田空港に近い大森一中・大森第五小学校について調達庁，防音装置が必要と結論。（朝5•18） 5　このころ洞海湾に続き，響灘漁場でも漁獲激減。（西5•5）		
7•5　西九州で豪雨。地すべりによる被害甚大。福岡県では石炭採掘時の捨石の山“ぼた山”による被害発生。住民に不安。（西7•5） 7•8　国立公衆衛生院疫学部長松田心一と熊本大学医学部教授入鹿山且郎，第27回日本衛生学会総会で，水俣地方に発生の中枢神経系疾患について，「原因は中毒で，原因物質は新日窒排水により強い汚染を受けていると考えられる。」と発表。（西7•9）		
7　米軍千歳基地近くの農家で，騒音のため家畜の斃死や乳の減少，人の病気など被害発生。（北7•5） 7　玄米より農薬パラチオン検出され，問題化。（朝7•6）	8•22　宮城県松島湾種ガキが死滅，仙台火力代ケ崎発電所建設工事が原因と疑われたが，東北水研は海浜異変が原因と発表。（840） 8•28　〈石狩川水質浄化促進期成会〉，道庁斡旋の企業側との話し合いの席上，最も望んでいるのは昔の清流への還元で，被害補償は第2次的と強調。（207）	8　新日窒，〈水俣病患者互助会〉に5万円を寄付金として渡す。（634）
9　旭川郊外の陸上自衛隊で，隊員多数に白血球減少発見される。飲料水にしていた雨水の放射能汚染が原因。（北10•28）	9　茨木・吹田市住民，阿武山への関西原子炉設置反対運動開始。立教大教授武谷三男を招いて強行設置を決定した京大側と立合討論会実施。（99，774） 10•10　室蘭漁組，海岸にある北光鉱業室蘭鉱業所の廃液溜池からの汚水流出で，ホッキ稚貝が大量死した件で，同鉱業所に厳重に抗議。（北10•12）	10　大日本製薬㈱が西独のグリューネンタール社の了解を得ずに国内で特許申請していたサリドマイド，厚生省より新医薬品として許可さる。（777）
11•6　室蘭港内は富士鉄前面海水の	11•26　東京の浅草で ＜隅田川清浄	

国・自治体	労災・職業病と労働者	備　　考
6・10　核燃料物質および原子炉の規制に関する法律公布。施行12月9日。(133)	6・2　兵庫県加古郡の別府化学にてアンモニア・タンクの爆発。労働者14人重軽傷。消防団員3人中毒。(西6・2)	
6・10　**放射性同位元素等による放射線障害の防止に関する法律公布。**施行1958年4月1日。(133,815)		
6・11　福岡市に四エチル鉛対策本部設置。(西6・11)		
7・9　福岡県鉱害対策連絡協議会，盗炭・水洗炭防止対策の陳情に応じ，小委員会を設置。(338)	7・30　この日より1959年3月17日にかけ，神奈川県下の化学工場でフタロジニトリル中毒，10人に発生。(255)	7　新日窒，塩ビ年産能力1万4,400t。1950年は年産180t。(633)
7　札幌市中央保健所，市内に出回っている有毒色素使用の「さくらでんぶ」を摘発。製品の移動禁止を命令。(北7・7)		
8・30　熊本県，販売を目的とする水俣湾内漁獲禁止を決定。(171)		8　朝日茂，低い生活保護基準への鋭い抗議として訴訟を提起。(朝日訴訟)(782)
8　有明海で水産庁・熊本農地事務局・長崎水試などにより，漁業や水産の実態調査実施。(西7・12)		
8　佐賀・長崎県，全国で初めての**地すべり対策条例**を可決。(338)		
		9・25　大鹿卓，『谷中村事件』。(797)
10・30～11・5　〈福岡県鉱害対策連絡協議会〉，上京して国会に請願(11月1日)や関係機関に陳情。(338)		10　西独の中小製薬会社のグリューネンタール社，新たに開発した化学合成物質N・フタリルグルタミルイミド（サリドマイド）を，安全な薬との大々的宣伝のもと鎮静・催眠剤として各国に売り出す。(777)
	11・16　福岡県大之浦炭鉱でガス爆	11・1　**日本原子力発電㈱**（原発）発

1957（昭和 32）

公害・環境破壊	住民・支援者など	企業・財界
甚しい濁りを初め，工場廃水や浚渫による海底汚染などで，漁場が大きく影響されていること，道水試の調べで判明。（北11•7）	化期成同盟＞，大会開催。（朝11•27）	
12•1　富山県医学会にて**萩野医師**，**イタイイタイ**病の**鉱毒説**発表。（65） 12•4　大分県兵庫パルプ鶴崎工場より，大分県下一のノリ養殖場約5万坪に廃液流入。（西12•5） 12　千葉市市議会で大気汚染問題出る。千葉日報，千葉市の大気汚染問題をとりあげ始める。（393）	12•4　群馬県高崎地区被害漁民と東邦亜鉛安中製錬所の間に補償協定成立。要求額1,450万円に達し，協定は打切り補償，７年間分割払いで770万円。（43）	
―　**富士市**で大昭和製紙鈴川工場から流出の**塩素ガス**で，稲が枯死。（564） ―　このころより，大阪市周辺で漁獲物の油臭，問題化。（342）	―　高知市で漁民約300人，西日本パルプ工場に出向き，漁業被害に抗議。（233）	―　宇部興産，集塵装置をとりつける。（319） ―　石炭の坑口開設がめだって増加。石炭好況の反映。（西 5•1） ―　某社（社名不詳―編著者）職業性膀胱腫瘍の集団検診開始。患者10数人発見さる。（71-118号）

国・自治体	労災・職業病と労働者	備　　考
12・11　水質汚濁規制法案作成される。(837-347号)	発。2人死亡，10人重傷。大之浦炭鉱労組，この爆発事故で11月22日午前6時より，24時間の弔慰ストライキ。(西11・16,22) 11・22　福島県小名浜のサンマ漁船，金華山沖で火災。乗組員13人行方不明。(西11・22) 11　千葉県の日本冶金カーリット，爆発。死亡14人，負傷17人。(503)	足。(168)
12・1〜31　東京都衛生局，煤煙防止月間を実施。(朝12・1) 12・5　大分県，兵庫パルプ鶴崎工場に2日間の操業停止。(西12・5) 12・24　石狩川汚濁問題で道庁・企業・農民・旭川市による話し合いが持たれ，席上で道立農試，水質調査・稲作調査結果を発表。「工場廃水による影響の大きいことは認めているが，被害度を数字で表すことは困難な面もあり」との発表。(207)		
―　この年を第1年度とし，神奈川県下における大気汚染実態調査開始。(122)	―　鉱山事故：上大豊炭鉱（ガス爆発），堤炭鉱（ガス爆発），森山鉱山（落盤），大元浦炭鉱（ガス爆発），中鶴炭鉱（浸水）で10人死亡，13人負傷，30人不明。 (西5・13，10・24，11・16，26 北6・22，23) ―　この年1年間の三井砂川鉱の坑内事故は負傷655人，死亡15人。(三井砂川鉱の調べ：北1959年1・7) ―　東京都江東区の日本化学工業で国立公衆衛生院医博鈴木武夫ら，東京労基局の要請により労働者の健康調査。鼻中隔穿孔37%発見。また肺癌の経過観察者1人発見さる。(71-109，110号) ―　このころより重症のニトログリコール中毒が夏季に発症の傾向。ニトログリコール配合率の大幅増にもとづく。(307)	―　神奈川県下でフタロジニトリル，染料中間体としてわが国で初めて生産開始。(255)

1958（昭和 33）

公害・環境破壊	住民・支援者など	企業・財界
1　小樽市の石狩湾，し尿投棄による沿岸漁業被害増大。投棄開始は1955年12月より。（北1・21） 1　北海道衛生部による年末年始の食品調査の結果，違反345件。大部分が有害色素。（北1・31） 1　北海道で非特異性脊髄炎症（のちのスモン），道内としては初めて発見さる。（332）		1・20　大日本製薬㈱，サリドマイドにイソミンと商品名をつけ，鎮静・催眠剤・妊婦の“つわり”防止薬として大量販売開始。（777）
	2　北炭清水沢労組，北炭清水沢電力排出の煤煙が洗濯物を汚し，呼吸器系疾患の原因にもなるとして団交を開始。（北2・11） 2　北海道胆振東部海区調整委員会，道知事に，水質汚濁防止法の早期制定の陳情書を提出。苫小牧の**王子製紙・旭川の国策パルプ・勇払原野の総合開発**などによる鉱山・工場の排液被害の増加を憂えたもの。（北2・7）	
		3　西日本パルプ，大王製紙に吸収合併され，大王製紙高知工場となる。（233）
4・1　放射線医学総会で，千葉大講師志賀達夫，学童の年3回のレントゲン撮影が許容量をはるかに越えている，と警告。（西4・1） 4・5〜13　北見市で，し尿処理に伴い小川に流入したし尿のため，サケの稚魚数十万尾が斃死。（北4・14） 4・6　**東京都江戸川区 本州製紙 江戸川工場**より，黒濁水の流出が認められる。（328）	4・23　東京都江戸川投網業代表20人，本州製紙江戸川工場に対し，同工場の汚水排水による漁獲減少の件で，汚水の浄化を要求。本州製紙江戸川事件の始まり。このののち各漁組，同工場と交渉。（126） 4・23　江戸川水系9漁業権者，アユの遡上激減で汚水の善処を都および都内水面漁業管理委員会に要求。（328）	
5・13，14　東京都江戸川水系で，本州製紙江戸川工場廃水による魚介類死滅。漁業者より千葉県への報告。（328） 5・26　労働省，職業病予防のための労働環境の改善などの促進について通達。（305） 5　東京都心部の空気の，自動車排気ガス中鉛による汚染と人体への影響の発生，厚生省衛生試により	5・24　東京湾の漁民約1,000人，200艘の舟に分乗して東京都江戸川区の本州製紙江戸川工場付近に上陸し，同工場に対し示威行動。同工場汚水により魚介類が死滅・減少し，4月以来交渉を続けたが同工場から何の回答も得られなかった結果の行動。（朝5・25）	5・17　本州製紙江戸川工場，千葉県当局の漁場調査に際し，被害の状況を認める。しかし千葉県による悪水放出中止要求（5月19日）には応ぜず。（328）

国・自治体	労災・職業病と労働者	備　　考
	1　神奈川県の製造工場にて，アンモニア原料ガス精製工程ドレンパイプ修理中にガス爆発。1人死亡，30人負傷。(297)	1　三井石油化学のエチレン・プラント操業開始。(537)
2・19　労働省，港湾荷役における有害物による中毒の防止について通達。(305)		
		3・19　**本州製紙江戸川工場の SCP 試運転**開始。4月22日本格操業。(328)
4・24　下水道法公布。(133)		4・1　**三菱原子力工業㈱設立。三菱系25社の出資。原子力関係研究施設は大宮市北袋町に設置すると決まる。**(99)
		4　昭和四日市石油，日産4万バーレルで操業開始。(766)
		4　住友化学，高圧ポリエチレンの国産開始。(537)
5・2　**水洗炭業に関する法律**公布。8月5日施行。(338)	5　札幌労基署，**豊羽鉱山坑内夫**で1957年11月までに体の異常を訴えていた30数人を，坑内の環境が悪いために発生したとし，**職業病熱中症**に認定。(北5・28)	
5・8　都内水面委員ら，本州製紙江戸川工場を視察。処理設備の不備を指摘し，早急に完備のことを申し入れる。(328)		
5・10～31　東京都，警視庁と協力し交通騒音防止運動を開始。(朝5・10)		
5　**珪肺および外傷性脊髄障害の療養等に関する臨時措置法成立。時限立法。**(503)		

公害・環境破壊	住民・支援者など	企業・財界
把握さる。（朝5・2） 5　北大医学部教授安倍三史らにより，煤塵中から3-4ベンツピレン抽出さる。（北5・22）		
6・1　神奈川県酒匂川でアユ100万尾が斃死。富士フイルム足柄工場の汚水および農薬散布の影響が疑われる。（朝6・1） 6・25　北海道室蘭市沿岸の昆布漁，室蘭港から流出する汚水で全滅状態。（北6・25）	6・10　千葉県浦安町で町民大会。浦安漁組の漁民のうち約700人，本州製紙江戸川工場の汚水問題で国会・都庁に陳情した帰途，同工場になだれ込み，座り込む。（朝6・11） 6・30　水質汚濁防止で全国漁民大会。こののち，本州製紙江戸川工場事件で国会陳情。（126）	6・2　東京都江戸川区の本州製紙江戸川工場，漁民の乱入で5月24日以来一たん汚水放流を中止するが，漁民との話合いのつかぬまま，この日再び汚水排出を開始。（126） 6・3　本州製紙江戸川工場，汚水の放流再開に抗議に来た漁民代表に対し，廃水無害と回答し，運転停止を拒否。7日にいったん運転を停止するが，9日には再開。（126） 6・16　本州製紙江戸川工場，東京都の一部操業停止命令を受諾。（126） 6・20　本州製紙江戸川工場，沈殿池を完成。（126）
		7・2　経団連と通産省企業局との水質汚濁規制問題に関する打合わせ会で，本州製紙事件がきっかけで，政府が何らかの法的措置をとらざるをえなくなったこと明らかにされる。（837-363号）
7・15　国立公衆衛生院の「水俣市に集団発生した奇病の原因は，新日	7　高知県浦戸湾の漁民，パルプ工場の廃液問題で，デモ行進。（233）	7・8　本州製紙，東京都と千葉県両知事に対し，江戸川工場事件で調

国・自治体	労災・職業病と労働者	備　　考
6・1〜10　東京都，都内23区の全道路を静粛運転地域とした第三期交通騒音防止運動。（朝6・3）	6・4　水俣市の新日窒水俣工場で液体酸素容器が爆発。1人重傷。（西6・4）	
6・6　東京都，本州製紙に江戸川工場作業停止を口頭で勧告。（126）		
6・9　千葉県浦安町長や町議，本州製紙江戸川工場にＳＣＰ設備再運転の即時停止を要求。（126）		
6・11　東京都知事，本州製紙江戸川工場の汚水問題で同工場に対し，都工場公害防止条例に基づき，汚水関係部門の一時操業停止命令を出す。（朝6・11）		
6・13　参院決算委員会，本州製紙江戸川工場汚水事件で参考人の意見を聴取。（朝6・13）		
6・24　参院社会労働委で熊本県選出代議士，“水俣病”対策について政府の調査続行と被病者への医療・生活両面の保護，水産資源の保護などを関係当局に要望。厚生省環境衛生局長，「奇病の原因物質と思われるマンガンなどは奇病の発生した海岸近くの某工場のものと推定」と発言。（西6・25）		
6・28　福岡鉱山保安局，管内全炭鉱に対し，出水の危険のある炭鉱は操業を一時停止し，万全の措置を講ずるよう警告。（西6・29）		
6・30　参院決算委，本州製紙江戸川工場汚水排出事件で，「廃液により，東京都および千葉県の沿岸漁民に被害を与え，都・県の保護水面管理事業にも悪影響が及んだ」と結論。浄化装置設備まで廃液放流を停止し，被害補償を速かに行うべきとし，さらに水質汚濁防止法案の緊急提出を要望。（126）		
7・10　長崎県，騒音防止条例を制定。（212）	7　東京進化製薬でベンゾールの爆発。死亡13人，負傷19人。（503）	

1958（昭和 33）

公害・環境破壊	住民・支援者など	企業・財界
窒水俣工場の廃棄物」と結論した公文書，水俣市に届く。（西7・16） 7　大王製紙高知工場のガスで周辺住民5人に中毒発生。（233）		停を依頼。（328） 7・14　新日窒，厚生省通達に対し「水俣奇病に対する当社の見解」を発表。厚生省説を否定。（634） 7・29　新日窒の申し入れで，熊本大学の**水俣病総合研究班**と新日窒，水俣病に関する懇談会を持つ。新日窒が研究発表を行う。（623）
	8　＜**水俣病患者家庭互助会**＞結成。（633）	8・1　新日窒，熊本県副知事に「今後の水俣病研究は慎重に」と申入れ。（633）
9・16,17　米国ＮＩＨ疫学部長医学博士 Kurland ら，水俣を訪問。（623）	9・1　水俣漁協，奇病の影響で魚の売れ行きが止まったことをめぐり，漁民大会。（633）	9　新日窒，アルデヒド酢酸設備排水を八幡プールに流し始める。（633） 10・3　経団連，「水質汚濁規制立法にかんする要望」建議。産業発展に不測の打撃を与えぬよう慎重な配慮を，と。（837-372号）
11　新潟・大阪・東京などで地盤沈下，重大問題化。（朝12・22） 12・16　東京都内でホウ酸入りカマボコ，摘発さる。（朝12・18）	12・19　千葉県浦安漁組など東京湾沿岸の漁民代表，千葉県水産部の部員とともに都庁を訪れ，本州製紙江戸川工場の操業停止を要求。（朝12・20）	12・25　本州製紙と千葉県各被害漁協の間に漁業補償協定成立。26日，同じく東京都被害漁協との間に協定成立。（328） 12　大王製紙高知工場，高知県浦戸湾漁業被害に100万円支出。（233）
		—　三菱化成黒崎工業所の附属病院医師林経三，同工場の**職業性膀胱腫瘍報告書**（**芳香族アミン**による）を会社に提出するが，会社は公表せず，労働者に知らせもせず握りつぶす。（71-118号）

国・自治体	労災・職業病と労働者	備　　考
	7　西川滇八ら，産業現場におけるフッ素障害についてもっと検討さるべきとし，過燐酸製造工場での同症について発表。(753-34巻7号) 7　東京の花火製造所で爆発。13人死亡。(503)	
8・23　熊本県，水俣湾海域内での漁獲厳禁を通達。(171)		8・13　全日空ダグラスＤＣ-3型機，下田沖に墜落。33人全員死亡。(朝8・13)
10・1　道路交通取締法改正令施行。警笛の吹鳴制限など。(朝10・1) 10・16　衆院社労委で厚相，水俣病の原因は新日窒の重金属と発言。(633) 10・18　熊本県，騒音防止条例を制定。(212) 10・30　東京都に水質汚濁防止調査連絡協議会設立。利根川・荒川水系が対象。(439)		10　堺臨海工業用地の造成および譲渡の基本計画策定。(261)
12・16　**公共用水域の水質保全に関する法律**および**工場排水等の規制に関する法律**，衆院商工委で修正可決。25日公布。(朝12・17) 12・27　東京地検，本年6月10日の千葉県浦安町漁民による本州製紙押しかけ事件に関し，容疑者として調べていた漁民30人の不起訴処分を発表。(朝12・27) 12　高知県と高知市，浦戸湾漁業被害者に見舞金各10万円を支出。(233)		12・1　1万円札発行。(168) 12・27　国民健康保険法公布。(815)
—　新居浜の**別子銅山**を源とする国領川の流水をかんがい水に利用する別子第2地区において，戦時中の産鉱大増産に伴う農地の鉱害被害に対する対策始められる。耕土の下4～8cm は鉱毒層。(578) —　林野庁，国有林でチェンソー大量採用。この年一挙に1,358台。(71-121号)	—　鉱山事故：三菱新入鉱（ガス爆発），中興鉱業所（出水），三井砂川炭鉱（ガス爆発），本添田鉱(出水)，大昇鉱（ガス爆発）で計82人死亡，13人負傷，29人不明。(西5・29，6・28，9・26，北6・10など)	

1959（昭和 34）

公害・環境破壊	住民・支援者など	企業・財界
1・16　**東京に濃いスモッグ**。都心の視界 600m に。前年11月以来30回発生し例年の 1 割増。（朝1・16）		
2　この 1 年間に東京都江東区北砂町で 17 cm の地盤沈下。大正 7 年より40年間で 3 mの沈下。東京都調べ。（朝10・19） 2〜4　東京都五反田地区で地盤沈下のため小学校が傾く被害発生。（280）	2・24　東京都江戸川区の本州製紙江戸川工場の廃水被害（前年発生）について最大漁組の浦安漁協組，同社との補償協定に調印。1,900万円の補償額。（朝2・24）	2　東京都江戸川区本州製紙江戸川工場，除害装置を完成。（朝2・24）
3「肺癌の原因に空気汚染が重大な関係あり」との10年間の分析をまとめた研究結果を阪大医学部病理学教室が発表。（西3・27）		
1　**熊本県芦北郡湯浦町**で**ネコ集団発病**。（633）	4・8　<尼崎市民煤煙追放対策協議会>代表10人，市長と市会議長に公害防止条例制定要望書を提出。（35-第 3 分冊） 4　**宮崎県土呂久**の住民組織　**<和合会>**，土呂久鉱山の亜ヒ酸製造廃止の斡旋を高千穂町長に陳情。（443）	
5・11　茨城県東海村原子力研究所でガス爆発事故発生。（朝5・12） 5・30　熊本県水俣川河口に，アユなど大量に浮上。（633） 5　**熊本県天草郡御所浦島**で**ネコ多数斃死**。（633） 5　安中市で，**東邦亜鉛安中製錬所**の排煙で，桑園・果樹園・蚕被害発生。（上毛 5・28） 5　東京都北区の**ベリリウム工場**：横沢化工会社（前年 3 月に操業開始）に接する住宅10数軒の住人に，言語障害・呼吸障害・頭痛・ムカつきなどの症状発生。（朝5・12）		

国・自治体	労災・職業病と労働者	備　　考
1・10　東京都建設局，河川白書を発表。将来の治水計画の中に地盤沈下・河川汚濁防止対策進行などあり。（朝1・11） 1・23　労働省，ベンゼンまたはその同族体による中毒について通達。（305）		
2・9　熊本大学で厚生省の食品衛生調査会水俣食中毒部会，開催。（623）	2・4　鳥取県岩美郡福部村で，砂採取中の労働者10人が 1,000m³ の砂で生埋め。５人死亡。（西2・4） 2　技術革新が労働者に与える影響についての報告あり。生産の機械化が労働者の状態に必ずしもよい影響は与えない，と。（753-35巻2～4号）	2　横浜市根岸湾埋立着工。（526）
3・1　前年成立の「水質保全法」に基づき，**水質審議会**発足。（朝2・24） 3・12～14　東京都と千葉県，江戸川の水質を検査。その結果３月25日，本州製紙江戸川工場の操業を許可。（朝3・26） 3・31　電離放射能障害防止規則の公布。（305）		3　三菱油化四日市工場，石油化学コンビナートの中心としてナフサセンター操業開始。（766）
4・27　水俣市立病院に水俣病患者のための特別病棟，完成。（633）		4・20　通産省，石炭鉱業合理化臨時措置法に基づき，石炭業界に石炭操短を指示。（西 4・20） 春　八幡製鉄の堺臨海工業地への進出決定。（261）
5　尼崎市，大気汚染の予報を計画。日本で初の試みと報道さる。（朝5・5）		5　日本石油川崎精油所，稼動開始。（537）

1959（昭和 34）

公害・環境破壊	住民・支援者など	企業・財界
6·6　東京都民の上水道水源の**多摩川**上流でアユ，大量に斃死。水質検査の結果，青酸性の反応あり。(朝6·7) 6·8　埼玉県下の名栗川（荒川支流）に飯能市のメッキ工場より**青酸カリ** 600*l* が流入。アユなど川魚が浮上。(朝6·9) 6·19　東京都杉並区の武蔵野化学研究所から 20kg の**青酸ソーダ**が流出し，善福寺川に流入。(朝6·20) 6·24　新潟地盤沈下特別委員会,「新潟地方の地盤沈下の主原因は地下水の急激な汲みあげ」と科学技術庁資源調査会に報告。沈下の理由が天然ガス採取によることを暗に認めたもの。(朝6·25) 6　鹿児島県**出水市**で**水俣病患者**発生。(633)	6·4　尼崎市藻川淡水漁協＜河川浄化促進会＞，下流工場に廃液を流さぬよう申し入れ。1952年ごろより漁獲が目立って減少のため。(763–第 2 分冊) 6·20　水俣市鮮魚小売商組合と同市場，水俣病の即時原因究明・解決などを要求し集会，デモ行進。(633) 6·23　＜川崎市煤煙防止対策協議会＞，川崎市内において煤煙防止市民集会開催。(朝6·18) 6　大宮市住民による＜原子力施設反対同盟＞，市議会に反対請願。(99)	
7·16　東京都衛生局の調べによると，都内の海岸は大腸菌多数でいずれも水泳不適，また河川もほとんど不適のこと判明。(朝7·16) 7·中　釧路市郊外で操業を開始した**本州製紙釧路工場**，黒い廃液を大量に海に排出。サケ・マスや沿岸漁業への影響を懸念する声が強まるが，工場は完全な化学処理をしており魚への影響はなし，と発言。(北9·2) 7·22　**熊本大学**の水俣病総合研究班，**水俣病の原因は水銀**と結論。翌日各紙報道。(623)	7·31　水俣市鮮魚小売商組合総会，水俣近海の魚介類の不買を決議。(633)	7　**新日窒**付属総合病院長細川一，アセトアルデヒド工場廃水を投与して**ネコ実験**開始。(631, 633) 7　**新日窒水俣工場技術部**，排水分析行う。八幡プール残渣排水より CaO, MgO, Cu, Hg, Se, T*l*, Mn, Pb など有毒物検出（7月3日)。工場排水溝出口より CaO, MgO, Cu, As, Hg, Se, T*l*, Mn, Pb など有毒物検出（7月6日)。技術部に㊙研究室（奇病研究室）設置。(631)
7·23　三重県志摩半島沖合で日本の大型貨物船松福丸とドイツのタンカー：ヘルユエニツ号が衝突し，炎上。(西 7·23)	8·11　宮城県女川町が発表した石油精製工場設置計画に対し，万石浦など3漁協「石油基地反対期成同盟」を結成。(840)	
8·12　鹿児島県出水市天神部落から飼猫が水俣奇病にかかった疑いとの届出，保健所にあり。出水保健所8月18日，「**出水市内のネコの狂死**は水俣病」と発表。熊本県外の発生，初公表。(西8·13, 19)	8·12　**水俣市漁民** 300余人，水俣病による漁業被害補償1億円などを要求して，新日窒水俣工場と第2回交渉。交渉の拒否にあい，100余人の漁民，工場内に乱入。(西8·13) 8　**東海原子力グループ**の川崎市王禅寺への原子炉設置計画に地元住	8·5　新日窒，熊本県議会水俣病対策特別委員会で，熊大の有機水銀説を実証性のない推論，と反論。「所謂有機水銀説に対する工場の見解」を発表。(633) 8·18(19)　水俣市で，**新日窒**水俣工場と漁民との被害補償要求交渉に**警官** 100余人出動し，漁民9人・

国・自治体	労災・職業病と労働者	備　　考
	6・23　**全日本金属鉱山労組連合会，**代表者会議で，**珪肺協定改正**をめぐり，療養保障期間延長・賃金保障などを要求した6月29日からの**闘争指令**を発表。（西6・24）	
7・2　熊本県衛生部，不知火海沿岸の各保健所に，魚介類水揚げ地区のネコの集団発病について調査を依頼。(633)	7・6　宇都宮市の大谷石採掘場で落盤。3人生埋め，9人重軽傷。（西7・6） 7・11　宇部市協和醗酵工業宇部工場で合成工場ガスタンクの分離装置から出火し爆発。消防署員2人を含む4人死亡，行方不明8人，負傷42人。（西7・11） 7　東京下町ビニール加工業・クツの底張り業など，ベンゾール入りゴム糊を使う零細な業者や内職者の間に**ベンゾール中毒多発**し問題化，との報道なされる。（朝7・29）	7・23　日産化学，日本油脂と合成洗剤原料アルキルベンゼン“王洗”の供給で提携。(537)
8・3　労働省，内職者の間に広まっているベンゾール中毒の予防について，各都道府県知事と全国労基局長に協力を求めた通達を出す。（朝8・4） 8・20　労働省，ニトロベンゼン，クロールニトロベンゼン，アニリンによる中毒について通達。(305)	8・4　東京ヘップ・サンダル工組合，ベンゾール中毒問題で浅草において自主的に集団検診を実施。（朝8・5） 8・5　東京ヘップ・サンダル工組合代表6人，東京労基局に家内労働者・内職者の集団検診（ベンゾール中毒）実施を要求するが，労基	

公害・環境破壊	住民・支援者など	企業・財界
	民，反対陳情開始。のちには東海と話合いがつき設置を受入れる。(129)	工場側1人・警官5人に負傷者。(西8・19)
9・7　札幌市内で，同市し尿塵芥処理場から流出したし尿でオタルナイ川の魚が全滅。また石狩町沿岸のホッキ貝にも大被害発生。(北9・9，10)	9・3　岡山県玉島市乙島漁協，部落代表者会議で砂利採取による海苔・アサリ・モ貝の被害発生を確認。8日関係先へ陳情開始。(211)	9・28　**日化協**大島理事，「水俣病の原因は爆弾」と発表。新日窒もあわせて「有機水銀説の納得し得ない点」を発表。(633)
	9・18　熊本県芦北郡下町村長・芦北沿岸漁業振興対策協議会代表，新日窒に①水俣川への汚水排出の中止②汚水浄化設備の完備，を要望。新日窒，芦北町には無関係と回答。(633)	
	9・18　福岡県田川郡添田町の農民約50人，鉱害補償を要求して古河大峰鉱業所で交渉中，副所長や鉱業所の要請で来所した警官らと乱闘になる。(西 9・19)	
	9・28　熊本県葦北郡津奈木漁協総決起大会，新日窒に対し工場排水による漁業被害補償を要求。新日窒，根拠がないと拒否。以後田浦・芦北・湯浦漁協，新日窒に抗議・補償要求して総決起大会を次々開く。(633)	
10・7　洞海湾にて海面火災。けい留中船舶が廃棄した石炭燃えがらが，沈没した小型タンカーの重油に燃え移ったもの。(西10・7)	10・14　熊本県不知火海区各部会長と熊本県漁連会長，不知火海区水質汚濁防止対策委を結成。(633)	10　新日窒付属総合病院の細川院長のネコ実験，アセトアルデヒド酢酸工場廃水によりネコ水俣病を発症。(633)
10・7　武雄市武雄町で飲料用井戸水の黄濁発生。近くのメッキ工場よりのクロム廃液が原因のこと，保健所の調べで判明。(西10・8)	10・17　熊本県漁連の漁民1,500余人，新日窒工場に対し水俣病による漁業被害補償を要求しデモ行為。(朝10・18)	10・7　新日窒，日化協の報告に基づき「原因は旧軍隊が水俣湾に捨てた爆薬ではないか」と県知事に調査を申し入れる。(毎10・8)
	10・23　北海道空知・神龍・深川3土地改良区，石狩川水質浄化に関する請願書を道議会に提出。(207)	10・12　新日窒水俣工場長，芦北町代表に翌年3月までに排水浄化設備の完工を約束。(633)
		10・24　**新日窒**，熊大の有機水銀説に対し**反論**「水俣病原因物質としての有機水銀説に対する見解」第一報を発表。工場長，水俣市長・市議会対策委員らに工場データを説明，爆薬説を強調。(623，633)
		10・30　新日窒水俣工場八幡プールに逆送ポンプを設置（予算300万円），水俣川川口への汚水排出を

国・自治体	労災・職業病と労働者	備　　考
8・25　東京都衛生局，ベンゾール中毒対策委で，ベンゾール取扱内職者の検診実施を決定。(朝8・26) 9・16～22　労働省，ベンゾール中毒で東京都内5区の巡回指導を実施。(朝9・16) 9・21　衆院社労委でベンゾール中毒問題討議。席上，労働省は秋に調査会発足，と回答。(朝9・22)	局,「東京だけで8,500人もの該当者の検診は同局には不可」と回答。(朝8・6) 9・4　東京下町地区のサンダル工・靴工・鼻緒工らの組合，ベンゾール中毒問題で共同対策会議を開く。東大病院や浅草病院での検診で重症患者の発見が続く中で，行政による対策が一向にとられないことへ抗議。(朝9・5) 9・6　東京都葛飾区で，サンダル加工内職を続けていた主婦が，ベンゾール中毒で死亡。(朝9・11) 9　埼玉の化学工場にてアクリルニトリル中毒10人発生。(203)	
10・6　厚生省食品衛生調査合同委員会で**水俣食中毒部会**，水俣病研究中間報告として**有機水銀中毒説**を発表。(633) 10・21　通産省，新日窒に①水俣川川口への廃水放出を即時中止し，従来通り百間港の方へ戻すこと②廃水の浄化装置を年内に完成することを指示。(633) 10　熊本県衛生部，『熊本県**水俣湾**産魚介類を多量摂取することによって起る食中毒について』刊行。(171)		

公害・環境破壊	住民・支援者など	企業・財界
		中止し工場内に逆送開始。(631) 10 **新日窒水俣工場長**，10月17日の漁民の工場乱入で田浦漁協長らを水俣署に**告訴**。(633)
11 横浜市釜利谷町の東洋化工工場で**TNT爆発**。死者3人，負傷者100人，住宅被災1,000戸。(503)	11・2 国会議員への陳情ののち，新日窒水俣工場前に集合した**熊本県下各地からの漁民1,700人余**，同工場に浄化装置完成までの操業中止を申し入れ。工場の拒否にあい，工場内に乱入。 (西11・2，朝11・3)	11・4 東工大教授**清浦雷作**，水俣市で水俣病の工場廃液原因説を否定し「さらに総合研究が望ましい」との談話を発表。この日，第5回日本病理学会で熊大病理学教授神原武助が水俣病の原因を「新日窒の廃液」としたことへの反論。 (西11・5) 11・4 **新日窒従業員**，「我々は暴力を否定する。工場を暴力から守ろう」のスローガンのもとに従業員大会。(631)
	11・16 ＜水俣病患者家庭互助会＞，「市当局・市議会は水俣病原因究明その他，工場に一方的に向いている」と抗議。(633) 11・21 **＜水俣病患者家庭互助会＞**，知事に「漁業補償より前に水俣病による死者・患者の補償を行うよう」陳情。(633) 11・25 **＜水俣病患者家庭互助会＞**，新日窒に被害補償金2億3,000万円（1人当り300万円）を要求。新日窒，拒否。互助会，**工場正門前で座り込み**に入る。(633) 11・29 ＜水俣病患者家庭互助会＞，水俣市内をデモ行進。(633) 11・30 ＜水俣病患者家庭互助会＞，「市当局・市議会は何ら手を打たず不誠実だ」と抗議。(633)	11・6 **新日窒労組代議員会**「水俣病の原因が未確定の現在，工場の操業停止には絶対反対」などの方針を決定。(633) 11・11 東工大教授清浦雷作，水俣病の原因は工場廃水とは考えられないとの「水俣湾内外の水質汚濁に関する研究（要旨）」を通産省に提出。(633) 11・21 新日窒水俣工場技術部，百間港海底の泥土(ドベ)から CaO, MgO, Cu, Mn, Pb, Se, Tl, As, Hg を検出。(631) 11・28 新日窒，水俣病患者家庭互助会に「12日の厚生省の発表では病因と工場排水との関係は何ら明らかにされていない」としてゼロ回答。互助会，座り込み続行。(633) 11・30 新日窒水俣工場の工場廃水によるネコ発症を知った工場幹部，細川病院長のそれ以上の実験を禁止。(631)

国・自治体	労災・職業病と労働者	備　　考
11・2　水俣病に関する**国会派遣調査団**，水俣市を訪問。熊本県下各地から集った漁民1,700人余，陳情。(西11・2，朝11・3) 11・4　全国鉱業市町村連合会，鉱業法を石炭鉱業関係について改正の件を，鉱業法改正審議会に提出。(344) 11・7　水俣市長・市議長をはじめ水俣市商工会議所・農協・新日窒労組・地区労，工場排水を止めることは工場破壊であり，市の破壊になると寺本知事に陳情。県警に暴力行為に充分な警備を要望。(633) 11・9　**水俣市議会全員協議会**，「有機水銀説には有力な反証があるので早急な結論を出さぬよう厚生省に要請」との方針決定。(633) 11・11　水俣市長，厚生省に「食品衛生調査会の結論は慎重に」と要望。(633) 11・11　厚生省食品衛生課長，熊大研究班長に対し「結論の発表は慎重に」と申し入れ。(631) 11・12　**厚生省食品衛生調査会**常任委員会開催。「**水俣病は水俣湾の魚介類中のある種の有機水銀化合物による**」と厚生大臣に最終答申。(633) 11・13　石狩町，札幌市のし尿処理場からのし尿流出被害で，札幌市に対し，2,400万円の漁獲損害補償を要求。(北11・14) 11・13　厚生省食品衛生調査会水俣食中毒部会，厚生大臣より解散を命じられる。(633) 11・20　厚生省水俣食中毒部会，記者会見で①研究の重大段階で関係各省のナワ張り争いのため解散させられたのは残念②水俣湾周辺の脳性小児マヒ患者のうち数人は水俣病患者かもしれない③工場排水採取拒否で科学的な研究ができない④無機水銀が魚介類の体内で有機化する過程は近い将来に結論，	11・13　枕崎市岩戸町トンネル工事現場で落盤。作業員5人不明，5人負傷。(西11・13) 11・21　八幡製鉄戸畑製造所で高炉ガスが漏れ，10人が中毒。うち1人死亡，4人重体。(西11・21) 11・25　芦屋沖で戸畑市広洋船舶の小型鋼船が沈没。不明8人，死亡3人，重体2人。(西11・25)	

公害・環境破壊	住民・支援者など	企業・財界
12・8　（米）ＮＩＨ疫学部長医学博士 Kurland，水俣病の原因物質は有機水銀であるとの結論を日本の新聞紙上に発表。（朝・毎12・8） 12・19　〈大気汚染研究全国協議会〉発会式，東京で開催。（朝12・16） —　神戸市で公害発生320件。（243） —　北海道室蘭の沿岸漁民，年々漁獲物の減少に苦しむ。港内から流出する汚水で海草類も発育不良で不漁。（北8・12）	12・1　＜水俣病患者家庭互助会＞，今回の調停に患者補償も対象にするよう寺本熊本県知事に陳情。（633） 12・8　千葉県漁連，新日窒の市原地区進出予定に対し「水俣病の危険あり」とし建設絶対反対の方針を決定。（朝12・8） 12・12　大宮市の＜原子力施設反対同盟＞解散。代りに市議会当局・三菱・住民による＜原子力安全対策協議会＞発足。（99） 12・17　熊本県漁連，調停案を受諾。関係43漁協のうち津奈木など3漁協は態度保留。（西12・18） 12・18　〈水俣病患者家庭互助会〉，水俣病患者補償に関する「死者30万円，生存者に年金として成人10万円，未成年1万円，葬祭料2万円」との調停案を拒否。（633） 12・25　北海道空知・神龍・深川3土地改良区，旭川市に設立予定の北海道木材化学㈱木糖工場の建設に対し，石狩川水質の保全確認までは操業せぬよう道知事・道議会に陳情・請願。（207） 12・27　**〈水俣病患者家庭互助会〉，調停案を受諾。**（西12・29） 12　〈水俣病患者家庭互助会〉，1カ月にわたる工場門前での坐りこみを解く。（633） 12・30　＜水俣病患者家庭互助会＞，「将来水俣病がチッソの排水によることが判明しても，新たな補償要求はしない」という，いわゆる **“見舞金契約” に調印。** 市議・市長らの新日窒と一体化した姿勢での患者説得により，患者ら，涙をのんで調印。（631，633）	12・3　東工大教授清浦雷作，「水俣病はプランクトンの状態を考慮して再度総合的な研究が必要」と新聞に発表。（毎12・3） 12・17　日化協理事会，水俣病特別委員会の設置を決定（のちの田宮委員会）。（633） 12・17　新日窒，補償調停案受諾。（西12・18） 12・19　新日窒，鹿児島県知事との会談で鹿児島県内の補償を熊本県と同一水準で行うと決定。（633） 12　**新日窒水俣工場，** 排水浄化装置（サイクレーター）を完成稼動。ただしアセトアルデヒド酢酸設備廃水・塩ビモノマー水洗塔廃水はサイクレーターを通さぬ仕組み。（631） 12・23　三菱新入鉱，ガス爆発による死者18人の搬出作業にゆきづまり18遺体を残したまま，同鉱の水没にふみきる。（西12・24） 12　三菱原子力工業㈱，大宮市北袋町周辺住民に対し，大宮市に原子炉を設置せず「核燃料の再処理もせず」と確約。1967年12月，これに違反して臨界実験装置原子炉の設置申請を行う。（99） —　大阪市に工場，約2万4,000。このうち満足な廃水処理施設を備えたものは皆無。（342）

国・自治体	労災・職業病と労働者	備　　考
と語る。(633) 11　ベンゼンを含有するゴム糊の製造等を禁止する省令制定(503) 12・4　厚生省環境衛生部長，新日窒水俣工場を訪ね「原因究明に当っては工場の廃水を疑うという従来のやり方を白紙に戻して研究を再出発するから工場も協力してもらいたい」，工場側「原因究明に積極的に協力する」と約束。(634) 12・16　第3回水俣病補償調停委，調停案を熊本県漁連・新日窒に提示。①工場に排水浄化装置を完成させ，一時金3,500万円・立ち上がり資金融資6,500万円・患者補償7,400万円を支払わせる。②漁民側は廃水が原因と決定しても一切の追加補償を要求しないこと。③一時金3,500万円のうち1,000万円を11・2事件の会社損害申立額として相殺など。(西12・17) 12・21　水俣市議会特別委，<水俣病患者家庭互助会>に調停案受諾を勧告する方針を決定。(633) 12・21　熊本県議会，「水俣病補償調停委の人選に重大な問題がある。知事・県会議長は新日窒と密接な関係あり」と追及。(633) 12・25　水俣病紛争調停委，患者補償のうち未成年患者年金を3万円に改め，互助会に再提示。互助会拒否。(633) 12・25　厚生省により水俣病患者診査協議会，設置。(633) 12・27　水俣市長・市会議長ら補償委，調停案を受けるよう互助会を説得。(633)	12・8　茨城県東海村原子力研究所で原子炉の事故が発生し，研究員2人が放射能被曝。(西12・9) 12・17　和歌山市の住友金属和歌山製作所基礎工事現場気圧室で火災。5人死亡，3人重体。(西12・19) 12・18　若松市浜開の日華油脂若松工場で抽出装置爆発。2人負傷。(西12・19) —　保土谷化学東京工場ベンジジン職場で発癌。死亡者出る。(203) —　鉱山事故：住友歌志内鉱（ガス爆発）ほかで計25人死亡，54人負傷，25人不明。(北2・23,12・22,24，西12・21) —　日本火薬厚狭作業所のニトログリコール作業者が，この年から1962年12月までに中毒の自覚症状を訴えた数251件。(474) —　長野県木曽谷の国有林で**チェンソー**を使用していた労働者から振動病の訴え。(71-121号) —　日本電工栗山工場で北大医学部，環境調査。またこれとは別に岐阜医大教授館正知ら，クロム中毒の全身症状の存否について調査。鼻中隔穿孔50%。また肺癌発生の危険のあること指摘さる。(71-109，110号) —　旭化成火薬工場で2人の労働者が急死。**ニトログリコール**の影響と疑われる。(15) —　LPGガス事故多発。この後年々増加。(203)	—　石油化学第1期計画，ほぼ終了。(537) —　新日窒のオクタノール年産能力1万2,000ｔ。1952年は年産1,200ｔ(633)

公害・環境破壊	住民・支援者など	企業・財界
2・14 熊本大学水俣病総合研究班長世良，東京の本郷で開催の文部省科研費関係班長会議で「水俣湾の貝からイオウ化合物を含む有機水銀塩を検出した」と発表。（西2・15）	2　水俣漁協，被害補償（2億8,315万1,000円）を要求。（633）	2・18 旭川市の国策パルプ，工場拡張について，空知土地改良区の了解を求めるため，同改良区理事長を訪問。理事長，即答を避ける。（207）
3・3 川崎市多摩川丸子ダム下あたりでアユ・ヤマメの稚魚，大量に浮上。（朝3・3） 3 東京都内の小売魚屋・スシ屋などから，**東京湾・伊勢湾・千葉県内湾産の魚類の一部に異臭**があり食べられないとの苦情。（朝3・3） 3 東京都におけるスモッグ発生，この1～2年は年に約60回。昭和18年ごろは年に14回。（朝3・7）	3・5 旭川市の合同酒精とその排水で長年，農業被害を受け続けてきた石狩川沿岸の土地改良区，旭川市長の立会のもと，浚渫費改定の協定を結ぶ。（385） 3・10 宮城県の阿武隈川上流より多量の汚水流入，同川漁協は県に汚染度被害調査と福島県側の適切な処理の要求を依頼。（840）	
4・4 螢光染料を食料品へ使用することの危険，第13回日本薬学大会で指摘。このころ法規で禁じられているが使用が目立つ。（西4・5） 4 横浜市磯子区医師会より市に対し，根岸コンビナートの公害防止に関し陳情。（526） 4 大分県と宮崎県県境にある祖母山の原始林の伐採，営林局の是認のもとに続々進められる。（西4・27） 4・30 東京都世田谷区農業振興対策委員会と多摩川漁協玉川支部が，多摩川の漁業調査を実施した結果，アユの育ちが悪く減少の一方との事実，判明。（朝5・1）	4・7 旭川市の国策パルプと石狩川沿岸の3土地改良区，旭川市長立会のもと，浚渫費改訂の協定を結ぶ。3月5日の合同酒精との協定も共に被害農民側の農漁業被害補償要求を除外したもの。（207） 4・20 新日窒・水俣漁協・地元代議士・水俣市長・市会議長ら，水俣病補償問題で会談。漁協の希望条件をつけ寺本知事の斡旋を受けることを決定。漁協，座り込みを解くことに同意。（633） 4・23 **四日市市塩浜地区自治会**，騒音・煤煙・振動がひどいと市に陳情。（220，766）	4・12 東工大教授**清浦雷作**，東京で開かれた水俣病総合調査研究連絡協で「水俣湾の魚貝類から抽出した高毒性物質について」を発表（**アミン説**）。これに対し16日，熊大研究陣，根拠のない学説と反論。（西4・12，16） 4 筑豊炭鉱地帯で石炭需要の伸びに伴い，無許可・非合法炭鉱や女子の坑内労働使用鉱など現れる。（西4・16）
5・20 北海道大学医学部公衆衛生研究生角田文男氏，自動車排ガス中に発癌物質3-4ベンツピレンの含有を確認。（北5・20）		5 日化協産業排水対策委（委員長：昭電社長安西）に田宮委員会を設

国・自治体	労災・職業病と労働者	備　　考
1　**熊本県警**，前年の11・2事件で水俣署に特別捜査本部を設置し，田浦漁協長ら**漁民22人を逮捕**。(633)	1　大阪の化学工業会社において，ステアリン酸鉛中毒発生。死亡1人，中毒12人。(203) 2・1　夕張市北炭夕張炭坑でガス爆発。34人死亡。3日，ガス充満のため，5人の行方不明者を坑内に残したまま水没作業開始。(北2・1，3) 2・6　福岡県筑紫炭鉱で出水，6人死亡。21日同鉱，閉山を決め組合員全員を解雇。(西2・23)	1・19　**日米安保条約**協定，調印。(168) 1・23　三井化学・東洋レーヨン，モンテカチーニ社とポリプロピレン製造技術導入の契約に調印。(537)
3・3　東京都，都心の自動車排気ガス検査を開始。(朝3・3) 3・7〜16　東京都，都内30カ所において空気汚染調査を実施。(朝3・7) 3・29　熊本県と大分県県境に建設予定の**下筌ダム**の測量準備作業，ダム建設により水没となる地区住民の反対を押しきって開始。(西3・29) 3・31　**じん肺法**公布。4月1日施行。長期傷病者補償制度発足。(815) 3　四エチル鉛等危害防止規則の全面改定。(503)	3・18　富士鉄室蘭鉄工所で，1,400°Cのノロの吹きこぼれで労働者6人が死亡。(北3・18) 3　和歌山県熊野川電源開発工事場で火薬爆発。死亡23人，負傷9人。(503)	
4・30　**熊本地方検察庁**，11・2事件により**漁民55人を**建造物侵入罪などで**起訴**。(633) 4　水産庁，広島市にある水産庁内海区水産研究所に，水俣病の原因究明を指示。(朝4・9)	4・18　大分県佐賀関町の日本鉱業佐賀関工場で8年間亜ヒ酸製造に従事し，1956年4月に死亡した労働者について，慢性ヒ素中毒症で業務上の死亡との認定，この日くだる。(西4・19)	4　日本合成ゴム四日市工場，操業開始。(766)
5・6　熊本地裁，下筌ダム建設に反対する地元住民により提訴されていた，九州地建局長と熊本県知事に対する許可無効確認訴訟を却下。	5・23　この日単球性白血症で死亡した福岡県田川保健所のレントゲン助手補佐の職員，公務障害による死亡と認定。福岡県下では初のケ	5　日産化学名古屋工場，アルキルベンゼン王洗を増産開始。(537) 5・25　新日窒，アビサン社ポリプロピレンの技術導入を申請。(537)

公害・環境破壊	住民・支援者など	企業・財界
5•26 四日市港産のチリメンジャコ，油臭のため京阪神地方より返品さる。（766）		置（委員長は日医学会長：田宮猛雄）。（631）
6 博多湾沖に赤潮，前年より1カ月早く発生し，赤貝などに打撃。（西 6•8）	6•25 四日市市で異臭魚に悩む伊勢湾漁連，実地試食会。県係官など50人を招く。軽い下痢をおこす人なども現われる。（677）	6•25 新日窒，水俣漁協の漁業補償に関して「金は出せない。就職斡旋には応じる」と回答。（633）
7•1 鹿児島県川内市の中越パルプ川内工場で塩素ガスが漏洩。従業員3人と小・中学生数人に軽い中毒発生。（西7•2）	7•23 **川崎地区の労働協議会，公害防止条例制定運動をおこし，1万2,000人の署名を集める。**（129）	
7•9 四日市市塩浜コンビナート一帯の住宅地に刺激臭のあるガスが流れ，市民に軽い中毒発生。（766）		
7 **富士市**で**井戸水の塩水化**発見さる。製紙工場の過剰揚水が原因。（569）		
7〜9 佐賀県多久市一帯で，石炭採掘と干ばつとが相まり，かんがい水・井戸水が枯渇。（386）		
8•10，13 戸畑市の住宅街にススが降下。（西8•13）	8•26 水俣漁協，すべて白紙委任で再斡旋を要望する方針決定。（633）	8 大日本製薬㈱，サリドマイドを配合した「プロバンM」を胃腸薬として発売。（777）
8 東京の**隅田川**沿いで，川面からの有毒ガスにより金属の腐食，問題化。川の汚染のため。（朝8•2）	8•30 東京都大田区大森・品川区大井の8町会の住民，羽田空港の大型ジェット機騒音対策で会合。（280）	
9•20 福岡県豊州炭鉱の出水の影響で，炭鉱周辺一帯に地割れが発生し，住民が避難。（西9•23）		
10•5 福岡県遠賀郡岡垣村で，ジェット機の衝撃音と振動により，山田小学校校舎窓ガラス300枚を初め住宅の窓ガラスなどが破損。（西10•6）		

国・自治体	労災・職業病と労働者	備　考
(西5・7) 5・23　横浜市，根岸コンビナートに公害対策の完全実施要請。(672) 6・6　水俣漁協と新日窒との補償交渉第1回斡旋委員会開催。(633) 6・25　道路交通法公布。(133) 6　宇部市，大気汚染対策委員会設置。(319) 7・5　新潟県，公害防止条例を制定。(212)	ース。(西5・27) 6　フェノール樹脂による皮膚炎，222人に発生。この後各産業にて発生。この年は和歌山の化学工業にてホルマリンによる皮膚障害80人発生。(203)	
8・13　水俣病補償斡旋委，斡旋打ちきりを通告。(633)	8　東京で，油脂剤に引火し爆発事故。死亡11人，負傷9人。(503) 8　全日本金属鉱山労働組合連合会(全鉱)，3月公布のじん肺法を不満として法改正の運動を開始。(322)	
9・16　通産省工業用水審議会，地盤沈下の激しい東京都江東デルタ地帯を，工業用水法による指定地域にすることを同幹事会で決定。新しい工業用井戸の発掘の全面的禁止。(朝9・17)	9・15　戸畑市の八幡製鉄戸畑製造所にて3号炉計器室がガス爆発。10人重軽傷，1人死亡。(西9・16) 9・20　福岡県の豊州炭鉱出水で地下の古洞が原因で事故，67人死亡。戦後最大の炭鉱事故。(西9・20) 9　延岡市の旭化成ダイナマイト工場でこのころ，原因不明の急死者2人。ダイナマイト工場労働者の間に動悸・胸気圧迫感・呼吸困難・手足のしびれなどを訴えるもの多発。(15，西9・25)	9　新日窒，資本金45億円になる。(631)
10・3　厚相の諮問機関の公害防止調査会，第1回総会開催。(朝10・1) 10・18　豊州炭鉱地下の古洞が原因で67人が死亡した事件の責任，田川市と国にあると結論。(西10・19) 10・25　水俣病補償斡旋委，10月12日		10　朝日訴訟に判決。原告の朝日茂全面勝訴。被告の厚生省，控訴。(782)

公害・環境破壊	住民・支援者など	企業・財界
12・10　熊大水俣病研究班，「水俣病研究の概要」発表。(633)	12・8　伊勢湾汚水対策推進協議会（会長県副知事）発足。(608，677)	
12　**近畿地方**の大都市に連日のごとく**濃霧**発生。(朝12・18)	12・9　北海道白老町の大昭和製紙工場排水による漁獲減少の対策として白老漁組，白老町に同工場視察の協力を申し入れ。(北12・9)	
一　大阪市の漁業，河川漁場は汚濁のためほとんど喪失し，この年には淀川のごく一部が残るのみ。(342)	一　大阪市の2漁組，周辺53の工場を選び，廃水処理と漁業被害に対する補償を要求して，知事に和解申立てを行う。(342)	一　染料業界，英国より業者を招き，職業性膀胱癌について討議し，三菱化成黒崎工場などを見学。労働者にはベンジジンやベータナフチルアミンの有害・有毒性を知らせず。(71-118号)
一　尼崎市で公害の訴え280件。(35-第3分冊)	一　**戸畑市**で**日鉄化学**の煤塵による住民生活の被害，問題化し，婦人会を中心に住民の反対運動始まる。(655)	
一　北海道の日本電工栗山工場，周辺農作物に有害ガスで被害を与えたことで周辺農家に補償金支払い。以後毎年，補償金支払い。(71-109，110号)		

国・自治体	労災・職業病と労働者	備　考
に提示した調停案を一部手直しの上新日窒・水俣漁協に提示。「漁協員の立ちあがり資金として750万円。30～50名を新日窒に，20名を子会社に就労斡旋。水俣市の計画する漁業振興会社に500万円出資。水俣湾を 32万m^2埋立て，一部を漁協に譲渡。損害補償として1,000万円。工場排水が原因とわかっても追加補償をしない。」水俣漁協・新日窒受諾。(西10・13，朝10・25)		
10　川崎市議会，川労協の集めた署名に基づく初の直接請求により公害防止条例案を審議，否決。市側の条例案を可決。(129)		
10　四日市市，大気汚染対策のため，四日市公害防止対策委員会を設立。(680)		
11・11　通産省鉱山保安局，炭鉱の合理化に伴う災害多発のため，北海道地区災害対策専門調査団を結成。この日結団式。(北11・11)		
12　川崎市公害防止条例公布，施行。(129) 12　横浜市公害委員会発足。(203)	12　5月に横浜市内に新築したダイヤモンドビット製造工場で労働者24人中13人（女性）に接着剤使用時の四塩化炭素蒸気吸入による肝機能障害発見。(255)	12　日本油脂の出資でニッサン洗剤工業設立。(255)
―　三重県，伊勢湾産の異臭魚の原因調査のため，北伊勢汚水調査対策協議会を設立。調査の結果，石油工場・化学工場などからの排水が原因との推察つく。(608)	―　鉱山事故：古河大峰鉱万歳鉱（ボタ山崩壊），北炭空知鉱業所龍出鉱（ガス爆発），北炭幌内鉱(昇降機の接触)，筑紫炭鉱（出水），平岸炭鉱（ガス爆発），美流渡常磐炭鉱(ガス爆発)，籾井炭鉱（ガス爆発），明治鉱業（ガス爆発）で計47人死亡，43人負傷，5人不明。(西1・8，2・23，9・26，北1・21，7・11，30，10・31) ―　1959年よりこの年にかけてニトログリコールによる中毒死，九州と山口県の工場で7例，月曜の死亡例の多いため“月曜病”として報道さる。(307)	―　大阪市の人口，300万人。(342) ―　昭電，プロピレンオキサイドおよびプロピレングリコール，生産開始。(203) ―　三井石油化学，デュポンより高圧ポリエチレンの製造技術導入。(203) ―　四日市市のコンビナート，本格操業。(680，765)

1961（昭和 36）

公害・環境破壊	住民・支援者など	企業・財界
1·30　多摩川で発泡。ABS 洗剤が原因。（430） 1　米・ソの原水爆実験中止で，放射能雨や雲，日本上空からは消失。札幌気象台などの発表。（北1·10）		1　新日窒製品の市場占有率，オクタノールが64%，酢酸26%，塩ビ9%。（633）
	2　水俣漁協，操業禁止海域を自主的に設定。（633） 2　灘五郷酒造組合，灘一帯の『大気汚染白書』を発表。（朝2·4）	
3·21　熊大武内教授，病理解剖により**胎児性水俣病患者**の存在を確認。（633） 3　米軍基地からの流出汚水で被害を受けてきた北海道の根志越・中央・祝梅3地区農家への調達庁からの補償額，230万円と決まる。（北3·21） 3　出所不明の重油，青森県沿岸 40 km にわたり流れ，海鳥・海苔・フノリなどに大被害発生。（西3·13）	3·17　多摩川漁組玉川地区支部，**多摩川**中・下流の魚が絶滅の危機にさらされている実情に対し，対策協議会を開く。汚水・農薬・工場廃水などの影響が大きいとみて，関係当局への応急対策実施の陳情を決定。（朝3·18）	
4·5　北海道の三菱美唄滝ツ沢鉱でズリ山が崩落。美唄川支流に流入し堤が切れ，鉱夫住宅など8棟13戸が全壊。（北4·6） 4　伊勢湾の異臭魚の原因は四日市市の石油化学コンビナートであること判明。三重県立医大教授吉田克己らの調べ。（677）		4·9　東邦大薬理教授**戸木田菊次**，日本衛生学会総会で腐敗アミンを水俣病の原因として重視すべきだと発表。（朝4·9）
4·29　水俣市百間でネコ発病。（633） 5～11　**水島**で三菱石油・日本鉱業・中国電力，操業開始。**異臭魚**発生。（211）	5·20　水俣市鮮魚小売商組合大会，ネコ発病による売れ行き減にかんがみ1959年8月の不買決議を確認。（633）	5·26　佐世保市筒井炭鉱の暴力的な強制労働，労働者の訴えで判明。経営たて直しで，きつい労務管理実施の噂のあった鉱山。（西5·27）

国・自治体	労災・職業病と労働者	備　　考
1•31　熊本地裁，1959年11•2事件判決。田浦・芦北漁協長に懲役1年執行猶予2年，ほか50名にも有罪判決。(633)		1•17　外資審議会，ポリプロピレン製造に関する新日窒と米アビサン社，住友化学とモンテカチーニ社との提携，協和発酵と米ＳＷ社とのエチレン・プロピレン，ドイツ・アルデヒド社とのアルデヒド製造に関する提携等を認可。(537)
2•13　労働省，中枢神経および循環器系疾患の業務上外認定基準について通達。(305)	2　群馬県下でシクロヘキサノン製造の酸化塔が爆発。3人死亡，7人負傷。(297)	2•1　茨城県，**鹿島工業地帯**造成計画（試案）を作成。(751)
3•6　水俣病総合調査研究連絡協議会（経済企画庁のもとに1960年1月設置）第4回会合。以後結論を出さぬまま自然消滅。(633)	3•9　福岡県の上清坑内火災で71人死亡。戦後最大の惨事。死亡者はいずれも火災による一酸化炭素中毒のため。(西3•10)	
3•10　国会参院本会議で，福岡県上清炭鉱の災害とりあげ。政府の石炭総合対策の欠陥として追及。(西3•10)		
3•13　政府，上清炭鉱災害をきっかけに，中小企業中心の保安設備整備のため，通産・大蔵・自治・警察庁の関係次官で，産業災害防止対策連絡会議を設置。(西3•14)		
3•23　水俣病患者診査協議会，不知火海沿岸住民の毛髪中の水銀量を検討。(633)		
3•25　椎名通産相，前年最大の炭鉱災害をおこした豊州炭鉱の67遺体の救出作業を断念し，注水消火の方針を固める。(西3•26)		
	4•5　北海道日高の北電電源開発工事現場でなだれ発生。34人死亡，4人負傷。(北4•5，7)	
	4•下　長崎港外の野牛島で米空母ボーグ号解体作業中のガス工5人，鉛による急性中毒死。残る作業員の検診結果6月，全員（22人）に鉛中毒の発生していること判明。長崎大医学部調べ。(西6•7)	
5•8　東京都都市公害対策審議会，都市公害対策のあり方について都知事に答申。(朝5•9)		5　日産化学名古屋工場，ニッサン洗剤工業に，主原料王洗（アルキルベンゼン）の供給を開始。(537)
5•8　労働省，高気圧作業による疾病（潜函病・潜水病など）の認定		

公害・環境破壊	住民・支援者など	企業・財界
	5・30　四日市市の連合自治会長，大協石油廃ガスによる市民の健康障害につき，調査と対策を保健所へ要望。(766)	5　大王製紙高知工場，**高知パルプ**㈱を高知市に設立。9月，操業開始。(233)
6・11　熊大小児科助教授原田義孝，水俣地方に多発の脳性小児マヒは有機水銀と強い因果関係があると発表。(西6・12) 6・17　佐賀県和田山鉱業のボタ山が崩落。職員住宅3戸が押しつぶされ，ボタを含む汚水，炭住地帯に流入。婦人・子供は避難。(西6・18) 6　福岡県粕屋郡の須恵川沿い一帯で水田や道路の地割れ，陥落相次ぐ。採炭の影響。(西6・14) 6・24　日本整形外科学会にて萩野昇，吉岡金市と連名にて，神岡鉱山のカドミウムによる**イタイイタイ病**発生説を発表。(読6・4，北日本6・24，25)		
7・初　佐賀県地先の有明海の貝養殖場で，面積の約6割にあたる200万坪のアサリ・赤貝など死滅。(西7・12)	7　門司市で日本セメント門司工場の粉塵被害に対し住民，会社側に設備改善を申込むが正式回答得られず。(772)	7・13　水俣市の新日窒水俣工場所有の液体塩素ガス入り15tタンク車，国鉄肥薩線で運送中，安全弁の故障でガスを漏出。人吉駅駅員29人が軽いガス中毒にかかる。(西7・14)
8・7　水俣病患者診査協議会，初めて**胎児性水俣病**を診断。(633) 8・9　多摩川で魚，多量に浮上。メッキ工場からのシアン流出による。(430)		

国・自治体	労災・職業病と労働者	備　　考
について通達。(305) 5・10　北海道庁，バード・ウィークにあたり，“開拓に追われる野鳥を守ろう”運動を全道で開始。(北5・9) 5・12　政府，閣議で鉱山保安の確保など産業災害防止に関する対策推進を決定。費用として予備費から3億7,000万円支出を決定。(西5・13) 5・29　労働省，ニトログリコール中毒症認定について通達。(305) 5　川崎市公害審査委員会発足。(129)		
6・17　原子力損害の賠償に関する法律公布。施行1962年3月15日。(133) 6　建設局，地盤沈下の白書『地盤沈下とその対策』をまとめる。(朝6・8)	6・13　東京都下の体温計製造業で水銀中毒検診の結果，受検者471人中171人に異常所見発見さる。(255) 6　辻一郎ら，死亡統計・臨床統計および自らの調査結果から職業性腫瘍について報告。日本の南部に発生率高く，北部に低いことや染料工業の消長との関連を指摘。(784-7巻6号)	6　吉岡金市，『神通川水系鉱害研究報告書―農業被害と人間公害（イタイイタイ病）』(767)
7・20　福岡県労働基準局，炭鉱専門の労働監督官を発令。わが国で初めて。(西7・28) 7・20　福岡市，九大の学生400人の協力を得て，板付基地周辺で，大がかりな騒音調査を開始。(西7・21)	7・25　福岡市内で農薬共同散布に参加した婦人が中毒死。(西7・26)	
	8・1　神戸市須磨区の臨海工業地造成工事現場でダイナマイト爆発。3人死亡，15人重軽傷。(西8・2) 8・9　水俣市新日窒水俣工場でビニール工場のガスタンクが爆発。3人死亡，9人重軽傷。(西8・9)	

1961（昭和 36）

公害・環境破壊	住民・支援者など	企業・財界
9・10　第7回国際神経医学会（ローマ）において熊大内田・武内・徳臣，神戸大喜田村，水俣病の原因物質は**メチル水銀化合物**と発表。（623）	9・25　北海道旭川市の**国策パルプ，合同酒精**廃水で農漁業被害を受けている被害関係7市町村と3土地改良区，経企庁・農林省・自民党道連会長・北海道庁などに対し，石狩川水質浄化に関する陳情書を提出。水質二法発布に伴い，運動を道内に限定せず広める方針をとったもの。（207）	
10・上　北海道上磯郡七重浜一帯でホッキ貝やエゾバカ貝，大量に打ちあげられる。新亜細亜石油函館製油所からの廃液流出が疑われる。（北10・10）	9　四日市市塩浜地区連合自治会，公害問題で地区住民のアンケートをとり，その結果を発表。「公害による人体影響は病人と子供に著しい」など。（677）	
10・8　岡山県三井造船玉野造船所入口西方約400mの海上で，三井船舶所属鉱石運搬船（1万1,702 t）とタグボートが衝突。タグボートは瞬時に沈没し，8人行方不明。（西10・8）	10・5　石狩川汚濁被害の3土地改良区代表，道知事と会談し，道公害行政のあり方を追及。テレビや新聞，会談の模様を報道。（207）	10・1　**新日窒水俣工場**に初めて安全衛生課，設置。（633）
10　四日市市磯津地区にぜん息患者，同時多発。（677）	10　四日市市総連合自治会，公害はすでに全市民の問題とし，早期解決と工場の設備改善を訴える決議。（677）	
12・10　富山市で開かれた県医師会総会のあと，イタイイタイ病シンポジウム。河野臨床医研所長河野稔・同所中山忠雄・金沢大教授梶川欽一郎，医師萩野昇が演者。萩野，「神通川の水に含まれるカドミウムなど重金属が関係ありそうである」と発表。（産12・12）	11・6〜12　北海道空知土地改良区専務，上京し関係機関と石狩川汚濁問題で折衝を重ねる。（207） 11　三重県が発足させた＜伊勢湾汚水対策推進協議会＞に対し伊勢湾汚濁で被害を受けた15漁協，＜伊勢湾汚水対策漁民同盟＞を結成し30億円の損害賠償を関係工場に要求。（677）	
—　**四日市**に，この年から翌年にかけ，**ぜん息患者**多発。（677）	—　この年より神奈川県下における公害苦情・陳情件数急増。（420）	—　徳島県阿南市にて操業開始の神崎製紙富岡工場，操業に先立ち予想廃水被害に対し関係9漁協に補償金2,500万円を支払う。（342）
—　**LPガス**の消費先事故増加，高圧ガス災害事故の74%。（200）	—　1949年からこの年までに，岩国市漁協に1,470万円の補償金，山陽パルプにより支払われる。（342）	
—　神戸市の公害発生件数422件。（243）		
—　この年においても**石狩川**への工場廃水は無処理に近く，水質は許可基準を大幅に上回る。（207）		
—　この年より，北海道とくに釧路地方で非特異性脳脊髄炎症（のちのスモン）多発。（332）		
—　北海道で開発が進むにつれ，野鳥激減。敗戦時にくらべ平均3割減。（北5・9）		

国・自治体	労災・職業病と労働者	備　考
9·14　水俣病の患者診査協議会，廃止。水俣病患者審査会として新発足（会長は熊大教授貴田）。(633)	9·14　**新日窒水俣工場**の塩ビ工場で硫酸噴出事故。1人死亡。(631) 9　機械化が労働量と生産性に及ぼす影響に関し総合的な報告，医学雑誌でなされる。製鉄圧延作業・フォークリフト・動力鋸・採炭作業などにおいて，**技術革新**と**機械化**が生産・労働量にむしろ**悪影響**を及ぼしている。(752-37巻9号) 9　**パンチカード作業**の労働者への影響に関する報告，医学雑誌に現れ始める。(753-37巻9号)	
10·4　静岡県，公害防止条例制定。(212) 10·20　北海道沢田副知事，**石狩川汚濁問題で**被害農民代表に対し，「会社が許可基準に反する多量の汚濁液放流の事実が明らかなときは，監督行政府の知事は会社に対し操業停止を命ずる」と発言。(207) 12·13　福岡県田川署，上清炭鉱災害に関し，事故当日火災発生現場で煙草を吸いながら寝こんだ坑外夫を，業務上失火・過失致死の疑いで逮捕。(西12·14)	12·27　水俣市の**新日窒水俣工場**の技術部過酢酸試験で爆発事故。死亡1人，重傷2人，軽傷3人。(西12·28)	10·10　昭和電工，(米)イーストマンとポリプロ技術導入契約調印。(537) 10　(米)国防総省，海外基地へ神経ガス兵器の展開を決定。(270) 10　四日市市の午起埋立地69万m^2完工（第2コンビナート）。(764) 11　西独ハンブルク大学のレンツ博士，西独で多発のあざらし症児・奇形児は妊娠初期のサリドマイド服用によると指摘。(777) 12　川崎市王禅寺で東京原子力産業研の原子炉，運転開始。(129)
12·18　富山県に＜富山県地方特殊病対策委員会＞設置され，第1回会合。医師萩野・岡大教授小林純は除外。(66，北日本12·13，19) —　宮崎大教授斎藤文次，**土呂久**下流延岡市内で，平常値の百数十倍の亜ヒ酸を検出するが，宮崎県はこの公表を押さえる。(443)	—　鉱山事故：大辻炭鉱(坑内火災)三菱高島炭鉱（ボタ自然発火），三菱方城炭鉱（ガス爆発），長部田新長炭鉱（ガス爆発），赤平福住鉱（ガス爆発）で計52人死亡，16人負傷，66人ガス中毒。(西3·16，5·13，9·17など) —　1959年ころよりこの年にかけ，旭化成・日本化薬・日本油脂各社のダイナマイト工場におけるニトログリコール中毒や中毒死，大問題化。死者，すでに11人。(朝4·14，5·14) —　1948年からこの年まで14年間に職業性膀胱腫瘍，確認されただけで33人。(71-118号)	—　林業生産，この年を境に後退。(71-121号) —　泉北臨海工業地帯の造成決定。(261)

1962（昭和 37）

公害・環境破壊	住民・支援者など	企業・財界
1·12　東京にスモッグ発生。視界200m。（朝 1·12）		1　三菱原子力工業㈱，茨城県東海村の6万坪の敷地への試験用原子炉設置申請。1963年8月許可となるが，1966年6月原子炉設置許可申請を取り下げ，1967年12月に大宮市への設置申請を行う。（99）
1·中　東京の隅田川の汚れの原因は，下水よりも工場排水によるものであること判明。東京都の調べ。（朝 1·23）		
1·24　**ABS洗剤**の有害性，柳沢文正により初めて指摘される。この年，柳沢文徳らによっても，ひんぱんに報告さる。（224-26巻7〜9号，481-465，466号）		
1　高知市内で，**高知パルプ**の工場廃水が流入する江の口川沿いの住民，悪臭と金属の錆び被害で苦しむ。（233）		
2·28　東大沖中内科，水虫治療薬メチル水銀チオアセトアミドによる中毒例を厚生省に報告。（西 2·28）	2·16　四日市市の塩浜地区連合自治会，24町の自治会長連名で，**四日市市に多発のぜん息**に関し，市長に陳情。7月には県知事に同様陳情。（677）	2·17　元日窒工場長**橋本彦七**，水俣市長に当選。（633）
2　東京都大田・品川・世田谷区で水道水の強い刺激性や臭気，問題化。多摩川下流玉川浄水場からの給水，渇水に伴う川の汚れ悪化のため，消毒用塩素を4〜6倍にふやすなど薬品処理を強化したことが原因。（朝 2·2）		
2　福岡市の板付基地周辺の小学校，防音装置内での勉強で，こんどは炭酸ガス中毒発生。送風換気装置の不備のため。（西 2·12）		
	3　高知市内に **<浦戸湾を守る会>** 結成。（233）	
4·3　熊大教授入鹿山，日本衛生学会総会で「水俣工場より排出されると考えられる有機水銀と水俣病の機転」を発表。（633）		

国・自治体	労災・職業病と労働者	備　　考
新日窒技術部，アセトアルデヒド・プロセス排水にメチル水銀を確認。**政府，水俣病の病因追究**を**断念**して研究を打ち切る。(633)		3　日産化学，ＰＣＰ複合コンビの生産開始。(537) 3　日産化学函館工場，農薬入り肥料の製造設備を完成。(537)
3•26　東京都内湾漁業対策審議会内に，漁業離職者の転業対策部会設置。(417)		
4•4　衆議院科学技術振興対策特別委員会，柳沢文徳らを中性洗剤問題の参考人として招く。(朝 4•5)	4•25　山口県厚狭郡山陽町の日本化薬厚狭作業所でニトログリセリン爆発。死亡１人，負傷15人。(西 4•25)	4　三井化学，ポリプロピレンの国産開始。(537)
4•10　東京都，内湾漁業対策協議会で漁業者側に対し，補償金額約270億6,000万円を提示。(417)		
4•24　衆院商工委員会，工業用水法の一部改正法律案を可決。地盤沈下対策の一つ。(朝 4•25)		

公害・環境破壊	住民・支援者など	企業・財界
5　サリドマイド，問題化。(朝 5・18, 26など)	5　高知港埋立てと工場廃液による漁業被害補償1億1,600万円で調印。(233) 5　新日本化学水俣工場と水俣漁協との漁業交渉妥結。1966年浄化装置完成まで毎年180万円補償。(623)	5・5　田宮委員会の田宮委員長，水俣病研究経過について報告。(633) 5・17　大日本製薬など，西独におけるサリドマイド中毒のためサリドマイド剤イソミンを一時出荷停止。(朝 5・18)
6　米軍，沖縄読谷村で毒ガス放出。1万730坪の砂糖キビ，枯れる。(203)	6・13　三重県職組，第1回公害対策自治研集会を開く。(766) 6・17　北海道滝川市で開催の米価要求総決起全道総農民大会で，「かんがい用水源河川の水質汚濁による水稲の災害防止緊急対策に関する決議」採択。石狩川汚濁をめぐる農民の運動，全道単位に広まる。(207)	
7・10　このころ，九州有明海沿岸一帯で貝類，ほとんど死滅。(西7・17)		7　新日窒，合化労連傘下の先鋭といわれる新日窒労組との間に大争議を経験，数10億円の被害といわれる。同社のテコ入れで第2労働組合，結成さる。(621, 768)
	8・7　東京都内の大森漁協，大田地区の高速1号線の工事を阻止。11日，工事中止の要求を撤回。(417) 8・25　水俣市内で，新日窒支持の商店街を中心に<水俣市繁栄促進同盟>結成。(633) 8　山王川水質汚濁事件で農民勝訴。(217)	
	9・17　四日市市塩浜コンビナート北西にある曙町の主婦約100人，油煙やガス対策を市長・民生部長に申し入れ。(677) 9　写真家桑原史成，水俣病の個展を東京で開く。(622)	9・13　大日本製薬㈱，イソミンを市場や家庭から回収。問題化から数カ月ののち。(777) 9　国際水質汚濁研究会議（ロンドン）で清浦雷作，「水俣病と水汚染」発表。新日窒に由来する有機

国・自治体	労災・職業病と労働者	備　　考
5　伊勢湾漁民に転業対策事業補助金として1億円交付決定（要求は30億円）。(677)	4・30朝　岐阜県のケルメット合金軸受製造工場で労働者20人のうち11人に鉛中毒発見。(255)	
5・1　建築物用地下水採取の規制に関する法律公布。施行8月31日。(133，朝 10・31)		5・3　常磐線三河島駅で，列車の二重衝突事故（三河島事故）。死者160人，重軽傷325人。(朝 5・3)
5・10　新産都市建設促進法公布。8月1日施行。(168)		
5・11　石油業法公布。(815)		
5・14　労働省，水銀・そのアマルガムまたは化合物（有機水銀を除く）に因る中毒の認定について通達。(305)		
6・2　煤煙排出の規制等に関する法律公布。(775)	6・28　福岡県遠賀郡水巻町の採石現場で岩層崩落。死亡7人，不明2人，負傷9人。(西 6・29)	6・15　新日窒，千葉県五井に**チッソ石油化学**を設立。(631)
6・6　埼玉県，公害防止条例制定。(212)		
7・12　富山県地方特殊病対策委員会，前年暮に続き第2回会合。イタイイタイ病対策のために設置された委員会だが，行動の遅さがめだつ。(朝 7・14)		7・24　日産化学，(仏)クールマン社と高級アルコール技術導入契約を締結。(537)
7・17～21　水質審議会石狩川第2特別部会委員ら，訪道し現地調査を実施。被害漁民代表，農漁業被害について訴え。(207)		
8・7　都知事，漁業補償額を315億円に引上げ。8月18日，330億円に再引上げ。(417)		
8・16　四日市市塩浜地区で初の公害検診実施。磯津に気管支系疾患顕著。(766)		
9　三重県と四日市市，共同で＜四日市地区大気汚染対策協議会を＞設立し各種調査を開始。(765)		9・12　国産第1号原子炉に点火。(168) 9　レイチェル・カーソン『Silent Spring』(米)。(260)

公害・環境破壊

10・5　日本における放射能汚染，前年秋のソ連核実験再開に伴い，食品への影響出現との報告，内閣の放射能対策本部によりなされる。（朝 10・6）

10　九州にて**ＰＣＰ工場粉塵**に基づく，果樹・魚類に異常発生。
　ＰＣＰはさらに，地域住民に塩素痤瘡を発生させている。（307）

11・3　富山県でイタイイタイ病鉱毒説をとなえている医師萩野昇の夫人が自殺。（読 11・4）

11・18　京浜運河にてタンカー宗像丸火災。大型タンカー問題表面化の始まり。（129）

11・26　日本産婦人科学会東京地方部会で，本年東京とその近郊で生まれた「あざらし状奇形児」11例の報告，なされる。（朝 11・26）

11　熊大助教授松本英世（病理），熊本医学会総会で「水俣の脳性小児マヒ患者２名は，剖検により水俣病と断定される」と発表。（633）

11・29　水俣病患者審査会・胎児性水俣病患者審査会，胎児性水俣病患者16人を認定。（633）

12　サリドマイド問題が表面化して７カ月ぶりに，２つの研究機関発足。日本産婦人科学会の先天異常研究会と厚生科研費によるフォコメリー研究班。（朝 12・23）

―　東京都調布堰における**多摩川**の水質，水道源水としては，限界に達す。BOD 5.0ppm。（441）

―　大阪市内の河川の汚濁，工場の急増，人口の急増でこの年，限界。（328, 342）

―　神戸市でこの年，公害発生件数は607件。（243）

―　大阪にて**ＰＣＰ**による飲料水汚染発生。（753-39巻10号）

住民・支援者など

10・2　四日市市の周囲を工場に囲まれた雨池町自治会，全世帯移住を市へ陳情。（766）

11・5　北海道かんがい用水汚濁防止対策推進本部設置。（207）

12・1　水俣病患者家庭**互助会**，新日窒に見舞金の改訂交渉を要求。これに対し新日窒，互助会に労働争議妥結まで交渉延期を申し入れ。（633）

12・3　東京都内湾漁民と都，漁業補償額330億円で協定調印。12月24日，内湾漁業権の抹消手続き完了。（417）

12・22　京都婦人団体連絡協議会，サリドマイド問題に関連し，厚生省の責任追及，製薬会社への過大宣伝自粛申し入れを決定。（朝12・23）

―　大阪市の２漁協と市周辺36工場との和解協定成立。1,540万円の補償金，支払われる。（342）

―　堺市職組，臨海工業地造成反対にとり組む。市当局，組合幹部を解雇，停職処分。（261）

―　北海道内の報道機関，石狩川問題を大きくとりあげ始める。（207）

―　イタイイタイ病研究を続ける医師萩野昇と岡山大学教授小林純に米国ＮＩＨから研究補助金３万ドルが交付される。（60）

企業・財界

水銀説を否定，（英）エクゼター州公衆衛生研究所 Moore 博士と論争。（633）

―　宮崎県土呂久鉱山経営の中島鉱山，金脈を掘り尽して休山とする。（443）

国・自治体	労災・職業病と労働者	備　　考
10•11　富山県，イタイイタイ病の病因調査実施のため，イタイイタイ病対策連絡協議会を結成。富山市・婦中町・富山上市・八尾町各保健所と県がメンバー。（北日本 10•12） 10　**「新産業災害防止５カ年計画」**閣議決定。(503)		10•4　米下院，薬品の製造・販売を制限強化する法案を全会一致で可決。（朝 10•6） 10　三浦豊彦編『労働衛生ハンドブック』(698)
11•14　**食品衛生調査会，中性洗剤**につき，野菜・果物などの洗浄の目的から甚しく逸脱せぬかぎり，**無害**と答申。（朝 11•15） 11•21〜12•20　東京都，空をきれいにする運動を展開。（朝 11•21） 11•28　東京都都市公害対策審議会，国の煤煙排出規制法が都条例よりゆるいため，対策を通産・厚生両省に申し入れ。（朝 11•29） 11　「クレーン等安全規則」制定。(503)	11•27　東京都内の四フッ化エチレン樹脂（テフロン）の機械加工場で16人に中毒発生。(255)	11　四日市市で三菱油化川尻分工場，エチレン年産10万tの操業開始。(766)
12•1　**ばい煙排出規制等に関する法**律施行(公布は11•29)。公害防止対策法としては，水質保全法・工場排水法に続き３番目。（朝 11•30). 12•21　羽田空港の午後11時から午前６時の間のジェット機発着禁止，閣議決定。実施は1963年４月１日。（朝 12•21） 12　茨城県岩上知事，極秘裏に住友金属工業・三井不動産と工業用地分譲予約契約締結。(118)	12•13　山口市今道の山口ガスで，オイルガス発生装置室が爆発。10人重軽傷。（西12•14） —　塵肺関係組合，塵肺法改正促進大会を開催。(322) —　鉱山事故：大谷炭鉱（ガス爆発），杵島鉱業所（落盤），三菱高島鉱業所（ガス燃焼），三井芦別鉱（ガス爆発），日炭高松第１鉱業所（落盤）で計27人死亡，47人負傷。（西 1•30，3•27，6•20，8•25，北 7•16） —　名古屋市内のシェルモールド鋳造工場19工場195人に皮膚障害の発生判明。労基局調べ。(255)	12　通産省，出光に徳山市，三菱化成に倉敷市水島の石油化学コンビナート計画許可。(537)

1963（昭和 38）

公害・環境破壊

1・4　岡山県児島市の小学校で，飲用水に塩分混入。水島工業基地埋立ての影響。(211)

1・10　兵庫県加古川，汚染の激化に伴い，発泡するに至る。(614)

2・6　岡山県児島市内で，今度は井戸水の塩水化。(211)

2・16　熊本大学教授入鹿山，「水銀化合物を新日窒工場のスラッジより抽出。水俣病の原因が工場の廃液にあるという，ほとんど最終的証明。」と発表。(朝 2・18)

2・20　熊本大学の水俣病研究班,「水俣病を起こした毒物はメチル水銀で，水俣湾内の貝および新日窒工場のスラッジより抽出した。現段階では両抽出物質の構造式は，わずかにくい違っている」と公式発表。(633)

3・18　四日市市の**大協和石油化学**でボイラーテストにより，蒸気噴出の騒音，2時間半続き付近500戸で会話不能となる。(677)

3・21　四日市市で，昭和四日市石油の大量の煤塵のため，魚類（加工用で干していたもの）が売り物にならない被害発生。(766)

3・31　山口県小野田市の日産化学工業小野田工場から，硫酸が工場外に噴出。通行人7人が火傷。(西 4・1)

3　東京におけるストロンチウム90の降下量，このころから急にふえる。内閣の放射能対策本部の7月16日における発表より。(朝7・16)

住民・支援者など

2　浦戸湾漁協，高知県と漁業被害補償について協議。(233)

2・6　岡山県児島市の漁業者ら，岡山県に対し損害賠償訴訟を提起。(211)

2・20　**網走漁協組**，西網走漁協組など網走沿岸の漁民代表，北海道庁を訪れ，ホクレンが網走管内に予定しているでんぷん工場建設とりやめの斡旋を依頼。(北 2・21)

3・6　全道農民総決起大会会長高橋雄之助・北海道かんがい用水汚濁防止対策推進本部長寺崎政朝，国策パルプ工業㈱旭川工場の操業停止処分要求書を知事に提出。7日には全被害農民に「パルプ廃液被害農民決起せよ」のパンフレットを配布。(207)

3・11　<サリドマイド禍奇形児救済両親連盟>の父15人，不幸な子供7人を連れて大阪市の大日本製薬会社を訪問，「責任をとり補償せよ」と要求。(朝 3・12)

3・13　北海道庁前でパルプ廃液被害農民総決起大会が開かれ，国策パルプに対する賠償要求を決議。(207)

3・20　**国策パルプ旭川工場**前で被害農民約600人，同工場の操業停止と損害賠償を要求する大会開催。こののち，代表者20余人，同工場長らと会見し，要求書を手渡す。(207)

3・21　国策パルプ旭川工場廃水で被害を受け続けた農民らの組織の

企業・財界

1　三菱製紙高砂工場，加古川が汚染され，工場用水としての使用が危ぶまれるに至ったため，上流の汚染源：兵庫パルプに抗議。(614)

2・　**新日窒**，熊大教授入鹿山の発表に対し，「水俣病の原因は工場によるものではない。経済企画庁の結論まちの段階である」と反論。(633)

3・22　国策パルプ旭川工場，「施設工事を実行し，補償は道の斡旋で納得のいく話合いを進めたい」と，被害農民に回答。農民側，一応納得し，実力行使は中止。(207)

3・25　四日市の大協和石油化学，付近住民を代表する自治会の抗議に従い，消音装置をとりつけ，問題発生後1週間で解決。(220)

3　大阪市の日独薬品会社，西独シェーリング社から輸入の流産防止薬プロルトンの胎児への影響を懸念し，廃棄処分を決定。(朝 3・6)

国・自治体	労災・職業病と労働者	備　　考
1　新産業災害防止5カ年計画発足。(503)		
		2・10　北九州市，小倉・若松・門司・八幡・戸畑を合併し，誕生。全国でも有数の工業地帯。(朝 2・10)
3・8　西村厚相，中央薬事審議会に医薬品の安全確保の方策について正式に諮問。(朝 3・8) 3・12　労働省，電離放射線障害疾病の認定基準について，1959年3月31日の規制を全面改正して通達。(305) 3・16　道知事，国策パルプ問題で，「許可条件に違反したことをもって直ちに水利使用の一時停止処分をするのは会社の死活問題であり慎重な配慮が必要」と回答。(207) 3・19　北海道議会で**石狩川の汚濁問題**がとりあげられ，道行政指導の欠陥・知事の責任，追及される。(207) 3・29　東京都銀座に騒音自動表示器を設置。(朝 3・30) 3　厚生省，水俣病患者の**通院費公費負担**の方針を決定。水俣市，在宅患者の調査にのり出す。(633)	3　愛媛県のポリエチレン製造研究室にて，実験中に爆発。研究員10名が被災。(297)	

1963（昭和 38）

公害・環境破壊	住民・支援者など	企業・財界
	推進本部，工場から満足な回答の得られぬときは，実力で操業を停止することを決定。(207) 3･22　国策パルプ旭川工場に対する被害農民の交渉を，国策パルプ労組および旭川地区労，激励。(207) 3･25　四日市市磯津水産加工組合，21日の被害で昭和四日市石油に補償を要求。(766) 3　水俣病患者家庭互助会，新日窒に補償金改訂の再交渉を要求。新日窒，労働争議の事後処理の終わる翌年春まで延期するよう申入れ。(633) 3　高知市江ノ口川沿岸住民，江ノ口川改装促進委員会を結成。(233)	
4･15　フィンランド国立ヘルシンキ大学教授**マツティ・スラマー**，東京小児外科懇談会などの招きで，サリドマイド被害児の手術指導のため来日。(朝 4･16) 4･16～18　四日市市に悪臭を伴った濃霧発生。(766) 4　東大医学部教授森山豊，2年間の全国調査の結果，出産児中に占める**先天的奇形の割合**が1959（昭和34）年より**急増**し，典型的あざらし状奇形児は1960（昭和35）年より多発と発表。33万例からの分析。(朝 4･2)	4･5　北海道かんがい用水汚濁防止対策推進本部，衆参両議院議長宛に水質基準は農業に被害を与えない水質基準を定め，これを厳守するための浄化施設の完備およびその監督手段に万全の法的措置を講ずるよう，との請願書を提出。(207) 4　北九州市門司区で日本セメントの粉塵に悩む住民，＜日本セメント降塵被害対策協議会＞を結成，1957年以来の損害への補償と集塵装置完備を要求。(772)	
5･19　北九州市に視界 10m という極端なスモッグ発生。(西 5･20) 5･20　福岡市に未明より視界 50m の濃霧発生。貨物列車など立ち往生。(西 5･20) 5･22　東京都調布市の東京重機工業会社メッキ工場から，大量の**青化ソーダ**と**青化銅**，**多摩川に流入**。玉川浄水場，34時間半の取水停止。漁業被害も発生。(朝 5･23) 5･24　東京の大気汚染の人体に対する影響に関する都衛生局委託の調査結果，同局学会で発表。汚染地区で気管支炎患者の増加・小学生の気管粘膜異常などが認められ	5　**小野田セメント八幡工場**のセメント降灰に悩む住民，降灰被害対策協議会を結成。工場に補償要求交渉。(772)	

国・自治体	労災・職業病と労働者	備考
4 厚生省に**食品化学課**発足。食品への有害添加物など監視のため。(朝 3・21) 4 高知県，浦戸大橋計画を発表。(233) 4 富山市，イタイイタイ病治療費につき，毎年5万円の支払いを認める。(66)		4 味の素東海工場と三菱江戸川化学四日市工場，四日市で稼動開始。(766)
5・6 労働省，マンガンまたはその化合物に因る中毒の認定基準について通達。(305) 5・20 労働省，塩素酸塩類を主剤とする除草剤による危害の防止について通達。(305) 5・23 東京都首都整備局，青酸カリを多摩川へ流出した東京重機工業会社に対し，改善命令を出す。(朝 5・24)	5・30 東京都板橋区の志村化工で溶鉱炉爆発。1人死亡，9人負傷。(朝 5・30) 5 キー・パンチャーの身体疲労部位についての調査報告あり。(753-39巻5号)	5・12 横浜市で市電どうしの衝突。55人負傷。(朝 5・12) 5・15 近鉄電車衝突。111人負傷。(毎 5・16)

公害・環境破壊	住民・支援者など	企業・財界
る。国立公衆衛生院博士鈴木武夫らの調べ。（朝 5•24） 5•27 四日市市で**大協和石油化学**から大量の煤煙が吹き出し，2 km 平方の住宅に被害発生。（766） 5•28 四日市市で，こんどは**中電**から安全弁テストに伴い，200 気圧の蒸気吹き出す。騒音，15分おきに8時間継続。周辺住宅の病人・幼児・老人ら避難。（766）		
6•10～12•19 四日市市六呂見町・楠町・高浜三区などで，正体不明のガスが流れ，住民苦しむ。（766） 6•15 富山県と金沢大学，厚生・文部両省の研究助成費による第1回イタイイタイ病研究会開かる。黒部水系でもイタイイタイ病患者発生との報告あり。（読 6•16） 6 **浦戸湾**でカキ全滅。（233）	6•13 倉敷市福田漁協，水島港への大型船入港が漁業の妨害となることで漁民大会。（211） 6•14 四日市市高浜三区の婦人，高浜町婦人大会を開き，コンビナートによる被害に対し，婦人全体に運動を広げることを決議。（220，766） 6•17 豊橋市のサリドマイド児（8ヶ月）とその両親，大日本製薬を相手どり，1,900万円の損害賠償慰謝料請求訴訟を名古屋地裁に提訴。（初のサリドマイド民事訴訟）（朝 6•18） 6•21 四日市市磯津地区漁師約 400人，異臭魚の原因の一社，中電三重火力の排水口を土のうで封鎖。（677） 7•1 四日市市公害対策協議会（略称公対協）結成。（766） 7•9 <公対協>の呼びかけで四日市市にて<公害をなくす市民大会>開催。（766）	6•15 三井金属神岡鉱業所の付属病院副院長富田，金沢大学で開かれた第1回イタイイタイ病研究会で，「従業員の精密検査でカドミウム中毒は発見されず」と萩野医師鉱毒説に反論。（読 6•16）
8•14 東京の江東区など約50万戸で断水。金町浄水場の配水本管破裂のためだが，その原因は地盤沈下にあることが東工大の調べで判明。（朝 9•19） 8•19，20 四日市市塩浜コンビナート**三菱化成**からの油煙，曙町一帯	8•14 三化協（三重県化学産業労組協議会），第10回定期大会で公害防止運動への積極参加を決定。（766） 8•23 東京都港区・世田谷など多摩川沿岸の住民代表15人，都幹部に対し，多摩川は“汚水溜”と化し	8 国策パルプ旭川工場，三土地改良区に対し，協議を行いたいとの文書を送付。すでに石狩川汚濁問題に関する被害農民の組織は，汚濁防止対策推進本部が中心となり動いているが，工場はこれを除外し，数年前の運動の中心体三土地

国・自治体	労災・職業病と労働者	備　　考
6•4　厚生省，サリドマイド児の実態把握の研究班を発足させ，第1回会議。（朝 5•30）		
6•7　石炭鉱害賠償等臨時措置法公布。（133）		
6•13　政府，1958(昭和33)年制定の水質保全法に基づき5年ぶりに，漸く指定水域と**水質基準**を設定，公示。（207）		
6　厚生省，**医療研究イタイイタイ病研究委員会**を，また文部省，機関研究イタイイタイ病研究班を発足。（66）		
6•23　**四日市の異臭魚**で知事，礒津地区に出向き試食ののち，「責任をもってこの事件を解決」と発言。（766）		
7•10　近畿圏整備法公布。（133）		
7•12　閣議，**新産都市**13カ所，工業整備特別地区6カ所を決定。（168）		
7•22　岡山県定例県会で児島市選出議員，水島基地開発に伴う油の海面流出，付近井戸水の塩分混入等を追及。（211）		
7•22　三重県，公害対策室を設置。（766）		
7•24　労働省，二硫化炭素による中毒の認定について通達。（305）		
8•9　建設省と東京都など主催の首都美化推進モデル地区連絡会，隅田川の浄化などについて話し合いを行う。（朝 8•10）		8•17　藤田航空の航空機，八丈島八丈富士に衝突。19人全員死亡。（朝 8•20）
8　四日市市，公害パトロールを開始。（680）		8　四日市市第二コンビナートで大協和石油化学，稼動開始。（766）

1963 (昭和 38)

公害・環境破壊	住民・支援者など	企業・財界
を襲う。(220, 677)	ており都の対策は手ぬるいと激しく追及。(朝 8・24)	改良区に直接働きかけたもの。(207)
8・28　富山県神通川流域のイタイイタイ病の疑いのある患者84人。対象者総数は882人。富山県調べ。(北日本 8・29)	8・20　四日市市曙町の婦人ら，三菱化成工場前に座りこみ，抗議開始。(677)	
9　岡山県**水島地区**高梁川河口付近で，あさりに油臭発見され，採取禁止となる。この後，石油精製工場を中心に油臭魚発生海域，広まる。(342)	8　小野田セメント八幡工場に関し降灰被害対策協，県に対し粉塵による被害の仲介申立。(655)	9　新日窒水俣工場，カーバイド工場爆発ひんぱん。(633)
	9　水島で東京製鉄の騒音甚しく，付近住民から抗議。工場から400mの所で夜間65～70ホン。(211)	9　日本クレーン協会設立。(503)
10・5　熊本大学教授入鹿山，サイクレーターの効果調査のため水俣湾泥土中の総水銀量調査。多量の水銀検出(公表は1964年9月)。(631)	10　日本セメント降塵被害対策協，日本セメント門司工場に関し，県に被害仲介申立。(448)	
11　日本土壌肥料学会九州支部例会で宮崎大教授斎藤文次，土呂久地区の水田の分析結果を発表。一般には公表せず。(443)		
11　水島工業地帯の**三菱重工業**から85ホンの騒音。(211)		
11　倉敷市旧高梁川廃川地の井戸，22のうち20が飲用不適。工場廃液浸透のため。倉敷保健所調べ。(211)		
12・5　大阪市内や淀川沿いの京阪間などに，今シーズン最大のスモッグ。通勤ダイヤが乱れ，34人が負傷。(西 12・5)	12・13　四日市市塩浜地区で，<公害から子どもを守る母親大会>開かれる。(766)	
12・18　同朋大教授吉岡金市，富山県を訪れイタイイタイ病の研究資料を採取。神岡鉱山のカドミウム原因説を記者会見で発表。(北日本 12・19)	12・13　北九州市で日鉄化学・地元婦人会・福岡県の間に，集塵装置設置についての和解式が行われる。「1967（昭和42）年度までに集塵装置を全部新型に改める」など。(655)	
—　北海道砂川市で，依然として上流炭鉱地帯からの洗炭粉流入による水田被害発生。(北 10・12)	12・15　三島市にコンビナート進出反対のための<石油コンビナート対策市民懇談会>結成。(392-43号)	
—　東北6県，徳島県などで非特異性脳脊髄炎症（のちのスモン）多発。(332)	12　熊野灘沿岸の海山町より，原子力発電所建設反対の声，起きる。(829)	
	—　この年から翌年にかけ，東京都内湾の漁協，次々と解散。(417)	

国・自治体	労災・職業病と労働者	備　考
9・1 前年公布・施行の煤煙規制法の一部改正法（7月12日公布），実施。(775，朝 9・2) 9・3 倉敷市，公害防止対策委員会を設置。(211) 9・23 東京都下水道局，隅田川とその支流地区で廃水を川に直接放流している16工場に，11月30日までに廃水処理計画を提出するよう命令。(朝 9・24) 10・15 東京都，新たに煤煙防止条例。旧条例の全面改正。(208) 10・25 大阪府，公害対策審議会設置。(261) 10・25 徳島地裁で森永ヒ素ミルク中毒事件刑事に判決。森永乳業側に過失責任なしとする，無罪判決。初公判から7年10カ月ぶり。(朝 10・25) 10・31 河野建設相，四日市市を視察。(766) 11・1 倉敷市内で煤塵・亜硫酸ガス測定，始まる。(211) 11・7 **徳島地検，森永ヒ素ミルク**事件の無罪判決を不服とし，高松高裁に**控訴**。(朝 11・8) 11・25～29 政府委託の公害特別調査団（**黒川調査団**），**四日市市で調査を実施**。(766) 11・25～12・24 東京都，空をきれいにする運動を展開。ビル暖房監視の強化など。(朝 11・24) 11・26 行政管理庁長官の諮問機関として発足の行政審議会，隅田川をランチで視察。(朝 11・27) 12・18 東京都都市公害部，スモッグ対策に関する通産・厚生両省の通達は抜け穴だらけとし，両省に具体的規制方法の早急な決定を要求。(朝 12・19)	9 兵庫県大東ゴムで爆発事故。17人死亡，7人負傷。(503) 10 **PCP**，除草剤としての利用増加につれ，河川や井戸水を汚染するとともに，製造現場で労働災害を発生させ始めているとの指摘，医学報告にあり。(753-39巻10号) 11・9 日本一のビルド炭鉱・大牟田市の**三井三池炭鉱三川鉱で炭塵爆発**。1カ月後の調べで死者458人，入院中の重傷負傷者280人。このほかに軽傷とみなされる患者多数。入院患者の多くは記憶を喪失。**戦後最大の事故**。(西11・10，14，12・9) 11 石油・化学・火力発電などプロセス産業の**巨大装置**で，**計器**を取扱うことが労働者に著しい負担を与えているとの調査報告あり。(753-39巻11号) 12・12 三池炭鉱の事故による患者総数281人（三井三池炭鉱事故対策本部医療保健委員会指導部会部会長：九大教授勝木司馬之助発表）。そのうち昏睡の続いている患者4人，精神障害の残った患者56人，健忘症患者138人，運動障害のある者83人。(西 12・13) ― 鉱山事故：大浜炭鉱（土砂崩れ），上尊鉱業糒炭鉱(ガス爆発)，岩屋炭鉱（落盤）で計10人死亡，1人負傷，15人不明。(西 5・7，10・3，12・14) ― 民有林でも，チェンソー使用労働者に振動病の発生，発見さる。(71-121号) ― このころより新聞労働者に腰痛が集団的に発生。新聞労連，腰痛闘争を開始。(780)	11・4 朝日訴訟第二審判決。生活扶助基準が低額なことは認めつつも違法と断定できず，と。原告朝日茂，上告。(586-457号，782) 11・9 横浜市鶴見区内の東海道線で二重衝突。161人死亡。(鶴見事故)。(朝 11・10) 11・15 関右馬允，『日立鉱山煙害問題昔話』(543) 11・30 中部電力の原子力発電所候補地として熊野灘沿岸を選定とのこと，新聞発表さる。(829) 12 日産化学名古屋工場のスルホン酸製造設備能力増強工事，完成。(537) ― 四日市市の石油コンビナート，第2コンビナートの稼動とともにこの年より飛躍的に稼動力増。(680)

公害・環境破壊	住民・支援者など	企業・財界
1・19　茨城県土浦市備前川で大量の魚が浮上。**農薬パラチオン**が原因。（朝 1・20，23） 1・24　岡山大学教授小林純，日本土壌肥料化学会で，富山県のイタイイタイ病につき，鉱山からの重金属が原因と発表。（毎 2・24） 1　三重県立大教授吉田克己，四日市市磯津地区で住民検診。31人の検診者のうち，医療も未受療の8人を発見。（677）	1・8　静岡県清水町に「清水町石油コンビナート進出対策研究会」発足。（771） 1・17　石油コンビナート進出に反対する三島市・沼津市・清水町の住民，バス2台で四日市を訪問。公害調査のため。（766） 1・25　三島市で，市民懇談会を発展解消して<石油コンビナート対策市民協議会>結成。（771）	
	2・8　沼津市に，東電進出に反対する<下香貫火力発電所建設反対期成同盟>結成。（771） 2・16　**熊野灘沿岸**海山町で，**原発反対**三重県民大集会。（193） 2・20　石狩川沿岸の被害農民3,273人，北海道知事を被告とする行政訴訟を提起。国策パルプに対する河川工作物新築と流水占用汚水排出許可取消を請求。（207） 2・21　石狩川沿岸の被害農民組織の北海道かんがい用水汚濁防止対策推進本部，行政訴訟と平行し，北海道の公害行政執行に関する厳重な勧告方要請書を行政監察庁に提出。（207） 2・22　北海道かんがい用水汚濁防止対策推進本部本部長寺崎政朝，通産相に対し，水質基準をこえ放流排水している国策パルプへの浄化施設完備を要求した行政不服訴訟を提起。（207）	2・3　静岡県に進出予定の石油コンビナート各社，県職員らと共に進出地で説明会。富士石油㈱設立準備室の資料は「公害の無い製油所」との見出し。（771）
3・25　四日市に関する**黒川公害調査団**の**報告書**，四日市の大気汚染を問題とし煤煙規制法を適用するよう勧告し，国会に提出。（日経4・28） 3　福岡市内茶山団地で腹痛・下痢患者続出。簡易水道に許容量の3倍の亜鉛が含まれていたため。（西 3・13）	3・15　<石油コンビナート進出反対沼津市・三島市・清水町連絡協議会>結成。（771） 3・16　三重県漁連に<原発反対漁業者闘争委員会中央本部>発足。（829） 3・31　北海道かんがい用水汚濁防止対策推進本部，北海道知事の斡旋で国策パルプ旭川工場と，石狩川汚濁問題で和解。補償金は「被害見舞金」の名のもとに4,000万円。また道が援護措置として4,000万	3・27　国策パルプの常務取締役，「法による改善命令には従うが，経営が成り立っていかないとわかったら，通産省に対し再審査を請求する」と発言。（207）

国・自治体	労災・職業病と労働者	備　　考
1　**大蔵省**，気象庁が予算要求していた**スモッグ対策費**9,700余万円を，**全額削る**。(朝 1・24)		1・21　兵庫県下の化学工場でフタロジニトリル，製造開始。(255)
	2・9　水島コンビナートの日本興油工業㈱，日本ガス化学工場からの廃ガスで従業員に眼病増大，と発表。(211) 2　兵庫県下のフタロジニトリル生産工場で，労働者21人に中毒発生。(255) 2　新日本理化労組，会社と労災法外特別補償協約を締結。(779)	2・14　初の漁業白書，国会提出。(朝2・14) 2・14　朝日訴訟の原告朝日茂，死亡。(586-457号) 2・27　大分空港で富士航空旅客機墜落。20人死亡，22人負傷。(朝 2・27)
3・　三重県会で，原子力発電所の安全性に関する質疑あり。(829) 3・7　北海道議会で，北海道知事の石狩川汚濁をめぐる考え，糺される。(207) 3・16　北海道知事，石狩川被害民らの行政訴訟に対し，訴えの却下を求めた答弁書を札幌地裁に提出。(207) 3・17　北海道知事，石狩川汚濁問題で被害農民に対し放任を詫び，斡旋を開始。(207)	3・10　原研労使，大型原子炉に関する争議協定に調印。(朝3・11)	3・17　日本石油精製㈱根岸製油所，原油常圧蒸留装置に火入れ。4月14日，同所操業開始。(526) 3　名鉄特急，新名古屋駅で追突。150人負傷。(朝 3・29)

公害・環境破壊	住民・支援者など	企業・財界
	円以上支給。戦前からの紛争，ここに一応の解決。(207) 3～4 このころ，8年ぶりに森永ヒ素ミルク中毒事件の民事訴訟，前年10月に刑事事件で無罪判決の出たのち話し合いがつき解決。原告は<岡山市の森永ミルク中毒訴訟者同盟>で請求額は2,510万円。(朝 4・2)	
4・2 **四日市**で3日間の激しいスモッグのあと，**ぜん息患者死亡。**(766) 4・3 石狩川河口で大量の魚が斃死していること発見さる。(北 4・3) 4・19～21 水島地区市街地に悪臭続く。(211)	4・1 四日市市革新議員団，四日市市公害対策資料を発表。(160) 4・17 水俣病患者に対する見舞金一部改訂(年金，成人10万5,000円)。(631，633) 4 東海道新幹線沿線で，新幹線工事の騒音や震動による公害を訴える声高まる。東京都品川区では30世帯が**東海道新幹線被害対策協議会**を結成。(朝 4・9)	
5・4 三島市にある国立遺伝学研究所の松村清二を団長とする松村調査団，静岡県下への石油化学コンビナート進出にともなう公害発生について報告書をまとめる。(771) 5 埼玉県戸田町でのちにスモンとわかった病気，続発しはじめる。(朝 7・24) 5 学術会議シンポジウム，食品中における農薬残留問題をとりあげる。(203) 5 日本内科学会で各地に発生しているマヒ性奇病に，非特異性脳脊髄炎（スモン）との病名つけられる。(朝 1965年3・16)	5 横浜市中区・磯子区の町内会・婦人会ほか地区団体などにより，<環境衛生保全協議会>結成さる。同会，根岸湾石油コンビナートの公害事前調査を要望した申請書を厚相・通産相・建設相・経企庁長官に提出。(526，770)	
6・4 **新潟に水俣病患者**発生（このときは病名不明)。(452) 6・14～16 統計研究会公害研究委員会（都留重人・戒能通孝・柴田徳衛・庄司光・宮本憲一ら），四日市市の開発に関する実態調査を実施。(766) 6・16 新潟地震のため昭和石油精油所から火災発生。18日午前になっ	6・1 北海道の空知・深川・神龍の3土地改良区，各自資金を分担し，石狩川甲水域水質研究所を設置。この日から11月30日まで156日間にわたり日に3～5回，国策パルプ旭川工場放流口の水質を検査。大幅に基準を上回る数値の多いこと，発見さる。(207) 6・30 <サリドマイド児の未来を開	6・10 東電，住民の反対のため，静岡県沼津市牛臥地区への進出計画を撤回。(771) 6 (財)原子力安全研究協会発足。 6 国策パルプ旭川工場廃液，水質基準を大幅に上回る。被害農民の抗議にもかかわらずこの年いっぱい悪化のまま。(207) 6 富士石油，三島市への進出計画

国・自治体	労災・職業病と労働者	備　　考
3・18　北海道議会で，再び石狩川汚濁問題に関し公害行政，追及さる。(207) 3・21　静岡県清水町町議会，コンビナート反対議案を可決。関係自治体の中で最初の反対議決。(771) 3・26　札幌通産局，国策パルプ工業社長に対し，同旭川工場の汚水等処理施設改善を命じた施設改善命令を発すことを決定。(207) 4・1　北海道知事，国策パルプ旭川工場に対し，流水占用を以後1年に限り認めた命令書を出す。(207) 4・1　**厚生省**環境衛生局に**公害課新設**。(朝 3・31) 4・1　愛知県公害防止条例制定。(212) 4・22　富山県，県地方特殊病対策委員会委員の任期が切れ，新委員15人を選ぶ。今回も萩野医師は除外。(北日本 4・23，富 5・20) 4　横浜市に専従者7人で公害係，独立。(770) 5・1　四日市市，煤煙規制法の指定を受ける。黒川報告に基く。(766) 5・13，14　通産省と国立防災科学技術センター(黒川調査団)，静岡県沼津・三島地区の石油化学コンビナート予定地で大気汚染に関する実験を実施。(朝 5・12)		4・24　庄司光・宮本憲一，『恐るべき公害』(105)
6・1　神奈川県で新公害防止条例実施。5日，**全国で最初に認定基準**を決定。(朝 6・6) 6・17　三重県の原発，芦浜地区に予定変更。(193) 6・18　静岡県下の石油化学コンビナート予定地における黒川調査団，三菱重工社で中間報告。汚染は避けられそうであるとの趣旨。(771)	6・11　**昭電川崎**，酸化プロピレン工場爆発。17人死亡，10人負傷者。(日経 6・12) 6・30　四日市の三菱油化工場でポリエチレン装置，ガス爆発。従業員1人死亡，1人負傷。2,880万円の損害。(766) 6　岡山のすだれ製造業において，ステアリン酸混合の塩ビ製すだれ	6・16　新潟で大地震。(朝 6・17) 6・22　青樹簗一訳『生と死の妙薬』(レィチエル・カーソンの“Silent Spring”の翻訳)。(820)

1964（昭和 39）

公害・環境破壊	住民・支援者など	企業・財界
ても鎮火せず。（朝 6・17，18） 6・17　**倉敷市**福田町で，**イ草** 40 ha 先枯れ。水島コンビナートからの排ガスによる。（174） 6　福岡市の市分譲住宅で，簡易水道に許容量の12倍の亜鉛を発見。新設団地の水道行政が問われる。（西 6・3）	<父母の会>会長，西独へ出発。日本と西独のサリドマイド児の親たちが手をつなぐ国際組織をつくるため。（朝7・1）	を千葉へ変更の方針。（771）
7・6　**三菱化成水島**のフレアスタックより 20m の炎。騒音と悪臭。（174） 7・11　埼玉県川越市富士見中学グラウンドで，先生や生徒など約40人に急に**頭痛や手足のしびれ**発生。川越保健所，**スモッグ**が原因と推察。（朝 7・12） 7・15　**野口雄一郎**ら，根岸・本牧工業用地の公害対策につき，「公開の原則」を含む9項目を横浜市に対し提言。（769） 7　宇部市**宇部興産**周辺で刺激臭による住民の健康被害や木・花の枯れなど発生し，問題化。（西7・14）	7・7　四日市市で公対協主催の“市民の生命を守る”抗議集会，ぜん息患者の死と三菱油化爆発による死者発生に抗議。（766） 7・12　**倉敷市呼松町**で町民大会。呼松町公害対策委員会を結成。（211） 7・15，16　倉敷市呼松町住民代表，公害発生工場の閉鎖・移転を，県・市・工場へ申し入れる。回答なし。（211） 7・17　横浜市磯子区住民運動連絡会議，日本石油・東京電力の公害対策で決起大会。横浜市に対し，対策を強く要請。（770） 7・21　四日市医師会，公害患者への医療費負担を推進するべく，市長に公開質問状。（766） 7・22　北海道かんがい用水汚濁防止対策推進本部長，道知事に分析結果に基づいて国策パルプ旭川工場の廃水水質悪化を報告し，指導監督強化を要請。また23日には，札幌通産局へ行政指導を依頼。この後9月9日知事に，29日道議会に同様陳情。（207） 7・22　倉敷市呼松町民約700人，化成水島に対し抗議デモ。（211）	7・2　戸木田教授死亡，水俣病原因についての腐敗アミン説消滅。（631，633） 7・22　水島地区の化成水島，予定していた火入れ式を中止し，呼松町民の抗議に応える。（211） 7　チッソ石油化学五井工場，エチレン法アセトアルヒデド製造開始。（631）
8・5　三重県楠町で**PCB混入**の業務用**しょう油**「カネ太」，摘発さる。（西 8・15） 8・12　北海道曹達幌別工場にて塩素ガス漏洩。付近住民19人中毒。（北 8・13） 8・24〜28　第2回国際水質汚濁研究会議，東京で開催。25カ国が参	7・24　三重県の原発反対の漁民約2,000人，海上デモを実施。（829） 8・1　静岡県下に進出予定の石油化学コンビナートの公害予見で，政府派遣の黒川調査団と地元の松村調査団および住民代表が会見。黒川調査団の報告書のあいまいさ，明らかになる。（771） 8・14　熊本短大社会事業研究会を中心に<水俣病の子供を励ます会>	8・1　**中央労働災害防止協会設立**。（503） 8・27　岡山県・倉敷市・化成水島・呼松町民代表の四者会談，開かる。席上，化成水島が見舞金150万円を支払う案を提示。（211）

国・自治体	労災・職業病と労働者	備　　考
6　労働災害防止団体等に関する法律公布。(503) 6　厚生省，公害対策基本法案作成の作業にはいる。(朝 6•7)	により5人中毒，69人に異常発生。(255)	
7•10　改正河川法公布。(133) 7•11　電気事業法公布。(133) 7•27　沼津・三島地区石油化学コンビナート公害事前調査の黒川調査団，工場建設は所要の措置を講ずれば公害発生のおそれなしと最終報告。(朝 7•28) 7•27　三重県知事，県内芦浜地区を原子力発電所用候補地と決定。(193) 7•30　岡山県と倉敷市，化成水島に対し，注意して操業するよう申し入れ。(211)	7　東京都品川の宝組化学品倉庫で硝化綿発火により連続爆発。18人死亡，80人負傷。(503) 7　秋田県の銅精錬工場で13人に鉛中毒発生。(255)	7　水島コンビナートで化成水島工場，操業開始。石油コンビナートの心臓部の活動開始。(211)
8•1　倉敷市，民生部に公害係設置。(174) 8•18　十大都道府県議長会，大阪市で開催。広域公害の防止対策などを討議。(朝 8•19)		

1964（昭和 39）

公害・環境破壊	住民・支援者など	企業・財界
加。（朝8・19） 8　室蘭工大教授室住正世，C. C. Patterson 博士および T.J. Chow 博士とともに南極の鉛汚染調査に着手。（166） 8　高知市鏡川下流でパルプ廃液により魚，大量に死滅。（233）	結成。（633） 8・15　倉敷市呼松町で町民大会。呼松町公害対策委員会を改組し，呼松町公害排除期成会とする。（211） 8・24　三重県南島町，原発反対の山本真三を町長に選出。（829） 8・28　沼津市片浜地区で三島市から片浜地区へ進出予定を変更した富士石油に対し，進出絶対反対総決起大会。（771）	
9・14　富山化学工業の塩素ガス漏洩事故にて中毒者，市民を含めて342人。（朝 9・15）	9・10　東京都内の小・中学校の教師，<小・中校対策研究会>を発足。（朝 9・11） 9・13　**沼津市で石油化学コンビナートの進出**に反対する住民，総決起大会。2万数千人が参加。このため沼津市議会，9月30日にコンビナート反対を決議。住民運動の勝利であり，“資本の論理”のはじめての挫折といわれる。 （392-43号，771）	
10・2　富山の萩野医師と岡大教授小林純，長崎県対馬にてイタイイタイ病同種患者を発見（東邦亜鉛対州鉱業所が原因）。（読 10・3）金沢大助教授野村進，レントゲン写真からこれを否定。（読 10・10） 10・4　札幌市道立水産ふ化場に大量のし尿が流れ込み，鯉・鮒など数十尾斃死。また上流の民間養魚場でも養魚全滅。同市し尿処理場の埋め立て作業の不始末のため。	10・8　倉敷市呼松町民約700人，化成水島に対し抗議デモ。（211） 10・30　水俣病患者審査会，熊本県知事に患者の見舞金値上げを要請。（633）	秋　沼津市で立地不可となった東電，富士市の富士川河口左岸への立地で県の了承をとりつける。（714）

国・自治体	労災・職業病と労働者	備　　考
9・1　衆院地方行政委員会で神田厚相，静岡県下での黒川調査団報告に関し，その調査が不十分であったことを認める。(771) 9・3　埼玉県戸田町で続発したマヒ性疾患（のちのスモン）のための厚生省による研究班（京大教授前川ら)，第1回会合。(朝 9・4) 9・22　労働省，**「キーパンチャーの作業管理について」**通達。キーパンチャーの健康障害発生予防に関する通達。(305) 9・30　横浜市飛鳥田市長，日石・東電立地に反対する市内2住民団体に対し，公害対策協議会の答申を示して話し合う。(770) 9　水俣市議会に公害対策特別委員会，設置さる。(633) 9　熊本県衛生部,「水俣湾に特に濃厚な汚染。水俣湾泥土3～4mの深さまで水銀蓄積」と報告（調査は1963年10月5日入鹿山)。(631)	9・30　愛知県の東海製鉄所でガス漏れ。18人中毒。(西 10・1)	
10・5　労働省，有機燐系の農薬による中毒症の認定について通達。(305) 10・21　科学技術庁，**伊勢湾の異臭魚**に関する報告書を発表。悪臭は四日市の石油コンビナートからの廃液によると報告。(朝 10・22)	10　<鉱業労働災害防止協会>設立。(503)	10・1　**東海道新幹線営業開始。**(朝 10・1) 10・10　オリンピック東京大会開会。(朝 10・10)

1964（昭和 39）

公害・環境破壊	住民・支援者など	企業・財界
（北 10・4） 10・5 通産省，「産業公害の現状と対策」という報告を産業構造審議会産業公害部会へ提出。その中で①四大工業地帯への公害集中②発生地域の広域化③亜硫酸ガス被害の増加，などを指摘。（朝 10・6） 10 高知市浦戸の井戸水に海水混入。（233） 11・17 長崎県棚町の上水道に重油流入。水源地上流における採石場での事故のため。（西 11・18） 11 高知県幡多郡の加持川下流一帯で大量の魚，斃死。（233）	11・18 <水俣病患者家族互助会>主催で初の合同慰霊祭。（633）	11 東電，原子力発電所用地の福島県大熊町付近の用地買収を完了。
12・3 イタイイタイ病が婦人のみならず中年男性にも発病のこと，富山県地方病対策合同委員会で発表さる。（北日本 12・4） 12・8 静岡県浜名湖の養殖，河合楽器新居浜工場と富士電気化学鷲津工場から流出の重油で全滅に近い被害。（朝 12・11） 12・14 東京・大阪地方で濃霧。両国際空港で着陸不可となる。（朝 12・14）	12・10 京都市のサリドマイド児（2歳）とその両親，国と大日本製薬に対し，2,500余万円の損賠請求訴訟を京都地裁に提起。<京都自由人権協会>が支援。国を訴えるサリドマイド訴訟は初めて。（朝 12・10） 12・18 **日弁連**，政府と各自治体に対し，公害防止の強力な行政監督と立法措置を望む「宣言」を発送。（朝 12・19）	12・21 **<石油化学協調懇談会> 初会合。**（537，776）
	一 岩国市漁協，帝人・山陽パルプ・東洋紡・三井石油化学工業・興亜石油・ユニオン石油6社に対し，異臭魚の工場買い上げと浄化設備の完備を要求。（76）	

国・自治体	労災・職業病と労働者	備　　考
11・10　政府，技術導入28件を認可。その中にソフト型洗剤の技術導入を含む。（朝 11・11）		
11・13　水質審議会，1965（昭和40）年４月から適用の隅田川水質基準に関し，廃液処理が難しいので別扱いを，と申請のあった製紙業者一工場を例外として認めることに決定。（朝 11・14）		
		11・20　富田八郎「水俣病」，『月刊合化』への連載始まる。（624）
11・21～12・20　東京都，空をきれいにする運動を実施。自動車排気ガスにも注目。（朝 11・24）		
12・1　横浜市衛生局に「公害モニター」特設。局長級所長以下公害事務専務者を配置。（770）		
12・1　厚生省の地域開発研究会，岡山県南新産都市の生活環境調査を報告。水島地区は10年前の四日市と同じで，このままでは５年後には現在の四日市の状態になると警告。（211）		
		12・9　関西電力堺発電所，１号機運転開始。（261）
12・16　横浜市，同市根岸臨海工業地帯に進出予定の東電と公害防止について市の事前承認権を明記した文書を交換。（朝 12・17）		
12　大阪国際空港のジェット機騒音に悩む伊丹市，全国で初めての航空税構想を発表。（朝 12・6）		
12・28　四日市市平田市長，次年度からのゼンソク患者の医療費公費負担の構想を発表。（766）		
12・28　中電三重火力の異臭魚事件磯津漁民に，三重県知事の斡旋により，中電が補償金3,600万円を支払うことで妥結。（766）		
	—　鉱山事故：日炭高松（ガス噴出），三井砂川鉱（崩落）で計14人死亡，６人負傷。（西 3・30，北6・12）	—　企業の倒産，戦後最高4,212件。（537）
	—　岐阜県付知国有林でチェンソーを使用していた労働者から振動病の訴え。（71-121号）	

1965（昭和 40）

公害・環境破壊	住民・支援者など	企業・財界
1・10　川崎市の昭和エーテル登戸工場の第一合成工場で真空蒸留ガマが爆発し，作業員3人が重傷を負ったほか，付近住民3人が軽傷。（朝 1・11） 1・27　高知県から東京に入荷のキュウリ・トマトが劇物ベンゾニトリルで汚染のこと判明。一部はすでに家庭に渡ったおそれ。（西1・28） 1　新潟大学，水俣病の疑いのある患者に気づく。(3)	1・7　中電三重火力と磯津漁協組，3,600万円の補償で調印。(160) 1・13　福岡県朝倉郡朝倉町で，じゃり採取による農業と飲用水枯渇などに抗議し，農民らによる筑後川用水対策町民決起大会開催。（西1・14） 1　高知県評，日産2,000ｔのクラフトパルプ工場新設運動を決定。(233)	1・13　福岡県朝倉郡朝倉町で，じゃり採取業者，被害者の抗議運動に対抗し，トラック300台を並べ，じゃり採取禁止反対の示威運動。（西 1・14） 1・16　四日市市の**日本合成ゴム**の工場長，厚相神田の同市視察に際し，「公害は誇大報道。工場の労働者に公害病患者のいないのが証拠」と発言し，厚相にたしなめられる。(160) 1・23　自民党三重県連が結成した三重県原子力平和利用研究会，南島町と南勢町の反対派漁民を招き講演会。出席漁民，会の主旨が反対派説得とわかると一斉に退出。(771) 1　**昭電鹿瀬工場，　アセトアルデヒド生産部門を閉鎖**。(633) 1　新日窒，社名をチッソ㈱と変更。(633)
2・16，18　静岡県伊東市で，アンプル入り風邪薬で中毒死者発生。（西 2・19） 2　熊本県菊池郡西合志村で，煙草畑に散布した駆除薬が風に流され，100人ほどの住民に咳・頭痛などの被害。**駆除薬はクロールピクリン**で，旧軍隊で使用の毒ガスと同成分。（西 2・17）	2・18　沼津薬剤師会と静岡県医薬品商業組合東部支部，伊東市内で起きたアンプル入り風邪薬中毒死に関し，風邪薬は錠剤かカプセルにするよう通達。また県に対し，アンプル入り風邪薬の販売中止を要請。（西 2・19） 2　小野田セメント八幡工場，降灰事件和解で決着。(772)	
3・16　四日市市高浜地区に中電四日市火力から子供のてのひら大の煤，1時間ほど降下。(766) 3　**米陸軍**，沖縄にて対ゲリラ訓練中，宜野座中学周辺で**毒ガス**使用。学童全員がのどに突き刺さるような痛み・涙流・鼻痛・くしゃみ・息苦しさなどの苦痛を訴える。農作物にも被害。 （沖・琉 3・12）	3・4　石狩川汚水被害対策本部と北海道漁民同盟，道開発局と国策パルプ旭川工場に対し，工場汚水による漁業被害補償要求書を提出。（北 3・5） 3・20　米空軍横田基地周辺でジェット機騒音被害を受けてきた住宅のうち2軒についての移転契約，この日締結。（朝 3・31） 3・25　神通川鉱害対策協議会（農	

国・自治体	労災・職業病と労働者	備　　考
1・5　工業用水法施行令発効。大口の地下水汲み上げを全面禁止。(朝 1・10) 1・10　通産省，工業用水法施行令に基づき，荒川区の旭電化工業の揚水ポンプ電源に封印。(朝 1・10)		1・29　石油化学協調懇談会，ナフサセンター処理基準を決定。エチレン年産10万 t。(537，776)
2・18　**四日市市公害関係医療審査会**発足。(766) 2・22　東京都品川区議会，羽田空港離着陸ジェット機の騒音調査を実施。(朝2・23) 2・25　水質審議会多摩川専門部会聴聞会で，東京都水道局長，**多摩川は浄化しうる限界**まで追いこまれていることを訴える。(朝 2・25) 2　水俣市議会公害対策特別委，定期的な排水口での水質検査と煤塵測定器5台設置を決定。(633)	2・22　北炭夕張鉱業所でガス爆発。61人が死亡。ほかにこの時点での一酸化炭素中毒者17人，うち7人は重症。(北 2・24) 2　千葉市の川崎製鉄でボイラー爆発。死者4人，負傷25人。(503)	
3・7　水俣市立病院湯之児分院(リハビリテーションセンター)開院，工費2億5,000万円，ベッド数201床。(633) 3・9　政府，核原料物質・核燃料物質および原子炉の規制に関する法律改正を閣議決定。(朝 3・9) 3・31　長野県公害防止条例制定。(212)	3　鉄骨・橋・造船など事業所で身体の変調を訴える溶接工，増加。フッ化カルシウム使用の低水素系溶接棒によるものとの見当。(朝3・23) 3　2月の北炭夕張事故による被災で，通院中の労働者は488人。このうち77人は事故後，症状が悪化。(北 3・25) 3　NHKテレビ「現代の映像」で	3・10　桑原史成『水俣病』(写真集)。(622) 3　繊維業界で中小会社の倒産激増。(537)

1965（昭和 40）

公害・環境破壊	住民・支援者など	企業・財界
	家），三井金属の鉱毒による農業被害の補償を増額し，従来の5年間年255万円に対し新たに900万円を要求することを決定。（北日本・富・読 3・26）	
4・23 東京都板橋区立加賀中学で，授業中に黒煙が入りこみ，生徒20人にめまいやのどの痛み発生。周辺一帯にあるゴム工場やビニール工場からの排出ガスによるもの。（朝 4・24）	4・2 四日市大気汚染の被害者，<四日市公害患者を守る会>結成。公害病第1号犠牲者古川喜郎の1周忌の日。（766）	4 岐阜県立大学医学部教授館知，富山県神通川流域に発生のイタイイタイ病について，カドミウム説に反対の論文を発表。（66）
4 新潟大学，水俣病の疑いのある患者第2号を発見。（3）		
4 新潟市の民医連系の沼垂診療所，水銀中毒患者の発生を知って調査を開始。（48）		
春～秋 富士市内で腐卵臭がただよい，住民に食欲不振やおう吐。金属類の腐食なども発生。田子の浦港に流入した工場排水沈殿物の除去作業に伴い発生した硫化水素ガスによる。（564）		
5・24 北海道室蘭港でノルウェーのマンモスタンカー：ハイムワルド号が爆発し，付近の網取船が燃焼。乗組員3人死亡，5人不明，11人重軽傷。（北 5・24）	5・30 三重県南島町で住民大会。約3,000人が参加。原発絶対阻止を決議。（829）	5・21 チッソ水俣工場，見舞金を一部改訂（未成年患者は成人に達したとき年金10万円に，重症は10万5,000円）。（631）
5・25 炎上を続けるタンカー：ハイムワルド号，再び大爆発。港近くの日石の石油タンクなどへ延焼のおそれがあり，周辺住民に避難命令。（北 5・25）	5 北海道千歳川ぞいの農家，し尿処理建設工事に伴う3月末ごろよりの井戸水の枯れに関し，道地下資源調査所へ調査を依頼。（北 5・5）	
5・20 **四日市市で公害認定制度**が発足し，第1回の認定審査。18人を認定。うち14人が入院患者。（766）		
5 新潟大学，水俣病の疑いのある患者第3号を発見。（3）		
5 **静岡県田子浦港**のしゅんせつ作業中，**硫化水素**発生。近辺住民の間で大問題となる。製紙工場排水が原因。（203）		
6・12 新潟大学，**新潟県下**阿賀野川流域における**水俣病症状患者**の集団発生を発表。13日調査開始。（朝 6・13）	6・16 倉敷市呼松地区の漁民代表150人，県知事に対し，原因究明ができるまでの操業中止を要求。（211）	6 中央協会，安全衛生功労者に緑十字賞を授与。（503）
		6 関西電力，宮津市への新宮津火発建設計画を発表。（799）

国・自治体	労災・職業病と労働者	備　　考
	「白ろうの指」放映。 白ろう病，大きな社会問題化のきっかけ。(780)	
4・1　兵庫県，公害防止条例制定，公布。実施は10月1日。(68-3巻) 4・5　四日市市， 市内公害激甚地の4小学校の児童（約3,300人）にスモッグマスク（黄色いマスク）を配布。(766) 4　労働省労基局に **労災防止対策部** 新設。(503)	4・9　全林野労組，「森林労働者の間に増えてきた**白ろう病**を，職業病として認定せよ」と林野庁と労働省に要求し，文書を提出。(朝 4・9)	
5・19　電源開発調整審議会， 1965(昭和40)年度の電源開発計画を決定。その中に福井県敦賀へ日本で2番目の実用原子力発電所建設計画あり。(朝 5・20) 5・22　三重県伊勢市で「原子力平和利用展」。(771) 5・25～27　大分県大分地区で，新産業都市計画に関し，産業公害事前調査を全国で最初に実施。(朝 5・25) 5　労働省， **チェンソーによる振動障害(白ろう病)を職業病に認定。** 人事院は，国家公務員に対しては1966年7月まで職業病認定を遅らす。(780)		
	6・1　福岡県山野鉱でガス爆発，237人死亡。1963（昭和38）年の三井三池三川鉱事故に次ぐ戦後2番目の大災害。死因はほとんど一酸化	

1965（昭和 40）

公害・環境破壊	住民・支援者など	企業・財界
6·14　倉敷市呼松港沖合で数万尾の魚，斃死。市長，3日後に，原因は工場廃液と思うと発表。(174) 6·16　静岡県伊東市内の住宅街への伊豆急行電車からの汚物被害の事実判明。静岡県および熱海保健所の調べ。6月17日より伊豆—川奈間の洗面所使用禁止となる。(朝 6·17) 6·24　**昭電川崎工場**より塩素ガス漏洩。風下約2,000mの住民に不快を感じさせる。(203) 6　千葉県**市原市五井**の工場地帯隣接住宅地で，ケヤキの大木などの葉が一夜で落ちたり，のどの痛みを訴える住民が発生。農林省の調べにより亜硫酸ガス被害と判明。(朝 6·22) 6　高知市内で，メッキ工場から青酸ソーダ600 *l* 流出。(233)		
7·20　鳥取県下で7小中学校の生徒827人に食中毒発生。給食のカン入りジュースに許容量以上のスズが含有されていたもの。県衛生部調べ。(朝 8·13) 7·22夜　横浜市港北区·鶴見区·神奈川区や川崎市内でタマネギの腐ったような刺激性の悪臭が広がり，市民から頭痛や吐気の訴え続出。1961年ごろから夏になると発生し，原因不明。(朝7·23) 7·22　倉敷市で化成水島からアクリルニトリル数tが流出。午前1時ごろ住民に緊急避難命令が出される。(211) 7·24　東京湾の“夢の島”から東京都江東区・墨田区・中央区などの一部に悪臭が流れこむ。ハエ絶滅のためのゴミならし作業が原因。(朝 7·25) 7·25　東京駅から日本橋へかけ，悪臭ただよう。(朝 7·26) 7　倉敷市福田地区一帯で，この年もイ草の先枯れ発生。(211)	7·10　倉敷市福田町に，公害対策委員会結成。(211) 7·23　三重県熊野灘沿岸漁協長会議で，原発阻止のための南島町への協力体制確立を協議。(771) 7·24～28　三重県南島町町民約200人，県議会を連日傍聴。(771) 7　高知市江ノ口川沿岸住民により，江ノ口川改装促進会，<江ノ口川問題緊急対策協議会>結成。(233)	
8·28　三鷹市新川地区で畑に散布さ	8·25　新潟県民主団体，水俣病対策	8·14　チッソ水俣工場幹部，はじめ

国・自治体	労災・職業病と労働者	備　　考
6・1　公害防止事業団法公布。(133) 6・1　通産相桜内，炭鉱事故連続の責任をとり，辞表提出。(西6・2) 6・10　原子力委員会の原子力事業従業員災害補償専門部会，原子力委員会に対し，「原子力事業従業員の**原子力災害補償に**必要な措置」に関する報告書を提出。(朝6・11) 6・15　厚生省，新潟県下へ有機水銀中毒事件調査団を派遣。(朝6・15) 6・17　新潟県，新潟大学と合同で有機水銀中毒患者研究本部設置。(48) 6・28　新潟県，阿賀野川下流の漁獲を規制。(88) 6・30　公害審議会令公布。 6・30　労災法改正案，国会で可決。被傭者への労使保険全面適用の道，開かれる。(711) 7・1　厚生省の専門家検討会で**新潟県下の有機水銀中毒事件**につき，「**工場廃水**に含まれたアルキル水銀で汚染された魚貝を食して発生」と**結論**。(朝 7・2) 7・12　新潟県衛生部，阿野賀川下流の魚の販売を禁止。(48) 7・18　通産省，全国70数工場に対し，水銀回収装置をつけるなど無害なものにして流すよう指示。(48)	炭素中毒。(西 6・1，2，6) 6・9　三井三池事故で，一酸化炭素中毒にかかった患者が，回復訓練中のバイク試乗で，トラックと衝突死。ガス中毒の後遺症の影響とみられる。(西 6・10) 6・10　政府の山野鉱臨時災害対策本部医療顧問団，爆発当時の入坑者や救援隊員の検診結果「一酸化炭素中毒の疑い16人（要精密検査），頭痛などの症状37人（要診察継続)」と発表。検診総数868人。(西 6・11) 6　山野鉱の死者の中に，組夫として16歳の少年のいたこと判明。(西 6・9)	
8・18　**科学技術庁，中性洗剤に関し**	8・14　苫小牧市の国策パルプ勇払工	8・5　ペルシア湾にて，タンカー：海

公害・環境破壊	住民・支援者など	企業・財界
れた農薬：クロールピクリンで付近住民多数に目のいたみ発生。（朝 8・29） 8　札幌市内の豊平川流域扇状地帯で，汚染井戸水を知らずにのんで集団的にひどい下痢が発生。（北8・27）	会議（民水対）結成。（48） 8・30　倉敷市福田地区農民ら，県と市に対しイ草の補償を要求。豆や松の枯死も発生。（211） 夏　豊後水道の漁民，興国人絹パルプ佐伯工場に対し，廃液完全処理を要求。（342）	て水俣病患者を慰問し見舞金をおくる。（633） 8・17　倉敷市に化成水島など4社，6月に発生の魚の大量斃死事件に関し，見舞金150万円を市漁連に渡す。（211） 8・24　三井金属神岡鉱業所，神通川鉱害対策委員会の最新補償額1,900万円の要求に対し，「鉱害の影響はなく迷惑料であるから，従来より大幅に下回った額を払いたい」と回答。（富 8・25）
9・2〜9　東京で開催の国際生理科学会議で，自動車排気ガス中の有機化合物による肺癌発生確認の動物実験結果，アメリカの学者により発表さる。（朝 9・10）	9・11　新東京国際空港霞ケ浦建設計画に反対している霞ケ浦漁連，1,200人の漁民を動員し，230隻の漁船で湖上における反対の示威運動を実施。（朝 9・11）	9・8　経済団体連合会，公害問題に関する調査結果を自民党公害対策特別委員会に提出。（朝 9・9） 9・28　松島湾のカキ死滅問題，東北電力の700万円の寄付金，県の200万円の慰謝料が漁民側に支払われる。県はこの900万円で松島湾漁業振興策を実施する予定。（840）
10・22　岡山大学教授小林純・富山の医師萩野昇，日本公衆衛生学会で「イタイイタイ病は上流鉱山の廃液が原因」と発表。（北日本10・22，朝10・23） 10　豊後水道で，はまち養殖と真珠養殖に大量の斃死事故発生。（342）	10・3　倉敷市で水島生協が中心となり第1回公害懇談会。（174）	10・25　富山県神通川流域の農民組織＜神通川鉱害対策協議会＞と三井金属神岡鉱業所の3回めの補償改訂交渉。三井金属の鉱害なし，とする主張などのため難航し，今回も未解決となる。（北日本10・26） 10　チッソ水俣工場，公害課を設置。（633）
11・24　（米）原潜シードラゴン，佐世保港に入港。原潜入港はこれで5回め。（西 11・24） 11　札幌市における煤煙の社会的経済的影響に関する調査報告。北大社会学教室によりまとめられる。札幌市の煤煙被害は年間およそ16億7,551万円。（北 11・22）	11・20　三重県南島町に原発反対対策連絡協議会（原対協）結成。（829） 11・30　新空港設置に反対する反対期成同盟員約1,000人，千葉県庁に絶対反対の陳情。（朝 11・30） 11　大分県・佐伯市・地元漁協らにより，＜佐伯湾汚濁防止協議会＞発足。（342） 11・下〜12　三重県熊野灘沿岸の原発反対運動，きわめて活発。12月14日南島町の住民の90%以上の署名を集めた原発反対者名簿，県議会へ提出。（829）	11・22　中部電力，三重県原発予定地330万m^2を買収。（771） 11　中電三重火力と昭和四日市石油，120mの高煙突を建設。（766）
12・4　東京湾入口で（米）貨物船，座礁。重油が多量に流出。（朝12・4） 12・14　佐世保港に（米）原潜サーゴ，	12・7　新東京国際空港建設に関する初の運輸省説明会で，反対住民ら，絶対反対の決議文を読みあ	

国・自治体	労災・職業病と労働者	備　　考
研究報告を発表。食品衛生・皮膚障害・上水道については問題ないが，下水処理について重大な障害，と。(朝 8・19) 8・21　東京都都市公害部，東京の大気汚染について，亜硫酸ガスなどガス汚染の増大を発表。(朝8・22)	場で塩素漏洩事故。労働者13人が吐気・頭痛など中毒症状。 (北 8・14)	蔵丸，火災。(朝8・16) 8・31　日産石油化学千葉工場，高級アルコール製造の試運転開始。 (537)
9・8　厚生省委託の**新潟水銀中毒事件特別研究班**発足。(3) 9・10　厚生省，新潟の有機水銀中毒事件で，阿賀野川上流の昭和電工鹿瀬工場の排水口付近から異常に多い水銀を検出した，と発表。 (朝9・10)	9・6　北海道石狩管内で，農薬 EPN を散布した農民が中毒死。 (北 9・7) 9・13　三井石油化学岩国大竹工場にてサイレンサー破裂，4人死亡。 (297) 9　熊本県の化学工業のアルデヒド製造工場において，経験14年の水銀回収係員に水銀中毒発生。(255)	
10・20　宮城県公害防止条例制定。 (212) 10・22　大阪府事業場公害防止条例制定。(212) 10　公害防止事業団成立。(783)	10・下　三井三池の1963（昭和38)年の事故から2年。**900人余の一酸化炭素中毒患者**のうち入院284人，通院372人で職場に復帰できたのは262人。三池鉱山調べ。(西11・8)	10・1　東京都の人口，1,087万7,212人。(朝 12・1) 10・1　信濃毎日新聞社『新しい恐怖—農薬禍はしのびよる』。(819)
11・15　三重県，「熊野灘沿岸地域開発構想」を発表。予算総額約67億6,000万円。(829) 11・24　金沢大のイタイイタイ病対策委，黒部川流域8地区のイ病類似患者93人の精密検診開始。 (北日本・読・朝 11・25) 11　高知県と高知市，公害対策で初会合。(233) 11　札幌市北保健所，赤色101号を使用したウメ漬を摘発。和歌山県下で製造のもの。(朝 11・19)		11・10　茨城県東海村で日本原子力発電会社，わが国で初発電。日本原子力研究所につづき2番めの原子力発電。(出力 2,000 kW) (朝 11・10)
12・8　倉敷市・児島市・玉島市，公害の広域化にそなえ，初の3市連絡会議を開く。(211)		

公害・環境破壊	住民・支援者など	企業・財界
入港。(米)原潜6回めの入港。(西12・14) 12・20 (米)原潜プランジャー，佐世保港に入港。(西 12・20) 12 螢光染料入りのバターやクリーム，大阪市内で発見。千葉県で製造。(朝 12・27)	げ，約140人が退場。(朝 12・8) 12・24 東京地裁に提訴中の，隣家の二階増築による日照・通風の悪化をめぐる**日照権訴訟**，敗訴。(朝 12・24) 12・23 新潟水俣病患者と家族，**<阿賀野川有機水銀被災者の会>**結成。(48)	
— 瀬戸内海で船舶からの油の排流出・有害物投棄で漁業被害をうけた漁組59。被害組合員延人数4,448人。被害額約1億3,150万円。被害の種類は石油類が28件，海底堆積物が19件。(342) — 1959(昭和34)年よりこの年までに，岐阜県丹生川村の小八賀川流域など一帯で，脳水腫の乳児が18人発生。小八賀川上流にある**平金鉱山跡**よりの鉱毒の影響がうたがわれる。(538)	— 鎌倉・奈良・京都などで風致保存運動，展開さる。(朝 10・30) — 岩国市漁協，工場に異臭魚買上げと処理施設完備を要求し，山陽パルプに座りこみ。市長らの調停で，この年より1968（昭和43）年まで，1,661万円で異臭魚買上げ実現。(342) — この年より，北九州市戸畑区婦人会協議会，全組織をあげ，公害防止運動を始める。(298)	— 岩国市の漁協から追及を受けた6工場，岩国工業クラブを設置。異臭魚の補償金支払い業務を開始。(76)

国・自治体	労災・職業病と労働者	備　　考
12・23　東京で，基地のある県の知事・市町村長ら250人が集り，基地周辺民生安定法制定貫徹全国総決起大会開催。(朝 12・24) 12・28　千葉県，大阪市で発見された螢光染料入りバター・クリームに関し，螢光染料は未検出で無害と発表。(朝 12・28) 12・29　古都保存法可決。(朝12・30)	一　染料企業大手5社の1つ保土谷化学，**ベンジジン製造工場**の集中総合により製造部門を廃止しユーザー工場となる。しかし2年後，**発癌**者が死亡し労働問題発生。(196) 一　鉱山事故：日鉄鉱業伊王島鉱山（坑内爆発），三石炭鉱（坑内ガス爆発）で計25人死亡，33人負傷。(西 4・9, 5・18) 一　1960年頃よりフォークリフト車の多用の始まった神戸港で腰痛・頸肩腕症候群・ひざ関節痛・胃腸病・痔などにかかる労働者増加。総称 “**フォークリフト病**”。(780)	一　九州で大手炭鉱の閉山続く。(西 6・24) 一　チェンソー，国有林で5,000台。国有林の伐木造材作業の大半は機械化さる。また民有林では4万台。(71-121号) 一　石牟礼道子，『熊本風土記』に「空と海の間に」を連載。(172)

1966 (昭和 41)

公害・環境破壊	住民・支援者など	企業・財界
1　岡山大学公衆衛生学教室，倉敷地区児童の肺機能調査の結果，大気汚染の影響なし，と発表。(211) 1　栃木県で，食品衛生法で禁止されている防腐剤ソルビン酸使用の水羊かん発見。宇都宮市旭食品会社の製造。すでに関東・東北地方に1万6,000本出荷。(朝 1•15)	1•23　三重県熊野灘沿岸住民による＜原対協＞，22日の県説明会に反論の文書を発表。(771) 1•29　＜倉敷市の公害問題懇談会＞三重県立医大教授吉田を招き，四日市・沼津・三島の現状や闘争について学習 (211)。	
2•26　厚生省，東京都内の自動車排気ガスの実態と人体への影響の調査結果を発表。交差点付近の**住民の一酸化炭素汚染**は限界すれすれの状態など。(朝2•27) 2　石狩川河口のヤツメ漁業，2月の最盛期を迎えてもこの年は不振。パルプ廃液や泥炭の影響。(北 2•16) 2　**東海道新幹線の線路沿い**の岐阜県大垣市の小学校が，**騒音**で妨害されたため移転を決定。また同じく静岡県浜松市の2つの中学校も，騒音と振動に追われて統合移転を決定。(朝 2•16, 20)	2•7　千葉県富里新空港建設に反対する2,500人，千葉市の目抜き通りをデモ行進。この年初めての反対のための大量行動。(朝 2•7) 2•11　社会党の農漁民局長定鹿，運輸・農林大臣などに，東京第二国際空港の千葉県富里地区建設中止を申し入れ。(朝 2•11)	2•17　水俣市長選，もとチッソ水俣工場長の橋本彦七が再選さる。(633)
3•15　前年死亡が発見された3羽の**コウノトリ**について，死因は水銀農薬と判明。文化財保護委員会の依頼を受けた学者の発表。(西 3•16, 朝 3•16)。	3•3　石狩川の汚水被害に悩む石狩川町で漁協・土地改良区・企業など＜石狩町公害対策協議会＞を設置 (北 3•4)。 3•17　三重県津市で，県下137漁組中16組合代表により，県下漁協代表者大会。原発建設反対を再確認。また熊野灘沿岸漁民約2,000人が，海上で原発反対の示威運動。(829)	

国・自治体	労災・職業病と労働者	備　　考
1・22　三重県，原発建設が熊野灘沿岸海域に及ぼす影響について説明会。計画の具体化による漁業への影響は少ないとする立場。(829)		
2・9　水質審議会，東京・多摩川沿岸の工場排水について基準を答申。1日300 t 以上排出を規制。(朝 2・10) 2・16　千葉中央署と千葉県警，7日の新国際空港設置反対抗議大会のデモのときに，その一部が県庁内になだれこんだ件で，富里村の農民3人を建造物侵入の疑いで逮捕。(朝 2・16) 2・19　厚生省の新潟有機水銀事件の特別研究班，昭電鹿瀬工場を立入調査。(48) 2・24　原子力委員会，41年度の原子力開発利用基本計画を決定。動力炉開発を積極的に推進の方向。(朝 2・25)	2・6　横浜市神奈川区・日本農産工業会社横浜工場で爆発事故。1人死亡，12人重軽傷。(朝 2・7) 2・16　石川島播磨重工業名古屋造船所で，内装仕上げ中のタンカー，第3ブリジストン丸が火災。下請作業員15人が死亡。(朝・西 2・16) 2・18　徳島県小松島市の花火製造業(有)阿波屋で爆発事故。4人死亡，8人重軽傷。(西 2・19)	2・4　全日空ボーイング727，墜落事故で126人の乗客と7人の乗員死亡（世界最大の民間機事故)。(朝 2・5)
3・1　衆議院で新潟水俣病事件に関する質問あり。(48) 3・12　神奈川県公害課，7年ごしの悪臭問題で住民より苦情の出ていた川崎市の飼料製造会社に対し，県公害条例に基づき，初の期限つきの公害防止命令を出す。(朝 3・13) 3・24　**新潟県**の**有機水銀中毒事件**で厚生省特別研究班，中間報告。**工場廃水の疑い**は濃いが断定は尚早と結論。(朝 3・25) 討議の当初は，厚生省特別研究班は工場廃水が原因としていたが，科学技術庁や通産省などの強い反論を受け，中間報告となった経過，報道さる。(新潟 3・27) 3・31　高松高裁，**森永ヒ素ミルク事件**で，一審の無罪判決を破棄し徳	3・1　栃木県のメッキ工場でクローム中毒者2人発見。(255) 3・22　長野県の東電梓川水系ダム建設現場で 2,000 m^3 の土砂崩れ。出かせぎ労務者11人が生き埋め，死亡。(朝 3・22) 3・23　新潟県内農業用水トンネル工事現場でガス爆発。下請け作業員ら2人死亡，9人重軽傷，3人不明。(朝 3・23)	3・31　**熊大医学部**水俣病研究班『水俣病―有機水銀中毒に関する研究』(623)

公害・環境破壊	住民・支援者など	企業・財界
4・上　新潟県阿賀野川流域の新潟市内で同川の魚を食した猫が有機水銀中毒で死亡。（朝 4・6） 4・1　新潟大学医学部教授椿忠雄，日本内科学会で，「新潟の水俣病は工場の廃液で発生」と発表。（48） 4・3　神戸大学医学部教授喜田村正次，日本衛生学会で「新潟の奇病は工場廃水に由来する有機水銀中毒である」と発表。（633） 4・7　第39回日本産業医学会で，九大教授猿田南海雄ら，工業地帯など大気汚染地区では呼吸器や目の疾患が異常に多いことを発表。（西 4・8） 4・10　北海道衛生部，道内スモン患者は157人で，うち15人が死亡と発表。（北 4・10） 4・27　日本病理学会総会で千葉大医学部教授滝沢延次郎，「多摩川取水の東京都上水道水は骨の発育を阻害するカシンベック病の原因」と発表。（朝 4・28）	4・7　兵庫県飾磨郡家島の漁協，出光興産製油所建設反対を決定。14日漁民大会で反対決議。賛成派で漁民の反対をおさえようとした会長を不信任とする。（771） 4・8　新潟県阿賀野川関係漁協，転業事業への補助金支出を水産庁・大蔵省に交渉。（48） 4　新潟の水俣病で <民水対>，解決を訴訟でとの考えを持ち始める。（450）	4・7　**森永乳業㈱**，森永ヒ素ミルク事件で高松高裁のくだした判決に承服できないとし，最高裁への**上告方針**を決定。（朝 4・8）
5・6　神奈川県東南部と東京都南部にかけて，玉ねぎの腐ったような悪臭ただよう。伊豆大島沖に横浜市内投棄会社が投棄した石油精製工場の廃棄物による。（朝 5・12） 5・17　新潟大学公衆衛生学教室，昭電鹿瀬工場排水路の水苔よりメチル水銀検出と報告。（48） 5・25　伊東市内でガスパイプの老朽化によるガス漏れで，住民などに10人の塩素ガス中毒者発生。（朝 5・26） 5・28　東大工学部助手宇井純，土木学会で「新潟水俣病は工場廃液が原因」と発表。（48） 5・30～6・3　横須賀市（米）海軍基地へ原子力潜水艦，初寄港。（朝6・3） 5　名岐バイパス沿いの水田で，照明灯の影響で，稲が発育不良。光害の発生。（朝 6・1）	5・13　<姫路石油コンビナート公害反対連絡会議>結成。（771） 5・17　全国農業協同組合中央会や日本農村医学研究会など農業関係15団体の代表者，農薬中毒対策協議会を設立。本年度より3年計画で，低毒性農薬の普及と開発を行うもの。（朝 5・18） 5・29　<姫路石油コンビナート公害反対連絡会議>，出光の進出に抗議し定例県議会に示威運動。（771） 5　富士市今井本町町民，大昭和増設工事の騒音につき，会社との交渉開始。らちあかず。（714）	5・11　出光興産，姫路市で姫路製油所起工式。漁協代表や労働者などによる反対の渦の中，機動隊員140人に守られて実施。（771）
6・12，13　延岡市赤水湾で養殖ハマ	6・10　阿賀野川関係漁協，昭電本社	6・18　出光興産の出光社長，姫路市

国・自治体	労災・職業病と労働者	備　　考
島地裁に**差し戻し**判決。(朝 4・8)		
4・1　熊本県企画部に公害調査室を設置。(633)	4・7　大阪港接岸中の船舶で清掃作業中労働者12人にパークロルエチレン中毒発生。重症5人。	春　大昭和製紙（富士）鈴川工場未晒クラフトパルプ製造工場増設開始。
4・1　福島県公害防止条例制定。(212)		
4・1　栃木県公害防止条例制定。(212)		
4・4　電源開発調整審議会(会長佐藤首相)，本年度の電源開発基本計画を政府原案通り決定。**9電力会社の原子力発電計画**，初めて登場し，東京電力の福島1号と関西電力の美浜1号が組み入れられる。(朝 4・5)		
4・22　政府，日本原子力発電会社が前年10月11日に申請の敦賀発電所設置を許可。(朝 4・23)		
5・6　農林省，全国の地方農政局にあて，非水銀農薬の使用促進を通達。(朝 5・6)		5・16　放射線をかけて作った水稲“レイメイ”，大豆“ライデン”の新品種，農林省の登録品種として発表さる。(朝 5・17)
5・17　政府省庁の水銀中毒防止連絡会議で新潟水俣病発生にかんがみ，他の同種工場の汚染調査の実施を決定。(朝 5・18)		
5・17　厚生・通産・農林・労働・経企・科技各省庁，合同で「工場で使う水銀による中毒防止のための連絡会議」を開く。(朝 5・18)		
6・1　科学技術庁，「原潜入港後の横		

公害・環境破壊	住民・支援者など	企業・財界
チ40万匹が斃死。**旭化成排水**に疑い。（西 6・14） 6・26 熊大助手荒木（小児），「先天性水俣病に関する研究」で胎児性水俣病を動物実験で再現。（631） 6 京都市内で，栃木県産カンピョウから螢光染料検出。（朝 6・3） 6 新生児の胎盤や母乳から水銀を検出。農薬中毒の研究を続けている長野県厚生連佐久総合病院の調べ。（西 6・8）	と交渉。（48） 6・23 サリドマイド訴訟の第1回準備手続き開始。国，製造認可に落度なし，との答弁書を提出。（朝 6・23） 6・25 <世界平和アピール7人委員会>南太平洋で準備の進められている核実験に反対する要望書を仏国大統領ドゴールに送る。（朝 6・ 26） 6・26 社会党千葉県本部臨時大会，**三里塚空港案反対**を決議。（朝 6・27） 6・28 三里塚新空港反対総決起大会成田市で開催。（朝 6・29）	における製油所建設工事を中止。「漁民の反対のある限りやむをえぬ」と発表。（771） 6・21 姫路商工会議所，出光製油所の呼び戻し運動を始める。（771） 6・28 出光興産，姫路製油所を引きあげて千葉へ移転することを発表。（771）
7・10 四日市市で公害病患者，病苦と生活苦で自殺。（766） 7・16 **倉敷市**の呼松・福田地区の住人の**肝機能低下**・貧血など，健康上の訴えが同市内連島地区の住人にくらべ多いこと，地元病院の医師により発表される。（211）	7・10 成田市で，三里塚新国際空港閣議決定粉砕決起大会開催。（朝 7・11） 7・11 四日市臨港の第3コンビナート造成計画（霞ケ浦）で羽津地区住民，公害拡大の原因と反対の申し入れを市長に行う。（766） 7・14 四日市市で<公対協>主催の公害反対市民集会。（766）	7・15～26 中部電力，三重県熊野灘芦浜地区へ原発建設のための調査協力を関係団体・自治体などへ依頼。（771）
8・17 主婦連のユリア樹脂製食器試験の結果，ホルマリンが溶出。主	8・2 倉敷市漁協連合会の代表60人，市に異臭魚買上げを陳情。（211）	

国・自治体	労災・職業病と労働者	備　　考
須賀港の放射能は入港前と依然変化なし」と発表。（朝 6・2） 6・22 政府，友納千葉県知事の進言に従い，新空港を三里塚御料牧場に設置するよう計画を大幅変更。（朝 6・22,23） 6・25 姫路市広報，出光興産姫路製油所問題を特集。「郷土発展のガン—心なき反対」と，反対運動を非難した見出し。（771） 6・30 三重県，原発問題から手を引くという意味の文書を，反対運動組織<原対協>へ送付。（771） 6 墜落防止に関する建設業労働災害防止規程制定。（503） 7・1 中部圏開発整備法公布。（133） 7・4 政府，三里塚へ新空港建設を決定。（朝 7・4） 7・4 全国市長会の港湾都市協議会，港湾地帯へ石油化学工場進出がめざましいのにかんがみ，住民を災害から守り，生活の安定を確保するため，公害防止基本法の制定などを可決。政府に要望することを決定。（朝 7・5） 7・5 成田市議会，三里塚空港に反対決議。千葉県議会では，新空港建設促進決議。（朝 7・5） 7・26 防衛施設周辺の整備等に関する法律公布，施行。（133） 7・30 新東京国際空港公団発足。（朝 7・30） 7 兵庫県加古川流域の自治体，<加古川流域保全対策協議会>を結成。1960年ころから汚濁の傾向がきわめて激化したため。高砂市長のみ参加を拒否。（朝 12・5） 7 船内荷役作業に関する港湾労働災害防止規程制定。（503） 7 陸上貨物運送事業労働災害防止規程制定。（503） 7 伐木造材作業に関する林業労働災害防止規程制定。（503） 8・4 国民生活審議会，総会で水銀農薬の1968年以降禁止ほかの意	7・19 川崎市の日本乳化剤会社川崎工場でガス爆発。22人重軽傷。（朝 7・20） 7・27 群馬県矢木沢ダム工事現場で排水路が陥落。7人死亡，8人負傷。（朝 7・28） 7 栃木県黒磯農業用トンネル発電機用燃料によりガス中毒。死亡25人，負傷7人。（503）	7・26 オーストラリア最高裁判所，サリドマイド児の父親の訴えを認め，英国のディスティラーズ製薬会社とオーストラリアにある子会社に対し，8,000万円余（20万オーストラリアドル）の損害賠償支払いを命令。（朝 7・27） 7・27 茨城県東海村の日本原子力発電会社東海発電所，11万kWの連続運転を開始。（朝 7・27）。 8・11 東京大学におけるアイソトープの乱脈管理，問題化。違反管理

公害・環境破壊	住民・支援者など	企業・財界
婦連，厚生省に同食器の製造販売禁止を申入れ。（朝 8・17） 8～9　倉敷市内で数度にわたり淡水魚，大量に斃死。工場廃水に原因。（211）	8・6　東海労働弁護団・三重県労協・公対協，患者代表と四日市公害訴訟の第1回準備会。（766） 8・16　東京都内で，騒音防止都民協議会結成。（朝 9・18） 8・17　新潟市に水俣病に関し，県の指令のもとに<新潟市補償要求連絡協議会>発足。被災者と民水対の分断をはかる。（48,450） 8・20　民水対（新潟）内に訴訟小委設立。青法協支部，訴訟を検討。（450） 8　東京都世田谷区の**環状7号線沿線**の住民にぜんそく発生目立つ。このため同区と同区医師会，調査を開始。（朝 8・27）	
9・26　**足尾銅山の90年にわたる鉱毒**国会で追及される。（朝 10・31） 9　東京都内で道路照明水銀灯の光で稲作の被害発生。（朝 9・11） 9　夕張市清水沢の北炭電力所の排ガス，4 km 四方の農家に甚大な被害の発生していること判明。（北 9・3）	9・4　**横浜市内に<篠原菊名地区新貨物線反対期成同盟>**結成される。（671） 9・11　<横浜新貨物線反対同盟>結成。（671） 9・19　三重県の原発予定地視察のため長島町を訪れた国会視察団，原発反対漁民らの激しい反対にあい視察を中止。（朝 9・20） 9・29　四日市市民文化会議と三泗地区労製作の8 mm映画「公害をなくそう」完成。（766）	9・12　**石油連盟**，通産省より8月初めに要請された硫黄分引下げを“困難”と結論。（朝 9・13）
10・19　大牟田市の**三井化学**で爆発事故。従業員11人が重軽傷を負い	10・2　自由法曹団，新潟水俣病闘争の支援を決議。（48,450）	

国・自治体	労災・職業病と労働者	備　　考
見をとりまとめる。(朝 8•5) 8•9　通産省，産業構造審議会産業公害部会に「産業公害面からする産業立地適正化要綱」を示して了承を得る。(朝 8•10) 8•27　通産省，**ユリア樹脂食器**につき，緊急措置と基本対策を関係業者団体に勧告。(朝 8•27)		32件。(朝 11•11)
9•2　横浜市，市有車28台に排気ガス浄化装置をとりつけ。(朝 9•3) 9•9　新潟水俣病に関し，厚生省特別研究班，「**5月に昭電鹿瀬工場**の排水口より採取した水苔からメチル水銀を検出」と発表。排水口付近からの水銀検出ははじめて。(朝 9•10) 9•1　新型車に対し，排気ガス規制実施。一酸化炭素3%以下。(朝9•7) 9•26　三重県警，9月19日の漁民による国会視察団阻止事件で，漁民6人を逮捕。この後10月22日までに39人逮捕。(829) 9•30　富山地方特殊病対策委・厚生省委員会・文部省研究会が合同会議。イタイイタイ病の原因はカドミウムプラスアルファと最終報告をまとめ，解散。 (586-513号，朝•北日本 10•1) 9　**高砂市**，加古川汚染源の兵庫パルプと西脇市・多可郡の染色業者を相手どり，6,000万円の**損害賠償請求訴訟提起**。(614) 9　農薬中毒問題化。第15回日本農村医学会（1966年8月27，28日）において大きくとりあげられる。		9•5　世界一の大型タンカー出光丸，進水。(朝 9•5)
10•1　岡山県公害防止条例制定。(212)	10•1　北九州市八幡区の新日本非破壊検査㈱の放射線装置で，従業員	10•1　倉敷市水島地区コンビナートで三菱石油の総計原油処理能力，

1966（昭和 41）

公害・環境破壊	住民・支援者など	企業・財界
付近民家約500戸に爆風による被害発生。（西 10・19） 10・21 千葉県で開催の日本公衆衛生学会で，**京葉工業地帯**の大気汚染につき，「始まったばかりだがこの段階で十分な調査と対策が必要」との発表なされる。（朝 10・22）	10・18 夕張市の北炭清水沢電力の排ガス問題で，住民と同電力の間に調印成立。1968年春までに集塵装置をとりつける。（北 10・18） 10・24 四日市市立教育研“公害学習”の研究発表。（677） 10・28 ＜三重県公害防止対策会議＞，県労協・中立労連・社会党・共産党が中心になり結成。四日市市の公害訴訟準備の一環。（766） 10 東京都世田谷区の環7・大原交差点周辺の住民，ぜん息多発への自衛手段で酸素吸入器の使用を開始。（朝 10・14）	10 三菱原子力工業㈱，大宮市における臨海実験装置（原子炉）設置計画を発表し＜原子力安全対策協議会（1959年12・12参照）＞に説明を行う。（99）
11・4 東京都内の地盤沈下地帯，拡大の傾向のこと判明。都地盤沈下対策審議会の答申より。（朝 11・5）	11・17 三重県南島町の＜原対協＞，原発絶対反対再確認。（829） 11・18 倉敷市の公害問題懇談会，第6回目。＜公害市民協＞結成につき話し合い。（174） 11 富山県婦負郡婦中町にイタイイタイ病被害者による＜**イタイイタイ病対策協議会**＞結成。（66）	11・22 **昭和電工**取締役安藤，厚生省に対し，「新潟県の有機水銀中毒事件の原因は農薬」との反論書を提出。（朝 11・23） 11・28 中部電力，中電火発の公害否定と他工場へ責任を転嫁したパンフレットを作成し，発表。（766）
12・5 東京地方にスモッグによる濃霧注意報。（朝 12・5） 12・23 埼玉県下の荒川で魚，斃死し浮上。（朝 12・15） 12 **新米に異臭**。B.H.Cのまきすぎによる着臭。（朝 12・23）	12・20～21 大宮市の住民と市当局，茨城県東海村に出張し，原子力施設の実態調査。（99） 12・21 大阪国際空港拡張にからむ土地収用問題，公害対策など10数項目を約した覚書を作成することで，現地農民と運輸省の間に覚書調印。（朝 12・21）	12・9 日石精製，根岸製油所の脱硫装置は間接方式に切り替えると発表。（朝 12・16） 12・15 倉敷市内で1964（昭和39）年に起きたイ草先枯れ問題で関係14社，市へ1,000万円寄付すると回答。（211） 12 兵庫パルプ工業取締役工場長豊田，「廃水問題の解決は企業には重荷」と発言。（朝 12・5）
— 船舶からの油排出や有害物投棄で，瀬戸内海の73漁協に被害。5億7,757万円の損害。（342）	— 岡山市に市民組織＜岡山県薬害対策協議会＞発足。サリドマイド・森永の被害者救済，食品添加物禁止等が目的。（650）	

国・自治体	労災・職業病と労働者	備　　考
10・1　熊本県公害防止条例制定。(212) 10・7　厚生省の諮問機関の**公害審議会，「公害に関する基本的施策について」**との第一次答申を鈴木厚相に提出。(朝 10・8) 10・15　和歌山県公害防止条例制定。(212) 10・21　千葉県公害防止条例制定。(212) 10・27　産業構造審議会，「産業公害対策のあり方について」を三木通産相に答申。公害発生には国や自治体にも責任あり，など。(朝 10・28) 10・28　倉敷市議会の公害対策特別委員会，呼松町公害排除期成会から陳情のあった「集団移転」を採択。(211)	に許容量以上の放射線のかかっていること判明。(朝 11・4) 10　総評に**日本労働者安全センター**設立。(503, 779)	13万バーレルとなる。(211) 10・22　東京で世界動力会議。前日の21日に7カ国代表が火発排ガスの公害問題に関する会議を開く。(朝 10・22)
11・1　四日市市市長九鬼，「公害授業は偏向教育に利用されるおそれあり」と発言。(766) 11・10　衆議院科学技術振興対策委員会にて社会党，新潟水俣病に関する政府の見解を質問。(48) 11・15三重県紀勢町，他地区の原発反対をよそに，中部電力と精密調査実施について「協定書」に調印。(829) 12・2～11　東京・神奈川・千葉・埼玉の1都3県，スモッグ調査を実施。(朝 12・2) 12・6　高砂市，加古川汚染で沿岸11社を相手どり，6,000万円の損賠請求訴訟を提起。(朝 12・7) 12・10　茨城県公害防止条例制定。(212)	11・19　山口県都濃郡南陽町の日本ポリウレタン工場 TDI(ウレタンフォーム原料)装置からホスゲンガス漏洩。通行人・従業員を含めて約300人が中毒。(西 11・19)	11・1　富士市，岳南2市1町を合併して発足(吉原市・旧富士市・鷹岡町)。(789) 11　全日空YS11型機，松山空港周辺で海上に墜落。50人全員死亡。戦後初の国産機事故。(503) 12・2　東電福島(46万kW)・関電美浜(34万kW)の原発建設認可。(日経 12・2)
	—　鉱山事故：空知炭鉱(ガス突出による崩落)，第一漆生炭鉱(出水)，松島炭鉱(発火)，住友奔別炭鉱(ガス爆発)で計32人死亡，22人負傷，3人行方不明。(西 4・8，8・16，北 3・22，11・1，朝 3・22)	—　交通事故死者，史上最高。死者1万3,904人。(503) —　昭和41年度低硫黄原油輸入量は995万3,000 kl。全体の9.9%。このうちミナス原油は19.4%。

公害・環境破壊	住民・支援者など	企業・財界
1・7 東京都にこの年初めてスモッグ警報。都内から京浜一帯に 0.3〜0.5 ppm 以上の亜硫酸ガス。（朝 1・7） 1・10 倉敷市の**水島合成化学工場**で酢酸エチルプラント爆発。対岸の呼松町に緊急避難命令。（211） 1・20 山口県都濃郡南陽町で原因不明の「毒ガス」が流れ，住民約 120 人に目の痛み，吐き気などの事故発生。前年 11 月にも労働者や住民数百人に同様被害が発生したばかり，（西 1・21） 1・24 徳山市大浦で海底油送パイプより原油噴出し，海上に幅200m，長さ 2,000m にわたって広がる。出光興産徳山製油所のもの。（西 1・25） 1・27〜2・2 愛知県知多半島一帯の漁場に貨物船が投棄した廃油とみられる大量の油が流入し，大きな被害発生。（朝 2・25） 1 博多港入港の輸入木材の消毒。殺菌に使用の劇毒物「**メチルブロマイド**」により周辺住宅に**中毒者発生**，問題化。メチルブロマイドは，戦時には毒ガスに使われたもの。（西 1・20）	1・8 新潟水俣病被災者，総会を開き，訴訟の件を検討するが結論でず。（450）	1・26 出光興産社長出光佐三，「46年度入社社員の本社第 2 次教育」における講演で，姫路の同社製油所建設反対運動にふれ，「同反対運動のいうマンモスタンカーからの油漏れや魚への着臭など他愛もないこと」と述べる。（771）
2・1 佐賀市内の住宅街で㈱マルマン佐賀営業所の倉庫から出火。ライター用ガスボンベ 3,600 本が爆発し全焼。（西 2・2） 2・21 東京都昭島市で井戸に油混入。4 月に入り，近くの米軍横田基地からのジェット燃料流出が原因と判明。（西 4・20） 2 工場地帯の学童の肝臓障害発生率の住宅街学童より高いこと，東京都板橋区における調査で判明。（朝 2・27） 2 国鉄長崎本線で杵島炭鉱の地下採掘のため，線路の陥没発生。（西 2・28） 2 倉敷地区でイ草の作付面積 12％減。公害被害や工業基地化に伴う	2・23 北海道伊達町の有珠漁協組，日鉄鉱業虻田鉱山への補償要求で，町に斡旋を依頼。前年 8 月の集中豪雨で同鉱山廃水によりコンブなど総額 1,865 万円の被害を受けたことへの補償要求。（北 2・23）	2・19 **昭電専務取締役，NHKテレビ**にて，「たとえ国の結論が，新潟水俣病の原因を昭電としても，それに従わぬ」と発言。被災者これを聞き，激しい怒りを表明。（48,450） 2・27 **経済団体連合会**，公害対策小委員会を開き，政府のまとめた**公害対策基本法案**は産業界に**厳しすぎる**ことを政府に申し入れ決定。（朝 2・28） 2 北海道伊達町の日鉄鉱業，有珠漁協のコンブ被害などへの補償要求に対し，同鉱山が原因でないと拒否。（北 2・23） 2 東電，富士市への火力発電所建設計画を富士市に申し入れ。沼津

国・自治体	労災・職業病と労働者	備　考
1・1　岡山県，公害課を企画部に新設。(211) 1・31　津地検，前年9月19日の事件で，漁民61人を起訴。(771) 1　富山県，イタイイタイ病に関する調査研究報告を発行。その骨子はカドミウム単独原因説には無理があり，原因者についての発言は慎重を要する，というもの。(67)	1・20　日本農村医学会で，農薬使用農民の約4割強が何らかの**農薬中毒症状**をおこしているとの発表あり。(北 1・21) 1・21　北海道白老町イオウ鉱山調査坑道で崩落。5人死亡。(北 1・23)	
2・1　岡山県公害防止条例施行。(211) 2・10　四日市市議会建設常任委員会，羽津町住民の出していた「霞ケ浦地先埋立にともなう公害発生工場の誘致に反対する請願・陳情」を不採択。(766) 2・14,15,17　東京都世田谷区，同区医師会の協力を得て，自動車排気ガスの影響調査を行う。対象地区は三軒茶屋交差点付近。(朝 2・10) 2・21　水質審議会，群馬県渡瀬川の流水基準を答申。(朝 2・22) 2・22　**公害対策基本法案の要綱**，公害対策推進連絡会議でまとまる。(朝 2・23) 2・24　1967(昭和42)年度復活折衝で		

1967（昭和 42）

公害・環境破壊	住民・支援者など	企業・財界
人手不足と労賃高のため。(211)		牛臥地区建設予定のものが反対運動により追放されたため。(714)
3・17　北九州市における40歳以上の女性6,000人に対する大気汚染の人体影響調査結果発表。九大による調査。大気汚染度の高い戸畑区で多くの住民が慢性気管支炎やぜん息症状に悩まされていること判明。(西 3・18) 3・17　東京の銀座一帯で悪臭。苦情殺到。夢の島の悪臭。(朝3・18) 3　福岡県**大牟田川**からかなりの量の**水銀**が**検出**され，問題化。(朝 3・26) 3　**東京の 世田谷区三軒茶屋付近 の大気汚染度**は，同区大原地区とほぼ同様の激しい汚染状況。(朝 3・30)	3・4　大宮市住民，**臨界実験装置（三菱）大宮設置反対**の請願書を市議会に提出。(99) 3・21　<新潟水俣病被災者の会>，訴訟提起を決定。(48) 3・26　三重県紀勢町で，中電との原発調査協定書に調印した町長のリコール運動始まる。(829) 3・26　阿賀野川漁連，昭電鹿瀬工場前で，決起大会。(48) 3・30　日本医学会総会分科会に，新たに農薬中毒・大気汚染・交通災害などが登場。(朝 3・25)	3・8　経団連，公害基本法案要綱に関する要望を発表。所管を経済企画庁とすべきことのほか，事業者の責務や費用負担の縮小，軽減を要求したもの。(836-15巻4号)
4・11　徳島県阿南市海岸近くで，スエーデンのバネッサ号座礁。油帯ができる。(朝 4・11)	4・17　新潟水俣病弁護団結成。(450) 4　日本セメント門司工場の降灰事件，2年6カ月ぶりに和解。①生活環境改善に，工場は75万円を支払う。②工場は煤煙防止設備を改善。③**今後地元民は工場にこの紛争で苦情を申し立てぬ**の3つが条件。(772)	4　国鉄，横浜市民により住宅地への建設を反対されていた新貨物線計画を，当初計画の通りに決定。(671)

国・自治体	労災・職業病と労働者	備　　考
運輸省船舶技術研究所に交通公害部を新設のこと決定。(朝 2・25) 2　国際労働衛生会議日本組織委員会発足。(503) 3・8　四日市市議会，霞ケ浦埋立（第3コンビナート用）を強行可決。(766) 3・17　大宮市議会，三菱原子力工業㈱の臨界実験装置の立地計画に関し，地元住民の意見と同一立場で，立地反対をすることを決定。(99) 3・20　東京都衛生局，愛知県や岐阜県産の陶磁製食器から鉛やカドミウムを検出。(朝 3・20) 3・24　青森県公害防止条例制定。(212) 3・28　経企庁・福岡県・大牟田市，大牟田川から異常に多量の水銀・有毒物が検出されたことに関し，三井化学大牟田工業所に事情聴取。(西 3・29) 3　**鉛中毒予防規則公布。**(503) 4・1　建設省，水質基準強化のため河川法改正施行を試みるが，経企庁・通産省の反対で実現不可能。(朝 4・4) 4・10　船舶の油による**海水汚濁防止**に関する法案，4月3日に国会提出されるが**業界との話し合いがつかず**，細目は今後の施行令に待つことになる。(朝 4・11) 4・10　衆議院予算委員会で社会党，新潟水俣病に関し質問。 4・18　**厚生省**の新潟県**阿賀野川流域有機水銀中毒事件**の特別研究班，原因を**昭和電工鹿瀬工場の工場廃水と結論**。(朝 4・19) 4・21　東京都，昭和41年版『都民の生活白書』を発表。都民の公害被害率63.7%，公害の種類としては騒音が最高との記述。(朝 4・22) 4・28　三重県紀勢町の町長選挙で，現町長敗退。原発協力のため。(829)	3・1　延岡市の旭有機工業の石炭酸系合成樹脂工場で爆発事故。1人死亡，13人重軽傷。(西 3・2)	3・14　西独アーヘン検察庁，サリドマイド製造元のグリューネンタール商会の責任者を起訴。(朝 3・15) 3・26，27　イギリス南西部海岸でトリー・キャニオン号（大型タンカー）座礁。約3万tの原油が流出し，汚染甚大。(朝 3・30) 4・16　東京に初の革新知事選出。(朝 4・16)

公害・環境破壊	住民・支援者など	企業・財界
5･1　徳山港入口でタンカーどうしが衝突。積み荷の軽油が流出し，500m四方へ広がる。（西 5･2） 5･9　玄界灘でタンカー3隻が座礁。周囲1km に重油流出。（西 5･9） 5･29　大竹市内の石油コンビナートの三井ポリケミカル大竹工場で爆発。周辺住宅300戸の窓ガラスが大破。また住民6人が重軽傷。（西 5･30） 5　沖縄の屋良地区で，米軍基地の廃油による住民の井戸水汚濁問題化。10月にはマッチの火で井戸水が燃える実験までなされたが，未対策。（朝 10･5） 5　高知市内の鏡川で**高知パルプ廃液**によるとみられる魚の大量死発生。（233）	5･1　倉敷市水島地区統一メーデーで，はじめて“公害防止”，スローガンにかかげられる。（211） 5･18　新潟女子短大の水俣病問題研究会，新潟の胎児性水俣病患者古山智恵子に関するパンフレット第1集を発行。（781） 5･24　<江戸前のハゼを守る会>，埋立てや公害などで絶滅寸前のハゼを救うための対策を，衆参両院議長・都庁・水産庁などに陳情。（朝 5･25） 5　横浜新貨物線計画に反対する住民たち，国鉄の説明会を次々と流会さす。（671）	5･25　石油精製10社が「重油直接脱硫研究開発組合」を結成。（朝 5･26）
6･2　徳山市入船町一帯の石油化学コンビナート関連工場の周辺住宅に刺激性のガスが流入。約50戸の住民200人が，目の痛み・吐き気を訴える。（西 6･3） 6･3　厚生省の前年10月の世田谷区大原交差点における自動車排気ガス汚染の実態調査，まとまる。一酸化炭素・窒素酸化物・亜硫酸ガスなどの有害物質の増加判明。発癌物質ベンツピレン検出。（朝 6･4） 6･4　四日市市で公害病患者死亡。肺気腫。（朝 6･16） 6･7　大牟田市で三井化学の**農薬倉庫で火災**。農薬のPCPやピクリン酸が流出し，住宅街に有毒ガス流出。（西 6･8） 6･13　四日市市で公害病認定患者，自殺。四日市市で2人めの公害患者の自殺。（朝 6･13） 6･26　大牟田川における有機水銀の検出，発表される。（西 6･27） 6　四日市市の公害病の市費治療患者，この日現在で363人。（朝 6･13）	6･12　新潟県阿賀野川水銀中毒事件の被害者の桑野忠吾さんら3家族13人，鹿瀬電工（もと昭和電工鹿瀬工場）を相手どり，新潟地裁に**損害賠償請求**訴訟を提起（**新潟水俣病訴訟**）。（朝 6･12） 6･14　富山県のイタイイタイ病対策協議会の代表約30人，三井金属鉱業神岡鉱業所を初めて訪れ，遺族補償や治療費の全額負担などを要望。（朝 6･15） 6･15　新潟水俣病訴訟に関し，原告の主張してきた訴訟救助，認められる。（朝 6･15） 6･20　高知市内に<**高知パルプ公害対策協議会**>結成さる。（233） 6･21　福岡県鞍手郡の山田川関係鉱害被害者対策協議会，洗炭などによる稲作被害に抗議。（西 6･21） 6　兵庫県播磨漁友会，出光興産再進出に反対の態度を表明。（771） 6　<横浜新貨物線反対同盟連合協議会>，全沿線住民が参加して結成。参加世帯約8,000。（671）	6･14　三菱原子力工業㈱，大宮市以外への設置は企業採算上困難であり，設置可否決定を原子力委員会判定に要求，との陳情書を大宮市議会に提出。（99） 6･28　出光興産，兵庫県知事に姫路再進出の意向をのべ，全面的協力を求める。（771）
7･3　倉敷市福田地区でイ草の大量	7･12　四日市市で第1回公害問題学	7･5　中部電力，三重県芦浜への進

国・自治体	労災・職業病と労働者	備　　考
5　衆議院産業公害対策特別委員会で公明党，イタイイタイ病に関し政府を追及。(66)	5・23　保土谷化学東京工場で勤続31年（**ベンジジン**職場経験3年）の工員，**職業性ぼうこう癌**診断を受けて死亡。事件は労使問題にまで発展。(196) 5・29　三井ポリケミカル大竹工場の爆発事故で従業員16人と近くの住民6人が重軽傷。(西 5・30)	5・20　武谷三男，『安全性の考え方』(803) 5・24　朝日訴訟で最高裁判決。原告朝日茂の死亡に伴い，訴訟は終了と宣言。(586-457号)
6　厚生省，阿賀野川有機水銀中毒被害者へ治療費200万円支出を決定。(朝 6・13) 6・9　「**炭鉱災害による一酸化炭素中毒症に関する特別措置法案**」，閣議決定。(朝 6・10) 6・21　社会保障制度審議会（会長大内兵衛），政府の公害対策を批判する意見書をまとめる。(朝 6・22) 6・30　九州7県，乳酸菌飲料に有害防腐剤（デヒドロ酢酸ナトリウム）を使用していた13銘柄の販売停止や回収命令を行う。(西 7・1) 6　日本公衆衛生協会に，厚生省の委託で**イタイイタイ病調査研究班**（班長重松逸造）設置。(66)		6・2　石油化学協会，エチレン新増設基準を30万tにひき上げることを決定。(537) 6・17　中国，初の水爆実験の成功を発表。(朝 6・18) 6　苫小牧臨海工業地帯進出第1号の日之出化学工業，着工。(北 5・28)
7・6　三重県，懲役項目を含む公害	7・14　三井三池労組の一酸化炭素中	

公害・環境破壊	住民・支援者など	企業・財界
先枯れ発生。(211) 7・26　この日付以後のカゴメ㈱の缶入りトマトジュースよりスズが検出され10月28日，回収指示あり。(朝 10・29)	習会。沼津工高教師を講師に，沼津三島地区での石油化学コンビナート反対闘争の話を聞く。(766) 7・31　東京シネマ労組と新潟市の民水対，新潟水俣病の記録映画作成について方針を確認。(792)	出を諦め，静岡県浜岡町の打診を始めたことを発表。(829) 7・27　**大昭和製紙鈴川工場**，自社の公害対策は世界的水準，新設にさいしては公害防止第一主義と語る。(714) 7　**東邦亜鉛（安中）**，送電線工事（亜鉛生産量を3倍に増強する）のため，所有者に**無断で立木などの伐採**を行う。(42)
8・18　徳山市の石油化学コンビナート内日本ゼオン徳山工場で出火。(西 8・18) 8・25　千歳市内で業者の砂利採取の際の汚水による水稲被害発生のこと判明。同市などの調べ。(北 8・26)	8・4　大宮市の住民ら，三菱原子力工業㈱の臨界実験装置設置の件で，3月17日の市議会決議の厳守を求めた陳情書を市議会に提出。(99) 8・12　徳山市漁協，漁業権の一部を放棄し，**出光興産**徳山製油所から1億700万円を補償金として受けとる。工場廃水・原油漏れなどで，漁場がせばめられた中での出光による開発プラン。(朝 8・13) 8・17　東京都港区の住民，麻布六本木の区立講堂で<麻布・六本木生活環境を守る会>を結成。深夜の騒音に悩んでの行動。(朝 8・18) 8・25　倉敷市の<公害市民協結成準備会>，約1年間の空白ののち開催。本格的に結成準備を進めることを確認。(211)	

国・自治体	労災・職業病と労働者	備　　考
防止条例案を可決。(朝 7･7) 7月11日公布。(212) 7　一都三県公害防止協議会（東京・千葉・神奈川・埼玉)，大気汚染の広域調査の結果をまとめ，広域的対策の必要性を述べる。(朝 7･16) 7･20　**改正原子力基本法公布。**(133) 7･21　**一酸化炭素中毒特別措置法（CO特別立法）**公布。(朝 7･22) 7･24　横浜第3管区海上保安本部，「大型タンカーが東京湾入口で遭難し原油が流出，引火したことを想定すると京葉工業地帯の石油基地に爆発の危険」と発表。(朝 7･25)	毒患者家族75人，**CO特別立法**の内容充実を訴えて坑底に座り込みを実施。(西 7･15) 7･17　三井三池労組の一酸化炭素中毒患者家族の会の主婦ら約300人，参議院議員面会所内で，座り込みにはいる。CO特別措置法案の内容充実を要求。(西 7･18) 7･18　国鉄旧小倉駅構内で，コンテナ内の**アクリルアマイド**が漏れ，作業員数人に眼障害発生。(西 7･19) 7･18　三井三池の一酸化炭素中毒患者家族の会の主婦ら100人，労働省前で無期限ハンガー・ストライキを開始。(西 7･19) 7　自動車の排気ガスによる交通整理の“緑のおばさん”の健康障害発生，労働科学研究所の診断で判明。(朝 7･22)	
8･1　室蘭保健所，道内で初めての公害係を発足。(北 7･19) 8･1　公共用飛行場周辺における**航空機騒音による障害の防止等に関する法律公布，施行。**(133) 8･1　防衛施設周辺の整備等に関する法律の改正法公布，施行。(133) 8･1　日本国に駐留するアメリカ合衆国軍隊等の行為による特別損失補償改正法公布，施行。(133) 8･3　厚生省・経企庁・福岡県・大牟田市，合同で，大牟田川と有明海域の水銀調査を開始。(西 8･3) 8･3　**公害対策基本法公布，施行。**(133) 8･14　京都地検，サリドマイド事件の刑事訴訟を不起訴処分。(朝 8･15) 8･30　厚生大臣の諮問機関の食品衛生調査会，新潟県阿賀野川流域の有機水銀中毒事件の汚染源は，現鹿瀬電工の廃水，と答申。(朝 8･31) 8　昭和42年度経済白書，「公害の社		8･8　東京の新宿駅構内で米軍タンク車と貨車，衝突炎上。(朝 8･8) 8･26　米軍ナパーム弾による北ベトナム人民の一酸化炭素中毒後遺症の増加についての発表，東京で開催のシンポジウムで行われる。(西 8･26)

公害・環境破壊	住民・支援者など	企業・財界
9•6　東京ほか関東南部で濃いスモッグ発生。（朝 9•6） 9•8　福岡市内の高杉製薬工場より，クロールピクリンが流出し，住民の間に目・ノド・鼻の痛みの訴え。（西 9•8） 9　東京・霞ケ関にある超高層ビル霞ケ関ビルのため，東京都内の荻窪付近で**電波障害**が発生し，問題化。（朝 9•26） 9　サケ漁最盛期の石狩川に，道開発局河川工事で掘りおこされた泥炭が流れこみ，被害発生。（北 9•28）	9•1　四日市市の公害病認定患者9人，市内の石油化学コンビナート6社を相手どり損害賠償請求訴訟を起こす（**四日市公害訴訟**）。（朝 9•1） 9•12　山口県都濃郡南陽町の石油化学コンビナートからの流出ガスに悩む地元48世帯200人，集団移転の要望書を役場や工場などに手渡す。（西 9•13） 9•13　新潟水俣病裁判第1回公判。（450） 9•20　＜水俣病患者家庭互助会＞，新潟水俣病患者への激励とカンパ1万円を＜民水対＞あてに送付。（450）	9•1　出光興産，直接脱硫装置を千葉製油所に完成と発表。（朝 9•2） 9•2　イカくんせいなどに有害防腐剤を使用販売していた角万長浜谷商店，東京都より1週間の販売停止処分・製品回収を命ぜられる。（朝 9•2） 9•28　**京葉工業地帯の主な公害発生源**として建設省に指摘された**東京電力**，反論。（朝 9•29） 9　経団連の公害対策委員会，公害救済基金を国・地方公共団体・産業界により設ける件などを検討。（朝 9•21）
10•20　**四日市市**で公害病認定患者の**女子中学生**，ぜん息発作の治療中に**死亡**。自殺者を含め，**死者12人**。（朝 10•21） 10　大竹市周辺の石油化学コンビナートに面した山で，亜硫酸ガスのため小鳥が激減のこと判明。（朝 10•11）	10•18　＜富山イタイイタイ病対策協議会＞の代表2人，水俣病裁判の現場検証に参加し，提訴の決意をかためる。（787） 10•19　三泗地区労，8ミリの公害映画「白い霧とのたたかい」を完成。（766） 10•31　最高裁で，**工場騒音**に対する慰謝料請求訴訟，**勝訴**判決。原告は名古屋市内の警察官。被告は同町内の麻糸ロープ製造販売業者。（朝 10•31） 10•31　四日市市で婦人中心に「公害病少女追悼市民集会」。約1,500人参加。「少女は死んだのではなく殺されたのだ」とのプラカード。（766） 10　静岡県浜岡に＜中部電力の浜岡原発設置反対共闘会議＞結成。（789） 10　新宮津火発建設に対し栗田湾の漁民，漁業の破滅とし2,000人余に	10•14　東北電力，原発を宮城県女川町に建設することに内定。（840）

国・自治体	労災・職業病と労働者	備　　考
会的費用」をとりあげる。(181) 8　労働省に安全衛生局新設。(503) 9•2　**厚生省，新潟県阿賀野川の水銀中毒事件**につき，原因を昭和電工鹿瀬工場とする**公式見解**を科学技術庁に提出。(朝 9•2) 9•20　厚生省，活性酸化マンガンを使う中部電力四日市発電所の排煙脱硫装置に関し，開発指導を行っている工業技術院に安全性の疑問を示し，慎重な検討を求める。工業技術院は無害との考えで，予定通り試運転を開始。(西 9•21) 9•25　建設省，広域公害対策調査の結果を発表。**市原・千葉・徳山・南陽地区は20年後には生活に適さないほどになると警告**。ただし，四日市地区の結果については，地元への影響が大きいことを理由に公表せず。(朝 9•26) 9•26　静岡県知事，原発誘致中止を発表。(829)	9•5　津久見市内の石灰石採取現場で岩盤崩落。12人死亡。(西 9•6) 9•21　日本郵船ぼすとん丸 (9,214 t)，甲板の積荷**四アルキル鉛**入りドラムカンが事故で破損。これを清掃した日雇い労務者に10月16～19日間に死者8人，中毒者20人発生。(196) 9•24　アジア石油横浜製油所にて運転中のＬＰＧアイソマックス装置に亀裂が生じ，流体噴出し，それにより火災事故。人身事故はなし。(203) 9•28　三井三池三川鉱で，こんどは坑内火災。7人死亡。また脱出して昇坑した中で約200人が一酸化炭素中毒にかかり，うち22人が入院。(西 9•28，29) 9　東京で浄化槽の塩素ガス漏洩で，ガス会社従業員や住民10人に中毒発生。(788)	9•4　出光興産，千葉にて脱硫装置完成し，火入れ式。(朝 9•2)
10•5　福岡県議会で，大牟田川で検出された発ガン物質について，強力な対策を求める論議なされる。(西 10•6) 10•17　岡山県，公害防止の観点から土地明け渡しを拒否している倉敷市福田地区の農地所有者21人に対し，土地明渡し請求訴訟を起こす。(211) 10•25　一酸化炭素中毒特別措置法施行。(朝 10•25) 10•27　富士市公害対策庁内連絡会議設置。(800) 9•30　宮城県女川町議会，原発誘致賛成を決議。(840)	10•2　チッソ水俣工場で爆発事故。数人の負傷者。(西 10•2) 10　**米づくり日本一**を続ける佐賀県で，**農薬中毒**とみられる肝機能障害の多発のこと，判明。(西 10•28)	10•28　山本作兵衛，画文集『炭鉱に生きる―地の底の人生記録(筑豊炭鉱坑内で50年余働き続けた著者による記録)』(390) 10　宮本憲一，『社会資本論』(291)

1967 (昭和 42)

公害・環境破壊

11・7〜9　統計研究会公害研究委員会，四日市開発に関して２度め（昭和39年に続き）の実態調査。(766)

11・10　横浜港で油送船衝突し，油が流出。(朝 11・11)

11・23　東京都品川区のクリーニング業者，パークロールエチレン含有の**業者用洗剤**で**中毒死**。同じく妻は重体。(朝 11・24)

11・28　横浜市で開催の大気汚染研究全国協議会で四日市市大気汚染地区に住む人々のぜん息罹患率が，非汚染地区にくらべ３倍も高いこと，発表さる。(朝 11・27)

11　こんどは缶入りオレンジジュースのスズ含有問題化。(朝 11・11)

11　豊前海で流入重油による海苔養殖場などの被害続く。(西 11・18)

11　このころの火災の特徴として**新建材**から出る有毒ガスによる犠牲者の増加，問題化。(朝 11・26)

11　**富士市**にて**クラフトパルプ工場**より塩素ガス流れ，農作物白変。また，近接地区では気管をいためる人も発生。(564)

12・13，14　東京の中央卸売市場などで，基準以上の漂白剤を使用したサトイモや切りゴボウ，摘発される。(西 12・15)

12・19　大牟田川で許容量の5,000〜2万5,000倍の水銀，500〜6,000倍余の石炭酸が検出された事実判明。県議会における一般質問で公開されたもの。(西 12・19)

—　**家畜の飼料**に多量の**抗生物質**が含まれ始め，人体への影響が心配される。(朝 12・11)

—　**瀬戸内海**で船舶からの油流出などで被害を受けた漁協数114。被害組合員数1万2,337人。**被害総額4億8,600円余**。(342)

—　岡山県，井原市でスモン患者，爆発的に急増。32人。このの**ち**昭和44年まで多発，続く。(332)

住民・支援者など

よる絶対反対の漁民大会。(799)

10　瀬戸内海永島における出光興産姫路製油所のシーバース設置を島の漁組員，１年半にわたって依然阻止。(朝 10・22)

10　三島・沼津地区の立地を拒否された東電が富士市に進出するというニュース，富士市民に伝わり“いのちと財産を守るため”<市民協>結成の話し合い開始。(565)

11・2　東京高裁で**日照権訴訟**，原告**勝訴**。20万円の損害賠償。(朝 11・16)

11・10　<倉敷市で公害市民協>結成準備会開催。(211)

11・30　**四日市市**にて**<公害訴訟を支持する会>**発足。(766)

11　**群馬県安中市**に**<送電線設置・工場拡張反対期成同盟>**発足。38人で結成。委員長藤巻卓次。(42)

12・1　四日市公害訴訟第１回口頭弁論。(766)

12・6　富山県神通川流域に住むイタイイタイ病患者，厚相を訪問し，対策を訴え。(朝 12・6)

12・18　富山県神通川流域のイタイイタイ病患者対策協議会，三井金属鉱業神岡鉱業所に対する訴訟委員会を結成。(朝 12・20)

12　**富士市今井町**に**公害対策委員会**発足し，大昭和と公害問題で交渉開始（大昭和による公害は昭和初期より発生。問題化するのに非常に長い時間）。(714)

—　東京都世田谷区大原交差点付近の住民の間で，排気ガス被害自衛の一助として，酸素吸入器の購入ふえる。(朝 6・8)

企業・財界

11　日本缶詰協会，缶入りジュースのスズ中毒事件の続出に関し「あるていどの溶出はジュースの変色防止や風味のために必要」と見解。(朝 11・20)

12・11　三菱原子力工業㈱，内閣総理大臣あてに臨界実験装置の大宮市への設置許可申請。大宮市議会における審議や地元住民の反対を無視し，1959年の同社の確約に違反する行為。(99)

—　鐘が淵化学工業のPCB月産高600t。いぜん独占続く。(794)

—　四日市の石油コンビナート，この年も高煙突を次々と建設。(766)

国・自治体	労災・職業病と労働者	備　　考
11・29　東京都の荏原保健所，管内クリーニング店に，洗剤に注意との文書による警告を行う。（朝 11・30）	11・9　三井三池労組，同組合に属する**一酸化炭素中毒患者**のうち，前年10月に労働省から**治癒**と**認定**され「治癒していない」との**異議**を申請していた264人，第2次審査に応ずることを決定。（西 11・9）	
12・15　参議院産業公害対策委員会で医師萩野昇・金沢大教授石崎有信・岡山大学教授小林純・イタイイタイ病原因究明班班長重松逸造ら4人をイタイイタイ病の参考人として招請。（朝 12・16） 12・25　**四日市市役所の助役に三菱油化総務部長**加藤寛嗣**が就任。**（766） 12・26　徳島県公害防止条例制定。（212） 12・7　厚生省**イタイイタイ病**研究班，神通川流域および神岡の廃液溝からカドミウムを検出し，三井神岡鉱山とカドミウムの関係を明確にした，とする中間報告を発表。（毎 12・8）	―　鉱山事故：大和鉱業所稲里鉱（ガス突出），雄別炭鉱（崩落），松尾鉱業所（ガス爆発）で計9人死亡，7人負傷，16人ガス中毒。（北 6・30，10・4 など）	―　**土呂久鉱山**の経営者であった中島鉱山会社，解散し，鉱業権は住友金属鉱山に移る。（443） ―　昭和42年度原油輸入は1,112万4,000 kl。うち，低硫黄原油は全体の9.2%，この中ミナス原油は33.2%。（203） ―　この年より米軍，ベトナムで“枯れ葉作戦”を本格的に展開。（270）

1968（昭和 43）

公害・環境破壊	住民・支援者など	企業・財界
1·11　東京都多摩川丸子橋付近で大量の魚が浮上。水量減に伴う酸素不足のため。（朝 1·12） 1·27　東京で回送の**地下鉄**が**全焼**。認可基準の甘さ問われる。（朝 1·28）	1·6　イタイイタイ病訴訟弁護団発足。（朝 2·12） 1·12　**水俣病対策市民会議**（熊本の水俣病患者支援団体）結成。（627） 1·20　<富士市公害反対市民協議会>結成準備会。（565, 790） 1·21　**新潟水俣病代表団，水俣**を**訪**問。（454） 1　イタイイタイ病対策会議結成。（66）	1·1　**チッソ，異例の新年挨拶状**を水俣市民に配布。「チッソの発展により，地域社会の繁栄を」とあり。（285） 1·24　三井ポリケミカル千葉工場，爆発事故時の防火・救急に際しても機密保持を優先し，消防車や警官・労基局職員を足止め。（朝 1·25） 1·16　東北電力社長，宮城県女川町に原発を建設することを知事に正式文書で伝え，県側の全面的協力を要請。（840）
2～3　大牟田市泉町で，都市ガス管の故障で2度にわたりガス漏れ。中毒者発生。（西 2·27, 3·2） 2～3·下　西日本一帯で**カネミ倉庫㈱製のダーク油**を混ぜた飼料を与えていたニワトリ100万羽が中毒，40～50万羽が死亡。（540）	2·9　東京都品川区の住民6人，隣接地に建築中の高層アパートの建築主と建築会社を相手どり，日照権に関する仮処分を東京地裁に申請。（朝 2·10） 2·13　全国主要9都市の小・中学校の校長，**<全国小・中学校公害対策研究会>**結成。（朝 2·14） 2·25　倉敷に<公害防止市民協議会>結成。（211）	2　東京電力，富士川火力発電所建設計画を発表。沼津牛臥地区建設予定が反対運動で追放されたため。（789）
3·6　富山県小矢部川で魚類からメチル水銀検出。県の発表。（西3·7） 3·7　東京都北区日産化学工業会社王子工場のタンクから発煙硫酸150 t，95%硫酸150 t が流出。地震の影響。（朝3·7） 3·28　四日市市の塩浜中学校，公害を避けて1 km ほど西に移転。（677） 3　厚生省の昨年6月からの51水銀工場の調査の結果，富山県小矢部川から微量のメチル水銀検出され，川魚からは 0.1～1.3ppm 検出のこと判明。（朝 3·7）	3·9　原子力艦隊寄港阻止全国実行委佐世保現地闘争本部，佐世保市長に対し，「原潜寄港を断るべき」と抗議。（朝 5·10） 3·9　富山県神通川流域のイタイイタイ病患者と遺族28人，三井金属神岡鉱業所を相手どり，損害賠償訴訟提起（**イタイイタイ病訴訟**）。（朝 3·9） 3·17～19　新潟水俣病弁護団，現場検証のため水俣訪問。（454） 3·　水俣病患者家庭互助会・市民会議，熊本県議会に「①見舞金の生保収入認定からの除外②就職の斡旋の積極化③湯之児分院に特殊学級設置」を請願。（633）	3·22　東電，富士市に対し富士川左岸に火力発電所（105万kW）の建設計画書を提出し，建設希望を申し入れ。（714, 800） 3　日本原子力研究所の保健物理安全管理部次長，「原子力施設は安全」とする論文を発表。（798-3月号）

国・自治体	労災・職業病と労働者	備　　考
1・5　**科学技術庁，新潟県阿賀野川流域水銀中毒事件で，通産省**の公式見解を発表。**「有機水銀原因説は資料不十分」とし厚生省の考えと対立。**（朝 1・5） 1・25　友納千葉県知事，三井ポリケミカルに対し，操業の無期限停止を命令。（朝 1・25） 1・25　厚生省，不良医薬品販売の製薬業者5社に10〜15日の製造業務停止を命令。（朝 1・26）	1・13　1963（昭和38）年の三井三川鉱事故による一酸化炭素中毒患者や遺族の取扱いをめぐり，三井鉱山と炭労の間で協定書に仮調印。（朝 1・13） 1・24　**三井ポリケミカル千葉，高圧ポリエチレン工場爆発。**負傷者46人。（朝 1・24） 1・25　静岡県清水港で貨物船が爆発。作業員5人死亡。（朝 1・25） 1　日本ゼオン高岡，塩ビモノマー用ナフサ分解工場爆発。3人死亡7人負傷。（203） 1　大牟田市の三井化学大牟田工業所で，**塩素系除草剤：245-TCP，**の製造過程で皮膚疾患患者が大量に発生。ベトナムで使用された枯葉作戦弾と同種成分のもの。（朝 7・12）	1・18　大阪市で南海電鉄の衝突事故。252人負傷。この10月に3回の大きい事故。（朝 1・18） 1・30　三菱油化の鹿島計画認可さる。（537） 1・30　浮島石油化学の30万t計画認可さる。（537）
2・1　通産省，三井ポリケミカル千葉工場の事故をきっかけに全国8社10工場の類似施設立入り検査を開始。（朝 1・26） 2・2　労働省，**ニトログリコール中毒の予防に**ついて通達。（305） 2・21　労働省，**腰痛**の業務上外等の取扱いについて通達。（305） 2・26　労働省，都市ガス配管工にかかる一酸化炭素中毒の認定基準を通達。（305）	2　ビニール・サンダル加工業者の神経性中毒の多発，再び問題化。桑名市で患者，多数発見。（朝 2・28）	2・8　三菱原子力工業のウラン合金事故，新聞発表さる。（毎 2・8） 2・27　東燃石油化学と住友化学に30万t計画認可さる。（537） 2・29　福島要一『あすのための警告一農薬問題を考える』（33）
3・7　水質審議会，渡良瀬川流水基準を銅 0.06ppm とする答申を経企庁に提出。1963年以来5年あまりを費しての答申。（朝 3・7） 3・11　富山県，イタイイタイ病認定患者74人に各2,000円の医療費補助支給を決定。（朝 3・11） 3・22　労働省，海上燻蒸に係る作業における臭化メチル中毒の予防について通達。（305） 3・24未明　埼玉県大宮市議会，前年3月17日の市議会議決をくつがえし，原子力施設認可を強行採決。（99） 3・27　**厚生省**委託の**イタイイタイ病原因究明調査班，「イタイイタイ**	3・11　東京都江戸川区の東京油脂工業㈱江戸川工場で爆発。7人負傷。（朝 3・12）	3・28　都留重人，『現代資本主義と公害』。（194） 3　総理府，**「公害に関する世論調査」**をまとめる。（778）

1968（昭和 43）

公害・環境破壊	住民・支援者など	企業・財界
3　大牟田川から芳香族アミン類，高濃度に検出される。三井化学のベンジジンとの関係あり，と同市の見方。（西 3・11）	3・20　静岡県浜岡町の漁民，中電の原発進出に反対し，225艘の漁船で海上デモ。（789） 3・20　静岡県浜岡町の沖合を漁場とする5漁協組，中電原発反対で，漁船200隻の海上示威行動。（771） 3・24　熊本県人権擁護委員連合会，「水俣病の原因を国があいまいにし，患者への見舞金がきわめて安いことは人権問題だ」と見解発表。（633） 3・26　水俣病患者家庭互助会・市民会議，新潟代表とともに，厚生省・通産省・科学技術庁に新潟水俣病と同時に水俣病についても正しい結論を早く出すように陳情。（633） 3・27　新潟県の阿賀野川漁協，昭電に漁業補償の1965，66年分として，約3，964万円を要求。（朝3・27） 3・28　大宮市住民，原子炉設置反対問題で住民大会。三菱原子力工業㈱に対し，1959年の同社の確約を忘れてはいない旨の決議を手渡す。また，この後大宮市長・科学技術庁原子力委員会・原子炉安全審査会などへ次々に住民が反対であることを表明した決議書を提出。（99） 3　岐阜県神岡町（三井金属あり）に＜**神岡を守る会**＞結成される。（朝 1970年11・21） 3　三井鉱山神岡鉱業所の労組代表，イタイイタイ病被害地を調査。（66）	
4・1　岡山大学教授小林純と医師萩野昇，**長崎県対馬**の調査の結果，同地区発生の奇病を**第二のイタイイタイ病**と判定し，日本衛生学会で発表。（朝 3・7，西 3・18） 4・10　横浜港入口で揮発性液体ドラム缶を積荷とした大阪商船の貨物船が，2度にわたって爆発，炎上。（朝 4・11） 4・23　倉敷市で住友化学岡山工場か	4・23　＜富士市公害対策市民協＞結成。会長甲田寿彦。（789） 4　記録映画「公害とたたかう―新潟水俣病」，完成。（791）	4・13　富士地区への進出計画を明らかにした東京電力，「富士川火力の公害防止・防災対策について」という文書を発行し，市民に説明。無公害とする東電の発表，のちにその虚偽性を市民らにより摘発さる。（790，789） 4・20　三井金属鉱業，イタイイタイ病患者の治療費として，日赤に対し1，000万円を寄付。この日，日

国・自治体	労災・職業病と労働者	備　　考
病の主体は，三井金属神岡鉱業所より排出のカドミウム」との最終報告をまとめる。(朝 3•28) 3　**四アルキル鉛予防規則公布。**(503) 3　宮津市議会。新宮津火発の誘致促進決議（共産1議員は反対)。(799)		
4•1　東京都公害研究所発足。 4•15　**科学技術庁，「新潟水俣病は汚染源不明**」との見解原案を関係省庁に提示。(朝 4•15) 4•16　**園田厚相，科学技術庁長官に対し，「新潟の有機水銀事件における同庁見解(通産省と同調内容)に厚生省は反対**」と伝える。(朝 4•16) 4　富士市，公害対策室を設置。室長を含め，8人の室員。(714)		4•25　英国立医学研究委員会，「経口避妊薬服用女性は，そうでない女性にくらべ，血栓症にかかりやすい」と発表。(朝 4•26)

公害・環境破壊	住民・支援者など	企業・財界
らフォスゲン流出し，約100人の住民が手当を受ける。(211) 4　今春の就学期のサリドマイド児のうち，東京都において普通学校への入学者はただ1人。(朝4・19) 4　東京都品川区五反田駅周辺で地盤沈下によるビルの傾斜，一層激化。(280) 5・2〜11　**米原子力潜水艦ソードフィッシュ**，佐世保に入港。5月6日には**放射能が平均値の10〜20倍**。(朝 5・2，8) 5・初　大分県南海部郡地先の海域に大分臨海工業地帯の石油精製会社の有害廃棄物を詰めた多量のドラム缶が沈められ，操業中の漁民が火傷などの被害を受ける。佐伯海上保安部が調査を開始。(西 5・3) 5・22　富山県**イタイイタイ**病診査協議会で，同患者15人新認定。**総計88人の認定患者**。(朝 5・23) 5・28　大牟田川でメチル水銀検出。福岡県より発表。(朝 5・29) 5　NHK，「安中地区にカドミウム汚染の危険あり」と報道。(37)	5・15　総評などの主催で**第1回全国公害対策連絡会議**，東京で開催さる。(朝 5・15) 5・15　水俣病対策市民会議，園田厚相に「見舞金を生保の収入認定からはずすこと，水俣病の原因をはっきりさせること」を陳情。厚相，「水俣病の原因については阿賀野川水銀中毒事件と同時に最終結論を出す」と発言。(631) 5・16　水俣病対策市民会議代表，富山県婦中町にイタイイタイ病患者を訪問。(633) 5・24　イタイイタイ病裁判，第1回公判。(朝 5・24) 5・25　全国消費者団体連絡会・全国大学生協連合会・東大生協，「保健薬を規制せよ」とのアピールを発表。(朝 5・26) 5・30　全駐労横須賀支部，「今後，原潜に関する一切の作業をせず。入港に反対」の2点を，文書で横須賀渉外労務管理事務所に正式に申入れ。(朝 5・30)	赤富山支部より受取り決定の発表。(朝 4・20) 5・8　**三井金属鉱業，イタイイタイ病に関する厚生省見解**に対し，「あまりにも断定的で**納得しがたい」との見解を表明**。(朝 5・9)

国・自治体	労災・職業病と労働者	備　　考
4　富士川町，東京電力に対し，富士川火力建設計画の説明を求める。（790）		
5・7　大阪府農林部，富山県神通川流域産米の販売停止を農林省に要望。また，同月分よりの大阪府下配給分のとりやめを発表。カドミウム汚染をおそれての措置。園田厚相，8日，「人体への影響なし」との見解を表明。（朝 5・7，8）	5・10　行田市の東京軽合金製作所で爆発事故。1人死亡，18人重軽傷。（朝 5・10） 5　和歌山県の工場で，高炉ガス放散により21人に中毒発生。（788）	
5・8　**厚生省，富山県神通川流域のイタイイタイ病**について，「原因は三井金属鉱業神岡鉱業所より排出のカドミウムであり，同病を**公害病**とし，その治療や予防策を推進する」との見解を発表。（朝 5・9）		
5・9　**科学技術庁，佐世保港の**異常放射能事件で，「**放射能汚染と速断はできぬ」との見解**を発表。（朝 5・10）		
5・9　園田厚相，サリドマイド問題で，「国にも会社にも責任がある」と国会において発言。（朝 5・10）		
5・13　佐世保異常放射能事件の科学技術庁専門家検討会，「原因としてはソードフィッシュ号を考えるのが最も常識的」と科学技術庁長官鍋島に報告。（朝 5・14）		
5・14　原子力委員会，「監視体制の整備強化まで，原子力軍艦の寄港は行わないよう善処すべき」との見解を佐藤首相に伝える。（朝 5・15）		
5・28　長野横須賀市長，同市議会全員協議会で，原子力潜水艦の横須賀入港反対を表明。（朝 5・29）		
5・30　改正水産資源保護法公布。（133）		

公害・環境破壊	住民・支援者など	企業・財界
6•2　九州大学構内に米軍板付基地のＦ４Ｃファントム戦闘機が墜落。（朝 6•3） 6•8　フィリピンの貨物船ホセ・アバド・サントス号，下田沖でタンカーと衝突して沈没。重油が大量に流出し，房総西岸の海苔漁・いけす・海水浴場に被害。（朝 6•10,11）	6　**三井鉱山神岡労組**，臨時大会で**イタイイタイ病原因に関し**，5月8日の**厚生省結論の支持を決定。**（66）	
7•3　横浜市鶴見区でガス管のひびのためガス爆発。5人死亡。（朝 7•14） 7•17　東京の地盤沈下が再び激しくなる兆候。千葉・埼玉でも沈下傾向増大。東京都土木技術研究所の発表。（朝 7•18） 7•21　沖縄県志川海岸における開南小学校の臨海学校で，237名の学童全員が皮膚炎症（ベトナム枯れ葉作戦被災者と似た症状）にかかる。米軍による毒物投入の疑い。（朝 7•22） 7•22　大分県大野郡奥嶽川上流の蔵内金属豊栄鉱業所廃液よりカドミウム検出。（朝 9•16） 7　倉敷市内のイ草被害，水島地区外にまで広がる。（211）	7•5　主婦連，厚生省に対し，抗生物質の野放し販売の取締りを強く要望。（朝 7•5） 7•8　**新潟水俣病患者 21 人**，昭電を相手に約 4,000 万円の慰謝料請求の**第 2 次訴訟**を起こす。（586-513号） 7•10　東京都渋谷で，深夜飲食店の規制をする都条例制定を訴え，住民大会。（朝 7•11） 7•16　福岡市の会社員が銀行を相手どっておこしていた日照権訴訟に，50万円の慰謝料支払いを命じる判決。（朝 7•16） 7•27　四日市で四日市公害死没者大追悼会開催。宗教者平和懇談会主催。（677）	7•10　業界・経済団体連合会，公害対策委員会を開催。生活環境審議会が答申した亜硫酸ガス環境基準に対し，厳しすぎると結論。反論の準備を開始。（朝 7•11） 7•10　サリドマイド訴訟被告の大日本製薬㈱社長，「発売当時の安全基準からみて製薬会社にはミスがなかったと信じている」と記者会見で語る。（朝 7•11） 7•18　三菱原子力工業㈱，10日の首相の原子炉設置許可に基づき，建築確認申請。（99）
8•12　四日市市で石原産業から流出の刺激性ガスのため，市内4km地点まで白い霧が立ちこめ，身体の異常を訴える市民続出。（677） 8•16　東京とニューヨークの医師会，大気汚染をテーマに東京でシンポジウム。（朝 8•21） 8•22　羽田空港の騒音，約8,000人に影響があるとの報告，東京都公害研究所の初仕事としてまとまる。（朝 8•23）	8•27　この日のチッソ水俣工場ネコ実験報道以後，朝日新聞，水俣病報道キャンペーン開始。（朝 8•27～） 8•28　新潟県の加治川堤防の決壊で被害を受けた住民18人，国と県を相手どり，損害・慰謝料請求訴訟を提起（加治川水害訴訟）。（朝 8•28） 8•30　**チッソ第1組合**，定期大会で**「何もしてこなかったことを恥とし，水俣病と闘う」**ことを決議（「恥」宣言）。（259）	8•1　四日市共同排水処理場起工式，行われる。（朝 8•1） 8•6　日本船舶振興会・日本放送協会・各航空会社などにより航空公害防止協会設立。（朝 8•7） 8•12　石油連盟の理事会，7月に生活環境審議会が答申した**亜硫酸ガスに関する環境基準**に関し，「同基準に示された大気汚染限度を守れるだけ硫黄分の少ない重油を供給することは量的・価格面でもきわめて難かしい」との**石油業界の正式の態度**を固める。（朝 8•13） 8•27　**チッソ水俣工場**の昭和34年7月21日の実験：**No. 400 の猫が**，酢酸工場廃液で**水俣病を発症**した件，この日報道さる。（朝 8•27）

国・自治体	労災・職業病と労働者	備　　考
5・30　砂利採取法公布。(133) 6・10　**大気汚染防止法公布**。(133) 6・10　**騒音規制法公布**。(133) 6・15　都市計画法公布。(133) 6・24　東京都港区議会，深夜騒音追放促進に関する意見書を全員一致で採択。(朝 6・25)	6・1　東京都北区の精工化学工場で，イソブチレンボンベ爆発。9人が負傷。(朝 6・2) 6・8　東シナ海で福岡市の漁船，キプロス船籍貨物船と衝突し，10人行方不明。(朝 6・8) 6・21　神戸製鋼所神戸工場で冷却ボイラー掃除中の下請労働者4人が中毒死。(朝 6・22)	6・3　(米)政府，自動車排気ガス規制新基準を正式に発表。1970年型車からの適用で，一酸化炭素・炭化水素許容量を現行の30%減と規定。(朝 6・4)
7・10　佐藤首相，大宮市への原子炉設置を許可。(99) 7・15　生活環境審議会，**亜硫酸ガス濃度の許容限度**について，厚相に**答申**。1時間につき 0.1 ppm 以下，1日平均 0.05 ppm 以下。ただし，緩和条件あり。(朝 7・11，16) 7・30　中央薬事審議会医薬品安全対策特別部会，副作用が問題になっている抗生物質3種につき，注意書きに障害発生の注意を示すべきとの結論を厚生省に提出。(朝 7・31) 7　労働省安全衛生局廃止。安全衛生部発足。(503)	7・22　埼玉県下で，農薬ホリドール乳剤の共同散布に従事した4人が中毒。うち1人死亡。(朝 7・22) 7〜8　山口県下の化学工場でフェノール樹脂で労働者18人に皮膚障害発生。(788)	7・5　WHO，「**抗生物質**使用の食糧増産は潜在的に人間の体に有害」と警告。(朝 7・5) 7・5　四日市公害を記録する会，『記録・公害』第1号(ガリ版)を創刊。(677) 7・20　宇井 純，『公害の政治学』(213)
8・9　参院石炭対策特別委，炭鉱災害防止のための緊急対策を全会一致で決議。その中に，遺族への年金支給のための労災法改正の項目あり。(朝 8・10) 8・10　横浜市が委託していた新貨物線計画に関する公害と都市計画の観点よりの報告書，関西大教授清水嘉治・法政大助教授広岡治哉より提出さる。「市民の意志を十分尊重せよ」と清水。(674) 8・15　福井県議会，原発の設置や監視・指導についての自治体の発言権を認めさせるための原発開発地域振興会設置の意見書を採択。(朝 8・16)	8　群馬県下で農薬の地上散布に従事した農民39人に農薬中毒発生。(788)	8・17　相模鉄道で事故。乗客約70人が負傷。(朝 8・17) 8・20　新潟水俣病弁護団，準備書面『新潟水俣病裁判第1集』。(451) 8・25　萩野昇『イタイイタイ病との闘い』。(65) 8　タンカー：陽邦丸(8万8,460重量t)，アラビア海でなぞの船体破損。(朝 8・14)

1968（昭和 43）

公害・環境破壊	住民・支援者など	企業・財界
		8・29　チッソ，保存中の水銀母液約100 t を韓国に輸出する計画，第1組合の抗議で中止さる。(633)
9・15　新潟大医学部助教授滝沢行雄，昭電鹿瀬工場の水銀カスより2.4ppm のメチル水銀を検出と発表。(633) 9・16　東京都板橋区の新興化学工業脇の川から硫化水素ガスが発生し，作業員や近くの住民8人が中毒。(朝 9・17) 9・16　大分県にて，今度は別府湾流入の工場排水から有機水銀検出。問題化。(朝 9・18) 9・21　臼杵市臼杵川で魚類約10万尾が斃死。サントリー臼杵工場の排液が原因との強い疑い。(西 9・22) 9・25　兵庫県洲本市内の三洋電機洲本工場下流で稲の立枯れが発生。同工場廃液中のカドミウムが原因として疑われる。(朝 9・26) 9・28　新潟水俣病訴訟で，厚生省阿賀野川特別調査班疫学班主任の女子栄養短大教授松田心一，「同事件は第2の水俣病であり，汚染源は昭和電工鹿瀬工場の工場廃水中のメチル水銀化合物」と証言。(朝 9・28) 9・30　群馬県安中市周辺の米・麦にもカドミウムが大量に含まれていること，岡山大学教授小林純の調査で判明し，群馬県議会で討議さる。「原因は，東邦亜鉛安中製錬所廃液にあり」と小林教授の判断。(朝 10・1)	9・2　〈富士市公害対策市民協議会〉，市に対し公害問題懇話会を開くことを申し入れるが7日，市長より時期尚早として拒絶さる。(714) 9・10　チッソ第1組合，水俣病に関して，①工場廃液のネコ投与実験を明らかにせよ，②サイクレーターが水銀除去に有効かどうか公表せよ，③会社としての水俣病の結論を出せ，④互助会・漁民への補償をやり直せ，⑤工場廃水の公共監視体制を確立せよ，⑥水俣病を起こした経営者としての責任を明らかにせよ，と会社に申し入れ。(633) 9・12　熊本県評，水俣病患者家族の全面的支援を決定。(633) 9・12　水俣病患者家庭互助会員上野栄子，熊本県評各単産代表者会議で，チッソを相手どり損害賠償請求の訴訟をおこす意志を表明。(633) 9・14　水俣病患者家庭互助会の上村好男，訴訟の決意表明。(633) 9・26　新潟県の有機水銀中毒事件（水俣病）の被害者ら，政府結論のあいまいさに怒りを表明。(西 9・27) 9　北九州市八幡化学戸畑製造所と地元住民約120戸との，1963（昭和38）年から6年ごしの公害紛争に県の仲介で和解成立。会社が煤煙施設を維持管理するとともに，	9・8　チッソ水俣支社長徳江，「政府見解がチッソの工場廃液ときまれば，1959（昭和34）年の見舞金契約にこだわらぬ」と表明。(633) 9・　チッソ水俣支社長，第2組合に対し「水俣に異常な状態が出て来てショック，工場再建の自信を失いつつある」と語る。第2組合，その旨市民にビラ配布。(633) 9・13　水俣市で市主催の水俣病死亡者合同慰霊祭，初めて行なわれる。チッソ支社長，ここで初めて詫びる。チッソ社長は，「地元の協力が得られなければ」と，工場の移転をほのめかす。(朝 9・13) 9・15　鹿瀬電工代表取締役上田浄雪，水銀カスよりメチル水銀検出の発表に対し，「カスにメチル水銀はないはず」と反論。(朝9・16) 9・20　**イタイイタイ病**訴訟第3回口頭弁論で**被告企業代理人，厚生省見解を否定**。(朝 9・21) 9・20　水俣病の原因となったチッソ水俣工場のアセトアルデヒド廃液が，1960（昭和35）年以後も流されていた事実，寺本熊本県知事により認められる。(朝 9・21) 9・　チッソ社長江頭，患者家庭を謝罪訪問。(631) 9・28　チッソ第2組合，水俣市発展市民協議会参加を表明。チッソ擁

国・自治体	労災・職業病と労働者	備　　考
8•17　厚生省，水銀工場194工場中50工場の排水を調査。この中，37工場に警告。また，**水銀に関する暫定基準**を発表。(朝 8•18)		
8•20　大分県当局，奥嶽川上流の鉱業所廃液からのカドミウム検出の報告を受けるが発表を見合わせる。(朝 9•16)		
8•23　行政管理庁，厚生省に対し食品衛生行政において，「農薬の催奇形作用にも注意するよう」改善を勧告。(朝 8•23)		
9•6　水俣市議会の公害対策特別委員会，水俣工場を訪れ，水銀廃液を貯蔵したタンクなどを視察し，工場側の廃液処理態度などを質問。(朝 9•7)	9　東京の富士ラバー会社でシンナーに引火爆発。5人死亡，6人負傷。(503)	9　原油生焚きをめぐり，電力業界・石油化学業界の対立激化。東京都の東電に対する低硫黄重油使用要求の覚書調印がきっかけ。(日経 9•24)
9•7　**大宮市の原子炉建設（三菱）**，地元の長年にわたる反対にもかかわらず埼玉県により**認可**となる。(99)	9•13　この日までの北海道における炭鉱事故の死者は150人。数年前の九州における傾向がこんどは北海道にあらわれる。(朝 9•14) 9•30　東京都江戸川区の住宅密集地の町工場で接着剤による爆発発生。5人死亡，6人重軽傷。近くのアパートなど7棟が全半焼。(朝 10•1)	
9•10　東京都，東京電力東大井発電所設置に関し，亜硫酸ガス規制に厳しい条件を出し，ほぼその条件どおりで覚書に調印。(朝 9•11)		
9•19　愛知県，中部電力渥美火力発電所から，公害防止を含む条件つき建設に関し，確認書を取付け。(朝 9•20)	9　日本ゼオン高岡工場爆発。労組，安全確認まで操業せずと声明。	
9•24　富士川町当局，東電本社に，火発の富士川町設置反対を通告。(565)		
9•26　**水俣病に関し政府，正式見解発表**。水俣市の**水俣病の原因はチッソ㈱水俣工場の工場廃水，新潟の場合は昭電㈱鹿瀬工場の廃水**が基盤。(朝 9•27)		
9•26　通産省，水銀使用の化学工業35社49工場に対し，メチル水銀汚染防止のための万全の措置をとるようとの通達を出す。(朝 9•27)		
9•27　富士川町議会，火力発電所設置反対決議。(565)		
9•28　札幌市議会で，日本鉱業豊羽鉱業所の排水をめぐり，イタイイ		

1968（昭和 43）

公害・環境破壊	住民・支援者など	企業・財界
9 延岡市浜川でも水銀検出。旭化成薬品工場や旭ダウの塩化ビニール工場排水が流入。（朝 9・23） 9 久留米大学公衆衛生学教室，三井化学大牟田工場の昨年夏まで実施していた水銀処理方法と同方式の実験により，ネズミに水俣病症状を発生さす。（朝 9・13） 9 水俣地区の**水俣病患者は，これまでに111人（死者42人）認定。**しかし，このほかに，多くの未認定患者のいる事実，次第に明らかに。（西 9・13）	生活環境寄与のため45万円を贈る。（西 9・12） 9 **〈イタイイタイ病対策連絡会議〉，結成**（イ対協・弁護団・イ対会議による）。（66） 9 大宮市の住民約2,000人，三菱原子力工業の原子炉設置認可に対し，首相へ異議申し立てを直ちに行うが棄却さる。（99）	護・被害救済を同時に行うこと，実際問題として不可能。（284） 9・29 水俣市にて，チッソ支援・水俣病支援のための，発展市民大会開かれる。（286）
10・上 福岡県下や北九州市で，食用米ぬか油を使用した家族全員に，皮膚障害やしびれなどが現れていること判明。同油は，北九州市カネミ倉庫製油部製造のもの。**（カネミ・ライスオイル中毒事件）**（西 10・11） 10 佐伯市の日本セメント佐伯工場からの粉塵で，市内八幡地区の200 ha のミカン園が全滅状態。（西 10・2） 10・6 兵庫県洲本市におけるカドミウム汚染を調べていた兵庫県総合調査班（班長神戸大学教授喜田村正次），「人体への影響なし」と発表。（朝 10・14） 10・11 カネミ米油副産物のダーク油でニワトリ10万羽以上が中毒死したことが疑われる報道あり。（朝 10・11） 10・18 この日現在でカネミ倉庫㈱製米ぬか油による中毒者は7,223人で範囲は山口県・長崎県ほか四国・近畿22府県に広がる。厚生省発表。（朝 10・19） 10・22 **カネミ油症患者，23府県1万44人（届け出数）**に至る。（朝10・23） 10・22 高知県衛生研究所，同県内で発症したカネミ油症患者について調べた結果，問題の米ぬか油から，農薬 PCP 系除草剤の含有する有機塩素物質を検出，と厚生省	10・3 ＜水俣病患者家庭互助会＞の代表13人上京し，厚相に補償問題のあっせん・仲介を陳情依頼。（西 10・5） 10・4 **四日市に＜四日市公害認定患者の会＞**発足。（766） 10・6 ＜水俣病患者家庭互助会（89世帯）＞，チッソに対する最終補償要求額を決定。死者1,300万円・生存者年金60万円など。7日，チッソに補償申し入れ。（西 10・7） 10・8 **富山県神通川流域のイタイイタイ病患者352人，**三井金属鉱山を相手どり，総額5億7,030万5,453円の損害賠償請求訴訟**（第二次訴訟）**を提起。（西 10・8） 10・12 群馬民医連高崎中央病院，安中地区住民の要請に基づき，カドミウムの人体被害を調べる集団検診を開始。（37） 10・15 福岡市内の7世帯28人で**＜米ぬか油被害者の会＞**結成。（107） 10 カネミ倉庫からダーク油を購入してニワトリの飼料をつくっていた下関市の林兼産業，カネミ倉庫に3億3,000万円の損害賠償を請求。（朝 11・1） 10 同じくカネミ倉庫より原料を購入していた養鶏用飼料製造販売の	10 **カネミ倉庫㈱，同社製造の油による中毒者多発に関し，自社製品が原因ではないと一貫して否定。**（西 10・15） 10・29 経団連，硫黄酸化物に関する環境基準の設定について意見を発表。7・15の厚生省答申値は実現が困難と。（836-16巻11号）

国・自治体	労災・職業病と労働者	備　　考
タイ病発生の心配の有無で論議あり。市理事者，心配なしと回答。(北 9•28)		
10•1　三重県知事，記者会見で「公害訴訟の取り下げと話し合いによる解決」を望む。(677) 10•15　北九州市，カネミ倉庫㈱製油部に対し，食品衛生法第4条に基づく1カ月の営業停止命令を出す。(朝 10•16) 10•15　厚生省，大阪以西全府県と指定都市に対し，カネミ油症患者発生状況の報告を緊急指示。(朝 10•16) 10•22　全国公害行政協議会，第14回協議会において，7月15日に生活環境審議会から答申のあった硫黄酸化物の環境基準の早急な設定を政府に強く要望することを決議。(朝 10•23) 10•22　厚生省委託のイタイイタイ病調査研究班，安中にて土壌とモミを採取。(37) 10•25　東電富士川火力設置に対し，富士川町・蒲原町・由比町，議員大会で設置反対決議。(565)	10•13　長期の農薬散布による慢性有機水銀中毒患者の発生について報告あり。1966（昭和41）年の水銀系農薬の製造中止後も，在庫品が使用されているための発病。(朝 10•1) 10　戦時中の海軍工廠での**毒ガス**取扱いによる**後遺症**に悩む患者の存在，判明。(朝 10•21) 秋　総評弁護団総会，「労働災害の絶滅のために今こそ災害訴訟の提起を―労働者の皆さんへのアピール」を採択。以後，この方向で積極的な運動を展開。(696)	10•9　石油審議会，1970，71年度操業開始の新石油精製設備に対して，硫黄分1.5～1.6%を条件に許可。(朝 10•10)

公害・環境破壊	住民・支援者など	企業・財界
に報告。（西 10・23） 10・23　日本公衆衛生学会で，大阪市衛研より，大気汚染のひどい日には病死者が急増するとの調査結果，発表される。（朝 10・24） 10・23　**大気汚染**による**大阪市内の公共建物の被害額**は**年間1億9,000万円**と発表される。大阪市総合計画局の調べ。（朝 10・24） 10・下　入院中のカネミ油症患者に発熱・肝機能障害が認められる。（西 10・29） 10　西日本各地で，カネミ油症患者の母親が相次いで死産や流産。死産児の体全体は黒ずんだ色。（西 10・26）	東急エビス産業会社（東京），カネミ倉庫に 4,748 万円の損賠請求訴訟を提起。（朝 10・18） 10　佐伯市内のミカン園栽培者60人，煙害対策協議会を結成し，日本セメント工場の粉塵被害について市長に陳情。（西 10・2）	
11・4　九大油症研究班，カネミ油症発生の原因は米ぬか油の精製過程の脱臭工程で使用される熱媒体の有機塩素剤であることを確認と発表。（朝 11・5） 11・5　九大油症研究班，**カネミ油症**が，この年 2 月上旬に**カネミ倉庫㈱で製造**された**米ぬか油により発生**したことを確認。（朝 11・6） 11　金沢大学教授石崎有信，医師萩野昇提出の長崎県対島の患者のレントゲン写真により，その患者がイタイイタイ病であるとの判断を初公表。（朝 11・8）	11・1　**安中市に<公害をなくす会>**結成さる。（37） 11・17　大宮市住民，**三菱原子炉設置**をめぐり埼玉県に許可取消と公開審査を要求した**行政訴訟提起**。（99） 11・20　徳山市漁協，石油化学工業 6 社に対し，汚染のひどい海域 400 m² の漁業権買入れを要求。（西 11・20） 11・20　田川市のカネミ油症患者 16 世帯53人，〈田川地区被害者の会〉結成集会。会長，紙野柳蔵。（107） 11・27　東京都の小中学校の PTA 協議会，全国小中学校公害対策研究会と共催で，第 1 回学校公害研究大会を開く。（朝 11・28） 11・30　**四日市市に〈公害病患者をはげます会〉・〈公害をなくす四日市市民協議会〉**発足。（677, 766）	11・1　三菱油化旭工場，四日市港へ赤色汚水を大量に流したかどで，四日市海上保安部に摘発さる。（677） 11・1朝　中部電力，静岡県浜岡町当局と地主の中の実力者ら，“札束と策略” で，抵抗する地主たちから，東電設置用地の売却の同意書をとりつける。（789） 11・2　**協和醗酵**，英国のブリティッシュ・ペトロリウム社と**石油たん白**の飼料・食品化技術の契約締結を発表。（朝 11・3） 11・12　6 年にわたって悪臭を排出していた大牟田市の千倉化成工業所，県より，営業不許可処分を受ける。（朝 11・13） 11・15　**チッソ㈱**，水俣病の〈患者家庭互助会（89世帯）〉代表との補償交渉において，**第 3 者機関のあっせんを求める意向**を示す。（630） 11　カネミ倉庫㈱加藤社長，「油症患者の治療と補償に全力をつくす」と語る。（西 11・10） 11・16　カネミ倉庫製油部の工場で脱臭塔内パイプに 3 カ所のピンホールのあいていること，九大調査団により発見される。この穴からカネクロールが漏れて油に混入

国・自治体	労災・職業病と労働者	備　　考
11・1　園田厚相，富山県でイタイイタイ病の原因究明と患者治療にとり組んできた医師萩野昇と，水俣病の原因究明を行った熊本大学医学部教授水俣病研究班代表入鹿山且郎に感謝状を送り，その功績をたたえる。（朝 11・2） 11・7　**原子力委員会**，動力炉・核燃料開発事業団の**原子炉**の設置許可申請について，**安全性は十分**と佐藤首相に答申。（朝 11・8） 11・7　業界の反対で決定の遅れている亜硫酸ガス環境基準の問題につき，衆院産業公害対策特別委員会で質問あり。通産政務次官は，実現可能な基準にしたい，と7月の答申基準に難色を示した回答。（朝 11・8） 11・16　厚生省，カネミ油症事件で，「カネクロールは，今春，西日本で発生したニワトリの大量死事件の原因となったカネミの**ダーク油**にも含まれていた」と発表。（朝 11・17） 11・25　厚生省，米ぬか油中毒事件で，中毒原因はカネミ倉庫の米ぬか油によるもので，原因物質は塩化ジフェニールの公算が大きい，と初の公式見解発表。（西 11・26）		11・上　千葉県富津に新製油所建設を申し出た日石グループ，公害対策上の理由で県知事より用地売却を拒否される。（日経 11・8） 11・中　日石グループ，新製油所建設を離島・内陸に変更することにし，具体的調査を開始。（日経 11・14） 11　ＦＤＡ，人工甘味料チクロの有害性について発表。（朝 11・29） 11　交通遺児，全国小・中学校で，2万7,000人以上。その38％が困窮。総理府の調べ。（朝 11・26）

公害・環境破壊	住民・支援者など	企業・財界
		し，大量の中毒者を発生させたもの。同社では，5年間も未検査で使用していた。（朝 11•17） 11•22　北電社長岩本常次，北海道の原子力発電の基地として同社が独自にボーリングを始めた共和村柏木地区を「適地とする」と発表。道や札幌通産局にもはからぬ一方的な決定。（192）
12•6　新潟水俣病訴訟第6回口頭弁論で新潟大教授椿忠雄，水俣病患者の上流地域での発生の危険性を証言。（朝 12•6） 12•14　厚生省，1965（昭和40）年からの学童の健康調査の結果，汚染地区の小学生の呼吸機能の低下が年を追うごとに著しくなっていることを発表。（朝 12•15） 12•18　佐世保港に米原潜プランジャー入港。5月以来，初めて。（朝 12•18） 12•20　東京都板橋区前野町で，大内新興化学志村工場のガスにより住民19人に中毒発生。数年前より，“くさい町”と呼ばれた地域。（788，朝 12•20） 12•23　入れ歯固定剤としてアメリカから輸入のポリ・グリップにタール系色素ローダミンBが使用されていること判明し，東京都が回収。（朝 12•25）	12•1　徳山市漁協，石油関連企業に対し，漁協ぐるみの集団移転を申し入れ。（西 12•1） 12•11　〈ライスオイル(カネミ油)被害者の会〉の会員11世帯47人，福岡県警に対し，カネミ倉庫社長加藤を過失傷害または重過失傷害で告訴。被害者による初の刑事責任追及。（朝 12•12） 12•25　主婦連副会長ら，厚相斎藤を訪ね，亜硫酸ガス環境基準の早急な決定を陳情。（朝 12•25）	12•2　カネミ倉庫，福岡県に，患者の医療費を全面負担すると申し入れ。（朝 12•3） 12•3　チッソ，水俣病患者の補償問題で，寺本県知事に対し，第三者機関の設置による解決を申し入れ。（西 12•11） 12•14　富士市より，富士川火発に対し大気汚染防止との関連で計画変更を求められていた東電，拒否回答。（朝 12•15） 12　大牟田市内の東圧化学・大牟田肥料・三井コークスの3事業所，亜硫酸ガスを高濃度に含むガスを排出し続けたため，同市保健所より施設の点検・熱管理の徹底などを中心に改善を申し入れられる。（西 12•7） 12•29　東京瓦斯㈱，重役会で，東京では初の地域冷暖房を新宿副都心に実施と決定。（朝 12•29）

国・自治体	労災・職業病と労働者	備　　考
11・25　大阪府公害対策審議会，関西電力堺港発電所増設について，硫黄含有率１％の低硫黄重油の使用を義務づけた答申を知事に提出。知事，これを了承し関電に通告（26日）。（朝 11・26） 11・29　北九州市，**カネミ倉庫**㈱および同社社長を小倉署に**告発**。食品衛生法による。（107） 11　東京都・千葉県・神奈川県，東京湾沿岸への亜硫酸ガス排出企業進出は原則として拒否する方針を決定。（朝 11・16） 12・1　**騒音規制法施行。大気汚染防止法施行。**亜硫酸ガスの環境基準，間に合わず。環境基準は，1967（昭和42）年に制定された公害対策基本法に基づく具体的な行政目標だが，業界の反対で遅れに遅れる。（朝 11・25，12・4） 12・2　**運輸省，新車の排ガス基準を３％以下**と定め**告示**。これに対し厚生省，「その基準は都内の汚染の実態に対しゆるすぎる。来年度から引き下げるべき」と注文。（朝 12・3） 12・3　東京都知事美濃部亮吉，１日から施行の大気汚染防止法の亜硫酸ガス排出基準につき，「東京都の指導基準より大幅に後退しており，大気汚染の現状への対処には不十分であるからせめて都の指導基準にひき上げるべき」と文書で申入れ。（朝 12・4） 12・4　東京都知事美濃部亮吉，東京ビルディング協会役員会に出席し，ビル暖房に良質の燃料を使うなどスモッグ追い出しへの協力を依頼。（朝 12・5） 12・6　熊本県知事寺本，チッソに対し，第三者機関設置を断る。チッソが1959（昭和34）年の見舞金契約を未だ有効とみているため。（西 12・11） 12・17　水質審議会，25都道府県50	12・23　大分市の大分銀行の女子行員３人が訴えていた，窓口業務でおきた職業病の認定申請，うち２人について，**頸腕症候群**の病名で労働省により**認定される**。（朝 12・24） 12・24　東京都北区の**菊池色素工業**工場で爆発。労働者７人が負傷。（朝 12・24）同社ではのちに，多数の潜在鉛中毒者が発見され問題化（1975年の項参照）。	12・18　松尾鉱業㈱，会社更生法適用を申請。石油業界の脱硫装置による回収硫黄生産が，その倒産の一原因といわれる。（日経 12・18） 12・25　この年の交通事故死者１万3,907人でこれまでの最高。朝日新聞社調べ。（朝 12・25） 12　ＬＰＧタンカーに大型化の傾向出る。各社，４万ｔ級に。（日経 12・8） 12　『文芸春秋』12月号に元チッソ付属病院長細川一，「今だからいう水俣病の真実」を執筆。（572） 12　三菱重工業，わが国初の原子力機器専門工場を神戸造船所内に完成。（日経 12・30）

公害・環境破壊	住民・支援者など	企業・財界
一　北海道でも，高層建築による電波妨害，次第に増加。（北 9•10） 一　この年度，瀬戸内海漁業の事業場からの廃水および，船舶からの有害物投棄による被害額34億2,400万円。（342） 一　交通遺児，全国で2万7,000人以上で，その38%が生活に困窮，総理府調べ。（朝 11•26） 一　調味料，肉加工品，着色料，餅菓子類，甘味食品など各種食品および食器への有害添加物の使用，各地で摘発。（北 1•7，朝 5•17，25，6•27，8•20，28，9•20，10•23，11•6，20，12•20，24 など） 一　この年ごろ，都市近郊で畜産公害，深刻化。（朝 9•4）	一　高知市の〈浦戸湾を守る会〉，埋立て反対で署名約6万人分を集める。（223） 一　徳島県阿南市で1961年から操業の神崎製紙富岡工場の工場増設計画に対し，漁民900人，死活問題であるとして激しく反対運動を展開。廃液による漁業被害が予想以上に大きかった経験からの懸命の増設反対運動。（342）	

国・自治体	労災・職業病と労働者	備　　考
工場とその流域37水域をメチル水銀の検出されてならない地域として指定し，経企庁長官に答申。（朝 12•18） 12•18 札幌市でわが国初の地域暖房事業をすすめる〈北海道熱供給公社〉設立さる。（北 12•17） 12•18 法制審議会 刑法改正で**産業スパイ罪**新設を決定。（日経 12•18） 12•20 東京都，板橋区の新興化学工業志村工場に一部施設の10日間停止を命令。28日，これを1月31日までに延長。（朝 12•28） 12•20 市原市市議会，公害発生企業の進出に反対との趣旨の決議案を採択。（朝 12•20） 12•30 東京都，悪臭問題の大きかった多摩川清掃工場を閉鎖。（朝 12•28） 12 政府，5月の米原潜入港による海水汚染で漁業被害を受けた漁民に見舞金約600万円を出すことを決定。（朝 12•10）	— 夕張市の清水沢炭労，ガス爆発防止のための他山には例の少ない保安協定を会社側と結び，成果をあげる。（北 9•21） — **ゼネラル石油精製堺製油所**で，著しい合理化が要因となり，事故や災害・中毒などひんぱんに発生。労働者の間で，要員増加要求始る。（216） — ビニール・ハウスの普及と共に，**ハウス病**が増加してきたこと，各地で問題化。（西 6•23，朝 12•16） — 栃木県下の製材•木製品工業で，**米杉使用**による**ぜんそく患者多発**。昭和44年1月実施調査の結果，23事業場で45人にぜんそく発症確認。また皮膚炎が24人・鼻炎が64人・眼症が107人を確認。（788） — 鉱山事故：美唄炭鉱（ガス爆発），三菱大夕張鉱業所（メタンガス爆発），美唄炭鉱（炭壁くずれ），新田川炭鉱（ガス突出），滝口炭鉱（炭塵爆発），平和鉱業所（火災），北炭夕張鉱業所（崩落）で計34人死亡，18人負傷，74人ガス中毒，35人行方不明。（北 1•21，2•29，5•13，6•6，9•3，西 5•30，朝 7•30） — 白ろう病＝振動障害に悩む労働者，全国でチェンソー使用者4,500人の約半数のこと判明。全林野本部調べ。（780）	— 43年度原油輸入は1,589万7,000 kl。全体の11.3%が低硫黄（この中ミナスは35.9%）。（203）

1969（昭和 44）

公害・環境破壊	住民・支援者など	企業・財界
1・13　米原潜プランジャー，横須賀港に入港。この後，異常に高い（平常値の2倍）放射能，記録される。（朝 1・13，14）	1・15　富山県婦中町の**医師萩野昇，**イタイイタイ病の原因究明と患者治療に**20数年間**とり組んだ功績で，朝日新聞社より43年度朝日賞の社会奉仕賞送らる。この日贈呈式。（朝 1・21） 1・18　水俣病患者家庭互助会代表，水俣病補償の基準づくりを厚生・通産・経企庁・総理府に陳情。水俣市衛生課長，県公害調査室係員同行。（630） 1・25　教研全国集会で熊本市内中学の教師，水俣病を教材にしていたことを報告。公害教育のはしり。（628，朝 1・26） 1・26　宮城県雄勝・女川・牡鹿の三町漁民，原発設置反対の決議文を採択。（840） 1・30，31　全日本自治労組，全国公害反対運動活動者集会を四日市で開催。ここで公害反対全国連絡協議会の結成を決定。（159，朝 2・1）	1・11　北海道澱粉工業協会，工場廃液による公害問題処理のため，でんぷん対策委を設け，第1回委員会開催。（北 1・21）
2・5　三菱化成工業黒崎工場から無水硫酸が流出。風下の国鉄黒崎駅の乗降客や近くの安川電機八幡工場労働者にのどや目の痛み発症。（西 2・5） 2・6　東京都内の河川の水質，隅田川がやや回復の傾向を示すほかは，どの河川も悪化の方向。都，水質白書で発表。（朝 2・7） 2・10〜22　米原潜ハドック，横須賀寄港。9回にわたり異常放射能値記録。（朝 2・27） 2・23　甲府市が無公害の新型ゴミ処理方式として前年夏に採用した「鉄化石」から，汚水がしみ出て付近の沢が汚染されていること判明。（朝 2・24）	2・1　**〈ライスオイル被害者の会〉**の会員11世帯45人，カネミ倉庫㈱と鐘化㈱に対し，1億5,425万円の**損賠請求訴訟提起**。（朝 2・1） 2・2　阿賀野川漁協，昭電に1967年分として約1,667万円の補償を要求。（203） 2・5　〈サリドマイド被害児救済会〉会長中森黎悟，サリドマイド事件は「未必の故意」の傷害として，京都検察審査会に審査を申し立て。（朝 2・5） 2・8　青年法律家協会，富士市の公害を調査。（565） 2・上　佐伯市の日本セメント工場の粉塵でミカンに被害を受けてきた農家，会社に約5,300万円の補償要求。（西 4・15） 2・15　北九州・田川両地区のカネミ油症患者209人で〈米ぬか油症被害者連絡協議会〉結成。（107） 2・21　富士川町に**〈富士川火発建設反対期成同盟〉**結成。（801）	2・7　**日本原研 東海，**国産第1号原子炉でウラン燃料棒の破損が続出したことを職場新聞に書いた同所職員を3カ月の停職処分配転。1966年以来毎年の事故続きを「部外秘」としてきたもの。（192，朝 2・8） 2・26　チッソ，厚生省の求めに応じ，補償に関する第三者機関へ白紙委任の確約書を提出。（630） 2　経済団体連合会，公害対策小委員会で，工場の新増設にあたっての基本方針として「環境基準とは別に，当面実行可能な中間基準を設けるべき」など2点を通産・厚生両省へ申入れ。（朝 2・3） 2　経団連事務局，イタイイタイ病に関してカドミウムとの因果関係に疑問を示し，水俣病に関して原因究明の方法論に疑問を示した文を経団連月報に発表。（836-17巻2号）

国・自治体	労災・職業病と労働者	備　　考
1・6　東京都と東京ガス，公害防止の覚書交換。(北 1・7) 1・13　法制審議会刑事法特別部会，**公害犯罪法**の新設を検討。刑法の立場から公害問題を取上げた公的動きは初めて。(朝 1・7) 1　海水汚染の公害監視パトロール船，1969 (昭和44) 年度予算で，8隻分296万円が認められる。(朝 1・14)	1・5　大型鉱船**ぼりばあ丸**(5万4,000 t)，船倉にヒビが入り遭難。31人行方不明。大型鉱石運搬船の危険，現実化。(朝 1・6) 1・27　名古屋市の東亜合成化学工業名古屋工場で火災。労働者・消防署員など85人がニッケルカーボニルガス中毒。(788，朝 1・28) 1　忠海の毒ガス患者130人が今なお入院中のこと，問題化。(203) 1　前年12月よりこの月までに，某電機製作会社(社名不明―筆者注)でクロルナフタリンによる接触性皮膚炎，13人に発生。(788)	1　石牟礼道子『苦海浄土―わが水俣病』。(170)
2・12　**「いおう酸化物による大気汚染防止のための環境基準」閣議決定**。公害対策基本法に基づく**環境基準第1号**。(朝2・12) 2・15　富士市議会，東電の富士川沿岸建設最終決定を朝行おうとするが，反対して集った傍聴者の抗議のため開会できず。(565) 2・21　「下水道整備5カ年計画」と「清掃施設整備5カ年計画」，閣議決定。(203) 2・22　富士市議会建設・経済合同委員会，詰めかけた市民を排除のため，機動隊を導入。(565) 2・26　横浜市，2月12日に決定した亜硫酸ガス環境基準について，横浜市の今後の公害対策を妨害するゆるいもの，として強化を訴えた要望書を大平通産相に提出。(朝 2・27) 2・27　最高裁，森永ヒ素ミルク事件の被告：森永乳業徳島工場長ら2人の上告に対し，これを棄却の判	2・14　**日本原研東海**でこんどは技術者5人が「死の灰」を全身にあび，肺にまで吸いこむ事故発生。(192) 2　大阪市のオフセット印刷会社で，4人の印刷労働者が加鉛ガソリンで発狂。うち1人が死亡していたこと判明（患者発生は1968年夏から)。神戸大教授喜田村正次の調べ。(朝 2・8)	

公害・環境破壊	住民・支援者など	企業・財界
3・1　福島県伊達郡の伊達製鋼会社工場で液化炭酸ガスタンクの爆発事故発生。技術員3人即死のほか，住民も含め21人が重軽傷。（朝 3・1） 3・19　那覇港で前年を上回るコバルト60，検出さる。（朝 3・20） 3・20　東京都板橋区中山道で地下のガス管が割れ，爆発。周辺商店など5棟が全半焼，5人焼死。（朝 3・20） 3・30　小樽市に新設の魚カス工場の悪臭が激しく，調査の結果，廃水の BOD 2,150 ppm のこと判明。同工場，操業中止を命ぜられる。（北 4・1） 3　福井県で青化ソーダ運搬車追突により，シアン化ソーダが漏出。処理にあたった警官や住民10人に中毒。（788）	2・25　北九州市と田川地区のカネミ油症患者ら62人，カネミ倉庫㈱に補償の誠意がないとして同社前に座り込み，社長に面会を要求。（西 2・25） 2・26　成田空港建設に反対する〈三里塚・芝山連合新国際空港反対同盟〉の農民約200人，〈決死隊〉を結成。（朝 2・27） 2・27　森永ヒ素ミルク中毒事件訴訟の上告審判決公判で最高裁，被告を無罪とした一審判決を事実誤認として破棄した二審高松高裁判決を支持して，上告棄却判決。（朝 2・27） 3・3　水俣病患者家庭互助会総会，厚生省要請の確約書は提出せず1日,「あっせん依頼書」を出すことに決定。厚生省，「確約書」でなければと拒否。（631） 3・7　富士川町の〈いのちとくらしを守る会〉発足。 3・10　イタイイタイ病患者と遺族46人，第3次イタイイタイ病訴訟を提起。（64） 3・17　熊本市の弁護士，〈水俣病法律問題研究会〉を結成。（630） 3・18　参院社会労働委員会に，カネミ油症患者紙野柳蔵，参考人として出席。（806） 3・22　四日市市で「公害犠牲者追悼と加害者に抗議する集会」開かる。（677） 3・4　和歌山市西庄第一区自治会長の宇治田一也，住友金属和歌山製鉄所の拡張埋立工事に反対し，和歌山県庁別館内でハンストを開始。4月5日まで継続。（834）	3・27　日本衛生学会で，長崎県対馬や兵庫県下のカドミウム汚染についての発表のさい**三井鉱山神岡鉱業所**，討論で「**イタイイタイ病**がカドミウム中毒とは断定できない」と**反論**。（西 3・28） 3　石油連盟，硫黄分の多いアラビア石油の原油引取りは1,200万klまでと決定。（朝 3・21）

国・自治体	労災・職業病と労働者	備　考
決。(朝 **2・27**) 2・28　厚生省，水俣病に関する第三者機関について，「委員選出は厚生省に一任し，結論には一切異議なく従う」との確約書を〈水俣病患者家庭互助会〉に提出して欲しいと要請。(630)。文案はチッソが作る。(244)		
3・1　衆院科学技術振興対策特別委員会で，**日本原研東海**の国産第1号原子炉で前年から燃料棒の破損事故が続発していること，明らかにされる。(朝 **3・1**) **3・10**　富山県婦中町議会，イタイイタイ病訴訟に関し，「傍聴希望者を十分収容できるよう大法廷を設置せよ。および患者の訴訟救助を認めよ」との画期的内容の要請を決議。(64) **3・15**　長崎県衛生部，対馬・厳原の佐須川流域調査の結果「現段階ではイタイイタイ病患者は存在せず」と発表。(西 **3・16**) **3・24**　通産省，厚生省がまとめたスモッグ対策強化のための大気汚染防止法改正案要綱について，時期尚早との意向表明。(朝 **3・25**) **3・25**　富士市議会，午前7時半に開会。議案に東電富士川火力建設の件含まる。開会直後，市民700人ほどが，抜打ち議会開催で火発設置を決定することを怒り議場に入りこむ。午後3時半，機動隊導入。(565) **3・27**　**厚生省，鶯沢・安中・対馬**のカドミウム害に関し，「**イタイイタイ病**のおそれは現在のところ**なし**」と結論，安中市汚染地域住民	3　名古屋港で船内荷役に従事していた人に，ノルマルブチルピロリジン中毒発生。(788) 春　全林野，春闘の最重点課題として白ろう病絶滅要求をかかげ，激しい闘いを展開。(780)	

公害・環境破壊	住民・支援者など	企業・財界
4・2 米軍横田基地の騒音で周辺5市4町約2万5,000世帯の住民が被害を受けていること，都公害研の調べで判明。（朝 4・3） 4・23 **安中市にイタイイタイ病要観察者**数人発見される。群馬県の発表。（朝 4・23） 4・23 安中市の東邦亜鉛安中製錬所周辺の大気から高濃度カドミウム検出。最高時，1 m^2 あたり 0.38 μg。県衛研の発表。（朝 4・24）	4・5 自由法曹団，新潟水俣病現地調査。129人の参加者あり。 4・10 〈水俣病患者家庭互助会〉のうち，第三者機関に補償を一任する〈一任派〉，「お願い書（確約書）」を厚生省に提出。〈一任派〉と〈訴訟派〉の対立，深まる。（630） 4・13 〈水俣病患者家庭互助会自主交渉派〉・〈水俣病法律問題研究会〉会合。同研究会の11人を訴訟代理人とし，チッソと国に対し訴訟を起すことを決定。（630） 〈**水俣病を告発する会**（代表本田啓吉）〉発会。（630）	4・初 大阪セメント㈱，臼杵市長足立義雄の教え子の津久見市の戸高鉱業社長を通じ，臼杵進出を申し入れ。市長足立，12日に早速，市議会にて誘致計画を説明。（117） 4・4 東電と福島県，原子力発電所安全管理に関する協定で調印。（朝 4・5） 4・9 EL・DL 委員会（大島正光委員長），機関助士廃止に関し「1人乗務で安全性に基本的危険なし」とする報告書を労使に提出。国鉄動力車労組，6月1日実施の機関助士廃止に反対し，順法闘争開始。（朝 5・26） 4・22 経済団体連合会，公害対策協力財団の設立要綱を決定。（朝 4・23）
5・8 福岡県で初のスモッグ警報。（西 5・8） 5・9 **東京地方でスモッグ注意報が終日解除にならず。全国でも初めての事態。**（朝 5・10） 5・9 富士市にて小児ぜん息の4歳の幼児死亡。大気汚染が原因と指摘。（565）	5・1 日弁連の公害対策特別委員会，政府が国会に提出した公害紛争処理法案について，紛争処理のための独立行政委員会を設けるべきなどの意見を発表。（朝 5・2） 5・6 安中市で東邦亜鉛の公害に対し安中公害対策被害者協議会結成。（43）	5・29 先に機関車1人乗務について「基本的に安全に危険なし」とした EL・DL 委旧5人委員会，「1人乗務は尚早」との覚え書きを国鉄に提示。（日経 5・30） 5・30 イタイイタイ病医学研究会，日本公衆衛生協会により開催。河野臨床医研の河野稔，細菌感染

国・自治体	労災・職業病と労働者	備　　考
より強い不満が出る。（朝 3・28） 3・29　富士市議会，午前0時半開会。市民数百人（一説には2,700人）が開会阻止，待機中の機動隊ともみあう。議長，混乱に慌て閉会を宣言。このため，火発問題審議未了のまま定例議会閉会に至る。（565,714）		
4・1　自治体財政の公害対策費急増による窮迫の傾向，強まる。地方財政白書に示された傾向。（朝 4・2） 4・2　衆議院産業公害特別委で厚生省，3月末のイタイイタイ病観察地域見解で安中の排煙を未調査であった手落ちを認め，再調査を約束。（朝 4・3） 4・6〜5・中　富士署，3月29日に市議会に対し抗議行動をおこした市民数百人に出頭要求，10日には2人を逮捕。（565） 4・8　米原潜の寄港地：佐世保・横須賀・那覇の各市長，東京で会合し，三市放射能等対策連絡協議会を結成。（朝 4・9） 4・9　**参議院産業公害特別委，安中のカドミウム汚染に関し，萩野昇・小林純・高柳孝行・重松逸造・石崎有信ら**を**参考人**として招請。**イタイイタイ病患者の存在が強調**される結果となる。（朝 4・10） 4・14　通産省，エネルギー調査会に低硫黄化対策部会の新設を決定。（朝 4・15） 4・25　**水俣病補償処理委員会**（いわゆる第三者機関）発足。患者家庭互助会の3分の2世帯の希望。委員に千種達夫・三好重夫・笠松章の3人を選任。（630）	4・25　久留米市の日本ゴム㈱工場で火災，11人焼死。ベンゾールが火元。（西 4・25） 4　北海道内で林業労働者2,668人のうち620人に白ろう病，発見される。（北 4・23） 4　大阪港で船内荷役に従事していた12人に酸素欠乏で中毒発生。（788）	
5・9　厚生省，「水俣病補償処理委員会の経費500万円を水俣市で，立替えて欲しい」と要請。（630） 5・9　通産省が，横浜市が求めた同市内工場の公害対策資料を企業機密を理由に拒否したこと，衆院商	5・16　北海道歌志内鉱，ガス爆発。17人即死。5月13日に「保安優良」鉱山として通産大臣表彰を受けたばかり。（北 5・16） 5・20　長崎県五島灘で，タンカーと貨物船が衝突し貨物船が沈没。死者4人，行方不明2人，負傷者7人。（西 5・20）	5・6　（米）原子力委員会，前年5月6日の佐世保港における異常放射能検出につき，（米）原潜原因説を強く否定した報告書を提出。（朝 2・8） 5・21　社会党，政府の公害白書に先立ち，『住民の公害白書』を発表。（朝 5・22）

公害・環境破壊	住民・支援者など	企業・財界
5・16　大分県奥嶽川流域の住民の尿からカドミウム 0.013 ppm 検出。県医師会の発表。（西 5・17） 5・29　水俣病患者審査会，審査申請20人のうち，死者1人を含む5人を正式に水俣病患者と認定。認定患者 116 人になる。（朝 5・30） 5　熊大教授武内，**不顕性水俣病**を発見。（朝 5・30） 5　日本医師会会長，公害被害者の認定は地域医師に代行させるよう厚生省に意見書提出。（203） 5　長崎県対馬厳原町の佐須川・椎根川地域で，土壌や農作物に多量の鉛・亜鉛の含まれていること判明。九大農学部教授の発表。（西 5・21） 5　**新潟水俣病患者の1人，新潟地震以前に発病**のこと判明。新潟大教授椿忠雄の調べ。（朝 5・21）	5・18　〈水俣病訴訟弁護団〉結成。参加弁護士，全国で 222 名（団長山本茂雄）。（630） 5・24　＜水俣病訴訟支援公害をなくする県民会議＞熊本県で発足（代表幹事福田令寿）。（630）	説を述べカドミウム説を否定。神岡鉱山病院医師富田国男および東邦亜鉛対島製錬所医師平岡健太郎，カドミウム中毒とイタイイタイ病を区別して主張。また発現機序合同会議では座長の慶大教授土屋健三郎，イタイイタイ病とカドミウム中毒を区別してしめくくり。イタイイタイ病のカドミウム原因説否定のための研究会の観あり。（602） 5・30　チッソ水俣支社長，新認定患者宅を詫びて回り，従来の患者と同一基準の見舞金を支給すると表明。（630） 5　鉱毒の原因の鉱滓流体輸送設備（パイプで日本海へ放出），秋田県の要請で日本鉱業・同和鉱業の黒鉱鉱床に完成。（日経 5・12） 5　排煙脱硫装置，各社で事故続き。（朝 5・4）
6・中　木曽川のアユ大量死。調査の結果6月27日，ニチボー犬山工場・森島メッキ工場からの水素イオンおよびシアン（いずれも基準を上回る）によるものと判明。（朝 6・28） 6・15　富士市で富士川火力問題の報道を続けていた毎日新聞記者，取材中に撲殺さる。（565） 6・19　東京都衛生局学会で，東京の40代の男性は20人に1人が気管支炎と発表。最大の原因は大気汚染だという。（203） 6・20　**中性洗剤**を与えた**妊娠中のネズミ**4割に**奇形**が生まれたこと，日本先天異常学会で発表さる。（朝 6・21） 6・25　横浜市内の本牧臨海工業地帯に近い住宅街に悪臭。鶴見区や川崎市の一部にまで広がる。（朝 6・26）	6・2　奥嶽川汚染被害の清川村住民，被害防止決起大会を開き，会社側に被害責任と賠償につき要求。加害者は旧三菱金属尾平鉱業所・蔵内金属豊栄鉱業所。（大分 6・3） 6・5　水俣病訴訟支援，公害をなくする県民会議，未認定患者の発見で熊本県知事に①芦北・水俣地区**住民の一斉検診**②定期検診の設定③認定基準の再検討を申し入れ。（西 6・6） 6・8　熊大医学部＜水俣病を考える学生会議＞，水俣病訴訟を訴える全国キャラバンに出発。（630） 6・9　富山市で公害病訴訟の全国連絡会議開催。イタイイタイ病患者・四日市のぜん息患者・水俣市の水俣病患者らが参加。全国自治労の自治研修会が全国的に支援。（西 6・8） 6・12　**新潟水俣病患者**の9家族15人	6・3　**鐘淵化学工業，石油たん白の企業化方針を正式決定**，大口需要化の全国購買農業協同組合連合会と10年間にわたる長期売買契約を結ぶ。（朝 6・4） 6・11，14，16　日本の輸出車の欠陥がアメリカで指摘された問題により10大メーカー，運輸省などに欠陥車について次々に報告。（朝 6・12，14，16） 6・23　八幡製鉄戸畑製造所が，無許可で放射性同位元素を使っていたこと判明。（西 6・24） 6・24　新潟水俣病裁判の被告：昭電，9項目にわたる鑑定申請書を提出。9月15日却下。（455）

国・自治体	労災・職業病と労働者	備　　考
工委員会でとりあげられる。（朝 5·11） 5·23 政府，初の『公害白書』を閣議決定。(795) 5·23 安中の大気汚染調査，厚生省・県・市の共同で開始。(37) 5·26 **水俣病患者訴訟派，訴訟費用200万円の補助を水俣市に要望し，市に拒否される。**(630) 5·27 **水俣市市議会，補償処理委の立替え費用480万円を可決。**(630) 5·27 四日市市と同市第3コンビナート進出各社の間で公害防止協定書締結。(677) 5·29 厚生省，大分県大野郡奥嶽川流域を「鉱山排水の汚染により住民の健康被害が出るおそれのある地域」との見解を発表。(大分5·30) 5·30 政府，昭和60年度を目標とする**新全総第5次開発計画**を**閣議決定**。(朝 5·30) 5·31 米ぬか油中毒事件のカネミ倉庫の営業再開，北九州市より認可される。	5·30 国鉄動力車労組，機関助士廃止の6月1日実施に反対し，12時間以上のストライキ開始。(朝 5·30) 5 東京で，メチオニン製造工程を有する工場（詳細不明―筆者注）からアクロレインが漏れ，労働者や住民約5,000人に目の痛み・流涙など発生。(503)	5·25 東名高速道でバス衝突。1人死亡，74人負傷。(日経 5·26) 5·26 東名高速道全通。(朝 5·25)
5 東京都公害研究所の初代所長に弁護士戒能通孝，就任。(208) 6·3 水質審議会，公害対策基本法に基づく「**環境基準部会**」設置。(朝 6·4) 6·5 日本原子力研究所にて4月11日にプルトニウム飛散事故のあったことを科学技術庁が未公表とした件，衆院委で追及さる。(朝 6·5) 6·5 法制審議会刑事法特別部会，公害罪新設で意見一致。(朝 6·6) 6·10 熊本県議会で衛生部長，「水俣地区住民の一斉検診は技術的に不可能だし意味もない。不顕性患者を患者とみることは疑問」と言明。(630) 6·14 都市計画法施行。(133) 6·23 厚生省，海水浴場の汚れに水質基準通達。(朝 6·23) 6·26 衆院で**公害3法案(被害救済・**	6·26～28 某社(社名不明―筆者注)ベンゾール処理工場で，10人にジメチルホルムアミド中毒発生。作業者全員が発症。(788) 6 大阪で，塩素ガスにより11人に中毒発生。(788) 6 新潟県で塩化燐入瓶運送中に瓶が破損し，その処理にあたった17人が中毒，1人が死亡する事故発生。(788)	6·22 東京都内山手線で油類満載の貨車12輌，脱線。国鉄の貨物列車事故，この月6件め。(朝 6·23) 6·23 ウ・タント国連事務総長，1972年開催の＜人間の環境に関する国際会議＞向け報告を発表。環境破壊への戦略。(朝 6·24) 6·23 オランダでライン川，大量の毒で汚染される。殺虫剤による汚染とみられる。(朝 6·25) 6·25 〈水俣病を告発する会〉，月刊紙『告発』を創刊。(244-創刊号) 6 DDT に対し，全米で反対運動が広まり，使用禁止の州増加。(朝 6·17)

公害・環境破壊	住民・支援者など	企業・財界
	が昭電を相手どり，**第三次**の損賠請求訴訟を提起。（朝 6・12） 6・14　熊本の水俣病患者 28 世帯112人，チッソ㈱に対し 6 億 4,239 万円余の損害賠償請求訴訟を提起。（熊本水俣病訴訟）*（244-創刊号，朝6・15） 6・20　四日市市の患者の会の代表委員山崎心月，公害二法審議で参考人として陳述。（677） 6・28　**東邦亜鉛安中製錬所**の施設変更認可申請に関し，**安中の住民**より**行政不服審査請求**が，鉱山保安局に出される。そのさい製錬所の無認可増設判明。（朝 6・29） 6・29　青年法律家協会九州ブロック，水俣で総会。訴訟の全面的支援を決議。（630）	
7・2　木曽川で今度は銅検出。（朝 7・18） 7・8　山口県でカネミ油症患者の中学生，路上で倒れて死亡。死因は心臓障害。（西 7・9） 7・9　福岡県でカネミ油症患者死亡。胃かいよう手術のあと尿毒症を併発したもの。（西 7・10） 7・23　7月8，9日に死亡したカネミ油症患者につき病理解剖の結果，副腎皮質のかなりの萎縮がつきとめられ，塩化ジフェニール（商品名カネクロール）による副腎皮質障害の疑い強まる。九大の調べ。（朝 7・24） 7　新建材アルミニウムの需要増で各地に新設のアルミ工場などからのフッ素化合物による植物被害多発。（朝 7・24）	7・7　大宮市の約1,800人の住民，三菱原子力工業㈱の<u>強行</u>な原子炉設置に抗議。同社に対し原子炉非設置の不作為義務履行を求めた原子炉撤去請求訴訟を浦和地裁に提起。（99） 7・20　富士市で東電火力阻止・既存公害追放の決起集会。2,500 人の市民が参加。（565） 7・26，27　青年法律家協会，富山にて第 1 回全国公害研究集会開催。（朝 7・27） 7・31　カネミ油症患者の福岡県田川市の会社員伊藤嘉彦，佐藤首相に対し，油症対策の遅れを抗議する手紙を発送。（朝 8・1）	7・16　代表的企業の社長級の人々20人からなる〈産業問題研究会〉，公害研究センターを作る必要性を認め学識経験者に検討を依頼することを決める。（朝 7・17） 7・24　昭和電工千葉工場，同工場周辺の水稲がふっ素化合物で枯れた被害について，責任を認める。（朝 7・25） 7・28　**東邦亜鉛安中製錬所**，鉱山保安監督部により**鉱山保安法違反**で書類送検される。（朝 7・28） 7・31　チッソ，経営不振と医療事情の変化を理由に，水俣工場付属病院を閉鎖。（630）

国・自治体	労災・職業病と労働者	備　　考
紛争処理・水質保全改正）可決。（朝 6•27） 6•30　尼崎市，同市内の大手27事業所と大気汚染防止協定を結ぶ。（朝 6•30） 6•30　横浜市公害対策協議会，日石根岸第3期増設計画を亜硫酸ガス排出量30%減の条件つきで認可。 6•30　富山県知事，「イタイイタイ病患者の県・市町村の住民税免除を昭和44年度から実施」と県議会で発表。（朝 7•1）		
7•2　東京都公害防止条例公布。（208） 7•4　**横浜市長飛鳥田一雄**，新貨物**線問題**に関し「**必要やむをえぬ**」との見解を発表。（802） 7•10　厚生省，DDT・BHC などの新規許可の一時中止を決定。米国農務省措置への対応。（朝 7•11） 7•10　福岡県カネミ油症対策本部，7月8，9日とカネミ油症患者が続けて死亡したことで，県下の一斉検診の実施を決定。（西 7•10） 7•11　富士市全員協議会，集中豪雨被害対策の名目で招集。同席上で富士川町への東電火発設置動議，1～2分間で承認決議。（565） 7•15　**京都検察審査会**，2月5日のサリドマイド児の父の申し立てを認め，昭和42年の不起訴処分を不当とし，地検に再捜査を要求。（朝 7•16） 7•15　生活環境審議会騒音専門委員会，**騒音の環境基準**についての**中間報告**を同審議会公害部会に対し行う。（朝 7•16） 7•24　厚生省，フッ化物による大気汚染防止に関する調査委員会を設	7•21　福岡県三池郡の農家で，農薬散布を手伝った高校生が急性農薬中毒で死亡。（西 7•22） 7•22　宇都宮市の大谷石採掘現場で岩石が崩落し，5人死亡，3人重傷。（朝 7•22） 7•23　衆院外務委員会で，**三井東圧化学**大牟田化学工業所におけるベトナムで使用の枯葉剤原料 **245T, PCP** 製造に伴う労働者の **障害多発**，とりあげられる。（朝 7•24） 7　前年11月からこの月までに，某社（社名不明一筆者注）アクリルアマイド加工工場で14人にアクリルアマイド中毒発生。（788） 7　岩手県下の鉄鋼工場で，高炉ガス漏れにより1人死亡，11人中毒。（788）	7•2　ウ・タント国連事務総長，「生物化学兵器の効果についての報告書」発表。（朝 7•3） 7•5　政府，初の『公害白書』。（783） 7•9　（米）農務省，DDT と同系のディルドリンなど8種農薬を1カ月使用停止と発表。（朝 7•10） 7•25　（米）カリフォルニア州上院本会議，1975年1月1日以降，同州内でガソリンエンジンを搭載した自動車の販売を禁止する法案を可決。ただし下院では否決され不成立となる。しかし，実態の進行ぶりを示し，警告としての効き目は大。（朝 7•26） 7•30　英国にて，サリドマイド児2人に2,900万円の損害賠償，ディスチラー社より支払うこと決定。（朝 7•31）

1969（昭和 44）

公害・環境破壊	住民・支援者など	企業・財界
8•8〜9 **市原市**にて**サトイモ** 10 ha **が一夜で枯死**。大気汚染によるものと，市公害課は推測。（朝8•26） 8 川内市の川内川下流で奇形魚発見され，問題化。（西 8•17）	8•8 **安中**の住民213人，**東邦亜鉛**を**鉱山保安法違反**で前橋地検に**告発**。（43） 8•16 川内市漁協・川内市内水面漁協，**奇形魚**による売上減の件で，原因とみられる**中越パルプ川内工場**に対する補償と廃液処理対策を市・市議会に陳情。（西 8•17） 8•20 水俣病患者の中のいわゆる訴訟派，訴訟費用 200 万円の融資を水俣市に要求して，市役所玄関前に座り込み。（630） 8•21 大宮市民による埼玉県を相手どった三菱原子炉設置認可取消請求訴訟結審。（99）またこの日，同社に対する撤去請求訴訟，第2回口頭弁論。（99） 8•23 八幡製鉄労組，結成以来初めて運動方針に公害問題をとりあげる。（朝 8•24） 8•26 四日市市磯津漁協，日本アエロジルに対し，1億7,000 万円の漁業補償を要求。（677）	8•16 千葉県に東電新発電所，原料に LNG（天然ガス）を使うという条件つきで県知事から認められる。（203） 8•17 **日本アエロジル四日市工場**，操業を中止。8月23日，**塩酸流出**事件により毒物および劇物取締法と県公害防止条例違反で，三重県から**告発さる**。（朝 8•19，24） 8•25 米ぬか油中毒事件にて**カネミ倉庫本社**の6人，**書類送検**となる。（西 8•25） 8•27 陶磁器製食器の鉛害防止のための安全対策を検討する委員会，名古屋市で設立総会。（203） 8 住友化学工業，排煙脱硫パイロットプラントを新居浜製造所硫酸工場内に建設。毎時10万 m^3 の排ガス処理能力。（203） 8〜9 国鉄，横浜新貨物線建設で強制測量をはかるが住民の激しい抵抗で中止。住民側に10数人の負傷者。（802）
9•1 日立市内を流れる宮田川からカドミウムなど重金属検出。上流大部分の流域に日本鉱業日立鉱業所の社有地あり。（朝 9•2） 9•2 カネミ油症患者に，皮膚のほか内臓各種臓器に塩化ジフェニールの含まれていること判明。九大の発表。（朝 9•3） 9•10 **東京の地盤沈下**，1968年中に**最大沈下量 20 cm 以上**であった	9•7 ＜裁判研究会＞,（のちの水俣病研究会）発足。（244-9号） 9•13 北九州市で〈カネミ・ライスオイル被害者を支援する婦人集会〉開催。日本婦人会議，キリスト教関係婦人団体，労組婦人部員など約400人が出席。「カネミ油不買運動」のアピールを採択。（朝 9•14） 9•21 山梨県塩山市，山梨飼肥料会	9•30 **チッソ，熊本地裁に答弁書・準備書**を提出。「**会社側に過失なく，責任なく，したがって損害賠償は払わない**」としたもの。（西 9•28）

国・自治体	労災・職業病と労働者	備　　考
け，第1回委員会開催。（朝 7・24） 7・29　厚生・通産両省，亜硫酸ガス特別排出基準を告示。東京・川崎・四日市・大阪・堺・高石・尼崎・同日施行。（朝 7・29） 8・13　山口県都濃郡南陽町，刺激性ガスに悩まされている68世帯約350人の住民の集団移転補償費約1億5,300万円を可決。四日市市について全国で2番目の予算化のケース。（朝 8・14） 8・14　安中市東邦亜鉛無認可増設の通産省の責任者（前東京鉱山保安監督部長），自殺。（朝 8・14） 8・15　四日市海上保安部，**日本アエロジル**の排水に疑問を持つ。四日市港の海へ数カ月にわたり塩酸を流していた事実をつきとめ，同工場を港則法・水産資源保護法違反で取調べ。（朝 8・16） 8・23　厚生省，各地河川・海で行った水銀による環境汚染調査結果を発表。15工場周辺を調査したが，とくに異常なし。また魚類調査では奈良県吉野川と富山県神通川に高濃度水銀が検出されたが，水俣湾・阿賀野川では前年に比べ激減とのこと。（朝 8・24） 8・28　自治省「水俣病訴訟派が要求している訴訟費用の公費援助には応じられない」と表明。（631） 8　厚生省，わが国初の公害専門研究機関として国立公害衛生研究所（仮称）を昭和48年度までに設置する計画を決定。（朝 8・25）		8・29　防衛庁，昭和45年度業務計画にて，化学部隊新設案を出す。（203）
9・10　東京都内の煙突の99%近くが合法との結果判明。東京都，このため，亜硫酸ガスの一般排出基準の強化やビル暖房規制の特別排出基準の制定を国に申し入れる態度を決める。（朝 9・10） 9・11　食品衛生調査会の毒性部会に**石油たん白特別部会**，設けられる。（朝 9・12） 9・16　厚生省，**カドミウムによる汚**	9　第16回国際労働衛生会議，日本で開催。（503）	9・5　（米）連邦取引委員会，カラーテレビより放出のX線放射能の危険性調査を開始すると発表。（朝9・6） 9・12　（米）FDA，（食品医薬品局）人工甘味料チクロの染色体破壊性について新たな実験結果を発表。（朝 9・13） 9　オランダのライン河口にて多量の有機水銀，魚類に発見さる。イタリア・スエーデンでも水銀汚染

1969（昭和 44）

公害・環境破壊	住民・支援者など	企業・財界
こと判明。都土木技術研による昭**和13年の観測以来初めて。**（朝 9•11） 9•17　地盤沈下に関する国際会議，日本ユネスコ国内委，国際水文学会，東京都の主催で東京において開催。(203) 9　東京都内に降雨から有機塩素系農薬，検出される。（朝 9•27） 9　長崎市内で，健康に生まれた乳児に，カネミ油症患者の母乳を飲んでいるうちに皮膚や爪の黒色化が発生という例，長崎大学により発表さる。（西 9•13）	社の悪臭に対抗するため，工場操業の可否を住民投票で決定。投票率67.45%のうち，操業反対が96%。投票は市長の提案。（朝 9•19,22） 9•28　＜水俣病を告発する会＞，公害認定一周年集会。熊本市内を初めてデモ行進。(630) 9　水俣病を素材にした劇「告発」，泉座により上演。(203) 9　福山市入船町の日本化薬福山染料工場，地元住民の公害反対・移転請求に押され，同市の斡旋開始1年3カ月ぶりに，工場移転と見舞金問題で確認書に仮調印。（朝 9•22）	
10•1　那覇港で米原潜入港時に，これまでになく高いコバルトの数値，検出され問題化。（朝 10•1） 10•14　安中市北野地区の白菜からカドミウム 41 ppm が検出される。岡山大教授小林純の調べ。（朝 10•15） 10•21　「スモンは感染症？」との見出しの日本公衆衛生学会の予報，新聞で報道さる。（朝 10•21） 10•22　新たなカネミ油症患者3人，九大で診断。最近までカネミ米ぬか油と知らずに使っていた一家に発症。（西 10•23） 10•29　**多摩川**が工場排水中の**シアン化合物**で汚染されていること判明し，この日都水道局，取水を全面禁止。1963(昭和38)年の5,12月に続き3度目の事件。（朝 10•29） 10•30　東京都内メッキ工場973工場のうち操業中の747工場の半数近くが，基準以上のシアンを含む排水を流していたこと，都の一斉検査で判明。（朝 10•30） 10•30　日本公衆衛生学会にて阪大教授丸山博，14年前の**森永ヒ素ミルク中毒**事件の追跡調査の結果，**患者に脳性マヒなどの後遺症**ありと発表。（朝 10•30）	10•2　四日市公害を記録する会の呼びかけで初の『公害市民学校』始まる(677) 10•4　茨城県東海村沖で県漁連が200隻の漁船で，核燃料再処理工場設置反対デモ。（朝 10•4） 10•6　〈三池 CO 患者を守る会〉の11人，水俣を訪問。(630) 10•15　**水俣病訴訟第1回口頭弁論。**患者は遺影を持って入廷，傍聴者多数のため入廷できず，終了後熊本市内デモ行進。(244-6号)	10•11　「民間企業における公害防止投資の現状」，通産省により発表さる。（朝 10•12） 10•22　業界にチクロ使用「自粛」広がる。（朝 10•23） 10•23　住友化学，茨城県鹿島地区進出を「公害防止上困る」と県から申し入れられ断念。（朝 10•25） 10•25　キューピー社，ベビーフードへのグルタミン酸ソーダ使用を全面中止。（朝 10•26） 10•27　国鉄，黄害追放に着手。(203) 10•27　日本化学調味料工業協会，グルタミン酸ソーダ有害説に反論。（朝 10•26） 10•30　東京都内メッキ工場973工場のうち現在747工場の約半数が，毒物劇物取締法で定めた2 ppm 以上のシアンを含む排水を流していること判明。都衛生局調べ。（朝 10•30）

国・自治体	労災・職業病と労働者	備　　考
染防止のための暫定対策を都道府県に通達。 飲料水中 0.01ppm，米 0.4 ppm 以下。成人の1日摂取量 0.3 mg 以下。(朝 9•17) 9•26　富士市議会，富士川火力特別委員会の設置を決定。(565) 9　公害防止事業団の汚職，問題化。(朝 9•4,9,17など)		の問題広まる。(203)
10•2　臼杵市議会，工場誘致調査促進特別委員会を設置。(117) 10•18　米国政府のチクロ使用中止決定に伴い農林省，10月20日使用状況を業界に問い合わせ。厚生省，**10月23日より製造販売の自主規制を業者に要求。**(朝 10•24) 10•20　千葉県知事，川鉄千葉増設計画に，公害がふえるからと反対。 10•21　厚生省，チクロに関し，米資料で危険が確認されればわが国でも使用禁止，と語る。(朝 10•21) 10•25　厚生省，世界各国で禁止されている防腐剤サルチル酸の，使用禁止の場合の業界体制につき，大蔵省に回答を求む。(日経 10•26) 10•27　水俣病補償処理委，患者家族に 1人10分間の事情聴取。(630) 10•27　厚生省，グルタミン酸ソーダを一般の化学調味料として使うことはさしつかえない，との考え方を明らかにする。(朝 10•28) 10•27　農林省，業界の要望で，チクロ入り加工品販売禁止の1975年1月実施の延期を厚生省に申し入れ。(朝 10•27) 10•28　国民生活審議会，消費者保護部会で，総ての添加物の総点検	10•1　第4回国際農村医学会議，長野県臼田で開催。DDT の毒性を論議。(朝 10•2) 10　福岡県下の設備工事会社で，重油専焼ボイラーの熱ガス側のスチール落としに従事していた23人に，五酸化バナジウム・無水硫酸中毒発生。(788)	10•1　沖縄の米民政府，那覇港における異常に高いコバルト60について，否定的見解を示す。(朝 10•2) 10•5　富田八郎『水俣病』発行。(625) 10•15　鹿島港開港。(朝 10•19) 10•18　(米)厚生教育長官，チクロ含有食品の飲料禁止令を出す。(朝 10•19) 10•23　米国，チクロの食品使用禁止令を解除。(203) 10•24　米国ベビーフードメーカーのガーバー・プロダクト社など3社，ベビーフードへのグルタミン酸ソーダ混入中止を発表。(朝 10•25) 10•25　WHO と FAO の合同専門委より厚生省に対し，「抗生物質の食品中残留を極力避けるべき」との勧告書届く。(朝 10•26)

公害・環境破壊	住民・支援者など	企業・財界
10•30　スモン病患者，2人自殺。日本公衆衛生学会における岡山大学の，スモンは感染症とする発表の報道が原因。こののちも自殺者，続く。（朝 10•31，11•20,26，12•3,23など） 10　宮崎県北諸郡高城町の穴水川から，飲料水の基準を越える亜ヒ酸検出。1959（昭和34）年に閉山となった旧アンチモン鉱山（宮崎鉱山鉱業所）から精錬カスが穴水川に流入したため。（西 10•23） 11•3～4　静岡県狩野川下流で大量のアユ浮上し，産卵場の卵も全滅。工場排水中のシアン化合物が疑われる。（朝 11•5） 11•4　〈カネミ・ライスオイル被害者を守る会〉，患者の実態を報告。15歳以下の油症児には身長・体重の伸びの遅れ。成人も含め頭髪の抜ける人の多い事実。息ぎれ・めまいを訴える人が多い点など深刻な実態。（西 11•5） 11•7　大気汚染の，初の同一方法による広域測定の結果，浮遊粉塵激化，窒素酸化物のアメリカなみの増えようなど，明らかとなる。厚生省発表。（203） 11•11　胎児性水俣病患者の田中敏昌（13歳）死亡。認定死亡患者45人目（胎児性3人目）。（朝 11•12） 11•20　日本公衆衛生学会理事会，森永ヒ素ミルク後遺症追究の委員会設置。厚生省への対策要請決定。（朝 11•21） 11•21　岩手県宮古湾の養殖カキの銅•亜鉛などによる汚染，発見。同県水産試験場の発表。（朝 11•22） 11•21　亜硫酸ガスが小児ぜんそく発作の引金として大きな役割を果していること，神奈川県公衆衛生学会で発表される。（朝 11•22） 11•28～12•2　多摩川とその支流で3回にわたり，大量の鯉や鮒が死	11•14　イタイイタイ病訴訟第4次訴訟提起。原告は4人。第一次提訴以来原告430人，賠償請求額7億100万円。（朝 11•15） 11•16　臼杵市風成地区の住民，臼杵市長による大阪セメント進出に関する説明会で，公害企業の誘致に反対し，市長を追及。（117） 11•26,27　**公害被害者全国大会**，公害対策全国連絡会議の支援で開催。ぜんそく，水俣病患者，イタイイタイ病，三池鉱の一酸化中毒，森永ヒ素ミルク中毒，カネミ油症などの被害者代表100数十人が集る。（朝 11•27） 11•26　スモン病の患者達による〈全国スモンの会〉の結成大会，東京で開催。（朝11•27） 11•30　**〈森永ミルク中毒の子どもを守る会〉**，被害者側の全国組織として岡山にて結成。（650）	11•5　チッソ㈱水俣工場，可塑剤DOP・オクタノール工場閉鎖。（630） 11•22　東京都内の食品製造業者の多くが未だチクロを使用していること，都衛生局の調査で判明。（朝 11•22）

国・自治体

を打出した食品添加物に関する意見書を経企庁に提出。（朝 10•28）

10•28 国税庁，日本酒造組合中央会に対し，日本酒の防腐剤サルチル酸使用自粛を要求。業界，使用中止の方向回答。（日経 10•29）

10•29 厚生省，(米)資料で発癌性が報告されたことで**チクロの使用制限**を決定。回収期限は清涼飲料が1月末，食品2月末。（朝 10•30）

11•1 通産省，電算機による公害防止「大気汚染予測システム」の開発を発表。（朝 11•2）

11•11 大平通産相から諮問を受けていた軽工業，生産技術審議会石油たん白部会，第1回会合。（日経 11•12）

11•12 川崎市，市独自で大気汚染による公害病認定を行い，患者の医療費負担を実施する方針を決定。（読 11•13）

11•14 農林省食品衛生調査会，8食品に残留するDDTなど農薬の許容量を決め，厚生省に答申。基準適用は12食品・8農薬となる。（朝 11•15）

11•24 福岡県，悪臭公害で数年間住民を悩ませている大牟田市の千倉化成工業所をへい獣処理場等に関する法律（無許可製造）違反の疑いで，大牟田署に告発。悪臭公害での告発は珍しいケース。（西11•25）

11•24 電力白書（昭和44年版）発表。「公害問題で電源開発鈍化」と。（朝 11•25）

11•27 悪臭対策研究会，厚生省で発足。（朝 11•27）

11 宮崎県高城町，穴水川の亜ヒ酸検出問題で，知らなかったと発言してきたが，データの公表を県から押さえられていたこと判明。（西 10•24）

労災・職業病と労働者

11•8 日本原子力研究所にて職員2人，放射性水銀を吸い込む。線量は許容量を下回るが，1956年開所以来最大の内部被曝。（朝 11•8）

11•8,9 **三池大災害7年忌大集会。**水俣から水俣病患者の坂本マスヲ・浜元フミヨら参加。（631）

11 大阪府熊谷組の尻無川潜函工事現場で水没事故。死者11人，負傷9人。（503）

備　　考

11•4 東京電力・東京瓦斯ほかによる液化天然ガス（LNG）の輸入始まる。第1船，横浜に入港。（朝 11•5）

11•11 トリー・キャニオン号（リベリア）の1967年3月の座礁で英仏両国海岸が原油に汚染された件に関し，両国が合計300万ポンドの損害賠償金を受けとることとなる。ロンドンで調印。（朝 11•12）

11•12 米政府，DDTの使用をマラリア予防など緊急の場合を除き今後2年半のうちに全面禁止の方針を打ち出す。（朝 11•13）

11•17 ニューヨーク州の検事総長，自動車メーカー11社を相手どり，大気汚染を引き起したかどで損害賠償を請求するとともに，大気汚染防止装置を速かにつけるよう求めた訴訟を連邦裁判所におこす。（朝 11•19）

11•20 (英)農漁食糧省，家畜の飼料にペニシリンとテトラサイクリンを混入することを禁止すると発表。（朝 11•21）

11•20 米大統領公害防止会議，森林地帯・湿地帯・家屋・庭園の病虫害などに対しDDTの使用を30日間猶予期間後，禁止と命令。（朝 11•21）

11•25 ニクソン(米)大統領，生物・化学（BC）兵器禁止を発表。（朝 11•27）

公害・環境破壊	住民・支援者など	企業・財界
んで浮上。原因は家庭用洗剤中ABS と工業用消毒剤フェノールとみられる，と都の発表。（朝 12•5） 11 宮崎県下でブドウから許容基準以上の残留 DDT 検出。防虫用紙袋に 1,000～5万 ppm の DDT 検出さる。（西 11•13） 12•15 **牛乳に残留農薬**の問題。WHO の BHC 許容量の100倍。12月18日，母乳中からも検出。（朝 12•16, 19） 12•19 高知県衛生研，BHC 農薬よりさらに毒性の強いディルドリン（殺虫剤）が牛乳など動物性食品の脂肪中に含まれていることを発見。（朝 12•20）	12•15 大阪国際空港の航空機騒音に悩む周辺住民28人，国を相手に夜間の離着陸禁止と損害賠償の支払いを求め，訴訟提起（**大阪国際空港騒音訴訟**）。（298-559号） 12•16 臼杵市漁協，大阪セメント㈱の進出に伴う漁業権放棄で総代会。風成地区総代の反対を無視して埋立同意を決定。のち総代会での決定は定款で禁止されていることがわかり無効。同日の市・漁協・大阪セメント間の契約も無効。（206-3,5号）	12•1 **東邦亜鉛**，鉱山保安法違反の疑いで前橋地検より**起訴**さる。（朝 12•1） 12•9 東京都で初の騒音改善勧告．大田区鍛造工場に対し出される。（朝 12•10） 12•10 日本 BHC 工業会，国内向け BHC と DDT 原体製造を12月中に中止することを決定。（朝 12•10） 12•16 経団連，㈶公害対策協力財団の設立総会を開催。（朝 12•17） 12•19 経済同友会，総合エネルギー対策特別委員会のまとめた「新しい時代のエネルギー政策」と題する提言を採択。原子力開発に重点を置くことなど。（朝 12•20） 12•22 四日市の**石原産業**による硫酸廃液の長期間にわたる多量のたれ流し，明らかとなり四日市海上保安部により，検挙さる。（677, 朝12•22）

国・自治体	労災・職業病と労働者	備　　考
12・1　通産省，公害のない工業基地政策をかかげ，大基模工業基地開発案まとめる。(朝 12・2) 12・8　大気汚染コントロールセンター，都庁内に完成。(朝 12・8) 12・15　**公害健康被害救済特別措置法公布。**(133) 12・16　臼杵市と臼杵市漁協，大阪セメントと漁業権放棄で契約締結。のち，無効と判明。(206-5号) 12・17　厚相の私的諮問機関の「公害の影響による疾病の指定に関する検討委員会」，公害病として政府で指定する6種の病気を決定。(毎 12・18) 12・17　通産省諮問機関の総合エネルギー調査会の低硫黄化対策部会，答申を決定。京浜・阪神・四日市は最終（昭和53年度）には0.55%へ。(朝 12・17) 12・19　水質審議会，「水質保全法」改正案を経企庁に答申。(朝 12・20) 12・20　経済審議会生活分科会公害小委員会，「国民経済と公害問題」を作成。(203) 12・20　厚生省，**公害被害者救済法施行令案**を決定。公害病患者発生地域決定のため，6地域を決める。(朝 12・20) 12・22　政府，煤煙規制地域追加指定など，昨年12月の**大気汚染防止法改正政令**を**決定**。(朝 12・23) 12・23　公害被害者救済法施行令，閣議決定。(朝 12・23) 12・23　通産省，公害の発生事前防止に関し，産業構造審議会産業公害部会に70年代の公害対策試案提	12・6　全林野労組，日本国有林労組と林野庁，振動障害に関する協定を締結。(780) 12・17　大竹市にて，ダイセル大竹工場に爆発事故。15人負傷。(203)	12・2　生活，給与法案成立。(朝 12・1) 12・2　米陸軍省，沖縄に貯蔵されている致死性毒ガスの撤去を開始したと発表。(朝 12・3) 12・10　国連総会第1委員会，スエーデンなど21カ国提出の「生物・化学兵器違法宣言決議案」を米の猛反対を押切り可決。賛成58，反対は米・ポルトガル・オーストラリア。日本は棄権。(朝 12・11) 12　11月末に閉山した松尾鉱業松尾鉱山，硫酸不足から硫化鉱のみ生産再開。(日経 12・7) 12・下　この年の末，通産省と日本鉄鋼協会，70年代の課題として，原子力コンビナート造りを決定。(203)

1969（昭和 44）

公害・環境破壊	住民・支援者など	企業・財界
一　東京都江戸川区の京葉交差点で一酸化炭素，20～22 ppm という高数値が幾度か記録される。（朝 6・10ほか） 一　この年も缶ジュースからのスズの検出，食品への有害防腐剤，漂白剤，着色剤，殺菌剤の使用など有害食品問題の発生続く。（各紙） 一　北海道でも苫小牧地区などを中心に工業開発，急速に進む。（北 1・22）	一　「公害日本一」の川崎市の市民から，公害苦情 266 件。繰越分を入れると 821 件。（203） 一　大阪港域の埋立に伴い漁業権を失う大阪市漁協，11億円の補償金を受取る。大阪港における漁業，これをもって完全に消滅。（342） 一　阿南市の神崎製紙工場の増設に対する漁民の反対運動，県・市・漁連の仲介で補償金交渉に移る。（342）	一　鐘淵化学工業，この年の PCB は月産 750 t 余。（794，795） 一　三菱モンサント，PCB の製造着手。鐘淵化学工業の国内市場完全独占体制は終わる。（794，795） 一　このころ，**民間企業の公害防止設備投資，次第にふえる。**昭和41年の2.87％に対し，昭和44年は5.25％。（朝 10・12）

国・自治体	労災・職業病と労働者	備　　考
出。(日経 12・24) 12・24　原子力委員会，東電福島原発3号炉につき，安全との結論を委員長に報告。(朝 12・25) 12・26　風致地区内における建築等の規制の基準を定める政令，公布施行。(133) 12・27　公害被害者救済法による「熊本県公害被害者認定審査会（会長熊大教授徳臣晴比古)」発足。(631) 12　東京都，厚生省の亜硫酸ガス再規制案を，役に立たないと反対申入れ。(203) 12　生活環境審議会清掃部会，広域ごみ処理体制の基本方針をまとめる。(203)		
	一　鉱山事故：雄別炭鉱（ガス爆発），古河鉱業下山田鉱業所（ガス爆発），で計32人死亡，30人負傷。(朝 4・3，西 9・23,24)	一　昭和44年度，低硫黄重油輸入見込2,472万1,000 kl，全体の15.0%。ミナスは55.8%。(203) 一　通産省，消費地精製方式から産地精製方式への転換を検討開始。(朝 5・13)

1970（昭和 45）

公害・環境破壊	住民・支援者など	企業・財界
一　年初めより利根川水系の上水道の悪臭，問題化。東京都，原因究明はかるが不明。（朝 1・3，30） 1・21　**石狩川**河口の透視度 4～5 cm となり，「死の川」寸前のこと判明。全道労協の調べ。（北 1・22） 1・26　海上保安本部，東京湾の実態調査に基づき，廃油による海の汚染は現行法では防げぬ，と海上保安庁に報告。（203） 1・27　八王子市にて民家の井戸からシアン検出。16日に汚染発見されたが，井戸の使用禁止・飲料水配水措置に10日間かかった。29日，**メッキ工場王友電化**が「犯人」とわかり，30日より20日間同工場を操業停止。同工場は昨年10月，無許可営業が露見，行政指導を受けていた。（朝 1・30） 1・28　名古屋で井戸水に**クロム酸**混入発見。付近メッキ工場の廃液が疑われる。5日前に守山保健所に持ち込まれたが，十分な調査，なされていず。（朝 1・29） 1　銚子沖で漁船の網に，**旧陸軍の毒ガス弾**がかかり，漁船員が火傷。同様事件が7件30人。敗戦直後，連合軍の命令で旧陸軍のイペリット弾がこの付近に捨てられたもの。（朝 2・5）	1・19　富士市で，保守政治による公害の深刻化を追及した革新系候補者，市長選で勝利。（朝 1・20） 1・21　厚生省の回収延期に反発し，チクロ追放消費者大会開かれ，不買決議。各界代表のうち厚生省と自民党は出席を断る。（朝 1・22） 1・26　**新潟水俣病共闘会議結成大会**開催。（793）	1・7　日本缶詰協会ほか10団体，厚生大臣に対し**チクロ**の製造使用禁止（2月末）の延長を要請。 1・22　四日市の硫酸流出事件の**石原産業工場長，書類送検**。（朝1・23） 1・26　昨年9月の古河鉱業下山田鉱事故について九州工大教授荒木，鉱山側の保安管理に手落ちのあることを明言した鑑定書提出。（朝 1・26） 1・26　水俣市長選で自民党やチッソなど，候補者に浮池正基（水俣芦北地区医師会長・もと患者審査会委員）を決定。（631） 1・30　日本アエロジル，県知事のあっせんで，磯津漁協との間に1,500万円の見舞金を支払うことで話しあい落着。漁協の当初の要求は1億7,100万円。（677） 1・31　チッソと自民党の推す浮池水俣市長候補，「チッソ合理化再建に全面的協力」を公約。（631）
2・6「京大ウイルス研助教授井上幸重が，スモン患者から新ウイルスを発見し，スモンの原因としている」と新聞など，大々的に報道。（朝 2・6）各地のスモン患者に衝撃。（毎日 6・21 など） 2・12　大分県奥獄川流域，44年産米からもかなりのカドミウムなど重金属，検出される。（西 2・13） 2・18　東大病院に入院中の13歳の少年，治療に使用された日赤中央血	2・13　**静岡県浜岡町で浜岡原発設置反対総決起大会開催**。漁民・町民など500人が参加。（789）	2・9　チクロメーカー6社，明確な根拠なくチクロを禁止したとし，国を相手に1,850万円の損害賠償請求。 2・10　水俣市長選，浮池正基当選。（631） 2・17　国鉄，横浜新貨物線の事業認定申請を建設相に提出。（802） 2・18　東邦亜鉛安中製錬所に，通産相より増設認可取消しが通告さる。前年1月の住民らの要求が通

国・自治体	労災・職業病と労働者	備　　考
1・5　自治省，各自治体の公害対策の調査結果をまとめる。**公害防止条例制定都府県**，32となる。（朝 1・6） 1・7　労働省，米杉等による気管支ぜんそく等の予防について通達。（305） 1・12　厚生省，チクロ入り食品の回収期限延期で，缶詰・ビン詰・ツボ詰など一部食品の回収期限を9月末まで延ばすことを決定。（朝 1・9,13） 1・20　厚生省の生活環境審議会公害部会に，浮遊粉塵に係る環境基準専門委員会設置。（215） 1・28　農林省，各都道府県に対し，**牧草・飼料作物畜舎へのＢＨＣ・ＤＤＴ使用禁止**を指示。牛乳汚染との関連。また残留農薬研究所設立案を発表。（朝 1・29） 1・29　東京都，公害防止条例の施行規則案を発表。全国で初めて。	1・17　北海道檜山町沖合で愛媛県の貨物船波島丸が浸水転覆。11人死亡，7人行方不明。（朝 1・19）	1・6　タンカー：ソフィアＰ号1万2,100ｔ，船体中央部切断し遭難（野島崎 東南東 1,150km）。7人行方不明。（朝 1・7） 1・7　東京都防災会議，「冬，東京で十勝沖地震（M 7.9）級地震が起きたら，石油ストーブの火災が2万9,000件発生。東京の消防力ではその全部を家庭などで自力消火する以外に方法なし」と発表。（朝 1・8） 1・22　（米）大統領，一般教書で公害問題をとりあげる。米国の公害反対の市民運動の広がりが背景。（朝 1・23） 1・24　政府事故技術調査団，1966年2月のボーイング727事故は原因不明と結論。例のない長い調査期間，と批判あり。（朝 1・25） 1・26　ロンドン・シチズン号（1万679ｔ），野島崎沖 1,800 km 付近で甲板の**四エチル鉛**120本が荷崩れし，甲板に流出。乗組員10人が中毒。（朝 1・26） 1・26　（西独）フォコメリア原因のコンテルガン製造元：グリューネンタール化学会社，「1億マルクを身障児に寄金するから無益な裁判はやめるよう」と声明。（朝1・27） 1・26　（米）ＦＤＡの新局長，食品添加物・医薬品の安全性再調査を言明。（朝 1・27） 1・26　（米）"News Week" 誌，環境破壊を特集。
2・1　硫黄酸化物に係る改訂排出基準施行。（214） 2・1　さきの回収延期措置から除外されたチクロ入りジュース類の販売，全面禁止。（朝 2・1） 2・1　**公害健康被害救済法施行**（133） 2・4　法相，刑法に公害罪新設は困難と語る。厚生省の公害審議会に向けての発言。（朝 2・5） 2・9　**森永ヒ素ミルク中毒事件差戻し第1回公判**，徳島にて開かる。	2・9　第一中央汽船会社所属のかりふおるにや丸（5万6,400ｔ），野島崎東 370km で船首付近破損沈没。6人行方不明。（朝 2・10） 2・13　前年1月のぼりばあ丸事件の遺族，ジャパン・ライン社と石川島播磨重工業・日本海事協会を相手どり，総額約1億6,000万円の損賠請求訴訟を提起。（朝 2・13） 2・19　横浜港停泊中の貨物船で，アクリロニトリル中毒，10人に発生。	2・2　（米）"Time" 誌，環境保存に関し特集。 2・4　（米）ニクソン大統領，米連邦政府機関に対し，水質保全・大気汚染防止措置をとるよう命令を出す。（朝 2・5） 2・6　（米）上院ネルソン議員，8種の有機塩素系の殺虫剤禁止提案を行う。（朝 2・7） 2・7　リベリアの貨物船：デマデス号（1万5,900ｔ），船首の船倉が浸

公害・環境破壊	住民・支援者など	企業・財界
液センター製血しょうに含まれていた有機水銀等防腐剤で，有機水銀中毒にかかり死亡した疑い。(朝 3•1) 2•20　東京都新宿区柳町交差点の排気ガスによる汚染，東京一と報道さる。(朝 2•20) 2　有機水銀つきの種子用ジャガイモ，品不足のため北海道より川崎・東京松戸方面へ出回る。(朝 2•22) 2　**大阪国際空港**で長さ 3 km の**B滑走路使用開始。騒音増大。**(215)		ったもの。(朝 2•19) 2•21　東京都内電気メッキ工場のうち，基準以上のシアンを排出していた166工場，都衛生局により摘発さる。(朝 2•22)
3•2　マンガン粉で肺炎＝公害病という結論，徳島大より出される。日本電工金沢工場のもの。(西3•3) 3•4　主婦連，東京都内で缶詰試買。チクロ入り表示ラベル，30個中たった1個。(朝 3•5) 3•7　新潟にて4歳の女児（古山知恵子)，**胎児性水俣病**と認定さる。(朝 3•8) 3•10　栃木県鬼怒川の砂利穴に農薬プラスチンとホスプラスチン約100 t が廃棄されていること発見される。(朝 3•11) 3•12　三菱江戸川化学四日市工場の蓚酸製造プラントより有毒ガスが20分にわたり吹き出す。(203) 3•16　3月上旬新潟で，牛乳にBHCとディルドリン，許容量を大幅に上回って検出され，厚生省	3•1　＜公害から子供を守る塩浜母の会＞，四日市市で結成。(677) 3•7　大阪空港周辺の騒音訴訟第1回口頭弁論。国側，公害を否定。(朝 3•7) 3•8～16　**国際社会科学評議会**主催**国際公害シンポジウム**，日本において開催（富士市•四日市市視察，水俣訪問なども日程に)。**12日**に「よい環境の中で生きることは人間の基本的原則であり，世界の社会科学者が公害問題解決のために力を合わせてゆく」ことをうたった「**東京決議**」を発表。(朝 3•13) 3•21　臼杵市漁協，こんどは漁協総会で反対者のすきをついて埋立同意決議を強行。のち手続き上のあやまりが判明し，無効となる。(206-3 号)	3•14　染料業界と労働省が知っていながら公表をしなかった，ベンジジン，ベータ・ナフチルアミンによる労働者の間の癌多発を記した化成品工業協会極秘資料，朝日新聞が暴露。(朝 3•14，71-118号) 3•17　新潟水俣病裁判，被告側証人尋問開始。昭電の安藤総務部長，この日第1人目として立ち，厚生省結論を否定する証言を行う。(朝 3•18) 3•18　東邦亜鉛安中の鉱山保安法違反事件公判。東邦亜鉛側，起訴事実を認める。(朝 3•18) 3•20　日本化薬福山染料工場，ベンジジン使用染料の製造を中止。またベンジジン製造の同社王子工場は4月上旬製造を休止し，徹底点

国・自治体	労災・職業病と労働者	備　　考
1969年2月最高裁でやり直しが決まってからまる1年。(朝 2•9) 2•12　新潟地裁，被告側訴訟活動の迅速化を要望する文書を，原告・被告双方代理人に送付。(朝2•17) 2•20　政府，**一酸化炭素に係る環境基準閣議決定**。前年2月の亜硫酸ガスに次いで2番目の公害基本法に基づく環境基準。(朝 2•20) 2•20　政府，チクロ禁止に関し，メーカーに対する損失補償の必要なしと回答。(203) 2•28　労働省，**民有林関係者に振動障害予防対策指導**の通達。(305) 2•28　経企庁，水質汚濁防止の環境基準案をまとめ，各省庁公害担当者会議にはかる。(朝 2•28) 2　兵庫県，自治体として初めて油回収船を建造し，出動体制を準備。廃油による漁業被害対策。(342)	(306) 2•21　住友金属工業小倉製鉄所でガス洩れ。下請け労働者14人が中毒。(西 2•21) 2•25　日本石油化学川崎工場，ノルマルパラフィン製造装置が爆発炎上(人身事故は幸いになし)。(朝 2•25) 2•26　昭和石油川崎製油所，第4トッピング出火(人身事故なし)。しかし日石・昭石ともにコンビナートの真只中。一歩間違えば大災害になるおそれ十分にあり。(朝 2•26) 2•27　原研東海研究所，プルトニウム棟にて硝酸プルトニウム廃液のビン洩れによる床汚染事故発見。職員には異常のないこと，3月19日までに確認。(朝 3•20) 2•27　札幌市衛生局の食品衛生監視員2人，有機水銀つき有毒ジャガイモの検査中，水銀農薬により顔に炎症を起こす。(朝 2•27) 2　全日本海員組合，船の安全対策問題をとりあげる。人命軽視の海運行政を追及。(203)	水して沈没(野島崎東1,800 km)。行方不明12人。(朝 2•7) 2•7　(米)弁護士ラルフ・ネイダー，「GMは世界最大の公害犯人」として，キャンペーンGM運動をおこす。GM重役陣に市民代表3人を送り込もうとするもの。(朝 2•9) 2•9　(米)政府，11企業を公害で告発。(朝 2•10) 2•10　(米)ニクソン大統領，公害特別教書を議会に提出。(朝 2•11) 2•12　フランスで開催中の20カ国の代表による公害対策国際会議，公害規制のための国際基準作成を呼びかけた宣言を採択。(朝 2•13) 2•17　ジュネーブ軍縮委員会にてソ連，BC兵器の即時禁止草案作成を，(米)はB兵器のみの禁止を主張。(朝 2•18) 2•18　(米)政府，USスチール・デュポン化学など大企業10社をさらに告発，と発表。(朝 2•19) 2　ぼりばあ丸の事故原因について，構造の弱さを海事協会支部長が指摘。(朝 2•21)
3•1　チクロ入り缶詰は「サイクラミン酸塩添加」の表示ラベルを貼ること，食品衛生法で義務づけられる。(朝 3•5) 3•7　大阪府議会，森永ミルク中毒被害者の救済について政府へ要望決議。(朝 3•8) 3•15　公害国際シンポジウムの「東京決議」を受けて通産省，45年度より国・地方公共団体・企業・住民の4者参加の機関による，工場建設前点検の方針を決定。 3•18　**染料工場従業員の発癌問題**に関し**野原労相，「現在の工場では癌発生の心配はなく，使用禁止の必要なし」**と回答。(朝 3•18) 3•19　岡山県・倉敷市，水島工業地帯へ進出のチッソ㈱との間に公害防止覚書締結。(133)	3•2　北海道炭鉱汽船の清水沢炭鉱ガス突出，4人死亡。'68•9月に8人，'69•5月に4人，'70•1月に4人死亡しており，北炭の保安体制の不完全さ指摘さる。(朝 3•3) 3•14　発癌性物質：ベンジジン，ベータ・ナフチルアミンを吸う染料工場従業員の間に，ぼうこう癌多発の事実，明るみに出る。業界や官庁はこの事実を懸命に隠していた。潜伏期間30年以上というケースもあり，また公害の危険性も多分にあり。スイス1938年，西独1942年，英国1952年にベータ・ナフチルアミンの製造使用を禁止。(朝 3•14) 3•27　ベンジジン，ベータ・ナフチルアミンの製造従事者の発癌性に引続き，これを原料とした染料取	3•5　(米)FDA，洗剤中の四塩化炭素を禁止。(朝 3•5) 3•8　吉岡金市『イタイイタイ病研究』。(61) 3•10　タンカー：陽邦丸(8万8,460重量t，ぼりばあ丸・かりふおるにや丸と同じ20次船)，1968年8月の“なぞの船体破損”に続きこの日，左舷のき裂が発見さる。(朝 3•27) 3•10，11　世界エネルギー会議公害問題特別委員会，箱根で初会合。(朝 3•4) 3•10～20　国連，公害問題を70年代最大の課題としてとりあげ，「人間環境会議」第1回準備委員会を開く。米国など27カ国が参加。(朝 3•11) 3•12　三菱重工業長崎造船所で建造

公害・環境破壊	住民・支援者など	企業・財界
に報告したが，同省から公表ストップの指示を受けた件，判明。（朝 3・16） 3・25　荒川放水路にて，日星タンカー社チャーター船（102 t），橋脚に接触して亀裂を生じ，積荷重油が川に流出。消防庁へ連絡の入ったのは6時間後。（203） 3・25　東京都内で発癌性着色剤を使用した福神漬けが大量に摘発され，販売禁止となる。（朝 3・26） 3・27　14日横浜港を出港した英国貨物船ロンドン・ステイツマン，四日市港へ向かう途中，沿岸漁場付近に，破損した**四エチル鉛**入りドラム缶を投棄した疑いで海上保安庁，調査開始。魚類への影響が懸念さる。（朝 3・27） 3　大阪国際空港に離着陸する航空機，1日に367機。うちジェット機，165機。（298-559号）	3・22　**<カネミライスオイル被害者を守る会>の全国連絡会議結成大会，北九州市小倉区にて開催。**（203） 3・26　**チクロ**追放消費者会議開催。**厚生省は1月のときに続き国会が忙しいという理由で欠席。**（朝 3・26）	検の予定。（朝 3・27） 3・23　昭電千葉，フッ素ガス防止装置（1.2ppm にまで薄められる）を完成，この日住民に説明会。（203） 3・25　花王石けん川崎工場と日本ゼオン川崎工場，水産物に有害な廃液を長期間流していたかどで川崎海上保安署より警告され誓約書をとられる。（朝 3・25） 3　排煙脱硫技術について「未解決の問題多く，このままの工業化では見せかけのみの公害防止対策」と現場技術者の間で問題とされていること報道さる。（朝 3・27）

国・自治体	労災・職業病と労働者	備　　考
3•23　兵庫県と姫路市，市内の工場のうち1日5,000l 以上の重油を使用している14社と大気汚染防止協定を結ぶ。(朝 3•24) 3•24　福岡地検小倉支部，カネミ油症事件の原因が明らかになった（九州大学調査団(篠原久団長)：脱臭塔パイプに穴があき，そこからカネクロールが混入）ことから，**業務上過失傷害罪**で**カネミ倉庫**社長・工場長を**起訴**。ただし検察側は患者1,014人を891人にしぼる。(西 3•24) 3•31　大分県・臼杵市・大阪セメント，工場建設の調印式。県庁で実施。(117) 3•31　経済企画庁水質審議会，**水質汚濁防止**の**環境基準案**を答申。亜硫酸ガス，一酸化炭素に続く3番目の環境基準。(朝 4•1) 3　労働省に**通勤途上災害調査会**，設置さる。(203) 3　有機水銀剤の使用，種子消毒用を除き使用禁止。(135) 3　東京都，下水汚泥の処分に困り海洋投棄の方針決定。(203) 3　千葉県，県公害防止条例改正の準備にあたり＜公害からいのちとくらしを守る千葉県民協議会＞から，公聴会を開くよう要求される。(203)	扱者にも癌発生の事実，発見され問題化。(朝 3•27) 3•29　和歌山のベンジジン製造工場においても癌患者の発生，明らかとなる。和歌山労基局調べ。(朝 3•29) 3　志岐太一郎，ベンジジンによる職業性尿路系腫瘍の発生に関し医学雑誌に発表。1966年7月1日現在でベンジジンを取扱っている企業のうち9社を対象として調査の結果，591人の患者を発見，うち死亡7人。(785-33巻3号)	中の超大型船（24万3,000重量t）の溶接部分に20数カ所のクラックが生じ溶接をやり直した件，明らかとなる。日本造船界に前例のないミス。 3•13　(米)カリフォルニア州，GMなど12社の自動車メーカー相手に損害賠償訴訟提起（同様の訴訟が東部13市で起こされている)。(朝 3•16) 3•13　(米)政府，フロリダ電力会社に対し自然保護のため，熱排水を流すことへ訴訟提起。(朝 3•14) 3•13　(米)フロリダ州，ハンブル石油会社に対し，同社タンカーが2月13日タンパ湾で座礁，大量の原油流出で海岸汚染を起した件で2億5,000万ドルの損害賠償請求訴訟。(朝 3•16) 3•23　ロンドンの高等法院，英国でサリドマイドを販売していたディスティラーズ社に対し，サリドマイド服用による奇形児8人とその両親に合計36万9,709ポンドの損害賠償金を支払うよう，との判決を下す。(203) 3•23　第1回大宅壮一ノンフィクション賞，石牟礼道子『苦海浄土』ほかに決定。石牟礼，辞退。(203) 3•24　東京で日米原子力会議。米国への依存，さらに強まる。(朝 3•24) 3•26　万国博（15日開催）会場の動く歩道で将棋倒し，42人の負傷者。事故はこのほか，空中ビュッフェの故障やモノレール急停車による負傷者発生など，連続発生。「進歩」と「調和」の裏面。(朝 3•14，15，21，26) 3•31　東京都『公害と東京都』。(208) 3•31　新日本製鉄発足。八幡製鉄と富士製鉄の合併で，世界一の鉄鋼メーカーに。(朝 3•31)

公害・環境破壊

4・2　都公害研，都心部で一酸化炭素・炭水化合物に次いで**二酸化窒素**が急増している実態を発表。（朝 4・3）

4・3　日本伝染病学会で久留米大学新宮教授，スモンに関し，エコー21型ウイルスにより動物にスモンが発症したとする発表を行う。（西 4・3）

4・6　熊本大講師藤木，日本衛生学会にて水俣湾が大量の水銀で汚染されていると発表。(631)

4・6　富山県の医師萩野・富山衛生研究所食品科学部長福山，日本衛生学会にて，イタイイタイ病の早期診断法を発表。

4・6　岩手県衛生研究所，宮古湾ミドリガキから相当量のカドミウムを検出。（朝 4・7）

4・7　横田基地周辺の騒音，地下鉄内部に匹敵するほどのものであること，都公害研により明らかにされる。行政担当の首都整備局は消極的。（朝 4・8）

4・8　大阪市北区で地下鉄工事現場からのガス洩れで，爆発事故発生。29戸全焼，焼死75人，負傷301人。炭鉱災害を除くと，戦後工業化の中で発生した事故として最大（大阪都市ガス爆発事件）。（朝 4・9）

4・17　東京都練馬区のメッキ工場付近の民家の井戸水から，シアン検出される。都衛生局，同工場に対し使用中止を申入れ。（朝 4・18）

4・21　長野県下で，まつくい虫防除で空中から散布された農薬ＢＨＣが，乳牛の放牧場に降下。厚生省発表の当日にも同様事件の発生。（朝 4・22）

4・23　日本学術会議，公害問題特別委員会の設置を決定。（読 4・24）

住民・支援者など

4・4　北海道後志管内岩内郡の漁協組，原子力発電所対策委員会第1回会合を開く。道内初の建設予定の共和・泊地区原発に反対を決定。（北 4・5）

4・13　臼杵市で，地区労など主催で大阪セメント問題第1回学習会。ここで大阪セメント進出阻止組織＜臼杵市を愛する会＞結成。事務局長，後藤国利。(117)

4・13　いわき市小名浜コークス工場の黒灰害をめぐり，地域住民組織と会社との間に公害協定の文書化の確認，行われる。（朝 4・14）

4・16　**新潟水俣病訴訟第1～第3次**の原告28家族49人の被災者，新潟地裁に対し，従来の慰謝料請求額1億2,120万9,996円を2億円あまりにふやす申し立て（**請求拡張申し立て**）を行う。（朝 4・17）

4・17～18　新潟水俣病の被災者の未提訴者16人，時効を目前に控え，損害賠償請求の提訴にふみ切る。

4・19　神通川の水銀汚染に関し，漁協，富山県の資料いんぺい（9,000 ppm のこと）に抗議。(203)

4・25　ベ平連，毒ガス追放デモを行う。

4・27　＜臼杵市を愛する会＞，大分合同新聞に1頁全面の意見広告。「臼杵を白い町にしないで下さい」(117)

4・28　臼杵市で＜臼杵市を愛する会＞解消し，＜粉塵公害反対市民会議＞結成。(117)

企業・財界

4・8　横浜国大工学部教授**北川徹三**，**新潟水俣病裁判**で被告側証人として出廷。工場排水説を否定し，地震で流出したとする**水銀農薬説**を証言。（新潟 4・9）

4・10　石油業界，日本自動車工業界と排気ガスの清浄化共同研究にとり組むことを決定。（日経 4・10）

4・24　**東電**，世界で初めての**液化天然ガス**（ＬＮＧ）**専焼火力発電所**を南横浜火力発電所で運転開始。（朝 4・25）

4・28　四日市市第3コンビナートの第1次埋立地完成式。(677)

4　東京・横浜・川崎の3商工会議所，7月をメドに産業公害相談室を設置することを決定。公害における企業責任が叫ばれ始め，中小企業もその対象として例外でないため。（日経 4・5）

4　自動車の排気ガス対策として無鉛ガソリン開発の傾向強まる。(203)

4　産業機械工業会，公害源調査の融資施策細目決める。

国・自治体	労災・職業病と労働者	備　　考
4・1 **東京都公害防止条例施行。**(815) 4・4 富山県，非公開の神通川水銀調査研究会議で，同川のウグイから前年9月に最高 6.08ppm の水銀を検出していたことを発表。福寿製薬会社に疑い。(読 4・19) 4・6 千葉県，同県南部の富津地区進出企業選定にあたり通産省の意向を打診。公害防止と水の確保を条件として希望。(日経 4・7) 4・6 都市公害対策審議会，東京都の排気ガス規制につき，国より厳しい基準を答申。(朝 4・7) 4・7〜8 新潟水俣病裁判，被告側証人の尋問により，新潟地裁が提出を求めている基礎資料の提出を厚生省が拒否していること，明らかとなる。(203) 4・10 横浜市，新貨物線に関し公害対策協議会設置。(802) 4・14 神通川汚染の件に関し厚生省公害課，ウグイを食べないようにと指導。ただし，健康には心配なしと発表。(203) 4・17 通産省，全国主要都市のガス会社12社と各地区通産局のガス事業担当者を招集し，都市ガス事業の保安対策を協議。大阪のガス爆発事故以来，東京都内だけでガス漏れ6件発生。この日東京都では都市災害対策プロジェクトチームを発足。(朝 4・17,18，日経 4・17) 4・18 富山県，神通川の水銀汚染に関し毛髪検査を行い，人体への影響はまずないと発表。しかし事実は福寿製薬排水口泥中より，9,300ppm の水銀を検出。(読 4・19) 4・20 富山県，神通川支流からの水銀検出をようやく発表。加害源の福寿製薬告発の方針をかためる。	4・23 昭電富山工場にて爆発事故。29人重軽傷（23人は付近住民）。(朝 4・24) 4 兵庫県下で鋼船解体作業中の18人の労働者に中毒発症。(788) 4 滋賀県下の農薬製造工場で，農薬粉塵吸入により11人に中毒発症。(788) 4 2月からこの月までに漁船の沈没で約60人が死亡。(朝 2・12，3・7，4・21,24)	3 日弁連会長に成富信夫（新潟水俣病被告側代理人代表）。(203) 4・5 全米研究評議会の食品特別委員会，グルタミン酸ソーダは成人には無害，と結論。(朝 4・6) 4・9 ジュネーブ軍縮委，ＢＣ兵器検証の２原則「情報公開・検証の国際化」を提案。(203) 4・12 （米）エリー湖，水銀汚染のためオハイオ州知事令で漁獲禁止。(朝 4・14) 4・13〜15 ニューヨークにて東京都とニューヨーク市共催の初の環境保存国際シンポジウム開催。(朝 4・14) 4・15 （米）国務省，北極海の公海上の汚染防止についての国際協定締結に関し，日本・カナダなどへ参加を要請。(朝 4・16) 4・15 （米）国防総省，ベトナムで使用中の枯葉剤245Ｔの使用中止を発表。(朝 4・16) 4・中〜下 （西独）グリューネンタール社，サリドマイド児の治療・厚生費とし，約100億円を支払うことを決定。(朝 4・23) 4・16 万博会場にて集団食中毒，続発。大阪府の調べにより，会場の食品衛生は欠陥だらけと判明。(朝 4・16) 4・18 同位元素研究発表会にて，催涙ガスの妊婦に対する影響として，奇形児を生ずる恐れが指摘さる。(203) 4・22 全米各地で第１回アース・デー（地球の日，公害追放の市民大会）。(朝 4・23) 4・28 （米）オハイオ州，ダウ・ケミカルおよびワイアンテッド・ケミカルを相手に，エリー湖への水銀廃液排出停止などを要求する裁判を提訴。水俣病が引き合いに出される。(朝 4・30) 4 日本海事協会，ぼりばあ丸・かりふおるにあ丸などと同じ20次計

公害・環境破壊	住民・支援者など	企業・財界
4・28 人体に有害なメタノールを含む台所用洗剤，日本消費者協会により摘発さる。（読 4・29） 4・30 神戸市にて静岡産サツマイモに有機水銀付着，発見される。（203） 4 東京圏の1都3県（東京・神奈川・千葉・埼玉）の公害苦情，都市化・工業化の影響で急増。（日経 4・17） 4 ヘアスプレーからの鉛，問題となる。（朝 4・21）		
5・2,11 東京多摩川で，ひきつづいて大量の魚が死亡。（朝 5・4，11） 5・9 千葉県沖でタンカー衝突。灯油約 200kl が流出。（朝 5・9） 5・11 海上保安庁，『海上保安白書』発表。石油関連産業と臨海工業地帯の発展とともに船や工場からの廃油・廃液で汚濁が年々進み，東京湾・伊勢湾・瀬戸内海での汚染が特に激化。（朝 5・12） 5・19 **黒部市で**米から2ppm（平均1.31ppm），製錬所周辺の水田から最高7ppmの**カドミウム**検出。住民には腎障害発生。富山県黒部市の発表。汚染源は**日本鉱業三日市製錬所**。（朝 5・20，21） 5・20 福岡県，**洞海湾**汚染調査結果を発表。高濃度のシアン・ひ素・カドミウムを検出し，**死の海**の実態，明白。（朝 5・21） 5・21 四日市で公害病認定患者死亡。6人め。（朝 5・21） 5・21 **東京都新宿区柳町**で**鉛中毒**問題化。文京医療生協医師団が柳町交差点付近の住民を検診の結果，排気ガスによる鉛が体内に異常に蓄積していると発表。（朝 5・22） 5・21 岩国市内で，日本鉱業河山鉱業所の廃坑から流出した泥により，上水道源錦川の水銀汚染が発	5・7 臼杵市風成地区の漁民56人，大阪セメント進出に反対する裁判：漁業権確認訴訟を提起。被告は臼杵市と臼杵市漁協。（117） 5・10 川崎市内で公害病患者を中心とした＜公害病友の会＞発会式。（朝 5・11） 5・10 水俣病患者家庭互助会一任派総会，代表13人に調印の全権を与える。（631） 5・14 水俣病訴訟派患者・市民会議・告発する会，チッソ東京本社前に，一任派の補償処理に抗議して坐り込み。15日，厚生省（橋本政務次官）に抗議。（631） 5・17 東京で「自然を返せ」と初の公害追放市民集会開かれる。（480） 5・23 那覇市・美里村にて毒ガスの即時撤去を要求する県民集会開催。（朝 5・24） 5・23 北海道岩内郡漁協第85回臨時総代会で北電原発の共和・泊村建設に断固反対の決議。この後建設反対運動を活発に展開。（192） 5・25 水俣病補償斡旋会場で，これに反対する市民・学者ら座りこみ，逮捕さる。（朝 5・25） 5・27 **水俣病補償妥結**。厚生省の補償処理委員会の第2次斡旋案を	5・21 日本鉱業三日市製錬所，午後6時から2割操短にはいったことを富山県に報告。（朝 5・22） 5・30 日本鉱業三日市製錬所，黒部市内の住民大会に出席し，4割操短にはいったことを報告。「全面操業中止や移転には応じられない」と回答。（朝 5・31） 5・31 日鉱三日市製錬所，群馬県安中市の東邦亜鉛弁護団・イタイイタイ病弁護団・青年法律家協会などが黒部市に合同調査に訪れ，同所の立入り調査を求めたのに対し，申し入れを拒否。（朝 6・1）

国・自治体	労災・職業病と労働者	備　　考
（読 4•21） 4•21　政府，**水質環境基準を閣議決定。**（215） 4•21　厚生省，ＢＨＣによる牛乳の汚染を公式に認め当面の対策を発表。（朝 4•22） 4•21　科学技術庁，ウラン濃縮研究運営会議を設置。（朝 4•22） 4•23　前橋地裁，**東邦亜鉛安中工場に罰金求刑。**（読 4•24） 4•30　市原市，公害関係46社との間に「公害防止に関する覚え書き」調印。（203） 4　経済企画庁，公害の計量化にとりくむ方針を固める。（日経 4•29） 5•4　通産省・科学技術庁・経済企画庁が主体で，瀬戸内海全域の水質汚濁防止のための研究会を結成。（朝 5•5） 5•12　改正水質保全法成立。（215） 5•14　前橋地裁，**東邦亜鉛安中製錬所の無認可増設**に対し判決。「住民無視の利益追求」と**求刑を上回る罰金**を言い渡す。公害に**初の刑事責任。**（朝 5•14） 5•16　**家内労働法**公布。（815） 5•19　農林省大阪食糧事務所，黒部市のカドミウム汚染米の販売停止を指示。その後各県で黒部米の拒否，あい次ぐ。富山食糧事務所黒部市３農協の保管米 1,360ｔ，出荷停止。（朝 5•21） 5•27　厚生省，黒部市一円をカドミウム汚染の要観察地域と正式指定。（朝 5•28） 5•29　水質に関する環境基準の一部改正を閣議決定。総水銀・大腸菌を追加し，メチル水銀はアルキル水銀に変更。（215） 5•25　水俣病補償処理委員会，＜水俣病一任派＞患者とチッソ㈱に斡旋案を提示。（朝 5•25） 5•31　福岡地検久留米支部，大牟田市の飼料製造業：千倉化成工業所所長を悪臭公害「へい獣処理場等	5•12　富山県黒部市**日本鉱業三日市製錬所**で**カドミウム集塵機**を修理していた下請け労働者２人に呼吸困難などの**中毒**症状発生。富山労災病院に入院。（朝 5•25） 5•29　日鉱三日市製錬所労働者２人が尿路・ぼうこう結石で治療中のこと判明。神通川イタイイタイ病患者に泌尿器系結石が多いことからカドミウム中毒の疑い強し。（朝 5•30） 5　千葉県下でタンク車どうしの衝突。塩素ガス中毒 13 人に発生。（788） 5　大阪府下の化学工場で，アクリルアマイドモノマー粉塵で７人に中毒，７人に皮膚炎発症。（788） 5　**三菱化成黒崎工場**と**三井東圧大牟田化学工業所**の染料工場で，昭和30年ころから発癌性物質**ベンジジン**により労働者の**死亡10人，治療中16人**との調査結果，労働省より発表さる。（朝 5•12） 5　和歌山市の紀和化学工業会社（従業員 150 人）で，この７年間に肺癌５人・甲状腺癌１人・気管支ぜん息１人が発生し，全員死亡した事実，和歌山市地区労の調べで判明。（朝 5•15）	画造船で作られた大型タンカー出雲丸に大規模のき裂・へこみのあることを明らかにする。（203） 4　米国で，株主総会が学生や市民による公害反対運動により，大荒れとなる。（朝 4•26） 5•10　四日市市で公害に反対する＜記録する会＞や新聞記者の手で季刊雑誌『公害都市』創刊。（677） 5•28　（米）連邦高裁，（米）農務省に対しむこう30日以内に，ＤＤＴ使用を停止するよう命令。（朝 5•30）

1970（昭和 45）

公害・環境破壊	住民・支援者など	企業・財界
生。（朝 5・22） 5・23　福岡市内の那珂川と御笠川より，基準を上回るクロムが検出さる。（西 5・23） 5・25　富山県黒部市の日鉱三日市製錬所周辺用地の土壌から最高53.2ppm のカドミウム検出。県の発表。26日には同所近くの農家２階のチリから1,670ppm のカドミウム検出。（朝 5・26，27） 5・28　静岡県産のお茶から許容量の10倍以上のＤＤＴ検出。（朝5・29） 5・29　富山県，黒部市住民24人を２次検診にまわす。（朝 5・30）	<一任派>患者が受け入れる。死亡者一時金320～400万円。生存者一時金 80～200 万円。年金17～38万円。 5・27　チッソ水俣工場第１組合が水俣病の会社責任を追及し時限スト。日本労働史上初の公害反対スト。（631） 5・28　黒部市の日鉱三日市製錬所周辺の<石田・牧野地区被害者対策協議会>，同所前で初の住民大会。操業停止と移転計画の明示を鉱業所に対し強く要望。（朝 5・28） 5・29　いわき市小名浜地区の公害対策連合委員会（2,500世帯），黒い灰公害をまきちらしていた日本水素工業会社と公害協定に調印。住民と企業間における初の住民協定。６月４日より協定実施。（朝 5・30） 5・29　日本消費者連盟創立委員会と日本自動車ユーザーユニオン，石油精製・販売会社と自動車メーカーに，鉛含有量が多く実効の少いハイオクタンガソリンを消費者に使わせるのをやめるよう抗議した要求書を送付。（朝 5・29） 5・30　大阪府高石市内の37自治会，泉北臨海工業地帯へ企業誘致反対の署名運動始める。	
6・上　秋田県米代川支流の小坂川で許容量以上のカドミウム検出。県の調べ。（秋 6・4） 6・6　大牟田川河口海域の海苔から高濃度のカドミウム・亜鉛・鉛，検出。また昭和34年ころからこの地域の海苔に発生していた「癌肺病」は，工場廃水中のフェノールが主犯と判明。（西 6・6，8） 6・6　名古屋港からメチル水銀初検出。愛知県の発表。（朝 6・6） 6・9　富山県，黒部市の 44 年度産米から厚生省の基準値を上回るカドミウム検出，と発表。（朝 6・10）	6・6,7　水俣市で水俣病訴訟弁護団全国総会。（631） 6・10　衆院産業公害特別委，水俣病補償問題で論議。参考人の宇井純，斡旋案を批判。（631） 6・11　日鉱三日市製錬所による農作物被害の補償をめぐる被害農民と黒部市との交渉まとまり，調印。（朝 6・12） 6・14　神奈川県下の10住民運動団体が呼びかけ人となり，神奈川県運動交流集会開かる。横浜新貨物線問題で横浜市に対する抗議を決議。（802）	6・23　横浜国大教授北川徹三の，「四日市ぜんそくの主原因放出者は石原産業であり，コンビナート工場は無関係」とする報告書，大々的に報道さる。（677）

国・自治体	労災・職業病と労働者	備　　考
に関する法律違反」の疑いで起訴。(西 5・31) 5　厚相，私的諮問機関として食品問題懇談会を設置。(朝 5・4)		
6・1　公害紛争処理法公布。(133) 6・3　ハイオクタンガソリン規制。7月までに鉛半減。普通ガソリンも5年以内に無鉛化を図る。通産省発表。(215) 6・4　厚生省，大気中の鉛暫定基準発表。大気 1 m^3 中 1.5～5 μg。 6・10　改正水質保全法公布，**施行。**(215) 6・10　通産省，鉱山保安法の保安規則を改正。金属鉱山の排煙・排水に基準設定。(215，朝 6・10) 6・10　福岡県衛生部，洞海湾汚染源とみられる新日鉄など大手7社	6・16　昭和40年2月の北炭夕張炭鉱の事故の論告求刑公判，札幌地裁で開かれる。保安軽視による事故とし，当時の鉱業所次長ら4人に禁固2年・罰金5～10万円，会社に罰金10万円を求刑。(北 6・16) 6　東京で下水道工事に従事中の労働者に，地中に浸透していたトリクロルエチレンにより30人に中毒発症。(788)	6・26　スエーデンの製薬会社アストラが100人以上のサリドマイド児に対し，50億4,000万円の補償金を支払うことを決めたことを発表。(朝 6・28) 6・27　東京で開かれた第9回日米知事会議，公害防止のための国際的研究協力に関する決議を採決。(朝 9・28)

公害・環境破壊	住民・支援者など	企業・財界
6･18　**瀬戸内海**も，岩国・大竹海域などで **“死の海”化**しつつあること判明。ＣＯＤが 307ppm。山口県衛生部の調べ。（朝 6･19） 6･21　静岡県磐田市の用水路に 2,000*l* の重油が流出。上流の豊島製紙会社より流出のもの。（朝 6･23） 6･25　京大教授東，スモン患者から新型ウイルスを検出したとし，スモンウイルスと命名して発表。（朝 6･26） 6･28　**千葉県木更津市**で原因不明の大気汚染物質により，市内の小学生1,500人が喉などの痛み訴える。のちに**光化学スモッグ被害**で被害都市は約 5,000 人に発生と判明。（朝 6･30，7･1） 6　各地で種痘ワクチンによる副作用患者，多発。（朝 6･17，18） 6　小松市内でも北陸鉱山会社の廃液で，梯川や農業用水のカドミウムによる汚染の発生していること判明。水田から最高 11.1 ppm，用水から 16ppm。（朝 5･27，6･12）	6･18　水俣病＜一任派＞64世帯70人への補償金 1 億 6,700 万円，この日，支払われる。（西 6･19） 6･23　臼杵市風成地区漁民による漁業権確認請求訴訟裁判第 1 回公判。（117） 6･28　〈東京・水俣病を告発する会〉結成。学生・会社員など約 800 人が加盟。（朝 6･29） 6　山口県で**東洋エチル**が，今秋より初の**四エチル鉛**国産工場として操業予定していることで，同社**労組**，公害加害者になることを拒否し**操業開始に反対**の構え。（朝 6･10） 6　臼杵市の＜粉塵公害反対市民会議＞，6 月市議会で公害追放宣言都市となったのを機会に＜公害追放臼杵市民会議＞と改称。（206-3 号）	
7･7　**市原市**の京葉工業地帯に近接した川岸地区・岩崎地区で，水稲・トウモロコシなど農作物からケヤキなど街路樹・雑草に至るまで葉先が赤く枯れる。（朝 8･1） 7･13　**秋田県比内町**の井戸水の**カドミウム汚染**，判明。県，井戸水の使用禁止。（秋 7･14） 7･18　**東京**に**光化学スモッグ**，杉並区を中心に11区 8 市に発生。数千人が目や喉の痛み。杉並区の東京立正高校では，生徒数十人が目まいなどを起こして倒れる。都公害	7･4　元チッソ水俣工場付属病院長**博士細川一**，ネコを使った水俣病発症実験について，入院先の東京の病院で公式**証言**。熊本地裁の臨床尋問。（朝 7･4，5） 7･11　イタイイタイ病弁護団，「厚生省が 7 日に決めたカドミウム米安全基準は科学的根拠がないから撤回せよ」との見解を発表。（朝 7･12） 7･17　群馬県下の酪農家，東邦亜鉛安中周辺の牧草からカドミウムが検出されたことで，牛乳汚染の安全対策を早く出すよう同県に抗議。（朝 7･18） 7･18　**市民団体，初の全国統一行動。**	7･8　新潟水俣病裁判第 27 回口頭弁論で，横浜国大教授北川徹三，「農薬説」が仮説であったことを認める。（586-513号） 7･17　日本鉱業協会，同会内に公害対策部を作ることを決定。（朝 7･17） 7･24　東邦亜鉛安中製錬所，「操短になれば倒産のおそれがあるので操短はせず」と態度を一変。（朝 7･25）

国・自治体	労災・職業病と労働者	備　　考
9工場に公害防止で異例の警告。(西 6・11) 6・17　大分県**臼杵市**，大阪セメントの工場誘致反対運動を展開していた市民らの請願を採択し，全国初の**「公害追放都市宣言」**。(206-3号) 6・18　水俣市議会，処理委斡旋案で論議。日吉フミコ議員（水俣病対策市民会議会長），発言に関して懲罰処分受ける。(631) 6・25　水質審議会，水質保全法の全指定水域にカドミウムなど8項目の排水基準を追加答申（のちにクロムが再追加されて9項目となる)。(朝 6・27) 6・27　東京都衛生局，新宿区柳町住民の検診結果を発表。体内の鉛は基準以下であり「治療を要する中毒患者はいない」と。(480) 6・29　**佐藤首相**，万国博日本デーの記者会見で**「公害を恐れるあまり経済成長を遅らせてはならない」**と語る。 6・29　産業構造審議会の公害部会，国や自治体が公害防止施設をつくるときの，企業負担のあり方について通産相に答申。(朝 6・30)		
7・7　厚生省，**米の中のカドミウム濃度の安全基準を決定**。玄米1 ppm 未満，精白米 0.9 ppm 未満。(215) 7・9　食糧庁，昭和45年度産の**カドミウム汚染米の取り扱い方針を決定**。厚生省の安全基準を上回る地区の米は予約を受けつけないなど。(朝 7・10) 7・10　労働省，重量物取扱い作業における**腰痛**の予防について通達。(305) 7・13　愛知県と福島県いわき市の食糧事務所，「カドミウム汚染米についての厚生省の安全基準は安心できないので配給を全面停止」と	7・1　**三井三池**労組に属する一酸化炭素中毒患者3人，労働保健審査会が三池の一酸化炭素**中毒患者**に出した**「治ゆ認定」の取り消し**を求め，**行政訴訟**を東京地裁に提起。(朝 7・2) 7・5　山口大学医学会で，宇部市の明和化成㈱フェノール樹脂工場従業員に，原因不明の皮膚障害が68％もの高率に発生のこと，発表さる。全国的に同様工場で発見，との指摘あり。(朝 7・6) 7・6　広島県の常石造船所で塗装作業中にタンク内で爆発。3人死亡，11人負傷。(朝 7・7) 7・17　静岡県富士市田子の浦港で，	7・5　籠山京編で石原修『女工と結核』復刻版。(310) 7・11　（米）ニューヨーク市，目抜き通り5番街から車を締め出し，「歩行者天国」を始める。 7・23　全英海運会議所のジョンカービー副会頭，「日本は年間60万tの原油を海に捨てており，世界一の海の汚染者である」と指摘。(朝 7・24) 7　OECD，環境委員会を設置。(215)

公害・環境破壊	住民・支援者など	企業・財界
研では，光化学スモッグと硫酸ミストによる複合汚染と推定。（朝 7•18，19，21） 7•21 千葉県犬吠埼沖で，タンカー日星丸（676 t）と漁船が衝突。タンカーから 400kl のガソリンが海上に流出。（朝 7•21） 7•23〜27 東京で光化学スモッグ，5日間連続発生。（朝 7•28） 7•27 東京都，光化学スモッグ注意警報発令体制開始。（0.15 ppm 以上：注意報，0.3 ppm 以上：警報）。初日に早くも注意報第1号発令。（朝 7•27） 7•29 小名浜でカドミウム中毒に関し要精密検査者9人発見。（480） 7 宮城県塩釜市で，住民から相当量の血中鉛検出。（朝 7•26） 7 **安中市**で，指関節がふくれて曲る症状（**指曲り病**）を訴える婦人8人が発見さる。いずれも東邦亜鉛安中製錬所付近の住人。（朝 7•10）	“美しい自然を返せ”と東京・大阪など全国16都道府県で集会とデモ。（480） 7•22 安中市で住民と東邦亜鉛，徹夜の交渉。製錬所，公害防止協定の締結や工場操短などを約束した確認書に調印。（朝 7•23） 7•25，26 全国青法協の第2回公害研究集会，四日市市で開催。“四日市宣言”を採択。（677） 7•30 札幌市で北海道の科学者グループによる第1回農薬問題研究会，開かれる。（北 7•30）	
8•1 市原市で7月に起きた植物の先枯れは，旭硝子リン酸製造工場と昭電電解工場からのフッ素ガスが原因，と判明。（朝 8•1） 8•5 下北半島北限のサル，除草剤散布で危機。京大霊長類研究所が発表。（480） 8•6 新潟大学医学部椿忠雄，「スモンの症状悪化に整腸剤キノホルムが明らかに関係あり」と厚生省に報告。（朝 8•7）	8•1 広島市で核兵器禁止平和建設国民会議開催。全国の代表約800人が参集。（朝 8•2） 8•7 神奈川県漁協連合と同県東京湾小型底引網漁業調整協議会，本牧沖のヘドロ不法投棄事件で，県知事に抗議と対策を強く求めた文書を提出。（朝 8•8） 8•9 静岡県**田子の浦港**で**＜ヘドロ公害追放駿河湾を返せ沿岸住民抗議集会＞**開く。4,200 人が参加，	8•6 東京と大阪の商工会議所，46年度予算で「公害国債」発行など公害対策を国に要望することを決定。（朝 8•7） 8•12 横浜市の鶴見コール興業・日本楽器・丸平興業・北越炭素工業，京浜工業地帯の共同排水溝に廃油や強酸性液体を流していたかどで川崎海上保安署より捜索を受ける。（朝 8•12） 8•13 東電，銚子発電所（520万kW•

国・自治体	労災・職業病と労働者	備　　考
決定。14日厚生省，これに対し，配給停止でなく見合わせの方針とするよう指示。（朝 7・14） 7・14　奈良県，黒部市周辺の産米だけでなく富山県産米全部を，安全基準がはっきりするまで凍結することを同県食糧事務所に伝える。（朝 7・14） 7・15　公害専門局部課を有する地方公共団体は37都道府県・125市町村。前年同期より9県・70市町村増加。(215) 7・20　運輸技術審議会自動車部会，昭和50年を目標にした自動車排気ガス規制の基本計画をまとめる。規制の対象には一酸化炭素のほか炭化水素・窒素酸化物も加え，東京の大気を昭和36～38年の状態に戻すことが目標。 7・24　厚生省微量重金属調査研究会カドミウム汚染米の安定性についての見解を示す。国の安全基準（玄米1ppm，白米0.9ppm）は，人体に有害であると判断できないが，0.4ppm 以上の汚染米は配給すべきでないというもの。(480) 7・29　全国都道府県議会議長会，「国に対する公害対策の確立，公害防止規制の権限の自治体への委譲」など要望を決定。（朝 7・30） 7・31　政府公害行政一元化のため，総理大臣を本部長とする**中央公害対策本部設置**を閣議決定。(215)	ヘドロの浚渫作業中，11人が硫化水素ガス中毒にかかって倒れる。このためヘドロ移動中止となる。（朝 7・18） 7・24　安中市の**東邦亜鉛安中製錬所**の従業員14人から，要観察者の選定基準を超える**尿中カドミウム**，発見される。群馬労基局調べ。（朝 7・25） 7・25　和歌山県沖で宇和島の小型鋼船星洋丸，デンマークの貨物船と衝突し，沈没。7人行方不明。（朝 7・26） 7　神戸港の大手3労組の呼びかけで11単組加盟による神戸港フォークリフト病対策委員会結成。(780)	
8・1　**使用中の自動車の一酸化炭素排出規制発足**。アイドリング時で5.5％以下に。（朝 8・1） 8・2　わが国で**初の歩行者天国**実施。銀座・新宿・池袋・浅草の4カ所。（朝 8・2） 8・4　**河川法施行令改正**，閣議決定。河川への汚物投棄禁止がねらい。11月7日から施行。(215) 8・10　東京都の光化学スモッグ予報制度スタート。第1号予報，発	8・14　神奈川県平塚市の三和ケミカル会社平塚工場，GN硝酸グアニジン工場で爆発。4人即死，14人重軽傷。（朝 8・14） 8・20　京葉コンビナートの一角の三井石油化学工業千葉工場でメタノールタンクが爆発。2人死亡，5人重傷。（朝 8・20） 8　岐阜県下で**農薬散布**をしていた農民28人に**農薬中毒発症**。(788)	8・10　原子力発電所設置に反対する北海道の漁民，『原子力公害と沿岸漁民』(192) 8・14　(米)政府，47Dの使用禁止を発表。9月1日までに店先から回収するよう指示。（朝 8・15） 8・15　飯島伸子『公害および労働災害年表』。(203) 8・18　(米) カリフォルニア州上院が，1973年型自動車から，同州の厳しい排気ガス基準に合格しない

公害・環境破壊	住民・支援者など	企業・財界
8・19 通産省，全国の産業廃棄物の実態調査結果を発表。総量は年間5,847万tで，5年後には1億2,000万tの推測。前処理されているのは約3割で，約4割は河川・海洋に投棄。（朝 8・20） 8・27 愛媛県川之江・伊予三島沖の瀬戸内海で大量の魚，斃死。ヘドロが原因。（480） 8 伊豆諸島，とくに八丈島に廃油ボール多数漂着。（203） 8 **福島県磐梯町，日曹金属会津製錬所**周辺の土から，安中をしのぐ43.1ppm の**カドミウム**検出。（朝 8・24） 8 有明海産赤貝を使った水産会社6社の缶詰め全部から，最高4.02ppm，最低 1.28ppm のカドミウム検出。（朝 8・23） 8 東京湾の漁場の本牧沖に昭電川崎工場が不法投棄させていたヘドロから，総水銀 170 ppm などが検出され，問題化。（朝 8・9） 8 昭電川崎工場排水口付近のヘドロから，多量のシアン・ヒ素・カドミウム・水銀など検出。（朝 8・23）	県と大昭和製紙など製紙大手4社告発などを決議。**11日に同告発状を静岡地検に提出。**（朝 8・10，11） 8・18 水俣市の川本輝夫ら，「**水俣病未認定**は不服」と厚生大臣に**行政不服審査請求。**（244-15号） 8・18 洞海湾・響灘の14漁協，公害反対で海上デモ。（480） 8・21 **福島県**いわき市農会公害対策委連合会，小名浜製錬・東邦亜鉛・大手興産3社に対し，45年産米の**カドミウム汚染補償**として総額**1億円**を要求。（朝 8・23） 8・22 北九州市でカネミ油症事件弁護団発足。（朝 8・23） 8・23，24 四日市市で四日市地区反戦と全国実行委主催で「第1回公害と闘う全国行動」。（677） 8・27 新潟水俣病訴訟，患者・遺族27人が7次提訴。原告側，訴因を会社の過失から“未必の故意”に変更。（586-513号） 8・29 茨城県鹿島町で，鹿島協同火力発電所建設に反対する住民約100人，反対の決起集会を開く。（朝 8・29） 8・29 田子の浦港でヘドロ公害に抗議する沿岸漁船約200隻が海上デモ。（朝 8・29）	世界一）建設計画に関し，審議延期を県に申し入れ。地元住民の反対運動などで東電側が再検討をしていたもの。事実上の計画中止。（朝 8・13） 8・18 昭和電工，広島県より同県福山市に計画中の同社精錬所建設を公害を理由に断られる。（朝8・19） 8・21 東京湾のヘドロ不法投棄事件で，ヘドロを投棄していた5人の船長と下請会社の田尾興業，書類送検さる。（朝 8・22） 8・24 川崎市臨海工業地帯で昭電川崎工場・味の素川崎工場・セントラル化学会社が，水銀を含んだ廃液を流していた事実，川崎市公害部の調査で判明。（朝 8・25）
9・5 日本神経学会関東地方会で新潟大教授椿忠雄，「スモンはキノホルムが原因で発症」と報告。岡大助教授島田宣浩・名大助教授祖父江逸郎，反論。（朝 9・6） 9・12 淡路島沖で，関西汽船ふたば丸（1,080総t）と小型タンカー：正運丸（499t）が衝突し，正運丸のタンクから，重油約 60kl が流出。（朝 9・12） 9・19 長崎県対島厳原町樫根地区で，保有米からカドミウム3.38ppm を検出。長崎県対馬カドミウム対策本部調べ。（西 9・19） 9・29 大牟田市の三井金属三池製錬所横須賀工場付近で，玄米から基	9・3 静岡県漁業協同組合連合会，県に対し，県が最近決定の田子の浦港ヘドロの黒潮外投棄に関し，強い反対を申し入れ。（朝 9・4） 9・14 東京湾の汚染に抗議する「公害追放神奈川県漁民大会漁船海上デモ」が，漁船200隻，30km にわたり実施される。（朝 9・14） 9・22 日本弁護士連合会の公害シンポジウム，新潟で開く。**環境権**の立法化を提案。（480） 9・26 千葉県銚子港と九十九里浜の漁民，鹿島臨海工業地帯の開発による，浚渫土砂の海洋投棄に反対する漁民大会を銚子港で開き，市民も含め約600人が茨城県庁に抗	9・17 **日本鋼管**，京浜製鉄所の扇島沖埋立地移転で，神奈川県・川崎市・横浜市の要求をのむ。**亜硫酸ガスの着地度 0.012ppm。**（朝 9・17） 9 チッソ，このほど出した従業員向けの「水俣病について」と題するパンフレットで，「水俣病はチッソの工場廃液が原因でなったのではなく，水俣地区で使われた有機水銀を含む農薬と関連がある」と主張。（朝 9・15）

国・自治体	労災・職業病と労働者	備　　考
令。(215) 8・12　食糧庁，1ppm 以上のカドミウム汚染玄米の不買方針を決定。(朝 8・13) 8・14　京都地検，大日本製薬会社のサリドマイド事件における刑事責任について，未必の故意は認めず，業務上過失も時効，とし不起訴処分。(朝 8・15) 8・17　農林省，ＢＨＣやＤＤＴの稲作への全面使用禁止を通達。(朝 8・18) 8・23　群馬県，東邦亜鉛安中製錬所真下の 11.2 ha の水田を汚染田に指定。稲の抜き取り始まる。汚染田所有者37戸に，反当り10俵プラス5,000円の被害補償出す。(480) 8・24　川崎市と市内38工場との間に大気汚染防止協定成立。市民からは違反対処規定がないなど批判。(朝 8・24) 8・27　通産省，従来鉱山保安法の適用外としてきた独立製錬所の１つである日鉱三日市製錬所に，鉱業法と鉱山保安法を適用し，公害の規制・取締りを行うことを決定。(朝 8・28)		車を販売した店に，１台5,000ドルの罰金を課す州法を制定。(480) 8・18　(米) 海軍，国際的反対を押しきり，致死性神経ガスＧＢロケット１万2,540発を積んだ老朽貨物船を，フロリダ沖 450km の大西洋に沈める。(朝 8・19) 8・28　(米) 農務省，ＤＤＴの使用を全面禁止。(480) 8・30　水俣病研究会，『水俣病にたいする企業の責任―チッソの不法行為』発行。(631)
9・1　49水域への環境基準適用，閣議決定。(215) 9・7　中央薬事審議会，スモンとキノホルムの関連が否定できないので，**キノホルム製剤の販売中止，使用見合わせ**をすべき，と内田厚相に答申。厚生省，ただちにキノホルムの販売中止を通達。また使用中止申し入れを決定。(朝 9・8) 9・16　総理府と静岡県知事，田子の浦港ヘドロの黒潮外投棄計画に関し，漁民の反対を受け，無期延期と決定。(朝 9・17) 9・22　東京都，カシンベック病の心配があるとして多摩川の玉川浄水	9　神戸港フォークリフト病対策委員会，フォークリフト病の職業病申請を開始。(780)	9・9　(米) スクリップス海洋研究所のＴ．Ｊ．チョウ博士，東京で開かれている水地球化学・生物地球化学国際会議で，**世界中が鉛で汚染**された実態を報告。(朝 9・9) 9・10　ソ連政府が９月末までの日程で「ボルガ川とカスピ海の浄化キャンペーン」を開始。ボルガ川とカスピ海の汚染度を調査するほか，各種廃棄物の河川投棄を取締る。(480) 9・22　(米) 上院，70年大気汚染防止法案「マスキー法案」を可決。1975年までに排気ガス中の汚染物質の量を，今の10%に減らした低公害車の生産を義務づけ，12月31

1970（昭和 45）

公害・環境破壊	住民・支援者など	企業・財界
準を上回るカドミウム：平均0.576 ppm を検出。土壌からは最高16.9ppm 検出。（西 9・29） 9・30　多摩川，再び工場排水中の劇毒シアン化合物で汚染され，大量の魚が斃死。上流のメッキ工場が原因。（朝 10・1） 9　前年操業を開始した日軽金苫小牧工場の排水から，許容排出量の10倍余の 80ppm ものフッ素検出。苫小牧保健所の調べ。（北 9・12） 9　**田子の浦港周辺**で，ヘドロから発生する**硫化水素ガス**のため，住**民約 5,000 人**に頭痛・吐き気・喉の痛みの訴えなどふえる。（朝 9・23）	議。（朝 9・26） 9・28　福岡地裁小倉支部でカネミ油症裁判初公判。加藤社長，食品業者として注意義務を怠り中毒事件を起こしたことにつき，全面的否認。（西 9・28）	
10・3　釧路市内を流れるベトマイ川が，本州製紙などの工場排水のため，下水道に近い汚れとなっていること判明。釧路保健所調べ。（北 10・3） 10・6　大牟田地区で漁民の尿中カドミウム，31人中2人が厚生省基準を上回ること発見さる。（480） 10・8　新潟，阿賀野川流域の住民1万 4,000 人の一斉検診始まる（水銀中毒潜在患者発見へ）。 10・9　大阪市生野区・門真市で森永ヒ素ミルク中毒患者，あいつぎ死亡。追跡調査会，調査開始。（480） 10・13　東京都府中市の水田からカドミウム最高 9.3 ppm 検出される。農業用水路の底の泥からは最高 37.1ppm 検出。原因は日本電気府中工場。こののち昭島市・立川市などで基準以上のカドミウム，次々と検出。（朝 10・13，29） 10・30　瀬戸内海の魚類の一部が水銀で高濃度に汚染されていること判明。阪大調べ。（朝 10・31） 10　東京湾入口近くの"タイの宝庫"の布良瀬漁場が，産業廃棄物の捨て場で壊滅状態。（朝 10・7）	10・7　開発から，古都や文化財・風土を守ることを目的とした，文化人らが中心となった＜古都保存連盟＞が発足。（朝 10・8） 10・8　海と川の汚染に抗議し，2,300 人の漁民が東京で公害絶滅全国漁民総決起大会開催。（朝 10・8） 10・12　東大工学部で**公開自主講座公害原論**開講。同学部助手宇井純が呼びかけ，賛同した市民・学生の協力で開かる。この後企業の労働者などの協力も得て週1回ペースで開講続く。（205） 10・15　臼杵市で大阪セメント誘致を強行しようとする市長足立義雄のリコール決起集会。（78-10・14号） 10・25　＜神奈川県住民運動連絡会議＞の結成大会，開かれる。（朝 10・26） 10　いわき市小名浜臨海工業地帯でこの数カ月，公害が相次いで表面化。住民が強力に抵抗し，3社の設備増強計画がストップ。（朝 10・24）	10・19　横浜市鶴見区の丸平興業・鶴見コール興業・北越炭素工業の3工場とその責任者の6人，港則法違反の疑いで川崎海上保安署より書類送検さる。（朝 10・19） 10・24　臼杵市商店街連合会，市長リコールには"厳正中立"でのぞむと声明書を発表。（78-10・26号）

国・自治体	労災・職業病と労働者	備　　考
場からの給水を，28日より当分の間停止することを発表。（朝9・22） 9・28　水質審議会，田子の浦港の150工場の排水について浮遊固型物の暫定基準を答申。大手工場を最終的に 70ppm まで規制し，昭和36年当時の半分程度まで下げる目標。 9・30　厚生省生活環境審議会公害部会に，鉛に係る環境基準専門委員会設置。（215）		日発効。（480） 9　日米共同出資による，わが国初の原子力発電所用核燃料生産工場：日本ニュクリア・フュエル会社が，横須賀市に完成。（朝 9・8）
10・8　千葉県市原市議会，今後工場の新増設に対しては，現時点より環境汚染の状態が改善されない限り認めない，との要望決議案を可決。（朝 10・9） 10・13　厚生省生活環境審議会公害部会に窒素酸化物等に係る環境基準専門委員会発足。（215） 10・17　法務省，公害処罰法案をまとめる。（215） 10・19　水質審議会，洞海湾水域の水質基準を決定。（西 10・20） 10・20　静岡県清水市と中部電力の間で，同市に建設予定の新清水火力発電所の操業停止を盛り込んだ公害防止協定書，調印さる。（朝 10・21） 10・20　農林省,稲作へのＢＨＣ・ＤＤＴ・ドリン系剤の全面使用禁止を決定。（朝 10・21） 10・28　全国都市清掃会議（会長美濃部都知事）,牛乳業界が計画中の牛乳ビンのポリエチレン容器化に，新たな公害発生防止の観点から反対を決議。（朝 10・29） 10・29　東京都，カドミウム米で緊急対策。米の安全基準は，国の1ppm より厳しい 0.4ppm に。（朝 10・30）	10・24　長崎市の三菱重工業㈱長崎造船所で爆発。作業員２人と近くの住民１人が死亡，20人重傷，20人軽傷。（朝 10・24） 10・30　船舶ラッシュで魔の湾口といわれる東京湾浦賀水道で，タンカーどうしが衝突し沈没。乗組員７人不明。浦賀水道でのタンカー沈没事故は初めて。（朝 10・31） 10　愛知県下の化学工場で，アクリル酸メチルが漏れ，隣接工場労働者41人に中毒発症。（788）	10・12　スエーデンの化学会社プランテクス社，**2・4・5T**（米国がベトナム枯葉作戦で使ったと同じもの）を含む除草剤の生産中止を発表。奇形児発生の原因になる疑いが出て，スエーデン政府が調査を始めたため。（480） 10・14　公害に関する日米会議，二国間協力活動として東京で開催。（215） 10　松本英昭『海があちらへ死んで行く＝早すぎた「自然を守る」闘い＝』（自費出版）（834）

公害・環境破壊

10　体内に入ったＢＨＣが，脂肪中に蓄積するほか，肝・肺・腎臓および脳にも蓄積のこと判明。大阪市衛研の研究結果。（朝 10•22）

10　食器戸棚よりホルムアルデヒド検出。東京都消費者センターの調べ。（朝 10•21）

10　夏に東京・大阪などに出回った人参・キューリ・ジャガイモなど７品目に，ドリン系農薬が大量に残留していたこと判明。高知県衛研調べ。（西 10•14）

11•5　全国の 253 メッキ工場・電気機器工場のうち 142 工場の排水口から水質基準を上回るカドミウム検出。通産省発表。（朝 11•6）

11•7　川口市で操業を開始したプラスチック着色工場廃液から発生するスチレンガスで，周辺住民約150人に中毒症状が発生。（朝11•8）

11•9　大阪市西淀川区の公害病患者，1,055人。（朝 11•10）

11•11　名古屋港のヘドロからも，シアン・ヒ素・水銀など多量に検出。（朝 11•12）

11•12　川崎市で 27 歳の**若い主婦**，**公害病**の気管支ぜん息が原因で**死亡**。（朝 11•14）

11•13　鹿島臨海工業地帯東部石油化学コンビナートの鹿島アンモニア工場から，液体アンモニアが噴出し，風下 2km 四方の住民や労働者数百人に中毒発生。11人が医師の手当を受ける。（朝 11•13）

11•16　小野田市日産化学小野田工場から，刺激性ガスが流出し，住民に中毒が発生。勤務や学校を休む人続出。（西 11•18）

11•17　横浜市緑区のメッキ工場：横浜電化工業会社から１万 *l* の青酸化合物溶液が川に流出。魚，約200匹浮上。（朝 11•17）

11•18　黒部市のカドミウム問題で厚生省，住民の健康診断結果を発表。イタイイタイ病の患者や慢性

住民・支援者など

11•6　富士市公害対策市民協会長甲田ら21人，静岡県知事と大昭和など製紙４社を相手どり，ヘドロ浚渫に使った県費のうち，それぞれ 1,000 万円の損害賠償を支払うことを求め訴訟を提起。**（ヘドロ公害住民訴訟）**（朝 11•7）

11•16　**カネミ**油症事件で**マンモス民事訴訟**提起さる。８府県 108 世帯 300 人が北九州市・カネミ倉庫を相手に９億 7,187 万円を要求。（朝 11•16）

11•17　黒部市の石田地区被害者対策協議会，黒部市を通じ日鉱三日市製錬所に１億 8,015 万円の暫定損害賠償を要求。カドミウムによる稲作・畑作の1961年以来の被害に対するもの。（朝 11•17）

11•18　公害被害救済法指定の四日市市・川崎市・大阪市西淀川区・尼崎市の４医師会代表，＜大気汚染指定地医師会連絡協議会＞を結成。（677）

11•21　東京で“太陽を返せ”建設公害対策市民連合の創立集会。（480）

11•24　清水市三保塚間で行われた中部電力新清水火発起工式で，かねて建設反対を表明していた地元の主婦や農民ら数十人と労働者約100人が抗議。（朝 11•25）

11•29　**初の公害メーデー**。全国150

企業・財界

11•5　岩国市の三晃特殊金属工業，３年前から無許可でカドミウムメッキ操業をしていたこと判明。カドミウムは近くの用水路に排出していた無責任さ（カドミウム濃度 7.75ppm）。（西 11•5，17）

11•20　全国鍍金工業連合会，役員会で，カドミウムメッキを原則として中止することを決定。（朝 11•21）

11•20　**経団連**，**公害罪法案に反対**を表明。21日，日本商工会議所も同調表明。（480）

11•28　大阪で**チッソの株主総会**。水俣病患者・**一株株主**ら約 1,300 人も出席。怒号のなか５分間で終わる。患者代表ら江頭社長を追及。（朝 11•28）

11•27　経団連，「**公害関係諸施策の慎重な審議を望む**」と題する要望書を発表。（836-18巻12号）

国・自治体	労災・職業病と労働者	備　　考
10・下　臼杵市で第2区区長会名で「市長リコール署名に反対しましょう」とのチラシが全戸に配布さる。(78-10・28号)		
11・1　**公害紛争処理法施行**。(133) 11・1　**工場排水規制法施行令改正施行**。これにより，工場排水規制法に基く**取り締り権限は，都道府県知事**に委任となる。(215) 11・2　青森県八戸市，新産都市指定後に誘致された大手企業8社と公害防止に関する協定書に調印。(朝 11・3) 11・2　大分県と臼杵市，臼杵市に進出予定の大阪セメントとの間に公害防止協定成立。市長リコール運動の最中。(78-11・1号) 11・2　中央公害審査委員会(中公審)発足。(215) 11・9　厚生省，福島県磐梯町をカドミウム汚染の要観察地区に指定(全国で6番め)。(480) 11・13　津地検，日本アエロジルを起訴猶予処分。(677) 11・18　厚生省委託のイタイイタイ病・カドミウム中毒症鑑別診断研究班，黒部市住民の鑑別診断結果について報告。現在イ病患者や慢性カドミウム中毒患者はいないが，慎重観察の必要のある患者(経過患者) 33人。地元住民，症状の過小評価に強く反発。(朝 11・19) 11・24　**“公害国会”**(第64臨時国会)始まる。(480) 11・24　府中市と市内大手6工場が公害防止協定を締結。(朝 11・25)	11・17　東京のタンカー初島丸が沖縄の南々西約230 km の位置で，炭酸ガス噴出事故をおこす。2人死亡，10人中毒。(朝 11・18) 11・17　和歌山市内の住友金属和歌山製鉄所で爆発。作業員2人が死亡，16人負傷。(朝 11・18) 11　山形県下で工場より塩素ガス漏洩し，工場外の荷役労働者21人に中毒発症。(788) 11　茨城県下のアンモニア工場でアンモニア噴出。風下住民と労働者19人が中毒。(788) 11・27　横浜港外扇島沖で，タンカーていむず丸が爆発。作業員4人不明，24人重軽傷。この年5件目のタンカー爆発事故。(朝 11・28) 11　アスベスト製造工場における肺癌多発，発表さる。(朝 11・17) 11・30　全国1万3,000余の有害物質取扱い事業場のうち，有害排気除去装置のあるところ，3割未満。シアンを未処理で排出：17.6%などのこと判明。労働省の発表。(朝 12・1)	11　WHO公害セミナー，大阪で開催。発展途上国15カ国からの参加あり。(215)

公害・環境破壊	住民・支援者など	企業・財界
カドミウム中毒患者はないが，要観察者33人。(480) 11•25　響灘でシアン 0.16 ppm など，埋め立て地浚渫へドロの影響と考えられる有害物質，検出される。(西 11•25) 11•28　三井金属神岡鉱業所のある岐阜県吉城郡神岡町のほぼ全域でカドミウム汚染のすすんでいること判明。町内10カ所でとれた今年度産玄米すべてから，最高 0.84 ppm，最低 0.17ppm のカドミウム検出。(朝 11•29) 11　各地でスズ入りオレンジジュース缶詰発見。(朝11•9，北11•10)	カ所80万人が参加。(朝 11•30) 11•25　臼杵市で，大阪セメント誘致反対運動と市長リコール運動の中で＜女性市民会議＞が誕生。第1回総会。(796-11•22号)	
12•2　埼玉県川口市の鋳物工場地帯で，一酸化炭素ガスや硫化水素を含むキュポラ廃ガスが多量に流出，付近住民約100人にのどの痛みやせきなどの症状発生。(朝 12•3) 12•15　**母乳**にＢＨＣなど**残留農薬**が含まれている例，大阪・秋田・東京などで次々に発見。(朝12•15) 12•18　大阪で16日から，3日連続59時間の大気汚染注意報。初の警報発令。(480) 12•19　愛知県下の牛乳から猛毒ディルドリン検出。(朝 12•20) 12•25　堺市で**大気中の浮遊粉塵**から，日本で初めて**水銀検出**。(朝 12•26) 12•26　福井県日野川のウグイから総水銀 1.69ppm 検出。(西 12•26) 12•28　厚生省，昭和44年度の亜硫酸ガス調査結果を発表。全国211地点のうち83地点が環境基準を越える。(朝 12•29) 12•29　鳥取県でマツバガニの甲らの“みそ”からカドミウム28.75 ppm 検出。衛研調べ。(朝 12•29)	12•5　川崎市の法政大学第2高等学校に＜育友会公害研究所＞発足。ＰＴＡ組織による公害研究所で，このの ち神奈川県下の公害問題に手広く取りくむ。(810) 12•14　苫小牧沿岸の北海道胆振地方漁協組など，日軽金苫小牧工場等の廃棄物の海洋投棄計画に対し，絶対反対を決議。(朝 12•15) 12•23　長崎市などのカネミ油症患者14世帯44人，カネミを相手どり総額1億4,344万9,994円の損害賠償請求訴訟を提起。(朝 12•23)	12•1　全国1万3,000余の有害物質取扱工場のうち有害ガス除去装置のない工場，7割以上。シアンを未処理で排出している工場17.6％。労働省の調べ。(朝 12•1) 12•8　日本商工会議所・全国中小企業団体中央会・全国商工会連合会・46都道府県の商工会議所連合会，公害防止法案に関し，規制緩和を条文におり込むことなどを求めた連名の要望書を，政府・自民党・国会へ提出。(朝 12•9) 12•23　大牟田の三井金属工業，「カドミウム1ppm 以上の昭和44年産農家保有米に，協力費として政府買い入れ価格相当の額を支払う」と発表。(西 12•24) 12•25　大阪セメントに臼杵市日比海岸の埋立免許，大分県より交付さる。(117)

国・自治体	労災・職業病と労働者	備　　考
11•25　食糧庁,カドミウム汚染米は1ppm 以下でも無汚染米と交換の方針，決める。(480) 11•26　**運輸省，自動車の騒音規制で保安基準改正。**一律85ホンから乗用車70ホン，大型トラック80ホンに。(朝 11•27) 11　原子力委員会原子炉安全専門審査会，浜岡町の中電原発について「安全性が十分確保し得る」と結論。(789)		
12•1　政府，公害防止計画第一次策定地域として，千葉・市原地域，四日市地域，水島地域の計画を承認。(215) 12•13　大分県臼杵市長選，小差で大阪セメント誘致の足立義雄再選。(117) 12•16　春日井市，王子製紙春日井工場と操業停止指示項目を含んだ公害防止協定，調印。(朝 12•17) 12•18　**改正公害対策基本法・公害罪法**など**公害14法可決成立。**公害国会終わる。(朝 12•19) 12•19　厚生省食品衛生部会，石油たんぱくは安全性が確認されねば生産を許可すべきでない，と総計22項目の検査の上結論。(朝12•20) 12•25　水質審議会，ヘドロ公害の愛媛県川之江，伊予三島水域を指定水域に答申。5年以内に魚が棲めるようにすることが目標。(480) 12•25　改正下水道法公布。(133) 12•25　改正自然公園法公布。(133) 12•25　**水質汚濁防止法公布。**水質保全法と工場排水規制法は廃止。	12•2　北海道砂川町三省鉱業所東山鉱でガス爆発。5人死亡，9人負傷。(朝 12•2) 12•8　前年5月16日の住友歌志内鉱事故で息子を亡くした老夫婦，住友石炭鉱業会社を相手どり，4,800万円の損害賠償請求訴訟を提起。(北 12•8) 12•8　横浜港本牧ふ頭のコンテナ修理工業所で爆発。1人死亡，13人負傷。(朝 12•8) 12•9　埼玉県の石黒製作所籠原工場でアセチレンガス爆発。5人死亡，6人重傷。(朝 12•9) 12•15　北海道上砂川町三井砂川鉱でガス爆発。19人死亡，8人重軽傷。死亡のうち3人は坑内で生死不明のまま密閉されたもの。(北 12•15, 19)	12•7　西独サリドマイド訴訟の被告グリューネンタール化学会社，裁判打ち切りを申請し，原告らに400万マルク（約4億円）を支払うとの新提案。(朝 12•8) 12•15　(米) FDA，水銀含有量の許容基準 0.5ppm を越えたマグロ缶詰は輸入を認めない方針，と発表。(朝 12•16)

公害・環境破壊	住民・支援者など	企業・財界
12・31　北九州市でカネミ油症患者，10人めの死。（西 12・31） 12　日産化学富山工場周辺産米からヒ素検出。（朝 12・9）		
―　北海道夕張川の六価クロムによる汚染，判明。（71-109，110号） ―　食器からの鉛や有毒色素の検出事件，散発。（朝 6・2，朝 6・4） ―　駿河湾特産サクラエビ，田子の浦港のヘドロのためほとんど全滅。（朝 10・11） ―　沿岸海域の汚染発生確認件数440件。海上保安庁調べ。（135）	―　海上公害関係法令違反による検挙件数356件。海上保安庁調べ。（135）	

国・自治体	労災・職業病と労働者	備　　考
(215) 12•25　海洋汚染防止法公布。(133) 12•25　土壌汚染防止法公布。(133) 12•25　へい獣処理場等に関する法律の改正法公布，施行。(133) 12•25　廃棄物の処理及び清掃に関する法公布。(133) 12•25　人の健康に係る公害犯罪の処罰法公布。(133) 12•25　公害防止事業費事業者負担法公布。1971年5月10日施行。(133) 12•25　騒音・粉塵環境基準で生活環境審議会，答申。騒音：住宅地は夜間で40ホン以下。粉塵：大気 $1m^3$ あたり $100\mu g$ 以下。(朝 12•26) 12•25　神奈川県・横浜市・川崎市と日本鋼管㈱の間で公害防止協定成立。(133) 12•26　厚生省，福井県日野川流域を水銀汚染の要注意地域に指定。 12　公害防止協定締結の地方公共団体は30都道府県・100市町。相手方企業は574。(215)	一　鉱山事故：戸高鉱業（岩盤崩落），日本炭鉱若松鉱業所（落盤），三井鉱山芦別鉱業所（ガス爆発），三省鉱業所東山鉱（ガス爆発）で計21人死亡，17人負傷，2人不明。(朝 12•2)	

1971（昭和 46）

公害・環境破壊	住民・支援者など	企業・財界
1・6　富山県婦負郡婦中町一帯の農家の45年度自家保有米から，国の基準を超えたカドミウム，発見さる。（朝 1・6） 1・10,11,13　東京都民の飲料水の20%を給水している**利根川**で，**劇物フェノール**検出さる。利根川のフェノール騒ぎは初めて。（朝 1・12） 1・12　**川崎市の公害認定患者**に新患18人が認定さる。同市で**認定制度発足後，1年めで総数316人。**（朝 1・13） 1・24　新潟県柏崎市の海岸に，廃油をかぶった渡り鳥47羽の死体，打上げられる。（朝 1・26） 1・25　福井県敦賀原子力発電所の排水口付近で，ムラサキガイからコバルト60が検出されたことが，水産庁より発表さる。（朝 1・26） 1・28　マグロ漁船員の頭髪から普通人の5倍近い水銀検出のこと，参院農林水産委員会で公表さる。（朝 1・29） 1・30　神奈川県境川で，110ppm のシアン検出。相模原市の旭鍍金工業会社より流出のもの。（朝1・31） 1・30　福岡県大牟田市，カドミウム汚染の要観察地域に指定さる。（朝 1・31） 1　牛・豚・鶏肉にＢＨＣやディルドリンの残留していること判明。長野県南佐久郡の日本農村医学研究所の調べ。（朝 1・9） 1　市川市行徳の埋立地の六価クロム鉱滓から 54,600ppm のクロム検出。（毎 1・22）	1・2　＜青空と緑を取返し千葉市民のいのちとくらしを守る市民会議＞，千葉市公害防止条例制定直接請求の署名1万8,252人分を千葉市選管に提出。法定数の約3倍の署名者数。（朝 1・3） 1・16　静岡県富士市田子の浦港の**ヘドロ公害住民訴訟第1回口頭弁論**，静岡地裁で開かる。（朝 1・16） 1・19　全川崎労働組合協議会，従来進めてきた川崎市内の主要大気汚染源38工場の告発準備を保留することを決定。（朝 1・20） 1・19　新潟水俣病被災者1人，第8次提訴。（586-513号） 1・23　福島県いわき市の日本水素小名浜工場と，住民組織〈小名浜地区公害対策連合委員会〉の間の粉塵公害補償金をめぐる交渉，総額2,200万円で妥結。（朝 1・24） 1・4　水俣病裁判弁護団会議，水俣病研究会合同会議，手詰まりののち注意義務論立法計画成立。（245）	1・8　大日本製薬社長，サリドマイド訴訟に関し，和解の意志を公式に表明。（朝 1・8） 1・11　**東洋エチル会社**，山口県新南陽市の日本初の**四アルキル鉛生産工場**を，4月の操業開始前1月20日付で**閉鎖**との方針を発表。公害世論の高まりと需要見通しがたたぬため。（西 1・12） 1・27　カネミ訴訟民事訴訟被告の**カネミ倉庫**，福岡地裁小倉支部に，カネミ倉庫に**民事責任なしとの答弁書**を提出し，油症患者に対する賠償支払いの意志のないことを明示。（西 1・27） 1・28　公害投資と企業経営についての調査結果，日本長期信用銀行より発表。45年度の設備投資には積み増しはほとんどないが，公害関係投資は年度当初より6.9%上積み。46年度計画では公害関連投資は20.2%の大幅な伸びの見込み，と。（朝 1・29） 1・29　カネミ倉庫社員がカネミ油症認定患者の入院先を回り，訴訟を取り下げねば治療費を打切る，と脅していること判明。カネミ油症事件弁護団がこの日，抗議文を同社に発送。（西 1・30） 1　三菱グループ30社，公害研究会を設立。（朝 1・8）
2・8　ＰＣＢが鳥や魚に蓄積，と愛媛大学助教授立川涼らが発表。**ＰＣＢによる環境汚染**が確かめられたのは初めて。（480） 2・9　山梨県下で，45年度産米から最高 0.776ppm のカドミウム検出。昭和45年10月まで銅，亜鉛を	2・12～15　臼杵市臼杵湾で大阪セメントの強行測量に抵抗して風成地区の婦人たち，ボーリング用のイカダに乗り込み，座り込み開始。（117） 2・14　長崎県五島・玉之浦町の油症患者の会（104世帯300人），カネ	2・4　**昭和電工，大分臨海工業地帯への進出断念**を発表。公害反対闘争に押されての決定。（西 2・4） 2・15　大日本製薬会社，この日までにサリドマイド事件で裁判所に和解を正式申し入れ。（西 2・16） 2・19　**石原産業硫酸たれ流し公害事**

国・自治体	労災・職業病と労働者	備　　考
1・9　食品衛生調査会，①レモンなどの防かび剤のビフェニールを食品添加物に指定，②サリチル酸など9種類の食品添加物の規制を強化，③過マンガン酸カリの使用禁止を答申。(480) 1・13　**イタイイタイ病・カドミウム中毒症鑑別診断研究班，福島県磐梯町**(カドミウム汚染要観察地域)の住民156人について鑑別診断の結果，「**カドミ中毒者なし**」と断定。(朝 1・14) 1・13　東京都水道局，群馬県庁に利根川のフェノールによる汚染問題で，関係工場の指導を要望。(朝 1・14) 1・14　改正農薬取締法公布。(215) 1・20　文部省，46年度の小学校社会科教科書の部分修正を認め，発行6社に通知。“企業寄り”を修正。今度は“政府寄り”の内容との批判も。(480) 1・29　四日市の石原産業公害事件で「通産省が硫酸のタレ流しを黙認」と社会党石橋書記長が国会で追及。(480) 1・29　東京都，「都民を公害から防衛する計画」発表。2兆円余で，10年前の環境にもどす。(441) 1　日鉱三日市製錬所のカドミウム汚染が問題化している**黒部市**で，「カドミウムは恐しいものではなく，まちがった情報が流されている」ためとし，慶応大学医学部教授土屋健三郎の発言をふんだんに使って**カドミウム害を否認**するパンフレットが，市によって各層に配布さる。(朝 1・21)		1・12　アメリカで公害追放運動に活躍中の弁護士ラルフ・ネーダー，来日。(朝 1・13)
2・1　東京都，公害監視委員会条例施行。(朝 4・1) 2・5　労働省，カドミウムを扱う工場に対し「鉛中毒予防規則の準用，防除施設の整備・設置を急ぐよう」全国労基局に通達。(西 2・6)	2・5　昭和45年9月の労働省の調べではカドミウム工場のうち粉塵蒸気の予防装置のあるのは34%，廃液処理施設は73.5%。(西 2・6) 2　「群馬県安中市の，**東邦亜鉛安中工場の元女子従業員の遺体**の灰にした内臓から**2万 ppm を越える**	2・23　〈四日市公害と戦う市民兵の会〉，月刊紙『公害トマレ』0号を発行。以後4月より，月1回ペースで発行。〈四日市公害を記録する会〉の『記録公害』に続くもの(210-0号，210-磯津版)

1971（昭和 46）

公害・環境破壊	住民・支援者など	企業・財界
生産していた宝鉱山の麓の地区。同県のカドミウム汚染発見は初めて。（朝 2・9） 2・23 除草剤ＰＣＰ，ＢＨＣなどを生産している久留米市三西化学工業周辺の住民300人，同工場の粉塵で目まい・吐き気・鼻血・視力減退・肝障害などが多発していることを福岡県議会に訴え。（西 2・24） 2・24 多摩川などから取水している水道から，カシンベック病の原因物質が検出されたとの発表あり。玉川系水道水質調査会における都立大教授半谷高久の報告。（朝 2・25） 2 長良川の異臭魚の原因はフェノールであること判明。岐阜薬科大学の発表。（朝 2・2）	ミ倉庫との油症補償示談交渉に関し，カネミ側の出した最終案で妥結することを決定。示談妥結は初のケース，5月10日調印。（朝 2・15 西 5・11） 2・18 **サリドマイド訴訟第1回口頭弁論，**提訴以来5年3カ月ぶりに東京地裁で開催。製薬会社・国へ総額8億8,000万円を要求する損害賠償請求訴訟。（朝 2・18） 2・18 横浜新貨物線建設に反対する住民ら，横浜市長選に候補者を出すことを決定。3月12日，市長が国鉄に地下化の申し入れをすることなどが確認されたことで，立候補とりやめに再決定。（802） 2・22 チッソ㈱の一株株主で，水俣病を告発する会の会員でもある28人，第42回チッソ株主総会決議取消を求めた訴訟を大阪地裁に提起。入場制限や公正な裁決方法がとられなかったことを追及。（朝 2・22）	件で，工場長らを津地検が**起訴**。港則法・工場排水規制法違反など。（215）
3・1 スモン調査研究協議会総会，約150人の研究者が出席して開催。「キノホルムの販売・使用中止以後，スモン患者の新発生や再発の発生が激減」と報告され，大勢はキノホルム説。これに対しウイルス説の岡山大助教授島田宜浩・京大ウイルス研助教授井上幸重は，「真の原因はウイルス」と主張。（朝 3・1〜3） 3・31 45年度の水質汚濁による水道被害件数292（厚生省調べ），農業被害地区約1,500：面積19万5,000 ha（農林省調べ），漁業被害総額は160億8,600万円。（135） 3 ハム・ソーセージ・イクラなどに発色剤として使われている食品添加物の亜硝酸ナトリウムの，魚肉の成分のひとつジメチルアミンと結合した際の発癌作用が判明。国立予防衛研の発表。（朝 3・24）	3・12 **富山イタイイタイ病訴訟結審。**（朝 3・12） 3・17 立川市内の農民が，カドミウム被害で国・都・立川市へ約8,500万円の補償を求めていた件，立川市議会で採決。公害補償を自治体・国へ要請した初のケース。（朝 3・18） 3・18 **福岡地裁小倉支部でカネミ油症訴訟，第1回口頭弁論。**（朝 3・18） 3 「苦海浄土・わが水俣病」（石牟礼道子）を劇化し，各地を巡演する演劇巡礼団結成。<東京・水俣病を告発する会>の有志14人が参加。（朝 3・20）	3・14 森永乳業，ヒ素ミルク中毒被害者の全員を恒久的に救済することを<森永ミルク中毒のこどもを守る会>との交渉で表明。（480） 3 四日市港内の石原産業四日市工場北の地区で，ヘドロから20.9 ppm の高値の総水銀が検出さる。四日市市の調べ。（朝 3・13）

国・自治体	労災・職業病と労働者	備　　考
2・15　臼杵市，大阪セメントの強行測量に反対してイカダで座り込みを続ける風成地区の婦人たちを機動隊員により排除。(117) 2・27　農林省，**有機塩素系農薬**の野菜畑での**使用禁止・飼料用作物への使用禁止**・未使用ＢＨＣの土中埋没処分などを各地方農政局・関係農業団体に通達。（朝 2・27） 2　国税庁，黒部市に対し「日鉱三日市がカドミウム汚染田補償で支払った補償金を農民の農業所得とみなし，課税する」と通知。（朝 2・12）	**カドミウム検出**」と岡山大学教授小林純が発表。（朝・西 2・1）	2　小野英二『原点四日市公害10年の記録』(198)
3・5　成田空港建設予定地で，千葉県と新東京国際空港公団，強制代執行実施。（朝 3・5） 3・5　悪臭防止法案，閣議決定。（朝 3・5） 3・7　「2万 ppm のカドミウムが検出された東邦亜鉛もと従業員はカドミ中毒でない」と厚生省のイタイイタイ病・カドミウム中毒症鑑別診断研究班（班長：金沢大教授高瀬武平）が見解。小林教授，「分析結果に自信」と反論。（朝・西 3・8） 3・12　神奈川県公害防止条例公布。(133) 3・11　大阪府公害防止条例公布。(133) 3・15　千葉市議会，1万2,000人以上（法定数の2倍以上）の市民から直接請求のあった公害防止条例案を反対多数で否決。代りに同市の用意した環境保全基本条例など関連5議案を可決。（朝 3・16）		3・1　宇井純『公害原論 I 』(205) 3・10　鞍田武夫『石狩川上流水域に於ける公害闘争史』(207) 3・16　佐賀県東松浦郡玄海町で九電玄海原子力発電所，起工式。（西 3・16） 3・26　日本最大の原子力発電所の東電福島原子力発電所，正式に運転を開始。（朝 3・25） 3　小林純『水の健康診断』(632) 3　宮本憲一編『公害と市民運動』(209)

1971（昭和 46）

公害・環境破壊	住民・支援者など	企業・財界
3　長野市松代町の日本電解工業会社の従業員や，付近住民13人の尿中より，多量のカドミウム検出される。県などの調べ。（朝 3・17）		
4・5　国のカドミウム公害合同緊急総点検の中間報告発表。人体へ直ちに及ぶ危険はないが，食物・大気・水に予想以上の汚染，と。（朝 4・6） 4・5　琵琶湖や京都府の宇治川の魚に高濃度のＰＣＢが蓄積されていること判明。京都市衛生研究所の発表。（朝 4・6） 4・7　東京湾の魚から最高 119.6 ppm，瀬戸内海の魚から最高 26.2 ppm のＰＣＢ検出。愛媛大学助教授立川涼，海洋学会で発表。（朝 4・7） 4・22　熊本県水俣地区について，胎児性２人を含む13人の**新水俣病患者**，認定さる。総数 134 人（うち死者 48 人）。新認定患者には**昭和21年発症**の患者もあり。（朝 4・23） 4　琵琶湖より取水する水道水の夏場の悪臭の主な原因は，家庭で使用する合成洗剤であるとつきとめられる。京大理学部や京都市水道局の研究の結果。（朝 4・9） 4　富山県神通川流域の 40 歳以上の住民の 30～50%，1,500 人以上が潜在患者であるとの発表あり。富山県衛研の調べ。（朝 4・10）	4・5　東プロ製作の記録映画「水俣」（監督土本典昭），水俣市で初公開。（西 3・8） 4・24　広島県内の油症患者51人，カネミ倉庫・同社社長・鐘淵化学工業・国・北九州市の５者を相手どり総額１億 3,800 万円の慰謝料を請求する民事訴訟を広島地裁に提起。（朝 4・25）	
5・10　鹿児島県屋久島の海岸に大量	5・7　イタイイタイ病第６次訴訟提	5・26　チッソ㈱の株主総会，開か

国・自治体	労災・職業病と労働者	備　　考
3•19　DDT の全面使用禁止，BHC の花への使用禁止，水源・酪農地帯への使用中止など，閣議決定。(215) 3•24　**むつ小川原開発㈱設立**。財界と国，県が半分ずつ出資。(480) 3•27　厚生省，みそ・しょう油など8食品に関するタール色素とゴマに対する漂白剤の使用規制を決める。(480) 3•30　ＰＣＰ除草剤など9農薬に水質汚濁性などの指定。(135) 3　労働省，全国のカドミウム使用工場労働者の検診を開始。(朝 1973年1•10) 4•3　石原産業公害事件で同工場と名古屋通産局との談合について，津地検が不起訴決定。(朝 4•3) 4•3　林野庁，奇形児発生の恐れのある除草剤**2•4•5-Tの使用中止**を全国営林局長・都道府県知事に通達。4月6日より規制。(135，朝 4•5) 4•12　静岡県田子の浦港のヘドロ告発事件(1970年8月)で，静岡地検が竹山県知事らを不起訴。「廃液を港に流してもみだりに捨てたことにはならない」と。(朝 4•13) 4•21　毒物劇物取締法違反で起訴されていた東京都墨田区のメッキ業：上村電化に，求刑どおりの罰金5万円の有罪判決。初の有罪判決。(朝 4•22) 4•26　国鉄，「横浜新貨物線の地下化は技術的に不可」と横浜市に回答。横浜市，国鉄の言い分を容認。(802) 4•30　苫小牧東部大規模工業基地の開発基本構想，この日開かれた同基地開発委員会でまとまる。(北 5•1)		
5•1　核原料物質，核燃料物質及び	5•15　北海道の国鉄函館本線複線化	5•1　山陽新幹線建設工事，本格的

公害・環境破壊	住民・支援者など	企業・財界
の廃油塊が漂着し，漁業に大被害発生のおそれ。（西 5・11） 5・12 **光化学スモッグ，前年より2カ月早く発生**。東京・埼玉などの6カ所で「目が痛い」との訴え続出。（480） 5・17 島根県で，非農家主婦の母乳からドリン剤 0.043 ppm 検出のこと判明。（朝 5・18） 5・17 たばこからも安全基準を上回るＤＤＴ検出。都衛研の分析。（西 5・18） 5・31 厚生省，**母乳の農薬汚染**の実態調査結果を発表。調査対象の419人の母親全員からベータＢＨＣとＤＤＴ検出。ベータＢＨＣの最高は 1.2ppm。（480） 5 佐賀県下で母乳から最高1.5ppmのベータＢＨＣ，検出される。全国でも最高。（朝 5・16） 5 水俣市とその周辺7市町の漁民905人から，11年前に 20ppm 以上の水銀検出され，天草島では 920 ppm の漁民もいたこと判明。熊本県衛研の分析で，〈水俣病を告発する会〉により明らかにされたもの。（朝 5・26）	起。原告は患者と遺族18人。（朝 5・8） 5・10 北海道胆振管内伊達町で，同町に建設予定の北電重油専焼火力をめぐり，道指導漁連を中心に地元の町や漁業団体が調査委員会を設置。（北 5・11） 5・14 九州の若手小児科医グループ，**森永ヒ素ミルク中毒患者の後遺症精密検診を開始**。初めての試み。（西 5・15） 5・19 **新潟水俣病訴訟結審**。（朝 5・19） 5・25 風成地区漁民の漁業権確認請求訴訟，結審。（117） 5・28 全国スモンの会の会長と会員のスモン患者2人が，「スモン病の原因は整腸剤のキノホルムである」として，国・製薬会社（日本チバガイギ・武田薬品工業㈱）・医師・病院を相手どって，賠償請求訴訟を提起。（**スモン訴訟第一次**）（朝 5・29） 5・30 北九州市のカネミ倉庫正門前で，カネミ油犠牲者追悼全国集会開催。約300人が参加。（西 5・31）	る。一株株主として出席した水俣病患者・家族・支援者たち約1,500人の修正動議などをものともせず，13分で総会終了。（西 5・26） 5・28 三菱重工業や日本鋼管の株主総会，〈べ平連〉や労組員の一株株主として出席した発言を完全に封じ，終了。（西 5・28） 5 ライオン油脂小倉工場，pH 1.6の強酸性廃液（その廃液で船舶の腐蝕が考えられる）をたれ流し続けていたこと，発見さる。門司海上保安部調べ。（西 5・15）

国・自治体	労災・職業病と労働者	備　　考
原子炉の規制法公布。(133) 5・1　原子力損害賠償改正法公布。(133) 5・1　**DDT** 剤，使用禁止。(135) 5・4　**富山県婦中町**，「公害でうけた自治体の損害に対する加害企業の支払を求め，**三井金属にイタイイタイ病対策の簡易水道建設費などを含む1億5,000万円の損害賠償を請求**。(西 5・5) 5・6　富山県社会保険事務所，イタイイタイ病患者の治療に支払った政府管掌健康保険の医療給付金224万円の損害賠償請求書を，三井金属鉱業東京本社に郵送。(朝 5・5) 5・7　富山市，イタイイタイ病認定患者の国民健康保険医療費のうち，国と市が1968〜70年まで負担した1,468万円余の損害賠償請求催告書を三井金属鉱業東京本社に郵送。(朝 5・7) 5・10　公害防止事業費事業者負担法施行。(朝 5・7) 5・18　北海道伊達町錦町商店会，北電伊達火力の早期着工実現を決議。(北 5・20) 5・25　**騒音環境基準閣議決定**。対象は自動車騒音のほか，街頭の宣伝放送・深夜営業の騒音などの都市騒音。(朝 5・25) 5・25　東京湾など33水域についての環境基準の水域類型指定，閣議決定。(135) 5・29　厚生省，牛乳・乳酸飲料などのポリ容器の使用を20社25品目について回収処理を条件に，正式承認。(480) 5・31　改正建築物用地下水採取規制法公布。(133) 5・31　改正公害防止事業団法公布。(133) 5・31　環境庁設置法公布。施行7月1日。(133) 5・31　**改正騒音規制法公布**。(133)	のためのトンネル工事現場で40mにわたる落盤発生。8人生き埋め。(朝 5・15)	に開始。(西 5・1) 5・20　大河内一男編，『明治期の労働者状態調査』のうちの「職工事情」復刻。(313)

公害・環境破壊	住民・支援者など	企業・財界
6•11 福岡市内の2河川から環境基準を上回るカドミウム，初検出。(西 6•12) 6•15 静岡県の清水港で，数10万匹の魚類が浮上。(朝 6•11) 6•16 朝日新聞，「スモン•ウイルス原因説の有力な裏づけとされていた岡山県井原市周辺に多発のスモンが，市立井原市民病院のキノホルム大量乱用によるもので，医療災害である」ことを大きく報道。(朝 6•16) 6•28 光化学スモッグ，南関東1都3県に発生。広域同時発生は初めてのケース。(480) 6 近海産のカツオやサバまでPCBに汚染されていること，高知県衛研の調査で判明。(朝 6•4) 6 伊豆諸島海域の廃油による汚染判明。日本海流は，北海道から南西諸島に至るまでの全体が汚染されているという事実。(朝 6•5) 6 **磐梯吾妻スカイライン**が建設されて12年め。**亜高山帯植物に枯死**がめだつ。(朝 6•22)	6•2 本年末の操業開始予定の北海道苫小牧市日軽金苫小牧製造所アルミナ工場の廃棄物“赤泥”の海洋投棄に反対している＜日軽金赤泥海洋投棄反対対策協議会＞，総会にて，もし投棄が認められれば実力阻止の体制を組むことを決定。(朝 6•3) 6•9 高知市で，高知パルプ会社の廃液被害に抗議してきた住民ら，同社排水管を生コンクリートでふさぐ。手ぬるい公害行政へ住民の不満が爆発。(**高知生コン事件**)(朝 6•9) 6•9 群馬県太田市の**渡良瀬川鉱毒**で被害を受けている農家，**132億円を補償要求**。この年2月に鉱毒水田の産米からカドミウムが検出されたのがきっかけ。(朝 6•10) 6•20 **大分県臼杵市**に進出する**大阪セメント**の埋め立て工事強行に反対派住民，激しく抗議。21日訴訟の判決が出るまでの工事中止をかちとる。(117) 6•29 公害対策全国連絡会議の第4回総会，イタイイタイ病判決の前日に富山市で開会。(朝 6•30) 6•30 **イタイイタイ**病訴訟第1次訴訟に**判決。患者側，勝訴**。主因は三井神岡鉱業所の排出カドミウムと断定。慰謝料請求額6,200万円に対し判決では計5,700万円。判決直後，原告団・弁護団・支援者ら，神岡鉱業所に向かい，岐阜地裁の手で同所長室の備品や製品の強制執行を実施。(朝 6•30)	6•30 **三井金属鉱業**，名古屋高裁金沢支部に**イタイイタイ病訴訟**の判決を不服として**控訴申立て**。また仮差押えの執行停止を申し立て。社長，記者会見で「科学的根拠を無視した判決」と発言。(朝 7•1)
7•6 1月に検査したマグロ漁船員100人の髪から，最高69ppm平均27ppmの高濃度の総水銀が検出されていたことが明るみに出る。(480)	7•9 羽田国際空港のジェット機騒音に悩んでいる東京都江戸川区で，区役所・区議・住民が一体となり，航空騒音対策協議会の発足。(朝 7•9)	7•1 三井金属鉱業，イタイイタイ病訴訟原告に判決金額に金利を加えた6,600万円を支払う。(朝 7•1) 7•21 大阪セメント社長，臼杵進出

国・自治体	労災・職業病と労働者	備　　考
5　環境庁，公害防止計画策定の第二次地域とし，東京・大阪ほか4地域について基本方針を指示。(135) 6・1　改正航空法公布。(133) 6・1　**悪臭防止法公布。**(133) 6・1　**パラチオン剤・メチルパラチオン剤・TEPP剤使用禁止。**(135) 6・4　厚生省は，市販牛乳に残留する許容基準をベータBHC 0.2 ppm，DDT 0.05 ppm，ディルドリン0.005 ppmに決定。(西 6・5) 6・5　労働省，**特定化学物質等傷害予防規則**を決定。(西 6・6) 6・10　中央水質審議会，排水口ごとの基準を答申。6月21日排水基準を定める総理府令として発令。(133，朝 6・11) 6・10　特定工場における公害防止組織の整備に関する法律公布，施行。(133) 6・24　改正大気汚染防止法施行。(135)		
7・1　**環境庁発足。**(朝 7・1) 7・1　**人の健康にかかわる公害犯罪の処罰に関する法律**(公害処罰法)**施行。**(朝 7・1) 7・1　**水質汚濁防止法施行。**(133)	7・6　昭和38年11月の大事故で多発した三井三池鉱山の一酸化炭素中毒患者の救済措置をめぐり，三井鉱山・三池労組・三池新労組・三池職組の交渉が了解点に達し，正	7・20　神岡浪子編『資料近代日本の公害』。(315)

1971（昭和 46）

公害・環境破壊	住民・支援者など	企業・財界
7・13 川崎市で新たに43人が公害病認定。総数549人，うち死者13人。（朝 7・14） 7・14 四日市市で国の公害病認定患者が死亡，死因は肺癌。市内認定患者710人のうち52人めの死者。（朝 7・14） 7 45年5月から46年3月にかけ，山口県の徳山・岩国両水域のヘドロより113.7ppm（新南陽市東洋曹達排水口），97.88ppm（徳山曹達第1排水口）などの水銀が検出されていたこと判明。（西 7・3） 7 山形県酒田港の海底の泥から1万4,000ppmを超える鉛をはじめ，ヒ素・水銀なども異常高濃度を検出。（朝 7・15） 7 神奈川県藤沢市の日本電気硝子工場の鉛公害により，7人の要治療者，94人の要精密検査者のいること発見される。東京医療生協氷川下セツルメント病院による検診の結果。（朝 7・22）	7・14 東邦亜鉛**安中カドミウム被害の300世帯，東邦亜鉛に7億7,000万円を請求**。（朝 7・15） 7・17 イタイイタイ病訴訟第2次～第7次訴訟の第1回口頭弁論。（朝 7・17） 7・20 大分県臼杵市の**大阪セメント進出反対裁判**（漁業権確認請求・公有水面埋立免許取消請求・執行停止仮処分）**判決**。原告の漁民ら勝訴。「漁業権放棄は無効であり，大分県の埋立て免許は取消す」との判決。（117） 7・21 **岡山県**井原市の市立井原市民病院に入院中の**スモン患者2人**，同病院の元医師高木新・岡山大学医学部教授小坂淳夫・助教授島田宜浩・製造販売企業田辺製薬㈱・国を相手どり，総額1億円の損害賠償請求訴訟を提起。（スモン第2次訴訟）（朝 7・22） 7・22 長崎県五島玉之浦町のカネミ油症患者214人，カネミ倉庫・同社長・国・北九州市を相手どり，総額6億6,000万円の損害賠償請求訴訟を福岡地裁に提起。（西 7・22）	を断念と意思表明。（西 7・21）
8・2 森永ヒ素ミルク中毒児の3分の2に脳障害の後遺症が認められること発表さる。森永ヒ素ミルク中毒追跡調査委員会の中間報告。（朝 8・3） 8・7 玉川系水道水質調査会，カシンベック病発生の恐れなし，との中間報告をまとめる。（朝 8・8） 8・9 **大阪で初の光化学スモッグ注意報**発令。（480） 夏 筑波山頂で，光化学スモッグ注意報発令基準を上回るオキシダント，記録さる。（朝 1972年6・15）	8・14 全国公害弁護団連絡会議の設立準備会，開かる。（朝 8・15） 8・30 富山イタイイタイ病訴訟の原告，請求額をほぼ2倍にすることを発表。被告三井金属に控訴取下げの意思のないことがはっきりしたことへの抗議の意味を持つ。（西 8・31） 8 <尾瀬の自然を守る会> 発足。約200人が参加。（朝 8・22）	
9・7 霞ケ浦の汚染深刻化に伴い，**茨城県霞ケ浦漁協連が汚染対策委員会を設置**。（480） 9 苫小牧臨海工業地帯風下の地区で，植物の葉枯れ発生。（北 9・29）	9・2 茨城県から三重県までの太平洋沿岸7都県の漁協組代表，タンカーの不法投棄の厳しい取締りや海洋汚染防止法の改正強化を環境庁長官に陳情。（朝 9・3）	9・20 三井金属鉱業，イタイイタイ病控訴審第1回口頭弁論で「カドミウム説は“仮説”」とする反論を提出。（朝 9・20） 9・27 昭和電工，新潟水俣病訴訟の

国・自治体	労災・職業病と労働者	備　　考
7·1　**改正農薬取締法施行。**(133) 7·1　改正騒音規制法施行。(133) 7·1　富山県，三井金属鉱業に対し，もと同県職員家族のイタイイタイ病治療費約80万円の支払いを請求。(朝 7·6) 7·15　初の瀬戸内海環境保全対策知事・市長会議開く。沿岸11府県知事・3市長（大阪・神戸・北九州市）参加。(480) 7·17　水俣湾でヘドロ対策調査，始まる。県が熊本大学工学部に委託したもの。(朝 7·18) 7·28　労働省，鉛とその合金または化合物（四アルキル鉛を除く）による中毒の認定基準を全国都道府県に新通達。(189)	式調印。解雇制限の3年延長・治療の継続・坑外作業場2カ所の建設など。(西 7·7) 7　茨城県の日本原研東海研究所発電所で，法定の許容被曝線量を超える初めての被曝事故発生。3人が被曝。(朝 7·22)	
8·7　**水俣病患者認定問題で環境庁裁決。**「水銀の影響が否定できぬ者は認定せよ」と，熊本・鹿児島両県知事から水俣病の認定申請を棄却された患者9人がおこした行政不服審査請求に，両県知事の処分取消しと，県段階での認定審査やりなおしを命じる **“取消し裁決”**。(245-27号)	8·6　横浜市の三菱重工横浜造船所のドックでタンカー火災。下請作業員5人死亡，1人負傷。(朝 8·7) 8·12　佐世保市の佐世保造船所に接岸中のタンカー津軽丸で爆発事故。5人死亡，3人重体，4人軽傷。いずれも下請作業員。(朝 8·12)	
9·3　熊本・鹿児島両県公害被害者認定審査会が環境庁裁決に反発，徳臣会長ら7委員が辞意表明（9月30日辞意撤回)。(245-28号) 9·10　大阪府公害防止条例施行。	9　福岡県下の化学工場で，カルボニル化工程よりホスゲンが漏れ，62人が被災。うち7人は重症。(788)	

公害・環境破壊	住民・支援者など	企業・財界
	9・4　イタイタイ病訴訟第2次以降の原告，慰謝料を倍額にして請求。被告三井金属の控訴申し立てと第2次以降原告への慰謝料支払いを拒否していることへの対抗手段。また第1次訴訟原告については6日に倍額請求手続き。（朝 9・4） 9・12　サリドマイド裁判を支援する市民の会，結成される。（朝 9・13） 9・20　イタイイタイ病第1次訴訟の控訴審，第1回口頭弁論。（朝 9・20） 9・29　**新潟水俣病裁判に判決。患者側勝訴。**イ病判決に続き疫学的因果関係の立証を確立。昭電の過失を断定し企業責任にも言及。一方賠償額は患者のランク分けを細分化し，請求の半分の2億7,000万円しか認めず。（朝 9・29）	判決に先立ち，上訴権放棄の方針を決定し，発表。（朝 9・27） 9・29　サリドマイド裁判に出廷した被告企業側申請証人の大阪大学教授杉山博，レンツ教授の論文原文を読まず，被告企業提供資料に基づいてレンツ批判をしてきたことを認める。（朝 9・30） 9・30　昭和電工社長，上京した新潟水俣病患者約200人に謝罪。（朝 9・30）
10・6　水俣病患者16人，新たに認定。環境庁裁決後初めての認定。患者総数150人，うち死者48人。（朝 10・7） 10　鹿島臨海工業地帯で公害問題調査団の調査結果，粉塵からシアン検出。（朝 10・8）	10・10　森永ヒ素ミルク中毒こどもの会，徳島市内に発足。16歳になった被害児らによる全国で初の組織。（朝 10・10） 10・11　香川県漁連，72社の製糸工場に10億2,200万円の賠償要求し，中公審に調停申請。（朝 10・11） 10・18　宮城県名取郡の大昭和パルプ岩沼工場周辺の住民，悪臭公害で同社に対し378万円の損害賠償を求める訴訟を提起。（朝 10・18）	10・13　ベンジジン取扱い・製造の大手染料4メーカー，ベンジジン製造を12月末で中止することを，関係先に通告。日本化薬王子工場・住友化学大阪製造所・三菱化成工業黒崎工場・三井東圧化学大牟田工業所の4社。（朝 10・14）
11・30　新潟沖でタンカー：ジュリアナ号座礁，大量の原油流出。（480）	11・1　水俣病の認定患者が補償交渉を要求し，チッソ水俣支社前で座わり込み開始。（(245-30号） 11・2　サリドマイド裁判，レンツ証言始まる。（朝 11・24） 11・5　19都道府県のスモン患者155人，製薬企業3社と国を相手どり	11・24　チッソ㈱，水俣病新認定患者の補償問題で，中央公害審査委員会に調停を申請。中公審は25日，調停保留を決定。（245-30号）

国・自治体	労災・職業病と労働者	備　　考
(133) 9・11　神奈川県公害防止条例施行。旧条例は廃止。(133) 9・14　**中央公害対策審議会**発足，80人。会長，和達清夫。(480) 9・23　世界野生生物基金（WWF）日本委発足。(480) 9・24　**「廃棄物の処理および清掃法」施行**。陸上処理（埋め立て処分）を原則とし，海洋投棄は禁止。(480) 9・27　労働省，**酸素欠乏症防止規則**制定。(135) 9　環境庁，公害防止計画策定の第3次地域とし，名古屋・兵庫東部・北九州・鹿島・大分の5地域を選び基本方針を指示。(135)		
10・8　政府，瀬戸内海環境保全対策会議を設置。(朝 10・11) 10・12　横浜市，日石に対し，同市内汚染源トップクラスの一つの同社横浜製油所の亜硫酸ガス総排出量を43%カットすることなど，7項目の公害防止対策を申入れ。(朝 10・13) 10・19　富山市など1市2町のイタイイタイ病患者をかかえる自治体，三井金属との間で，患者の治療費負担に関し，預託金4,000万円を企業が提出することで合意。(朝 10・20) 10・26　むつ小川原開発センター発足。(480) 10・下　運輸省，「廃油ボール防止緊急対策要綱」まとめる。(135)	10　兵庫県下の設備工事業で，塩ビモノマー設備解体中に，触媒の塩化第二水銀を吸入し，12人に水銀中毒発症。(788)	10・15　九州電力，福岡県と豊前市に豊前火発建設で正式に協力を要請。(西 10・16) 10・18～20　英国放送協会(BBC)，イタイイタイ病の実態取材のために富山県を訪れる。(朝 10・19)
11・10　食品衛生調査会，白菜など11農作物を対象に，BHCなど9農薬の残留許容基準を決定。(朝 11・11) 11・10　横浜市，アジア石油会社に対し，同社横浜工場の亜硫酸ガスの総排出量74%を減らすことなど	11・26　北九州市の新日鉄八幡製鉄所で爆発事故。社員4人死亡，下請作業員を含む17人重軽症。新日鉄発足（45年3月）以来最大の事故。(朝 11・27)	11・7　米国，同国としては史上最大の地下核実験をアムチトカ島で実施。(朝 11・8) 11・8　公害問題国際都市会議，東京で開催。東京・ニューヨーク・シカゴ・ロンドンの4都市代表参加。(朝 11・8)

1971（昭和 46）

公害・環境破壊	住民・支援者など	企業・財界
	総額77億5,000万円の損害賠償請求（スモン訴訟第3次）を提起。（朝 11・6） 11・20　心臓治療薬コラルジルの副作用で肝臓障害などを起こしたとして，新潟県の7人がメーカーと国を相手に損害賠償請求の訴え。**（コラルジル訴訟）**。 11・23　横浜市金沢海岸埋立てに反対し，〈金沢の自然と環境を守る会〉結成。（802） 11・25　全国自然保護連合，愛媛県石鎚山の**石鎚スカイライン**について，同県知事を自然公園法など4法違反で**告発**。全国初のケース。（朝 11・26）	
12・4　千葉県木更津市の海岸 8 km に大型タンカーより流出した大量の重油が流入し，海苔2万サクに被害。損害は8億円。（朝 12・5） 12・10　富山県婦負郡婦中町で，イタイイタイ病訴訟第2次以降統一訴訟の原告が自殺。（朝 12・10） 12・22　新潟県で14人の水俣病患者認定さる。阿賀野川上中流地域8人を含む。（朝 12・23）	12・6　水俣病認定患者，チッソ本社（東京）前で座り込み開始。（245-32号） 12・13　イタイイタイ病第1次訴訟の原告3人，三井金属鉱業本社を訪れイタイイタイ病患者の自殺で抗議。（朝 12・13） 12・14　スモン第4次訴訟，東京地裁に提起。（朝 12・15）	12・17　森永乳業，恒久救済案骨子を＜森永ミルク中毒のこどもを守る会＞に，文書で示す。（朝 12・17） 12・24　チッソ本社，座りこみ中の水俣病患者ら3人を実力で排除。（245-32号） 12　ベンジジン，ベータ・ナフチルアミンの大手メーカーである三菱・住友・三井など，その製造を中止。和歌山の協和化学工業はこののちも月産20～25 t で製造を続行。（71-118号）
—　沿岸海域汚染発生確認件数1621件。前年の440件にくらべ約3.3倍。海上保安庁調べ。（135） —　北海道夕張川支流雨煙別川で 0.68 ppm の六価クロム検出。汚染源は各地の埋立てに使用された六価クロム鉱滓と判明。（71-109，110号）		—　海上公害関係法令違反による検挙件数701件。海上保安庁調べ。（135）

国・自治体	労災・職業病と労働者	備　　考
9項目の公害防止対策を申し入れ。(朝 11・11)		
11・15 〈光化学による大気汚染連絡会議〉初会合，環境庁で開催。(朝 11・16)		
11・24 東京都，都知事を本部長とする東京都ゴミ戦争対策本部を設置。(朝 11・25)		
12・17 大阪湾・有明海の水質の環境基準，閣議了解で設定。(135)		
12・22 環境庁中公審，**浮遊粉塵の環境基準について答申。**空気 $1m^3$ あたり24時間平均 0.1 mg 以下，1時間あたり 0.2mg 以下。(朝 12・22)	12・16 住友金属鉱山労組連合会，住友金属鉱山㈱との間に，塵肺措置・職業性難聴・振動障害および腰痛対策に関し，協定を締結。(779)	12 イラクで種子消毒用水銀を誤って食した農民に水銀中毒発生。死者6,000人，重症1万人。(米)ロックフェラー財団の多収穫小麦種「メキシパック」が原因。イラクでは報道管制をしき，この事件を知らせず。(朝 1972年 3・9，西 1973年 9・10)
12・24 高知生コンパルプ事件で，高知地検，排水管へ生コンクリートの投入を行った住民2人を威力業務妨害罪で起訴。(841)		
12・24 環境庁委託の〈**イタイイタイ病とカドミウム中毒症鑑別診断班**〉，宮城県鶯沢，群馬県**安中・高崎**，大分県**奥嶽川**，富山県**黒部市**，福岡県**大牟田地区**の5地区35人の要観察者について「**カドミウム中毒症はみられず**」**と発表。**(朝 12・25)		
12・28 環境庁，中公審答申に基づき，航空機騒音対策についての当面の措置を講ずる際の指針を設定。大阪国際空港は午後10時から午前7時まで，東京国際空港は午後11時から午前7時までの発着は原則として行わないなど。(135)	一 鉱山事故：住友歌志内鉱，奔別炭鉱(ガス爆発)で35人死亡，3人負傷。(北 7・17～20，朝 10・29)	
12・30 **BHC** 剤，**使用禁止。**(135)		
12・31 改正国土総合開発法公布。(133)		
12 運輸省，<タンカー事故による油汚染の緊急処理対策に関する特別研究委員会>を設置。「ジュリアナ号事件」がきっかけ。(135)		

1972（昭和 47）

公害・環境破壊	住民・支援者など	企業・財界
1・8　新潟県，新潟水俣病患者10人を新認定。上中流域住民８人を含む。新潟水俣病患者は総計98人，うち死者７人。（朝 1・9） 1・14　旭硝子京浜工場，大量の重油を東京湾に放出しながら10時間余も無届け。この月，横浜沖・神戸沖・千葉沖などでも重油放出事件４件あり。海苔など漁業被害が各地で発生。（朝 1・14,16,27） 1・16　**宮崎県高千穂町土呂久**の**亜ヒ酸鉱山跡（住友金属所有）周辺に中毒患者多発**のこと，日教組研究集会（甲府市）で発表さる。（朝 1・17）	1・1　新認定水俣病患者たち，社長との自主交渉を求め，東京のチッソ本社前で越年坐り込み。（朝 1・1） 1・7　公害訴訟を担当する弁護士ら，**＜全国公害弁護団連絡会議＞**を結成。（朝 1・8） 1・8　チッソに抗議する市民集会，東京で開かれ約1,000人が参加。（朝 1・18） 1・12　公害対策全国連絡会議チッソ事件調査団，チッソ石油化学五井工場を訪れ，７日の暴行事件について，会社と労組に抗議。（朝 1・13） 1・17　カネミ油症患者の紙野文明，人権擁護委員がカネミの弁護を担当していることの正否を問う公開質問状を前尾法相に提出。（朝 1・18） 1・18　東京都西多摩郡五日市町の秋川漁協，都の進めている有料道路建設工事の土砂による秋川渓谷の川魚斃死への補償に関し環境庁に訴え。都との交渉が進まぬため。（朝 1・19） 1・23　北海道苫小牧・釧路・十勝の漁民，苫小牧の日軽金の赤泥海洋投棄計画反対運動を展開。道当局の赤泥報告に反論など。６月に結着。（北 1・23，25，6・21） 1・28　東京都杉並区高井戸地区の＜杉並清掃工場建設反対同盟＞と東京都知事，初の対話集会。（朝 1・24，28） 1・28　岐阜県高山市の市民４人，「古い銅山跡から小八賀川に流れこむ重金属で高山市の新上水道が汚染されている疑いあり」と，通水の一時停止を環境庁長官・厚生省に訴え。（朝 1・29） 1・30　高知市で＜高知パルプ公害裁判支援会議＞結成。（816-1973年） 1・30　**＜新潟水俣病被災者の会＞，補償未定の53人につき一律1,000**	1・7　**チッソ石油化学五井工場**，労組幹部を訪問した新認定**水俣病患者の自主交渉派の一行に**，従業員を数十人動員して激しく**暴行**。患者と米人カメラマン負傷。（朝1・8） 1・10　イタイイタイ病控訴審第８回口頭弁論で，三井金属側証人：金沢大教授武内重五郎，カドミウム原因説を否定し，「イタイイタイ病の主因はビタミンＤの欠乏」と証言。（日経 1・11） 1・11　チッソ本社，自主交渉を要求する新認定水俣病患者たちを避け，会社入口を鉄格子で塞ぐ。（朝 1・12） 1・12　東京都内114事業所（対象の24％），総クロム・銅・亜鉛排出で基準違反。（日経 1・13） 1・14　鐘淵化学工業と三菱モンサント化成，開放性ＰＣＢの生産販売を中止したと発表。（日経 1・15） 1・25　チッソ㈱島田社長，大石環境庁長官に「水俣病患者の座りこみを終結させるよう格別の配慮を」と申し入れ。（朝 1・26）

国・自治体	労災・職業病と労働者	備　　考
1・4　田中通産相，産業立地に関し地方分散の具体策を事務当局に指示。(朝 1・5) 1　経済企画庁，新全国総合開発計画改訂の本格的再検討を開始。(朝 1・5) 1・11　環境庁，前年12月の中公審答申に基づき，浮遊粉塵の環境基準を告示。(136) 1・21　労働省，**労働安全衛生法案要綱(案)**を発表。(189) 1・下　宮崎県土呂久地区下流にあたる延岡市で，10年前に高濃度のヒ素が検出された事実が，県や市により隠されていたこと判明。(朝 1・25) 1・27　長野県岡谷市，川崎市に対し公害患者に岡谷市の病院を開放する旨申し入れ。(朝 1・28) 1・28　イタイイタイ病審理中の**名古屋高裁金沢支部，被告三井の証人**で反カドミウム原因説の金沢大教授武内重五郎と**研究会**を開く計画をたて，原告の患者らより強い批判を受ける。(日経 1・29) 1・28　環境庁，宮崎県土呂久のヒ素中毒は8人のみと発表し，被害者らより再調査せよと抗議を受ける。(西 1・29)		

公害・環境破壊	住民・支援者など	企業・財界
	万円を昭電に要求と決定（交渉開始は4月12日）。（朝 1•31） 1•30 土呂久地区で重症の亜ヒ酸中毒患者10人が<土呂久公害被害者の会>を結成。（西 1•30） 1•下 北海道伊達町に建設の火力発電所をめぐり，有珠漁協や農協青年部など地元の関係団体が次々と反対を表明。（北 1•22,27）	
2•6 カネミ油症治療研究会で，福岡県の主婦の母乳からＰＣＢが検出されたことが発表される。このち大阪・京都などで検出続く。（朝 2•6，3•16，日経 3•30） 2•14 広島の原爆被災者の間に一般日本人の5倍の唾液腺がん患者が多発の事実，『米国医学会誌』に発表される。（朝 2•15） 2•16 東京都江戸川区で地盤沈下が原因の出水事件発生。危険個所は同区内に200カ所余り。（朝 2•17） 2•22 ＰＣＢにより食品類や日用品などが広く汚染されていることが都衛生研の調べで判明。東京湾の魚の汚染度がとくに高い。（朝 2•23）	2•1 四日市公害訴訟結審。（朝 2•1） 2•14 千葉県袖ケ浦の奈良輪漁協，12月末の流出重油被害が原因で，66億3,000万円で漁業権を放棄。同地区進出を希望していた東電・東京瓦斯など14社，これにより実現の運び。（日経 2•15） 2•19 東京都芝で<水俣病患者の自主交渉を支援する市民の会>開催。約1,000人が参加。（朝 2•20） 2 13日の土地買収価格提示を前に青森県上北郡六ケ所村で，夫の出かせぎを守る主婦ら，むつ小川原開発への反発を強める。（朝 2•12）	2 東京電力，川崎市が計画中の埋立予定地に液化天然ガス（ＬＮＧ）専焼の大型火発（200万kW）を新設する件で，同市に非公式の打診を行う。（朝 2•14） 2 姫路市と関西電力，公害防止協定に基いて<関電公害防止協議会>を発足。（日経 2•6）
3•2 中公審調停委，水俣で調停派患者についての調停作業開始。（245-34号） 3•3 兵庫県市川流域など**生野鉱山（三菱金属鉱業）下流**で，**イタイイタイ病患者4人**が，イタイイタイ病発掘者の医師萩野昇（富山県婦中町）により発見される。兵庫県はこれを否定。（朝 3•3,4） 3•6 千葉市今井町や末広町の大気汚染，川崎市よりひどいことが千葉市煤煙影響調査会から発表される。川鉄千葉製鉄所が汚染源。（816-1973年） 3•12 兵庫県でスモン患者自殺。遺書でカルテ公開を拒んだ病院に抗議。（朝 3•19） 3•21 滋賀県草津市の日本コンデンサ工業周辺の田から，最高1,200	3•9 足尾鉱毒で土地を追われ，北海道網走支庁佐呂間町に入植していた栃木県**旧谷中村の出身者**6世帯20人，**60年ぶりに帰郷**。（朝 3•9） 3•10 スモン患者405人，スモン第5次訴訟を提起。一律5,000万円の請求で総額202億5,000万円。原告数，請求額ともこれまでの訴訟の中で最大。（朝 3•11） 3•16 コラルジル裁判の第1回口頭弁論，新潟地裁で開かれる。（朝 3•16） 3•17 水俣病裁判第34回口頭弁論で，証人のチッソ従業員，チッソの水銀たれ流しを証言。（朝 3•18） 3•21 イタイイタイ病患者ら，環境庁長官に「イタイイタイ病訴訟で三井金属側証人として出廷し，カ	3•4 経団連，「公害の無過失損害賠償責任法案は産業への影響甚大」との意見書を政府・自民党へ提出。（朝 3•5） 3•8 日本興業銀行，公害病患者救済のための，政府と財界の出資による「公害補償基金」設立を関西経済同友会主催の経済セミナー基調講演で提唱。（朝 2•5） 3•9 三菱金属工業社長，環境庁に対し「生野鉱山のイタイイタイ病問題の科学的統一見解をまとめるよう」要請。（日経 3•10） 3•9 国鉄，200人の作業員と10数人のガードマンを集め，横浜新貨物線工事を強行着工。反対派住民7人が負傷。（802） 3•18 ＰＣＢの最大手メーカーの鐘淵化学，「有力な代替品のない限

国・自治体	労災・職業病と労働者	備　　考
2•2　千葉県市原署，チッソ石油五井工場従業員6人を，1月7日の米人カメラマンへの暴行の疑いで書類送検。(朝 2•3) 2•4　川崎市，公害防止条例案をまとめ環境権の存在を打ち出す。(日経 2•5) 2•18　政府，中公審を改組するための公害等調整委員会設置法案を決定。(朝 2•19) 2•21　大分県，興人佐伯支社を水質汚濁防止法第7条違反で県警に告発。同法施行後，初のケース。(朝 2•22) 2•25　労働省，鉛中毒予防対策促進について通達。(305)	2　群馬県下の精密業：腕時計製造工場の指針印刷工程で，洗浄剤のノルマルヘキサンにより32人に中毒発症。(788) 2　1970(昭和45) 年10月27日に北九州市八幡区の三菱化成黒崎工場で，タンク修理中に硫化カドミウムで死亡した労働者の遺族によりおこされていた1,300万円の損害賠償請求事件，和解にて終わる。425万円の示談金支払わる。(西 2•27)	2•11　経済協力開発機構(ＯＥＣＤ)の環境委員会，公害防止費用は発生源企業が負担する原則“ＰＰＰの原則”を基本とする綱領を採択。(朝 2•12)
3•2　環境庁，公害の無過失損害賠償責任法案の要綱をまとめる。施行前の公害には適用せず，水俣病など重大公害被害者は救済されないしくみ。(朝 3•3) 3•4　**富山県**，神通川流域のカドミウム汚染に関し，**約3,000万円の補償を三井金属に要求。**(日経 3•5) 3•6　原子力委員会の原子炉安全専門審査会，福井県大飯町と美浜町に関西電力が計画中の原電について，設置しても安全との結論を出す。(朝 3•7) 3•7　東京の丸の内署，チッソ本社前座り込みの新認定水俣病患者支援の3人を公務執行妨害などの現行犯で逮捕。(朝 3•7) 3•13　厚生省委託の**スモン調査研究協議会**，**スモン**と診断された患者	3　**ＰＣＢ**生産工場の**三菱モンサント化成会社四日市工場**で，1971(昭和46) 年夏から年末にかけ，**皮膚炎症**を発症した労働者数人のいること判明。同社はＰＣＢ説を否定しているが，7月ころまでにＰＣＢ生産を中止と発表。(朝 3•15) 3•21　村田製作所労組と㈱村田製作所，労災補償協定を締結。(779) 3　福岡県下の化学工場で，10人にホスゲン中毒発症。(788)	3•4　「日米渡り鳥条約」調印。(朝 3•4) 3•16　国連環境会議準備委員会，「人間環境のための行動計画」を発表。(朝 3•17) 3•26　ニューヨークのタイムズ紙，日曜版別冊で「公害ニッポン」を特集。(日経 3•27) 3•31　わが国の乗用車保有台数2,122万台。過去10年間に4倍以上の伸び。(136) 3•31　神奈川県立川崎図書館，『京浜工業地帯公害史資料集』。(183)

1972（昭和 47）

公害・環境破壊	住民・支援者など	企業・財界
ppm，土壌から 7,800ppm など高濃度のＰＣＢ検出。（朝 3•22） 3•29 水俣病患者発生区域，天草にまでおよんでいることが熊大第2次水俣病研究班の調べで判明。（朝 3•30） 3 駿河湾内で養殖されたハマチに奇形魚が発見され，同奇形魚からＰＣＢが最高11ppm 検出される。（朝 3•9）	ドミウム説を否定している金沢大教授武内重五郎が，環境庁委託のイタイイタイ病研究班の一員であることを抗議。（朝 3•22） 3•31 群馬県太田市の渡良瀬川鉱毒根絶期成同盟会，古河鉱業所に対し，4億7,000万円余の賠償請求を決定し(26日)，中公審へ調停申請。（朝 3•31）	り生産を継続」と発表。（日経 3•18） 3•25 金沢大学の中川学長，卒業式で，同大教授武内重五郎の三井金属側証人として「イタイイタイ病の原因はカドミウムでなくビタミン欠乏による」と証言した行為を，“勇気あるもの”と述べる。（朝 3•26） 3•30 三菱金属鉱業と富山県，環境保全等に関する基本協定に調印。またカドミウム汚染米対策でも覚書に調印。（日経 3•31）
4•初 北海道栗山町で，埋立てに使用の総量23万ｔのクロム廃棄物で河川がかなりの程度汚染されていること判明。（北 4•5） 4•5 水俣市民のへその緒が，1947（昭和22）年にすでに胎児性水俣病患者と同程度に，有機水銀で汚染されていたことが，日本衛生学会にて発表される。（西 4•2） 4•7 カネミ油症患者に，新たに骨の彎曲や変形する症状発症のこと，産業衛生学会で報告さる。（西 4•6） 4•9 八代海沿岸住民対象の水俣病第二次検診で，疑いのある患者792人発見。（西 4•10） 4•11 長崎県五島列島の玉之浦町の油症患者の中に，汚染母乳で発症した子どものいることが判明。＜カネミライスオイル被害者を守る会＞の調べ。（朝 4•12） 4•13 水俣病と疑われる患者，水俣	4•1 **群馬県安中市**のカドミウム汚染被害者108人，**東邦亜鉛に対し6億円余の請求訴訟を提起**（11月25日に106人・6億1,500万円余に訂正）。（朝 4•1） 4•7 新潟県の阿賀野川漁協，漁業被害額5,000万円で昭電との交渉が妥結。要求は9,400万円。（朝 4•8） 4•10 大阪国際空港騒音訴訟の第2次原告118人，全員訴訟救助を認められる。（朝・日経 4•11） 4•20 水俣病新認定患者自主交渉派とチッソ会社の第5回自主交渉，環境庁で開く。患者側，患者本人に1,800万円，配偶者に600万円，親・兄弟・子供に500万円という一律補償金の要求書を提出。（朝 4•21） 4•22 ＜水俣病訴訟派患者家族会＞総会で国連環境会議への患者家族3人の派遣を決定。（朝 4•23）	4•5 日本衛生学会総会でイタイイタイ病のカドミウム中毒説を疑わしいとする神戸大教授喜田村正次，冒頭からカドミウム中毒説の医師萩野昇と激論。兵庫県市川流域でのイタイイタイ病発見の発表がきっかけ。（朝 4•6） 4•13 衆院公害対策委で，鐘淵化学と三菱モンサントが1959（昭和34）年ごろにはアメリカのＰＣＢ汚染問題を知っていたことが明らかになる。（朝 4•13） 4 チッソ水俣工場，熊本県内唯一のＰＣＢ大量使用工場として，熊本県より使用中止を勧告さる。（西 4•14） 4 大阪国際空港に離着陸する航空機，1日418機（うちジェット機248機）。（298-559号）

国・自治体	労災・職業病と労働者	備　　考
の大多数は**キノホルムが原因**で発症，**との最終結論**を発表。京大ウイルス研助教授井上幸重らのウイルス説については事実上否定。（朝 3・14など） 3・21　通産省，**PCB 生産・使用**を，産業機械用は7月1日，電気機器用は9月1日までに**中止**するよう関係業者へ通達。（朝 3・22） 3・22　環境庁，無過失損害賠償責任法案より因果関係の推定規定を削除。骨抜き案とし，国会に提出。（朝 3・23） 3・31　琵琶湖など5水域への環境基準設定。（135） 3・31　福岡県・北九州市と市内の企業47社，硫黄酸化物にかかる公害防止協定書の一括調印式を行う。（西 3・31） 3～4　兵庫県警の刑事らが生野地区をまわり，公害闘争の妨害をはかったこと，富山イタイイタイ病弁護団の調べで判明。（朝 4・14） 4・1　科学技術庁長官木内，茨城県漁協連から出ていた同県東海村で建設中の使用済み核燃料再処理工場建設に対する異議申立てを却下。（朝 4・1） 4・20　福岡市中央卸売市場の入荷野菜からドリン剤の有害農薬が何回も検出されながら，市当局が公表せず，そのまま市場に出させていたこと判明。（西 4・20） 4・26　通産省，1957年に定めたＰＣＢの不燃性絶縁油に関するＪＩＳ規定の削除を決定。同規定制定当時の専門委員の多くは業者。（日経 4・27） 4・27　ＰＣＢ汚染対策推進会議設置。事務次官等会議での申合せ。（136）	4　大阪府の松下電器産業進相コンデンサ事業部従業員に，ＰＣＢ中毒症の発症していること判明。（朝 4・20）	4・11　（米）上院本会議，毎年4月を排気ガス月間とすることを承認。全米で一斉に排気ガス点検をするもの。（日経 4・12） 4・15　島田宗三，『田中正造翁余録 -上-』。（387） 4　米国で1970年の大気汚染防止法制定以来，鋳物業界や製糖業界で倒産続出との発表。（日経 4・27）

1972 (昭和 47)

公害・環境破壊	住民・支援者など	企業・財界
市にて1942 (昭和17) 年より1971 (昭和46) 年まで発生していることが，熊本県議会で報告される。熊大第2次研究班報告によるもの。(朝 4•14) 4•18 千葉県沿岸のアサリなどより，多量の重金属が発見される。水産庁東海区水産研の発表。千葉県，28日に常食でないので食べても安全と発表。(朝 4•9，29) 4•19 茨城県東海村日本原研東海研で，セシウム137など放射性廃液がかなり大量に地上にもれる。(朝 4•21) 4•27 山形県，「同県吉野川流域に69人の指曲り病患者が発生」と発表。上流に銅・亜鉛を採掘している日鉱吉野鉱業所。(816-1973年) 4 野鳥の飛来地として知られる仙台市の蒲生海岸で渡り鳥の斃死，相次ぐ。(朝 4•15)	4•24 富山イタイイタイ病第一次訴訟控訴審，三井金属側の証人申請を却下し結審。第1回公判以来約7カ月というスピード結審。(朝 4•25) 4•25 成田新幹線の区内通過に反対する東京都江戸川区の住民など8人，国に対し同**新幹線の認可請求取消しを求める行政訴訟を提起**。同年12月23日**却下**される。(朝 12•23) 4•29～30 鹿児島県志布志で，九州自然を守る志布志大集会開催。(西 4•29)	
5•9 新潟県衛生研究所，新潟市で菓子包装紙よりＰＣＢを検出したことを発表。こののち各地で同様の汚染が発見され，インキが原因と調べつく。(日経 5•10) 5•12 東京の練馬区石神井南中で光化学スモッグ被害者118人。こののち，下旬から頻発し，6月2日までに都内の被害者1,500人余。(816-1973年) 5•22 長野県臼田町の日本農村医学研究所，1971年産米から予想を上回る総水銀を検出，と発表。禁止前の水銀農薬による土壌汚染の影響，と推定。(朝 5•23) 5•23 川崎市の公害認定患者 1,002人となる。大阪市・尼崎市についで，3番め。この日，公害を苦に川崎の認定患者自殺。(朝 5•23，24) 5•29 千葉市で，この1年に21cmもの地盤沈下の個所あり。千葉県の調べ。(日経 5•30)	5•11 大阪市のカドミウム汚染地区農家217戸，シャープなど5社の9,963万円の補償額提案を受諾。市が仲介。(816-1973年) 5•18 和歌山県と大阪府泉南郡岬町の住民，岬町に立地予定の**関電火力発電所反対運動**で共闘。この日，和歌山県知事，大阪府知事に「和歌山への影響も考慮するよう」申し入れ書を発送。共闘の一つの成果。(816-1973年) 5•23 市原市で発生した奇形梨被害に対し，東電・出光興産など京葉臨海工業地帯の34工場，5,000万円を支払う。(日経 5•24)	5•22 富山県立中央病院の副院長で三井金属側申請の証人である村田勇，富山県議会のイタイイタイ病機密漏えい審査会の席上で「イタイイタイ病死因の多くにビタミンＤの過剰投与という誤った治療法がある」と述べる。患者側が主張していた，慢性カドミウム中毒で腎機能障害をおこし衰弱死一という考え方と対立する“新説”。(朝 5•23)
6•1 大阪府で光化学スモッグ被害	6•3 国連人間環境会議へ出席する	6•5 東京丸の内のチッソ本社前で

国・自治体	労災・職業病と労働者	備　　考
5・4　横浜市長飛鳥田一雄，横浜新貨物線計画に関し，土地収用法に基づく縦覧を強行。(802) 5・6　富士市田子ノ浦港のヘドロしゅんせつ，90万 t を残して打切り。(朝 5・8) 5・9　林野庁，「新建材のホルマリン濃度を 5 ppm 以下におさえよ」との通達。1973年度から規格化実施の方針。(日経 5・9) 5・13　改正中小企業近代化資金等助成法公布。公害対策費用助成項目など追加。(133) 5・22　環境庁，第1回瀬戸内海水質汚濁総合調査を実施。(朝 5・17) 5・28　環境庁，公害防止計画第4次地域に関し，基本方針を指示。(136) 5・31　**悪臭防止法施行**。(815)	5・15　福岡県八女市の花火製造工場で爆発事故。2人死亡，12人負傷。すべて女性。(朝 5・16)	5・1　水俣病研究会，『認定制度への挑戦—水俣病に対するチッソ・行政・医学の責任—』。(807) 5・11　ストックホルムで国連環境会議を前に，<ストックホルム都市化計画反対環境破壊反対市民集会>。(朝 5・12) 5・25　石田好数『漁民闘争史年表』(158) 5・26　OECD 理事会，汚染者負担原則と環境に関する基準の国際的調和を2つの主要な柱とする「環境対策の国際経済的側面に関する指導原則」を採択。(136) 5・29　スエーデンのエーテボリで，国際商業会議所主催の<人間環境に関する国際産業会議>。日本企業は不参加。(日経 5・30) 5　瀬戸内海汚染総合調査実行委員会『瀬戸内海汚染総合調査報告 I』。(339)
6・2　金属鉱山等保安規則・石炭鉱		6・1～6　ストックホルムで自主人間

公害・環境破壊	住民・支援者など	企業・財界
者513人。(朝 6•2) 6•6 埼玉県で光化学スモッグ被害者1,800人。茨城県鹿島臨海工業地帯で亜硫酸ガス濃度，大気汚染防止法の緊急措置基準を突破。(朝 6•7) 6•6 鹿島臨海工業地帯で亜硫酸ガス濃度，大気汚染防止法の定める緊急措置基準0.2ppmをこえる。(朝 6•6) 6•12 川崎市や山形県で，長い療養に悩んだスモン患者，自殺。(朝 6•13) 6•15 秋田県同和鉱業**小坂鉱業所の下流域**で，**初期のイタイイタイ**病と疑われる患者発見。秋田市中通病院の調査の結果。(朝 6•15) 6•30 光化学スモッグ，首都圏をおおい被害者1,687人(児童に集中的)。(朝 7•1) 6～9 北海道各地で奇形魚発見。(北 6•13, 24, 26, 7•6, 17, 19, 9•27)	水俣病患者など被害者代表14人が出発。(朝 6•3) 6•3 西日本18大学の若手研究者らによる民間の<**瀬戸内海汚染総合調査団**(星野芳郎団長)>，工場沿岸の汚染の実態を調べた結果を発表し，「放置すれば瀬戸内は死の海」，とする『瀬戸内海汚染総合調査報告』を公表。(朝 6•3) 6•4 "かけがえのない地球と生命を守ろう"市民集会，国際統一行動の一環として日本各地で開催。(朝 6•5) 6•7 北電の共和，泊両地区への原電建設計画をめぐり，強硬な設置反対派の岩内郡漁協組と，条件つき建設促進の立場の商工会議所，初の話しあい。(北 6•7) 6•27 サリドマイド第2次訴訟提起。レンツ教授来日に際し，新たにサリドマイド胎芽症と診断された16家族。原告家族，総計62となる。(朝 6•28, 298-577号)	座りこみを続行中の水俣病自主交渉派の患者および支援者と，チッソ社員の間にもみ合い。(朝 6•5) 6•17 住友金属和歌山製鉄所，2年間にわたり廃油を海へ放出していたことが露見し，港則法違反で田辺海上保安部により書類送検さる。製鉄所では初のケース。(朝 6•17) 6•24 水俣病裁判のチッソ側申請証人に対する出張尋問，大阪で行われる。同証人，「会社側は水俣病と工場排液の関係を知っていた」と証言。(西 6•25) 6 **自動車業界，光化学スモッグの"車主犯説"に対し反論を展開。**(朝 6•23)

国・自治体	労災・職業病と労働者	備　　考
山保安規則・石油鉱山保安規則，いずれも改正発令。鉱害防止規程を追加。(133) 6•3　**公害等調整委員会設置法公布。**(133) 6•3　改正鉱業法公布。(133) 6•3　改正文化財保護法公布。(133) 6•3　改正首都圏近郊緑地保全法公布。(133) 6•3　改正採石法，同じく砂利採取法公布。(133) 6•5　**都衛生局，光化学スモッグにつき，"心因性説"**を打ち出す。(朝 6•6) 6•5　環境庁，光化学スモッグの暫定対策として事前の車通行制限，工場などの燃料制限などを全国都道府県知事に通達。(朝 6•6) 6•8　**労働安全衛生法公布。**(815) 6•8　放射線同位元素等による放射線障害の防止に関する改正法律公布。(133) 6•9　公害の無過失賠償責任法案，衆院本会議で可決。(朝 6•9) 6•10　改正石炭鉱害賠償等臨時措置法公布。(133) 6•15　琵琶湖総合開発特別措置法公布，施行。(133) 6•19　光化学スモッグ対策推進会議の設置について事務次官等会議申合せ。(136) 6•22　改正工業用水法公布，施行。(133) 6•22　**自然環境保全法公布。**(133) 6•22　改正自然公園法公布。(133) 6•22　改正森林法公布。(133) 6•22　改正都市計画法公布。(133) 6•22　改正建築基準法公布。(133) 6•22　改正首都圏整備法公布。(133) 6•22　**改正大気汚染防止法及び改正水質汚濁防止法（いわゆる公害無過失責任法）公布。**(136) 6•23　北海道伊達市議会，満場一致で北電伊達火発の早期建設要望決議案を可決。(北 6•25)		環境会議，国連の人間環境会議に先立ち開く。(朝 6•2) 6•5　ストックホルムで国連会議に対抗し，"人民広場"開かれる。(朝 6•6) 6•5〜16　国連主催の人間環境会議開催（ストックホルム）。"人間環境宣言"を採択し閉会。(朝6•6 日経 6•17) 6•6　(米)カリフォルニア州で環境規制をめぐって住民投票が実施されたが，規制反対が規制賛成の2倍の率で住民運動が敗北。(朝 6•8) 6•16　日米財界人会議のＢグループ（環境公害問題），ＰＰＰを妥当なものとして認める。(朝 6•17) 6•26〜28　カナダのトロントで自動車排気汚染国際会議。(753)

1972（昭和 47）

公害・環境破壊	住民・支援者など	企業・財界
7・7　千葉市で公害病認定患者 13 人を初認定。（朝 7・8） 7・13　イタイイタイ病患者，自殺（2人め）。（朝 7・14） 7・14　川崎市の公害病認定患者，自殺。（816-1973年） 7・17　富山県，イタイイタイ病要観察者 131 人を認定。要観察者は合計 134 人，認定患者は85人。（朝 7・18） 7・21　日本コンデンサ工業草津工場周辺でＰＣＢ汚染米の発見地区から中毒症状の疑いのある住民発見。滋賀県の調べ。ＰＣＢ環境汚染による慢性中毒発生は初めて。（朝 7・22） 7・23　スモンの原因キノホルムが，戦前は劇薬指定であったこと，社会医学研究会で発表される。（西 7・24） 7・25　外航タンカーの廃棄物が主要な原因で発生する廃油ボールが日本列島沿岸全域に及んでいること判明。海上保安庁発表。（朝 7・26） 7・29　全国の河川・海域などの水質約23％が環境基準を越える汚染と判明。環境庁の調べ。（日経 7・30） 7・31　環境庁，カドミウム汚染調査結果を発表。117 の調査地区中 28 地区で安全基準を越えた汚染米発見。（朝 8・1）	**7・24　四日市公害訴訟に判決。**被告6社の共同不法行為を認め，**患者側勝訴。**（朝など 7・24） 7・26　四日市市河原田地区に新工場の建設を予定していた三菱油化，住民の反対にあい，6月2日に三重県知事へ白紙に戻すことを通告していたが，この日進出を断念する文書をしたためる。（210-81,82号）。 7・27　**北海道伊達市**で，北電火力発電所建設に反対する住民56人，北電を相手どり，建設禁止を求め，訴訟を提起。**環境権**を全面に出した新しい**公害訴訟**。（伊達火発建設差し止め訴訟）（816-1973年）	7・28　東邦亜鉛安中製錬所，操業停止中の増設工場の操業再認可を東京鉱山保安監督部に申請。（日経 7・29） **7・29　三井金属鉱業と日本鉱業協会，イタイイタイ病とカドミウムは無関係とするパンフレットなどを各都道府県医師会，行政官庁に配布。**（朝 8・1） 7・下　トヨタ自動車，光化学スモッグの原因は自動車以外にもあり，とした反論パンフレットを各方面に配布。（朝 7・28） 7　公害防止機器の大手メーカーはほとんど増益基調。一方で公害防止法を守れず規模縮小をする中堅メーカーふえる。（日経 7・12） 7　全国で最後までベンジジン，ベータ・ナフチルアミンの製造を続けていた協和化学工業（和歌山），ようやく製造を中止。（71-118号）
8・1　岩手県の旧松尾鉱業所の排水口より，最高 40ppm のヒ素を含む鉱毒水が流出していること発見され，報告さる。（朝 8・2） 8・4～7　播磨灘に大量の赤潮発生	8・8　富山市でイタイイタイ病控訴審の全面勝利を要求する県民総決起大会。新潟水俣病患者，安中の住民代表など各公害地からも参加。（朝 8・9）	8・2　三井金属，富山イタイイタイ病訴訟の上訴権放棄を判決に先立って発表。同社社長，記者会見で「ガリレオのような心境（因果関係はない）」と語る。3日，公害

国・自治体	労災・職業病と労働者	備　　考
6•25　廃棄物処理施設整備緊急措置法公布。(136)		
6•25　**海洋汚染防止法施行。**(朝 6•27)		
6　群馬県太田市議会で毛里田地区のカドミウムによる健康障害に関する質問，公明党議員団より出される。(朝 1963年 2•14 群馬版)		
7•1　公害等調整委員会発足。(日経 7•1)	7•9　北海道石狩支庁内の国道新設工事現場で岩盤崩落。５人死亡，３人重傷。(朝 7•10)	7•1　磯野直秀ほか編『ＰＣＢの記録』(540)
7•4　千葉県，大手企業に公害視察を事前通告していたことを，県議会で追及される。(朝 7•5)	7•29　ＰＣＢ入りのノーカーボン紙を扱う女子職員の母乳から，高濃度のＰＣＢ検出。全逓長野地区本部の発表。(朝 7•30)	7•25　甲田寿彦『わが存在の底点から—富士公害と私—』(714)
7•13　環境庁の瀬戸内海水質汚濁総合調査結果，まとまる。(朝 7•14)	7　大分県下の窯業現場で，11人に一酸化中毒発症。(788)	
7　労働省，神戸港のフォークリフト病につき腰痛のみをとりあげ，その業務上疾病基準を制定。(780)		
8•1　環境庁，第２回瀬戸内海水質汚濁総合調査を実施。(136)		8•11　(米)ニクソン大統領諮問機関の環境問題会議，1972年環境報告中のエネルギー問題の部分を発表。「天然ガスが環境を最も汚染せず」また「核エネルギーは長期
8•3　「瀬戸内海環境保全知事・市長会議」開催。瀬戸内海環境保全法(仮)の立法化をはかることを決		

公害・環境破壊	住民・支援者など	企業・財界
し，養殖ハマチ500万尾以上が死ぬ。被害は約30億円。こののちも徳島・兵庫・香川県などで被害続出。被害総額50億円以上となる。(朝 8•7，日経 8•14) 8•14，16　室蘭のイタンキ浜に大量の廃油。広範に油汚染被害発生。(北 8•18) 8　東京築地の中央卸売市場でマグロを常食している市場職員13人の毛髪から，平均 10ppm 以上の水銀検出。都公害研と新潟大医学部の調べ。(朝 8•22)	8•9　**富山イタイイタイ病第一次控訴審に名古屋高裁金沢支部の判決。**患者側の主張，ほぼ全面的に認められ，**患者側勝訴。**(朝 8•9) 8•10　富山イタイイタイ病患者たち，三井金属鉱業本社と団交して**カドミウム**を**原因**として認めさせ，公害防止協定や土壌汚染補償などに関する誓約書への調印をかちとる。(朝 8•11) 8•15　鹿児島県志布志湾の開発計画，住民の激しい反対の末，県の資金計画成らず，事実上廃案となる。(816-1973年) 8•20　岡山にて<森永ミルク中毒被害者の会・全国本部>結成。 8•22　三井金属，富山イタイイタイ病第2次以降の訴訟についても第一次の判決に従うと折れ，全訴訟は事実上の終結。(816-1973年) 8•23　名古屋地区の住民，悪臭源のセロハン工場を，数年ごしの公害闘争の結果，製造停止に追い込む。(日経 8•24) 8•28　東京の練馬・板橋などの環状7号線（環7）沿道の主婦たち100余人，住民集会を開き区・都・警視庁を追及。(816-1973年) 8•30　関西新空港に関する公聴会で，同空港反対兵庫県住民連絡センター世話人の加藤恒雄「開発のあり方そのものが全国的に問われているとき」と発言。(816-1973年)	対策全国連絡会議代表に追及され，“ガリレオ発言”を取り消す。(朝 8•2，3) 8•6　福岡県豊前市に火発を建設予定の九電，豊前市・中津市など関係市町村の住民に，火発の安全性を宣伝したパンフレットを配布。(西 8•6) 8•9　全チッソ労組議長夏目，小山環境庁長官に「本社前の患者たち座りこみのテント引き払い」へ協力を要請し，たしなめられる。(朝 8•10) 8•15　森永乳業，ヒ素ミルク中毒者発生以来17年ぶりに，発生責任を認めることを決定。(816-1973年) 8•21　四日市地域の54工場，三重県の指示に従い，全工場が硫黄酸化物排出削減を確約。また住民などの工場立入り権を認める契約書に仮調印。公害訴訟判決の実行。(朝 8•22) 8•23　京葉工業地帯の大手企業30社，千葉市の公害認定患者の医療関係費用を9割負担すると決定。公害訴訟へ先手。(朝 8•24) 8•31　三井金属鉱業，審理中のイタイイタイ病訴訟第2次〜第7次統一訴訟における原告らの請求損賠額，21億5,900万円余を支払う。(朝 9•1) 8　経団連常務理事菅元彦常，イタイイタイ病控訴審判決につき，「あまりにも断定的」と語る。(朝 8•10)
9•3　宮城県のカドミウム汚染米約1万俵が，県の怠慢のため東京方面に出荷済みとのこと判明。(朝 9•3) 9•5　大阪国際空港周辺の幼児に鼻血を出すもの続出。騒音と大気中のタールが原因。大阪府公害室の調べ。(朝 9•5，7) 9•5　東京都・神奈川県・千葉県，東京湾の共同調査の結果，東京湾	9•2　**川崎市**の公害反対の**住民団体，東電川崎火力発電所の立入り調査を認める確認書へ調印をかちとる。**(日経 9•3) 9•7　主婦連など消費者23団体，<PCB追放を考える消費者のつどい>を開き，対策の遅れを批判。(816-1973年) 9•10　<森永ミルク中毒のこどもを守る会・東京本部>発足。西日本	9•5　自動車工業会，大気汚染の自動車犯人説に対する反論パンフレットを発表。(日経 9•6) 9•11　経団連，公害による損害補償基金制度創設に賛意。(日経9•12) 9•12　三井金属，無配転落を発表。(朝 9•13) 9•19　本田技研 CVCC 方式エンジンを開発。“米マスキー法などの規制値にたえる低公害エンジン”

国・自治体	労災・職業病と労働者	備　　考
定。(朝 8・3) 8・14　厚生省食品衛生調査会ＰＣＢ特別部会，厚相に許容基準に関する答申を提出。カネミ油症発生以来５年目，魚類関係規制には甘さ目だつ。(朝 8・15) 8・18　中公審，自動車排気ガス制限に関し「(米)マスキー法なみの規制を1975年４月以降の生産車に実施すべき」と中間報告。10月３日環境庁へ答申。(816-1973年) 8・28　東京の丸の内署，チッソ本社前坐り込みの新認定水俣病患者支援者を，チッソ社員に対する傷害の疑いありとして逮捕。(朝8・28) 8・29　**群馬県**，カドミウム汚染地区の土壌改良事業費の75%，**4億7,000万円を東邦亜鉛に要求**する方針を決定。公害防止事業費用負担法の初適用。(日経 8・30)		的には危険」と警告。(朝 8・12) 8・20　松下竜一『風成の女たち―ある漁村の闘い』。(117) 8　日本植物防疫協会，農薬メーカー９社の依頼を受け，ＢＴ剤研究会を発足。(日経 8・7)
9・6　兵庫県生野地区のイタイイタイ病を調査していた環境庁委託の＜イタイイタイ病カドミウム中毒研究班＞，否定的見解をまとめ，住民の再調査を指示。(朝 9・7) 9・14　閣議，**むつ小川原開発を列島改造のトップバッターとして決定**。(816-1973年) 9・24　スモン調査研究協議会，「スモンの原因として一時期あげられ		9・4～8　ユーゴスラヴィアのベオグラードで，1972年労働安全大会開催。安全衛生国際シンポジウム，開催（５～７日）。 (753-48巻４号) 9・20　三宅泰雄『死の灰と闘う科学者』(804) 9・20～29　OECD 環境委員会大気管理部会，東京会議開催。(136) 9・24　木本正次『四阪島』(273)

公害・環境破壊	住民・支援者など	企業・財界
は確実に“死の海”に近づきつつあると発表。（朝 9・7） 9・6　新潟水俣病認定申請者28人を全員新認定。合計210人となる。このうち死者は10人。（朝 9・7） 9・8　東京都でこんどはすし屋の板前の毛髪から最高 52ppm の水銀検出。都衛生局発表。（朝 9・8） 9・21　第2のＰＣＢとみなされるＰＣＴが，食品包装品に多量に含まれていること新潟県衛生研の調べで判明。（朝 9・21） 9　北海道各地で魚類が多数斃死する事件発生。（北 9・9，13） 9　大分県別府湾沿岸が5年間で約15cm 沈下したこと判明。（西9・8）	以外で都道府県単位の“守る会”は初めて。（816-1973年） 9・17　**青森県の六ケ所村，むつ小川原開発の閣議決定に反発して，村民決起集会を開く**。（816-1973年） 9・23　福岡県のカネミ油症患者紙野トシエ，カネミ倉庫本社前で無期限坐り込みを開始。（816-1973年）	と発表。（816-1973年） 9・22　川崎市に商工会議所の推進で＜川崎市公害対策協力財団＞設立。（日経 9・23） 9　電力業界に排煙脱硫装置の導入，活発化。（日経 9・13）
10・23　**熊本県荒尾市**で，有明海の魚介類を常食していた**ネコが狂死**。大牟田市池本犬猫病院，有機水銀中毒症と酷似と発表。（816-1973年） 10・25　日本がん学会で，ＰＣＢによるマウスの肝癌発生，確認される。（毎 10・26）	10・6　光化学スモッグ防止要求都民集会初会合。被害者の母親や教師など約100人が参加。（816-1973年） 10・7　川崎の環境保全市民集会，10万人余の市民の署名を添え，市議会に自然環境保全条例の制定請求書と条例案を提出。（816-1973年） 10・8　＜森永ヒ素ミルク中毒被害者の会＞東京で結成。全国で7番め。（毎 10・9） 10・14　水俣病裁判結審。3年4カ月ぶり。判決は1973年。（816-1973年） 10・15　福岡県豊前市で，**豊前火力誘致阻止総決起集会**。九電労組北九州支部からも50人が参加。（西 10・16） 10・15　水俣病患者を支援する＜水俣病を告発する会＞，患者の検診や生活設計の場となるような「水俣病センター」をつくる計画案を発表。（毎 10・16） 10・19　**利川製鋼公害訴訟（名古屋）**，	10・9　三井金属鉱業，富山県などから要求されていたイタイイタイ病の行政費を年内に支払うことを約束。富山県の発表。（朝 10・10） 10・13　ナフサ生だき拡大についての石油化学・電力・石油精製の三業界による話し合いがまとまり，1974年度から拡大を認めることが決まる。（朝 10・14） 10・18　東洋工業，マスキー法対策として開発した低公害車1号：ルーチエＡＰを含む新型を発表。（朝 10・19） 10・下　国際鉄鋼協会，公害防止で国際的協力体制をとることに決定。推進機関とし，環境問題委員会を設置。（西 11・1） 10　川崎市のゼネラル石油精製会社，社内報で，公害問題の報道や医師・役人・裁判官の公害とりくみを誹謗する記事を掲載。（毎 10・13）

国・自治体	労災・職業病と労働者	備　　考
たウイルスの究明は凍結」と決定し，今後は「患者救済およびキノホルムによるスモンの発生のメカニズムに研究の重点を移す」ことを発表。(朝 9•25)		
9•27　川崎市公害防止条例施行。(日経 9•27)		
9•30　労働安全衛生規則発令。(305)		
9•30　ボイラー及び圧力容器安全規則，クレーン等安全規則，ゴンドラ安全規則，**有機溶剤中毒予防規則，鉛中毒予防規則，四アルキル鉛中毒予防規則，特定化学物質等障害予防規則**，高気圧障害防止規則，電離放射線障害防止規則，酸素欠乏症防止規則など発令。(305，503)		
9•30　公害紛争裁定制度発足。(朝 9•26)		
9•30　富山県・富山市・婦中町・大沢野町，三井金属鉱業にイタイイタイ病の行政費約1億4,586万円を要求。(朝 10•10)		
10•1　**労働安全衛生法施行。**(815)	10•1　労働安全衛生法施行に伴い，ベンジジン，ベータ・ナフチルアミンの製造・使用・輸入，禁止。(71-118号)	10•4　(米)上下両院，1972年連邦水質汚染防止法案(水のマスキー法)を可決。(136，毎 10•5)
10•2　環境庁，**損害賠償補償制度準備室**を発足。(毎 10•3)		
10•18　**電源開発調整審**，住民の声を無視して**北海道の伊達火力の建設計画を承認。**伊達火力訴訟第1回公判はこの2日後。(朝 10•19)		
10•23　サリドマイド訴訟第37回口頭弁論にて，もと厚生省製薬課長，「会社の資料を厚生省がうのみにして許可した」と証言。(816-1973年)		
10•24　木村建設相，記者会見で「鹿島に公害はない」と発言。鹿島の住民は公害の実情を知らぬ発言と反発。(毎 10•24)		
10•31　東京の丸の内署，チッソ本社前に坐り込み中の新認定水俣病患者：自主交渉派代表川本輝夫に，チッソ社員に暴行したとの容疑で任意出頭を求める。11月6日傷害容疑で送検。(西 11•6)		

公害・環境破壊	住民・支援者など	企業・財界
	一審判決。差止め命令が出て被害**住民の勝訴。**（朝 10•19） 10•20 伊達火発建設に反対する環境権訴訟，第1回公判。（北 9•15，朝 10•20） 10•30 全国の新幹線公害反対住民組織，衆議院第一議員会館で，初の全国大会。中央公害審の85ホン規制答申案への抗議。	
11•1 東京都，中学生以下の公害患者56人を初認定。（毎 11•2） 11•1 大阪国際空港騒音訴訟原告60歳が死亡。110ホンもの騒音地帯に住み心臓が弱っていたといわれる。（毎 11•1） 11•14 東京都，大気汚染による呼吸器系疾患を持つ中学生以下の子供496人を公害病と認定。11月1日に遡り医療費助成を実施することを決定。（朝 11•15） 11•30 大阪府下で不知火海沿岸地出身者に3人の水俣病患者および要精密検査者数10人発見。＜大阪・水俣病を告発する会＞の発表。（毎 12•1） 11 エドワード・ゴールドバーグ教授，東京湾などを視察。（朝 11•14）	11•上 千葉県市川市の公害反対8団体が市川市民連合を結成。（毎 11•2） 11•7 スモン訴訟分離派の全国スモンの会兵庫支部と弁護団，医者に対する賠償請求権放棄を条件に，県医師会の訴訟協力を得る覚書に調印。（朝 11•8） 11•8 森永ヒ素ミルク中毒事件のやり直し裁判，第23回公判が徳島地裁で開かる。被害児が証人として初の発言。（毎 11•8） 11•25 東京のコラルジル被害者の会の会員9人，新潟（3月16日）につづき，鳥居薬品に8,800万円の賠償を求める訴訟の提起を決定。（日経 11•25） 11•30 四日市市磯津地区の公害認定患者ら，公害訴訟の被告6社より，約5億7,000万円の補償額回答を得，調印。初交渉から3カ月。この間，企業側は交渉を2度回避。（816-1973年） 11•30 イタイイタイ病訴訟第2次～第7次訴訟取下書を富山地裁民事部に提出。これで同訴訟はすべて終了。（朝 11•30）	11•1 古河鉱業，同社労組に**足尾鉱山の閉山**（1973年春の予定。ただし製錬所は存続）を通告。鉱毒を放置するもの，と被害者たちの間に怒り。（西 11•1） 11•18 三井金属神岡鉱業所（岐阜県神岡町）は現在も月平均37kgのカドミウムを排出。イタイイタイ病対策協などの調べ。（朝 11•19）
12•5 熊本・鹿児島両県知事，天草の住民も含む52人の水俣病患者を認定。患者総数は344（うち死亡62人）となる。（毎 12•5） 12•7 福島県いわき市旧常磐炭鉱廃坑で爆発事故。労働者2人が死亡し，周辺住民8人が爆風による巻きぞえで負傷。（朝 12•8） 12•15 東京都，児童1,324人を公害	12•1 **日弁連，鹿島臨海工業地帯に公害が発生**している事態に関し，県や国に現状凍結を働きかけると発表。（朝 12•2） 12•11 イタイイタイ病対策協，三井金属本社に農業被害の補償を強く要求。（朝 12•12） 12•16 新認定水俣病患者自主交渉派や支援グループ，座り込み1周	12•14 全面禁止のＰＣＢを，国鉄の要請で日立製作所が使用していること判明。茨城県の調べ。（読 12•15） 12•15 昭電，新潟水俣病新認定患者に，死者1,000万円・重症患者700万円・その他の患者に250万円の一時金のほか，全患者に年金20万円などの新提案。（朝 12•16）

国・自治体	労災・職業病と労働者	備　　考
11•5　川崎市議会，市民10万余人の署名を添えた自然環境保全条例の制定を小差で否決。(毎 11•5) 11•7　横浜市飛鳥田市長，面会を求めて前日より座りこみを開始した横浜新貨物線に反対する住民を，機動隊導入により排除。(802) 11•17　小山環境庁長官，「新認定水俣病患者 158 人に，チッソが補償金の内払い各40万円を支払う」と水俣病新認定患者川本輝夫らに通知。(816-1973年) 11•28　1969 年のぼりばあ丸事件の海難審判に判決。原因とみられるものとして船体構造の欠陥を指摘。(朝 11•28)	11•2　北海道空知支庁石狩炭鉱でガス爆発。31人が坑内に閉じこめられ，全員絶望。(朝 11•3)	11•2　国連総会第 2 委員会，国連人間環境会議で決定した環境保全行動計画に基き，国連環境基金設置などを採択。(毎 11•4) 11•13　海洋投棄規制国際条約，ロンドンで開催の＜国際情報照会制度専門家会議＞で採択。(136，朝 11•14) 11•22　原田正純『水俣病』。(626) 11•28　モスクワで日航機に事故。62人死亡。(朝 11•29)
12•5　厚生省，スモンの高圧酸素療法に，12月 1 日にさかのぼり健保適用を認めると発表。(816-1973年) 12•7　厚生省委託の＜岡山県粉乳ヒ素中毒調査委員会＞，県内 723 人の被害児検診結果を，特に憂慮すべき経過はたどっていないと発表。＜守る会＞，非科学的で患者	12•31　釧路市出光興産で爆発事故。民家 8 棟などがこわれ，住民を含む 6 人が負傷，労働者 3 人が死亡。(朝 1973年 1•1)	12•4　(米)環境庁，航空機の排気ガス基準案を発表。6 年間で 8.5% 減などを提案。(朝 12•5)

公害・環境破壊	住民・支援者など	企業・財界
病患者と認定。都内の公害病患者は総計2,935人。（読 12・16） 12・18 山形県農林部関係者，庄内平野の水田から，9,500 ppm の鉛を前年秋に検出したことを発表。米にも 1,000ppm。（朝 12・20） 12・22 尼崎市の公害病認定患者総数2,567（うち死亡30）人。（816-1973年） 12・25 大阪市の公害病認定患者総数2,765（うち死亡51）人。（816-1973年） 12・26 川崎市の公害病認定患者総数1,414（うち死亡38）人。（816-1973年） 12・27 東京都の公害病認定患者総数 4,421 人。 12 厚生省，母乳のＰＣＢ汚染の全国調査の結果，全母乳より平均 0.035 ppm のＰＣＢを検出。（朝 12・28） 一 タンカー事故（とくにタンカーによる重油流出）頻発。（朝 1・16，6・29，赤 7・20）	年を記念して集会。ねばり強く続けることを確認。（毎 12・17） 12・16 東京都のゴミ処理集積所予定地の１つの杉並区の住民，阻止行動を開始。（読 12・16） 12・19 スモン統一訴訟第10次提起。原告152人，請求額76億円。（毎 12・20） 12・26 スモン訴訟分離派の第一陣として，全国スモンの会大阪支部，大阪地裁に国・製薬会社７社に対する損害賠償請求訴訟を提起。原告53人，請求額15億3,450万円。（毎 12・27） 12・28 チッソ本社前で，新認定水俣病患者・自主交渉派代表川本輝夫の起訴に対する抗議集会。（816-1973年） 12・28 宮崎県高千穂町土呂久の宮崎県公害認定患者７人，住友金属と確認書を調印し総額2,680万円の補償金を受けとる。多数の潜在患者は放置。（816-1973年） 一 大学生協を中心に<森永ミルク中毒のこどもを守る会>を支援して森永製品をボイコットする生協，増加。東北大・東大などすでに３分の１近くの大学生協が実行。（毎 11・6）	

国・自治体	労災・職業病と労働者	備　　考
不在の検診結果だと抗議声明。(816-1973年) 12・13　中公審,「環境保全長期ビジョン中間報告」を発表。現状のままで経済成長を続ければ環境破壊は進む一方，と。(読 12・14) 12・15　**食品衛生調査会,「石油たん白は安全」**とした意見書を厚相・農相に提出。(朝 12・16) 12・19　公害防止第2次・第3次策定計画（各昭和46年5月，9月方針指示），内閣総理大臣により承認。(136) 12・22　中公審損害賠償負担制度専門委，「公害に係る健康被害損害賠償保障制度」について中間報告を発表。(136) 12・27　東京地検，新認定水俣病患者・自主交渉派代表川本輝夫を傷害罪で起訴。川本輝夫・<水俣病を告発する会>，「公害闘争への弾圧」と発表。(朝 12・28)	一　鉱山事故：空知炭鉱（ガス爆発），で45人負傷。(朝 7・29) 一　名大山田信他・北大渡辺真也，訪ソし，全林野労組と交流のあるソ連邦林業木材製紙加工工業労組と交流。またソ連邦における**振動病**研究を視察。(780)	

1973（昭和 48）

公害・環境破壊	住民・支援者など	企業・財界
1・11　沖縄読谷村で，米軍が催涙ガスを中和し廃棄中，同ガスが流出して住民約800人に被害。（朝 1・12，13） 1・20　東亜ペイント大阪工場で爆発事故。通行人や住民も含め，重軽症者91人。半径 1km にわたり爆風被害発生。25日，爆発の原因とみられる接着剤を開発した同工場の主任，家族とともにガス心中。（朝 1・20，26） 1　土木学衛生工学委員会，3カ年の琵琶湖調査の結果，「1985年までにドブになる」と警告。（毎1・12）	1・6　むつ小川原開発に反対する〈六ケ所村を守る会〉，地方自治法第80条に基く開発賛成派の開発委員長リコール運動を開始。（朝 1・6） 1・19　＜福岡県下の歴史と自然を守る会＞，博多湾の自然と海水を守るよう県当局と県議会に要望，請願。（西 1・20） 1・20　水俣病新認定患者と未認定患者31世帯141人，チッソに対し第2次の損害賠償請求訴訟（16億8,000万円）を提起。（西 1・20） 1・25　東京都江戸川区住民による羽田空港B滑走路使用禁止を求めた仮処分申請，和解で解決。（朝 1・26） 1・29　1972年12月の厚生省の“安全宣言”により企業化が進められている石油たん白問題をめぐり，消費者代表など22人，厚生大臣に対し，製造・販売・使用禁止を申立て。30日には獣医師団体が厚相に対し再検討を要請。（朝 1・31）	1・31　三井金属鉱業本社，経営悪化に伴い約1,000人の人員縮小方針を固める。（朝 1・31）
2・1　政府，名古屋・東海・豊中・北九州の4地区を大気ぜんそく病の指定地域に追加，宮崎県土呂久の慢性ヒ素中毒を公害病に指定。（136） 2・3　1972年秋以来，九州・四国・中国・関東地方で問題化している奇形子牛の多発に関し，千葉県民社党県連，県当局に緊急対策を申入れ。（816-1974年） 2・21　東京都の新鋭の3清掃工場の排水から，最高0.59ppm のカドミウム検出。プラスチックゴミ急増の影響。22日には10清掃工場排ガスから多量の窒素酸化物と塩化水素検出。東京都の調べ。（朝 2・22，23） 2　九州の博多湾，7割近くが死の海と判明。福岡市下水処理場排水が主因。九大の調べ。（西2・11，12） 2　室蘭市でかんづめマグロを多食していたネコが死亡。水俣病の疑	2・8　＜全国自然保護連合会＞，全国4カ所で“日本の自然を考える夕べ”を開催。（朝 2・9） 2・15　伊丹市住民ら2,356人，騒音公害で大阪空港の廃止などを求め，公害等調整委員会に調停を申請。被申請人は運輸大臣。（朝 2・15） 2・17　＜東京スモッグをなくす都民集会＞第1回会合，東京都本郷の東京大学で開かれる。（朝 2・18） 2・19　茨城県核燃料再処理工場設置阻止闘争委員会などの住民代表8人，日本原子力発電会社の東海第2発電所建設に反対し，科学技術庁へ異議申立書を提出。（朝2・19） 2・24　三井金属鉱業神岡鉱業所からのカドミウム排出で農業被害を受けた農民らの補償要求みのり，両者の間で協定書の調印が行なわれる。（北 2・24）	2・2　（米）環境保護庁，「本田技研開発の低公害エンジンCVCCが75年排ガス規制に合格」と発表。（朝 2・4） 2・5　東洋工業のロータリー・エンジン，本田技研 CVCC に続き（米）マスキー法75年基準に合格。（朝 2・6） 2・20，21　鐘淵化学工業・大日本インキ化学工業，「社会的同意が得られるまで石油たん白の企業化を断念」と発表。（朝 2・21，22） 2　渡良瀬川沿岸にイタイイタイ病に似た症状の患者がいるといわれる点につき，古河鉱業は「カドミウムに関しては一切責任なし」と発言。足尾銅山のチリー鉱石（高濃度カドミウム含有）使用開始は1953年からのことで，すでに20年の年月。（朝 2・14 群馬版）

国・自治体	労災・職業病と労働者	備　　考
1・10　中労委，大阪の日本計算器会社が同社の公害についてビラを配布した労組幹部を解雇処分にした件で，処分撤回を求めるなど救済命令を公表。（朝 1・11） 1・10　環境庁と瀬戸内沿岸の11府県6市，第4回（最後）の瀬戸内海水質汚濁総合調査実施。（西1・10） 1・14　73年度予算復活折衝で，パリに環境外交官を置くことを決定。（朝 1・15）	1・19　福岡県八女郡の旧星野金山で働いていた労働者100人の検診で，塵肺86人が発見される。県衛生部調べ。（西 1・19）	1・16　（米）ラルフ・ネーダー，厚相あてにサリドマイ児の日本での現状について質問状を送る。厚相25日，回答を送付。10年前の資料など内容のないもの。（朝 1・17） 1　英国のサリドマイド製造・販売会社のディスティラーズ社，全サリドマイド児に10年間，毎年15億円を支払うための積立慈善信託を設置し，ほかに1家族約375万円の見舞金を支給，と被害者の要求額どおりの最終案を発表。（朝 1・6）
2・1　廃棄物処理及び清掃に関する法公布，施行。（136） 2・5　衆院予算委員会で，政府のＰＣＢ政策の欠陥が，公明党により追及される。（朝 2・6） 2・16　厚生省，石油たん白企業化に関し，消費者らの起こした禁止申立てに対し「飼料用タンパクは食品衛生法の対象外」と回答。（朝 2・17） 2・20　新谷運輸相，新幹線騒音被害住民の60ホン以下との要求を無視し，80ホンが調和点と発言。（朝 2・20） 2・21　福岡県と豊前市，九電と豊前火発の建設をめぐり，環境保全協定に調印。（西 2・21） 2・22　東京都，清掃工場からのカドミウム検出の対策とし，ゴミとプラスチック類の分別収集およびプラスチック企業への課税を決定。（朝 2・23）	2・3　日本油脂美唄工場で雷管100本が爆発。労働者7人が重軽傷。（北 2・3） 2・3　那覇市の米軍チャーター貨物船で，塩素ガスもれ事故。日本人従業員12人が中毒。（朝 2・4） 2　ＰＣＢ取扱い事業場で働いていた労働者の体内ＰＣＢの蓄積が，カネミ油症患者に匹敵し健康障害が顕在化していること，労働衛生研の調べで判明。（朝 2・18） 2　足尾銅山における閉山時のじん肺健診結果では，坑内労働者437人中283人がじん肺有所見者と判明。（827）	2・13　OECD 理事会，PCB の共同規制に関する勧告採択。（136） 2・24　足尾銅山閉山。（朝 2・25）

1973 (昭和 48)

公害・環境破壊	住民・支援者など	企業・財界
いもあり。(北 6•21) 3•1　市川市埋立地に 3,000ppm もの六価クロムを含有する鉱滓の使われていたこと判明。(朝 3•2) 3•19　厚生省油症治療研究班，福岡県の依頼で1月22日から31日まで福岡県下で実施した検診の結果，未認定患者41人のうち31人をカネミ油症と判定し発表。(西 3•20) 3•23　川崎市の三工会社リン化合物製造工場より出火し，塩酸ガスが発生して付近住民100世帯に被害発生。(朝 3•23) 3•30　堺・泉北臨海工業地帯で西日本最大の石油プラント：ゼネラル石油堺精油所が爆発。(朝 3•31) 3　森永ヒ素ミルク中毒者，新たに18人確定。確認申請者440人のうちの第一次判定分。(朝 3•29) 3　ＰＣＢ汚染が胎内で始まっていること，愛知県衛生研究所の調べで判明。(西 3•10) 3　チッソ水俣工場に隣接する地区に5.4人に1人のぜんそくや気管支の異常を訴える住民のいること判明。(西 3•16)	3•15　九州電力が豊前市に予定している火力発電所をめぐり市民10人が＜豊前火力絶対阻止・環境権訴訟を進める会＞を結成。(西3•16) 3•20　**水俣病訴訟で，原告の患者側に勝訴判決。**(朝 3•20) 3•25　＜森永ミルク中毒のこどもを守る会全国理事会＞，「ひかり基金」の設置・運用を決定。 (朝3•26)	3•18　チッソ，控訴権放棄を判決に先立ち発表。(朝 3•19) 3•22　チッソ，水俣病患者の示した全被害を償うという内容の誓約書に押印。計算上は患者補償だけで160億円以上。(朝 3•23) 3　チッソ，「水俣病の原因は謎，チッソに責任なし」とする『水俣病問題の15年』という冊子を関係官庁・同業各社へひそかに配布，外人記者への説明に使用していたこと判明。1970年12月の発行。 (朝 3•18)
4•5　熊本県，水俣病患者を新たに54人認定。総数451人，うち死者71人。(朝 4•5) 4•5　秋田県小坂町同和鉱業小坂鉱業所周辺住民12人がイタイイタイ病の初期と疑われること，秋田市中通病院公害委員会が発表。 (朝 4•6) 4•5　大阪市浪速区の町工場：東和アルミニウム工業所で火事。工場内のアルミくずが大音響とともに爆発。従業員2人・付近住民25人・消防職員13人・警官1人の計41人が重軽傷。(朝 4•6) 4•10　千葉県市原市の**千葉ニッコー**会社製造の**食用油**に **PCB の代替品ビフェニルを含む熱媒体混入**のこと，同県衛生部の検査で判明。 (朝 4•11)	4•9　滋賀県草津市の日本コンデンサ草津工場周辺の農民8人，農地を鉛や 1,200 ppm もの PCB で汚染されたことで同工場に対し，損害賠償2,500万円などを求め，訴訟提起。(西 4•9) 4•10　森永ヒ素ミルク中毒の被害者ら36人，国と森永乳業に対する損害賠償請求訴訟（4億1,400万円）を提起（**森永ヒ素ミルク民事訴訟**)。(816-1974年) 4•13〜18　(米)報道写真家ユージン・スミスの「水俣」写真展，東京で開催。(朝 4•9) 4•21　＜新潟水俣病共闘会議（議長渡辺喜八)＞　と昭和電工（社長鈴木治雄）の補償交渉まとまり，確認書交さる。判決後1年半ぶり，交渉開始以来1年ぶり。死	4•10　北電，伊達火発の強行着工を予定していたが反対派ピケのため実行できず。(北 4•10) 4•13　エッソおよび東亜燃料工業，鹿児島県に対し同県枝手久島への大規模石油基地建設を申し入れ。 (西 4•14) 4•19　チッソ㈱の取引先銀行：日本興業銀行・三和銀行・農林中央金庫など，チッソへの長期貸付金利を半減ほかの救援策で合意。 (朝 4•20)

国・自治体	労災・職業病と労働者	備　　考
3・13　**森永ヒ素ミルク中毒事件差戻審の論告求刑公判**，もと工場長・製造課長に**禁固3年の求刑。18年めの**遅きに過ぎた求刑。(朝3・13) 3・14　山形県で1970年産玄米に11ppm 以上のカドミウムの含まれていた事実，県議会の社会党の追及で判明。日鉱吉野鉱業所との関連。(朝 3・15) 3・20　政府，**化学物質規制法案を決定。**(朝 3・20) 3・22　政府が最高 3.40ppm の富山県産カドミウム汚染米を検査前に買い上げ，21ｔを消費者に売渡済みのこと，公明党議員の委員会発言で判明。(朝 3・23) 3・30　労働省，金銭登録作業者の作業管理について，「適当な休憩時間をとらせるなど経営者の指導を強化せよ」と通達。頸肩腕症候群などの健康障害予防にかかわるもの。(305，北 3・31) 3・31　東京都の環状7号線で自動車騒音と光化学スモッグ防止のための全国初の大がかりな交通規制，開始される。(朝 3・31)	3・7　宮崎県児湯郡の旧松尾鉱山の労働者9人に慢性ヒ素中毒の疑い。宮崎労基局の発表。(西 3・8) 3・7　千葉市の五十鈴工業会社で火災。樹脂製パイプが燃え，労働者12人に中毒発症。(朝 3・8) 3・9　北海道空知支庁の三井鉱山砂川鉱業所で崩落事故。5人死亡。(朝 3・10，13) 3・16　千葉県市原市の昭電千葉工場でアルミニウム電解炉が爆発。14人が火傷。(朝 3・17) 3・27　大牟田市の三井東圧化学の労働者にＰＣＰなど農薬による健康障害発生。労働者の事前了解なしの人体実験のため。(西 3・27)	3・20　田中昌一・北條博厚・山下節義，『森永ヒ素ミルク中毒事件』(650) 3・30　香港港近くで英国タンカーのイースト・ゲート号とフランス貨物船シルセア号が衝突，炎上。昨年1月のクイーン・エリザベス号事件以来の大事故。イースト・ゲート号乗組員36人中3人が死亡，16人が負傷。(朝 3・31) 3・30　西欧17カ国環境問題担当閣僚会議，公害国際法制定を提唱する決議を採択。(北 3・31)
3・31　公共水域の水質に関する環境基準の水域類型，指定。(137) 4・上　東京都，ゴミの分別収集開始。(朝 4・2) 4・12　**自然環境保全法施行。**(137) 4・13　**自然公園法と自然環境保全法の改正案，閣議決定。**(137) 4・19　東京都が地下鉄工事用地として購入した江東区の日本化学工場跡地が6価クロムで高濃度に汚染されていること判明。(朝 4・20) 4・20　東京都，東京における自然の保護と回復に関する条例を実施。(朝 4・20) 4・28　厚生省，サッカリンの禁止を告示。12月，再び使用を許可。(朝 5・12，12・19)	4・7　福島県いわき市の呉羽化学錦工場から塩素ガスが流出。従業員5人，付近住民6人に目まいや咳こみなどの症状が発生。4回めのガスもれ事故。(朝 4・8) 4・26　徳山沖でタンカーと貨物船が衝突し，タンカーは全焼。4人重軽傷，7人行方不明。(朝 4・26) 4・27　四日市市の三菱瓦斯化学会社四日市工場の過酸化水素製造プラントで爆発事故。1人死亡，3人重傷。1963年操業以来5回めの爆発事故。(朝 4・28) 4　住友セメント栃木工場の労働者に，セメント中のクロムによるぜんそく発生で申請後8カ月に職業病の認定。重金属によるぜんそく発生が認められたのは初めて。(西 4・6)	4・11　(米)環境保護庁，マスキー法適用を，「カリフォルニア州を除き1年延期」と発表。(朝 4・12)

公害・環境破壊	住民・支援者など	企業・財界
4・11　東京都に光化学スモッグ注意報，本年第一報発令。（朝 4・11） 4・21　1972年1月の海洋汚染は1970年にくらべ，発生件数5.2倍で1日平均6.3件，うち油によるもの87%。瀬戸内海の発生数が46%，東京湾 14.7%。海上保安庁の調べ。（朝 4・22） 4　愛知県で奇形豚や豚の流・死産問題化。人工飼料や環境汚染との関連，疑われる。（816-1974年）	者・重症者に一時金1,500万円，その他の患者に1律1,000万円のほか全患者に年額50万円の年金。患者がわ要求の全面実現。（朝 4・21）	
5・3　伊勢湾で小型タンカー：日聖丸が西独の大型貨物船に追突され，沈没。2人死亡，3人不明。タンカーより大量の重油が流出して渥美半島先端に至り，ワカメが全滅。（朝 5・4，5） 5・5　ＡＢＳがＰＣＢの毒性を強める働きのあること，日本衛生学会で発表さる。（西 4・21） 5・10　大分県新産都市の成人の慢性気管支炎有症率，東京・大阪の汚染地区並み。県医師会調べ。（西5・10） 5・10　大分市の住友化学工業大分製造所でガス噴出。周辺住民400世帯1,500人に毒物性皮膚炎やのどの炎症などの被害発生。（西5・12） 5・11　東京都杉並区などで，酸性雨によりツツジなどの花びらに穴のあく被害，発見さる。（朝 5・12） 5・17　東京都の多摩川など7河川で含まれてはならない総水銀やシアン検出。都公害局発表。（朝5・18） 5・19　播磨灘で四国中央フェリー：せとうちが火災沈没。乗員・乗組員58人は無事脱出。初のフェリー大規模事故。（西 5・20） 5・22　熊本大第2次水俣病研究班，**熊本県天草郡有明町**に**第3水俣病**が発生したことを示唆する報告書を熊本県に提出。汚染源の疑いは日本合成化学工業。（朝 5・22，23） 5・28　鹿児島県志布志湾沿いの約20 km にわたる海岸に，廃油にまみ	5・9　徳山市西松原地区の新幹線対策特別委員会，新幹線建設は生活環境の破壊とし，建設大臣に対する事業認定取消の行政訴訟を提起。（新幹線訴訟）（816-1974年） 5・11　サリドマイド裁判を支援する市民集会。（298-577号） 5・21　<四日市公害患者の会>，企業による公害対策協力財団設立に関し準備委員会へ，公開質問状を提出。 5・26　水俣市漁協，水俣湾周辺の漁獲禁止を自主的に決定。（朝5・27） 5・31　森永ミルク中毒訴訟，第1回口頭弁論。（朝 5・31） 5-14　三重県藤原町の公害対策住民会議，小野田セメント藤原工場を相手どり，津地裁四日市支部へ訴訟を提起。（210-26号）	5・6～7　日本衛生学会総会で，兵庫県市川流域で発生したイタイイタイ病についての金沢大学教授石崎有信らの発表に対し，群馬大教授野見山一生；兵庫県衛生所長渡辺弘らが「その例はカドミウム中毒と結論できない」とし反論。（朝 5・9） 5・7　チッソ㈱，水俣病補償金とし約66億円を計上した3月期決算案を発表。資本金にほぼ相当する，累積赤字70億6,640万円余となる。（朝 5・8）

国・自治体	労災・職業病と労働者	備　　考
5•1　光化学スモッグ対策の一つとして，中古車の排ガス規制実施。(朝 5•1) 5•2　水俣病患者自主交渉派代表川本輝夫の，1972年夏のチッソ社員に対する傷害をめぐる初公判，公害闘争への弾圧と抗議する川本側弁護団の起訴取消申出にかかわらず，開かれる。(朝 5•2) 5•8　二酸化窒素，光化学オキシダントの環境基準策定。(137) 5•8　二酸化硫黄の環境基準改定。(137) 5•9　環境庁長官三木武夫，水俣視察。(朝 5•10) 5•12　神戸地裁尼崎支部，阪神高速道路沿岸住民が出していた，建設工事禁止を求める仮処分申請事件を却下。(朝 5•12) 5•14～19　環境庁，沖縄の米海兵隊基地6カ所の環境汚染立入り調査を初めて実施。(朝 5•13) 5•17　大分県，住友化学大分製造所を，人の健康に係る公害犯罪処罰法違反で大分県警に告発。公害犯罪処罰法の全国初の適用。(朝 5•17) 5•21　環境庁，排ガス規制問題で国内の自動車メーカーの事情聴取開始。(朝 5•21) 5•23　有明海の第3水俣病に関する政府合同調査団，調査開始。(朝 5•23)	5•11　1963年の三井鉱山三池鉱業所三川鉱における炭塵爆発事故で，三池労組に属する患者・家族・遺族ら422人が三井鉱山を相手どり，総額87億円余りの損賠請求訴訟を福岡地裁に提起。(朝 5•11) 5•15　灘神戸生協労組と灘神戸生協，「頸肩腕症候群及びこれに類似する症状を訴える者及びその診断のある者」に関する協定書を締結。チェッカー・キーパンチャーに関するもの。(779) 5•23　ＮＨＫで長年タイピストとして働いた結果の**頸肩腕症候群発症**でＮＨＫに慰謝料を求めていた裁判に，この日判決。ＮＨＫに100万円の慰謝料を支払うことを命じ，原告勝訴。**職業病に関する民法上の慰謝料請求が認められた初のケース**。(朝 5•24) 5•29　福島県いわき市の常磐炭鉱で火災発生。4人死亡，25人中毒。(朝 5•30) 5•29　新日鉄八幡製鉄所や西宮市の昭和電極会社のタールピッチを使った職場での職業性癌の多発のおそれについて，労組などが告発。(朝 5•30) 5　石津澄子，職業性膀胱腫瘍患者146人について医学雑誌に発表。(786-43巻5号)	5•23　<新潟水俣病被災者の会>会長近喜代一，死去。(朝 5•24) 5　東京で，日米自動車公害対策委員会予備会合，開催。(137)

公害・環境破壊

れた260羽ほどの海鳥の死がいが流れつく。（西 5•29）

5•29　北海道の王子製紙苫小牧工場排水中から多量のヒ素検出。マガレイ漁に被害。（北 5•30）

5•31　栃木県南部で，初の光化学スモッグ被害。（朝 6•1）

5　大阪府大東市のマンガン精錬工場周辺住民にマンガン粉塵中毒の初期症状，集団的に発見。京都大・大阪大医師らの調べ。（朝5•24）

5　東京都下西多摩郡で，セメント工場粉塵で広範なカドミウム汚染発生のこと判明。（朝 5•23）

5～10　全国各地で野鳥の大量死，続く。原因不明。（北 10•4）

6•4　水産庁のＰＣＢ汚染調査により，播磨灘・岩国市・関川など8県9水域が危険水域と判明。（朝 6•5）

6•7　**福岡県大牟田市で，水俣病**とみられる患者発見。熊大医・原田正純助教授の発表。三井東圧化学に汚染源の疑い。（朝 6•8）

6•8　呉市広島湾のヘドロに多量の水銀が含まれ，放置すると危険なこと神戸大などの調べで判明。（朝 6•9）

6•9　富山県魚津市の日本カーバイド工場で60ｔの水銀が行方不明のこと，県の調べで判明。厚生省の未発表資料によると，富山湾の魚介類の水銀汚染は数年前に水俣湾なみ。（朝 6•10，12）

6•15　長崎県油症対策協議会，患者の意向を入れた新方式で初の認定。申請者238人中30人を認定。合計371人に。（西 6•16）

6•16　徳山湾に面した**山口県新南陽市で，水俣病**とみなされる患者発見。汚染源として徳山湾沿いの徳山曹達や東洋曹達工業が疑われる。熊大原田正純助教授発表。（朝 6•18）

6•19　東京都の児童への大気汚染影

住民・支援者など

6•4　青森県六ケ所村で，むつ小川原巨大開発計画に反対している寺下村長のリコールが，開発推進派の<六ケ所村青年友好会>の請求で行われる。解職反対が6割でリコール不成立。（北 6•5）

6•5　ゴミ問題を考える主婦たちのグループが，プラスチックゴミ公害をなくす都民集会を東京都で開く。（朝 6•6）

6•9　徳山市の徳山市漁協•櫛が浜漁協，徳山湾の水銀汚染問題で売上げ急減のため，汚染源の徳山曹達工場の専用港を漁船120隻で封鎖。（816-1974年）

6•12　石狩湾新港建設に関し，浜益から積丹までの8漁協の組織<石狩湾新港関係漁協対策協議会>，漁業影響に関する5項目の質問と工事着工の手控えを求めた要請書を道に提出。（北 6•13）

6•13　兵庫県高砂市の漁民約100人，播磨灘汚染源の鐘淵化学と三菱製紙工場に押しかけ，排水口を土のうでせき止める。（朝 6•13）

6•14　熊本県宇土市で貝漁などに従事する7漁協，日本合成化学工業熊本工場に対し，アサリのメチル水銀汚染で被害を受けたとし，生活資金融資15億円を要求。（朝6•15）

企業・財界

6•1　水銀使用工場15社19工場の水銀未回収量が通産省の総点検で判明。排出水銀総量83.2ｔ。最高はチッソ水俣工場の17.4ｔ。ただし会社の報告に基く数値。（朝 6•2）

6•7　徳山市の**徳山曹達**工場で，1956年以来307ｔの**水銀**が**行方不明**のこと，山口・広島両県の調べで判明。同工場前海岸のヘドロからは高濃度の水銀を検出ずみ。（816-1974年）

6•14　北海道伊達市で，伊達火発建設工事強制着工。反対派の住民に逮捕者11人。（北 6•14）

6•21　ヒ素たれ流し・高濃度亜硫酸ガスや硫酸排出で責任を追及されていた王子製紙苫小牧工場，「3年計画97億円投資で防除施設をとりつける」と発表。（北 6•22）

6•26　日本鉱業佐賀関製錬所，漁民との第1回話し合いで漁民の要求をのむ。海上封鎖はこれにより27日に解除。（朝 6•27）

6　公害発生源企業の株が軒並み半値の傾向続く。日本鉱業・三井東圧・日本合成化学など。（朝6•13）

国・自治体	労災・職業病と労働者	備　　考
6・4　運輸省，自動車所得税と物品税の軽減特典を受ける**低公害車第1号**に，東洋工業のルーチェＡＰ2を指定。日本版マスキー法実施（1975年）への推進力とするねらい。（朝 5・29） 6・8「厚生省の定めたカドミウム汚染米の安全基準は資料の初歩的な読みちがいで計算されたもので，本来，現行の1ppmでなく，0.23ppmとされるべきもの」と発表。大阪府立公衆衛生研。（朝 6・9） 6・10　東京都銀座で“歩行者天国”発足。（朝 6・11） 6・11　通産省，1970年に取り決めた1974年4月から実施予定の自動車用ガソリンの全面無鉛化を，業界の指摘にしたがい「当分は有鉛・無鉛併用」と変更。（朝 6・12） 6・12　政府，**水銀等汚染対策推進会議**を設置。14日に初会合。（朝 6・12，14） 6・14　北海道公害対策審議会，半年にわたる検討の結果として苫小牧東部大規模工業基地建設に伴う環境保全対策の中間報告をまとめる。全体として国の基準より厳しい内容。（北 6・15） 6・15　**公害健康被害補償法案，閣議決定**。（朝 6・15）	6・7　日刊工業新聞労組，日刊工業新聞社との間に労災補償をめぐり協定を締結。（779） 6・12　福島県いわき市の常磐炭鉱で再び坑内火災。14人が一酸化炭素中毒症。（朝 6・13） 6　福島県いわき市の呉羽化学錦工場で水銀を使用した電解部門で働く労働者の毛髪と尿から，きわめて高濃度（917.3ppm，224μg）の水銀が検出され，問題化。（朝 6・27）	6・5　初の“世界環境の日”。ストックホルム会議での提案に基く。（朝 6・3） 6・5～11　**初の環境週間**（朝 6・3） 6・10　小山仁示『戦前昭和期大阪の公害問題資料』（346） 6・12　第1回世界環境映画祭で日本参加作品「水俣」（土本典昭監督）がグランプリ受賞。（朝 6・12） 6・11～15　日米公害閣僚会議の下部機構の日米光化学大気汚染委員会，東京で第1回会合。（137） 6・12～22　ジュネーブで，国連に創設された環境計画管理理事会，第1回会合。（137）

1973（昭和 48）

公害・環境破壊	住民・支援者など	企業・財界
響調査の結果，呼吸器などへの障害，明白となる。(816-1974年) 6・20 羽田空港周辺の**騒音**は80～100ホンで，8,500世帯が被害を受けていること，東京都の調べで判明。(朝 6・21) 6・28 静岡市と清水市に酸性雨。(朝 6・29) 6・30 埼玉県荒川中流の川魚が，6匹に1匹が奇形魚。県発表。(朝 7・1) 6 このころ，**石川県小松市**の飼い**ネコに水俣病**に似た**症状発生**。マグロ・フレークかんづめを6カ月間常食。久留米大調べ。(816-1974年) 6 兵庫県，高砂市西港のヘドロから最高 3,300 ppm のPCBを検出と発表。汚染源は鐘淵化学高砂工業所と三菱製紙高砂工場。(朝 6・23) 6 別府湾で赤潮の異常発生。前年4月に新日鉄大分製鉄所が操業開始して以来の現象。(西 6・16)	6・16 仙台市で，東北新幹線建設に反対し，＜全仙台新幹線公害対策連絡協議会＞結成住民大会開かれる。(816-1974年) 6・17 北海道の稚内漁協，コンブ・ウニの全滅寸前の被害に関し，汚染源工場の排水規制強化などを要請する初の陳情書を市へ提出。(北 6・18) 6・17 「かけがえのない地球と生命―人間・環境破壊とたたかう6月東京行動シンポジウム」開催。(朝 6・18) 6・18 有明海沿岸4県の漁民，水銀汚染源の三井東圧化学工業・日本合成化学工業・チッソへ，漁業補償と公害絶滅を訴え，海と陸から示威運動を行なう。この日と19日，日本海や瀬戸内海でもPCBや水銀汚染で出漁中止に追いつめられた漁民の抗議運動，爆発。(朝 6・18～20) 6・21 **＜新潟水俣病共闘会議＞**，4月21日まとまった**昭和電工**との**補償交渉**に関し，**協定書**に調印。(朝 6・22) 6・22 大阪国際空港公害訴訟，結審。(朝 6・23) 6・24 大分県北海部郡佐賀関町の漁民，日本鉱業佐賀関製錬所周辺の海から，多量の重金属が検出されたことで，同製錬所を海上封鎖。(朝 5・25) 6・25 全国各地の漁民，一斉に集会や市場閉鎖を行ない，PCBや水銀汚染の広まりに抗議。(朝6・25) 6・28 漁民の抗議のため操業停止の続いていた岡山県水島臨海工業地帯の水銀使用4工場と岡山県漁連との漁業補償交渉，県のあっせんで妥結。(朝 6・29)	
7・1 九州大教授黒岩義五郎，「大牟田市の水俣病類似患者は水俣病でない」と診断。(朝 7・2) 7・7～11 周南コンビナートの出光	7・1 国鉄の東北・上越両新幹線計画に反対する埼玉県と赤羽の住民，連絡体制の強化を確認。(朝 7・2) 7・6 全国から集まった漁民2,000	7・17 宇土市の日本合成，封鎖のため操業停止。(西 7・17) 7・18 チッソ水俣工場も，封鎖のため操業停止。(朝 7・18)

国・自治体	労災・職業病と労働者	備　　考
6・18　福岡県，有明海汚染問題で被害を受けている沿岸漁民へ総額3億円の緊急融資を開始。（朝6・19） 6・24　厚生省，**魚介類の水銀暫定基準**を決定。2日後，漁業者の抗議にこたえ，基準いっぱいの汚染数値で計算した大幅にゆるい新数値を発表。（朝 6・25） 6・26　東京湾沿岸の1都2県8市の首長により，東京湾を囲む都市公害対策会議発足。（朝 6・27）		
7・3　政府，　公害対策会議で第5次公害防止計画策定地域10地区を指定。北海道についても苫小牧を初指定。（北 7・3）	7・5　米沢市のジークライト化学鉱業板谷工場の労働者600人のうち約200人が珪肺患者で，1968年から6人が死亡のこと，県議会で明	7・9　北海道の水銀鉱山：イトムカ鉱業所，閉鎖。（北 6・26） 7・16　英国でディスティラーズ社とサリドマイド被害児代表者の間で

公害・環境破壊	住民・支援者など	企業・財界
石油化学徳山工場で爆発事故。従業員1人が不明となり，10日焼死体で発見。また付近住民は避難。（朝 7・8，12） 7・10　国鉄山陰線江津駅構内で貨物列車の塩酸タンク車が爆発。列車待ちの乗客5人が塩酸を浴び重傷，13人軽いやけど。（朝 7・11） 7・13　北海道オホーツク海沿岸斜里町付近で澱粉工場廃水のため汚染発生。マス定置網漁へ影響のおそれ。（北 7・15） 7・19　霞ケ浦でコイが大量に斃死。（朝 7・20） 7・28　光化学スモッグ被害者，4年間で10万人以上。1973年だけでも1万8,455人にのぼる。朝日新聞社の調べ。（朝 7・29） 7　**北海道獣医師会石狩支部研**究会で**ネコのヨロケ病**について臨床報告あり。前年1年間に扱った31例中25例が該当。マグロかんづめを常食としていたネコに発症。（北 7・18）	人，東京で**公害被害危機突破全国漁民総決起大会**を開催。（朝 7・6） 7・6〜19　水俣市漁協の漁民，42隻の船で，チッソの港を海上封鎖。補償要求（13億6,400万円）に満足な回答が得られなかったため。19日，4億円で妥結。（朝 7・6） 7・9　水俣病患者の第1次訴訟派，自主交渉派など第2次訴訟派とどの派にも属さない患者を除き，チッソとの補償交渉みのり，補償協定まとまる。チッソ本社前の1971年12月来のすわり込みは，12日の解散。（朝 7・9） 7・19　福岡県椎田町・豊前市・大分県中津市の豊前火力絶対阻止，環境権を進める会など住民4団体，電源開発調整審議会と福岡県知事へ公開質問状を送付。（西 7・20） 7・19　イタイイタイ病対策協議会・同弁護団・三井金属，患者の治療に関する協定書に調印。（816-1974年） 7・21　宇土市で日本合成化学の工場を封鎖した漁民58人と工場・市・市信用組合の間に融資協定，結ばれる。封鎖は解除。（西 7・22） 7・24　神奈川県漁連，川崎市の昭電・味の素・セントラル化学工場に対し，汚染魚問題で73年度の漁業補償7億円を要求。（朝 7・25） 7・26　東京都**奥多摩町**の**天祖山**の石灰石採掘で，町の過疎化をおそれ採掘促進を希望する地元がわと，環境保全の観点で反対する＜日本野鳥の会＞が都に対し主張を述べる。（朝 7・26） 7　横浜新貨物線建設に反対してきた住民，環境権に基づく国鉄の工事差し止め訴訟を提起。（802）	7・19　三井金属鉱業，イタイイタイ病対策協議会・イタイイタイ病弁護団と患者の今後の治療体制について協定書に調印。患者82人・要観察者137人の，医師介護手当・特別介護手当・温泉治療費・通院費などを同社が負担する内容。（朝 7・19） 7・20　中央電力協議会社長会，光化学警報に協力し，火力発電の出力を落とすことを確認。（朝 7・21） 7・28　日経連の桜田代表理事，「公害の企業内告発者が不当な評価や処罰を受けぬよう企業を指導する」と発言。（朝 7・29） 7・30　1972年度の公害防止装置生産実績は3,746億円。高層煙突が前年比で減少した以外は，排煙脱硫装置・重油脱硫装置・ゴミ処理装置が5割増，廃油処理装置は9割増。日本産業機械工業会調べ。（朝 7・31） 7　三井金属鉱業，「環境に関する12章」と題した文書を全従業員に配布。住民の気持で公害にとりくむことを中心テーマとしたもの。（朝 7・10）
8・7　東京都内の地盤沈下，全都的に広まる傾向がみられること，都の調べで判明。（朝 8・8） 8・8　東京都の光化学スモッグ注意報，1972年，71年と同回数に。事	8・上　東京都杉並清掃工場建設で美濃部都知事と地元住民の対話集会，1年4カ月ぶりに再開。対立はほぐれず平行線で終わる。（朝 8・7）	8・9　大阪・尼崎・姫路などで広く光化学スモッグが発生したため，各自治体，関西電力へ20%の燃料削減を要請。関電，電力消費の大幅増大を理由にこれを取りあ

国・自治体	労災・職業病と労働者	備　　考
7・10　苫小牧市，苫東開発で移転説の出ている市内勇払地区住民と初の懇談会。計画発表以来すでに4年。(北 7・11) 7・23　和歌山地検，1972年6月に田辺海上保安部から送検された住友金属工業和歌山製鉄所の港則法違反事件を不起訴処分。(朝 7・24) 7・24　農相桜内，水銀・PCB汚染被害漁業者へ低利緊急融資（総額320億円）を行なうと閣議へ報告。通産相中曽根も同じく中小企業救済に200億円を緊急融資すると報告。(朝 7・25) 7・27　田中首相，原発東海2号炉設置許可取消を求めた地元住民の異議申立を棄却。(朝 7・27) 7・30　原子力委専門部会，原子力開発に伴う環境と安全問題につき報告書を答申。(朝 7・31) 7・31　**窒素酸化物の排出基準，閣議決定。**電力・鉄鋼・石油業界の大形燃焼施設が規制対象。 (816-1974年)	らかとなる。(朝 7・6) 7・7　近畿地方で郵便配達員400人に光化学スモッグ被害の出ていること判明。(朝 7・8) 7・13　総理府の女子職員30人が頸肩腕症候群を公務災害と認めることを要求し，人事院に座り込み。コンピューターや光学式読みとり装置設置以後，患者が続出し1969年，18人が認定申請をしたが未認定にされていた。(朝 7・13) 7・18　全逓労組全国大会で，欠陥バイクや労災事故の追放など「安全闘争宣言」と「夜間航空機による郵便輸送反対」に関する決議を採択。(朝 7・19) 7・20　長崎新聞社労組，長崎新聞社との間に，労働災害・業務上補償についての労災補償協定書を締結。(779) 7　東京の地下鉄工事労働者7人に慢性的潜函病発見さる。診療した九州労災病院，「日本では初めて」と発表。地下工事の増加とともに患者も増加する懸念，指摘さる。(西 7・12)	補償協定調印。(朝 7・17) 7・16　(米)環境保護庁，マスキー法の1年延期を日本の自動車メーカーにも認めると発表。(朝 7・18) 7・30　紙野柳蔵，『怨怒の民―カネミ油症患者の記録―』。(107)
8・6　全国知事会，水銀・PCB汚染による被害漁業者らへの緊急つなぎ融資措置で，対象地域業種の拡大，生業補償のための特別立法の制定などの要望をまとめ，関係	8・4　鹿島臨海工業地帯の住友金属工業鹿島製鉄所で爆発。作業員詰所など炎上，有毒ガスが一帯にたちこめる。けが人はなし。 (朝 8・4)	8・31　フィリピンのラモン・マグサイサイ賞1973年度受賞者の1人の水俣市の作家石牟礼道子，マニラ市で開かれた受賞式に出席。 (朝 9・1)

公害・環境破壊	住民・支援者など	企業・財界
態はますます悪化。（朝 8・9） 8・10 徳山湾沿岸で水俣病に類似した症状の住民2人発見。山口大の発表。（朝 8・11） 8・12 大分市の住友化学工業大分製造所工場内からまたも出火し，農薬倉庫が燃焼。住民約1,000人が避難。200人余にのどの痛み発生。硫化水素の影響。（朝 8・13，14） 8・14 1972年度の水田のカドミウム汚染，37地域で基準を超えていること判明。環境庁の調べ。（朝 8・15） 8・16 千葉県市原市の旭硝子工場前の海水中のヘドロから最高91.04 ppm の総水銀検出。県当局の調べ。（朝 8・17） 8・29 東京都の中央卸売市場に入荷した魚介類のうち，遠洋もののキンメダイから暫定基準（0.3ppm）を大幅に上回るメチル水銀検出。都の発表。（朝 8・30）	8・7 不知火海沿岸の30漁協，チッソの回答した漁業補償額12億円を不満とし，海陸の封鎖を開始。（朝 8・7） 8・8 千葉県漁協，旭硝子工場など水銀使用3社に対し，水銀使用の即時中止と補償を要求し，無期限海上封鎖を開始。11日，県知事あっせんで11億円の補償・隔膜法への製法転換などを条件に妥結。（朝 8・8，12） 8・13 日弁連，名古屋市の現地調査の結果「国鉄の新幹線公害対策は皆無にひとしく，被害者へ直ちに賠償すべき」との報告書を発表。（朝 8・14） 8・14 日弁連，1970年制定の14公害関係法の機能を，富士市の現地調査に基づいて調べ，「公害関係法による国の規制は全く機能していない」と発表。（朝 8・15） 8・20 福岡市で，カネミ油症被害者団体の一本化をはかるための，**カネミ油症被害者の全国集会第1回会合**，開催。（朝 8・22） 8・21 合化労連住友化学労組，定期大会で初めて運動方針に公害防止を含める。（朝 8・22） 8・21 福岡・大分両県の＜豊前火力絶対阻止・環境権訴訟をすすめる会＞，九州電力に対する**豊前火力発電所建設差止請求訴訟**を提起。（朝 8・21） 8・23 全国金属産業労組同盟，全国大会で10月の労働協約闘争月間に傘下の全単組が労使間の公害防止協定を結ぶ運動方針を決定。（朝 8・24） 8・24 **＜四日市から公害をなくす会＞**結成。9月1日には＜四日市公害をなくす会＞結成さる。(677) 8・24 森永ヒ素ミルク中毒訴訟，第2次訴訟提起。（朝 8・24） 8・24～25 伊達市で第3回反火力全国大会。（北 8・26）	げず。（朝 8・10） 8・11 千葉県漁連の海上封鎖を受けている旭硝子千葉工場・日本塩化ビニール・千葉塩素化学の水銀使用会社，県知事斡旋をきっかけに48時間の操業停止に入る。（朝 8・11） 8・22 チッソ水俣工場の第2組合臨時大会，漁民による工場封鎖粉砕を決議。（西 8・23） 8・24 チッソ水俣工場専用港で，子会社の扇興運輸，漁民の封鎖を突破してチッソ製品を積み出す。22日の件など，14年前の再現のごとし。（816-1974年） 8・30 閣議決定済みの窒素酸化物規制を，厳しすぎて実行できないとしてきた鉄鋼業界と日本鉄鋼連盟，ようやく「鉄鋼業窒素酸化物防除技術開発基金」を設立。（朝 8・31） 8 カセイソーダのメーカー各社，平均25％の値上げ実施を発表。水銀汚染対策費の増大を理由とした，かつてない大幅な値上げ。（西 8・16）

国・自治体	労災・職業病と労働者	備　　考
省庁へ申入れ。(朝 8・7) 8・10 **窒素酸化物排出基準設定。**(137) 8・10 臨時都議会，日照条例等審査特別委員会を設置。(朝 8・11) 8・17 環境庁の水銀汚染調査検討委員会健康調査分科会の初会合が開かれ，有明町の水俣病類似患者10人のうち2人を水俣病でないと判定。(朝 8・18) 8・26 東京都調布市と同市議会の代表，中央高速道路調布インターチェンジを，実力で一時封鎖。(朝 8・27) 8・27 市内の土地のわずか1割に緑が残された川崎市，環境保全条例案を発表。(朝 8・28) 8・30 東京都，ＰＣＢや水銀汚染の漁業被害者へ長期低利の緊急融資などの実施を決定。(朝 8・31)	8・18 島根県津和野町旧笹ガ谷鉱山周辺住民と元従業員12人にヒ素中毒の疑い。島根県，環境庁に対し，健康被害の救済に関する特別措置法の適用を申請。(朝 8・19) 8・20 茨城県東海村の日本原研東海研究所で下請け会社作業員4人と研究所職員2人が放射性物質を被曝。(朝 8・22)	

1973（昭和 48）

公害・環境破壊

9・11　6月14日に強行着工した北海道の伊達火力建設現場からの排水で，沿岸にすでに赤潮2回発生。（北 9・12）

9・11　北九州市，北九州ぜん息患者を22人認定し，本年3月から早くも総数515人を認定。（西 9・12）

9・16　堺・泉北臨海工業地帯の三井化学泉工業所でショート事故が発生し，黒煙が 1,000 m 立ちのぼり，高石市を中心に煤塵被害など発生。（朝 9・17）

9・16　水俣市の水俣病認定患者が自殺。（朝 9・17）

9・17　千葉県市原市の大日本インキ化学工業所の排水の鉛で，東京湾が最高 549 ppm まで汚染されていること判明。県の調べ。（朝 9・17）

9・18　市原市の大日本インキ化学工業工場で反応ガマ爆発。ホルマリンガスが周辺に立ちこめ煙が立ちのぼる。住民に不安。（朝 9・19）

9・29　東京都，4月から実施のゴミ分別収集の成果に関し，「重金属は減少したが窒素酸化物・塩化水素は変わらず」と発表。（816-1974年）

9　東京都内で4月からこの月までに光化学スモッグ注意報，45回でこれまでの最悪記録。（朝 11・9）

10・3　新潟県新井市のダイセル新井工場で塩素ガスが漏れ，東 1 km 四方に広がる。作業員や住民24人が意識不明・吐きけ・のどの痛みなど被害を受ける。（朝 10・4）

住民・支援者など

8・27　四国電力が愛媛県伊方町に建設中の伊方原子力発電所の設置に反対する八西連絡協議会の住民代表35人，国を相手に同原発設置取消と執行停止を求める行政訴訟を提起（**伊方原発訴訟**）。（西8・26）

8・29　不知火海沿岸の30漁協とチッソ，熊本県知事に斡旋を依頼。のち漁協，封鎖を解除。（朝 8・29）

9・1　鹿児島県名瀬市で，東亜燃料工業の石油精製基本計画に反対する住民の総決起大会開催。（朝 9・2）

9・7　鹿児島県総評，日本鉱業など石油精製工場の薩摩半島南部干拓地への進出計画に反対決議。住民の反対運動も始まる。（816-1974年）

9・8　有明海沿岸4県の漁連，汚染源の2社に60億6,200万円の補償を要求。（朝 9・9）

9・14　ベ平連など4団体，旭硝子本社にタイ旭苛性ソーダ会社のメナム川汚染に抗議し，公害輸出をやめるよう要求。（朝 9・14）

10・12　<東京母親大会連絡会>が中心で，20都道府県から約200人の主婦が集まり，東京で<洗剤について，話し合う会>開く。（朝 10・15）

10・14　日本初の原子力船：むつ

企業・財界

9・5　タイ旭苛性ソーダ会社の排水によるメナム川の汚染，問題化。“公害輸出”（朝 9・7）

9・7　九州電力，地元住民の反対する中で，九州初の原発：佐賀原電発電所へ原子炉本体を強行搬入。（西 9・7）

9・18　福島市で開かれた東電第2原発建設をめぐる初の公聴会，全国各地から集まった反対住民約1,000人の激しいデモ攻撃の中で進められる。（朝 9・18）

9・26　ポリオレフィン等衛生協議会設立。食器・食品包装のポリエチレンなどの無害化が目的。会員に原料・加工業・添加剤・食品メーカーなど241社。（朝 9・27）

10・9　公害防止部品として売られていたＡＰＯジャパン社のマークⅡペーパーインジェクター，通産省の調べで無効あるいは有害と判明。（朝 10・10）

10・12　**足尾銅山**から，**今でも洪**

国・自治体	労災・職業病と労働者	備　　考
9·1 自然公園法及び改正自然環境保全法公布。(137) 9·4 三重県，患者など住民側の意向を無視し，四日市公害対策協力財団の設立を，1年余りの粉糾を経て認可。5日，知事と患者の会代表の交渉の結果，合意成立。(朝 9·5) 9·13 斎藤厚相，森永ヒ素ミルク中毒被害者救済のための基金設立構想をまとめ，準備委員会発足を提唱。<森永ミルク中毒の子どもを守る会>および森永乳業，10月12日これを受けいれ，1972年12月以来の交渉分裂を解消し話しあい開始。(朝 9·14，10·13) 9·29 東京都知事，<東北・上越新幹線現在計画反対北区民協議会>総決起大会に出席し，反対運動の全面支持を表明。(朝 9·30) 9·20 公有水面埋立法改正公布。(815)	9·8 ガソリン添加物**四アルキル鉛**による中毒が，石油基地で働く**タンクローリー運転手**に発生のこと，東北医師会総会で発表さる。(朝 9·9) 9·19 横浜港に接岸中のリベリア貨物船で，爆発。日本人1人を含む6人の作業者が死亡。(朝 9·19) 9·28 東京都田無市の日本特殊金属工業，会社で機関砲を試射中爆発。作業員12人がけが。(朝9·29)	9·3 国際交通シンポジウム，東京で始まる。(朝 9·3) 9·18 OECD 理事会，環境委員会の提案に基づき，水銀の排出防止のための勧告を採択。(137) 9·25 水俣病患者支援団体発行の機関紙『告発』，協定書調印に応じて終刊となり，代わりに『水俣』創刊さる。(617-1号) 9·25～ 天然資源開発利用に関する日米会議（UJNR）の国立公園部会，東京で開催。(137) 9·26 英国ホワイトヘーブンの原子力発電所で，原子炉故障により研究員ら約40人が放射能を浴びる事故発生。(朝 10·3)
10·1 自然公園法及び改正自然環境保全法施行。(137) 10·2 瀬戸内海環境保全臨時措置法公布。(137) 10·5 **公害健康被害補償法公布。**(815)	10·5 福岡市日本鋼管福山製鉄所の化工工場で爆発出火。(朝 10·6) 10·8 千葉県市原市のチッソ石油化学工場で，ポリプロピレンペレット装置が爆発し，周辺に有毒ガスたちこめる。4人死亡，19人火	10·2～5 ECAFE 政府間会議，環境の分野におけるアジア行動会議を目的とし，バンコクで開催。(137) 10·8～12 西ドイツのデュッセルドルフで第3回国際大気汚染防止会

公害・環境破壊	住民・支援者など	企業・財界
10・4　東京都区部の水道水の主要供給源の江戸川が，環境基準を越すほどに汚染され続けていること，都の調べで判明。(816-1974年) 10・4　川崎市の東京湾岸のヘドロから最高207.7ppmの総水銀，検出される。汚染源は昭和電工・味の素・セントラル化学。川崎市の調べ。(朝 10・5) 10・6　日本農村医学会で，ＢＨＣによる母乳や人体の汚染はなお続き，むしろふえる傾向にある，との発表あり。(朝 10・7) 10・12　環境庁，全国公共用水域の水質汚濁総点検結果を発表。汚染は下流から最上流へと拡大し，関東の綾瀬川，関西の神崎川は下水溝同然。(朝 10・13) 10・15　大分県北海部郡佐賀製錬所周辺の土壌やミカンが，ヒ素で汚染されていること，化学工学協会第7回秋季大会で発表される。(西 10・16) 10・28　新潟県中頸城郡直江津臨海工業地帯の信越化学工場塩化ビニルプラントで爆発事故発生。従業員・住民18人に死傷被害。たちこめる塩酸ガスで，のどや目の痛みを訴える被害者も続出。(朝10・29) 10・31　瀬戸内海丸亀沖でタンカー座礁。約100 k*l* の重油流出し，養殖海苔などへの影響，深刻。(朝 11・1) 10　東京都内の新宿区牛込柳町など自動車交通の激しい3地区で，肺癌が多発のこと判明。都保健所の調べ。(816-1974年) 10　南極海産のマッコウクジラから暫定基準を数倍上回る総水銀とメチル水銀が検出される。水産庁調べ。(朝 10・19) 10　前年の北陸トンネル列車事故で一酸化炭素中毒になった，当時妊娠3カ月の女性が，小頭症児を出産したこと判明。(朝 10・23)	の母港がある陸奥湾沿岸の5漁港，“むつ”の出力試験実力粉砕・母港移転などの闘争方針を打ち出す。(朝 10・15) 10・19　**大分県臼杵市**の漁民などの提起した**大阪セメント進出反対**の漁業権確認・公共水面埋立免許取消請求訴訟の**控訴審に判決。一審同様漁民側の勝訴。**一審提訴以来約3年ぶり。11月2日，被告の上訴放棄により勝訴確定。(206-11・6号，朝 10・19) 10・24　静岡県駿河湾沿岸の漁民，田子ノ浦港のヘドロによる漁業被害補償244億円を，製紙会社へ要求することを漁協大会で決定。(朝 10・25) 10・27　日本原子力発電会社の国内最大級原子炉：東海2号炉の建設に反対する茨城県の住民ら17人，設置許可取消を求める行政訴訟を提起。伊方原発訴訟に続くもの。(朝 10・28) 10・29　筑豊炭田の採掘事業のため，家や宅地が傾斜。福岡県田川市の被害住民18人，三井鉱山と福岡通産局内九州地方鉱業協議会に対する鉱害賠償責務存在確認の訴訟を提起。(西 10・30)	**水時に大量の鉱毒流出**のこと，環境庁による渡良瀬川合同調査連絡会の調べで判明。古河鉱業の「流水基準を守り，鉱毒は流していない」との主張が虚言であること，明白となる。(朝 10・13) 10・30　チッソ，10月8日のチッソ石油化学五井工場の爆発で経営が苦しくなったとし，水俣病患者への補償仮払金約11億6,000万円の一部繰延べ支払いを文書で提案。(朝 10・31) 10　チッソ，子会社の旭チッソアセテートを旭化成に売却。「水俣病補償に追われて」との説明。(西 10・25)

国・自治体	労災・職業病と労働者	備　　考
10•11　厚生省,過去3カ月の全国流通市場の魚介類水銀濃度検査の結果を，「たくさん食べても安全な濃度」と発表。マグロやメヌケなど7種の高濃度水銀汚染は摂取量が少ないから，と対象からはずした数値。東京都は厚生省の除害魚類についても引続き規制を実施。（朝 10•12，13） 10•15　政府の水銀汚染調査検討委員会，水銀汚染のおそれがあるとされた全国9水域のうち5水域の緊急調査結果を，「全域の魚介類が安全」と発表。この5水域周辺工場から流出した水銀量は合計8.51ｔ。通産省調べ。（朝 10•16） **10•16　化学物質の審査及び製造等の規制に関する法律公布。 PCB汚染がきっかけ。**（137） 10•19　北海道開発庁，大雪山縦貫自動車道についての建設計画を正式に取り下げ。（朝 10•19） 10•24　国立水俣病治療センターのあり方を検討する設立準備懇談会の初会合が環境庁で開かれる。（西 10•25） 10•26　自然環境保全基本方針，閣議で修正決定。付帯意見の中で最も強調された大規模開発にともなう事前調査の公表の項目はとりいれられず。（朝 10•26） 10•26　鹿児島県志布志町長選で，公害企業誘致反対を主張した前町議会議長が，現町長をおさえて当選。（西 10•27）	傷。（朝 10•9，15） 10•13　川崎市多摩川に停舶中のタンカーのタンクで，機関長と船長がベンゾール中毒。救出後船長は死亡。（朝 10•13） 10•13　新居浜市住友化学工業大江製造所で爆発炎上事故。（朝10•13） 10•15〜17　水島工業地帯でガス漏れ，出火などの事故が3日連続発生。（朝 10•17） 10•18　川崎市日本石油化学会社浮島工場でガス爆発。2人死亡，2人重軽傷。最新の合成ゴム添加剤製造装置による事故だがこれまでに同様の故障はすでに3回以上起きていたもの。（朝 10•19，12•19） 10•26　横浜市日石根岸製油所で黒煙が数回噴き上げる事故発生。（朝 10•26） 10•26　川崎市浮島の東亜燃料工業で燈油がもれ引火する事故発生。（朝 10•26）	議開催。（753-49巻4号） 10•10　日ソ渡り鳥等保護条約，モスクワで署名。（137） 10•24　第1回 アジア農村医学会議，東京で開催。農薬中毒や農村の公害もテーマに。（朝 10•24）

1973（昭和 48）

公害・環境破壊	住民・支援者など	企業・財界
11・7　羽田・大阪両空港の航空機排ガス，試算の数倍もの有害物質を含み，現状を越えると危険，とのこと判明。環境庁の調べ。（朝 11・8） 11・12　水俣市で，夏まで健康そのものだった男性に水俣病典型症状の一つの言語障害が発現。知事，繰上げ審査を指示。（西 11・13） 11・15　熊本大学に水俣病の総合的研究を目的とした熊本大学医学部有機水銀中毒症研究班，21人のスタッフを決定。（西 11・16） 11・25　東京都巣鴨の住宅密集地で，コールドパーマ液卸業の工場が爆発。3人死亡，住民ら13人がけが。（朝 11・26） 11・30　国の公害病認定患者総数1万3,838人。（816-1974年）	11・6　鹿児島県奄美大島に東亜燃料工業が建設予定の超大型石油精製基地計画に反対する，島民約100人と<公害から奄美大島の自然を守る都民会議>，東京丸の内の東燃本社で初の交渉。（朝 11・7） 11・20　チッソと不知火海沿岸30漁協の補償交渉，22億8,000万円で妥結。漁協要求額は148億円。（朝 11・21） 11・24　安中公害訴訟第1回口頭弁論，前橋地裁で開かれる。（西 11・23） 11・11　<高砂市民の会>主催の緑地問題研究会で「入浜権」という言葉が生まれる。（835）	11・1　住友化学工業大分製造所で，またも刺激性ガス洩れ事故。操業再開の遅れをおそれ，自治体に報告をせず。（西 11・3） 11・19　三菱原子力工業会社，大宮市内同社研究所の臨界実験装置の解体を発表。地元住民の5年ごしの原子炉設置反対への回答。（朝 11・20） 11・21　東洋工業，世界で初めての低公害車グランドファミリア1600 ＡＰを発売開始。（朝 11・15） 11・29　日産自動車の岩越新社長，「石油危機の中で排ガス規制はゆるめるべき」との見解を発表。（朝 11・30）
12・1　長崎県五島でカネミ油症患者の女子中学生，脳出血で死亡。若年者の死亡に患者ら衝撃。（西 12・2）	12・2　むつ小川原開発計画の鍵を握る六カ所村村長選挙，実施。開発促進派側が勝ちをしめる。（816-1974年）	12・5　チッソ石油化学五井工場，10月8日の爆発事故で千葉県警と市原署により，書類送検さる。（朝 12・6）

国・自治体	労災・職業病と労働者	備　　考
11・2　瀬戸内海環境保全臨時措置法施行。(137) 11・5　法制審議会総会で，公衆の健康に関する罪(公害罪)を刑法にとり入れることを決定。(朝 11・6) 11・7　東京地検，都に対し「都公害防止条例の国の基準への“上乗せ基準”は決め方に法的ミスがあるので，都条例に違反した企業でも国の基準を超えていなければ裁判では無罪になる」と通告。(朝 11・7) 11・9　環境庁，水銀汚染を疑われた全国9水域の調査結果を,「水俣湾と徳山湾以外7水域の魚は安全」と発表。(816-1974年) 11・13　東京都大田区，羽田空港の騒音の件で，運輸大臣に発着制限などを要望した要求書を提出。(朝 11・14) 11・17　北海道苫小牧市議会，日本最大の臨海工業地帯をめざす苫小牧東部大規模工業基地開発計画を承認。(北 11・17) 11・18　公害防止計画策定第4次計画承認。(137) 11・28　**森永ヒ素ミルク中毒事件**差戻し審，徳島地裁で開かる。もと製造課長に**禁固3年の判決**。18年間かかって終結。(朝 11・28) 11・29　厚生省，全国7県の魚介類多食者のＰＣＢ汚染健康調査結果を，「現段階では障害なし」と発表。(816-1974年) 11・30　中公審，振動の法規制の基本的考え方について答申。(137) 11　地熱発電をめぐり，自然保護の立場から反対する環境庁と，エネルギー開発の立場で促進しようとする通産省の対立，石油危機で激化。(朝 11・29)	11・4　三菱モンサント化成四日市工場で爆発事故。従業員2人にけが。(朝 11・5) 11・5　事故をしばしば起こしている三菱化成黒崎工場で爆発事故。23人が負傷。(西 11・7) 11・10　三井三池の爆発事故で炭鉱史上最大の被害を受けた患者・家族などによって起こされた一酸化炭素中毒訴訟（マンモス訴訟）の第1回口頭弁論。(朝 11・10)	11・16　政府，石油危機を切り抜けるための項目からなる石油緊急対策要綱を閣議決定。一部を除き即日実施。(朝 11・16) 11・29　熊本市大洋デパートで火災。死者約100人，負傷者約100人。デパート火災ではわが国で最大の惨事。(朝 11・30)
12・6　中公審，三木環境庁長官に世界初の「航空機騒音環境基準」を答申。(西 12・7) 12・10　政府，苫小牧東部開発を関	12・2　11月5日にようやく操業開始となった大分市住友化学工場大分製造所で黄リンが漏れ，作業員4人が重軽傷。(朝 12・3)	12・19　日立鉱山亜硫酸ガス被害で，地元入四間代表として長期にわたり日立鉱山との補償交渉を続けてきた関右馬充，死亡。(朝 12・20)

1973（昭和 48)

公害・環境破壊

12•8　九州など25地点で基準（0.4ppm）以上のカドミウム汚染米が検出される。農林省の発表。（西 12•9）

12•9　京浜コンビナートの中心部日本鋼管京浜製鉄所で爆発。100m離れた住宅街にまで焼けた鉱滓が落下し，火災など発生。住民の物理的，精神的被害甚大。（朝 12•10）

12•28　熊本県で9〜10月実施の八代海魚介類の水銀検査結果，ハモ・シログチなどから高濃度の水銀検出さる。熊本県の発表。（西12•29）

12•28　東京都独自で認定の公害病患者総数1万2,975人。（816-1974年）

—　タンカーなどの衝突・沈没・火災などの事故，この年も頻発。（朝 1•10,16，7•14,19,21，11•1）

住民・支援者など

12•5　カネミ油症被害者の基本的要求を決議する全国集会，北九州市で全国各地の被害者が参加し開かる。（西 12•6）

12•7　サリドマイド裁判を支援する市民集会，大阪で開催。（298-577号）

12•10　北海道伊達市への北電・伊達火力建設反対をめぐる行政訴訟の第1回口頭弁論開かる。提訴は約1年半前の1972年7月27日。（北 12•10）

12•14　豊前火発建設差止め訴訟，第1回口頭弁論。（西 12•13）

12•16　中央高速道路の団地内通過に反対していた東京都住宅供給公社烏山北住宅道路対策協議会，シェルター取付けを条件に工事を承認。（朝 12•17）

12•17　大阪府泉南郡の住民61人，同地区へ建設予定の関西電力多奈川第2火力発電所建設に反対し，建設差止訴訟を提起。（北 12•17）

12•18　北海道の苫小牧東部工業基地建設に反対する住民ら25人上京し，運輸省前で坐り込みを開始。（朝 12•19）

12•21　福岡県**久留米市**の＜健康を守る会＞，**農薬汚染源の三西化学工業**㈱に対し，操業停止請求及び三西化学，三井東圧化学㈱，三光化学㈱3社に対し**損害賠償請求の訴訟**を提起。（西 12•21，826）

12•21　全国の支援者のカンパなどを資金にして水俣病センター＜相思社＞，着工。（671-53号）

12•23　**森永ヒ素ミルク中毒事件**で＜守る会＞・森永・厚生省，恒久救済対策で合意に達し，**確認書に調印**。（朝 12•24）

12•23　サリドマイド訴訟の原告団・厚生省・大日本製薬，第1回直接公開交渉。（朝 12•22，24）

12•24　森永製品不買運動の事務局，東京に設置さる。（朝 12•25）

企業・財界

12•13　本田技研，東洋工業に続き低公害車ホンダ・シビックCVCCを発売。（朝 12•13）

12•14　サリドマイド訴訟被告の国と大日本製薬会社，「因果関係を争うことをやめる」と声明し，原告団・弁護団に対し正式に和解を申し入れ。（朝 12•15）

12•17　チッソ，子会社のチッソ電子化学を三菱金属に売却と発表。（617-54号号）

12•19　森永乳業，審理中のヒ素ミルク中毒民事訴訟で「事件後，できる限りの措置を講じた」と主張。（西 12•20）

12•25　経団連，蓄積公害対策についての要望を発表。緊急処理には，とりあえず国が財源措置をせよ，との要望。（836-22巻2号）

国・自治体	労災・職業病と労働者	備　　考
係11省庁連絡会議幹事会で，従来の計画どおりで進めることを確認。（朝 12・11） 12・10　厚生省，大阪府が認定した新認定森永ヒ素ミルク中毒者55人のうち3人を初認定。（西 12・11） 12・19　福岡労基局，新日鉄八幡製鉄所のコークス工場で長年働き，停年退職後に肺癌で死亡した6人について，「癌とコークス業務の因果関係を否定できない」と発表。（西 12・19） **12・20　電源開発調査審議会，豊前火力発電所建設を条件つきで認可。**（西 12・21） 12・27　航空機騒音の環境基準設定。（137）	12・4　鹿島臨海工業地帯の旭電化工業で爆発事故。3人死亡，3人重軽傷。（朝 12・4） 12・14　山口県の東洋曹達工業南陽工場の専用西岸壁に接岸中の運搬船が爆発。乗組員5人が1～2カ月の重傷。（朝 12・14） 12・6　全林野労組，日本国有林労組と林野庁，振動障害により公務災害認定を受けた者の林業特別給支給に関し，協定を締結。同じく12月4日，職種転換作業員の賃金補償協定を締結。（779）	12・21　石油二法決定。（朝 12・21） 12・26　国鉄関西線で脱線事故。死者3人，重軽傷115人。（朝12・26）
―　労働省，林業労働災害防止協会に委託し，この年より3カ年計画で林業労働者の振動病検診を開始。（71-121号）	―　1962年からこの年まで12年間に，芳香族アミンによる染料工場における職業性膀胱腫瘍患者，確認されただけで113人。（71-118号） ―　北大医学部助教授渡部真也ら，日本電工栗山工場の現・元労働者の肺癌を中心に健康調査。肺癌の高率発生を立証。（71-109，110号）	―　モスクワで林業における振動病に関する日ソゼミナール開催。日本からは久留米大高松誠・熊本大二塚信らが参加。（780）

1974 (昭和 49)

公害・環境破壊	住民・支援者など	企業・財界
1・13 公害病認定患者，この年にはいり13人死亡。乾燥と寒さの影響。(西 1・14) 1・18 18歳の森永ヒ素ミルク中毒患者，将来への絶望と両親への負担などのため自殺。(西・北 1・25)	1・18 **自然保護憲章制定国民会議準備委員会発足。**全国各方面の48団体が結集。(朝 1・19) 1・21 東京スモン訴訟公判で新潟大教授椿忠雄，スモンの原因としてキノホルム説を証言。(朝 1・21) 1・30 〈原発火発反対福島連絡会〉，東電の原発火発建設のための公有水面埋め立て許可に対する取り消し請求訴訟を提起。 (西 1・30)	1・22 四日市の石原産業の硫酸たれ流し事件裁判で，もと四日市海上保安部勤務の田尻宗昭が証言。石原産業の廃硫酸対策の不十分さを立証。(朝 1・22) 1・27 伊達火力建設禁止訴訟の第7回口頭弁論で北電がわ，無害を強調。(北 1・25)
2・2 新幹線高架直下に住み，80ホン以上の騒音にさらされていた病身の老女，新幹線公害訴訟提起を前に死亡。(朝 2・3) 2・15 チッソ石油化学五井工場で爆発事故。(617-55号，西 2・15) 2・18 京葉コンビナート内丸善石油で火災発生。精油関係，操業中止となる。(朝 2・18) 2・28 宮崎県土呂久で認定申請をしていた13人のヒ素中毒患者，救済法に基づき認定さる。(137)	2・1 サリドマイド訴訟原告団と国・大日本製薬会社，第2回めの直接交渉。(朝 2・2) 2・3 名古屋地区新幹線沿線の住民，〈新幹線公害訴訟団〉を結成。 (朝 2・4) 2・8 開発に反対する住民団体，北海道苫東港審議会へ乱入し，同会を流会へ。(北 2・8) 2・18 東京スモン訴訟公判で，もとスモン調査研究協議会長甲野礼作，1月の椿忠雄証人同様「スモンの原因はキノホルム」と証言。 (朝 2・19) 2・21 国鉄動労新幹線地方本部，名古屋市の新幹線沿線住民の騒音・振動抗議運動を支持し，名古屋駅周辺の減速運転を開始。 (朝 2・19，西 2・21) 2・22 新幹線開通予定地の福岡市米田団地の住民，工事騒音に抗議し，工事現場に坐り込み開始。3月14日和解成立。(朝 2・23)	2・20 食用油へのビフェニール混入事件をおこし，営業禁止となっていた千葉県の千葉ニッコー会社，10カ月ぶりに営業禁止を解除。安全性が確認されたため，とのこと。(朝 2・21) 2・25 三井三池鉱山爆発事故被害者の提起している一酸化炭素中毒訴訟第3回口頭弁論に三井がわ，準備書面を提出。坑道保存にミスはなし，と民事責任を否認。 (西 2・25)

国・自治体	労災・職業病と労働者	備　　考
1・10　労働省の<タールにかかわる職業疾病の究明に関する専門委員会>，コークス工場での肺癌を業務上疾病とすると結論。（朝 1・7） 1・14　**札幌地裁，伊達火力発電所建設禁止請求訴訟原告の漁民らの，埋立て停止申立てを却下。**（北 1・15） 1・21　三木環境庁長官，自治体の環境部局長会議にて「石油危機のもとでも環境行政は不変とすべき」と発言。（816-1975年） 1・21　自動車排出ガス量の許容限度設定。（137） 1・29　政府の化学分析等を引き受けてきた日本分析化学研究所の分析結果が，ねつ造であること判明。衆議院における追及より。（朝 1・30） 1　農薬残留に関する安全使用基準設定。（137）	1・6　1963（昭和38）年に**三井三池鉱山**の大爆発事故により**一酸化炭素中毒患者**となり，生存患者中最重症といわれていた宮嶋重信，全身衰弱で**死亡。事故以来“植物人間”**として生ける屍であった。（朝 1・7） 1・8　横浜市鶴見区のアジア石油会社で1万 kl 入りのベンゾールタンクの上部が爆発。作業員2人が全身火傷。（朝 1・9） 1・28　小野田化学門司工場でフッ素中毒症患者が94人にのぼること判明。（西 1・29） 1　新日鉄八幡製鉄所コークス工場労働者の肺癌に労災適用となる。（朝 1・7，西 1・26）	1・23　（米）ニクソン大統領，議会にエネルギー教書を提出。エネルギー危機対策として，大気汚染基準の大幅緩和を提案。（朝 1・24）
2・18　原子力委員会，東京電力が申請中の福島第2原子力発電所設置に関し，安全と結論。（西 2・19） 2・22　国内では禁止されたDDTやBHCが，東南アジアへ大量に輸出されていること，衆院予算委で公明党の質問により明らかとなる。（北 2・23） 2・27　郵政省，大阪空港発着の夜間郵便専用機を廃止。（朝 2・28）	2・16　横浜市鶴見区の鋼材興業会社で爆発。通行中のトラック運転手，および隣接の日本鋼管工場社員ら計11人が負傷。（朝 2・16） 2・16　三井三池鉱で落盤。5人が坑内に閉じこめられる（のち救出さる）。（朝 2・17） 2・19　北海道岩見沢の朝日炭鉱でガス突出事故。9人死亡。（朝 2・19）	2・6　日本オーストラリア間に，渡り鳥および環境保護協定成立。（137） 2・25　三浦豊彦ほか編『新労働衛生ハンドブック』（805）

公害・環境破壊	住民・支援者など	企業・財界
	2・25　新潟市の新潟空港周辺9町内会からなる**＜新潟空港公害対策協議会＞**，ジェット機増便差止などを要求し，国を相手に**行政訴訟提起**。（朝 2・26） 2・27　**大阪空港公害訴訟に判決**。環境権の適用を認めぬなど住民側に厳しい内容。原告住民ら，28日に日航と全日空本社を訪れ，判決の認めぬ午後9時以後の減便の約束をとる。大阪国際空港周辺の住民団体，空港撤去を求める1万人余の署名をもとに，調停を申請。（朝 2・27，3・1）	
3・8　長崎県対馬のカドミウム汚染調査（1968年,国・県が実施）は，薄められた検体によっていたことが判明。汚染源の東邦亜鉛対州鉱業所の工作のため。同鉱業所元幹部らが告発。（西 3・8） 3・20　横須賀市平作川川底から最高濃度約 4ppm のウラン検出の件，参議院にて質問。日本ニュークリアフューエル社の排水が原因。（朝 3・20） 3　福井県敦賀市の日本原子力発電会社敦賀発電所周辺海域の底土に，数年来，コバルト60が蓄積しているとのこと，放射線医学総合研究所などの調べで判明。（西・北3・9）	3・2　鹿児島県にて，〈新大隅開発計画反対共闘会議〉と〈志布志裁判闘争を支援する会〉，鹿児島・宮崎県下革新団体による志布志湾石油コンビナート構想反対大集会。（西 3・3） 3・6　高知市で起きた**高知パルプ生コン事件**（威力業務妨害事件）の出張尋問，東大工学部実験室で実施。住民らの要求により実現。（朝 3・7） 3・12　**大阪空港公害訴訟団，控訴**。（北 3・12） 3・13　未認定水俣病患者6人，当座の医療費・生活費をチッソに求め，仮処分を申請。認定を待てば数年はかかるための措置。（617-56号） 3・21　**長崎県対馬**のカドミウム汚染地，**厳原町で農民の総決起大会**。住民の健康調査再調査などを国・県・東邦亜鉛に申し入れることを決議。（816-1975年） 3・28　第42回チッソ株主総会の無効を主張していた**1株株主訴訟**で，**原告勝訴**。（北 3・29） 3・30　**名古屋地区新幹線沿線の住民**575人，国鉄に対する**差止請求と損害賠償請求訴訟を提起**。初の新幹線民事訴訟。（西・朝 3・30）	3・12　**東邦亜鉛**小西社長，対州鉱業所と安中製錬所における**カドミウム鉱害隠ぺい工作を認める**。（朝 3・13） 3・12，13　衆院公害環境特別委で東邦亜鉛の“公害かくし”をめぐり，日本公衆衛生協会のずさんな調査内容など，明らかとなる。（朝 3・14） 3・14　公害防止設備への投資は前年度比83.3%の大幅増加。日本開発銀行の調べ。（北 3・15） 3・23　北海道電力の石狩管内浜益村原発用地の不法取得，判明。道の発表。（816-1975年） 3・27　常磐植物化学研究所摘発。1957年来，千葉の水がめ：印旛沼に強酸含有排水を日平均 200 t 排出していたもの。（816-1975年） 3・27　チッソ水俣工場，労働安全衛生法違反で八代労基署より14項目にわたる改善勧告を受ける。（西 3・28）
4・4　日本解剖学会総会にて，市販	4・5　石狩管内浜益村に立地予定の	4・5　チッソ，1株株主訴訟判決を

国・自治体	労災・職業病と労働者	備　　考
3・13 **政府，大阪空港公害訴訟判決を不満とし，控訴。**（朝 3・12） 3・15 改正大気汚染防止法案，閣議決定。（朝 3・15） 3・15 **国立公害研究所**，筑波学園都市にて開所。（816-1975年） 3・19 新幹線公害で国鉄，公害防止の具体的方策を示す。住民要求の65ホン以下への差止に対し，85ホンの線。住民の批判の中で，国労は同方策を評価し，減速運動の中止を決定。（朝 3・20） 3・25 産業構造審議会，自動車の全面無鉛化実施を３年延期と決め，通産省へ答申。（北 3・26） 3・27 改正公共用飛行場周辺における航空機騒音による障害防止等に関する法律公布。初めて空港周辺整備機構の設置や民家の防音工事について定められる。大阪空港に直ちに適用。(137)	3・5 北海道網走管内で民間の伐採労働者25人が白ろう病で労災認定さる。1967年以後，46人が認定さる。（北 3・6） 3・26 京葉工業地帯の出光興産千葉製油所で硫化水素が多量に流出。１人死亡，５人中毒。（朝 3・26） 3・26 東電福島原発に，放射能被曝症状を示す労働者数人がいること，衆院予算委で共産党により追及さる。（西 3・27） 3・26～31 全林野九州地方本部，春闘の柱として大規模に振動病絶滅闘争を展開。（西 3・26） 3 渡部真也ら，日本産業衛生学会で職業性クロム肺癌の多発について報告。（267-16巻４号）	3・21 小笠原諸島南東を航行中のリベリア籍タンカー：イオニス・カラスが爆発炎上。（朝 3・22）
4・13 建設省，住宅地域を通る幹線	4・2 東京都板橋区志村の日本通運	4・21 （米)大手鉱山会社リザーブ・

公害・環境破壊	住民・支援者など	企業・財界
のソフト中性洗剤主成分 LASが奇形児出産に関連，との発表あり。（西 4•5） 4•5 日本薬学会年会にて，フタル酸エステルによる各種食品の広範囲の汚染の実態，発表。（朝 4•6） 4•14 市原市の大日本インキ化学工業千葉工場から熱媒体の「ダウサムA」が流出。住民にのどや目の痛み多発。（朝 4•15） 4•26 愛媛県沖でタンカー衝突事故。900 kl の原油流出し，魚貝類の斃死や漁民の健康障害発生。これまでの最大規模の油流出事故。（朝 4•28） 4•30 三重県四日市市の日本アエロジル工場塩素系施設で事故発生。住民1万人余に被害。（朝 5•1） 4 **福岡県粕屋郡新宮町**で一家5人に歩行障害や幻覚症状が発生した事件（3月19日）は，被害者宅の井戸水にしみこんだ**地盤凝固剤アクリルアマイド中毒**であることが発表される。福岡県衛生部よりの発表。（西 3•30，4•24）	北海道電力第2原子力発電所に反対し，〈浜益村原発建設阻止共闘会議〉決成。（北 4•6） 4•7 水俣病患者らの共同生活の場，**〈水俣病センター相思社〉落成**。全国からの募金などで建設運営。（617-57号） 4•22 北電伊達火力発電所に対する態度再決定のため伊達市有珠漁協組臨時総会開催。従来の絶対反対を条件付誘致賛成へ，と方針変更。（北 4•22） 4•22 新幹線工事の騒音・振動被害に抗議し，北九州市小倉北区日明地区住民，工事現場に座込みを開始（この後2カ月間続行）。（朝 4•22，6•20） 4•27 富山化学工業の韓国に対する公害輸出に反対し，東京と富山で市民・学生ら，抗議行動。（朝 4•28）	不服とし控訴。（617-57号） 4•9 プランス工業が製造・販売していた排ガス処理装置が排ガス測定口に細工をした見せかけだけの防害装置であること判明。大阪府が発表。（朝•西 4•9） 4•10 東邦亜鉛社長小西，公害隠ぺい事件で辞任。（朝 4•11） 4•22 三井金属鉱業，〈神通川流域カドミウム汚染被害団体連絡協議会（代表幹事小松義久）〉と，**米の減収補償の協定書に調印**。（朝 4•22） 4•27 日航・全日空，5月ダイヤからの大阪空港乗入れを，国内線10発着減便と決定。住民との約束には及ばぬ措置。（816-1975年）
5•8 東京都江東区の日本化学工業亀戸工場から珪酸ソーダが飛散。付近住民41人に火傷などの被害発生。（朝 5•9） 5•16 日本周辺の海洋汚染発生件数は1年間（1973年）で2,460件。1971年の1.5倍。約84%は油が原因。海上保安庁の発表。（朝 5•17） 5•中 北海道苫小牧臨海工業地帯の大気，王子製紙の無水硫酸などで最悪。「これ以上の東部開発は危険」と社会党，環境庁へ申入れ。（北 5•18） 5•17，18 北海道帯広川で大量のウグイが斃死。この後，道内各地の河川や湖沼で，魚類の大量死事故が続く。工場排水のほか農薬に原因。（北 5•9，22，25など） 5•18 東京都内に初めての光化学ス	5•4 社党四日市支部，日本アエロジルを公害罪法で告発。（816-1975年） 5•11 渡良瀬川沿岸の足尾銅山鉱毒被害農民，古河鉱業との和解調停を受諾。15億5,000万円の補償金。（朝 5•10） 5•24 大阪・岡山・高松地裁に森永ヒ素ミルク中毒訴訟を提起中の原告55人，＜ひかり協会＞の設立に伴い，訴えを正式に取下げ。（朝 5•25） 5•30 **富士市の住民提起のヘドロ訴訟に判決**。原告住民，全面的に敗訴。（西 5•31） 5•30 主婦連代表6人，殺菌剤 AF_2 の製造・販売・使用の即時中止を厚生省に要望。石丸環境衛生局長との間に，「安全性が疑わしい」ということばをめぐって激論。（朝 5•31）	5•8 森永ヒ素ミルク中毒訴訟の口頭弁論席上で被告森永乳業，全面陳謝をし，訴訟終結を要請。（西 5•8） 5•29 チッソ，定時株主総会にて1株株主の発言を初めて認める。（816-1975年）

国・自治体	労災・職業病と労働者	備　　考
道路に10〜20 m の騒音緩衝地帯を設けることを通達。（朝 4・14） 4・25　厚生省，森永ヒ素ミルク中毒被害者救済に関し，患者の恒久的救済を目的とうたった(財)ひかり協会の設立を許可。（北 4・26） 4・26　福岡スモン訴訟で国，キノホルムがスモンの原因であることを事実上認める。（西 4・27）	倉庫でクロルピクリン(農薬) 1,500cc が飛散。作業員・消防署員ら30人の身体に異常発生。（朝 4・3） 4・5　合化労連ニチバン労組とニチバン㈱，労災特別補償協定を締結。（779） 4・15　3年前に福井県敦賀市の日本原発で，作業中に被曝し皮膚障害を発症した労働者（現大阪市内），同社に対し約4,500万円の損賠請求訴訟を大阪地裁に提起。（西 4・15）	マイニング社，ミネソタ州の鉱山と工場の操業を停止。環境を汚染し住民の健康に重大な障害を与える廃棄物を放出していたことにより，連邦地裁からとられた措置。（西 4・22）
5・9　瀬戸内海環境保全審議会，瀬戸内海の埋立てに関する基本方針について答申。（138） 5・16　富山県，分析化学研にカドミウム汚染米検査データの操作を依頼した事実を認める。汚染米の大半はすでに消費ずみ。（朝 5・17） 5・17　新国土総合開発法案に代る国土利用計画法案，参院本会議で可決。（西 5・17） 5・18　富山県知事，記者会見で「国の汚染米凍結基準は厳しすぎる」と発言。（朝 5・19） 5・21　厚生省，地盤凝固剤アクリルアミドの劇物指定を閣議決定。（816-1975年） 5・24　改正大気汚染防止法（硫黄酸化物総量規制）公布。（138） 5・31　厚生省，食品衛生調査会に	5・1　灘神戸生協労組と灘神戸生協レジ作業者の頸肩腕障害予防措置協定疲労性腰痛・低温作業疾病に関する協定を締結。（779） 5・13　日本非破壊検査会社水島出張所で，18歳未満の少年に危険な検査業務をさせ，4人に放射能障害の出ていたこと判明。このち各地で同様の問題が発見され，下請け管理のずさんさが明らかに。（朝 5・13，14，15，西 5・15〜17） 5・15　〈新日鉄肺癌と闘うグループ〉，肺癌で死亡した労働者3遺族の代理として，遺族補償を八幡労基署に請求。（西 5・16）	5・20　第3回日米公害閣僚会議，東京で開催。（朝 5・20） 5・20〜25　第7回産業安全衛生世界会議，アイルランドのダブリンで開催。（753） 5・27　熊本市の大洋デパート火災による被害者の遺族74世帯239人，㈱大洋と同社長を相手どり総額38億5,000万円の損賠請求訴訟を提起。（西 5・27） 5　(米)ニューヨーク市で塩ビ生産工場周辺住民4人の肝臓癌発病が発見され，塩ビとの関連が疑われる。（北 6・2）

公害・環境破壊	住民・支援者など	企業・財界
モッグ警報。1,548人に被害発生。（朝 5•21） 5•19 福岡県宗像郡福間町の中外製薬工場で農薬ドラム缶15本が爆発。ジメトエートが 2km 周辺の住宅地帯に及び，住民に被害発生。（西 5•20） 5•19〜21 鹿児島県志布志湾沿いにハイイロミズナギドリ約300羽が漂着。前年にも同じ事件。<大隅野鳥の会>や県は大気・海洋汚染の影響を調査開始。（西 5•21）	5 茨城県八郷町で〈たまごの会〉，農場開設。東京を中心とした12地域の会員325世帯が出資した，養鶏をはじめとする市民自身による農場。（812-3号）	
6•5 日本近海の廃油ボールの漂流・漂着状態は悪化の一方。海上保安庁発表。（朝 6•6） 6•11 都道環状7号線沿線は，ほとんどの地点で窒素酸化物の濃度が環境基準を上回り，10倍にものぼる地点のあることが判明。<環七公害対策連絡会>の発表。（816-1975年） 6•15 水質汚濁の激化する茨城県霞ガ浦で養殖ゴイ約10万匹が斃死。（朝 6•16） 6•15 川崎市の味の素工場で，塩素ガスが噴出する事故発生。（朝 6•16） 6•22 母乳中のＰＣＢ濃度は1972年6月の生産禁止後も依然低下せず。厚生省の発表。（朝•西 6•23） 6 **東京都内で，ネコの水俣病類似の神経症状発症がふえ続けている**こと，江東区の獣医の追跡調査で判明。（朝 6•14）	6•5 **自然保護憲章**，自然保護憲章制定国民会議で**採択**。（816-1975年） 6•15 サリドマイド問題で裁判所の示した和解案を，原・被告ともにほぼ受諾と回答。（北 6•16） 6•17 伊達市有珠漁協組，北電から漁業振興資金を受けとり，伊達火発建設に合意。伊達漁協組は，依然絶対反対。（北 6•18） 6•30 豊前火力反対の福岡県民大集会。2,000人が参加。（西 7•1）	6•11 日産自動車，排ガス51年度規制は技術的に不可能とし，延期と基準緩和を環境庁へ要望。（朝 6•12） 6•18 **自動車業界，自動車排ガスの51年度規制に，こぞって反対の意見**を表明。三木環境庁長官,「技術的に51年度規制は困難」と発表。（朝 6•19） 6•26 **九州電力，豊前火発建設に着工**するが地元の豊前火力誘致反対共闘会議の反対で作業を一時中止。（西 6•26） 6 日本非破壊検査会社，九石大分製油所においてもずさんな放射線管理で労働者の放射線被曝をひきおこしていたこと判明。（朝 6•11，西 6•10，12，14）
7•1 川崎市の公害病認定患者，自殺（5人め）。（朝 7•1） 7•1 **島根県鹿足郡旧笹ガ谷鉱山周辺**，政府により**ヒ素中毒地域に指定**さる。27日，16人が公害病に認定さる。（西 7•2，27） 7•4，5 硫酸ミスト含有の雨，関東一円に降る。目の痛みを訴える住	7•1 関東地方の**主婦ら12人**，上野製薬に対し，**AF-2の製造販売差止請求訴訟**を提起。（朝 7•2） 7•2 **新幹線公害に反対する全国連絡協**，発足。（西 7•3） 7•2 **大阪空港公害訴訟控訴審の第1回口頭弁論**。（朝 7•2） 7•3 宮崎県土呂久地区と島根県笹	7•2 住友化学大分工場で前年来5度目の事故で塩酸ガス噴出。周辺住民に健康障害発生。（西 7•3） 7•26 豊前火力建設作業再開。（西 7•26） 7 東邦亜鉛の“公害かくし”は前例のないほど大規模な組織的なものであること判明。長崎県と厳原

国・自治体	労災・職業病と労働者	備　考
AF₂の安全性の再検討を要請。(朝 6・1) 5・31 サリドマイド和解で東京地裁，和解案を初提示。(西 6・1)		
6・1 厚生省，発癌性の塩化ビニルモノマー使用スプレー式殺虫剤の，販売停止と回収を決定。(西 6・2) 6・6 大阪府議会，泉南沖の関西新空港設置に対し，反対を決議。(朝 6・7) 6・7 **環境庁，1973年5月より懸案の第3水俣病問題（有明町）で，「患者発生なし」と結論。**(西 6・7) 6・25 亀井福岡県知事，九州電力に対し，豊前火力発電所建設のための豊前市の公有水面埋立て免許を与える。(西 6・25) 6・26 伊達市議会，北電からの寄付4億円の取扱いをめぐり紛糾。最終的に企業の意志を尊重し，全額受け取ると決定。(北 6・27) 6・27 防衛施設周辺の生活環境の整備等に関する法律公布。(138) 6・29 鹿児島県川内市議会，反対派の抵抗の中で川内原子力発電所建設の促進を決議。(西 6・29)	6・30 北九州市で，〈新日鉄癌遺族会〉結成さる。(西 7・1)	6・5 国連主催の世界環境写真コンテストで水俣を題材とした水俣市の写真家塩田武史の写真が特別1等賞に入賞。(西 6・4) 6・5〜11 第2回環境週間。(西6・5)
7・1 環境庁に，環境保健部・環境審査室および環境調査制度発足。(138) 7・4 電源開発調整審（会長田中首相），政府諮問の原子力2・火力14・水力6の発電所建設を原案どおり認可。(西 7・4) 7・4 **門司海上保安部，九電豊前火力発電所阻止派の住民を威力業務**	7・1 新日鉄労働者によって結成されている〈タールによる職業性癌・皮膚障害をなくす会〉，労基署に対し「製鉄所内の癌をすべて職業病に認定するように」と申告。(朝 7・1) 7・16 徳山市の徳山曹達工場塩酸合成塔が爆発。作業員6人が重軽傷。(朝 7・19)	7・18 出力最大の福島原発2号炉，営業運転開始。(朝 7・19) 7・22 (米)環境局，SST（超音速航空機）の排気規制の厳しい基準を発表。(朝 7・23)

公害・環境破壊	住民・支援者など	企業・財界
民4,000人余。（朝 7・5） 7・14未明　鹿島臨海工業地帯の住友金属工業で 1,000°C のコークス 3t が高炉より噴き出し，燃える事故発生。（朝 7・15） 7・20　日本電子顕微鏡学会関西支部総会にて，ABSによる肝細胞変形の実験結果が発表さる。（西 7・21） 7・22　北海道苫小牧駅構内で，大気汚染によるのどの痛みを訴える人々あり。（北 7・22） 7・24　**東京都の植物消滅現象（砂漠化）**が広がり，とくに多摩地区で破壊の激化判明。都の発表。（朝 7・25） 7・24　徳山市の徳山曹達でこの7月，2度めの事故。住宅地に塩素ガスが充満。（西 7・25） 7・27　前年の**乳牛大量死事件の大きな原因は合成飼料：ダイブ**。農林省の発表。（朝 7・28）	ガ谷地区のヒ素中毒被害者，共闘を決定。（西 7・4） 7・5　カネミ油症患者紙野柳蔵一家，裁判のあり方に抗議し，カネミ訴訟を取下げ。（816-1975年） 7・9　栃木県の**豆腐業者**，**AF-2** 被害者の遺族として，メーカーの上野製薬会社に対し，初の損害賠償請求訴訟を提起。（西 7・10） 7・16　**水俣病認定申請者** 179人，環境庁に対し，**不作為に関する行政不服審査を請求**。（816-1975年） 7・17　**三菱原子力施設訴訟（大宮）**，**和解**で決着。訴訟提起いらい5年ぶり。（朝 7・18） 7・19　**山形県酒田市**の住民，住軽アルミニウム工業および酒田共同火力発電2社の工場建設に反対し，環境権訴訟を提起。伊達，豊前に次ぐ**第3の環境権訴訟**。（朝 7・19）	町の調べ。（朝 7・21）
8・20　食品添加物AF-2によるマウスの癌発生，国立衛生試験により確認され，厚生省へ報告さる。（朝 8・21） 8・25　水俣病認定患者松永久美子（23歳）死亡。18年間危篤状態を続けた。認定水俣病患者の100人めの死者。（西 8・26） 8・26　佐賀県下で強度の酸性雨が降る。（816-1975年） 8・29　西宮市の日東アセチレン会社でアセチレンボンベが爆発し，次々と誘爆する事故発生。付近住民避難。（朝 8・30）	8・1　水俣市で＜水俣病認定申請患者協議会＞結成。（617-61号） 8・9　三井金属鉱業神岡鉱業所と**イタイイタイ**病被害者団体との協定に基づき，費用は企業負担・人選は住民団体の**＜公害調査団＞**，結成さる。被害住民が選んだ専門家調査団を企業負担で発生源に送りこみ，総合調査を行うためのもの。全国で初のケース。（朝 8・10） 8・17　水俣病認定申請患者2,600人のうち364人が，先の179人に続き環境庁に審査請求を行う。（朝 8・19） 8・21　〈AF-2 追放総決起大会実行委員会〉，AF_2 類似物質が飼料に大量に使用されているとし，農林省などに禁止を申し入れ。（朝 8・23）	8・14　日本消費者連盟・主婦連など37団体が加盟している〈AF_2 追放総決起大会実行委員会〉，「AF_2 使用続行メーカーの全製品の不買運動を20日から実施」と発表。（北 8・15） 8・15　日魯漁業，「AF-2 添加食肉ハム・ソーセージ生産を14日限りで全面打ち切りとし，代りに無添加新製品を8月末までに新発売する」と発表。（北 8・16） 8・20　AF-2 の独占メーカー上野製薬，「AF_2 の生産はすでに中止しており，販売も直ちに中止する」と発表。（朝 8・21） 8・24　**チッソ，水俣病未認定患者への医療費支払拒否を表明**。支払能力なし，との理由。（816-1975年）

国・自治体	労災・職業病と労働者	備　　考
妨害罪で2人めの逮捕。（西 7・5） 7・12　**環境庁，第4水俣病（徳山）問題でも「患者の発生なし」と結論。**（816-1975年） 7・16　横浜市，市内公害病患者に総額320万円のインフレ手当支給を決定。全国初の試み。（朝 7・17） 7・17　**航空審，関西新空港予定地として，泉州沖を答申。**（西 7・18） 7・17　建設省，申請以来4年5カ月ぶりに横浜新貨物線に関し事業認定を告示。（802） 7・26　鹿児島県議会，九電の川内原子力発電所建設を賛成多数で可決。（西 7・26） 7・29　農林省，ダイブの乳牛への使用を停止するよう通告。（朝 7・30） 7・30　石油化学コンビナートなどの保安対策の抜本的再検討をしていた高圧ガス及び火薬類保安審議会，「周辺住宅との保安距離を最低50mにまで拡大，大型化学工場の保安規制強化」などを内容とする答申を，通産相中曽根に行う。（朝 7・31）	7・19　千葉県でガソリン店員が，鉛中毒を発症したことで会社の安全義務違反を問い，賠償請求訴訟を提起。（朝 7・20） 7・26　日通関西支店大阪府下営業所でフォークリフト運転手として働く労働者35人，フォークリフト運転により生じた腰痛で職業病認定を大阪労基署に申請。すでに2年前に重症患者の発生あり。（西 7・26）	
8・1　環境調査官制度，本格発足（配置は7月1日）。（816-1975年） 8・3　毛利環境庁長官，自動車排ガス51年度規制で，技術的に完全実施は無理とし，暫定値を再諮問。（北 8・3） 8・10　大分市鶴崎の住友化学工業の有毒ガス流出事件（1973年5月10日），不起訴と決定。大分地検の発表。（西 8・10） 8・22　厚生省，AF-2の全面使用禁止を決定。（朝 8・23） 8・27　富山県，神通川左岸の647haを土壌汚染（カドミウム）対策地域に指定。最大規模。（817-26号）	8　北海道空知管内栗山町の日本電工栗山工場の労働者に呼吸器疾患罹患率が高く，うち7人が死亡。4人が職業病と認定される。（北 8・29） 8　日本電工旧栗山工場のクロム肺がん死亡者の遺族，「六価クロムを考える会」を結成。（832-10巻10号）	8・16　（米）政府，塩ビ使用の家庭用スプレーの製造・販売禁止を発表。肝臓癌の原因となる疑い強し，との判断による。（朝 8・17）

公害・環境破壊

9・1　原子力船むつ，太平洋で放射線漏れ事故をおこす。この後寄港反対運動のため，10月15日まで漂流し，母港に帰港。（809）

9・2　カドミウム 1ppm 以上含有玄米発見地域，48年度に19県36地域。環境庁の発表。（朝 9・3）

9・3　この夏，山梨県にも被害を及ぼした酸性雨は，京浜工業地帯からの＜もらい公害＞。山梨県の発表。（朝 9・4）

9・5　水銀・ＰＣＢによる水域汚染の結果，漁獲規制の必要地域は全国で26カ所。環境庁の発表。（朝 9・6）

9・7　秋田県でカドミウムによると思われる腎障害者2人発見。県の発表。（朝 9・8）

9・12　新幹線，ＡＴＣ事故で運休。1日半後に正常運転。7月以降の新幹線の事故発生規模は，開業いらい未曽有の大きさ。（816-1975年）

9・28　北海道稚内沿岸で，工場排水などによる海の汚染でコンブやウニは絶滅に近い状態。漁民，道知事に汚染防止を迫る。（816-1975年）

9・30　東京都民の大気汚染による健康被害率は日本最大。東京都の発表。（816-1975年）

9　北海道勇払原野一角の苫小牧市明野地区のアオサギのコロニー，苫小牧港開港をはじめその後の開発のため滅亡寸前。（北 9・9）

9　カドミウム汚染のため政府倉庫に堆積している汚染米は，過去6

住民・支援者など

9・5　**沖縄県**で，石油貯蔵基地に反対する**〈金武湾を守る会〉**の地元6漁民，屋良知事を相手どり，**埋立て免許無効確認請求訴訟を提起**。（西 9・5）

9・6〜7　全国初の干潟シンポジウム，豊橋市で開催。全国各地より44団体約180人が参加。（812-3号）

9・7　**＜新潟水俣病未認定患者の会＞，結成**。（816-1975年）

9・8　鹿児島県川内市で，九州電力川内原子力発電所建設に批判的な市長，初選出。（朝 9・9）

9・10　新幹線公害反対福岡県連合会，国鉄との第4回統一交渉の場で，沿線住民の開通前後の健康調査を正式に要望。（西 9・11）

9・11　水俣病認定申請者協議会，水俣病認定業務促進検討委員会の座長黒岩義五郎など検診担当医師に対する公開質問状を発送。（816-1975年）

9・14　第1回全道自然公園大会，北海道網走管内斜里町で開催。（816-1975年）

9・16　青森県陸奥湾沿岸漁民，原子力船むつの母港帰港に反対し，入口の実力封鎖の準備を開始。（809）

9・22　全国9電力が計画中の火力発電所建設に反対する**反火力全国住民運動交流会，豊前市で開催**。全国組織としての＜反火力運動全国連絡会議＞を結成。（西 9・23）

9・23　青森県上北郡六カ所村にて，むつ小川原開発に反対している六カ所村開発反対同盟と，原子力船

企業・財界

8・26未明　原子力船むつ，反対住民たちのすきを見て，嵐の中を出力試験に向けて出航。（809）

8・30　全国の放射能アイソトープ取扱い企業や研究機関3,035カ所の77.7%が放射線障害防止法に違反する問題点のあること判明。科学技術庁の発表。（朝 8・30）

9・17　国鉄の東北・上越両新幹線計画担当工事局内に，同計画反対住民運動を中傷するビラ回覧のこと判明。住民らの抗議を受け国鉄，謝罪。（朝 9・18）

国・自治体	労災・職業病と労働者	備　　考
9・1　**公害健康被害補償法施行。** 公害健康被害救済特別措置法は廃止。(138) 9・11　沖縄県知事屋良，県議会与党の申し入れに対し，石油貯蔵基地のための埋立地完工認定延期の方向を示唆。(西 9・12) 9・11　北海道砂川市議会で，道内初の緑化都市宣言を可決。(816-1975年) 9・13　東京都公害局，7大都市自動車排ガス規制問題調査団聴聞会にて，都有低公害車の実例を挙げ，メーカー9社を追及。(816-1975年) 9・13　熊本県議会，6～7日に実施の水俣病認定申請患者協議会等の県交渉を暴力的とし，暴力排除決議案を強行可決。(西 9・14) 9・20　環境庁，水俣病認定申請者179人の不作為申請に対し，16人についてのみ認可裁決。(617-63号) 9・24　7大都市の首長，自動車排ガス対策に関し，「政府は51年度規制実現を貫徹すべし」と声明。(816-1975年) 9・25　水俣病患者川本輝夫を被告とし，チッソを原告とする**川本裁判で検事，1年半を求刑**(617-62号) 9・27　北海道江別市議会，道縦貫自動車道江別通過ルートを，環境破壊の観点で反対する住民の路線変更要求陳情請願8件をすべて不採択に決定。(816-1975年) 9・28　川内市の新市長福寿，川内原発問題で「安全性が確認されるまで，同原発の建設を認めず」と語る。(西 9・29)		

公害・環境破壊

年分ですでに5万8,000 t。今秋，約1万 t 追加の予定。(朝 9•30)
(朝 9•30)

9　首都圏に続いた酸性雨の原因は，京葉工業地帯など東京湾岸の工場排煙に疑いの強いこと，都公害研・都公害局の調べで判明。(朝 9•11)

10•1　宮崎県土呂久の住民23人のヒ素中毒認定の答申が同県審査会より県に提出さる。これで認定患者は48人。(西 10•2)

10•7　東京都内にこの年26回めの光化学スモッグ注意報。10月の発令は2年ぶり。(朝 10•5)

10•10　徳島県内で生産の全国産高の6割を占める折箱用薄板から多量のＰＣＰ検出。同県発表。(朝 10•11)

10•16〜11•5　北海道ガス供給のガスにより，札幌市内で死者が続出。7人死亡，19人中毒。(北 11•16)

10•23　稼動中の東京電力福島第1原子力発電所と試運転中の中部電力浜岡原発で原子炉に異常，発生。東電・中電は「放射能の外部への影響はなし」と発表。(816-1975年)

10•25　埼玉県入間川で魚，大量に浮上，川越市和光純薬工業排出のシアンが原因 (26日埼玉県発表)。(朝 10•26)

10•30　国認定の公害病患者数，この日現在で1万5,973人。(816-1975年)

10　前年10月の京葉コンビナートでチッソ石油化学の爆発以後，1

住民・支援者など

むつの母港撤去を要求して闘争中の陸奥湾沿岸漁民，共闘会議を結成。(816-1975年)

9•27　東京で，自動車排ガスの51年度規制完全実施を求める都民集会開催。約800人参集。(朝 9•28)

9•28　〈富山化学の公害輸出をやめさせる実行委員会〉，日本化学工業の重クロム酸ソーダ製造会社の韓国設立計画に抗議し，示威運動を展開。(北 9•29)

9•28　反ヘドロしゅんせつ全国交流集会，四日市市で開催。(816-1975年)

9•28　工場群にかこまれた大分市家島地区の住民318世帯，集団移転本決り。県・市と合意。(西9•28)

10•1　サリドマイド和解交渉で訴訟原告と被告の国・大日本製薬，大筋について合意。(朝 10•2)

10•5〜11　(米)報道写真家ユージン・スミスの「水俣・生―その神聖と冒瀆」の写真展，水俣で開催。(朝 10•6)

10•8　酒田市で酒田共同火力の発電所建設に反対し，労働者数100人，坐込みを開始。14日，労働者にかわり地元住民が座込みを受け継ぐ。(朝 10•8，14)

10•13　全国サリドマイド訴訟統一原告団と国および大日本製薬との間で確認書調印。(北 10•14)

10•18　山陽新幹線公害反対住民の法的支援組織として，<新幹線公害反対福岡県弁護団>，結成。(西 10•17)

10•22　北海道自由人権協会の弁護士，ガス熱量変更によって多くのガス中毒死者を出した北海道ガス社長を殺人罪で告発。(北 10•22)

10•26〜11•12　**サリドマイド訴訟**，10月13日原・被告間の確認書調印にともない，8地域において終

企業・財界

10•12　日本住宅公団，札幌地裁の日照権判決を不服とし控訴。(朝 10•12)

10•16〜18　**国鉄**，横浜新貨物線未着工区間の測量を試みるが，反対住民の阻止を受け，不成功。(802)

10•18　カネミ倉庫社長加藤三之輔，カネミ油症患者との補償交渉に5年ぶりに対応，謝罪および治療費問題で努力を約束。(北 10•19)

国・自治体	労災・職業病と労働者	備　　考
9•30　札幌地裁，日照権訴訟で，被告日本住宅公団に太陽を奪われた住民への損賠支払いを求めた判決を出す。（朝 10•1）		
10•12　北海道水産部，伊達市噴火湾におけるホタテ稚貝の大量斃死は伊達火発用港湾建設とほぼ無関係との調査結果を発表。（北 10•13）		10•1　(米)環境保護庁，農薬アルドリンディルドリンに発癌性のおそれがあるため，生産中止措置。（朝 10•2）
10•17　川内市長福寿，九電に対し「川内原発建設計画は取り下げよ」と申入れ。（西 10•18）		10•19　(英)政府，サリドマイド児家族に支払われる製薬会社からの補償金に課税措置をとることを決定。世論の大々的反対にあい最終的に，課税とみ合うだけの国庫からの基金を支出することに変更。（朝 10•21，26）
10•21　7大都市自動車排ガス規制問題調査団，「51年度規制は技術的に可能」との報告書を提出。（朝 10•22）		
10•23　環境庁大気保全局長春日，7大都市自動車排ガス規制問題調査団の報告書を“非科学的”と批判。（朝 10•26）		
10•24　環境庁，行政不服審査を申し立てていた水俣病患者163人中11人にのみ不作為を認める裁決。ほかについては申し立てを棄却。（617-63号）		

公害・環境破壊	住民・支援者など	企業・財界
年間でコンビナート内の爆発・火災事故は17回。（朝 10•8）	結。裁判の提起から10年。（朝 10•26）	
	10•30 沖縄のＣＴＳ建設反対訴訟の第１回口頭弁論，那覇地裁で開く。（西 10•31）	
	10•30 全日本交通運輸労働組合協議会，51年度自動車排ガス規制完全実施を求め，東京・霞が関の官庁街を数100台の自動車で示威運動。（朝 10•31）	
11•1 山陽新幹線，筑紫路を初運転。北九州市小倉北区日明地区では，のろのろ運転で70ホン余の騒音が測定される。（西 11•2）	11•1 〈全国自然保護連合〉の理事ら５人，山梨県知事を相手どり，「秩父多摩国立公園内に無許可林道を建設したのは自然公園法違反」と甲府地裁に告発。石鎚スカイラインに次いで２度めの住民運動による告発。（朝 11•2）	11•11 川崎市内の大手企業43社と患者側の間で，公害病補償問題をめぐり合意が成立し確認書に調印。（朝 11•12）
11•1 鹿児島県出水市離島に，水俣病症状を訴える住民が多数いることが判明。鹿児島大の発表。（西 11•2）	11•4 南アルプスのスーパー林道の建設計画に反対するため，山梨・長野・静岡３県の自然保護団体，〈南アルプス自然保護連合〉を結成し，阻止にのり出すことを決定。（朝 11•5）	11•15 全日本自動車産業労働組合総連合会，自動車排ガスの51年度規制について，雇用問題発生のおそれあり，と規制緩和要望の要請書を政府に提出。（朝 11•16）
11•2 1973年の国民健康調査の結果，呼吸器系有病率が前年に続き最高，と判明。大都市の有病率35.4%，町村21.8%。厚生省の発表。（朝 11•3）	11•14 ８年越しの問題の東京都杉並清掃工場の建設，都と地主側の間で用地の約９割に関する和解成立（25日には地元住民の反対期成同盟とも和解成立し，和解書に調印）。（朝 11•14，25）	11•28 東洋工業，東京都議会にて自動車排ガス問題で，窒素酸化物を0.4ｇまで減少する可能性について初めて言明。（朝 11•29）
11•2 長崎県対馬厳原町の住民のイタイイタイ病第２次検診で，受診者の過半数の48人に腎機能障害の疑いありと発表される。（西 11•3）	11•16 北九州市にて各地のカネミ油症事件闘争支援全国決起集会を開催。（西 11•17）	11•29 花王石鹸㈱の株主総会にあたり多数の右翼団体が，主婦・労働者・市民運動など１株株主の出席を，暴力をもって妨害。（朝 11•29）
11•6 新幹線の施設関係の老朽ぶりは，運転保安に多くの支障をもたらすこと，社会党調査団により発表さる。（816-1975年）	11•26 鹿児島県の志布志臨海工業設置反対漁業者協議会，従来の絶対反対を条件闘争へ転換することを決定。（西 11•27）	11 北電，浜益原発計画を一時凍結と発表。（北 11•17）
11•12 川崎市の公害病認定患者2,025人。死者102人。（朝 11•13）	11•26 苫小牧市で革新系全国公害対策連絡会議—苫小牧東部開発・伊達火力発電所現地調査団と開発に反対の地元住民ら，懇談会を開催。（北 11•27）	
11•20 新潟水俣病認定患者517人，うち死亡21人となる。認定申請者はこのほか580余人。（朝 11•21）	11•29 東京で，＜きれいな川といのちを守る**合成洗剤追放全国集会**＞開かれる。約700人が参集。（朝 11•29）	
11～12 都市のゴミ焼却場の排水や排煙から重金属など有害物質が発見される。（朝 11•22，12•9）		

国・自治体	労災・職業病と労働者	備考
11・5 **札幌高裁，伊達火発用海面埋立て免許停止を求めた地元漁民の即時抗告に対し，**1月の地裁決定を支持し同抗告を**棄却。**(北 11・6) 11・8 福岡労基局，三井三池炭塵爆発事故の一酸化炭素中毒患者たちが出していた“治ゆ認定”異議申請を棄却。(北 11・9) 11・18 東京地裁の斡旋で，杉並区清掃工場建設をめぐる地元住民と都との和解条項まとまり，両者が同意。厳しい規制措置や建設計画・運営への住民参加，住民のがわの操業停止権などをもりこんだもの。(朝 11・19) 11・25 横浜市，「国鉄の要請に応じ横浜の新貨物線建設で土地収用上の代理署名を行った」と発表。(802) 11・29 中公審，地盤沈下の予防対策について答申。(138) 11・29 中公審，ＰＣＢに係る水質環境基準・排水基準・底質の暫定除去基準について答申。(138) 11・30 改正大気汚染防止法（硫黄酸化物総量規制）施行。(138)	11・9 横浜港本牧沖で，LPG タンカー第10雄洋丸とリベリア籍貨物船パシフィック・アレス号が衝突。タンカーが爆発炎上，貨物船にも火炎発生。4人死亡，30人不明。(西 11・10) 11・22 大分市の九州石油大分製油所で爆発炎上事故。3人重傷。(朝 11・23) 11 大牟田市の三井コークス大牟田工場のコークス炉労働者に肺癌死亡者の発生していること判明。コークス炉粉塵は発癌物質ベンツピレンを含有。(西 11・13) 11 佐賀県有田町の陶磁器製造工場で粉塵作業労働者の2.5人に1人が塵肺患者であること判明。伊万里労基署調べ。(西 11・22)	11・1 (米)環境保護局，「飲料水殺菌に使われる塩素が水道水中の不純物と反応し，発癌物質クロロホルムや四塩化炭素になる危険性あり」と発表。(朝 11・4) 11・13〜14 経済協力開発機構の環境担当閣僚会議，加盟25カ国代表が参加してパリ本部で開催。今後10年間の行動計画を審議し採択。(北 11・14，朝 11・15)

1974（昭和 49）

公害・環境破壊	住民・支援者など	企業・財界
12・6　安中市の洗剤メーカー工場で爆発火災事故発生。半径 11km 周辺の住宅・住民に被害発生。（朝 12・7） 12・14　全国の河川・湖沼の水質，依然深刻な汚染。湖沼7割・河川4割が不合格。環境庁の調べ。（西 12・15） 12・15　工場排水や農薬などで漁業被害の相次ぐ北海道で，苫小牧市の太平洋岸に，ホッキガイ（ウバガイ）の大量死事件発生。（北 12・17） 12・18　倉敷市水島コンビナート三菱石油水島製油所で重油流出事故発生。月末までに瀬戸内海から紀伊水道まで拡散。流出重油は12月22日現在で4万 kl 余。漁業被害44億円。最大級の油流出事故。（朝 12・19，23） 12・22　公害苦情件数，地方都市で増加。公害の，地方への拡散を示す。総理府発表。（朝・西 12・23） 12・24　新幹線でガラス20枚破損，2人負傷の事故。総点検後も相変わらずの事故発生が続く。（朝 12・25） 12・26　名古屋市のラサ薬品工業の貯蔵タンクから塩酸噴出。（朝 12・26） 12・26　堺・泉北臨海工業地帯のゼネラル石油で，重油タンクから重油が溢れる事故発生。住民が発見し通報。（朝 12・27）	12・2　横浜新貨物線に反対する住民4,000人，横浜市役所に集まり，飛鳥田市政との訣別を宣言。（802） 12・2　カネミ油症訴訟原告代表ら50人，治療救済などを要求し，鐘淵化学工業本社を訪問。同社，高姿勢の対応。（西 12・3） 12・5　市原市五井地区の住民102世帯，集団移転問題で，県と合意が成立。1973年10月のチッソ石油化学五井工場の大爆発事故でもっとも被害を受けた地区の一部。（816-1975年） 12・10　大阪国際空港第4次訴訟，約3,700人の原告により提起。請求額37億円。（西 12・11） **12・13　水俣病認定申請者406人，認定業務の遅れに抗議し，熊本県に対する行政訴訟を提起。**（617-65号） 12・22　東邦亜鉛対州鉱業所と厳原町鉱害被害者組合，カドミ汚染農作物の補償で仮協定に調印。交渉開始いらいわずか3カ月。補償額は1億8,800万円余。（西 12・23） 12　作家畑正憲，北海道霧多布湿原乱開発に抵抗し，土地購入行動を開始。（北 12・16）	12・1　北海道白老町の大昭和製紙，白老海域を汚染し漁業に被害を与えたかどで，道により排水処理施設の改善を指示される。（北 12・1） 12・1　日本非破壊検査会社，ずさんな放射線管理に伴い労働者の放射線被曝をおこしたかどで，大分地検により起訴さる。（西 12・2） 12・9　伊達火発用資材船，室蘭港にひそかに入港。（北 12・10） 12・11　国鉄，新幹線総点検を開始。（朝 12・11）

国・自治体	労災・職業病と労働者	備　　考
12•2　環境庁，自動車排**ガス51年度規制**につき，**業界の主張を大幅に取り入れた**基本方針を決定。（朝 12•3） 12•5　**中公審大気部会，自動車排ガス51年度規制に関し，2年延期など大幅後退の報告書を作成。**（朝 12•6） 12•5　苫小牧市，苫東の石炭火発立地に関し，立地審を極秘に開催するが，地区労などの抗議で中止。（北 12•6） 12•7　厚生省，サリドマイド被害児福祉センター<いしずえ>の設立認可。（北 12•8） 12•13　東京地裁，港区六本木の商業地域に計画中の8階建てビルにつき住民の日照権を認め，大幅な設計変更を命じた仮処分決定を行う。（朝 12•14） 12•21　熊本県，水俣病認定申請者の認定業務を国で担当するよう要望書を提出。すでに2,700人余の申請者あり。（816-1975年） 12•23　大牟田労基署，三井三池の一酸化中毒患者で治療認定された301人が労働障害補償請求をしていた件で，189人を傷害認定。26, 27日に一時金・年金を支払う運び。（西 12•23） 12•26　**津地検**，塩素流出事故の**日本アエロジル四日市工場を公害罪法で起訴。**1971年7月同法施行いらい初起訴。（816-1975年） 12•27　中公審総合部会，大気部会答申案を審議し，自動車排ガス51年度規制の2年延期など，答申案どおりの大幅後退答申を環境庁へ提出。（816-1975年）	12•11　横浜港の石油タンクが林立する中で，給油中の小型タンカーが爆発。2人死亡，6人負傷。（朝 12•11） 12•19　北海道空知支庁の三井石炭砂川鉱でガス爆発。15人死亡，11人負傷。（朝 12•20, 25） —　国有林における振動病（チェンソー使用による白ろう病）認定患者787人。（71-121号） —　北海道の日本電工栗山工場で，1960年以来15年間の肺癌発病者18人，喉頭癌1人，同じく死亡者14人。北大医学部調べ。（71-109, 110号）	

1975（昭和 50）

公害・環境破壊	住民・支援者など	企業・財界
1・5 無秩序な開発の結果，国土の8割・海岸線の4割が自然破壊。環境庁発表。（朝 1・6） 1・15 堺・泉北臨海工場地帯のゼネラル石油精製堺製油所で，前年末から2度めの重油流出事故発生。（朝 1・16） 1・16 沖縄の海岸に1カ月前より大量の死魚，打上げらる。米軍基地内の農薬など薬品類のずさんな管理のため。県警調べ。（西 1・17） 1・17 岡山県沿岸の魚類，未だに異臭。三菱石油重油流出事故に原因。（北 1・18） 1・21 日本最大の石油製品貯蔵基地の名古屋港9号地の日本石油名古屋油槽所で，タンク26基のうち17基に不等沈下発見さる。（朝1・22） 1・31 自動車騒音と振動による生活影響に関する調査の結果，対象者の4割に頭痛や胃痛，5割に睡眠不足や不眠。東京都公害研調べ。（朝 2・1）	1・7 <原発火発反対福島連絡会>の住民400余人，福島第2原発設置許可取消請求の行政訴訟を提起。（西 1・7） 1・11 住民221人により組織される<成田の水を守る会>が新東京国際空港公団を相手どり，汚染土壌撤去と薬液注入工法の差しとめを求めていた仮処分申請事件，千葉地裁で却下さる。（朝 1・11） 1・13 浜元二徳，佐藤武春ら水俣病認定患者5人，チッソの水俣工場担当重役を殺人・傷害罪で告訴。初めての刑事責任追及。（北1・14） 1・23 鳴門市北灘町の漁業42社，1972年の赤潮被害で総額約19億3,000万円の賠償請求，工場排水・し尿投棄差止請求訴訟を国・自治体・企業に対し提起。（朝 1・24） 1・30 1974年の三菱石油水島製油所の重油流出事件をめぐる岡山・香川・徳島・兵庫4県漁連と三菱との被害補償交渉，三菱の内金60億円支払案で合意。（朝 1・30） 1・30 全日本海員組合室蘭支部，北電伊達火力の発電機運搬船入港に関する業務拒否。伊達火力建設反対住民運動との共闘。（北 1・30）	1・21 旭硝子京浜工場・日本鋳造・日産自動車横浜工場・東亜建設工業横浜支店の4社，海洋汚染防止法で禁止されている産業廃棄物を海に投棄してきたかどで，横浜海上保安部の捜索を受ける。横浜市港湾局が許可していたもの。（朝 1・21） 1・22 北電伊達火発のボイラードラム，反対派漁民の磯舟による抵抗を押し切り陸揚げさる。反対した漁民3人，現行犯で逮捕さる。反対派の磯舟1隻も押しつぶされる被害。（北 1・22） 1・24 チッソ，水俣病患者に対する補償支払いで経営不振とし，政府に救済融資を要請。（西 1・25） 1・31 大阪府のゼネラル石油精製堺製油所，機器欠陥は3カ所と公表し，住民向け公報にも記す。同労組堺支部が実際は16カ所と告発。（朝 2・1） 1 『文芸春秋』2月号で児玉隆也，「イタイイタイ病は幻の公害病か」を著す。（573）
2・2 三菱石油水島製油所の流出重油による汚染区域の魚で，高松市内に食中毒発生。こののちも中毒患者相次ぎ，数10人に達す。（朝 2・12） 2・2〜5 札幌市内一円の上水道の味と臭いに急変。8日，水源上流豊羽鉱山よりの廃油流出事故が原因と判明。同市水道局などの調べ。（北 2・9） 2・3 大阪府のゼネラル石油精製堺製油所で，機器に30カ所の欠陥発見。堺高石消防本部の調べ。（西 2・4） 2・16 四日市市の大協石油製油所で石油タンクが炎上。部材腐食で不等沈下の影響。（828，朝 2・17，19）	2・3 苫小牧市の住民団体<苫小牧東部開発に反対する会>，市長に苫小牧東部工業地帯企業立地審議会条例の廃止請求書を提出。署名者2,747人。（北 2・3） 2・5 沖縄で労働3団体，<CTS建設阻止県民総決起大会>を開催。3,600人が参加。（西 2・6） 2・6 横浜新貨物線建設作業に抗議し主婦ら50人，抵抗行動を開始。機動隊，これを強制排除。（朝 2・7） 2・11 東京の環七の公害に悩む住民約3,000人，都内各地で自動車公害追放の示威運動を実施。（朝 2・12） 2・21 水俣市と出水市の，認定を棄	2・5 産業公害防止装置の1974年の受注状況は，受注高で前年比35%増。1973年の前年比にくらべ伸びは半減。（北 2・6） 2・18 三菱水島，食中毒事件以来冷蔵保管してきた汚染海域捕獲の魚を19日までの分にかぎり市場価格で買いとることに合意。（朝2・19） 2・21 参院公害・環境保全特別委にて，排ガス51年度規制問題の参考人：トヨタと日産の社長，高公害車への重課税に反対の意志表明。（朝 2・22）

国・自治体	労災・職業病と労働者	備　　考
1・8　瀬戸内海環境保全知事・市長会議，東京で緊急会議を開き，三菱石油水島の流出重油事件をめぐり，政府に対する10項目の要望を決定。(朝 1・9) 1・13　チッソとの補償交渉中，チッソ社員に対する傷害事件を起こしたとして傷害罪に問われていた新認定**水俣病患者：川本輝夫に，有罪判決**。執行猶予つき罰金5万円。(朝・西 1・13) 1・17　自動車排出ガス対策閣僚協議会の設置，閣議決定。(138) 1・24　低公害車の課税軽減，閣議決定。(816-1976年) 1・27　環境庁，ＰＣＢを水質汚濁防止法の規制対象有害物質に追加。(朝 1・28) 1・31　中公審と自動車業界の一体化的実情，衆院予算委で暴露さる。家本委員の“議事メモつつ抜け事件”。(朝 2・4，15)	1・3　千葉市の出光興産中央訓練所でプロパンガス爆発。住民も含め1人死亡，14人重軽傷。(朝 1・4)	1・6　シンガポールのセバロック島沖で，日本の太平洋海運所属の祥和丸が座礁。積荷の原油1,000ｔ余流出。(北 1・7，3・18)
2・3　水質環境基準にＰＣＢ，追加さる。(138) 2・5　労働省，キーパンチャーなど上肢作業に基づく疾病の業務上外認定基準について全国都道府県に新通達。(189) 2・8　広島県，排ガス規制に関し，低公害車減税，高公害車10%増税の方針を独自に打ち出す。国の政策に先行。新年度実施。(北 2・9) 2・12　三菱石油水島製油所の重油流出事故に伴う油臭魚事件を調査していた岡山県水産課，油臭魚海域での操業自粛を関係漁協に呼びかけ。(朝 2・13) 2・17　四日市市の岩野市長，大協石油のタンク火災事故で，会社が責	2・21　高知県幡多郡の山林労働者8人，外国製チェンソーで白ろう病になったことをめぐり，販売会社に対し総額7,810万円を請求する訴訟を高知地裁に提起。(北 2・22)	

1975（昭和 50）

公害・環境破壊	住民・支援者など	企業・財界
2・19 （米）原潜プランジャー入港の横須賀基地で，2度にわたり放射能異常値の自動記録あり。（朝 2・20） 2・21 **石油タンクの不等沈下，全国的に問題化。**名古屋をきっかけに川崎・鹿島・市原・横浜など。（朝 1・25，2・21） 2 苫小牧市で王子製紙苫小牧工場のパルプ廃液が原因とみられる漁業被害，相次ぐ。（北 2・22）	却された水俣病未認定患者家族33人，チッソに対し損害賠償請求訴訟を提起。（北 2・21） 2・21 「海を活かしコンビナートを拒否する東京集会」，入浜権宣言を採択。（2-36号）	
3・3 北海道深川市で7年間の闘病の末，病を苦にスモン患者，自殺。（北 3・4） 3・4 カネミ油症認定患者の主婦，女児を死産。解剖の結果，ＰＣＢ障害とみられる肝臓の異常肥大あり。（朝 3・8） 3・12 名古屋新幹線公害訴訟原告の81歳の男性，新幹線高架直下の自宅で死亡。（朝 3・12） 3・24 大阪市の大気汚染による公害病認定患者数5,075人となる。公害指定都市では最高で5,000人をこえたのは全国で初めて。（朝 3・25） 3・28 大牟田川河口周辺でがん腫病とみられる海苔被害発生。ヘドロ浚渫の影響，と漁民の間に怒り。（西 3・29） 3・29 山口県で米より高濃度のカドミウム検出。（西 3・29） 3 地盤沈下，5年前にくらべ倍増。また地方へ拡大の実態。39地域32都道府県に赤信号。（朝 3・24） 3 青森県八戸市で慢性気管支炎など大気汚染による呼吸器障害の有症率6.4％と高率のこと判明。（朝 3・20）	3・10 福岡市内で騒音対策要求をつづけてきた住民ら，山陽新幹線の開通で，“見切り発車”に抗議する集会を同市内で開催。（朝 3・10） 3・14 **水俣病患者同盟の患者114人，チッソ重役と同社水俣工場重役を殺人・傷害罪で告訴。**（朝 3・14） 3・17 東京都中野区で電波障害被害町会連合会による住民大会開かる。（朝 3・18） 3・18 ピアノ騒音の被害者ら，<ピアノ騒音告発の会>を都内で開き，ピアノ製造業者に対策を要求。（朝 3・19） 3・19 国民の9割が大規模開発に疑問。環境庁の環境モニター全国意識調査の結果より。（北 3・20） 3・22 東北・上越新幹線に反対する東京と埼玉の住民団体，初の代表者会議。新幹線白紙撤回を求め共闘を決定。（朝 3・25） 3・23 川鉄千葉製鉄所第6号熔鉱炉建設に反対する千葉川鉄公害訴訟原告団の結成総会，千葉市で開かれる。（北 3・24）	3・6 川崎製鉄所，千葉県・市川市との間に同所千葉製鉄所第6号熔鉱炉などの建設に関する協定書に調印。（朝 3・7） 3・11 自民党代議士小坂善太郎，富山県で「イタイイタイ病のカドミウム原因説は疑問」と発言。（817-26号） 3・19 住民1万2,000人余に被害のあった，日本エアロジル四日市工場の塩素ガス流出に伴う公害罪事件，津地裁で初公判。日本エアロジル，罪状を全面否認。（西 3・20）
4・8 1973年に問題化の直江津沖の水銀汚染は信越化学・ダイセル・日本曹達の排水が原因。魚類にも汚染蓄積ありとの結論。環境庁発	4・3 大阪空港公害第4次訴訟（原告は川西市と豊中市の住民3,094人），初公判。（西 4・3） 4・9 山口県新南陽市の4漁協の組	4・1 （財）漁場油濁被害救済基金発足。国と自治体が防除・清掃費を各7,700万円，経団連が1億5,000万円拠出。（朝 3・27）

国・自治体	労災・職業病と労働者	備　　考
任をとるまでは全面操業に同意せぬ方針を発表。(北 2・17) 2・17　香川県衛生部,「高松市内で発生した魚による食中毒は重油や中和剤との関連無し」と発表。(朝 2・18) 2・22　政府, 自動車排ガス51年度規制問題で, 暫定規制値の許容限度と適用時期をともに大幅緩和。継続生産車への完全適用は昭和52年3月1日から。(朝 2・23) 2・24　環境庁, 排ガス51年規制を告示。(朝 2・24) 3・4　衆院公害環境保全特別委員会, 石油コンビナートの公害防止対策を審議。参考人の都公害局規制部長田尻宗昭,「海上消防法やタンカー安全法の制定が急務」と警告。(朝 3・4) 3・8　津久見市, 小野田セメント津久見工場の胡麻柄山願寺鉱山開発に関し, 無過失賠償を導入した公害防止協定に調印。石灰開発に伴う“白い公害”に悩まされつづけての対策。(西 3・9) 3・18　政府の原子力行政懇談会, 初会合。(朝 3・19) 3・19　**札幌地裁, 伊達火力建設反対の運動関連訴訟**の1つ:漁民による埋立て禁止の仮処分申請を,「漁業への影響認めがたい」として**却下。**29日**漁民側, 高裁へ抗告。**(北 3・20) 3・22　今国会に提出の「石油化学コンビナート法案」の基本構想, 自治省でまとまる。(朝 3・23)	3・1　三井三池鉱山の一酸化炭素中毒被害者遺族3人による**一酸化炭素中毒訴訟に判決。**請求していた1,095万円余につき全額の支払いを言い渡し。(西 3・1) 3・15　東京都内23区の“緑のおばさん”が学童擁護15周年記念決起集会を開き, 排ガスによる職業病を訴える。(朝 3・16) 3・28　全林野労組, 白ろう病の原因のチェンソーの使用中止を求めた要求を含め, 終日ストライキを実施。(朝 3・12) 3・31　民有林労働者で振動病に認定された患者, この日現在で424人。要治療者は労働者7万人中3万人といわれ, 認定の遅れが目立つ。(71-121号)	3・5　(米)環境保護局, 77年型車から予定していた炭化水素・一酸化炭素についての法定排ガス基準を1年間延期と発表。(朝 3・6) 3・10　国鉄新幹線, 岡山—博多間開通。(朝 3・13) 3・18　台湾の厚生省当局, 大日本製薬(本社日本の大阪)が台湾におけるサリドマイド児43人に補償を行うことで原則的に合意した, と発表。(朝 3・19) 3・20　高田新太郎『安中鉱害—農民闘争40年の記録』。(43)
4・1　自動車排ガス50年度規制実施開始。ただしモデルチェンジの新型車のみに適用。旧型の新造車は12月1日実施。(朝 4・1)	4・23　旭化成工業水島工場内の山陽石油化学工場で爆発事故。11人重軽傷。(西 4・24) 4・24　茨城県東海村の動力炉・核燃	4・2〜6　アルジェリア国家民主法律協会(IADL)に, 日本の公害事件を担当した弁護士・学者らが参加し公害日本の現状を報告。

公害・環境破壊	住民・支援者など	企業・財界
表。（朝 4・9） 4・15　いわき市小名浜港沖で，日本のタンカーと韓国貨物船が衝突。タンカーより重油 750kl 流出し，沿岸漁業に重油被害。（北 4・16） 4・15～18　十勝支庁管内新川のシシャモふ化場に大量の軽油が流入。上流の（米）沿岸警備隊浦幌ロランC基地排出汚水が原因。（北 4・18） 4・17　東京都の中央卸売市場入荷の魚介類（長崎・静岡・福岡から入荷）により，暫定規制値（0.3ppm）を上回る水銀が検出さる。（朝 4・18） 4・25　都民を対象とした調査結果として，新生児の血液中のメチル水銀濃度が母体の2倍強であること，都衛研より発表さる。（朝 4・26） 4・29　北九州市小倉北区，日本化薬小倉染料工場で蒸留がまが爆発し，アミンガスが同区中心街に広がる。（西 4・30） 4　1974年秋発見された北海道支笏湖のヒメマスの奇病，ますます拡大し生存量は平年の3割以下に激減。苫小牧市郊外ウトナイ湖ではコイの奇形が発生。（北 4・19，25）	合員 378 人，東洋曹達南陽工場・徳山曹達南陽工場など沿岸10社を相手どり，損害賠償15億 5,000 万円などを求め，国の公害等調停委員会に調停を申請。（朝 4・9） 4・18　赤潮訴訟，第1回口頭弁論。（朝 4・19） 4・20　北海道の17自然保護団体が集まり，＜北海道自然保護団体連合＞を結成。（北 4・21） 4・26　いわき市の住友セメント四倉工場の粉塵公害による被害住民ら，公害補償金により（財）四倉公害環境保全会を発足。（朝 4・27）	4・5　東邦亜鉛対州鉱業所，“公害かくし”のかどで福岡鉱山保安監督局により長崎地検へ書類送検さる。（朝 4・6） 4・17　**三井グループ報「三友新聞」イタイイタイ病は“いわゆる幻の公害病”として疑問多い，との記事を掲載。**（817-26号）
5・16　三菱石油水島製油所の重油流出の漁業への影響，まとまる。漁獲減少のほか，瀬戸内海の生態系へ重大な影響あり，と。＜瀬戸内海を破壊から守る漁民調査団＞と瀬戸内海汚染総合調査団の調べ。（西 5・17） 5・21～　播磨灘に異常発生した赤潮で，家島・西島・坊勢島のハマチ養殖場のハマチ4万 5,000 匹がほぼ全滅。（朝 5・24） 5・28　関東地方公害対策推進本部大気汚染部会，初の光化学スモッグによる植物影響関東全域調査の結果を発表。被害は関東全域に広が	5・1　土呂久公害第4次認定患者23人，宮崎県の総額 6,920 万円の斡旋案に同意，確認書に調印。（西 4・29） 5・7　三菱石油水島製油所の重油流出をめぐる漁業被害交渉，香川・徳島・兵庫3県漁連が 111 億円で合意，調印。岡山県漁連についても23億円余で合意，調印。（朝 5・4，北 5・7） 5・12　原子力船むつの新母港有力候補地とされている長崎県対馬美津島町で，＜むつ母港化阻止住民決起大会＞開催。住民約 700 人が参加。（朝 5・13）	5・15　最近の水質汚濁違反は，隠し排水口とりつけや処理施設の未使用など悪質な故意犯が急増し，違反件数も前年度の 2.5 倍。（朝 5・15） 5・23　4月1日実施の自動車排ガス規制ののち，低公害車販売実績は5メーカー合計で1万5,000台，販売台数のわずか 2.6%。生産台数は57万5,000 台で4月としては最高。（朝 5・24）

国・自治体	労災・職業病と労働者	備　　考
4・15　改正大気汚染防止法施行。硫黄酸化物排出基準を強化。（朝 4・13） 4・16　東京・大阪・横浜・川崎・名古屋・京都・神戸の各市で構成する7大都市自動車排出ガス対策幹事会の総量規制研究会，自動車排ガス総量規制で共同研究会の初会合。（朝 4・17） 4・18　作業環境測定法案，衆院本会議で可決成立。5月1日施行。（朝 4・19） 4・19　熊本県公害被害者認定審査会1年ぶりに再開。（西 4・19） 4・22　環境庁，＜自動車に係わる窒素酸化物低減技術検討会＞設置。（139） 4・25　最高裁，北電伊達火力建設をめぐり，地元漁民より1973年に特別抗告のあった公有水面埋立処分停止申立に対し，棄却の決定。（北 4・25） 4・28　1974年問題化した東邦亜鉛対州鉱業所の“公害隠ぺい”事件で長崎地検，罰金のみの略式請求。（西 4・29） 4・30　北海道内水面漁場管理委員会，支笏湖におけるヒメマスの奇病まんえんに関し，全面禁漁を決定。（北 4・30）	料再処理工場で，職員5人・下請け作業員5人がコバルト60よりのガンマ線を被曝。（朝 4・25）	（西 1・20）
5・4　警察庁，水俣病患者遺族のチッソ告訴に関連し，時効起算時を工場排水開始時期でなく，発病や死亡という結果の出た時点とする，との方針を決定。（朝 5・5） 5・7　環境庁，水質汚濁に関する総量規制検討委員会発足。（朝 5・8） 5・15　油濁賠償責任保険の新設，大蔵大臣により認可となる。（朝 5・16） 5・21　消防庁，石油タンク保安点検の暫定基準を都道府県に通達。（北 5・22） 5・22　長崎県知事，「むつ」の新母港化問題で，首相に対して反対の	5　三井東圧化学名古屋工業所の下請作業員（47歳），「塩ビによる肝臓障害」と診断される。初のケース。（西 5・27）	5・12〜15　第1回国際酸の沈降と森林生態系シンポジウムが（米）オハイオ州立大学で開催。（753-51巻4号） 5・15　三浦豊彦編『職業病ハンドブック』（298）

1975（昭和 50）

公害・環境破壊	住民・支援者など	企業・財界
り，稲や野菜など光化学スモッグに強いといわれていた植物にも影響があることが判明。（朝 5•29） 5　福岡県三池郡の有明炭鉱の排水で，三池干拓の麦に相当の被害のあること判明。（西 5•21）	5•19　<土呂久・松尾等鉱害被害者を守る会>，未認定患者32人の公害認定申請を宮崎県に提出。自主検診に基づく申請は今回初めて。（西 5•19） 5•22　全国漁協組連理事会，むつ新母港問題で，「原子力の安全体制が不備な段階での新母港決定に反対」との決議を採択。（朝 5•23） 5•25　**<全国公害病患者の会連絡会>初会合**，東京で開催。5月26日，公害健康被害補償の改善を環境庁に申し入れ。（朝 5•26） 5•26　千葉市内の大気汚染による公害病認定患者ら47人，川崎製鉄を相手どり損害賠償請求および工事中の6号高炉建設差止などの訴訟提起。（朝 5•26） 5•26　四国電力伊方発電所の原子炉設置許可取消請求訴訟で松山地裁，原告住民の申立を認め，国に原発資料提出を命令。7月19日国の抗告を退け，高裁も地裁決定を支持。（朝 5•26，7•20）	
6•6　川崎市を中心に，神奈川・東京・埼玉・千葉で，この日だけで約2,500人に光化学スモッグ被害発生。この年最高の被害者数。（朝 6•7） 6•9〜19　札幌市・帯広市・十勝支庁管内など北海道各地で，大量の川魚斃死事件発生。（北 6•9，12，14，20） 6•10　1月28日から試運転中の九州初の九電玄海原発で放射能漏れ事故。（朝 6•13） 6•12　川崎港の京浜運河付近で，大量の魚が浮上。海水より高濃度のシアンが検出さる。昭電千鳥工場の排水が原因。（朝 7•5） 6•12　東京都に出荷の栃木県産米から 1.69ppm の高濃度水銀が検出さる。（朝 6•13） 6•16　北海道十勝沿岸に数100羽の国際保護鳥ミズナギドリの死体が	6•2　公害等調整委員会，1973年提訴分の徳山湾沿岸漁民の「赤潮訴訟」に関し，2億円の調停案を呈示。漁民側，徳山曹達など12企業ともに合意。（朝 6•2） 6•5　<騒音被害者の会>，東京・神奈川・埼玉・千葉の1都3県で“騒音110番”を実施。苦情合計296件。大多数は工場と車への訴え。（朝 6•6，17） 6•6〜8　市民と科学者で結成した<環境科学総合研究会>第1回研究発表会，東京で開催。（朝 6•2） 6•12　九電豊前火力建設差止請求訴訟，提訴いらい1年10カ月ぶりに実質審理始まる。（西 6•13） 6•27　新幹線公害による移転の補償に関する国鉄の提示，富士市内の3戸が受諾。（朝 6•28） 6•28　帯広公害対策市民会議，続出する農薬による河川汚染事故で，	6•10　三菱石油水島製油所で前年12月に重油流出事故を起こしたタンクが，消防法違反の無許可着工だったこと，衆院予算委で明らかになる。（朝 6•11） 6•14　**新日鉄君津製鉄所，千葉県の窒素酸化物規制方式に対し，「鉄鋼業の国際競争力を殺すもの」と強い反対の態度を表明。**京葉地区の大手40社45工場のうち，新日鉄1社のみが強硬反対を続けているもの。（朝 6•15） 6•23　国鉄，新幹線公害による移転の補償として，浜松市の30戸と富士市の6戸に総額6億1,000万円を初提示。（朝 6•24） 6•28　徳山湾の水銀ヘドロ浚渫工事，汚染者負担原則を適用し費用全額を企業負担で開始。（西 6•28）

国・自治体	労災・職業病と労働者	備　　考
意向を正式に表明。(朝 5•23) 5•23 国会で支笏湖の奇病魚問題，初めて議論に。政府などの無策，野党議員により追及さる。(北 5•24)		
6•2 職業癌対策専門委員会，労働省に対し，塩化ビニール工場内の空気中の塩ビ濃度を 2ppm 以下とすることを求めた報告書を提出。(朝 6•3) 6•18 環境庁，三菱石油水島製油所の重油流出による環境への影響は薄い，と結論。被害漁民側の調査結果と大きな隔り。(朝 6•19) 6•27 札幌高裁，伊達火力反対関連訴訟のうちの海面埋立禁止の仮処分申請で，3月の地裁決定を支持し，漁民らの抗告を棄却。(北 6•28) 6•28 北電の伊達火力パイプライン許認可問題で道知事，「住民の意向を尊重」と発言。(北 6•28)	6•15 北海道の旧日本電工栗山工場でクロム粉塵により，胸部疾患職業病にかかっていた元従業員が死亡。同工場関係の認定患者の死亡は10人め。(北 6•17) 6•20，21 東京都北区の菊池色素工業の労働組合，北区北病院に依頼し鉛中毒の自主検診59人が受診。1カ月後，鉛による異常者14人，要注意者21人，尿蛋白・貧血・血圧異常者11人。それまでの鉛中毒労災申請認定者は1940年の会社創立以来ただ1人。(71-112号) 6•30 福岡県山野炭鉱爆発事故で，会社側の刑事責任を問うた裁判に判決公判。当時の採鉱部長ら4人に執行猶予つき禁固刑，山野鉱業に罰金10万円の判決。(朝 6•30)	6•3 中国政府環境調査団，初来日。(139) 6•5～11 第3回環境週間。(朝 6•5)

1975（昭和 50）

公害・環境破壊

打ちあげられる。（北 6•17）

6•17　東京都の環状7号線（環7）沿道住民の被害の実態まとまる。対象者の7割が不健康を訴える。東京都衛生局の調べ。（朝 6•18）

6•21　東京都の大気汚染による公害病認定患者第1号の63歳の男性が死亡。死因は肺気腫と肺癌。（朝 6•23）

6•23　カネミ油症患者，新たに123人が認定される。認定患者総数は625人。（西 6•23）

6•25　神奈川・東京など関東各地で酸性雨による人体被害発生（ほぼ1年ぶり）。訴えは目の痛み。（朝 6•26）

6•下　1974年閉山の伊達鉱山（北海道伊達市）から，重金属を含む強酸性の鉱山廃水が河川に流入のこと判明。密閉壁のひび割れによるもの。（北 7•1）

6　東京都新宿の超高層ビルによる電波妨害，千葉・埼玉・神奈川にまで至り，被害は数万世帯に及ぶ。（朝 6•12）

6　**超低周波空気振動による頭痛や吐き気**を訴えるケース，首都圏で増加。「聞こえない音」による新しい公害。（朝 6•12）

7•14　青森県陸奥湾で養殖ホタテが億単位で死亡。（朝 7•15）

7•17　水銀汚染被害が発生しているカナダ・オンタリオ州のインディアン集落より住民代表ら，日本を訪問。水俣病の実態把握のため。（北 7•18）

7•18　三菱化成水島工業コンビナート塩ビ工場で爆発事故発生。水島コンビナートの爆発・火災事故はこの年11件め。（朝 7•19）

7　**東京都**が買収した**江戸川区**の日本化学工業跡地が**六価クロム**で汚染のこと判明し，問題化。（朝 7•17，29）

7　北海道の洞爺湖周辺・樹木の枯

住民・支援者など

道の農薬対策をただす公開質問状を知事あてに発送。（北 6•29）

7•7　<瀬戸内海漁民会議>，三菱石油本社と施工主千代田化工建設を，瀬戸内海漁業に重大な影響を与えた件で告訴。（朝 7•7）

7•9　熊本の**水俣病患者ら91人，昭電幹部を殺人・傷害罪で新潟地検に告発。**　7月12日，<東京・水俣病を告発する会>の152人，チッソと昭電の歴代役員らを殺人・傷害罪で東京地検に告発。（朝 7•9，13）

7•10　香川県の漁民72人，1972年夏の播磨灘の赤潮異常発生による漁業被害で，国・自治体・沿岸企業に対し，損害賠償と工場排水差止請求訴訟を提起。第2次赤潮訴訟。（朝 7•10）

7•18　水俣市で公害等調整委員会の水俣病認定患者の補償調停，行なわれる。患者78人中77人が調停案を受諾，77人について総額13億3,000万円余で調停成立。

企業・財界

7•6　重油流出事故で操業謹慎中の**三菱石油水島製油所で，ナフサが漏れる事故**発生。**使ってはならない装置を作動しての事故。**（朝7•8）

7•7　旭硝子京浜工場・日産自動車横浜工場・日本鋳造・東亜建設工業京浜支店の4社，産業廃棄物を大量に海に投棄していた件で，横浜地検に書類送検さる。（朝 7•8）

7•9　昭和電工千鳥工場，6月12日にシアン化ソーダ溶液を工場外に流出しながら届出を怠り放置したかどで，川崎市により告発さる。（朝 7•10）

7•21　低公害車の販売，いぜん低率。6月中に5社合計で1万590台で全販売台数の2.9%。未対策車販売に力が入れられているため。（朝 7•22）

7•31　『週刊文春』，「水俣病認定申請者にはニセ患者が多い」とする水俣病認定審査会委員の発言を伝

国・自治体	労災・職業病と労働者	備　　考
7・10　改正航空法（騒音基準適合証明制度化）公布。(139) 7・23　成田市長と市議会代表，三木首相に成田空港の早期開港を求める陳情書を提出。(朝 7・24) 7・24　環境庁，水俣病申請患者２人による認定申請棄却処分取消し請求行政不服訴訟に対し，処分取消し裁決。46年８月につづいて患者側，２度めの勝利。(617-72号) 7・29　新幹線騒音について環境庁，環境基準を告示。(139)	7・6　北炭夕張炭鉱でガス突出事故。５人死亡，２人中毒。(北 7・7) 7・18　三菱化成水島工場構内で脱水塔３基が爆発。13人重軽傷。(朝 7・19) 7　渡部真也，日本産業衛生学会シンポジウムで「クロム酸塩等製造工場の肺癌多発」について報告。(267-17巻５号)	

1975（昭和 50）

公害・環境破壊	住民・支援者など	企業・財界
死・護岸の破壊・ヒ素を含んだ旧幌別鉱山よりの排水流入など，問題化。（北 7・12）	（617-72号） 7・19　＜騒音被害者の会＞，“騒音110番”実施後初の集会を東京で開催。苦情を寄せた人など80人が参集。（朝 7・20） 7・20　成田空港用のパイプライン工事に反対する千葉市の沿線住民1万人余，パイプライン工事差止請求訴訟を提起。（朝 7・21） 7・23　認定申請を棄却された水俣病未認定患者・家族29人，水俣病第2次訴訟に追加提訴。（西 7・24） 7・31　**クロラムフェニコール中毒訴訟，東京で提起さる。**再生不良性貧血で死亡した8歳の少女の遺族が原告。（朝 8・1）	えた記事をセンセーショナルに掲載。（北 8・23）
8・5〜13　室蘭市で新日鉄と日本石油による重油流出事故，相次ぐ。（北 8・14） 8・13　廃油ボールによる汚染，巨大タンカーが往来するオイルロード沿いの浜辺や島々にめだつこと，海上保安庁が発表。（朝 8・14） 8・14　川崎市で7歳の少女，4年間の闘病の末ぜんそくがもとで死亡。死後8月26日に，公害病と認定。（朝 8・27） 8・15　岩見沢市内で旧日本電工栗山工場の六価クロム鉱滓を市民たちがもらい受け，除草剤代りに庭にしきつめていたこと判明。（北 8・15） 8　**東京都江戸川区**の工場跡地の**六価クロム汚染**の顕在化をきっかけに，全国6社8工場からの114万トンの鉱さい中75万トンが無処理であること判明。また，全国各地の同業会社の工場で，クロム汚染による労働者の鼻中隔穿孔症など健康破壊の実態が発見され，問題拡大。（朝 8・23） 8　熊本県が足かけ5年をかけて水俣湾周辺の住民の水銀汚染被害を調べた結果，まとまる。水俣病症状ありとされた者158人，疑いの	8・17　＜日本化学のクロム禍被害者の会＞の結成大会，東京で開催。弁護団も結成さる。 8・17　**全国約1,000人の大気汚染の死者慰霊のため，初の＜公害死亡者合同追悼会＞，**四日市で開催。各地より患者・遺族代表ら約600人が参加。（北 8・18） 8・22　＜水俣病認定患者協議会＞，“ニセ患者発言”を掲載した『週刊文春』を名誉毀損の疑いで告訴する方針を明らかに。（西 8・23） 8・23　北電伊達火力の燃料輸送用パイプライン認可申請で態度を強化している伊達火力に反対する市民たち，トラクターを先頭に市内を示威運動。（北 8・24） 8・25　京都市で初の反原発全国集会，開催。全国から51住民団体が結集。（812-3号）	8・13　**日本開発銀行，**役員会で，**チッソ石油化学に対する22億円の融資を決定。**公害企業を国家資金で救済するのは汚染者負担の原則に反する，との批判に対して，補償当事者のチッソ本社でなく子会社：チッソ石油化学に融資することで逃げたもの。（朝 8・14） 8・14　東京都江東区の**日本化学工業の社長，**初の記者会見。**クロム鉱滓は無害，と発言。**（朝 8・15） 8・19　三菱石油水島製油所，8カ月ぶりに操業開始。（朝 8・19） 8・23　六価クロム汚染源の日本化学工業社長，住民に対し初めて陳謝。（西 8・23） 8　日本化学工業の，韓国における重クロム酸ソーダ製造の企画が判明し市民グループなどにより厳しく追及さる。（朝 8・11）

国・自治体	労災・職業病と労働者	備　　考
8・7 **熊本県議会公害対策特別委員会の委員**，環境庁で「**水俣病認定申請者にニセ患者が多い**」と発言。『熊本日日新聞』ほかの報道。(245-73号) 8・11 大分県漁業被害認定審査会，別府湾の6漁協より申請された赤潮被害を公害と認定し，約1,020万円の被害補償を認める。初のケース。(西 8・12) 8・13 長崎県環境部，1974年確認の油症患者94人の正式認定のため開催予定の，油症対策協議会を当分延期。県議ら同協議会委員の過半数の出席が望めないため。(西 8・13) 8・21 東京都，江東区の六価クロム汚染をめぐる住民の検診を開始。(71-109，110号) 8・26 東京都労基局王子監督署，菊池色素工業労組よりの求めに応じ工場立入り調査。3日後に同所に対し労働安全衛生法違反に対する復命書と指導票を送付。(71-112号) 8・12 市川市，日本化学工業にクロム鉱滓の全面撤去を要求。(833-10・1)	8・7〜8 東京都江東区の日本化学工業会社の従業員461人中62人に鼻中隔穿孔，18人に鼻中隔潰瘍発見さる(**六価クロム中毒**)。また1974年9月までに8人が六価クロムによる肺癌発症で死亡のことも判明。(朝 8・8，9) 8・12 労働省による，「重クロム酸製造工場における**六価クロムに原因する肺癌発生調査**」，まとまる。発生の確認された工場は，日本電工旧栗山工場（12人，うち9人死亡），徳山工場（1人死亡），日本化学工業小松川工場（8人全員死亡），三井金属工業旧竹原精錬所（1人死亡）。(朝 8・13) 8・13 宮崎県の旧松尾鉱山もと従業員一家のヒ素中毒発症判明。妻の入院がきっかけで発見。(西8・14) 8・15 無公害をうたっていた徳山市の日本化学工業徳山工場で鼻中隔穿孔症既往者5人と鼻炎症状を訴えている4人の労働者のいること判明。(北 8・16) 8・17 日本化学工業会社もと従業員・臨時工の遺族らが中心となり<日本化学の六価クロム禍被害者の会>，結成。(朝 8・18) 8・20 東京都北区の菊池色素工業労	8・5 日米環境協力協定，調印。(139) 8・27〜29 仙台市で，わが国では初の騒音対策国際学会開催。(朝 8・28)

1975（昭和 50）

公害・環境破壊	住民・支援者など	企業・財界
残る者398人。ただし，うち118人は，この5年間に水俣病患者に認定済み。（西 8・28）		
9・3　三菱石油水島製油所で水素化脱硫装置よりガス漏れ。（朝 9・3） 9・4　東京都品川区における公害病患者の分布は，幹線道路沿いに死者・重症のめだつ事実示す。品川区の調べ。（朝 9・5） 9・9　北海道の山陽国策パルプ旭川	9・5　東京より先に六価クロム汚染が問題化した北海道空知支庁管内栗山町で，<クロム公害から住民を守る住民会議>準備会開催。（北 9・6） 9・8　北電の伊達火力パイプライン建設許可申請を道が受理したこと	9・1　国内線ジェット機利用客から“騒音迷惑料”の徴収開始。1回利用ごとに600円。（朝 9・1） 9・1　**トヨタ自動車工業**，環境庁聴聞会で，**「昭和53年度よりの自動車排ガス0.25%規制は技術的に絶対不可能」と断言。**（朝 9・2）

国・自治体	労災・職業病と労働者	備　　考
	組，労基王子監督署に鉛中毒認定と環境改善のため，会社への立入り調査を要求。25日には＜菊池色素鉛中毒対策協議会＞を発足。(71-112号) 8•20　富山市稲荷町の燐化学工業会社で敗戦前から戦後にかけ，黄燐によるリン骨疽症患者が発生していたこと判明。(西 8•20) 8•20　大阪市此花区のラサ工業会社で，1963年から1972年の間に黄燐製造工場に従事していた7人がリン骨疽症にかかっていたこと判明。(西 8•20) 8•27　市原市の旭硝子千葉工場で濃硫酸タンク爆発事故。2人死亡。(朝 8•28) 8•30　愛媛県東予市の日本マリンオイル社で廃油タンクが爆発。通行人2人と労働者6人が死亡，10人近くが負傷。(西 8•31) 8　日本各地の六価クロム関係工場で鼻中隔穿孔発症者が発見される。(西 8•16，21，30など) 8　1951年に倒産の山東化学工業㈱のもと労働者36人が＜山東化学同志会＞を結成。もと同僚たちに膀胱癌・膀胱腫瘍などの苦しみ，また死亡する人の多いことに気づき，ベンジジンとの関係を疑ったのがきっかけ。この後精力的に調査活動を開始。(71-118号) 8～9　東京都北区の菊池色素工業の労組，6月に続き未受診者の鉛中毒自主検診を北病院に依頼し実施。その結果鉛中毒による入院12人，鉛中毒17人，疑いのある者20人となる。(71-112号)	
9•2　産業廃棄物問題関係省庁会議(環境庁・厚生省・通産省・運輸省・自治省・建設省・農林庁・国土庁)設置。(139) 9•3　労働省，クロム問題で専門家委員会を設置。(71-109，110号) 9•4　環境庁，自動車騒音の許容限	9•4　福岡県下の幼稚園教諭，頸肩腕症候群と腰痛症を職業病として文部省より認定さる。**幼稚園教諭の職業病認定の初ケース。**(朝 9•5) 9•16　東京都江東区の日本化学工業による六価クロム汚染をめぐり，	9•14～19　第18回国際労働衛生会議英国のブライトンで開催。(753) 9•22　庄司光・宮本憲一『日本の公害』(507)

公害・環境破壊	住民・支援者など	企業・財界
工場排水口付近から，多量の水銀が検出される。新潟大工学部助手による発表。同工場の水銀系薬品使用量は1960年から1967年までに4万1,000kg。水銀含有量は1,600kg。同工場の旭川市への報告。（北 9・10） 9・16　東京都内公害病指定8区の認定患者2,686人（うち死者18人）。大阪市約7,000人，尼崎市約4,600人に次ぎ3位。（朝 9・17） 9・19　東京都内にこの年39回めの光化学スモッグ注意報。被害訴えは東京都内だけで5,191人。（朝 9・20） 9・25　備後灘から燧灘にかけ広範囲に赤潮発生。愛媛・香川・兵庫・広島各県にわたり，一部でハマチなどに被害が出始める。（朝 9・26）	へ，地元の各種住民団体や労働者，激しく抗議。（北 9・9） 9・8〜13　カネミ油症患者と支援グループ，ダーク油事件における農林省の責任追及のため，同省内で坐りこみ。（西 9・9，14） 9・21　<クロロキン被害者の会>，全国統一訴訟原告団を結成。69家族212人が原告として参加。（朝 9・22） 9・25　水俣病認定患者協議会，“ニセ患者発言”の熊本県議会公害対策特別委委員長杉村を名誉毀損で熊本県警に告訴。（617-74号） 9・26　北海道胆振支庁管内厚真漁協，臨時総会で，苫東港建設に伴う漁場消滅補償として，道が提示した約25億円の案の受け入れを決定。（北 9・27）	9・8　**北電**，地元住民の強い反対の中で，伊達火力パイプラインの建設許可を申請。**道当局**，「北電側の努力は認めるべき」と申請を受理。（北 9・8） 9・8　日本化学工業が1967年の時点で六価クロム鉱滓の有害性を記した文書を出していたこと判明。都の調べ。（朝 9・9） 9・18　三菱石油水島製油所の幹部職員5人，7月6日に使用停止を命ぜられていた装置を作動して起こしたナフサ流出事故につき，岡山県警より書類送検さる。（朝9・18）
10・3　名古屋新幹線公害訴訟第12回口頭弁論で医学者，「人体の振動許容水準は毎秒0.2mm以下とすべきである」と証言。原告要求を上回る厳しい数値。（西 10・4） 10・1　千葉市稲毛の住宅の井戸水から環境基準の100倍近い六価クロム検出さる。（朝 10・2） 10・11　水俣病患者，12人認定。認	10・3　豊前火力建設に反対し，海面埋立禁止を求め訴訟中の原告，請求趣旨を「埋立地原状復元」に変更。裁判中に埋立第1次工事が終了のため。（西 10・3） 10・6　茨城県東海村・水戸市・勝田市などの住民71人，東海村の動力炉・核燃料再処理工場のウラン試験と同工場保安規定の認可につ	10・12　9月末が第1期計画の，全国の苛性ソーダ工場の水銀法から隔膜法への製法転換，未達成が14社17工場と判明。朝日新聞社調べ。（朝 10・13） 10・28　東洋工業，「全車種について76年度排ガス対策を達成し，この日より発売」と発表。（朝 10・29） 10・下　大昭和製紙白老工場，前年

国・自治体	労災・職業病と労働者	備　　考
度（1～3ホン引下げ）を告示。（139） 9・11　都庁で開かれた<10大都市清掃事業協議会緊急会議>，国に対し廃棄物処理法改正を要望。六価クロム事件がきっかけ。（朝9・11） 9・12　環境庁，クロムの健康影響調査検討委員会を発足。（71-109，110号） 9・13　農林省，カネミ油症患者らの要求をいれ，ダーク油事件の追跡調査を西日本各県に指示。（西 9・14） 9・22　東京都調布市議会，中央高速調布インターチェンジ問題で建設相に対し「全面開通」か「インター閉鎖」かの決定を要求。（朝 9・23） 9・22　労働省，**振動障害（チェンソー）の業務上外認定基準**について全国都道府県に通達。（189） 9・25　伊達市議会，伊達火力パイプラインの早期着工請願の採択にあたり，反対住民の抗議行動を機動隊により阻止し，賛成多数で強行。（北 9・26） 9・25　東京労働基準局，塩化ベンゾール製造作業に長年従事し，肺癌や鼻腔癌になった労働者について業務上疾病と認定することを決定。日本産業衛生学会で，ベンゾニトリクリドの発癌性が確認されたことによる。（朝 9・26） 9・30　改正**特定化学物質等障害予防規則令**公布。10月1日施行。（71-109，110号）	医師・研究者・労働者・市民・学生などに呼びかけた<クロム被害研究会>発足。（71-109，110号） 9　堺市の近畿中央病院院長瀬良好澄，大阪府下の石綿（アスベスト）産業に従事し，18年間に死亡した労働者61人の死因につき18人が肺癌死と発表。（赤 9-5）	
10・3　鹿児島県議会，川内原電建設反対の陳情を不採択。自民党による強行採決。（西 10・4） 10・4　**沖縄本島の金武湾漁民48人による「CTS 建設用地埋め立て免許無効確認請求訴訟」に判決。**すでに埋め立ては完成しており，訴えに利益なしとして**却下。**（西 10・4） 10・4　長崎県議会，佐世保港への	10・8　北海道空知管内栗山町で，旧日本電工の六価クロムによりまた1人，肺癌で死亡。（北 10・8） 10・24　東京都北区菊池色素工業で，鉛中毒患者の多発に抗議し，補償を求めた労働者75人による半日スト実施。（朝 10・24） 10・27　チッソ水俣工場で塩ビ関係職場の労働者のうち7.8%にあた	10・1～4　沖縄国際海洋シンポジウム。（朝 10・2） 10・15　九電の玄海原発1号機，営業運転開始。（西 10・16） 10・15　酸性雨がデンマーク・フィンランド・東西独・ポーランドでも降っており，工場からの硫黄酸化物がスエーデンやノルウェーの森林・魚類などに影響を与えてい

公害・環境破壊	住民・支援者など	企業・財界
定患者総数は熊本県内773人（うち死亡126人），鹿児島県内108人（うち死亡9人）。（西 10・11） 10・15 山陽新幹線沿線の騒音，ほとんどの地域で7月29日に告示のあった新幹線騒音基準を超えていること判明。防音壁を施した地区でも高い騒音。山口県の調べ。（西 10・16） 10・17 名古屋市内で，公害病認定患者の4歳の少女，気管支ぜんそくで死亡。公害病認定患者のうち5歳未満幼児の同市内での死亡は初めて。（西 10・17） 10・21 北海道胆振管内白老町の太平洋沿岸で，漁業にヘドロ状わたによる被害。大昭和製紙白老工場の排水処理施設故障のため。前年に続く2度めの被害。（北 10・22） 10・25 環境庁，カドミウムや銅による土壌汚染調査結果を発表。17地域が新たな検出地域。（西10・26） 10 超低周波空気振動による苦情，全国的に広まる。（朝 10・3） 10 道南のコンブ干し場で，劇物扱いの除草剤が野放し状態で使用されていること，函館行政監察局の調査で判明。残留農薬の人体への影響が懸念される。（北 10・9）	き，それぞれ科学技術庁長官と内閣総理大臣に対し，行政不服審査法に基づき異議を申し立て。（朝 10・7） 10・6 熊本県の水俣病患者同盟会長浜元二徳ら，カナダ・オンタリオ州の水銀被害発生地のインディアン居留地を訪問した20日間の旅から帰国。（朝 10・7） 10・6 「沖縄ＣＴＳ訴訟」で敗訴した漁民ら48人，沖縄県知事を相手どり，控訴。（西 10・7） 10・12 成田市で＜三里塚空港粉砕全国総決起集会＞開かれ，6,700人余が参加。（朝 10・13） 10・25 富山県で六価クロムとカドミウムの被害者，全国集会を開く。約250人が参集。（朝 10・26） 10・26 10月23日の水俣病認定申請者ら4人の起訴に対する抗議市民集会，熊本市内で開催。事件は“ニセ患者発言”の杉村県議と警察とによるねつ造，と激しい怒りの表明。（西 10・27） 10・26 佐世保市で＜原子力船むつ母港化阻止佐世保大集会＞開催。九州各県評労組や住民団体などから約1万4,000人が参加。（北 10・27） 10 北海道宗谷管内礼文町の香深漁協，沿岸コンブの汚染被害を防ぐため，合成洗剤追放にのり出す。（北 10・2）	10月同工場の排水が原因で漁民らに与えた被害につき，白老漁協に1,500万円支払う。本年発生の被害については未解決。（北 10・31） 10・下 東京都北区菊池色素工業における鉛中毒多発発見の背後に，会社指定医の慶応大教授土屋健三郎による操作のあったこと，労働組合により暴露さる。（71-112号） 10 日本化学工業会社，同社労組がこのほど組織した＜クロム退職者の会＞を利用し，8月に結成された＜6価クロム禍被害者の会＞の切り崩しを計り，同被害者の会から抗議を受ける。（朝 10・6） 10 カネミ油症事件の被告であるカネミ倉庫の社長，「鐘淵化学がＰＣＢの毒性を知っていながら故意に隠して販売した」との趣旨の準備書面を提出。（西 10・25）
11・6 茨城県東海村の使用済核燃料再処理工場で，大量のウラン溶液漏れ発生。このの ち1週間して事故の発生を公表。（朝 11・14） 11・13 **六価クロム鉱滓による住民死亡の疑い**強まる。1973年12月に肺癌で死亡とされた江戸川区の61歳の男性は，居宅周辺に日本化工の六価クロム鉱さいが大量投棄されており，死因は六価クロムの作用と考えられることが，医学者に	11・6 北海道苫東港建設で漁場を失う苫小牧漁協，9月の胆振漁協につづき道が提示した補償額を受けいれ，苫東港の建設着工を了承。（北 11・7） 11・11 東北・上越新幹線建設に反対してきた大宮市の住民組織，条件つきの高架承認に方向転換。（816-1976年） 11・12 カネミ油症患者ら，大阪に鐘淵化学工業を訪ね，同社社長と	11・7 カネミ刑事裁判第117回公判でカネミ倉庫社長加藤三之輔へ尋問。製油装置の自己流改造・無謀運転など明らかになる。（西 11・8） 11・12 金属工業関係者，環境庁に対し，鉱害規制の緩和を陳情。一行には経営者のほか労組幹部・自治体幹部・国会議員。（朝 11・13） 11・12 産業公害防止に関する民間設備投資の工事額実績見込み，本

国・自治体	労災・職業病と労働者	備　　考
「むつ」誘致支持を決議。(朝 10•4) 10•7 熊本県警，水俣病認定申請患者と支援者4人を，9月25日に熊本県議で公害対策特別委の杉村・斉所らに対し，傷害行為と公務執行妨害を行ったとして逮捕。杉村県議は長年，警察医をつとめた人物(10月23日起訴)。(816-1976年) 10•10 改正航空法施行。(139) 10•14 環境庁，都市の緑保全のため樹木の固定資産税・相続税をゼロにする「緑化税制」の76年度創設を大蔵省・自民党に申入れ。 10•17 富山県，神通川右岸約350 ha を復元対策地域（カドミウム汚染地区）に指定。両岸で計1,004.1ha となる。(817-26号) 10•18 北九州市，九電新小倉発電所・戸畑共同火力の2社，1980年9月末を目標に窒素酸化物排出量を約80%削減する公害防止協定を結ぶ。(西 10•18) 10•20 熊本県警，水俣病患者5人によるチッソ告発後，10カ月めにチッソ本社ほかを捜索。(西10•20) 10•23 熊本地検，水俣病認定申請者など4人を傷害罪・公務執行妨害罪で起訴。(西 10•24) 10•30 千葉県と京葉コンビナート36社41工場，公害防止協定に調印。(朝 10•31) 10•15 宮城県当局，東北電力が安全審査のため原子力委に提出した女川原発資料を公開。(840)	る31人に肺機能障害が発見されたこと発表さる。(西 10•28) 10•29 三井コークス工業大牟田工場で働き癌で死亡した2人の労働者，福岡労基局より，タール粉塵による癌発病として職業病に認定さる。(朝 10•29) 10•31 仙台労基局，肝機能障害で死亡したもとソニー仙台会社従業員について，録音テープ製造に使われる有機溶剤ガスによる労災死亡と認定。有機溶剤による慢性中毒で死亡し，労災に認定されたのは初めて。(朝 11•1)	るとの発表，ジュネーヴの欧州経済委員会(ECE)よりあり。(西 10•17)
11•27 志布志湾開発に関し，大隅半島地区2市17町の当局の意見，すべて開発賛成として出そろう。(西 11•28) 11•27 福寿川内市長，川内原発建設に反対の意志を改めて表明。(西 11•28) 11•29 熊本県警，水俣病発生公表当時のチッソ社長ら3人を業務上過失致死傷の疑いで書類送検。(816-1976年)	11•1 三菱鉱業高島炭鉱でガス爆発。2人死亡，25人重症。(西 11•1) 11•10 東京都北区の菊池色素工業労組，会社指定医の慶大医学部教授土屋健三郎の診断書にかえ，労組が選んだ北病院医師の診断による労災認定をかちとる。(71-112号) 11•13 化学労協（組合員49万人），化学物質の安全性確保のための政	11•17～21 第2回日米化学大気汚染委員会，1973年につづき東京で開催。また第1回日米大気汚染気象委員会開催。(139) 11•17～26 京都で，国際環境保全科学会議開催さる。環境問題に関するこの規模の会議は世界史上初めて。(朝 11•16) 11•20 野添憲治・上田洋一『小作農民の証言―秋田の小作争議小史』(含小坂鉱山の煙害争議)。

公害・環境破壊	住民・支援者など	企業・財界
より発表される。確定すれば，六価クロムによる住民の死亡事故として初のケース。（北 11・14） 11・13 千葉県内の江戸川でシアン検出される。東京都内80万世帯・千葉県内5,000世帯で上水道の給水停止。（朝 11・14） 11・18 東京都北区豊島5丁目の日産化学工場跡地にできた団地の土壌より，都の平均値の70倍余のヒ素，検出さる。同区公害課の発表。（朝 11・19） 11・24 **新潟県関川流域**で**水俣病類似神経症患者10数人発見**。新日本医師協会研究集会における発表。（西 11・25） 11・26 新潟県水俣病患者611人。うち死者30人。（西 11・27） 11・30 公害病認定患者総数2万9,945人。うち大気系が2万8,496人。（816-1976年） 11 東京都における本年の光化学スモッグ発生状況は再び悪化。被害届出数は5,210人で，4年ぶりに前年を上回る。（朝 11・17）	初の直接交渉を開始。（西 11・13） 11・14 合成洗剤追放第2回全国集会，東京で開催。約1,000人が参加。（朝 11・14） 11・18 山口県営鋲明路有料道路の自動車騒音に対し，沿線の住民ら9人，騒音規制と損害賠償を求める調停を申請。（西 11・19） 11・21 水俣湾のヘドロ処理をめぐり，熊本県と水俣市漁協の間に漁業補償16億9,000万円で合意成り立つ。一本釣り漁民は枠外。（西 11・22） 11・27 **大阪空港公害訴訟の控訴審判決，原告住民側の勝訴（大阪高裁）**。（朝 11・27）	年度は前年度より27.8%増と大きな伸び。通産省発表。（朝 11・13） 11・13 トヨタ自動車工業の10月の自動車生産台数，過去の最高時を大幅超過の23万台余。1975年度排ガス規制対策車は，このうちわずか約3,000台。トヨタ自工発表。（朝 11・14） 11・17 宇部市で(財)宇部市漁業被害救済基金制度，発足。市内の8社11工場の3億円拠出をもとに全国他都市に先がけての発足。（西 11・18） 11 『文芸春秋』12月号で＜グループ1984年＞が「現代の魔女狩り」と題し，公害反対運動を中傷。（573）
12・17 茨城県東海村の動力炉・核燃料開発事業所のウラン濃縮施設で，ウラン濃縮遠心分離機破損。被害は75台のうち35台。（朝12・21） 12・20 環境庁，74年度**化学物質環境調査**結果を発表。**フタル酸エステル類**による**広範囲にわたる環境汚染**判明。（朝 12・21） 12・25 東京都内のカドミウム汚染米，安全基準をこえる地点が府中市内など3カ所あり。平均値も前年を上回る汚染状況。（朝 12・26） 12・26 1974年の**光化学**注意報は全国で265回。ピークの1973年よりは減少。**被害届出は4万2,389人でこれまでの最高**。環境庁発表。	12・1 ＜日本化学のクロム禍被害者の会＞の遺族120人，日化工に対する損害賠償請求訴訟を提起。 12・1 大牟田市農協，カドミ汚染田被害の損害賠償費とし，三井金属三池製錬所に6億7,500万円を要求。（西 12・1） 12・5 初めての自衛隊機騒音告発の「小松基地騒音差しとめ訴訟」の第1回口頭弁論，金沢地裁で開催。（朝 12・5） 12・5 3月に準備会を結成した＜すみよい環境を作る東京住民運動連絡会＞，発足総会を開催。各地の公害をなくす会や高速道路連絡会議など27団体が加盟。（朝 11・30） 12・7 ＜琵琶湖環境権訴訟準備会＞原告団を結成。（朝 12・5） 12・11 石狩川の水銀汚染事件を契	12・1 **新日鉄君津製鉄所，窒素酸化物排出規制でようやく千葉県と合意**。77年度末までに約40%減。（朝 12・2） 12・9 苛性ソーダ工場における水銀法から隔膜法への転換達成は，36工場中15工場。環境庁発表。（朝 12・10） 12・27 放射能洩れで1月8日以来運転停止であった福井県の関電美浜原発2号機，この日から100%出力で営業運転再開。（朝 12・28） 12 昭和50年度排ガス規制猶予期間（4～11月）の低公害車販売台数は全乗用車のわずか9.6%。トップメーカー：トヨタ自動車工業では

国・自治体	労災・職業病と労働者	備　　考
	策要求を政府と全政党に申し入れ。 11・19　東京都北区の菊池色素工業の従業員ら5人，鉛作業による職業病と認定さる。（朝 11・21） 11・19　日本電工旧栗山工場もと従業員の六価クロムによる鼻中隔穿孔患者数，96人が把握さる。未掌握で患者と推定される数はさらに25人（うち死者3人）。岩見沢労基署調べ。（北 11・19） 11・27　北炭幌内鉱でガス爆発。15人死亡，7人重軽傷，9人不明。 11・29　市原市の加茂ゴルフクラブ建設工事現場で山崩れ。8人死亡，2人重軽傷。（朝 11・30） 11　長崎県北松浦郡のかつて中小炭鉱が100鉱近くあった地区で，この半年間に塵肺患者43人認定さる。前1年間の認定数をすでに上回る数。既認定患者のうち14%近くが入院し，酸素マスクをつけた生活。（西 11・4） 11〜12　春闘共闘時短共闘委員会，加盟労組のうち民間単産を中心とし，健康自覚症状・職場改善要求などのアンケート調査を実施。報告書発表は1976年6月。 （71-121号）	（249） 11・26, 27　国際環境保全会議（京都）に参加した西独・カナダ・ポーランド・アメリカの科学者ら5人。水俣市を訪れ，水俣病の実態調査。（西 11・27）
12・1　環境庁，大阪空港騒音問題で運輸省に，大阪空港における午後9時以降の国内線飛行中止などを申し入れ。（朝 12・2） 12・2　**政府，大阪空港訴訟についての大阪高裁判決を不服とし，最高裁に上告**することを閣議決定。（朝 12・2） 12・10　旭川保健所，旭川市長の山陽国策パルプ旭川工場排出の総水銀量分析データ要求を拒否。のち，同保健所の分析データに多くのミスのあること判明。（北 12・11） 12・10　**石油コンビナート災害防止法成立**。（朝 12・10） 12・12　運輸省の行政指導により**大**	12　化学労働者を中心に＜職業病から化学労働者を守る会＞結成。 （71-118号）	

1975（昭和 50）

公害・環境破壊	住民・支援者など	企業・財界
（朝 12・27） 12 岩見沢市で六価クロム鉱滓汚染地域の住民の質問による健康調査の結果，回答者の3分の1強が何らかの異常を訴える。市の調べ。（北 12・8）	機に旭川市内に<石狩川・水銀をなくす市民の会>結成。(北12・12) 12・12 <川内原発反対連絡協>，川内原発建設推進連絡協会長が経営する百貨店：川内山形屋の不買運動を開始。（西 12・13） 12・15 東大工学部で開かれている公開自主講座公害原論，この日で通算109回め。 12・22 <クロロキン被害者の会>，国と製薬会社6社，公・民間医療機関12施設を相手どり，59億8,455万円の損害賠償請求訴訟を提起。**（クロロキン訴訟）**。（西 12・23） 12・27 **土呂久地区の慢性ヒ素中毒症認定患者11人，住友金属鉱山に対する1億7,350万円の損害賠償請求訴訟を提起**。（西 12・27） 12・14 日化工労組系の<クロム退職者の会>結成。	1％未満。排ガス規制全面実施（12月）を前に未対策車かけこみ販売。トヨタと日産の年間生産台数はこれまでのうちで最高。 （朝 12・5）
— 夏から秋にかけ東京湾沿岸で，大雨の直後に大量の魚が斃死する事件，続く。前年には報告のなかった現象。（朝 9・24）		— 公害法違反検挙件数3,572件。前年の25.1％増。(139)

国・自治体	労災・職業病と労働者	備　　考
阪空港の午後9時以降の国内線発着便，この日以後廃止。(朝12・12) 12・18　そのあり方を問われていた“議事メモ筒抜け”以後，中公審，会議の非公開原則を賛成多数で承認。(朝 12・18) 12・19　総合エネルギー対策閣僚会議，「総合エネルギー政策の基本方向」について決定。(朝 12・19) 12・20　廃棄物の処理及び清掃法改正施行令，海洋汚染防止法改正施行令（ＰＣＢ含有廃棄物処分基準設定等）公布。(139) 12・22　熊本県警，“ニセ患者発言”で水俣病患者らより告訴されていた熊本県議杉村国夫ら熊本県公害対策特別委員会の事件に関し，「ニセ患者発言を立証できず」と結論。(816-1976年) 12・23　東京都，日本化学工業に対する約14億円の損害賠償請求訴訟を提起。(北 12・23) 12・23　中公審環境影響評価制度専門委，「環境影響評価制度のあり方について」検討結果を報告。(139)	一　国有林の振動病認定患者，新たに408人。(71-121号)	一　木材需要の増大と国内生産量の大幅後退で輸入材依存，きわめて大。この年の輸入木材依存64.2％。(71-121号)

典拠文献リスト

§ 各項目の末尾（ ）内に記載されている出典番号（数字）によって検索する。

§ 出典番号は，各文献・資料名の五十音順を基本とし文献・資料名で検索するさいの便宜を図った。補遺（No. 719～815）については，その文献・資料名の五十音順の位置（例：719 白田硫黄山と伊豆12ヵ村，公害研究，Vol.5 No. 1 の場合は=シ=の部の最後）にもその番号を記した。

§ 各文献・資料は，原則として〔書名，編著者名，発行所名，発行年〕の順に記載した。ただし雑誌掲載の論文は〔論文名，著者名，雑誌名，発行年〕の順に，資料は〔タイトル，発行者名，発行年〕の順に記載した。編者と発行所が同一のときは，後者を省略した。また編の場合にのみ編とし，著者のさいは著を省略した。

＝ ア ＝

1 明石市史・下，黒田義隆，明石市役所，1970年
2 赤とんぼ，高知県浦戸湾を守る会
3 阿賀野川沿岸の有機水銀中毒，椿忠雄，臨床神経学，8巻9号
4 阿賀野川流域に発生した有機水銀中毒症の原因究明について，滝沢行雄，保健婦雑誌，1967年7月10日
5 秋田県北秋田郡自治誌，北秋田郡役所，1923年
6 秋田県郷土誌，秋田県師範学校，1933年
7 秋田県史・第6巻（大正・昭和編），秋田県 1961〜65年
8 秋田県史・資料編（明治編上），秋田県，1961〜68年
9 秋田県史・資料編（明治編下），秋田県，1961〜68年
10 秋田県史・資料編(大正・昭和編)，秋田県，1961〜68年
11 秋田県政史・下，秋田県，1955年
12 秋田県労農運動史，今野賢三，1954年
13 浅野セメント沿革史，浅野セメント㈱，1940年
14 浅野総一郎，浅野総一郎，浅野文庫，1923年
15 旭化成化薬30年史，旭化成工業㈱，1964年
16 足尾銅山概要，古河鉱業㈱，1969年
17 足尾鉱毒事件研究，鹿野政直，三一書房，1974年
18 足尾鉱毒被害救済会報告，1902年
19 足尾鉱毒問題，木下尚江，毎日新聞社，1900年
20 足尾銅山鉱毒事件，田村紀雄，資料近代日本の公害，神岡浪子編，1971年
21 足尾銅山鉱毒地調査報告第1回，鉱毒調査会有志，1901年
22 足尾銅山鉱毒被害種目参考書，栃木・群馬・茨城・埼玉四県聯合足尾銅山鉱業停止同盟事務所，1897年
23 足尾銅山鉱毒被害非命死者救護請願人兇徒嘯聚被告事件大審院判決謄本，足尾銅山鉱業停止期成同盟会事務所，1902年
24 足尾銅山鉱毒被害生命救護請願人兇徒嘯集被告事件控訴公判，農科医科証人調書，1902年
25 足尾銅山鉱毒被害地出生・死者調査統計報告書㈠ 足尾銅山鉱毒処分請願東京事務所，1899年
26 同　上　㈡
27 足尾銅山に於ける各種運動の沿革並其現況，栃木県警察部，1927年
28 足尾銅山のエコノサイド350年史，田村紀雄，流動，1973年
29 足尾銅山労働運動史，足尾銅山労働組合，1958年
30 足尾之鉱毒・第1号，学友社，1891年
31 味の素沿革史，味の素沿革史編纂会，味の素㈱，1951年
32 味の素㈱・社史Ⅰ，1971年
33 あすのための警告，福島要一，新潮社，1968年
34 尼崎近代史年表　尼崎市史編集事務局，1964年
35 尼崎現代史年表・政治編，尼崎市史編集事務局，1965年
36 荒田川の汚濁に関する衛生学的研究，竹内宏一，医学史研究，27，1968年
37 安中鉱害・第一報，高崎中央病院，1969年
38 安中市北野殿地区住民検診の結果について，高崎中央病院，1969年4月1日
39 安中公害問題弁明書，東京鉱山保安監督部，1969年7月
40 審査請求書，安中公害弁護団，1969年6月
41 釈明要求書，安中公害弁護団，1969年9月
42 安中公害，群馬文化団体連絡会，1970年
43 安中鉱害，高田新太郎，御茶の水書房，1975年
(補遺＝733，735，755，763，774，843)

＝ イ ＝

44 医海時報（雑誌）
45 医学中央雑誌
46 医学と生物学（雑誌）
47 医学のあゆみ（雑誌）
48 怒りは川をさかのぼる，新潟県民主団体水俣病対策会議，1967年
49 生野イタイイタイ病シンポジウム資料集，生野周辺鉱害対策専門家会議，1976年
50 医事衛生（雑誌）
51 石川県史，石川県，1931年
52 石川県史年表・大正編，石川県史編集室，1956年
53 石川県史年表・昭和編1，石川県史編集室，1957年
54 石川県史年表・昭和編2，石川県史編集室，1957年
55 医事月報（雑誌）
56 医生医学（雑誌）
57 医事新聞
58 泉屋叢考13号，住友修史室
59 泉屋叢考14号，住友修史室
60 イタイイタイ病，富田八郎，(1)技術史研究，現代技術史研究会，1968年8月

61 イタイイタイ病研究，吉岡金市，公害の科学，たたら書房，1970年
62 イタイイタイ病鉱毒説の追求，吉村功，科学，岩波書店，1968年11月
63 イタイイタイ病裁判記録，イタイイタイ病訴訟弁護団編
64 富山県―イタイイタイ病訴訟の現状，近藤忠孝，法律時報，日本評論社，1969年９月
65 イタイイタイ病との闘い，萩野昇，朝日新聞社，1968年
66 イタイイタイ病・三井金属を裁く，富山県イタイイタイ病対策会議，1969年
67 富山県地方特殊病対策委員会報告書（いわゆるイタイイタイ病に関する調査研究報告），富山県，1967年
68 伊丹市史，伊丹市史編纂専門委員会，1970年
69 糸ひとすじ・上下，大同毛織㈱，1960年
70 稲築町誌，嘉穂郡稲築町誌編纂委員会，1959年
71 いのち，日本労働者安全センター
72 生命を守る反合理化闘争―三池からの報告（第３集），三池炭鉱労働組合，1974年
73 生命あるかぎり・３号，総評・炭労・三池労組，1967年
• 生命を守る反合理化闘争―三池からの報告（第４集），三池炭鉱労働組合，1975年
74 茨城県史，茨城県，1972年
75 今治市誌，今治市役所，1943年
76 岩国市史，岩国市，1957，60，61年
77 印刷職工事情，農商務省
(補遺＝752，787，794，802，810)

= ウ =

78 臼杵市民報速報版，公害追放臼杵市民会議
79 歌志内市史，歌志内市，1964年

= エ =

80 衛生学上より見たる女工之現況，石原修，籠山京解説，女工と結核，光生館，1970年
81 衛生学伝染病学雑誌
82 愛媛県誌稿・下，愛媛県，1917年
83 愛媛県勢誌，世界公論社，1916年
84 愛媛県東予煙害史，一色耕平，資料近代日本の公害，神岡浪子編，1971年
85 愛媛県新居郡誌，新居郡役所，1924年
86 愛媛県労働運動史・第1-2編，愛媛県労働部労働課，1950，54年

= オ =

87 大川村史，土佐郡大川村史編纂委員会，大川村役場，1962年
88 大阪朝日新聞
89 大阪医学会雑誌
90 大阪医事新誌(雑誌)
91 大阪高等医学専門学校雑誌
92 大阪時事新報(雑誌)
93 大阪市に於ける騒音の調査，大阪市保健部，全国都市問題会議・都市の保健施設・下，1936年
94 大阪市立衛生試験所報告
95 大阪府会誌，大阪府内務部，1900年
96 大阪府布令集・３，大阪府，1971年
97 大阪毎日新聞
98 王子製紙社史，成田潔英，1957年
99 大宮市―原子炉設置反対運動，法律時報，宮沢洋夫，1969年９月
100 邑楽地方誌，邑楽地方誌刊行会，1956年
101 岡山医学会雑誌
102 岡山県小田郡中川村誌，高規次郎，1932年
103 岡山県70年史・山陽年鑑別冊，山陽新報社，1936年
104 岡山県発行公害・開発関係文書
105 恐るべき公害，庄司光・宮本憲一，岩波書店，1964年
106 織物職工事情，農商務省
107 怨怒の民，紙野柳蔵，教文館，1973年
(補遺＝724，730，811)

= カ =

108 開礦百年史茅沼炭化礦業，㈱茅沼礦業所，1956年
109 海軍医事報告撮要(雑誌)
110 海軍軍医会会報(雑誌)
111 海軍軍医会雑誌
112 神岡鉱山の排水対策に関する調査研究，京大金属公害研グループ，1977年
113 花王石鹼50年史，小林良正・服部之総，1940年
114 花王石鹼70年史，花王石鹼70年史編集室，花王石鹼㈱，1960年
115 京浜工業地帯―主要産業の変遷，柴村羊五，化学工業，1962年，神奈川県立川崎図書館
116 化学繊維工業論，大原総一郎，東京大学出版部，1961年
117 風成の女たち，松下竜一，朝日新聞社，1972年
118 語られなかった＜開発＞―鹿島から六ヵ所へ―，

石川次郎，辺境社，1973年
119 鹿町町郷土誌，鹿町教育委員会，1961年
120 火電だより・創刊号，富士川町富士川火力発電所建設反対期成同盟会，1970年
121 神奈川県通常県会会議録，神奈川県立川崎図書館
122 大気汚染調査研究報告・第1報，神奈川県京浜工業地帯大気汚染防止対策技術小委員会，1958年4月
123 金沢市史・現代編下巻，金沢市，1969年
124 釜石製鉄所70年史，小笠原八郎，富士製鉄㈱釜石製鉄所，1955年
125 上砂川町史，空知郡上砂川町編纂委員会，1959年
126 紙パルプ三国史，薬袋進
127 川崎工場史（稿），昭和電工㈱川崎工場
128 川崎誌，市制記念川崎誌刊行会，1925年
129 川崎市史，川崎市役所編，川崎市役所，1968年
130 川崎市における大気汚染，川崎市衛生局，1966年
131 癌（雑誌）
132 眼科臨床医報（雑誌）
133 環境公害六法，野村好弘編，学陽書房，1973年版
134 環境破壊の歴史，三浦豊彦，労働科学研究所，1970年
135 環境白書，大蔵省印刷局，1972年版
136 環境白書，大蔵省印刷局，1973年版
137 環境白書，大蔵省印刷局，1974年版
138 環境白書，大蔵省印刷局，1975年版
139 環境白書，大蔵省印刷局，1976年版
140 環境と公害，木更津青年会議所，1971年
(補遺=751，758，784，798)

＝ キ ＝

141 生糸織工事情，農商務省
142 （5を見よ）
143 芸備医事（雑誌）
144 岐阜月報(雑誌)
145 岐阜県史・通史編近代・上中下，岐阜県，1967年
146 岐阜県益田郡誌，益田郡役所，1916年
147 岐阜市荒田川水質汚濁事例調査報告(4)，科学技術庁資源局，1959年1月31日
148 君津木更津地域の公害，木更津公害をなくす会，1973年
149 君津製鉄所，新日本製鉄㈱，1973年
150 九歯学報（雑誌）
151 九州医学会会誌（雑誌）
152 九州高等医学専門学校医学雑誌
153 京都医事衛生誌(雑誌)
155 京都府誌・下，京都府庁，1915年
156 京都府立医科大学雑誌
157 九州薬学会会報(雑誌)
158 漁民闘争史年表，石田好数，亜紀書房，1972年
159 記録公害年表，（四日市）公害を記録する会，1970年
160 記録公害問題年表，（四日市）公害を記録する会 1968年
161 近代足利市史別巻・資料編鉱毒，足利市史編纂委員会，足利市，1976年
162 足尾銅山鉱毒渡良瀬川沿岸被害事情，近代足利市史・別巻収録，1891年
163 近代工業の労働環境，石井金之助，三一書房，1949年
164 近代鉱工業と地域社会の展開，日本人文科学会，東大出版会，1955年
165 近代産業の形成と官業払下げ，小林正彬，日本経済史大系5，1965年
166 近代産業の発達と大気の鉛汚染—南北両極氷原中の化学成分について，室住正世，化学の領域，南江堂，1969年4月
167 近代鉄産業の成立—釜石製鉄所前史，森嘉兵衛他富士製鉄㈱釜石製鉄所，1957年
168 近代日本総合年表，勝本清一郎ほか編，岩波書店，1968年
169 近代民衆の記録，鉱夫，石炭鉱山災害調，上野英信編，新人物往来社，1971年
(293，補遺=743，772，791，792)

＝ ク ＝

170 苦海浄土—わが水俣病，石牟礼道子，講談社，1969年
171 熊本県水俣湾産魚介類を多量摂取することによっておこる食中毒について，熊本県衛生部，1959年
172 熊本風土記（雑誌），空と海の間に，石牟礼道子
173 倉敷市発行公害関係資料
174 倉敷地方における公害日誌・第1部，水島生活協同組合組織部，1968年3月
175 鞍手郡誌，鞍手郡教育会，1934年
176 栗沢町史，稲竜丸謙二，栗沢町役場，1964年
177 グレンツゲビート（雑誌）
178 軍医団雑誌
(補遺=749，785)

＝ ケ ＝

179 慶応医学(雑誌)

180 経済社会の変貌と清掃事業，日本都市センター，1969年
181 経済白書，1967年版
182 珪肺—医学と補償，長谷川恒夫・吉野恭二，白亜書房，1955年
183 京浜工業地帯公害史資料集，神奈川県立川崎図書館
184 京浜工業地帯・主要産業の変遷(1)，神奈川県立川崎図書館，1962年
185 京浜工業地帯・主要産業の変遷(2)，神奈川県立川崎図書館，1963年
186 京浜工業地帯通史，神奈川図書館
187 結核（雑誌）
188 月刊自治研（雑誌）
189 月刊労働問題増刊・労働安全衛生読本，日本評論社，1976年
190 月刊労働問題増刊・労災補償読本，日本評論社，1975年
191 健康保険医報(雑誌)
192 原子力公害と沿岸漁民，原子力発電所設置反対漁協連合委員会，1970年
193 原子力発電所進出を阻止した熊野灘沿岸漁民，福島達夫，地域開発闘争と教師，明治図書出版，1968年
194 現代資本主義と公害，都留重人編，岩波書店，1968年
195 現代日本産業講座Ⅳ，渡辺徳二編，化学工業，1959年
196 現代の職業病，東京タイムズ，中央労働災害防止協会，1970年
197 現代婦人労働運動史年表，三井禮子編，1963年
198 （677を見よ）

199 研瑶会雑誌
（143，394，補遺＝739，745，750，760，762，768）

＝ コ ＝

200 高圧ガス災害事故とその対策，高圧ガス保安協会1964年
201 小坂町史，小坂町，1975年
202 公衆ニ有害ノ鉱業ヲ停止セサル儀ニ付質問，栃木群馬・茨城・埼玉四県聯合足尾銅山鉱業停止同盟事務所，1897年
203 公害および労働災害年表，飯島伸子編，公害対策技術同友会，1970年
204 公害からの解放のために—四日市を市民の手に，自治労四日市市職組，1967年
205 公害原論，宇井純，亜紀書房，1971年
206 臼杵市民報，公害追放臼杵市民会議
207 公害闘争史，寺田政朝・鞍用武夫，(財)北海道農業近代化コンサルタント，1971年
208 公害と東京都，東京都公害研究所編，1970年
209 公害と住民運動，宮本憲一編，1971年
210 公害トマレ，四日市公害と戦う市民兵の会
211 公害にいどむ，丸屋博，新日本新書，1970年
212 公害対策Ⅰ，西原道雄・佐藤竺編，有斐閣，1969年
213 公害の政治学，宇井純，三省堂新書，1968年
214 公害白書，大蔵省印刷局，1970年版
215 公害白書，大蔵省印刷局，1971年版
216 公害発生源労働者の告発，横山好夫・小野木祥之，三一書房，1971年
217 公害判例の研究，野村好弘・淡路剛久
218 公害防止技術，志賀潔，資料近代日本の公害，神岡浪子編，新人物往来社，1971年
219 公害法の生成と展開，加藤一郎，岩波書店，1968年
220 鉱業権の研究，石村善助，勁草書房，1960年
221 航空医学(雑誌)
222 コークス変遷史，東京コークス㈱，1966年
223 鉱山労働の歴史Ⅰ，三浦豊彦，労働科学37-4，1961年
224 公衆衛生(雑誌)
225 工場衛生調査資料，農商務省工務局，女工と結核，籠山京解説
226 工場及職工ニ関スル通弊一斑，隅谷三喜男編，職工および鉱夫調査，農商務省商工局
227 工場監督年報，社会局編
228 工場鉱山における業務上の不具廃疾者の現状に関する調査，1926年
229 工場調査要領（第二版），隅谷三喜男編，職工および鉱夫調査，農商務省商工局工務課
230 工場廃水放流と其の弊害及び対策，三川秀夫，都市の保健施設・上，全国都市会議，1936年
231 厚生医学（雑誌）
232 好生館医事研究会雑誌
233 高知生コン事件資料第一集，浦戸湾を守る会・自主講座実行委員会，1973年
234 江東区20年史，東京都江東区役所，1967年
235 鉱毒事件日誌，室田忠七，近代足利市史別巻
236 鉱毒事件の真相と田中正造翁，永島与八，明治文献，1971年

237 鉱毒調査委員報告
238 鉱毒調査資料，鉱毒懇話会，1912年
239 鉱毒地の惨状，松本英子編，教文館，1902年
240 鉱毒論稿第１編渡良瀬川全，須永金三郎，1898年
241 鉱夫の衛生状態調査，石原修，職工および鉱夫調査，隅谷三喜男編，光生館
242 工部省沿革報告，大内兵衛・土屋喬雄編，明治前期財政経済史料集成17巻の１，1964年
243 神戸市史，神戸市役所編，1965～1967年
244 縮刷版告発，「告発」縮刷版刊行委員会，1971年
245 告発・縮刷版続編，「告発」縮刷版刊行委員会，東京・水俣病を告発する会，1974年
246 国民医療年鑑，日本医師会編，春秋社
247 国民衛生（雑誌）
248 国民新聞，噫！谷中村最後の日～強制破壊の第１日，1907年１月１日
249 小作農民の証言，野添憲治・上田洋一，秋田書房 1975年
250 五代友厚伝，五代竜作
251 国家医学会雑誌
252 国家学会雑誌
(補遺＝748，778，783，789，799，900)

＝ サ ＝

253 最新医学(雑誌)
254 細菌学雑誌
255 最近発生の職業病事例研究，中央労働災害防止協会，1967年
256 西條市誌，西條市役所，1968年
257 済生学舎医事新報(雑誌)
258 再生樟脳縁起・再生樟脳㈱，岡田太郎太，1940年
259 さいれん，合化労連新日窒労組，1968年８月１日号
260 Silent Spring, Rachel Carson, Houghton Mifflin Co. 1962年５月
261 堺・泉北の公害，堺から公害をなくす市民の会ほか編，1971年
262 佐々並村史，阿武郡佐々並村史編纂委員会，1955年
263 The Social Costs of Private Enterprise, K. William Kapp, Harvart University Press. 1950年
264 山陰新聞，第528号，1885年８月４日
265 産科と婦人科（雑誌）
266 産科婦人科紀要（雑誌）
267 産業医学（雑誌）
268 産業福利（雑誌）
269 30年史日本カーバイド工業㈱，1968年
(補遺＝777)

＝ シ ＝

270 死をよぶ科学―ＢＣ兵器，和気朗，新日本新書，1969年
271 歯科月報（雑誌）
272 紙業界50年，博進社，1937年
273 四阪島―公害とその克服の人間記録，木本正次，講談社，1971年
274 時事新聞
275 市史年表金沢の100年・明治編，金沢市史編纂室 1965年
276 市史年表金沢の100年・大正・昭和編，金沢市史編纂室，1965年
277 自主講座（雑誌）
278 実験医報（雑誌）
279 実地医家と臨床（雑誌）
280 品川区史，1971年
281 地盤沈下と地下水開発，蔵田延男，理工図書㈱，1960年
282 耳鼻咽喉科（雑誌）
283 耳鼻咽喉科臨床（雑誌）
284 市民の皆さま全組織をあげて水俣市発展市民協議会に参加させていただきます。チッソ水俣新労働組合，1968年９月28日
285 市民の皆様へ謹しんで新年の御祝詞を申し上げます，チッソ㈱，1968年元旦
286 市民の皆様本日13時より水俣市体育館において，水俣市発展市民大会を開催致します，水俣市発展市民協議会，1968年９月29日
287 下野新聞
288 下野日々（新聞）
289 社会医学（雑誌）
291 社会資本論，宮本憲一，有斐閣，1967年
292 社会政策時報（雑誌）
293 北九州の炭鉱業被害問題，社会政策時報，114-116号
294 社史旭電化工業㈱，同社，1968年
295 社史日本農薬㈱，日本農薬㈱，1960年
296 十全会雑誌（金沢医科大学発行）
297 重大災害の事例とその研究，中央労働災害とその研究，1967年
298 ジュリスト（雑誌）
299 順天堂医学研究会雑誌

300 硝化綿工業，硝化綿協会編，1953年
301 常盤炭礦誌，山野好恭・岡田武雄，帝国新聞社，1916年
302 上毛新聞
303 昭和産業史，東洋経済新報社編，1950年
304 職業病運動史・じん肺戦後篇(上)，海老原勇，医療図書出版社，1976年
305 職業病関連法規集，産業労働調査所，1975年
306 職業性疾病事例集，中央労働災害防止協会，1974年
307 職業病とその対策，久保田重孝，興生社，1969年
308 職業病と労働災害，細川汀，労働経済社，1966年
309 女工哀史，細井和喜蔵，岩波書店，1954年
310 女工と結核，籠山京解説，光生館，1970年
311 女工の衛生学的観察，石原修，国家医学会雑誌，332号
312 職工および鉱夫調査，隅谷三喜男編，光生館，1970年
313 職工事情（複刻），大河内一男 解説，農商務省商工局，光生館，1971年
314 資料足尾鉱毒事件，内水護編，亜紀書房，1971年
315 資料近代日本の公害，神岡浪子編，新人物往来社，1971年
316 神経学雑誌
317 新下野（新聞）
318 新修島根県史・通史篇２近代
319 新生活特信，新生活運動協会，1967年７月１日
320 診療と治療（雑誌）
321 神通川誌，重杉俊雄，登山漁業協同組合，1955年
322 じん肺とのたたかい，海老原勇，医療図書出版社 1975年
323 診療（雑誌）
324 診療大観（雑誌）
325 診療と経験（雑誌）
（補遺＝719，740，744，761，766，767，773，779，780，788，795，796，801，804，805，812）

＝ ス ＝

326 水銀中毒症，呉秀三，神経学雑誌，17巻６号
327 水銀中毒の歴史，三浦豊彦，労働科学，42-9，1966年
328 水質汚濁防止対策に関する調査報告，科学技術庁資源調査会，1960年
329 （続）住友回想記，川田順，中央公論社，1953年
330 住友金属鉱業㈱20年史，住友金属㈱，1970年
331 住友金属鉱業60年小史，住友金属㈱，1957年
332 スモン調査研究協議会報告書 No. 5 年表，厚生省スモン調査研究協議会，1971年
333 水利経済論，佐蔵武夫，畑地農業研究会，1963年

＝ セ ＝

334 請願運動部面の多き被害人の奔命に疲れて将に倒れんとするに付便宜を与へられ度為め参考書，四県連合鉱毒処分請願事務所，1898年
335 精神神経学雑誌
336 西部石炭鉱業連盟10年史，西部石炭鉱業連盟編，1956年
337 石炭鉱業聯合会創立15年誌，奥田孝三，石炭鉱業聯合会編，1936年
338 石炭と鉱害，福岡県鉱害対策連絡協議会，1959年
339 瀬戸内海汚染総合調査報告Ⅰ，瀬戸内海汚染総合調査実行委員会・瀬戸内海汚染総合調査団，1972年
340 瀬戸内海水質汚濁実態調査，瀬戸内海水産開発協議会，1956年６月
341 瀬戸内海重油汚染総合調査報告書，瀬戸内海漁民会議・瀬戸内海汚染総合調査団，1975年
342 公害にさらされる瀬戸内の漁業―現状と対策―，瀬戸内海水産開発協議会，1970年
343 セロハン公害，北区セロハン公害対策協議会結成準備会，1971年
344 全国鉱業市町村連合会十五年史，全国鉱業市町村連合会
345 戦後硫安労働の実態（戦後10年史），日本硫安工業協会調査室労働課，1956年
346 戦前昭和期大阪の公害問題資料，小山仁宗，ミネルヴァ書房，1973年
347 戦争と結核，稲田竜吉監修，日本医事新報社，1943年 （補遺＝748，782，814）

＝ ソ ＝

348 創業三十五年を回顧して，石原廣一郎，石原産業㈱社史編纂委員会，1956年
349 総合医学(雑誌)
350 総合眼科雑誌
351 創立10周年を迎えて，日本ゼオン㈱，1960年

＝ タ ＝

352 タール工業史，関東タール製品㈱，1960年
353 大大阪（雑誌）
354 都市の煤煙と防止問題，藤原九十郎，大大阪，２巻２号
355 大大阪，３巻７号，1927年

356 大大阪，3巻10号，1927年
357 煤煙防止の必要，児玉孝顕，大大阪，4巻10号，1928年
358 煙の都大阪，木下東作，大大阪，4巻10号，1928年
359 煤煙防止と民衆意識，村上鋭夫，大大阪4巻10号 1928年
360 大大阪，4巻10号
361 大大阪を苦しめた煤煙問題，藤原九十郎，大大阪 4巻10号，1928年
362 大阪に於ける煤煙防止運動の沿革，安達将總，大大阪，4巻10号，1928年
363 経済上より見たる煤煙防止問題，辻元謙之助，大大阪，4巻10号，1928年
364 大阪を苦しめた煤煙問題(続)，藤原九十郎，大大阪，4巻11号，1928年
365 大大阪，4巻11号，1928年
366 大阪煤煙防止調査委員会総会の経過，大阪都市協会，大大阪，7巻10号
367 欧米都市の空中浄化に就て，藤原九十郎，大大阪 7巻11号
368 煤煙防止調査委員会の運動経過，安達将總，大大阪，7巻11号
369 巴里の騒音取締規則，大大阪，8巻1号
370 大大阪緑化運動，大大阪，8巻5号
371 煤煙防止規則の出来るまで，大大阪，8巻5号
372 大大阪，8巻7号
373 浄化都市となるまで，藤原九十郎，大大阪8巻7号
374 大阪市における煤煙防止運動の経過，安達将総，大大阪，8巻12号
375 煤煙を防止せよ，藤野英陽，大大阪，8巻12号
376 大大阪・帝都の騒音解消～警視庁の厳重な取締り，大大阪，10巻7号
377 大大阪，10巻8号
378 大大阪，14巻1号
379 大気汚染の実態と公害対策，浅川照彦，㈱昭晃堂，1967年
380 台所の恐怖―おそろしい洗剤の害毒，柳沢文正・山越邦彦・柳沢文徳，オール日本社，1965年
381 大日本耳鼻咽喉会会報（雑誌）
382 大日本人造肥料㈱50年誌，大日本人造肥料㈱山下三郎，1936年
383 太平洋戦争下の労働者状態，大原社研，1964年
384 多木久米次郎，多木久米次郎伝記編纂会，1958年
385 滝川市史，滝川市史編纂委，1962年
386 多久の歴史，多久の歴史編纂委員会，多久市役所，1964年
387 田中正造翁余録・上下，島田宗三，三一書房，1972年
388 田中正造の生涯，木下尚江，文化資料調査会，1966年
389 田中正造の人と生涯，雨宮義人，茗渓堂，1954年
390 炭鉱に生きる，山本作兵衛，講談社，1965年
(補遺＝728，731，754)

＝ チ ＝

391 地域開発の構想と現実Ⅲ，福武直編，東京大学出版会，1965年
392 地域社会と公害―住民の反応を中心にして，飯島伸子，技術史研究，1968，69年
393 千葉県開発史年表1，天川晃・進藤高行，市原公害を話す会，1972年
394 京葉臨海工業地帯の歩み，千葉県，1968年
395 千葉読売新聞，22761号，1940年
396 中央医学会雑誌
397 中央医事週報（雑誌）
399 中央眼科医報（雑誌）
400 中外医事新報（雑誌）
402 朝野新聞，3564号，1886年9月24日
403 治療学雑誌
(補遺＝734，737，746，771，781，790)

＝ ツ ＝

404 敦賀市戦災復興史，敦賀史戦災復興史編纂委員会，1955年

＝ テ ＝

405 鉄工事情，農商務省，1903年
406 テラピー(雑誌)

＝ ト ＝

407 東京朝日新聞
408 東京医学会雑誌
409 東京医事新誌(雑誌)
411 東京瓦斯70年史，東京瓦斯㈱，1956年
412 東京経済雑誌
413 東京市史稿・市街篇，東京都，1967年
414 東京女医学会雑誌
416 東京日々新聞
417 東京都内湾漁業興亡史，東京都漁業協同組合連合会，1971年

418 東京を考える—都政白書69，東京都，1969年
419 東京湾・多摩川水質汚染問題，神奈川県立川崎図書館公害資料
420 統計神奈川県史—戦後20年のあゆみ，神奈川県企画調査部，1966年
421 東西医学大観（雑誌）
422 道志七里，伊藤堅吉，道志村村史編纂資料蒐集委員会，1953年
424 東肥15年史，東北肥料㈱15年史編纂委，1954年
425 東北医学雑誌
426 東北医学会会報（雑誌）
427 東北地方会会誌（雑誌）
428 東北鉱業会20年史，高倉淳，1968年
429 東洋経済新報（雑誌）
430 都市が滅ぼした川，加藤辿，中央公論社，1970年
431 都市公害，山崎俊雄，資料近代日本の公害，神岡浪子編，新人物往来社，1971年
432 都市公害に関する研究—札幌市における煤煙の社会的経済的被害について，関清秀，北海道大学文学部紀要15の1，1966年
433 都市騒音の防止等，大阪市保健部，都市の保健施設，全国都市問題会議，1936年
434 都市の保健施設，全国都市問題会議，1936年
435 煤煙防止運動を顧みて，鈴木脩蔵，都市問題2巻2号，1935年
436 都市問題講座6，岩井弘融ほか，有斐閣，1965年
437 栃木・群馬・埼玉三県足尾銅山鉱毒被害概表，四県連合鉱毒事務所，1897年
・ 栃木・群馬・茨城・埼玉四県鉱毒被害総計表，四県聯合足尾銅山鉱業停止同盟事務所，1897年
438 鳥取県史・近代社会，鳥取県，1969年
439 利根川荒川水系及び関係水域の水質汚濁防止調査報告書，利根川荒川水系水質汚濁防止調査連絡協議会，1959年
440 戸畑市史，戸畑市役所，1961年
441 都民を公害から防衛する計画，東京都，1971年
442 豊橋市政50年史，豊橋市政50年史編纂委員会，豊橋市，1956年
443 土呂久鉱害事件，田中哲也，三省堂，1973年
（補遺＝721，725，741，786，808，813）

＝ ナ ＝

444 長崎医学会雑誌
445 長瀬産業社史，長瀬産業㈱，1972年
446 長村誌，長野県小県郡真田町財産区，1967年
447 名古屋医学会雑誌
448 70年史日本セメント㈱，日本セメント㈱，1955年
449 南部の鉄工業，日本産業史大系・東北地方編，東京大学出版会，1960年

＝ ニ ＝

450 新潟水俣病の闘い—自由法曹団1967年度全国総会への報告，坂東克彦，1967年
451 新潟水俣病裁判第一集，新潟水俣病弁護団，1968年8月
452 新潟水俣病裁判闘争の経過（年表），坂東克彦，1969年
453 新潟水銀中毒事件特別研究報告書，厚生省分担研究班，1967年4月
454 新潟と熊本は手をつなごう，新潟県民主団体水俣病対策会議，1968年
455 鑑定申請書，（新潟水俣病）被告訴訟代理人，1969年6月24日
456 新津市誌，新津市役所，1952年
457 新居浜市史，新居浜市史編纂委員会，1962年
458 児科雑誌
459 西尾村誌，川良雄，小松市役所西尾出張所，1958年
460 25年の歩み・東洋曹達工業㈱，東洋曹達工業㈱，1960年
461 日本鉱業㈱佐賀関50年のあゆみ，日本鉱業㈱佐賀関鉱業所，1965年
463 日商40年の歩み，日商㈱，1968年
464 日新医学（雑誌）
465 日本医師会雑誌
467 日本医事新聞
468 日本医事新報
469 日本衛生化学会誌（雑誌）
470 日本衛生学雑誌
471 日本温泉気候学会雑誌
472 日本科学技術史大系25・医学2，第15回配本版，日本科学史学会，第一法規出版㈱，1967年
473 日本化学工業史，柴村羊五，栗田書店，1943年
474 日本化薬厚狭作業所に於ける薬害についての労働衛生学的調査成績，労働衛生センター研究調査部，合成化学産業労働組合連合，1963年
475 日本眼科学会雑誌
476 日本の化学工業，渡辺徳二・林雄二郎編著，岩波新書，1968年
477 日本外科学会雑誌
478 日本鉱業会誌（雑誌）
479 鉱毒ニ就テ，和田維四郎，日本鉱業会誌第146号，

1897年

480 日本公害地図，ＮＨＫ社会部編，1963年

481 日本公衆衛生雑誌

482 日本公衆保健協会雑誌

483 日本細菌学雑誌

484 日本産業百年史，有沢広巳監修，日経新聞社，1967年

485 日本酸素五十年史，日本酸素㈱，1966年

486 日本資本主義と部落問題，馬原鉄男，部落問題研究所出版部，1971年

487 日本資本主義と労働問題，隅谷三喜男ほか，東大出版会，1967年

488 日本社会政策史・上下巻，風早八十二，青木書店，1952年

489 日本新聞，1901年12月

490 日本整形外科学会雑誌

491 日本石炭産業分析，隅谷三喜男

492 日本石油史，日本石油史編纂委員会，1958年

493 （改訂増補）日本曹達工業史，曹達晒粉工業会，1938年

494 続・日本ソーダ工業史，日本ソーダ工業㈱，1952年

495 日本窒素肥料事業大観，山本登美雄，日本窒素肥料㈱，1937年

496 日本中小工業研究，小宮山琢二，中央公論社，1941年

497 日本賃労働史論，隅谷三喜男，東京大学出版会，1955年

498 日本鉄道医学会雑誌

499 日本鉄道医協会雑誌

500 日本内科学会雑誌

501 日本における資本主義の発達年表，楫西光速・大島清・加藤俊彦・大内力，東京大学出版会，1953年

502 日本における労働衛生調査史，水野洋，医学史研究30号，医学史研究会，1968年

503 日本の安全衛生運動，中央労働災害防止協会，1971年

504 日本之医界（雑誌）

505 日本農村医学会雑誌

506 日本之下層社会，横山源之助，岩波文庫，1949年

507 日本の公害，庄司光・宮本憲一，岩波書店，1975年

508 日本の労働災害，風早八十二，伊藤書店，1948年

509 日本パルプ工業㈱社史，桑原忠雄編，日本パルプ工業㈱，1964年

510 日本泌尿器科学会雑誌

511 日本婦人科学会雑誌

512 日本プラスチック工業史，小山寿，工業調査会，1967年

513 日本ペイント㈱50年史，日本ペイント㈱辻太作，1949年

514 日本法医学雑誌

515 日本放射線医学会雑誌

516 日本薬報（雑誌）

517 日本臨床（雑誌）

518 日本臨床外科医会雑誌

519 日本臨床結核（雑誌）

520 日本聯合衛生学会誌（雑誌）

521 日本労働運動史，隅谷三喜男，有信堂，1966年

522 日本労働衛生史，南俊治，日本産業衛生協会，1960年

523 日本労働者階級状態史，森喜一，三一書房，1961年

524 日本労働立法の発展，菊地勇夫，有斐閣，1942年

525 丹生川村史，（岐阜県）大野郡丹川村史編纂委員会編，1962年

（補遺＝723，729，736，756，757，759，773，793，806，807）

＝ ネ ＝

526 根岸・本牧工業地区の公害問題について，横浜市公害センター，日本石油精製㈱，1965年

527 燃料協会誌（雑誌）

（補遺＝769，770）

＝ ノ ＝

528 農業雑誌

529 野口遵，吉岡喜一，1962年

530 野口遵は生きている・事業スピリットその展開，福本邦雄，フジ・インターナショナル・コンサルタント，1964年

531 野口遵翁追懐録，高梨光司，追懐録編纂会，1952年

532 登別町史，幌別郡登別町史編纂委員会，1967年

＝ ハ ＝

533 煤煙防止運動の効果，有本邦太郎，都市の保健施設

534 白十字（雑誌）

535 函館市史資料集・第７集，函館市，1956～60年

536 働らく人々の病気(2)，松藤元訳，産業医学４巻４号

537 八十年史・日産化学工業㈱，日産化学工業㈱社史編纂委員会，1969年
538 破滅の水，三島昭男，潮出版社，1973年
539 判例時報(雑誌)
(補遺＝775)

＝ ヒ ＝

540 ＰＣＢの記録，磯野直秀ほか，資料通信，1973年
541 東置賜郡史，東置賜郡教育会，1939年
542 ビスコースレーヨン工業の労働衛生，日本化学繊維協会労働衛生研究会，1954年
543 日立鉱山煙害問題昔話，関右馬允，郷土ひたち文化研究会，1963年
544 日立鉱山史，嘉屋実，日本鉱業㈱日立鉱業所，1952年
545 日立市史，日立市史編纂会，1959年
546 皮膚科泌尿器科雑誌
547 皮膚科紀要(雑誌)
548 皮膚科性病科雑誌
549 皮膚と泌尿(雑誌)
550 兵庫医学(雑誌)
552 兵庫県郷土地理，兵庫県姫路師範学校，1932年
553 兵庫県百年史，兵庫県史編集委員会，1967年
554 広島衛生医事月報（雑誌）
555 広畑製鉄所・年誌，富士製鉄㈱広畑製鉄所，1950年
556 広畑製鉄所30年，日本製鉄㈱広畑製鉄所，1970年

＝ フ ＝

557 足尾銅山図會，風俗画報臨時増刊231号，風俗画報編輯所，東陽堂
558 福井県大野郡誌・上，大野郡教育会，1915年
559 福井県史・三巻，福井県，1922年
560 福島県史18・産業経済１，福島県，1970年
561 福島県史・近代２，福島県
563 富士市における公害反対闘争についての報告，笠井貢，富士市公害対策市民協議会，1968年
564 富士市の公害，中島・西岡，教師の広場・季刊３号
565 富士市民協発行文書，1969年
566 富士製紙㈱創業弐十五年記念，富士製紙㈱，1914年
567 釜石製鉄所70年史，富士製鉄釜石製鉄所編，1955年
568 富士地域公害調査書・第一編既存公害，富士市公害対策協議会・富士川町いのちとくらしを守る会編，1969年９月
569 富士地区公害の実態，富士市公害対策市民協議会，1969年
570 古河市兵衛翁伝，昆田文次郎，五日会，1926年
571 古河潤吉君伝，昆田文治郎，五日会，1926年
572 今だからいう水俣病の真実，細川一，文芸春秋，1968年12月
573 文芸春秋（雑誌）

＝ ヘ ＝

576 足尾暴動事件と平民社の家宅捜索，平民新聞，1907年
577 別子開坑250年史話，平塚正俊，㈱住友本社，1941年
578 別子第二地区鉱毒対策事業計画概要書，新居浜市，1964年
579 別子銅山煙害に関する陳情理由書
580 変貌する労働環境，三浦豊彦，労働科学研究所，1970年
(補遺＝726)

＝ ホ ＝

581 信玄公旗立松事件，中川善之助，法学セミナー，1958年９月
582 大阪アルカリ事件，中川善之助，法学セミナー1957年３月，日本評論社
584 望郷・鉱毒は消えず，林えいだい，㈱亜紀書房，1972年
585 足尾銅山騒擾＝果然暴動化，報知新聞，1907年２月
586 法律時報(雑誌)
587 四日市公害訴訟判決文，川崎猛彦，法律時報1972年９月号別冊付録，日本評論社
588 法律全集51・鉱業法，我妻榮・豊島陞，有斐閣，1958年
589 北越医学雑誌
590 保健医事衛生（雑誌）
591 北海道医学雑誌
592 北海道樺太衛生（雑誌）
593 北海道炭鉱汽船㈱70年史，1958年
594 本州製紙社史，本州製紙社史編纂室，1966年
595 本邦鉱業の趨勢50年史，通商産業大臣官房調査統計部，通商産業調査会，1963年
596 本邦鉱業の趨勢50年史・続編，1964年
(補遺＝809)

= マ =

597 毎日新聞
598 益田市史，矢富熊一郎，益田郡上史矢富会，1963年
599 松木離村日記
600 50年史概史・松島炭鉱㈱，1962年
601 燐寸職工事情，職工事情，農商務省
602 慢性カドミウム中毒並びにいわゆるイタイイタイ病に関する医学研究会発表要旨，日本公衆衛生協会，1969年5月30日
603 万朝報（新聞）

= ミ =

604 三池主婦会20年，三池炭鉱主婦会，労働大学，1973年
605 三池大爆発損害賠償請求事件・訴状，1973年
606 三井地獄からはい上がれ，増子義久，現代史出版会，1975年
607 みいけ20年，三池炭鉱労働組合，労働旬報社，1967年
・ みいけ20年・資料篇，三池炭鉱労働組合，1968年
608 三重県史，1964年
610 三井・三菱の百年，柴垣和夫，中公新書，1968年
611 三菱社誌・15巻 ㈾三菱本社総務部総務課
612 三菱社誌・16号上，㈾三菱本社
613 三菱社誌・16号下，㈾三菱本社
614 三菱製紙70年史，三菱製紙㈱，1970年
615 三菱製紙60年史，三菱製紙㈱，1962年
616 三菱鉱業社史，三菱鉱業セメント㈱，1976年
617 水俣，水俣病を告発する会
618 みなまた郷土史年表，寺本哲往，1961年
619 水俣工場の排水について（その歴史と処理及び管理），新日本窒素肥料㈱水俣工場，1959年11月
620 水俣市史，水俣市役所，1966年
621 水俣闘争の経過と概要，合化労連
622 水俣病（写真集），桑原史成，1962年
623 (633を見よ)
624 水俣病，富田八郎，月刊合化
625 水俣病，富田八郎，水俣病を告発する会，1969年
626 水俣病，原田正純，岩波書店，1972年
627 水俣病患者互助会員の皆様へ“水俣病対策市民会議”発足のお知らせ，水俣病対策市民会議，1968年1月12日
628 水俣病とその授業研究，熊本県国民教育研究所，1969年1月
629 水俣病に関する略年表，熊本大学医学部公衆衛生学教室，医学史研究24，1966年
630 水俣病に関する略年表（その2・未定稿），熊本大学医学部公衆衛生学教室，1973年7月
631 水俣病に対する企業の責任，水俣病研究会
632 水の健康診断，小林純，1971年
633 水俣病年表，熊本大学医学部公衆衛生学教室，1968年10月
634 水俣病問題の15年，チッソ㈱「水俣病問題の15年」編集委員会，1970年
635 宮城県史・産業Ⅰ，宮城県史編纂委員会，同刊行会，1954年
(補遺＝722，765)

= ム =

636 室蘭製鉄所50年史，富士製鉄㈱室蘭製鉄所，1958年

= メ =

637 明治工業史6・鉱業篇，日本工学会編，1939年
638 明治工業史9・化学工業篇，日本工学会編，1925年
639 明治鉱業㈱社史，1957年
640 明治前期の都市下層社会，西田長寿編，光生館，1970年
641 明治大正大阪市史・第1巻，大阪市，1934年
642 明治大正大阪市史・第6巻，大阪市，1934年
643 明治29年度第18回通常県会成議録，近代足利市史別巻
644 明治農民騒擾の年次的研究，青木虹二，新生社，1967年
646 明治用水の汚濁をめぐって，明治用水土地改良，1968年
647 目黒区史，東京都立大学学術研究会，目黒区役所，1962年
648 綿絲紡績職工事情，農商務省

= モ =

649 森永乳業五十年史，森永乳業㈱，1967年
650 森永ヒ素ミルク中毒事件，田中昌人・北条博厚・山下節義，ミネルヴァ書房，1973年
651 紋別市史，紋別史編纂委員会編，1960年

= ヤ =

652 野州日報（新聞）
653 谷中村滅亡史，荒畑寒村，新泉社，1970年
654 八幡製鉄所50年誌，八幡製鉄㈱八幡製鉄所編，1950年
655 八幡の公害，林栄代，朝日新聞社，1971年
656 山形県史・農業編上，山形県，1968年
657 山口県医学会会誌24回（雑誌）
658 （山口石炭鉱業会）10年誌，山口石炭鉱業会，1961年
659 山城谷村史，近藤辰郎，山城谷町役場，1960年
660 山田郡誌，山田郡教育会，1939年
661 山田町誌，嘉穂郡同編纂委員会，1953年
（補遺＝797）

= ユ =

662 有害工業解説其ノ二，社会局，1926年
290 有害工業解説其ノ一，社会局，1924年
663 有機水銀中毒対策の経過概要，新潟県，1968年
664 雪印乳業史，雪印乳業㈱，1960年
665 油脂工業史，日本油脂工業会，1972年
666 輸送奉仕の五十年，阪神電気鉄道㈱，1955年

= ヨ =

667 横瀬村誌，秩父郡横瀬村役場，1952年
668 横浜市史4・下，横浜市，1968年
669 横浜市史5・上，横浜市，1971年
670 横浜市水道誌，1904年，横浜市水道局
671 横浜市新貨物線反対運動満6年を迎えて，横浜新貨物線反対同盟連合協議会，1972年9月
672 横浜市における公害の実態と予測―根岸本牧工場地区をめぐる諸問題の解明のために，横浜市衛生局公害係，1964年
673 横浜市の公害対策に対する医師会の寄与とその活動―「市民理性」の担い手・横浜市医師会の協力概況報告，1966年5月
674 東海道新貨物線計画に関する証言，清水嘉治・広岡治哉，1968年
675 横浜貿易新報
676 四日市市史，四日市市役所，1961年
677 四日市市公害10年の記録，小野英二，勁草書房，1971年
678 四日市・死の海と戦う，田尻宗昭，岩波書店，1972年
679 四日市市における公害闘争―公害裁判はじまる，自治労三重県本部四日市市職組自治研推進委，1968年4月
680 四日市市における公害の概況，四日市市衛生部公害対策課，1967年9月
681 読売新聞
（補遺＝732，742，764）

= リ =

682 六合雑誌
683 両毛文庫栃木通鑑（県令在任期間）
684 臨床医学（雑誌）
685 臨床医報（雑誌）
686 臨床月報（雑誌）
687 臨床歯科（雑誌）
688 臨床小児科医雑誌
689 臨床内科（雑誌）
690 臨床内科小児科（雑誌）
691 臨床と研究（雑誌）
692 臨床の皮膚泌尿と其境域
693 臨床の日本（雑誌）
694 臨床皮膚泌尿器科（雑誌）

= ル =

695 ルエス（雑誌）

= ロ =

696 労働裁判の現状と問題点，大竹秀達，月刊労働問題増刊・労災補償読本，1976年11月
697 労災職業病シリーズⅠ，医療図書出版社，1975年
698 労働衛生ハンドブック，三浦豊彦編，科学研究所，1962年
699 労働科学20巻6号（わが国における産業と結核に関する史的考察，東田敏夫）
700 日本の大気汚染の現状と問題点，三浦豊彦，労働科学，38巻10号，1962年
701 労働衛生ハンドブック，48巻17号
702 労働衛生学史序説・第1部，三浦豊彦，労働科学52巻2号，1976年
703 労働衛生学史序説・第2部，三浦豊彦，労働科学，52巻3号，1976年
704 労働衛生学史序説・第3巻，三浦豊彦，労働科学，52巻5号，1976年
705 労働衛生学史序説・第4部，三浦豊彦，労働科学，52巻6号，1976年
706 労働衛生学史序説・第5部，三浦豊彦，労働科学，52巻7号，1976年

707 労働衛生学史序説・第6部，三浦豊彦，労働科学，52巻8号，1976年
708 労働衛生学史序説・第7部，三浦豊彦，労働科学，52巻9号，1976年
709 労働科学研究
710 労働組合の労災補償闘争，庄司博一，月刊労働問題増刊・労災補償読本，1976年11月
711 労働者の災害補償，三島宗彦・佐藤進，1967年
712 労働の衛生学，石川知福，三省堂，1939年
713 労働の科学，27巻2・3号
(補遺＝753)

= ワ =

714 わが存在の底点から，甲田寿彦，大和選書，1972年
715 若松築港㈱70年史，若松築港㈱，1960年
716 和歌山県田辺町誌，田辺町役場編，1930年
717 渡良瀬川沿岸被害原因調査ニ関スル農科大学ノ報告，栃木県内務部，1892年
(補遺＝727，738)

= 補 遺 =

719 白田硫黄山と伊豆東浦12ヵ村，公害研究，Vol. 5, No. 1
720 デ・レ・メタリカ，アグリコラ，三枝博音訳，山崎俊雄編，岩崎学術出版社，1968年
721 土呂久からの報告，阪本暁，労働の科学，Vol. 28, No. 3
722 三菱の百年，三菱創業百年記念事業委員会，1970年
723 日本ペイント80年史，1961年
724 大阪府布達全書・第3巻勧業之部
725 栃木県地誌編輯材料取調書・梁田郡朝倉村の項，近代足利市史別巻，1891年
726 別子銅山新居浜溶鉱炉移転に関する請願書，農民大原正延ら，1903年
727 渡良瀬川筋古今沿革調，近代足利市史別巻，1891年
728 大気汚染から見た環境破壊の歴史，三浦豊彦
729 日石50年，日本石油㈱編，1937年
730 大阪瓦斯50年史，大阪瓦斯㈱社史編集室編，1955年
731 大日本私立衛生会雑誌
732 横浜新報（新聞）
733 浅野セメント合資会社粉害事件ニ関スル衆議院質問主意書，資料近代日本の公害，神岡浪子編，新人物往来社，1971年
734 中外商業新報(新聞)
735 味の素川崎工場問題，京浜工業地帯公害史資料集，神奈川県立川崎図書館
736 日本化薬会社概要40周年記念号，日本化薬編，1956年
737 治療及び処方，(雑誌)
738 和歌山県海草郡誌，海草郡役所，1926年
739 京浜工業地帯―その歴史と現状，神奈川県立川崎図書館，1961年
740 助産の栞(雑誌)
741 東京府における工場公害問題とこれに対する除害施設及保健施設，全国都市問題会議，都市の保健施設，1936年
742 横浜ガス史
743 金属鉱山坑夫の「ヨロケ」に就て，原田彦輔，石炭鉱業聯合会鉱山懇話会共同調査会，共同調査会会報11号，1925年
744 東雲煙害事件書類，古河鉱業会社，1908年
745 現代日本産業発達史XIII・化学工業・上，渡辺徳二編，現代日本産業発達史研究会，1968年
746 中央医事(新聞)
747 国政医学会雑誌
748 戦時体制期，安藤良雄，京浜工業地帯通史，県立川崎図書館
749 クロム化合物の環境汚染と人体破壊，南雲清，健康会議 No. 319，1975年10月1日
750 結核の臨床（雑誌）
751 鹿島開発，茨城大学地域総合研究所編，古今書院，1974年
752 医学と民生(雑誌)
753 労働科学(雑誌)
754 炭塵爆発9号（雑誌），三井三池 CO 裁判を支援する会，1976年
755 味の素㈱社史II，味の素㈱，1971年
756 日本乳業史，日本乳製品協会，1960年
757 日本ゼオン20年史，日本ゼオン㈱総務部，1972年
758 川崎製鉄25年史，川崎製鉄㈱社史編集委員会編，1976年
759 日本界面活性剤工業のあゆみ，日本界面活性剤工業会，1972年
760 京葉工業地帯の公害に対する町内会の対応とその条件，望田敏子，淑徳大学紀要1号
761 昭和28年結核実態調査，厚生省編，(財)結核予防会，1955年
762 熊本医学会雑誌
763 尼崎現代史年表・経済編

764 四日市―市制施行70周年記念誌，四日市市役所，1967年
765 三重県下における公害の現況と対策の概要，三重県衛生部公害課，1969年
766 白い霧とのたたかい―四日市の公害とそれへのたたかい―，四日市・三泗地区労協公害を記録する会，1969年5月12日
767 神通川水系鉱害研究報告書―農業被害と人間公害(非売品)，吉岡金市，1961年
768 現代の記録・創刊号，記録文学研究会
769 根岸・本牧工業地域の公害対策についての提言，横浜市調査室公害資料 No. 2，1964年
770 根岸・本牧工業地区における火力発電所立地にともなう公害問題の経過，横浜市公害センター，1964年
771 (193を見よ)

772 北九州―現状と運動の展望，林えいだい，法律時報487号
773 死の灰と闘う科学者，三宅泰雄，岩波新書，1972年
774 安全性の考え方，武谷三男編，岩波新書，1967年
775 ばい煙規制法の解説，通産省企業局産業公害課編，経団連パンフレット No. 75，経済団体連合会，1963年
776 (757を見よ)
777 サリドマイド裁判，山田伸男，ジュリスト548号
778 公害問題に関する世論調査，内閣総理大臣官房広報室，1972年3月
779 職業病ハンドブック，三浦豊彦編，産業労働調査所，1975年
780 職業病と労働問題，職業病ハンドブック収録
781 知恵子ちゃんは伸びる―胎児性水俣病の子供（第2集)，県立新潟女子短期大学水俣病問題研究会，1967年8月1日
782 生活保護層をめぐる運動と訴訟，早川美都子，ジュリスト，No. 572
783 公害白書，1969年版
784 癌の臨床(雑誌)
785 久留米医学会雑誌
786 東京女子医学会会誌(雑誌)
787 イタイイタイ病判決の意義と教訓，飯島伸子，月刊労働問題161号
788 (306を見よ)
789 公害と静岡県民―駿河湾公害―，日本科学者会議静岡支部編，公害対策静岡県連絡会議，1971年
790 『地域開発』学習の構想，福島達夫，地理教育研究会，1969年
791 記録映画「公害とたたかう―新潟水俣病」宣伝ビラ
792 記録映画「新潟水俣病」運動方針，製作上映映画人会議（水俣映画人会議)，1967年8月25日
793 新潟水俣病共闘会議結成大会資料，新潟水俣病共闘会議結成準備会，1970年
794 （カネミ油症事件）因果関係と共同不法行為，平野克明，法律時報592号
795 住民の公害白書，日本社会党公害追放運動本部編1969年
796 女性市民報，公害追放臼杵市民会議
797 谷中村事件，大鹿卓，講談社，1957年
798 科学朝日（雑誌)
799 公害をもたらす新宮津火力発電所設置反対運動の取りくみについて，京都府職労宮津支部―全国公害反対運動活動者会議資料―，1969年1月30日
800 公害行政の概要―昭和44年度，富士市企画調整部公害課，1970年
801 静岡県富士地区の公害闘争，福島達夫，1969年
802 いま，「公共性を撃つ」―ドキュメント横浜新貨物線反対運動―，宮崎省吾，新泉社，1975年
803 荒川鉱山誌，協和町公民館，1974年
804 (773を見よ)

805 新労働衛生ハンドブック，三浦豊彦ほか編，労働科学研究所，1974年
806 人間腐蝕―カネミライスオイルの追跡―，深田俊祐，社会新報，1970年
807 認定制度への挑戦―水俣病に対するチッソ・行政・医学の責任―，水俣病研究会，1972年
808 徳川時代の煙害事例にみる現代的意義，竹内宏一・宮田昭吾，公害と対策，Vol. 7 No. 6，公害対策技術同友会
809 ぼくの町に原子力船がきた，中村亮嗣，岩波書店，1977年
810 育友会公害研設立趣意書，1970年12月
811 大阪電燈㈱沿革史，萩原古寿編，1925年
812 市民（雑誌)
813 東京瓦斯労働組合史，東京瓦斯労働組合，1957年
814 全鉱20年史，全日本金属鉱山労働組合連合会編，労働旬報社，1967年
815 岩波六法全書，岩波書店，1977年
816 公害年表，飯島伸子，百科年鑑，平凡社
817 新研かわら版，朝日新聞労組

索　引

【凡例】

§　配列は、現代かなづかいによる五十音順とした。アルファベット表記のものについては、五十音配列の後に、a, b, c…の順に掲載した。

§　項目の次の数字は本文のページ数を示す。また、それに付随するＡ～Ｆは、本文年表の見出しを示す。Ａ;「公害事項」または「公害・環境破壊」、Ｂ;「住民・支援者など」、Ｃ;「企業・財界」、Ｄ;「国・自治体」、Ｅ;「労働災害事項」または「労災・職業病と労働者」、Ｆ;「備考」

§　矢印（→）で示された事項は、関連項目を示す。関連項目の冒頭部分が共通する場合は、その部分のみを表記し、以降を～で示した。例えば、関電火力発電所反対運動、関電公害防止協議会は、→関電～とした。

§　地名索引は都道府県別に分類し、北（北海道）から南下する順番に配列した。つづいて、地方別、全国、国外の順に掲示した。

§　～県、～市など自治体名については行政当局と思われるものを含め地名索引に収録した。

§　本文で表記の統一がとれていない用字については適宜どちらか一方に改めた。

事　項　索　引

あ

アース・デー　287F
アームストロング社　51A
アイソトープ　143E
アイソトープ乱脈管理　225F
愛知県衛生研究所　344A
愛知県公害防止条例　203D
亜鉛　95A　98E　204A　322C
亜鉛による水道汚染　200A
アオサギのコロニー　374A
青空と緑を取り返し千葉市民のいのちとくらしを守る市民会議　306B
青森県公害防止条例　233D
赤池　127E　145E
赤池・豊国炭鉱　100A
赤沢銅山　3F　3A　4A
赤潮　176A　350A　386A　390B　396A
赤潮訴訟　386B　388B
赤潮発生　332A　356A
赤潮被害　393D
赤潮被害に対する訴訟　382B
阿賀野川漁協　244B　260B　326B
阿賀野川漁連　232B
阿賀野川水銀中毒事件　234B　→新潟水俣病
阿賀野川の水銀中毒　239D　→新潟水俣病
阿賀野川有機水銀中毒　235D　→新潟水俣病
阿賀野川有機水銀被災者の会　218B　→新潟水俣病
阿賀野川流域水銀中毒事件　243D　→新潟水俣病
赤平福住鉱　185E
秋川漁協　322B
秋葉ダム　141E
秋葉ダム工事現場　141E
亜急性水銀中毒　60E
悪臭　40A　60A　71A　96A　214A　222A　254C　262A　266A　272B　310A　318B　334B
悪臭公害　275D
悪臭対策研究会　275D
悪臭防止法　315D　329D
悪臭防止法案　309D
悪臭問題　221D　259D
悪臭を伴った濃霧　194A
芥川　112A　116A
アクビ事件　35A
アクリルアマイド中毒　269E　368A
アクリルアマイドの漏出　237E
アクリルアマイドモノマー粉塵　289E
アクリル酸メチル　299E
アクリジン系色素中毒　97A
アクリルニトリル中毒　169E
アクリルニトリル流出事故　214A
アクリロニトリル中毒　281E
アクロレイン　267E
麻糸ロープ製造販売業　238B
浅草マッチ工場　14E
浅野セメント　37A　44A　45A　→川崎市浅野セメント粉塵事件・深川工場
浅野セメント　52F　62A　63A　→川崎市浅野セメント粉塵事件
浅野セメント　71A　72A　→川崎市浅野セメント粉塵事件・埼玉県横瀬村
浅野セメント大阪工場　82A
浅野セメント起業反対問題　46A　→川崎市浅野セメント粉塵事件
浅野セメント起業反対問題　53A　→深川工場
浅野セメント合資会社粉害事件に関する質問趣意書　45A
浅野セメント工場　17A　44A　→深川
浅野セメント深川工場　54A
浅野セメント粉塵事件　27A
浅野セメント北海道工場　67A
浅野セメント門司工場　64A
浅野造船所　55A　56A
浅野造船所井戸水枯渇問題　55A
旭化工油工場ガス爆発　141E
朝日化学肥料会社亜硫酸ガス中毒　85A
旭化成　185E　224A　358C
旭化成火薬工場　173E
旭化成坂ノ市工場　141E
旭化成ダイナマイト工場　177E
旭化成薬品工場　252A
旭硝子　40F
旭硝子京浜工場　322A　382C　390C
旭硝子工場　354A　354B
旭硝子千葉工場　354C　395E
旭硝子本社　356B
旭硝子リン酸製造工場　294A
旭川保健所　401D
旭絹織　78A
旭絹織会社の人造絹糸工場　64A
旭絹織物　65A
朝日賞の社会奉仕賞　260B
旭食品会社　220A
朝日新聞　248B　282C　314A
朝日訴訟　201F　235F
朝日訴訟第二審判決　199F
朝日訴訟判決　177F
旭ダウの塩化ビニール工場　252A
朝日炭鉱　365E
旭チッソアセテート　358C
旭電化工業　54F　60E　211D　363E
旭鍍金工業会社　306A
旭有機工場　233E
旭油脂工場爆発　137E
麻布・六本木生活環境を守る会　236B
あざらし状奇形児　190A　→サリドマイド
あざらし症児　185F　→サリドマイド
アサリ内の重金属　328A
アサリのメチル水銀汚染　348B
アジア石油会社　319D　365E
アジア石油横浜工場　319D
アジア石油横浜製油所　239E
アジア農村医学会議　359F
足尾鉱業所　115E
足尾鉱業停止東京事務所　26A
足尾鉱毒　19A　324B
足尾鉱毒救済会　34A
足尾鉱毒根絶期成同盟会　106B
足尾鉱毒事件　20A　50A
足尾鉱毒処分請願同盟事務所　30A
足尾鉱毒被害者在京委員　27A
足尾鉱毒被害民の逮捕　30A
足尾産銅　14F　20F
足尾銅山　3F　7F　13F　14F　21A　32A　83A　106A　107D　226A
足尾銅山鉱業停止請願書　25A　27A
足尾銅山鉱毒調査会　26A
足尾銅山鉱毒被害救済会　27A
足尾銅山鉱毒補償　368B
足尾銅山製錬所　26A
足尾銅山閉山　343F
足尾銅山労組　107E
足尾労働組合同盟会　105F
足柄上郡河川漁組　81A
足柄下郡農会　79A
芦北沿岸漁業振興対策協議会　168B
味の素　42F　61A　62A　63A　67A　81A　85A　93A　102F　107F　352B　358A
味の素会社　59A　60A
味の素川崎工場　98A　296C
味の素工場　61A　95A　370A
味の素工場廃水問題　88A
味の素東海工場　195F
芦浜原発　203D　224C
亜硝酸ガス被害　90A
亜硝酸性窒素　152A
飛鳥田市政　380B
アスベスト　90E　96E　301E　→石綿～
畦修築　40A

アセチレン法オクタノール製造　131F
アセチレンボンベの爆発　372A
アセトアルデヒド　210C
アセトアルデヒド工場　81F
アセトアルデヒド廃液　250C
亜炭採掘　124B
あっせん依頼書　262B
厚真漁協　396B
阿仁鉱山　17F
阿仁銅山　13F
アニリン　167D
網走漁協組　192B
亜ヒ酸　19F　81A　90E　115E
亜砒酸煙害　62A
亜ヒ酸検出　274A　275D
亜ヒ酸鉱害　96A
亜ヒ酸鉱山による中毒　322A
アビサン社　175F　→アメリカアビサン社
亜ヒ酸製造　138C
亜ヒ酸製造廃止の陳情　164B
亜ヒ酸中毒　15E　324B
亜ヒ酸の検出　185D
亜ヒ焼き　138C
油汚染被害　334A
油津漁民の示威行動　93A
油津地区反対運動　88A
油流出　240A
油流出事故　368A
阿呆煙突・命令煙突　48A
雨池町自治会　190B
尼崎市，各都市の公害防止資料の募集　131D
尼崎市議会，騒音防止条例　139D
尼崎市市会に防煙対策の専門委員会　125D
尼崎市民煤煙追放対策協議会　164B
尼崎市藻川淡水漁協　166B
雨水の放射能汚染　154A
雨宮製糸場工女同盟罷業　17F
アミン　363E
アミン説　174C
アメリカFDA(食品医薬品局)　271F
アメリカSW社　181F
アメリカアビサン社　181F
アメリカイーストマン　185F
アメリカ医学会誌　324A
アメリカ沿岸警備隊浦幌ロランC基地　386A
アメリカ海兵隊基地の環境汚染　347D
アメリカ下院　191F
アメリカ環境局　371F
アメリカ環境庁　339F
アメリカ環境保護局　379F　385F
アメリカ環境保護庁　342C　345F　353F　377F
アメリカ空母ボーグ号　181E
アメリカ軍　188A　237F　241F　342A
アメリカ軍板付基地　248A
アメリカ軍基地　180A　382A
アメリカ軍基地公害　234A
アメリカ軍基地廃油問題　146A
アメリカ軍千歳基地　154A
アメリカ軍チャーター貨物船　343E
アメリカ軍ナパーム弾　237F
アメリカ軍による毒物投入　248A
アメリカ軍横田基地周辺　210B
アメリカ原子力委員会　265F
アメリカ原子力潜水艦　246A
アメリカ原潜シードラゴン　216A
アメリカ原潜入港　259D
アメリカ原潜の放射能　272A
アメリカ原潜ハドック　260A
アメリカ原潜プランジャー　218A　256A　260A
アメリカ厚生教育長官　273F
アメリカ国防総省　185F
アメリカ上院　297F
アメリカ上院本会議　327F
アメリカ上下両院　337F
アメリカ政府　249F　285F　373F
アメリカ大統領公害防止会議　275F
アメリカ地下核実験　319F
アメリカ農務省　269F　289F　297F
アメリカの原爆実験　148A
アメリカ陸軍　210A
アメリカ陸軍省　277F
アメリカ連邦高裁　289F
アメリカ連邦取引委員会　271F
アユ　160A
アユ大量死　266A
荒金銅山　54A　62A　89A　100A
荒金銅山鉱毒防止期成同盟　89A
荒川浚渫促進連合協議会　148B
荒川放水路での水泳禁止通達　143D
荒田川閘門普通水利組合　61A　62A　64A　89A
荒田川水利組合　74A　76A　77A　79A　83A
荒田川農漁民闘争　90A
荒田川の水質汚濁問題　128A
新手炭鉱　80E
アラビア海　249F
アラビア石油　262C
有明海汚染問題　351D
有明海の漁業被害　144A
有明炭鉱　388A
亜硫酸ガス　19A　22A　23A　24A　27A　30A　32A　36A　38A　39A　40A　41A　43A　44A　47A　48A　52A　53A　59A　73A　82A　83A　93A　124B　217D　230A　238A　256C　274A　296C　302A　319D　330A　→硫黄酸化物
亜硫酸ガス害　27A　93A
亜硫酸ガス環境基準　248C　255D　256B　257D　→二酸化硫黄環境基準
亜硫酸ガス環境基準への批判　261D　→二酸化硫黄環境基準
亜硫酸ガス規制　251D
亜硫酸ガス規制問題　279D
亜硫酸ガス特別排出基準　271D
亜硫酸ガスに関する環境基準　248C
亜硫酸ガスによる小鳥の激減　238A
亜硫酸ガスの一般排出基準　271D
亜硫酸ガス濃度の許容限度　249D
亜硫酸ガス排出企業の拒否　257D
亜硫酸ガス排出基準　257D
亜硫酸ガス排出量　269D
亜硫酸ガス被害　49A　214A
亜硫酸パルプ(SP)工場　113F
アルカリ腐蝕症　94E
アルキルベンゼン　167F　181F
アルキルベンゾール輸入　119D
アルデヒド製造工場　217E
アルミくずの爆発　344A
アルミニウム　93F
アルミニウム電解炉の爆発　345E
安全衛生課　184C
安全衛生局　239D
安全衛生国際シンポジウム　335F
安全技術協会創立　77E
安全週間　69E
安全性の考え方　235F
安全闘争宣言　353E
安全連　133F
アンチモン鉱山　274A
安中鉱害　385F　→東邦亜鉛
安中鉱害訴訟　326B　→東邦亜鉛
安中公害訴訟　360B　→東邦亜鉛
安中公害対策被害者協議会　264B　→東邦亜鉛
安中市東邦亜鉛無認可増設　271D　→東邦亜鉛
安中地区農民　152C　→東邦亜鉛
安中町長　151D　→東邦亜鉛
安中のカドミウム汚染　265D　→東邦亜鉛
安中の住民　270B　→東邦亜鉛
安中の大気汚染調査　267D　→東邦亜鉛
安中町農業委員会　124B　→東邦亜鉛
アンプル入り風邪薬中毒死　210A　210B
アンモニア　301E
アンモニア原料ガス精製工程ドレンパイプ修理中にガス爆発　159E

い

イースト・ゲート号　345F
飯塚炭鉱　76E
家田製紙排水問題　82A
イオウ鉱山　231E
硫黄採掘反対運動　140B
硫黄酸化物　397F　→亜硫酸ガス
硫黄酸化物総量規制　379D　→亜硫酸ガス

硫黄酸化物に係る改訂排出基準　281D
→亜硫酸ガス
硫黄酸化物にかかる公害防止協定書
327D　→亜硫酸ガス
硫黄酸化物に関する環境基準　252C
→亜硫酸ガス
いおう酸化物による大気汚染防止のための環境基準　261D　→亜硫酸ガス
硫黄酸化物の環境基準　253D　→亜硫酸ガス
硫黄酸化物排出基準　387D　→亜硫酸ガス
硫黄酸化物排出削減　334C　→亜硫酸ガス
硫黄分引下げ　226C
イオニス・カラス　367E
医学雑誌　18E　32E　38A　38F
347E
伊方原子力発電所　356B　→原発
伊方原発訴訟　356B　358B　→原発
イギリス国立医学研究委員会　245F
イギリス政府　377F
イギリス農漁食糧省　275F
イギリス放送協会(BBC)　319F
イ草　230A
イ草先枯れ問題　228C
イ草の先枯れ　214A　234A
イ草被害　248A
幾春別炭鉱　61E
生野・佐渡両鉱山　12F
生野銀山　3F　5A　6E　7E　11F
生野鉱山鉱夫共済組合病院　28E
育友会公害研究所　302B
医師会　332C
医師会のシンポジウム　248A
医師会の訴訟協力　338B
石狩川・水銀をなくす市民の会
402B
石狩川沿岸の土地改良区　174B
石狩川汚水被害　220B
石狩川汚水被害対策本部　210B
石狩川汚染　114B　116B　132A
石狩川汚染被害　114C　114A
石狩川汚染問題　136B
石狩川汚濁　98A　188B　201D
石狩川汚濁事件　130A
石狩川汚濁被害　184B
石狩川汚濁問題　97A　157D　184B
185D　193D　196C　201D　203D
石狩川汚濁問題の和解　200B
石狩川甲水域水質研究所　202B
石狩川水質浄化　168B　184B
石狩川水質浄化促進期成会　152A
152B　154B
石狩川廃液対策協議会　130B
石狩炭鉱　339E
石狩町公害対策協議会　220B
石狩湾新港関係漁協対策協議会　348B
石狩湾新港建設問題　348B
石川島造船所　90E
石川島播磨重工業　281E
石川島播磨重工業名古屋造船所　221E
石黒製作所籠原工場　303E
医事新聞　26E
石田・牧野地区被害者対策協議会
290B
石田地区被害者対策協議会　300B
石鎚スカイライン　320B
石巻漁業会　99A
石原産業　91F　95F　115F　117F
118C　119F　248A　276C　290C
364C
石原産業公害事件　307D　311D
石原産業工場長　280C
石原産業四日市工場　96F　99F
石原産業硫酸たれ流し公害事件　306C
医師法・医療法　113F
異臭　85A　202A
移住　32A　33A
異臭魚　174A　176B　179D　196B
382A
異臭魚事件　209D
異臭魚補償　218B　218C
異常放射能値　260A
石綿(アスベスト)による死者　397E
泉尾工業学校　76A
五十鈴工業会社　345E
厳原町公害被害者組合　380B
伊勢湾汚水対策漁民同盟　184B
伊勢湾汚水対策推進協議会　178B
184B
伊勢湾漁民　189D
伊勢湾漁連　176B
伊勢湾産　174A
伊勢湾の異臭魚　180A
磯津漁協　280C　→四日市公害～
磯津漁協組　210B　→四日市公害～
磯津漁民　209D　→四日市公害～
イソブチレンボンベ爆発　249E
イソミン　158C　188C
イタイイタイ病　140B　144B
182A　183F　190A　198A
208A　212C　235D　240B　241D
243D　244B　254A　286A　289E
292B　300A　310B　313D　314B
316B　316C　317D　318B　319D
319F　320A　320B　330A　335D
382C　→富山イタイイタイ病～・第二のイタイイタイ病
イタイイタイ病医学研究会　264C
イタイイタイ病カドミウム説への反論
332C
イタイイタイ病カドミウム中毒研究班
335D
イタイイタイ病カドミウム中毒症鑑別診断研究班　301D　307D　309D
イタイイタイ病患者　242B　246B
262B　324A　324B
イタイイタイ病患者対策協議会　240B
イタイイタイ病患者認定　246A
イタイイタイ病患者の自殺　332A
イタイイタイ病患者の住民税免除
269D
イタイイタイ病患者の存在否定　263D
イタイイタイ病患者の治療費　244C
イタイイタイ病機密漏えい審査会　328C
イタイイタイ病原因　248B
イタイイタイ病原因究明　241D
イタイイタイ病原因究明調査班　243D
イタイイタイ病研究委員会　197D
イタイイタイ病研究会　196A　196C
イタイイタイ病研究班　197D　326B
イタイイタイ病検診　217D
イタイイタイ病控訴審　322C　332B
イタイイタイ病控訴審判決　334C
イタイイタイ病鉱毒説　156A
イタイイタイ病鉱毒説への反論　196C
イタイイタイ病裁判　246B
イタイイタイ病死因　328C
イタイイタイ病症状の患者　342C
イタイイタイ病診査協議会　246A
イタイイタイ病シンポジウム　184A
イタイイタイ病訴訟　238B　240B
242B　250C　252B　262B　263D
274B　314C　323D　324B　334C
→富山イタイイタイ病訴訟
イタイイタイ病訴訟第1次訴訟　314B
イタイイタイ病訴訟の終了　338B
イタイイタイ病訴訟弁護団　242B
イタイイタイ病第2次検診　378A
イタイイタイ病対策　189D
イタイイタイ病対策会議　242B
イタイイタイ病対策協議会　228B
234B　338B　338C　352B　352C
イタイイタイ病対策連絡会議　252B
イタイイタイ病対策連絡協議会　191D
イタイイタイ病調査　265D
イタイイタイ病調査研究班　235D
253D
イタイイタイ病治療に関する協定書
352B
イタイイタイ病治療費　195D
イタイイタイ病同種患者　206A
イタイイタイ病とカドミウム中毒症鑑別診断班　321D
イタイイタイ病に関する厚生省見解
246C　247D
イタイイタイ病に対する疑問記事
386C
イタイイタイ病についての論争　346C
イタイイタイ病認定患者　243D
イタイイタイ病の疑い　344A
イタイイタイ病のおそれ　263D
イタイイタイ病のカドミウム原因説否定
266C
イタイイタイ病のカドミウム原因説への疑問　384C
イタイイタイ病の行政費　336C　337D
イタイイタイ病の原因　200A　227D
260C　262C

イタイイタイ病の原因解明　216A　231D
イタイイタイ病の原因論争　326C
イタイイタイ病のビタミン欠乏説　322C　326C
イタイイタイ病被害者団体　372B
イタイイタイ病弁護団　288C　352C　→富山イタイイタイ病弁護団
イタイイタイ病補償協定　352C
イタイイタイ病問題　324C
イタイイタイ病要観察者　264A　332A
遺体救出作業　181D
板付基地　183D　186A
板橋火薬製造所　24F
市川市民連合　338B
一任派　288B　290B　→水俣病
市原市市議会　259D
市原署　360C
1万円札発行　163F
一酸化炭素　227D　249F　278A
一酸化炭素・窒素酸化物・亜硫酸ガス　234A
一酸化炭素汚染　220A
一酸化炭素中毒　50E　81E　84E　110C　139E　213E　215E　235E　237F　239E　293E　315E　358A　→CO特別立法
一酸化炭素中毒患者　217E　241E　365E　379D
一酸化炭素中毒患者家族の会　237E　→三井三池鉱山爆発事故
一酸化炭素中毒研究委員会　130C
一酸化炭素中毒症　349E
一酸化炭素中毒訴訟　361E　364C　385E　→三井三池鉱山爆発事故
一酸化炭素中毒特別措置法(CO特別立法)　237D　239D　→三井三池鉱山爆発事故
一酸化炭素中毒に係る環境基準　283D
一酸化炭素中毒認定基準　243D
一酸化炭素中毒問題の仮協定　243E
一酸化炭素排出規制　295D
一酸化中毒発症　333E
一斉検診　267D　→水俣病
一都三県公害防止協議会　237D
出光　191F
出光興産　222C　224C　234B　234C　238C　239F　328B
出光興産製油所　222B　224C
出光興産千葉製油所　367E
出光興産中央訓練所　383E
出光興産徳山製油所　230A　236B
出光興産姫路製油所　240B
出光興産姫路製油所問題　225D
出光石油化学徳山工場　350A
出光丸　227F
井戸汚染　230A
糸田炭鉱　71E
井戸水　97A
井戸水汚濁問題　234A
井戸水枯渇　56A　66A　89A　90A　212B　→かんがい水・井戸水の枯渇
井戸水枯渇事件　126A
井戸水の塩水化　176A　192A
井戸水の黄濁　168A
イトムカ鉱業所　351F
イトムカ水銀鉱山　99E
稲毛・川崎二ヶ領普通水利組合　101A　→川崎市二ヶ領用水組合
稲毛・川崎二ヶ領用水組合　76A　→川崎市二ヶ領用水組合
稲作被害　95A　234B
稲の鉱毒禍　130C
稲の立枯れ　250A
稲の発育不全　222A
いのちとくらしを守る会　262B
いのちと財産を守るための市民協　240B
猪之鼻炭鉱　80E
茨城県会　43A
茨城県核燃料再処理工場設置阻止闘争委員会　342B
茨城県鹿島臨海工業地帯　330A
茨城県霞ヶ浦漁協連　316A
茨城県漁協連　327D
茨城県漁連　272B
茨城県公害防止条例　229D
イ病　318B　→イタイイタイ病
胆振漁協　398B
イペリット弾　280A
伊万里労基署　379E
いもち防除　121F
入浜権　360B
入浜権宣言　384B
入山炭鉱　63E　69E　75E
医療費・生活費の要求　366B
医療費公費負担　209D
医療費補助　243D
威力業務妨害罪　321D
入れ歯固定剤　256A
岩国工業クラブ　218C
岩国市漁協　184B　208B　218B
岩手県衛生研究所　286A
岩手小児科医グループ　312B
岩内郡漁協組　330B
岩鼻火薬製造所　15F　38F
岩屋炭鉱　69E　199E
印刷工場　30F
飲食物防腐剤取締規則　37A
インターチェンジの実力封鎖　355D
咽頭カタル　42E
院内銅山　13F

う

上野製薬　370B　372B　372C
魚カス工場　262A
浮島石油化学　243F
鶯沢　263D
宇治火薬製造所　23F
臼杵市議会　273D
臼杵市漁協　276B　282B　288B
臼杵市商店街連合会　298C
臼杵市を愛する会　286B
有珠漁協　324B
有珠漁協組　230B
歌志内鉱　265E
内郷炭鉱　69E　76E
宇部興産　98F　156C　204A
宇部市漁業被害救済基金　400C
宇部市煤煙対策委員会条例　125D
海鳥の死がい　348A
海の汚染対策　216B
海への廃油放出　330C
埋立て　314B　319D　320A　326A
埋立て免許無効確認請求訴訟　374B
右翼団体　378C
浦戸大橋　195D
浦戸湾漁協　192B
浦戸湾漁協組　124B　128C
浦戸湾漁業被害　139D
浦戸湾漁業被害者　163D
浦戸湾を守る会　258B
浦安漁協組　164B
浦安町漁民による本州製紙押しかけ事件　163D
ウラン検出　366A
ウラン合金事故　243F
ウラン試験　396B
ウラン燃料棒の破損　260C
ウラン濃縮　400A
ウラン濃縮遠心分離機破損　400A
ウラン濃縮研究運営会議　289D
ウラン溶液漏れ　398A
運輸技術審議会自動車部会　295D
運輸省　257D　303D　319D　321D　349D　362B
運輸省説明会　216B　→新東京国際空港
運輸省船舶技術研究所　233D
運輸省の行政指導　401D
運輸大臣　342B
雲龍寺　28A　29A

え

永久示談契約　23A
衛生学会　70A
衛生局　14A
疫学調査　151D
液化炭酸ガスタンクの爆発　262A
液化天然ガス(LNG)火発　324C
液化天然ガス(LNG)専焼火力発電所　286C
液化天然ガス(LNG)の輸入　275F
エチレン新増設基準　235F
エチレン法アセトアルデヒド　204C
エッソ　344C
江戸川の水質検査　165D
江戸前のハゼを守る会　234B
エネルギー教書　365F

エネルギー対策　276C
エネルギー調査会低硫黄化対策部会　265D
エネルギー問題　333F
江ノ口川改装促進委員会　194B
江ノ口川浚渫　122B
江ノ口川問題緊急対策協議会　214B
愛媛県新居郡角野村山根製錬所　17F
愛媛県農会　42A
煙害　4A　41A　57A　95A　96A　128C　138C
塩化ジフェニール　119E　255D　268A　270A　→PCB
塩化水素　342A　356A
塩化第二水銀　319E
塩化ビニルモノマー　371D
塩化ベンゾール　397D
塩化燐入瓶の破損事故　267E
沿岸海域汚染　320A
塩酸　352A
塩酸ガス　40E　44A　53A　358A
塩酸ガスの被害　344A
塩酸ガス噴出　370C
塩酸タンク車の爆発事故　352A
塩酸噴出　380A
塩酸流出事件　270C
塩素　379F
塩素ガス　289E　301E
塩素ガス中毒　222A　239E　267E
塩素ガス噴出事故　370A
塩素ガス漏れ　176A　204A　214A　356A
塩素ガス漏れ事故　206A　343E　372A
塩素ガス流出　240A　345E
塩素ガス流出に伴う公害罪事件　384C
塩素系施設での事故　368A
塩素系除草剤　243E
塩素中毒者　51E
塩素流出事故　381D
塩素漏洩事故　217E
鉛丹　32E
エンテロ・ヴィオホルム　135F
煙毒　21E
煙毒救済　32A
烟毒予防調査会　54A
煙突　18A
烟煤　31E
塩ビ　137F
塩ビ関係職場　397E
塩ビ工場　145E
塩ビ使用スプレーの禁止　373F
塩ビ生産工場周辺住民の肝臓癌　369F
塩ビ製造　137F
塩ビによる肝臓障害　387E
塩ビモノマー設備　319E　→塩化ビニルモノマー
塩ビモノマー用ナフサ分解工場爆発　243E　→塩化ビニルモノマー
烟病　5E
煙霧　152A
遠洋もののキンメダイ　354A

お

黄害　272C
逢坂山隧道　72E
王子製紙　22F　158B　368A
王子製紙春日井工場　303D
王子製紙春日井工場廃水問題　126A
王子製紙苫小牧工場　45A　348A　348C　384A
王子製紙の排水被害対策　126B
欧州経済委員会(ECE)　399F
王洗　181F
王銅　127F　→農薬"王銅"による土壌汚染
黄変米問題　128A
近江絹糸紡績加古川工場　134A
黄燐マッチ　15A　17E　19E　38E　60E　61E
黄燐マッチ工場　29E
黄燐摺附木製造取締規則　20E
黄燐摺附木取締方伺出　15A
大分銀行　257E
大分空港　201F
大分県医師会　346A
大分県奥嶽川汚染被害防止決起大会　266B
大分県漁業被害認定審査会　393D
大分県警　347D
大分合同新聞　286B
大分臨海工業地帯　246A
大内新興化学志村工場　256A
大型原子炉に関する争議協定　201E
大葛金山　5E　6E
大蔵省　13F　201D
大蔵大臣　30A
大阪・水俣病を告発する会　338A
大阪朝日　35A
大阪朝日新聞　43F　45F　47F
大阪アルカリ　14F　51A
大阪アルカリ事件　51A　52A　53A　58A
大阪瓦斯　24F　89A
大阪瓦斯岩崎工場　74E
大阪金巾製織会社工場　30E
大阪空港　282B　→大阪国際空港
大阪空港公害訴訟　366B　367D　370B　384B　400B
大阪空港公害訴訟団　366B
大阪空港騒音問題　401D
大阪空港訴訟の上告　401D
大阪空港の使用制限　401D
大阪空港の廃止問題　342B
大阪空港乗入れの減便　368C
大阪港　265E
大阪港域の埋立　278B
大阪公害防止条例　309D
大阪高裁　400B
大阪鉱山監督署　27A
大阪鉱山司　11F
大阪国際空港　209D　321D　326C　366B　→大阪空港
大阪国際空港拡張問題　228B
大阪国際空港公害訴訟　350B
大阪国際空港騒音訴訟　276B　326B　338A
大阪国際空港騒音問題　282A
大阪国際空港訴訟　380B
大阪市衛研　254A　300A
大阪市漁協　126B　278B
大阪市周辺で漁獲物の油臭，問題化　156A
大阪市内大井製薬所　53A
大阪商船アラビア丸　75A
大阪商船ありぞな丸衝突事故　85A
大阪私立衛生会　23E　24E
大阪市立衛生研究所　45F
大阪市立衛生試験所　60A
大阪市立都島工業学校　70A　76A
大阪住友本店　23A
大阪舎密　28F
大阪製錬　60A
大阪製煉　67A　70A　73A
大阪製錬所　24F
大阪セメント　264C　277D　285D　288B　293D　298B　301D　302B　302C　303D　306B　309D　314B　314C　316B
大阪セメント進出反対裁判　316B
大阪セメント進出反対訴訟　358B
大阪セメント進出問題　274B　276B
大阪セメント進出問題控訴審　358B
大阪セメント問題　286B
大阪造幣局　12F
大阪地裁　340B
大阪電燈会社　17F　18A
大阪電燈会社安治川発電所　56A
大阪電燈春日出発電所　57A　58A
大阪天満紡婦人労働者同盟　18F
大阪都市ガス爆発事件　286A
大阪都市協会　71A
大阪都市協会煤煙防止委員会　80A
大阪都市協会煤煙防止調査委員会　88A
大阪廃弾工場　39E
大阪府公害室　334A
大阪府公害対策審議会　199D　257D
大阪府公害防止条例　317D
大阪府工場課　77A　79A
大阪府事業場公害防止条例　217D
大阪府事業所公害防止条例　137D
大阪府知事　328B
大阪府庁　74A
大阪府農林部　247D
大阪府立公衆衛生研　349D
大阪紡績会社　16E　16F
大阪紡績三軒工場　21E
大阪砲兵工廠　45E
大阪湾汚水対策本部　145D

大隅野鳥の会　370A
大辻炭鉱　185E
大手興産　296B
大ノ浦桐野第２坑　43E
大野浦炭鉱　54E
大之浦炭鉱でガス爆発　155E
大之浦炭鉱労組　157E
大野鉄山　7A
大浜炭鉱　199E
大原社会問題研究所　57F　62F　84E
大宮市議会　233D
大宮市住民　254B
大宮市での原子炉設置　249D
大宮市内原子炉設置問題　360C
大宮市の原子炉建設の許可　251D
大牟田市池本犬猫病院　336A
大牟田市農協　400B
大牟田市の水俣病類似患者　350A
大牟田肥料　256C
大牟田労基署　381D
大元浦炭鉱　157E
大森浦漁業被害　86A
大森漁協　152B　188B
大谷石採掘現場での落盤　167E
大谷炭鉱　191E
オーラミン　124C　126A　128C　134C
大和田　145E
大和田炭鉱　56E
岡山県議会　197D
岡山県企画部公害課　231D
岡山県漁連　350B
岡山県警　396C
岡山県公害防止条例　227D　231D
岡山県水産課　383D
岡山県玉島市乙島漁協　168B
岡山県粉乳ヒ素中毒調査委員会　339D　→森永ヒ素ミルク事件
岡山県南新産都市　209D
岡山県薬害対策協議会　228B
岡山市の森永ミルク中毒訴訟者同盟　202B　→森永ヒ素ミルク事件
岡山大学公衆衛生学教室　220A
オキシダント　316A
沖縄CTS訴訟　397D　398B
沖縄国際海洋シンポジウム　397F
オクタノール　137F　173F
小倉石油子安貯油所　62A
小倉石油所　71A　74A
小河内ダム建設計画運動　85A
小河内貯水池建設計画　83A
尾小屋鉱山　98A　99A
尾去沢鉱山　86A
押麦蛍光染料事件　145D
白粉　16E　32E
汚水　50A　81A
汚水による漁業被害　386A
汚水問題　161D
尾瀬の自然を守る会　316B
汚染　112A
汚染井戸水　216A
汚染魚による食中毒　382A
汚染魚問題　352B
汚染者負担の原則　388C　392C　→PPP
汚染対策委員会　316A　→宮城県女川町・原発
汚染農地　144C
汚染母乳　326A
汚染米　332A
汚染米凍結基準　369D
汚濁　7A
汚濁問題　99A
越智郡煙害除害同盟会　41A
女川原発建設問題　399D
小名浜製錬　296B
小名浜地区公害対策連合委員会　306B
鬼首鉱業　96A
小野組　11F
小野田化学門司工場　365E
小野田セメント津久見工場　385D
小野田セメント藤原工場　346B
小野田セメント門司工場　130A
小野田セメント八幡工場　194B　198B　210B
オハイオ州立大学　387F
帯広公害対策市民会議　388B
汚物掃除法　30F
汚物による汚染　149D
汚物による東京湾汚染　146A
織物工場　30F
織物労働者　21F
オリンピック東京大会　207F
遠賀川汚濁防止期成同盟会　112B

か

ガーゼ遺失事件　38F
ガーゼ事件　34F　36F
ガーバー・プロダクト社　273F
カーバイト工場爆発　198B
海域の汚染　380C
解禁　19E　→黄燐マッチ
海軍　68F　297F　→日本海軍
海軍工廠毒ガス　253E
海軍燃料廠　93F
外航タンカー　332A
外国企業との提携　181F
蚕の斃死　96A
外資審議会　181F
海上公害　304B
海上公害関係法令　320C
海上デモ　244B
海上封鎖　354B　354C
海上保安庁　149D　304A　304B　320A　320C　332A　346A　392A
海上保安白書　288A
海水汚濁防止に関する法案　233D
海水浴場の汚れ　267D
改正下水道法　303D　→下水道法
改正原子力基本法　237D　→原子力基本法
改正建築基準法　331D
改正建築物用地下水採取規制法　313D　→建築物用地下水採取規制法
改正公害対策基本法　303D　→公害対策基本法
改正公害防止事業団法　313D　→公害防止事業団法
改正鉱業警察規則　52E　→鉱業警察規則
改正鉱業法　121D　331D　→鉱業法
改正工業用水法　331D　→工業用水法
改正公共用飛行場周辺における航空機騒音による障害防止等に関する法律　367D　→公共用飛行場周辺における航空機騒音による障害防止等に関する法律
改正航空法　315D　391D　399D　→航空法
改正工場法　61E　→工場法
改正国土総合開発法　321D　→国土総合開発法
改正採石法　331D　→採石法
改正自然環境保全法　357D　→自然環境保全法
改正自然公園法　303D　331D　→自然公園法
改正首都圏近郊緑地保全法　331D
改正首都圏整備法　331D　→首都圏整備法
改正森林法　331D
改正水産資源保護法　247D　→水産資源保護法
改正水質汚濁防止法　331D　→水質汚濁防止法
改正水質保全法　289D　291D　→水質保全法
改正生活保護法　119F　→生活保護法
改正石炭鉱害賠償等臨時措置法　331D　→石炭鉱害賠償等臨時措置法
改正騒音規制法　313D　317D　→騒音規制法
改正大気汚染防止法　315D　331D　369D　379D　387D　→大気汚染防止法
改正大気汚染防止法案　367D　→大気汚染防止法
改正治安維持法　96F
改正中小企業近代化資金等助成法　329D
改正都市計画法　331D　→都市計画法
改正農薬取締法　307D　317D　→農薬取締法
改正文化財保護法　331D
改正労働組合法　115D　→労働組合法

海蔵丸　215F
海底陥没　45E　51E
海難審判　339D
貝の死滅　182A
貝の大量死　380A
開発　382A
開発基本構想　311D
開発促進派　360B
回復訓練中の事故　215E
海面埋立　92A
海面埋立禁止の仮処分申請　389D
海面埋立禁止を求め訴訟　396B
海面埋立契約　138C
海面火災　168A
海洋汚染　254C　304A
海洋汚染による漁獲物減少　172A
海洋汚染の補償　275F
海洋汚染発生件数　346A　368A
海洋汚染防止法　305D　316B　333D　382C
海洋汚染防止法改正施行令　403D
海洋学会　310A
海洋投棄　319D
海洋投棄規制国際条約　339F
海陸の封鎖　354B
加鉛ガソリンによる発狂　261E
花王石鹸　378C
花王せっけん川崎工場　284C
花王石鹸製造所　24A
科学技術庁　147D　147F　215D　243D　245D　247D　289D　342B
科学技術庁原子力委員会・原子炉安全審査会　244B
科学技術庁資源調査会　166A
科学技術庁長官　247D
化学工学協会　358A
化学工業会社　175E
化学工業統制会社設立　98F
化学工場　249E
化学工場の火災　236A
化学工場の爆発　234A
化学工場の爆発事故　235E
化学繊維工業労働衛生研究会　114C
化学肥料工業　107F
化学部隊新設案　271F
化学物質規制法案　345D
化学物質の安全性確保　399E
化学物質の審査及び製造等の規制に関する法律　359D
化学労協　399E
香川県漁連　318B
カキ死滅問題　216C
核エネルギー　333F
核原料物質　311D
核原料物質・核燃料物質および原子炉の規制に関する法律　211D
核実験反対　224B　→ソ連核実験
学術会議　202A　→日本学術会議
革新知事　233F
学生鉱毒救済会　34A
学童の健康調査　256A
学徒勤労令　101F
学徒出陣　100F
核燃料再処理工場設置反対　272B　→使用済み核燃料再処理工場
核燃料物質および原子炉の規制に関する法律　155D
核燃料物質及び原子炉の規制法　311D
核兵器禁止平和建設国民会議　294B
核兵器研究の拒否　136B
角膜症　26E
隔膜法への製法転換　354B
かけがえのない地球と生命を守ろう市民集会　330B
加古川汚染　227D
加古川流域保全対策協議会　225D
鹿児島県議会　373D　397D
鹿児島県川内市議会　371D
鹿児島県総評　356B
鹿児島県内の補償　172C
カゴメ　236A
葛西浦漁組　79A
火災事故　239E
風成の女たち―ある漁村の闘い　335F
過酸化水素製造プラント　345E
加治川水害訴訟　248B
過失傷害で告訴　256B　→カネミ油症
鹿島アンモニア工場　300A
鹿島協同火力発電所　296B
鹿島計画　243F
鹿島建設　139E
鹿島港開港　273F
鹿島工業地帯造成計画　181F
鹿島臨海工業地帯　330A　353E　363E　372A
鹿島臨海工業地帯の公害　338B
貨車の脱線　267F
カシンベック病　222A　297D　316A
ガス　81A
ガス管の爆発　262A
ガス事業法　137D
ガスタンクの爆発　183E
ガス炭塵爆発　30E　33E　43E　45E　49E　58E　62E　63E　73E　75E　76E　77E　80E　84E　89E
ガス中毒　84E　162A　182C　225E
ガス中毒死者　376B
ガス灯　12F
ガス突出　241E　259E
ガス突出事故　365E　391E
ガスの流出　196A
ガス爆発　13E　24E　27E　29E　39E　40E　46E　50E　54E　57E　61E　69E　71E　73E　75E　76E　77E　80E　82E　89E　92E　95E　121E　172C　173E　185E　191E　203E　225E　241E　248A　259E　279E　303E　305E　321E　339E　341E　359E
ガス爆発防止の保安協定　259E
ガス噴出　209E
ガス噴出事故　346A
ガス斃死　376A
ガスボンベ　230A
ガスまけ　98E
霞ヶ浦埋立　233D
霞ヶ浦漁連　216B
霞ヶ関ビル　238A
ガス漏れ　207E　242A　287D　359E　394A
ガスもれ事故　345E
苛性ソーダ　74F
苛性ソーダ工場　396C　400C
カセイソーダメーカー各社　354C
化成品工業協会　282C
化成水島　204B　204C　205F　206B　214A　216C　→三菱化成
河川汚染　45A　190A　238A　326A　→川の汚染
河川漁場　178A
化繊工業紡糸工　94E
化繊工業保健衛生調査会　92A
河川浄化　91A
河川浄化運動　88A
河川浄化促進会　166B
河川での毒物検出　346A
河川取締規則　119D
河川の悪臭　148A
河川の魚の絶滅　180B
河川白書　165D
河川法　24F　205D
河川法改正問題　233D
河川法施行令　295D
河川有毒物放出厳重取締法　82A
可塑剤DOP・オクタノール工場　274C　→オクタノール
可塑剤DOP製造設備　133F
潟炭鉱　45E
家畜の飼料　240A　275F
学校公害研究大会　254B
学校周辺での交通騒音対策　142B
学校の移転　220A
活字工　16E
活性酸化マンガン　239D
角万長浜谷商店　238C
カドミウム　93F　113F　227D　241D　245D　250A　286A　288A　289E　290A　292A　292B　293D　294A　295E　296A　298A　300A　300B　301D　302A　306A　307D　307E　308B　309D　309E　310A　311D　314A　314B　334B　342C
カドミウム汚染　246A　247D　252A　262C　289D　297D　326B　335D　348A
カドミウム汚染地区指定　399D
カドミウム汚染調査　332A
カドミウム汚染調査のごまかし　366A

カドミウム汚染に対する損害賠償要求　400B
カドミウム汚染の補償　328B　380B
カドミウム汚染反対運動　366B
カドミウム汚染被害団体連絡協議会　368C
カドミウム汚染への補償要求　325D
カドミウム汚染米　293D　295D　296A　296B　297D　298A　299D　302A　302C　303D　306A　309D　362A　374A　384A　400A
カドミウム汚染米検査データの操作　369D
カドミウム汚染米対策　326C
カドミウム汚染米の安全基準への批判　349D
カドミウム汚染米の出荷　334A
カドミウム汚染米発見地域　374A
カドミウム原因説　198A　322C
カドミウム検出　248A　251D　264A　266A　270A　272A　343D
カドミウム鉱害隠ぺい工作　366C
カドミウム公害合同緊急総点検　310A
カドミウム説　316C　326B
カドミウム説への反論　212C
カドミウム単独原因説　231D
カドミウム中毒　289E　346C　→慢性カドミウム中毒
カドミウム中毒症　321D
カドミウム中毒説　326C
カドミウムによる汚染防止のための暫定対策　271D
カドミウムによる健康障害　333D
カドミウムによる土壌汚染　398A
カドミウムによる農業被害　342B
カドミウム排出　338C
カドミウム被害　374A
カドミウムメッキ　300C
カドミウムを含んだ玄米　345D
家内労働法　289D
神奈川県運動交流集会　290B
神奈川県下における大気汚染実態調査　157D
神奈川県漁協連合　294B
神奈川県漁連　352B
神奈川県京浜工業地帯大気汚染防止対策技術小委員会　153D
神奈川県公害課　221D
神奈川県公害防止条例　309D　319D
神奈川県公害防止条例に基く公害防止命令　221D
神奈川県事業場公害条例　127D
神奈川県住民運動連絡会議　298B
神奈川県新公害防止条例　203D
神奈川県東京湾小型底引網漁業調整協議会　294B
神奈川県立川崎図書館　325F　→イタイイタイ病
金沢大イタイイタイ病対策委　217D
金沢地裁　400B
金沢の自然と環境を守る会　320B
金谷炭鉱　50E
鐘化　130A　130C
鐘淵　260B
鐘淵化学　138B　324C　326C　348B　398C
鐘淵化学工業　126C　137F　138C　240C　266C　278C　310B　322C　342C　380B　398B
鐘淵化学高砂工業所　350A
鐘淵工業　101F
カネクロール　254C　255D　268A
カネミ犠牲者追悼全国集会　312B
カネミ刑事裁判　398C
カネミ倉庫　242A　252A　252C　254A　254C　256C　257D　260B　267D　285D　300B　306B　306C　310B　312B　316B　336B
カネミ倉庫に対する損害賠償請求　252B
カネミ倉庫への損害賠償請求訴訟　254B
カネミ倉庫本社　270C
カネミ訴訟　306C　372B
カネミ油症　252A　254B　254C　296B　298B　302B　304A　306C　316B　335D　344A　353F　376C　384A　398C
カネミ油症一斉検診　269D
カネミ油症医療費の負担　256C
カネミ油症患者　254A　262B　268A　268B　270A　272A　322B　336B　343E　396B　397D　398B
カネミ油症患者数　252A
カネミ油症患者の若年者の死亡　360A
カネミ油症患者の主婦による死産　384A
カネミ油症患者の症状　326A
カネミ油症患者の認定　390A　→長崎県油症対策協議会
カネミ油症患者の母親　254A
カネミ油症患者の病理解剖　268A
カネミ油症患者の母乳　272A
カネミ油症患者発生状況　253D
カネミ油症事件　255D　285D　300B　378B
カネミ油症訴訟　260B　308B　380B　398C
カネミ油症治療研究会　324A
カネミ油症認定問題　393D
カネミ油症の原因　254A　254C　255D
カネミ油症の認定　348A
カネミ油症の補償　376C
カネミ油症被害者団体　354B　→ライスオイル被害者の会
カネミ油症被害者の全国集会　354B　362B
カネミ油不買運動　270B
カネミライスオイル中毒事件　252A
カネミライスオイル被害者を支援する婦人会　270B
カネミライスオイル被害者を守る会　274A　284B　326A
鹿瀬電工　234B　237D　250C　→昭和電工鹿瀬工場
火発建設問題　334C
火発の富士川町設置問題　251D　→富士川町火発
火発排ガスの公害問題　229F
火発問題審議未了　265D
香深漁協　398B
釜石製鉄所　72A
釜石日鉄　96E
過マンガン酸カリ　307D
上歌志内鉱山　62E
上歌志内炭鉱　54E　69E　73E
上大豊炭鉱　157E
神岡鉱業所　59A　97A　→三井神岡鉱山
神岡鉱山　48F　54A　56A　91A　182A　→三井神岡鉱山
神岡鉱山防毒期成同盟会　91A
神岡を守る会　244B
上清坑内火災　181E
上清炭鉱　181D
上清炭鉱災害　181D　185D
上村電化　311D
加茂ゴルフクラブ建設工事現場の山崩れ　401E
貨物線工事差し止め訴訟　352B
貨物船爆発　243E　244A
火薬工場爆発　92E
火薬製造所爆発　89E
火薬爆発　115E　175E
火薬類取締法　119D
鎹流出　132A
カリフォルニア州上院　295F
カリフォルニア州上院本会議　269F
火力発電　352C
火力発電所　242C　344B　→反火力～
火力発電所建設計画　230C
火力発電所建設問題　324B　374B
火力発電による煙害　89A
ガリレオ発言　334C
過燐酸工業復興会議　108C
過燐酸工場　119E
過燐酸製造工場　163E
カルボニル化工程　317E
枯葉剤　299F
枯葉剤 245T　287F
枯葉剤原料 245T　269E
枯れ葉作戦　241F
河合楽器新居工場　208A
川口硫酸製造会社　14F
川越保健所　204A
川魚斃死　388A
川崎・鶴見普通水利組合　101A
川崎海上保安署　294C　298C
川崎漁協　134A

川崎漁業　144A
川崎航空機工業騒音・振動問題　144A
川崎市浅野セメント粉塵事件　54A　63A　66A　67A　68A　69A　70A　72A　74A
川崎市議会　179D　339D
川崎市議会に公害防止特別委員会　145D
川崎市公害審査委員会　183D
川崎市公害対策協力財団　336C
川崎市公害防止条例　179D　337D
川崎市塵芥焼却場建設問題　70A　72A　75A　77A
川崎市二ヶ領用水組合　85A
川崎市の環境保全条例案　355D
川崎市煤煙対策協議会　144B　146B
川崎市煤煙防止対策協議会　166B
川崎製鉄　126A　211E
川崎製鉄所　384C
川崎製鉄設立　121F
川崎製鉄千葉製鉄所　133F
川崎製鉄に対する損害賠償請求訴訟　388B
川崎製鉄の千葉進出　121F
川崎造船所　24F　87E
川崎大師漁業組合　67A
川崎大師漁組　61A
川崎町議会　47A
川崎町大師河原村　54A
川崎肥料会社　71A　75A　78A
川崎臨海地帯における埋立て事業　145F
川崎臨海地帯の埋立て　150B
川鉄千葉酸素製鋼工場　145F　→千葉川鉄公害訴訟
川鉄千葉製鉄所　324A　→千葉川鉄公害訴訟
川鉄千葉製鉄所第6号熔鉱炉建設　384B　→千葉川鉄公害訴訟
川鉄千葉増設計画　273D　→千葉川鉄公害訴訟
川鉄による大気汚染　144A
川の汚染　174B　176A　→河川汚染
川俣事件　31A　32A　33A
川本裁判　347D　375D
川本輝夫の起訴　340B　341D
環7・大原交差点　228B
缶入りオレンジジュースのスズ含有問題　240A
缶入りジュースのスズ中毒事件　240C
官営愛知紡績所　15F
官営品川硝子製造所　13F
官営製鉄所　25F
官営セメント工場　12F　13F　15F　→セメント工場
官営富岡製糸場　12F
官営八幡製鉄所　32F　37F　44F　→八幡製鉄所
官役職工人夫扶助令　39E
官役人夫死傷手当規則　13E
含鉛白粉　98A
かんがい水・井戸水の枯渇　176A
肝機能障害　115E　399E　→肝臓障害
肝機能低下・貧血　224A
環境委員会　293F　357F
環境影響評価制度　403D
環境衛生保全協議会　202B
環境汚染　346A
環境外交官　343D
環境科学総合研究会　388B
環境基準　297D　314A　332A　370A　396A
環境基準設定　327D
環境基準専門委員会　281D
環境基準第1号　261D
環境基準とは別の中間基準　260C
環境基準の水域類型指定　313D
環境基準を越す汚染　358A
環境規制をめぐる住民投票　331F
環境計画管理理事会　349F
環境権　296B　325D　332B　352B　366B
環境権訴訟　372B
環境権を進める会　352B
環境週間　349F　371F　389F
環境対策の国際経済的側面に関する指導原則　329F
環境担当閣僚会議　379F
環境庁　315D　317D　318A　319D　321D　322B　323D　325D　326B　327D　329D　331D　332A　333D　335D　337D　343D　347D　354A　355D　355E　358A　358C　359D　360A　361D　365D　371D　372B　373D　374A　375D　377D　380A　381D　383D　385D　387D　389D　391D　395D　397D　398A　399D　400A　401D
環境庁環境保健部・環境審査室　371D
環境調査官制度　373D
環境調査制度　371D
環境調査団　389F
環境庁設置法　313D
環境庁聴聞会　394C
環境に関する文書の従業員への配布　352C
環境の分野におけるアジア行動会議　357F
環境破壊　341D
環境保全基本条例　309D
環境保全行動計画　339F
環境保全市民集会　336B
環境保全長期ビジョン中間報告　341D
環境保全等に関する基本協定　326C
環境保存国際シンポジウム　287F
環境問題委員会　336C
勧工寮　11F　12F
関西硫黄工業所　73A
関西共同火力発電　76F
関西経済同友会　324C
関西原子炉設置反対運動　154B
関西新空港建設問題　371D　373D
関西新空港に関する公聴会　334B
関西新空港反対兵庫県住民連絡センター　334B
関西電力　212C　324C　325D　→関電～
関西電力堺港発電所　257D　→関電～
関西電力堺発電所　209F　→関電～
関西電力多奈川第2火力発電所の建設差止訴訟　362B　→関電～
関西電力への燃料削減要請　352C　→関電～
神崎製紙工場の増設問題　278B
神崎製紙富岡工場　184C　258B
感謝状　255D　→イタイイタイ病
がん腫病　384A
環状7号線　334B　345D　370A　→環7
環状7号線沿線　226B　→環7
環状7号線の被害　390A　→環7
幹線道路　367D
肝臓癌の原因　373F
肝臓障害　320B
肝臓障害発生率　230A
神田錦輝館　39A
神田青年会館　31A
関電火力発電所反対運動　328B　→関西電力
関電公害防止協議会　324C　→関西電力
関電美浜原発　229F　400C　→関西電力
関東大震災　61E　61F
関東地方公害対策推進本部大気汚染部会　386A
環7　382B
環7公害対策連絡会　370A
癌の職業病認定　371E　→職業病
眼病　201E
ガンマ線の被曝　387E
関門海底隧道工事　109D
関門鉄道工事　101E
含有色素の毒性　37A
官吏侮辱事件(アクビ事件)　35A　39A

き

紀伊水道　380A
キーパンチャー　195E
キーパンチャーの健康障害　207D
汽缶協会　81E　106C
気管支炎　266A　→慢性気管支炎
気管支ぜん息　281D　300A　398A
機関車1人乗務問題　264C
汽缶職取締法　19E
機関助士廃止問題　264C　267E
汽缶取締規則　77A
汽缶並汽機取締規則　24A

機関砲の爆発事故　357E
企業整備令　98F
企業の倒産　209F
菊池色素工業　389E　397E　398C
菊池色素工業工場　257E
菊池色素工業の従業員　401E
菊池色素工業労組　393D　395E　399E
菊池色素鉛中毒対策協議会　395E
奇形魚　326A　330A　350A　386A
奇形魚発見　270A
奇形魚問題　270B
奇形子牛の多発　342A
奇形児出産　368A
奇形梨被害　328B
奇形豚　346A
危険水域　348A
杵島鉱業所　191E
杵島炭鉱　230A
議事メモつつ抜け事件　383D
技術革新が労働者に与える影響　165E
技術革新と機械化　185E
気象庁　201D
北伊勢汚水調査対策協議会　179D
北九州市戸畑区婦人会協議会　218B
北九州ぜん息患者　356A
北日本石油函館製油所　149F
基地周辺騒音問題　148B
基地周辺民生安定法　219D
基地騒音　154A　264A
木津川飛行場　74A　81A
木津川飛行場事故　81A
機動隊導入　261D　263D
機動隊による強制排除　382B
宜野座中学　210A
キノホルム　90F　294A　296A　297D　308A　312B　314A　327D　332A　337D
キノホルム剤　135F
キノホルム説　364B
奇病　160A　387D
奇病魚　389D
奇病研究室設置　166C
奇病調査官　153D
岐阜県水産会　71A　72A
岐阜県水産局水産課　72A
岐阜県付知国有林　209E
岐阜県立大学　212C
岐阜薬科大学　308A
木村製薬所　75A
旧岩国陸軍燃料廠跡地への総合的石油化学工場建設事業計画　143F
救済婦人会　33A　34A　→鉱毒地救済婦人会
救済法による認定　364A　→ヒ素中毒
九州，中国鉱害復旧事業団　131D
九州７県　235D
九州自然を守る志布志大集会　328B
九州石油大分製油所　370C　379E
九州大学　342A
九州大学構内　248A
九州大学油症研究班　254A
九州電力　319F　344B　354B　356C　370C　→九電
九州労災病院　353E
急性一酸化中毒　93E
急性躁狂　22E
旧玉川水道　79A
九電　334C　343D　397F　→九州電力
九電玄海原子力発電所　309F　388A
九電新小倉発電所　399D
九電豊前火力建設差止請求訴訟　388B　→豊前火力発電所
九電労組北九州支部　336B
旧日本電工栗山工場　389E
牛乳汚染　281D　282A　292B　302A　315D
牛乳業界　299D
牛乳の残留農薬　276A　→農薬
キューピー社　272C
旧幌別鉱山よりの排水　392A
旧松尾鉱山　393E　→松尾鉱山
旧陸軍の毒ガス弾　280A
キュポラ廃ガス　302A
教研全国集会　260B
強行採炭　100A
強行採炭による石炭鉱害　106A
強行採炭被害　104A
強酸含有排水の排出　366C
強酸性廃液　312C
共産党的発想　128C
行政官庁　332C
行政管理庁　199D　251D
行政訴訟　200B　382B
行政不服審査　398B
行政不服審査請求　268B
京大理学部　310A
京大霊長類研究所　294A
協定書調印　357F
協同親和会　25A
共同不法行為　332B
京都検察審査会　269D
京都市衛生研究所　310A
京都市水道局　310A
京都自由人権協会　208B
兇徒嘯集罪　23A
兇徒嘯集事件　32A　35A　36A
京都大・大阪大　348A
京都地検　237D　297D
京都電燈会社　18F
京都婦人団体連絡協議会　190B
胸部疾患職業病　389E
業務上過失致死傷　399D
業務上失火・過失致死　185D
業務上疾病基準　333D
業務上疾病の認定　397D
共和　288B
共和・泊地区原発　286B　→泊村
協和化学工業　320C　332C
協和醗酵　181F　254C
協和醗酵工業宇部工場　167E
魚介類水銀濃度検査　359D
魚介類の水銀検査　362A
魚介類の水銀暫定基準　351D
魚介類の不買　166B
漁獲規制　215D
漁獲規制の必要地域　374A
漁業　35A
漁業権　97A　101A　358B
漁業権買入れ要求　254B
漁業権確認請求訴訟　292B　312B
漁業減収　112A
漁業権放棄　324B
漁業権放棄の契約　277D
漁協大会　358B
漁協の解散　198B
漁業の損害賠償　386B
漁業の損害賠償訴訟　192B
漁協の補償問題　360B
漁業被害　81A　96A　99A　218A　322A　380A　398A
漁業被害者への緊急融資　355D
漁業被害対策　124B
漁業被害補償　168B　188B　386B
漁業被害補償交渉　382B
漁業被害補償要求書　210B
漁業紛争　208B
漁業保護　93A
漁業補償　162C　184C　189D　350B　398B
漁業補償金　236B
漁業補償交渉　326B　350B
漁業補償要求　270B　352B
漁業補助金　149D
漁場消滅補償費　396B
漁場水質汚濁防止法案　148C　150C
漁場油濁被害救済基金　384C
漁民　31A
漁民闘争史年表　329F
漁民との話し合い　348C
漁民による海上封鎖　350B　352B
漁民による工場増設反対運動　258B
漁民による製紙会社への補償要求　358B
漁民による排水口せき止め　348B
漁民による封鎖問題　354C
漁民の起訴　175D　231D
漁民の抗議運動　350B
漁民の抗議行動　350B
漁民の工場内乱入　170B
漁民の逮捕　175D　227D
漁民のデモ　168B
漁民の封鎖による操業停止　350C
漁民への見舞金　216C　259D
漁民への融資　352B
許容被曝線量　317E
魚類の大量死事故　368A
漁連の補償要求　356B
キリスト教関係婦人団体　270B
キリンビール　62A

記録映画「水俣」　310B
記録する会　289F　→四日市公害を記録する会
紀和化学工業会社　289E
近畿圏整備法　197D
銀行数　14F
金銭登録作業者　345D
金属工業関係者　398C
金属工業研究所　52A
金属鉱業研究所　52F
金属鉱山等保安規則　329D
金属鉱山復興会議　112C
近鉄電車衝突　195F
金掘病(烟毒)　5E
金本位制　11F
欽明路有料道路　400B
金融恐慌　68F
金武湾を守る会　374B

く

空気汚染　164A
空気中の塩ビ濃度　389D
空港周辺整備機構　367D
空港騒音　350A　361D　→航空機騒音
空港騒音問題　154A　→航空機騒音
空中浄化運動　76A
空中浄化運動週間　78A
櫛が浜漁協　348B
宮内省　26A
久根銅山製錬所　31A
久原鉱業　47A　47F　49A　51A　51F　62A
久原鉱業製錬所　50A
久原鉱業中央買鉱製錬所　50A
熊谷組　275E
熊野灘沿岸漁協長会議　214B
熊野灘沿岸地域開発構想　217D
熊本・鹿児島両県公害被害者認定審査会　317D
熊本県葦北郡津奈木漁業　168B
熊本県衛研　312A
熊本県衛生局　169D
熊本県衛生部　147D　151D　167D　207D
熊本県衛生部長　267D
熊本県外の水俣病発生　166A
熊本県議　403D
熊本県議会　173D　328A　375D
熊本県議会公害対策特別委員会　393D　396B
熊本県議会水俣病対策特別委員会　166C
熊本県企画部公害調査室　223D
熊本県漁連　168B　172B　173D
熊本県警　175D　399D　403D
熊本県公害被害者認定審査会　279D　387D
熊本県公害防止条例　229D
熊本県人権擁護委員連合会　244B
熊本県評　250B
熊本県水俣湾　144A
熊本大学　165D　360A
熊本大学医学部　149D　152A　→熊本大学
熊本大学医学部水俣病研究班　221F
熊本大学医学部有機水銀中毒症研究班　360A
熊本大学工学部　317D
熊本大学第2次研究班報告　328A
熊本大学第2次水俣病研究班　326A　346A
熊本大学水俣病医学研究班　149D
熊本大学水俣病研究班　178A　192A
熊本大学水俣病総合研究班　162C　166A
熊本短大社会事業研究会　204B
熊本地検　175D　399D
熊本地裁　175D　181D　292B
熊本電灯会社　20F
熊本水俣病訴訟　268B
熊本水俣病訴訟の準備　250B　→水俣病訴訟
蔵内金属豊栄鉱業所　248A　266B
倉敷市議会　229D
倉敷市の公害問題懇談会　220B
倉敷市福田漁協　196B
倉敷市民生部公害係　205D
倉敷労研　90F
倉敷労働科学研究所　60F
クラフトパルプ工場　210B　240A
クリーニング業者の中毒死　240A
クリーニング店　241D
グリューネンタール化学会社　281F　303F
グリューネンタール社　287F
グリューネンタール商会　233F
グルタミン酸ソーダ　272C　273D　287F
グルタミン酸ソーダ混入中止　273F
グルタミン酸ソーダ有害説　272C
車通行制限　331D
久留米大　350A
久留米大学公衆衛生学教室　252A
クレーン等安全規則　191D　337D
呉海軍工廠　90E
呉羽化学錦工場　345E　349E
黒いスス被害　138B
クロール　93A
クロールニトロベンゼン　167D
クロールピクリン　210A　216A
クロールピクリンの流出　238A
『くろがね』　106C
黒川公害調査団の報告書　200A
黒川調査団　199D　203D　204B　205D
黒川報告　203D
クロム　90E　290A　293D
クロム公害から住民を守る住民会議　394B
クロム鉱滓　392C
クロム鉱滓の撤去　393D
クロム工場　69E　93E
クロム酸塩　391E
クロム酸カリ中毒　23E
クロム酸による井戸水汚染　280A
クロム退職者の会　398C　402B
クロム中毒　68E　70E　81E　173E
クロム中毒者　221E
クロムによるぜんそく　345E
クロムの健康影響調査検討委員会　397D
クロム廃液　168A
クロム肺がん　373E
クロム廃棄物　326A
クロム被害研究会　397E　→六価クロム～
クロム粉塵　389E　→六価クロム～
クロム問題　395D　→六価クロム～
クロラムフェニコール中毒訴訟　392B
クロルナフタリン　93E　261E
クロルピクリン　99E
クロルピクリン(農薬)　369E
クロルフェノール(PCP)中毒事件　133E
クロロキン訴訟　402B
クロロキン被害者の会　396B　402B
クロロホルム　379F
郡区役所　15A
軍需会社法　100F
軍需工場の煤煙　85A
軍需省　100F　105D
軍需生産　105F
群馬・栃木両県鉱業停止請願事務所　25A
群馬3者協議会　153D
群馬県岩野谷村鉱害対策委　118B
群馬県岩野谷村鉱害対策委員長　118B
群馬県太田市議会　333D
群馬県会　25A
群馬県公害対策協議会　149D　153D
群馬県高崎地区被害漁民　156B
群馬県待矢場用水(組合)　25A
群馬民医連高崎中央病院　252B
群馬労基局　295E

け

経営者団体連合会　108C　112C
頸肩腕障害予防措置協定　369E
頸肩腕症候群　345D　347E　353E　395E
頸肩腕症候群発症　347E
軽工業，生産技術審議会石油たん白部会　275D
蛍光染料　224A
蛍光染料入り食品　218A　219D
蛍光染料の食料品使用　174A

経口避妊薬　245F
経済企画庁　283D　289D　323D
経済企画庁水質審議会　285D
経済協力開発機構　325F　379F　→OECD
経済審議会生活分科会公害小委員会　277D
経済成長　341D
経済団体連合会　106C　216C　230C　248C　264C　→経団連
経済団体連合会の公害対策小委員会　260C　→経団連
経済同友会の総合エネルギー対策特別委員会　276C
警察庁　387D
珪酸ソーダの飛散　368A
警視庁　17A
経団連　117E　148C　150C　162C　232C　252C　276C　300C　324C　334C　362C　→経済団体連合会
経団連「漁場水質汚濁防止立法に関する意見」　146C
経団連「公害防止立法に関する要望」建議　146C
経団連公害問題に関する懇談会　144C
経団連事務局　260C
経団連の公害対策委員会　238C
珪肺　91E　97E　100E　101E　107E　112C　117E　127E　139E　→ヨロケ
けい肺および外傷性せきずい障害に関する特別保護法　143D
珪肺および外傷性脊髄障害の療養等に関する臨時措置法　159D
珪肺会議　127E
珪肺患者　351E
珪肺基本協定　117E
珪肺協定改正　167E
珪肺巡回検診　113D
珪肺症　83E
珪肺措置要綱　115D
珪肺対策審議会　120C
珪肺特別法　132C
珪肺法　119D　120C
けい肺法制定のための特別小委員会　129D
京浜運河　92A　388A
京浜運河問題　86A
京浜工業地帯　85A　92A　374A
京浜工業地帯公害史資料集　325F
京浜工場地帯　91F
京浜コンビナート　362A
京浜製鉄所　296C
京浜電気　61A
京浜電力　62A
軽油　386A
京葉工業地帯　238C　334C　376A
京葉工業地帯造成に関する埋め立て反対運動　132B
京葉工業地帯の大気汚染　228A
京葉コンビナート　364A　376A
京葉コンビナートの公害防止協定　399D
京葉臨海工業地帯　328B
頸腕症候群　257E　→頸肩腕症候群
劇物指定　332A　369D
化粧用クリーム　116A
下水汚泥の処分　285D
下水処理場　116A
下水道整備5ヵ年計画　261D
下水道法　30F　159D　→改正下水道法
結核　36E　81E　91E　96E　97E　100E　101E　127F
結核性疾患　84E
決議案　259D
決死隊　262B　→三里塚～
血栓症　245F
ケルメット合金軸受製造工場　189E
玄海原発　397F　→原発・九電玄海原子力発電所
玄界灘　234A　→原発・九電玄海原子力発電所
原研東海研究所　283E
原研労使　201E
健康自覚症状のアンケート調査　401E
健康障害　343E　368A　370C
健康障害予防　345D
健康調査要望　374B
健康被害の救済に関する特別措置法　355E
健康保険法　60E
健康を守る会　362B
言語障害　360A
言語障害・呼吸障害などの症状　164A
検査業務による放射能障害　369E
原子爆弾　105F　→原爆
減収補償　150B
原子力　213D　388B
原子力安全研究協会　202C
原子力安全対策協議会　172B　228C
原子力委員会　147D　221D　234C　247D　255D　279D　325D　365D　399D
原子力委員会原子炉安全専門審査会　303D
原子力委員会設置法　145D
原子力委専門部会　353D
原子力開発に伴う環境と安全問題　353D
原子力開発利用基本計画　221D
原子力艦隊寄港阻止全国実行委佐世保現地闘争本部　242B
原子力機器専門工場　257F
原子力基本法　145D
原子力行政懇談会　385D
原子力局　147D
原子力軍艦の寄港　247D
原子力研究所　173E
原子力研究所(茨城県東海村)　147F
原子力研究にあたっての3原則　136B
原子力コンビナート　277F
原子力災害補償　215D
原子力事業従業員災害補償専門部会　215D
原子力施設認可　243D
原子力施設反対同盟　166B　172B
原子力潜水艦　222A　→原潜～
原子力潜水艦の入港反対　247D
原子力船むつ　356B　374A　374B　374C　386B　→むつ
原子力船むつ母港化阻止佐世保大集会　398B　→むつ
原子力損害の賠償に関する法律　183D
原子力損害賠償改正法　313D
原子力発電　217F　228B　→原発・川内原子力発電所・浜岡原発・浜益原発計画・福井県敦賀原子力発電所・福島原発
原子力発電計画　223D　→原発・川内原子力発電所・浜岡原発・浜益原発計画・福井県敦賀原子力発電所・福島原発
原子力発電所　199F　201D　357F　→原発・川内原子力発電所・浜岡原発・浜益原発計画・福井県敦賀原子力発電所・福島原発
原子力発電所建設　213D　→原発・川内原子力発電所・浜岡原発・浜益原発計画・福井県敦賀原子力発電所・福島原発
原子力発電所建設反対　198B　→原発・川内原子力発電所・浜岡原発・浜益原発計画・福井県敦賀原子力発電所・福島原発
原子力発電所設置反対　295F　→原発・川内原子力発電所・浜岡原発・浜益原発計画・福井県敦賀原子力発電所・福島原発
原子力発電所対策委員会　286B　→原発・川内原子力発電所・浜岡原発・浜益原発計画・福井県敦賀原子力発電所・福島原発
原子力発電所の安全協定　264C　→原発・川内原子力発電所・浜岡原発・浜益原発計画・福井県敦賀原子力発電所・福島原発
原子力発電所用核燃料生産工場　299F　→原発・川内原子力発電所・浜岡原発・浜益原発計画・福井県敦賀原子力発電所・福島原発
原子炉　189F　356C
原子炉安全専門審査会　325D
原子炉設置許可　248C　255D
原子炉設置許可取消請求訴訟　388B
原子炉設置計画　228C
原子炉設置申請　186C
原子炉設置認可　252B
原子炉設置反対問題　244B

原子炉設置問題　172C
原子炉撤去請求訴訟　268B
原子炉による放射能汚染　357F
原子炉の異常　376A
原子炉の事故　173E
原水爆禁止世界大会　143F
原水爆実験　148A　180A
建設局　183D
建設省　233D　239D　367D　373D
原潜寄港　242B　→原子力潜水艦
原潜サーゴ　216A　→原子力潜水艦
原潜に関する作業の拒否　246B　→原子力潜水艦
原潜プランジャー　384A　→原子力潜水艦
減速運転　364B
原対協　216B　225D　228B　→原発反対対策連絡協議会
現代の映像　211E
建築物用地下水採取の規制に関する法律　189D
原電建設計画　330B
原爆　108A　110A
原爆実験　140A
原爆被災者　324A
原発　212B　238C　→原子力発電所
原発開発地域振興会設置の意見書　249D
原発火発反対福島連絡会　382B　364B
原発建設　229D　242C
原発建設問題　225D　244B
原発設置許可取消の行政訴訟　358B
原発設置反対　260B
原発東海2号炉設置問題　353D
原発の説明会　221D
原発反対　226B　228B
原発反対運動　216B　220B　356C
原発反対海上デモ　204B
原発反対漁業者闘争委員会中央本部　200B
原発反対対策連絡協議会　216B　→原対協
原発反対三重県民大集会　200B
原発被曝による損賠請求訴訟　369E
原発誘致　239D
原発誘致中止　239D
原発用地の売却　254C
原発用地の不法取得　366C
原発立地問題　214B　232B　233D　256C
憲法による被害民保護請願書　27A
減免　4A
原油生焚き　251F
原油漏れ　40A
原油輸入　115F　259F
原油流出　50A　62A　233F　237D　318A　368A　383F
言論出版集会結社等臨時取締法　97F

こ

コイの斃死　352A
興亜石油　138A　208B
高圧ガス及び火薬類保安審議会　373D
高圧ガス取締法　125D
高圧ポリエチレン工場爆発　243E
広域公害　205D
広域公害対策調査　239D
広域同時発生　314A
降雨中の有機塩素系農薬　272A
鉱煙害賠償金請求団　63A
鉱害　7A　21A　35A　38A　40A　49A　52A　56A　73A　88A　100A　112A
光害　222A　226A
公害　243F　385F　395F　→産業公害
公害3法案の可決　267D
公害隠ぺい　387D
公害隠ぺい事件　368C
公害かくし　386C
公害学習　228B
公害から奄美大島の自然を守る都民会議　360B
公害からいのちとくらしを守る千葉県民協議会　285D
公害から子どもを守る塩浜母の会　282B
公害から子どもを守る母親大会　198B
公害監視委員会条例　307D
公害監視パトロール船　261D
公害患者の自殺　234A
公害患者の女子中学生の死亡　238A
公害患者への医療費負担　204B
公害患者への病院開放　323D
公害企業の海外進出　392C
公害企業誘致反対　359D
公害犠牲者追悼と加害者に抗議する集会　262B
鉱害規制の緩和　398C
公害規制への反対　388C
公害基本法案要綱　232C
公害救済基金　238C
鉱害救済鉱毒予防取締損害賠償に関する質問書　42A
公害教育　260B
公害苦情　288A
公害苦情件数　380A
公害研究会　306C
公害健康被害救済特別措置法　277D　375D
公害健康被害救済法　281D
公害健康被害補償　388B
公害健康被害補償法　357D　375D
公害健康被害補償法案　349D
公害検診　189D
公害国債　294C
公害国際シンポジウム　283D
公害国際法制定を提唱する決議　345F
公害告発　283F
公害国会　303D
公害国会（第64臨時国会）　301D
公害罪　281D
公害罪新設　267D
公害罪法　303D
公害罪法案　300C
公害罪法で起訴　381D
公害罪法による告発　368B
公害視察の事前通告　333D
公開自主講座公害原論　298B
公害事前審査　202B
公開質問状　322B　346B　352B
公害死亡者合同追悼会　392B
公害市民学校　272B
公害市民協　228B
公害市民協結成準備会　236B　240B
公害授業　229D
公害処罰法案　299D
公害審議会　229D
公害審議会令　215D
公害絶滅全国漁民総決起大会　298B
公害専門局部課　295D
公害訴訟　322B　332B　346B
公害訴訟を支持する会　240B
鉱害対策委員会　148B　214B　240B　248C
公害対策会議　351D
公害対策基本法　237D
公害対策基本法案　230C
公害対策基本法案の要綱　231D
公害対策協力財団　264C　276C　346B
公害対策国際会議　283F　346B
公害対策資料　265D
公害対策推進連絡会議　231D
公害対策全国連絡会議　314B　332C
公害対策全国連絡会議チッソ事件調査団　322B
公害対策特別委員会水俣市議会　207D
公害対策費急増　265D
公害対策費用助成　329D
公害対策連合委員会　290B
公害調査団　372B
公害追放臼杵市民会議　292B
公害追放神奈川県漁民大会漁船海上デモ　296B
公害追放市民集会　288B
公害追放都市宣言　293D
公害投資　306C
公害闘争　334B　341D
公害闘争の妨害　327D
公害闘争への弾圧　347D
公害等調整委員会　333D　342B　388B　390B
公害等調整委員会設置法　331D
公害等調整委員会設置法案　325D
公害等調停委員会　386B
公害特別教書　283F

公害に係る健康被害損害賠償保障制度　341D
公害に関する世論調査　243F
公害に関する答申　229D
公害に関する日米会議　299F
公害ニッポン　325F
公害日本の現状報告　385F
公害による損害補償基金制度　334C
公害認定患者　306A　328A　→公害病・公害病認定患者
公害認定患者自殺　328A　→公害病・公害病認定患者
公害認定患者の医療費負担　334C　→公害病・公害病認定患者
公害認定制度　212A
公害の影響による疾病の指定に関する検討委員会　277D
公害の企業内告発者　352C
公害の社会的費用　237D
公害の無過失損害賠償責任法案　325D
公害の無過失損害賠償責任法案についての意見書　324C
公害の無過失賠償責任法　331D
鉱害賠償請求　326B
鉱害賠償責務存在確認の訴訟　358B
公害白書　265F　267D　269F
公害発生企業の進出に反対　259D
公害発生源企業の株価　348C
公害発生件数　190A
公害発生工場の閉鎖・移転　204B
公害パトロール　197D
公害犯罪処罰法の適用　347D
公害犯罪法　261D
公害反対運動　289F
公害反対運動に対する中傷　400C
公害反対スト　290B
公害反対全国連絡協議会　260B
鉱害被害　59A　98A　118B　124B
公害被害危機突破全国漁民総決起大会　352B
公害被害救済法　300B
公害被害者救済法施行令　277D
公害被害者救済法施行令案　277D
公害被害者全国大会　274B
公害被害者の認定　266A
公害被害率　233D
公害否定　228C
公害批判に対する解雇処分問題　343D
公害病　247D
公害病患者救済　324C
公害病患者死亡　234A
公害病患者数　376A
公害病患者総数　362A
公害病患者の自殺　224A
公害病患者の死亡　398A
公害病患者の分布　394A
公害病患者へのインフレ手当支給　373D
公害病患者を励ます会　254B
公害病指定　342A
公害病少女追悼市民集会　238B
公害病少女の死亡　392A
公害病訴訟の全国連絡会議　266B
公害病としての指定　277D
公害病友の会　288B
公害病認定　316A
公害病認定患者　234A　238B　288A　332A　340A　364A　378A　390A
公害病認定患者数　396A
公害病認定患者総数　340A　360A　400A
公害病認定患者の自殺　332A　370A
公害病の市費治療患者　234A
公害病補償　378C
鉱害プール資金制度　115D
鉱害復旧工事の実態調査　147D
鉱害復旧のプール資金制度　113D
鉱害復旧被害交渉組合　120B
鉱害ブローカー　126B　134B
公害紛争裁定制度　337D
公害紛争処理法　291D　301D
公害紛争処理法案　264B
公害紛争の和解成立　250B
公害法違反検挙件数　402C
公害防止　354B
公害防止機器の大手メーカー　332C
公害防止基本法　225D
公害防止協定　301D　303D　305D　324C　334B　354B
公害防止協定書　267D
公害防止計画　303D　315D　329D　341D
公害防止計画策定　319D　361D
公害防止事業団　217D
公害防止事業団の汚職　273D
公害防止事業団法　215D
公害防止事業費事業者負担法　305D　313D
公害防止事業費用負担法　335D
公害防止市民協議会　242B
公害防止条例　177D　213D　281D　309D
公害防止条例案　179D　325D
公害防止条例制定　185D
公害防止条例制定運動　176B
公害防止条例制定要望書　164B
公害防止設備投資　278C
公害防止設備への投資　366C
公害防止装置生産実績　352C
公害防止対策　319D　321D
公害防止対策委員会　199D
公害防止調査会　177D
公害防止に関する覚え書き　289D
公害防止の覚書　261D
公害防止の確認書　251D
公害防止のための国際的研究協力に関する決議　291F
公害防止部品の欠陥問題　356C
公害防止法　332C
公害防止法案　302C
公害防除施設　348C
鉱害補償　168B　216C
公害補償基金案　324C
鉱害補償金積立て制度　48A
鉱害ボス　126B
公害無過失責任法　331D
鉱害無過失賠償制度　92F
公害メーデー　300B
公害モニター　209D
公害問題　40A
公害問題学習会　234B
公害問題国際都市会議　319F
公害問題懇談会　228B
公害問題調査団　318A
公害問題特別委員会　286A
公害輸出　356C　368B
公害輸出中止要求　356B
公害をなくす会　254B
公害をなくす市民大会　196B
公害をなくす四日市市民協議会　254B
光化学オキシダントの環境基準　347D
光化学警報に協力　352C
光化学スモッグ　292A　294A　295D　312A　314A　316A　328A　330A　345D　348A　352A　352C　388A　396A　400A
光化学スモッグ警報　368A
光化学スモッグ自動車原因説への反論　332C
光化学スモッグ対策　347D
光化学スモッグ対策推進会議　331D
光化学スモッグ注意報　346A　356A　376A
光化学スモッグによる植物影響調査　386A
光化学スモッグの車主犯説　330C
光化学スモッグの暫定対策　331D
光化学スモッグの心因性説　331D
光化学スモッグ被害　328A　353E　388A
光化学スモッグ被害者　352A
光化学スモッグ防止要求都民集会　336B
光化学注意報　400A
光化学による大気汚染連絡会議　321D
降下煤塵調査　149D
降下煤塵量　152A
合化労連住友化学労組　354B
合化労連ニチバン労組　369E
高気圧障害防止規則　337D
高級アルコール　189F
工業クローム中毒　133E
鉱業警察規則　73F　115D
鉱業災害防止　183D
鉱業湿疹　57E
鉱業条例　19F　21F　38E
工業条例施行細則　21F
公共水域の水質に関する環境基準

345D
公共水面埋立免許　358B
工業整備特別地区　197D
工業中毒　99E
鉱業停止期成同盟会　36A
鉱業停止請願書　24A
工業都市　91A
鉱業法　38E　80A　92F　297D
→改正鉱業法
鉱業法改正審議会　171D　→改正鉱業法
工業用水　90A
公共用水域の水質保全に関する法律
163D
工業用水法　147D　187D
工業用水法施行令　211D
公共用飛行場周辺における航空機騒音による障害の防止等に関する法律
237D
工業用油脂　95E
鉱業労働災害防止協会　207E
工業労働者最低年齢法　61E
航空会社　248C
航空機事故　221F　281F　339F
航空機騒音　276B
航空機騒音環境基準　361D　363D
→空港騒音・ジェット機騒音
航空機騒音対策　321D　→空港騒音・ジェット機騒音
航空機騒音迷惑料　394C　→空港騒音・ジェット機騒音
航空機塔委員会　102E
航空機の排気ガス基準案　339F
航空機排ガス中の有害物質　360A
航空公害防止協会　248C
航空審　373D
航空税構想　209D
航空騒音対策協議会　314B
航空法　129D
鉱区禁止地域指定　132B
興国人絹パルプ工場　122B
→興人佐伯支社
興国人絹パルプ佐伯工場　216B
→興人佐伯支社
興国人絹パルプ佐伯工場排水事件
122A　→興人佐伯支社
興国人絹パルプ廃水問題　132A　→興人佐伯支社
鉱滓流体輸送設備　266C
鉱山・工場の排液被害　158B
鉱山監督署　27A
鉱山監督署官制　19F　21F
鉱山局　13F
鉱山禁止区域指定　132C
鉱山経営者連盟(経団連)　108C
鉱山心得　11F
鉱山採掘権　131D
鉱山司規則書　11F
鉱山事故　37E　38E　39E　43E
96E　98E　99E　113E　121E
131E　163E　173E　179E　185E
191E　199E　209E　219E　229E
241E　259E　279E　321E
鉱山と工場の操業停止　369F
鉱山のガス爆発　381E
鉱山廃水　230B
鉱山排水の汚染　267D
鉱山廃水の河川流入　390A
鉱山保安　183D
鉱山保安法　115D　291D　297D
鉱山保安法違反　268C　270B
276C
鉱山保安法違反事件　282C
鉱山労働者の健康状態　43E
工事延期　35A
工事竣工　38A
工事騒音　222B
工事反対のハンスト　262B
公衆の健康に関する罪(公害罪)　361D
工場・鉱山の診療施設設置状況　60E
工場移転　224C
工場移転と見舞金の確認書　272B
工場汚水　210B
工場監督官制度　52F
工場監督年報　76A
工場危害予防および衛生規則並びに同施行基準　72E
工場建設の断念　332B
工場公害　89A
工場公害の統計　74A
工場公害防止条例　115D　→都工場公害防止条例
工場災害　217E
工場就業時間制限令　99F
工場条例　15E
工場数　13F　14F　16F　28F
30F　48F　50F　64F
工場騒音　198A
工場騒音に対する最高裁判決　238B
工場立入り権　334C
工場調査掛　30E
工場調査要領　37F
工場取締規則　53A　59A
工場などの燃料制限　331D
工場における保健衛生施設の設置状況
54E
工場によるガス中毒　256A
工場による大気汚染　212A
工場の操業中止　262A
工場の操業認可申請　332C
工場の負傷者数　33E
工場廃液による井戸汚染　198A
工場廃液による公害対策　260C
工場排煙　376A
工場煤煙　88A
工場廃水　98A　116A　186A
215D　221D　226A
工場排水　250A　368A　380A
工場廃水・原油漏れ　236B
工場排水・し尿投棄差止請求訴訟
382B
工場排水規制法　303D　308C
工場排水規制法施行令改正　301D
工場排水中のシアン　274A
工場排水停止への反対　171D
工場排水等の規制に関する法律　163D
工場排水による海の汚染　374A
工場爆発　257E　357E　360A
391E
工場爆発事故　167E　221E　233E
247E　345E　352A　356A　361E
363E　364A　371E　385E
工場払下概則　15F
工場法　25E　28E　30E　31E
34E　39E　42E　44E　48E
51E　52E　72E
工場誘致調査促進特別委員会　273D
工場労働者　50F
工場労働者数　48F　57F
工場労務監督官　96F
鉱塵　48A
興人佐伯支社　325D　→興国人絹パルプ
洪水　4A
洪水時の鉱毒流出　358C
合成ゴム添加剤製造装置による事故
359E
合成樹脂工業会　116C
厚生省　90F　143D　145D　149D
154C　193D　195D　197D　215D
235D　239D　243D　251D　253D
256A　263D　265D　269D　273D
275D　281D　289D　291D　293D
300A　301D　302A　305D　311D
312A　313D　315D　325D　339D
340A　345D　349D　351D　359D
361D　362B　363D　368B　369D
371D　373D　381D
厚生省委員会　227D
厚生省イタイイタイ病研究班　241D
厚生省衛生試　158A
厚生省環境衛生局公害課　203D
厚生省環境衛生局長　161D
厚生省研究所産業安全部　99E
厚生省公害課　287D
厚生省食品衛生課　153D
厚生省食品衛生調査会　171D　→食品衛生調査会
厚生省食品衛生調査会PCB特別部会
335D　→食品衛生調査会
厚生省食品衛生調査会黄変米特別部会
141D　→食品衛生調査会
厚生省食品衛生調査会水俣食中毒部会の解散　171D　→食品衛生調査会
厚生省食品衛生部会　303D
厚生省生活環境審議会公害部会
299D
厚生省製薬課長　337D
厚生省特別研究班　227D　→新潟水俣病

さ

し

283D　343D
食品衛生法に基づく営業停止　253D
食品汚染　224A　236A
食品化学課　195D
食品中における農薬残留問題　202A
食品調査委員会　169D
食品添加物　220A　372A
食品添加物禁止　228B
食品添加物に関する意見書　275D
食品問題懇談会　291D
植物枯死　314A
植物消滅現象(砂漠化)　372A
植物人間　365E
植物の葉枯れ　316A
食物への有害染料混用禁止令　11A
食用油への熱媒体混入　344A
食用油へのビフェニール混入事件　364C
食用米ぬか油　252A
食糧庁　293D　297D　303D
女子勤労動員促進　99F
女子挺身勤労令　101F
女子の坑内労働使用鉱　174C
女性市民会議　302B
除草剤　195D　398A
除草剤 2･4-D　112A
除草剤 2･4･5-T　311D
除草剤 PCP　308A
職工衛生に関し訓令　30E
職工及び役夫の死傷賑恤規則　12E
職工条例　17E
職工徒弟条例　17E
職工年齢　23E
職工負傷　56E
職工保護法　28E
白老漁協　398C
白老漁組　178B
白髪染中毒　98A
白河農業委員会　133D
白滝鉱山　56A
不知火海沿岸漁協の補償問題　354B　356B
不知火海区水質汚濁防止対策委　168B
市立伊原市民病院　316B
私立銀行　16F
資料近代日本の公害　315F
飼料用タンパク　343D
視力障害　18F
シルセア号　345F
「白い霧とのたたかい」　238B
新亜細亜石油函館製油所　184A
信越化学工場塩化ビニルプラント　358A
信越窒素肥料　66F
新大隅開発計画反対共闘会議　366B
塵芥場規則　18A
塵芥焼却所　81A
塵芥焼却場煤煙反対運動　85A
塵芥焼却所設置反対問題　83A
塵芥掃除規則　18A
塵芥取締規則　17A
塵芥廃棄　76A
新貨物線計画　249D　→横浜新貨物線問題
新貨物線公害対策協議会　287D　→横浜新貨物線問題
新貨物線問題　269D　→横浜新貨物線問題
新幹線　364B　→成田新幹線
新幹線公害　364A　367D　→東北上越両新幹線・東海道新幹線
新幹線公害訴訟　364B　366B　→名古屋新幹線公害訴訟
新幹線公害対策　354B
新幹線公害に反対する全国連絡協　370B
新幹線公害による移転の補償　388C　388B
新幹線公害反対の全国大会　338B
新幹線公害反対福岡県弁護団　376B
新幹線公害反対福岡県連合会　374B
新幹線工事の騒音振動公害　202B
新幹線工事の騒音振動被害　368B
新幹線事業認定取消の行政訴訟　346B
新幹線騒音　343D　378A　→騒音
新幹線騒音基準　398A　→騒音
新幹線騒音規制　338B　→騒音
新幹線騒音の環境基準　391D　→騒音
新幹線総点検　380C
新幹線訴訟　346B
新幹線対策特別委員会　346B
新幹線の運休　374A
新幹線のガラス破損　380A
新幹線の行政訴訟　328B
新幹線の老朽化　378A
腎機能障害　328C
神経ガス兵器　185F
神経性中毒　243E
人絹カルテル　69F
人絹工業　34F　85F
人絹工場　81E
信玄公旗掛松事件　57A
新建材から出る有毒ガス　240A
人絹スフ工業　117E
人絹生産高　74F　79F
新憲法　107F　109F
人権問題　244B
人権擁護委員　322B
新興化学工業　250A
新興化学工業志村工場　259D
人工甘味料　255F
人工気胸　95F
人工飼料　346A
新国際空港設置反対抗議大会　221D　→成田空港・新東京国際空港
新国土総合開発法案　369D
審査請求　372B
新産業災害防止5カ年計画　191D　193D
新産業都市計画　213D
新産都市　197D
新産都市建設促進法　189D
新産都市指定　301D
人事院　353E
新清水火力発電所　299D
新宿区柳町　293D　→東京都新宿区柳町交差点
新生児のメチル水銀濃度　386A　→メチル水銀
新製油所建設　255F
新全国総合開発計画改訂　323D
新全総　267D
人造甘味料販売取締規則　32F
人造肥料工場の災害率　81E
人体実験　345E
新田川炭鉱　259E
神通川鉱害対策協議会　112B　216C
神通川公害対策協議会　210B
神通川水銀調査研究会議　287D
新東京国際空港　225D　→成田空港
新東京国際空港汚染土壌問題　382B　→成田空港
新東京国際空港計画変更　225D　→成田空港
新東京国際空港建設　216B　→成田空港
新東京国際空港建設決定　225D　→成田空港
新東京国際空港公団　225D　309D　→成田空港
新東京国際空港反対運動　216B　→成田空港
振東工業　79A
振動障害に関する協定　277E　→チェンソー・白ろう病
振動障害の業務上外認定基準　397D　→チェンソー・白ろう病
振動障害問題　363E　→チェンソー・白ろう病
振動障害予防対策指導　283D　→チェンソー・白ろう病
振動の法規制の基本的考え方　361D
振動病　173E　199E　209E　367E　381E　→チェンソー・白ろう病
振動病研究　341E　→チェンソー・白ろう病
振動病検診　363D　→チェンソー・白ろう病
振動病認定　385E　→チェンソー・白ろう病
振動病認定患者　403E　→チェンソー・白ろう病
シンナーに引火爆発　251E
新日窒　131F　133E　133F　137F　152B　154C　155F　162C　166C　168B　168C　172C　173D　173F　175F　176C　177F　179D　181F　188C　189F　190B　192C　194B　210C　→チッソ・日窒
新日窒技術部　187D

新日窒工場　168B　192A
新日窒従業員大会　170C
新日窒製品の市場占有率　180C
新日窒第2労働組合　188C
新日窒の市原地区進出　172B
新日窒の拒否回答　170C
新日窒の排水先変更　162C
新日窒の申入れ　162C
新日窒付属病院　152C
新日窒への要望　168B
新日窒水俣工場　127E　138C　145E　148C　152B　161E　166B　168C　170B　170C　172C　182C　183E　184C　185E　198B
新日窒水俣工場技術部　166C
新日窒水俣工場技術部の泥土分析　170C
新日窒水俣工場と漁民との交渉　166C
新日窒水俣工場の廃棄物　160A
新日窒労組　188C
新日窒労組代議員会　170C
新日鉄　285F　291D　392A
新日鉄大分製鉄所　350A
新日鉄癌遺族会　371E
新日鉄君津製鉄所　388C　400C
新日鉄肺癌と闘うグループ　369E
新日鉄八幡製鉄所　319E　347E　363D　365E
新日鉄労働者　371E
新日本化学水俣工場　188B
新日本窒素肥料　119F　→新日窒
新日本非破壊検査　227E
新日本理化労組　201E
新認定患者　310A　→水俣病認定患者
新認定水俣病患者　322B　322C　325D　337D　→水俣病認定患者
新認定水俣病患者自主交渉派　322C　338B　340B　341D　→水俣病認定患者
新認定水俣病患者への補償　339D
塵肺　100E　343E
塵肺・珪肺　121E
塵肺患者　379E
塵肺患者認定　401E
じん肺健診結果　343E
塵肺措置・職業性難聴・振動障害および腰痛対策の協定　321E
じん肺法　175D　177E
塵肺法改正促進大会　191E
新聞記者の撲殺　266A
新聞労働者　199E
新聞労連　199E
新米の異臭　228A
新水俣病患者　310A
新宮津火発建設計画　212C
新宮津火発建設問題　238B
新宮津火発誘致問題　245D
人民広場　331F
人命救助請願　32A
人毛工場　82A
人毛工場誘致　81A
人毛工場誘致反対　81A
人毛工場誘致反対運動　82A
深夜飲食店の規制　248B
新屋敷　127E
新屋敷炭鉱　77E
深夜騒音追放促進に関する意見書　249D　→騒音
深夜の騒音　236B　→騒音
新夕張炭鉱　45E　76E
神龍・深川・空知3土功組合　99A　114B
神龍土地改良区　136B
診療エックス線技師法　125D

す

水域類型の指定　345D
水泳不適　166A
水銀　166A　296A　296C　298A　300A　302A　303F　305D　306A　308C　314A　316A　317D　319E　348A　348C　350B　353D　354B　396A　→有機水銀・メチル水銀・総水銀
水銀・PCB汚染　353D
水銀・有毒物の検出　233D
水銀汚染　271F　350B　355D　359D　384A　400B　→母乳の水銀
水銀汚染対策費　354C
水銀汚染調査　223D
水銀汚染調査検討委員会　359D
水銀汚染調査検討委員会健康調査分科会　355D
水銀汚染の疑い　361D
水銀汚染被害調査　392A
水銀汚染被害のカナダ住民の来日　390A
水銀カス　250A
水銀検出　240A　252A　312A　334A　349E　362A　386A　388A　396A
水銀鉱山　123E
水銀工場の排水調査　251D
水銀使用会社の操業停止　354C
水銀使用の中止問題　354B
水銀対策　215D
水銀中毒　5E　15E　18E　21A　23E　42E　56E　63E　64E　70E　76A　90E　91E　95E　97E　217E　321F　→慢性水銀中毒
水銀中毒患者　212A
水銀中毒検診　183E
水銀調査　237D
水銀等汚染対策推進会議　349D
水銀に関する暫定基準　251D
水銀による川の汚染　232A
水銀による環境汚染調査　271D
水銀による水域汚染　374A
水銀による中毒防止　223D
水銀農薬　220A　225D
水銀農薬説　286C
水銀農薬による土壌汚染　328A
水銀の排出防止のための勧告　357F
水銀の行方不明　348C
水銀被害　398B
水銀ヘドロ浚渫　388C
水銀法から隔膜法への転換　396C　400C
水銀母液の輸出計画　250C
水銀未回収量　348C
水銀量分析データ　401D
水産資源保護法　127D
水産庁　113D　306A　348A　358A
水産庁東海区水産研　328A
水産庁内海区水産研究所　175D
水産の実態調査　155D
水質異常　95A
水質汚染　332A　380A
水質汚濁　55A　62A　184A　202C　225D　308A　311D　370A
水質汚濁違反　386C
水質汚濁規制法案　157D
水質汚濁規制立法にかんする要望　162C
水質汚濁訴訟　227D　229D
水質汚濁調査連絡協議会　163D
水質汚濁に関する総量規制検討委員会　387D
水質汚濁による漁業不振　220A
水質汚濁防止　283D
水質汚濁防止協議会　85A
水質汚濁防止全国漁民大会　160B
水質汚濁防止の環境基準案　285D
水質汚濁防止法　82A　303D　315D　383D　→改正水質汚濁防止法
水質汚濁防止法違反　325D
水質汚濁予防法　71A
水質環境基準　289D　383D
水質基準　197D
水質規制の例外　209D
水質試験　19A
水質審議会　165D　209D　221D　231D　243D　257D　277D　293D　299D　303D
水質審議会石狩川第2特別部会　189D
水質審議会多摩川専門部会　211D
水質審議会の環境基準部会　267D
水質に関する環境基準　289D
水質の環境基準　321D
水質保護　62A
水質保全法　165D　197D　293D　303D　→改正水質保全法
水質保全法改正案　277D
水洗炭業　119D
水洗炭業に関する法律　159D
水洗炭業による汚染　112A
水地球化学・生物地球化学国際会議　297F
水田陥没被害　55A

水田のカドミウム汚染　354A
水田被害　198A
水道水　358A　→上水道汚染
水道水の強い刺激性や臭気　186A　→上水道汚染
水稲被害　124A　236A
水道用水取入所　22A
水爆実験　235F
水没　44A
水利組合　78A
菅平の硫黄採掘　132B
杉並区清掃工場建設　379D
杉並清掃工場建設反対同盟　322B
杉並清掃工場建設問題　352B
スキム・ミルク　140C
スクリップス海洋研究所　297F
スズ入りオレンジジュース缶詰　302A
鈴木商店　34F　40F　46F　68F　80A　81A
鈴木商店(味の素)　50F　51F　53A　54A　65A　69A　71A　73A　74A　83A
鈴木商店(味の素)石釜増設問題　83A
鈴木商店(味の素)大阪支店　55A
鈴木商店(味の素)川崎工場　51A　77A
鈴木製薬所　39F　40E　40F　42A　42F
鈴木製薬所(味の素)　48F
鈴木製薬所(味の素)進出問題　49A
鈴木製薬所逗子工場　46A
錫採取による煙害　88A
スズの検出　236A
すだれ製造業　203E
スチレンガス　300A
ステアリン酸　203E
ステアリン酸鉛　175E
スト規制法　133F
ストックホルム会議　349F
ストックホルム都市化計画反対環境破壊反対市民集会　329F
ストライキ　17F
ストロンチウム90　192A
砂採取中の生き埋め事故　165E
住軽アルミニウム工業　372B
隅田川浚渫懇談会　148B
隅田川清浄化期成同盟　154B
隅田川の汚染　148B　186A
住友　12F　16F　24A　25F　35A　38A　50F　58A　67A　83A　91A　93A　320C
住友赤平　145E
住友歌志内鉱　173E
住友化学　159F　181F　243F　272C
住友化学大分工場　370C
住友化学大分製造所　347D
住友化学大阪製造所　318C
住友化学岡山工場　244A
住友化学菊本工場廃液問題　124A
住友化学工業　81F　270C　373D
住友化学工業大分製造所　346A　360C
住友化学工業大分製造所工場　354A
住友化学工業大江製造所　359E
住友化学工業春日出工場　137E
住友化学工場大分製造所　361E
住友金属　322A　340B
住友金属工業　32F　83F　138C　191D　372A
住友金属工業鹿島製鉄所　353E
住友金属工業小倉製鉄所　283E
住友金属工業和歌山製鉄所　353D
住友金属鉱山　241F　321E　402B
住友金属鉱山労組連合会　321E
住友金属和歌山製作所　173E
住友金属和歌山製鉄所　301E　330C
住友金属和歌山製鉄所の拡張埋立工事　262B
住友家　5A　6A
住友鴻之舞鉱業所廃液流出　82A
住友四阪島　52A　65A　83A　→四阪島
住友四阪島製錬所　41A　→四阪島
住友伸銅鋼管　83F
住友伸銅所　50A　56A
住友伸銅場　25F
住友製鋼所　83F
住友石炭鉱業会社　303E
住友セメント栃木工場　345E
住友セメント四倉工場　386B
住友炭鉱　88F
住友炭鉱歌志内鉱山　79E
住友鋳鋼場　32F
住友銅吹所　7E
住友新居浜鉱業所　41A
住友肥料製造工場　48F
住友肥料製造所　81F
住友別子鉱山　88F　→別子銅山
住友別子四阪島　93A
住友別子銅山　68F　→別子銅山
住友本店　23A
住友奔別炭鉱　229E
すみよい環境を作る東京住民運動連絡会　400B
住吉　139E
スモッグ　150A　164A　186A　198A　228A
スモッグ警報　230A　264A
スモッグ対策　199D
スモッグ対策費　201D
スモッグ注意報　264A
スモッグ調査　229D
スモッグの被害　204A
スモッグ発生　174A　194A　238A
スモッグマスク　213D
スモン　90F　184A　286A　292A　294A　296A　297D　312B　314A　316B　318B　325D　→非特異性脳脊髄炎
スモンウイルス原因説　314A
スモンウイルス説　280A　327D
スモン患者　144A　222A　240A　324B　→全国スモンの会
スモン患者の自殺　274A　324A　330A　384A
スモン研究の方針　337D
スモン研究班　207D
スモン訴訟　324B　340B　→東京スモン訴訟・福岡スモン訴訟
スモン訴訟第1次　312B
スモン訴訟第3次　320B
スモン訴訟分離派　338B　340B
スモン第2次訴訟　316B
スモン第4次訴訟　320B
スモン調査研究協議会　325D　335D
スモン調査研究協議会総会　308A
スモン統一訴訟　340B
スモンの感染症説　272A
スモンのキノホルム説　364B
スモンの原因　369D
スモンの高圧酸素療法　339D
スモン病　202A
駿河湾汚染　116B
スルホン酸製造設備　199F
座り込み　318B　320B　320C
座り込み1周年を記念して集会　338B

せ

西欧17カ国環境問題担当閣僚会議　345F
青化ソーダ　194A
青化ソーダ運搬車追突　262A
生活環境審議会　248C　249D
生活環境審議会清掃部会　279D
生活環境審議会騒音専門委員会　269D
生活環境調査　209D
生活保護法　107F
請求拡張申し立て　286B
生業補償　353D
精工化学工場　249E
青酸化合物溶液　300A
青酸カリ　166A　195D
青酸ソーダ　166A　214A
青酸中毒　90E
製紙会社　13F
製紙業者　209D
製紙工場　176A
製糸工場　318B
製紙工場排水　212A
製糸労働者　21F
製造業務停止命令　243D
清掃工場　343D
清掃工場からのカドミウム検出　342A
清掃工場排ガス　342A
清掃施設整備5ヵ年計画　261D
製造所取締条例　19E
製鉄所官制　24F
製鉄所の爆発　362A

製鉄所の爆発事故　353E
西南戦争　13F
青年修養会　37A
青年法律家協会　137F　260B　268B　288C　→青法協支部・全国青法協
青年法律家協会九州ブロック　268B
製氷所アンモニアタンク爆発　122A
政府　32A　35A　303D　319D　342A　345D　349D　351D　385D　389D　401D
政府・自民党　324C
政府事故技術調査団　281F
生物・化学(BC)兵器禁止　275F
生物・化学兵器違法宣言決議案　277F
生物化学兵器　269F
政府による控訴　367D
政府への救済融資要請　382C
青法協支部　226B　→青年法律家協会
製薬会社アストラ　291F
製薬工場　106A
製油所用地の売却拒否　255F
世界エネルギー会議公害問題特別委員会　283F
世界環境映画祭　349F
世界環境写真コンテスト　371F
世界環境の日　349F
世界恐慌　71F
世界平和アピール7人委員会　224B
世界野生生物基金(WWF)日本委　319D
赤色101号　217D
石炭火発立地問題　381D
石炭鉱害　110A　111D
石炭鉱害賠償等臨時措置法　197D
石炭工業　95E
石炭鉱業合理化臨時措置法　143D　165F
石炭鉱業連合会　65E
石炭坑口開設　156C
石炭鉱山保安規則　329D
石炭坑爆発取締規則　73E
石炭坑用爆薬類及機械器具取締規則　96E
石炭酸系合成樹脂工場　233E
石炭酸検出　240A
石炭配給統制法　95F
赤泥　314B　322B
赤泥海洋投棄計画反対運動　322B
責任保険法　75E
石綿肺　96E　→アスベスト
石油　22E　95E
石油汚染　84A
石油化学・電力・石油精製の三業界　336C
石油化学協会　235F
石油化学協調懇談会　208C　211F
石油化学工業正式認可　143D
石油化学コンビナート　203D　238B　238A　→石油コンビナート
石油化学コンビナート公害　202A　→石油コンビナート
石油化学コンビナートによる大気汚染　234A
石油化学コンビナートの公害予見　204B
石油化学コンビナートの保安対策　373D
石油化学コンビナート反対集会　206B
石油化学コンビナート反対闘争　236B
石油化学コンビナート法案　385D
石油危機　360C　361F　365D
石油基地反対期成同盟　166B
石油業法　81F　189D
石油緊急対策要綱　361F
石油鉱山保安規則　331D
石油工場廃水　77A
石油コンビナート　200C　366B　→石油化学コンビナート
石油コンビナート災害防止法　401D
石油コンビナート進出反対沼津市・三島市・清水町連絡協議会　200B
石油コンビナート対策市民協議会　200B
石油コンビナート対策市民懇談会　198B
石油コンビナートの公害防止対策　385D
石油試掘　81A
石油審議会　253F
石油精製　279F
石油精製計画反対運動　356B
石油精製工場　198A
石油精製工場設置計画　166B
石油精製工場反対運動　356B
石油製品貯蔵基地　382A
石油タンク炎上　382A
石油タンクの消防法違反　388C
石油タンクの不等沈下　382A　384A
石油タンク保安点検の暫定基準　387D
石油たん白　254C　303D　342C
石油たん白禁止問題　343D
石油たん白の安全性　341D
石油たん白の安全問題　342B
石油たん白の企業化　266C
石油貯蔵基地問題　374B　375D　→CTS建設～
石油取締規則　15F
石油二法　363F
石油流入　44A
石油連盟　226C　248C　262C
赤痢予防ワクチン注射　140A
セシウム137　328A
世田谷区大原交差点　234A
石灰開発に関わる公害防止協定　385D
石灰石採掘問題　352B
石灰石採取現場の岩盤崩落　239E
石灰窒素　132A
接着剤による爆発　251E
せとうち　346A
瀬戸内海汚染総合調査実行委員会　329F
瀬戸内海汚染総合調査団　330B　386A
瀬戸内海汚染総合調査報告　329F　330B
瀬戸内海環境保全審議会　369D
瀬戸内海環境保全対策会議　319D
瀬戸内海環境保全対策知事・市長会議　317D
瀬戸内海環境保全知事・市長会議　333D　383D
瀬戸内海環境保全法(仮)　333D
瀬戸内海環境保全臨時措置法　357D　361D
瀬戸内海漁業　258A
瀬戸内海漁民会議　390B
瀬戸内海水質汚濁総合調査　329D　343D
瀬戸内海水質汚濁総合調査結果　333D
瀬戸内海永島　240B
瀬戸内海の埋立てに関する基本方針　369D
瀬戸内海を破壊から守る漁民調査団　386A
ゼネラル石油　380A
ゼネラル石油堺精油所　344A
ゼネラル石油精製会社　336C
ゼネラル石油精製堺製油所　259E　382A　382C
セメント工場　16A
セメント工場粉塵　348A
セメント粉塵　67A
セメント粉塵被害　82A
セメント粉塵問題　37A
セレサン石灰　100F
セロファン工場　106A　334B
繊維業界の倒産　211F
全イギリス海運会議所　293F
船員法　29E
全川崎労働組合協議会　306B
潜函工事の水没事故　275E
潜函病　109D　181D
1959.11.2事件判決　181D
1975年排ガス規制に合格　342C
全鉱　109D　117E
扇興運輸　354C
戦後恐慌　58F
全国営林局長　311D
全国漁協組連理事会　388B
全国金属産業労組同盟　354B
全国珪肺検診　121E
全国建設業協会労働災害防止対策委員会　122C
全国公害行政協議会　253D
全国公害研究集会　268B
全国公害対策連絡会議　246B　378B
全国公害反対運動活動者集会　260B
全国公害病患者の会連絡会　388B
全国公害弁護団連絡会議　316B

322B
全国鉱業市町村連合会　171D
全国公共用水域の水質汚濁総点検結果　358A
全国産業安全大会　77E
全国自然保護連合　320B　378B
全国自然保護連合会　342B
全国市長会　225D
全国小・中学校公害対策研究会　242B
全国商業会議所　20E
全国商工会連合会　302C
全国消費者団体連絡会　246B
全国スモンの会　274B　312B　→スモン患者
全国スモンの会大阪支部　340B　→スモン患者
全国スモンの会兵庫支部　338B　→スモン患者
全国青法協　294B　→青年法律家協会
全国大学生協連合会　246B
全国淡水漁業聯合会　71A
全国知事会　353D
全国中小企業団体中央会　302C
全国統一訴訟原告団　396B
全国鍍金工業連合会　300C
全国都市清掃会議　299D
全国都道府県議会議長会　295D
全国農業協同組合中央会　222B
全国の河川・湖沼　380A
全国労働衛生週間　121D
全国労働組合連絡協議会(全労連)　109F
戦後ブーム　57F
潜在患者　310A　→イタイイタイ病
洗剤について、話し合う会　356B
染色業者　30A
潜水病　181D
潜水夫の疾病　23E
戦前昭和期大阪の公害問題資料　349F
全仙台新幹線公害対策連絡協議会　350B
ぜん息　186B　226B　228B　238A　392A
ぜん息患者　184A　202A　209D
ぜんそく患者多発　259E
ぜんそくや気管支の異常　344A
仙台火力代ヶ崎発電所建設工事　154B
川内原子力発電所　373D　374B　→原子力発電所
川内原子力発電所建設問題　371D　→原子力発電所
川内原電建設問題　397D
川内原発建設　399D
川内原発建設計画　377D
川内原発反対連絡協　402B
川内原発問題　375D
仙台鉱山監督局　81A
川内市漁協　270B
川内市内水面漁協　270B
仙台労基局　399E
洗炭汚水　112B
全駐労横須賀支部　246B
全逓長野地区本部　333E
全逓労組全国大会　353E
先天異常研究会　190A
先天的奇形の割合　194A
戦闘機の墜落　248A
全道農民総決起大会　192B
セントラル化学　296C　358A
セントラル化学工場　352B
船内荷役作業に関する港湾労働災害防止規程　225D
全日空　229F
全日本海員組合　283E
全日本海員組合室蘭支部　382B
全日本金属鉱山労働組合連合会　109F　167E　177E
全日本金属労組　113F
全日本交通運輸労働組合協議会　378B
全日本産業安全大会　124C
全日本産業安全連合会(安全連)　132C
全日本自治労組　260B
全日本自動車産業労働組合総連合会　378C
全日本労働組合会議　137F
全日本労働組合連盟(全日労)　115F
船舶からの有害物投棄　258A
船舶座礁　383F
船舶事故　216A　248A　281E　281F　287E　288A　294A　295E　296A　299E　301E　318A　320A　345F　346A
船舶衝突　386A
船舶衝突事故　345E　379E
船舶衝突沈没　265E
船舶による海洋汚染　228A　230A
船舶による海洋汚染被害　240A
船舶爆発　357E
船舶爆発事故　363E
仙波製紙工場　86A
全米研究評議会の食品特別委員会　287F
泉北臨海工業地帯　185F　→堺・泉北臨海工業地帯
染料医薬品製造奨励法　51F
染料業界　178C
染料工場　363E
染料生産　77F
染料製造奨励法　64F　71F
染料輸入制限法　60F
全林野九州地方本部　367E
全林野労組　213E　263E　277E　341E　363E　385E
線路の陥没　230A
ぜん息　392A

そ

蒼鉛剤　93A
桑園被害　101A
蒼鉛薬剤中毒　52A
騒音　40A　74E　192A　196A　220A　286A　334A　→空港騒音・自動車騒音・新幹線騒音・深夜の騒音・ピアノ騒音
騒音・振動抗議運動　364B
騒音110番　388B　392B
騒音改善勧告　276C
騒音環境基準　269D　305D　313D
騒音緩衝地帯　369D
騒音基準適合証明　391D
騒音規制　400B
騒音規制法　249D　257D
騒音公害　342B
騒音自動表示器　193D
騒音対策　384B
騒音対策国際学会　393F
騒音調査　183D
騒音の学校教育への影響　148A
騒音被害者　364A
騒音被害者の会　388B　392B
騒音防止　83A
噪音防止委員会　73A
騒音防止条例　153D　161D　163D
騒音防止都民協議会　226B
操業開始　37A　→別子銅山
操業停止命令　160C　243D
総クロム・銅・亜鉛排出　322C　→クロム
総決起大会　356B　→東亜燃料工業
総決起大会　357D　→東北上越新幹線反対運動
総合エネルギー対策　403D
総合エネルギー対策閣僚会議　403D
総合エネルギー調査会の低硫黄化対策部会　277D
総司令部　119D
総水銀　328A　346A　358A　→水銀
増設認可取消し　280C　→東邦亜鉛
送電線設置・工場拡張反対期成同盟　240B
総評　127E　246B　→日本労働組合総評議会
総評弁護団総会　253E
造幣局　11F
造幣寮　11F
総理府　243F　297D
総理府の女子職員　353E
ソードフィッシュ号　247D
曾木電気　38F
訴訟　39A　→足尾銅山
訴訟派　264B　→水俣病
訴訟費用の補助要望　267D
訴訟費用融資問題　270B
粗製BHC　137E

ソニー仙台会社　399E
ソフト型洗剤　209D
祖母山の原始林　174A
空知・神龍・深川３土地改良区　168B
空知炭鉱　57E　58E　69E　77E　341E
空知土地改良区　136B　174C　184B
空をきれいにする運動　209D
ソ連　283F
ソ連核実験　190A　→核実験反対
ソ連政府　297F
ソ連邦林業木材製紙加工工業労組　341E
損害金要求　22A
損害賠償　318B　400B
損害賠償請求　313D
損害賠償請求事件　325E
損害賠償請求訴訟　234B　238B　316B　402B　403D
損害賠償と工場排水差止請求訴訟　390B
損害賠償保障制度準備室　337D
村民決起集会　336B

た

ダーク油　242A　252A　255D
ダーク油事件　396B
ダーク油事件の追跡調査　397D
タール　311D　334A
タール含有排水　61A
タール系色素ローダミンB　256A
タールにかかわる職業疾病　365D
タールによる職業性癌・皮膚障害をなくす会　371E
タールピッチ　347E
タール粉塵による癌　399E
タイ旭苛性ソーダ会社　356C　356B
第一漆生炭鉱　229E
第１次世界大戦　50F
第１回公害と闘う全国行動　296B
第１回世界労働事故防止会議　141F
第１回全国労働衛生大会　139E
第１回農薬問題研究会　294B
大煙突　31A
大王製紙　158C
大王製紙高知工場　162A　162C　182C
『大大阪』　65F　68A　77A
体温計工場　54E
体温計製造業　183E
大学生協　340B
大気・海洋汚染　370A
大気汚染　120A　144A　194A　204A　210A　217D　232A　232B　240A　248A　254A　264A　270A　306B　324A　368A　372A　384A
大気汚染患者の死亡　390A
大気汚染基準　365F
大気汚染研究全国協議会　172A　240A　74A
大気汚染コントロールセンター　277D
大気汚染指定地医師会連絡協議会　300B
大気汚染訴訟　275F
大気汚染注意報　302A
大気汚染による健康被害率　374A
大気汚染による公害病認定　275D
大気汚染による公害病認定患者　388B
大気汚染による公害病認定患者数　384A
大気汚染による呼吸器系疾患　338A
大気汚染による農業被害　226A
大気汚染による被害　230A
大気汚染の広域測定　274A
大気汚染の広域調査　237D
大気汚染の死者慰霊　392B
大気汚染の人体影響調査　232A
大気汚染の予報　165D
大気汚染白書　180B
大気汚染防止協定　269D　285D　297D
大気汚染防止法　249D　257D　327F　→改正大気汚染防止法
大気汚染防止法改正案要綱　263D
大気汚染防止法改正政令　277D
大気汚染防止法の緊急措置基準　330A
大気汚染防止法の定める緊急措置基準　330A
大気汚染予測システム　275D
代議士辞任　33A　→足尾銅山
大気ぜんそく病の指定地域　342A
大規模開発　359D
大規模開発についての意識調査　384B
大基模工業基地開発案　277D
大規模石油基地建設　344C
大協石油　383D
大協石油製油所　382A
大協石油廃ガス　182B
大協和石油化学　192A　192C　196A　197F
大空中浄化運動週間　71A
大豪雨　44A
第５回自主交渉　326B
第５次公害防止計画策定地域　351D
第五福竜丸水爆被爆事件　136A
第三者機関のあっせん　254C
第三者機関へ白紙委任　260C
第３の環境権訴訟　372B
第３水俣病　346A
第３水俣病に関する政府合同調査団　347D
第３水俣病問題　355D
第３水俣病問題（有明町）　371D
大師漁場で貝類斃死　85A
胎児性水俣病　110A　182A　224A　282A　→水俣病
胎児性水俣病患者　180A　190A　234B　274A　326A
胎児性水俣病患者審査会　190A
大師農事改良実行組合　69A　73A
大師町町会　62A
対州鉱山　93F
第十雄洋丸　379E
大昇鉱　163E
大昭和製紙　91F　93F　222B　240B　296B　300B　380C
大昭和製紙工場排水による漁獲減少　178B
大昭和製紙白老工場　396C　398A
大昭和製紙鈴川工場　223F　236C
大昭和製紙鈴川工場ガス流出事件　156A
大昭和パルプ岩沼工場　318B
大雪山縦貫自動車道　359D
ダイセル新井工場　356A
ダイセル大竹工場　277E
大同毛織　53E
台所用洗剤　288A
大豊橋建設期成同盟会結成　81A　82A
ダイナマイト工場　185E
ダイナマイト爆発　183E
第２回瀬戸内海水質汚濁総合調査　333D
第２次赤潮訴訟　390B
第２次世界大戦終結　105F
第二次鉱毒調査会　35A　36A　→鉱毒調査会
第二目尾炭鉱　78E
大日本化学工業　102F
大日本鉱業　53A
大日本鉱業所衛生協会　55E
大日本人造肥料　43F
大日本製薬　176C　188C　192B　196B　208B　297D　306C　362B　362C　385F
大日本製薬社長　248C
大日本セルロイド　57F　81F　83F
大日本帝国憲法　18F
大日本特許肥料　78A
大日本特許肥料中川工場　72A
大日本綿糸紡績同業聯合会　25F　28F
第二のイタイイタイ病　244A　→イタイイタイ病
大日本インキ化学工業　342C
大日本インキ化学工業工場　356A
大日本インキ化学工業所　356A
大日本インキ化学工場千葉工場　368A
大日本産業報国会　95F
大日本人造肥料会社　61A
大日本製薬　154C
大日本紡績深川工場　61E
大日本紡績連合会　15F
大日本油脂（花王石鹸）和歌山工場　101E
対龍工規約　18F
タイピスト　347E
ダイブの使用停止　373D　→合成飼料ダイブ

太平洋　139E
太平洋沿岸7都県の漁協組　316B
太平洋海運　383F
太平洋岸石油精製所　115F
太平洋戦争　97F
Time誌　281F
ダイヤモンドビット製造工場　179E
大洋デパート　361F
大洋デパート火災の損賠請求訴訟　369F
"太陽を返せ"建設公害対策市民連合　300B
第4回煤煙防止週間　79A　80A
第4水俣病(徳山)問題　373D
大和鉱業所稲里鉱　241E
対話集会　322B　352B
台湾出兵　12F
ダウ・ケミカル　287F
ダウサムAの流出　368A
田浦漁協　175D
田浦漁協長　170C
唾液腺がん患者　324A
田尾興業　296C
高崎市片岡鉱害対策委　118B
高崎市長　151D
高砂漁協　138B
高砂市民の会　360B
高島炭鉱　11F　12F　13E　14F　15A　15F　73E　77E
高杉製薬工場　238A
高田炭鉱　48A　58E
高取鉱山　52A　59A
高畠肥料工場設置　73A
高浜町婦人大会　196B
高松高裁　221D
高松炭鉱　49E　65E　76E
宝組化学品倉庫　205E
田川地区被害者の会　254B
滝川セルロイド工場　75A
滝口炭鉱　259E
多木製肥所　17A　17F　53A
武田薬品工業　312B
田子の浦漁協　138B　150B
忠隈炭鉱　45E　77E
立川井戸水汚染　96A
脱脂粉乳　140C　141D
脱硫装置　228C
伊達火発　380C　→北電伊達火力
伊達火発建設工事強制着工　348C　→北電伊達火力
伊達火発建設差し止め訴訟　332B　→北電伊達火力
伊達火発建設に反対する環境権訴訟　338B　→北電伊達火力
伊達火発建設問題　344C　370B　→北電伊達火力
伊達火発用海面埋立て問題　379D　→北電伊達火力
伊達火発用港湾建設　377D　→北電伊達火力
伊達火力関連訴訟　385D　389D　→北電伊達火力
伊達火力建設　356A　→北電伊達火力
伊達火力建設行政訴訟　362B　→北電伊達火力
伊達火力建設禁止訴訟　364C　→北電伊達火力
伊達火力建設反対運動　382B　→北電伊達火力
伊達火力の建設計画　337D　→北電伊達火力
伊達火力パイプライン　397D　→北電伊達火力
伊達火力パイプライン許認可問題　389D　→北電伊達火力
伊達火力パイプライン建設　394B　396C　→北電伊達火力
伊達火力発電所建設禁止請求訴訟　365D　→北電伊達火力
伊達漁協組　370B
伊達鉱山　390A
伊達市有珠漁協　368B
伊達市議会　331D　371D　397D
伊達製鋼会社工場　262A
田中正造翁余禄－上－　327F
棚橋製薬所　22F
田辺海上保安部　330C
田辺製薬　316B
多摩川沿岸悪水問題　86A
多摩川漁協玉川支部　174A
多摩川漁業被害　91A
多摩川漁組玉川地区支部　180B
玉川系水道水質調査会　308A　316A
多摩川砂利採掘取締　81A
玉川浄水場　297D
玉川水道　55F
玉川製紙会社　71A
玉川製紙工場煤煙問題　85A
多摩川製糸産業組合　69A
多摩川清掃工場　259D
多摩川の漁業調査　174A
多摩川の水質　190A
多摩川丸子ダム下　174A
多摩川流域における味の素製造建設許可に関する質問主意書　50A
たまごの会　370B
田宮委員会　172C　188C
ダム工事事故　225E
タンカー　316B　318A　320A　386A　392A
タンカー火災　190A　215F　221E
タンカー座礁　233F　234A　358A
タンカー事故　249F　317E　340A　362A
タンカー事故による油汚染の緊急処理対策に関する特別研究委員会　321D
タンカー衝突事故　368A
タンカー衝突による軽油流出　234A
タンカー遭難の影響予測　237D
タンカーでのベンゾール中毒　359E
タンカーによる汚染問題　230C
タンカーの爆発炎上　367E
タンカー爆発　381E
炭化水素　249F
炭化水素・一酸化炭素　385F
タンク火災事故　383D
タンクローリー運転手　357E
炭鉱　117E
炭鉱火災　48E
炭鉱国営　115D
炭鉱国家管理法　111D
炭鉱災害　99E　119D
炭鉱災害による一酸化炭素中毒症に関する特別措置法案　235D
炭鉱災害防止のための緊急対策　249D
炭鉱事故　111E　215D
炭鉱事故の死者　251E
炭鉱死者　102E
炭鉱専門の労働監督官　183D
炭鉱に生きる－地の底の人生記録　239F
炭鉱の火災　347E
炭鉱のガス爆発　175E　179E　211E　213E　265E　399E　401E
炭鉱の出水　175E　176A
炭鉱の出水問題　161D
炭鉱の閉山　219F
炭鉱の湧水問題　8A
炭鉱労働組合全国協議会(炭全協)　109F
炭鉱労働者　98E
炭酸ガス中毒　15E
炭塵爆発　37E　113E　199E　259E
炭塵爆発事故　347E
炭塵爆発事故賠償請求訴訟　347E
炭婦協　135F
炭壁くずれ　259E

ち

治安警察法　29F
地域指定ヒ素中毒　370A
地域冷暖房　256C
チェッカー・キーパンチャー　347E
チェンソー　163D　173E　199E　209E　219F　259E　→振動病・白ろう病
チェンソーによる振動障害　213D　→振動病・白ろう病
チェンソーの使用中止要求　385E
地下工事　353E
地下水汲み上げ禁止　211D
地下水の多量の汲み上げ　120A
地下鉄火災　242A
地下鉄工事用地　345D
地下鉄工事労働者　353E
蓄音器　61A
筑後川　19A
筑後川用水対策町民決起大会　210B

畜産公害　258A
筑紫炭鉱　175E　179E
蓄積公害対策　362C
蓄電池工場　63E
筑豊石炭鉱業組合　33E
筑豊炭鉱　174C
筑豊炭田　59A　104A　112B　358B
千倉化成工業所　254C　275D　289D
チクロ　255F　271F　273D　273F　274C　281D　282A　283D
チクロ入り加工品販売禁止　273D
チクロ禁止に対する損害賠償請求　280C
チクロ使用の自粛　272C
チクロ製造販売の自主規制　273D
チクロ追放消費者会議　284B
チクロ追放消費者大会　280B
チクロの使用制限　275D
チクロの食品使用　273F
チクロの製造使用禁止　280C
チクロメーカー　280C
致死性毒ガスの撤去　277F
秩父多摩国立公園　378B
チッソ　83F　210C　242C　250C　254C　256C　260C　268C　283D　289D　296C　300C　308B　310C　318C　322C　326B　339D　340B　342B　344C　346C　350B　352B　354B　356B　358C　360B　362C　366C　372C　375D　382B　382C　383D　384B　399D　→新日窒・日窒・日本窒素
チッソ株主総会　368C
チッソ株主総会の無効　366B
チッソ側申請証人　330C
チッソ合理化再建　280C
チッソ告訴　387D
窒素酸化物　274A　342A　356A　378C　→二酸化窒素
窒素酸化物汚染　370A
窒素酸化物規制　354C　388C
窒素酸化物削減の公害防止協定　399D
窒素酸化物等に係る環境基準専門委員会　299D
窒素酸化物排出基準　353D　355D
窒素酸化物排出規制　400C
チッソ支援　252C
チッソ社長　250C
チッソ社長らの書類送検　399D
チッソ従業員による暴行　322C
チッソ従業員の証言　324B
チッソ重役　384B
チッソ石油化学　189F　376A　392C
チッソ石油化学五井工場　204C　322B　322C　360C　364A　380B
チッソ石油化学五井工場の爆発　358C
チッソ石油化学工場　357E
チッソ石油五井工場　325D
チッソ第1組合　248B　250B
チッソ第2組合　250C
チッソ東京本社　288B
チッソに抗議する市民集会　322B
チッソに対する補償要求　252B
チッソによる子会社売却　358C
チッソによる冊子配布　344C
チッソの誓約書　344C
チッソの答弁書　270C
チッソへの救援策　344C
チッソ本社　320B　320C　322B　322C
チッソ本社の捜索　399D
チッソ本社前の座り込み　325D　328C　334C　335D　337D　352B
チッソ水俣工場　212C　216C　239E　248B　248C　251D　274C　326C　344A　348C　350C　354C　366C　397E
チッソ水俣工場幹部　214C
チッソ水俣工場第1組合　290B
チッソ水俣工場第2組合　354C
チッソ水俣支社　318B
チッソ水俣支社長　266C
チッソ役員に対する殺人・傷害罪での告発　390B
地熱発電　361D
千葉塩素化学　354C
千葉川鉄公害訴訟　384B　→川鉄千葉製鉄所
千葉県市原市議会　299D
千葉県市原署　325D
千葉県浦安漁組　162B
千葉県議会　225D　333D
千葉県漁協　172B　354B
千葉県漁連　172B　354C
千葉県警　221D　360C
千葉県公害防止条例　229D
千葉県知事　273D
千葉県庁　216B
千葉県富里新空港建設反対運動　220B
千葉県内湾産　174A
千葉県民社党県連　342A
千葉市議会　309D
千葉市公害防止条例　306B
千葉市市議会　156A
千葉市大気汚染問題　156A
千葉市煤煙影響調査会　324A
千葉製鉄所(川鉄)　123F　→川鉄千葉製鉄所
千葉製鉄所第6号熔鉱炉建設問題　384C
千葉地裁　382B
千葉中央署　221D
千葉ニッコー　344A　364C
千原鉱山　13A
地方自治法　109F
着色料中毒　14A　15A　16A　18A
注意報発令　316A　→光化学スモッグ
中越パルプ　146C　151D
中越パルプ工場設置反対期成同盟会　152B
中越パルプ工場誘致反対運動　150B
中越パルプ川内工場　176A　270B
中央衛生会　14A
中央卸売市場　334A　386A
中央協会　212C
中央公害審査委員会　301D　318C　→中公審
中央公害対策審議会　319D
中央公害対策本部　295D
中央高速道路　362B
中央高速道路調布インターチェンジ　355D　397D
中央水質審議会　315D
中央製紙　48A　50A
中央電力協議会社長会　352C
中央薬事審議会　193D　297D
中央薬事審議会医薬品安全対策特別部会　249D
中央労働災害防止協会　204C
中外製薬工場　370A
中学生以下公害病認定　338A
中学生以下の公害患者　338A
中興鉱業所　163E
中公審　318B　321D　335D　338B　341D　361D　379D　383D
中公審総合部会　381D
中公審損害賠償負担制度専門委　341D
中公審大気部会　381D
中公審調停委　324A
中公審答申　321D　323D
中公審による会議の非公開原則　403D
中古車の排ガス規制　347D
仲裁会　21A　→足尾銅山
抽出装置爆発　173E
中小企業救済の緊急融資　353D
中枢神経系疾患　154A
中性洗剤　191D　266A
中性洗剤に関する研究報告　215D
中性洗剤問題　187D
中電　196A　244B　→中部電力
中電火発　228C　→中部電力
中電三重火力　196B　209D　216C　→中部電力
中電四日市火力　210A　→中部電力
中毒　165D
中毒死　249E
中毒の認定　189D
中部圏開発整備法　225D
中部電力　199F　216C　224C　228C　229D　234C　254C　299D　→中電
中部電力渥美火力発電所　251D
中部電力新清水火発　300B
中部電力の浜岡原発設置反対共闘会議　238B
中部電力三重火力発電所　145F
中部電力四日市発電所　239D
中労委　343D
治ゆ認定取消訴訟　293E

超大型石油精製基地計画　360B
長期傷病者補償制度　175D
調査委員会　32A　→足尾銅山
調査委員会　312B　→北電伊達火力
銚子沖　280A
朝鮮人労働者　95F
朝鮮人労働者雇用　95F
朝鮮水電　66F
朝鮮戦争　119F　121F
朝鮮窒素肥料　68F　74F
調停案受諾　172B
調停案受諾の勧告　173D
超低周波空気振動　390A　398A
鳥類の斃死　370A
直接脱硫装置　238C
千代田化工建設に対する告訴　390B
千代田製紙工場　66A
チリー鉱石　342C
チリメンジャコ　176A
治療費の全額負担　234B
陳情請願　375D
鎮西炭鉱　71E
沈殿池の無効につき請願書　27A

つ

墜落防止に関する建設業労働災害防止規程　225D
通院費公費負担　193D
通勤途上災害調査会　285D
通産省　115D　117D　143D　165F　208A　211D　215D　227D　243D　251D　263D　265D　275D　277D　277F　279F　283D　287D　289D　291D　296A　297D　300A　327D　348C　349D　356C　361D
通産省工業用水審議会　177D
通産省鉱山保安局　179D
通産省の公害対策試案　277D
通産省の新日窒に対する指示　169D
通産省の責任者の自殺　271D
通産政務次官　255D
通水の一時停止　322B
杖立山銅山　6A
対馬・厳原の佐須川流域調査　263D
津地検　231D　301D　308C　311D　381D
津地裁　384C
津地裁四日市支部　346B
土谷ゴム製造所　17F
筒井炭鉱　180C
筒中セルロイド河内硝化綿工場　68A
堤炭鉱　157E
綱分炭鉱　71E
常石造船所　293E
積立慈善信託　343F
敦賀発電所　223D　→原発
鶴見工業地帯の大気汚染　89A
鶴見コール興業　294C　298C

て

低硫黄原油　229F　241F　257D
低硫黄重油使用要求　251F
低硫黄重油輸入　279F
低公害エンジン　334C
低公害車　360C　362C　375D
低公害車減税　349D　383D
低公害車の課税軽減　383D
低公害車販売　390C
低公害車販売実績　386C
低公害車販売台数　400C
帝国議会　37A
帝国大学　34A
帝人　118B　208B
帝人岩国工場　112A
ディスティラーズ社　269F　285F　343F　351F
ディスティラーズ製薬会社　225F
定鉄豊羽鉱山の汚水放流　122A
堤防の決壊　248B
ディルドリン　269F　276A　282A　306A　315D
鉄化石　260A
鉄鋼業窒素酸化物防除技術開発基金　354C
鉄工工場　30F
鉄道貨車の火災　237F
鉄道関係死傷者　26E
鉄道事故　199F　201F　243F　249F　363F
鉄道事故死傷者　29E
テトラサイクリン　275F
デパートでの火災　361F
デヒドロ酢酸ナトリウム　235D
デモ行進　160B
手持ち振動工具による障害　141E
デュポン社　123F　179F
電解ソーダ法　51E
電化工場爆発　131E
電気事業法　205D
電源開発促進法公布　129D
電源開発調査審議会　363D
電源開発調整審議会　213D　223D　337D　352B　371D
電源開発鈍化　275D
電車からの汚物被害　214A
電燈　17F
天然ガス　333F
天然資源開発利用に関する日米会議(UJNR)　357F
電波障害　238A
電波障害被害　384B
電波妨害　258A　390A
でんぷん工場建設　192B
澱粉工場廃水による汚染　352A
でんぷん対策委　260C
電離放射線障害疾病　193D
電離放射線障害防止規則　165D
電力・鉄鋼・石油業界の大形燃焼施設　337D
電力・鉄鋼・石油業界の大形燃焼施設　353D
電力業界　336C
電力消費規制強化　99F
電力白書　275D

と

ドイツ・アルデヒド社　181F
ドイツ労働者保護法　43E
銅　96A　322C
東亜建設工業京浜支店　390C
東亜建設工業横浜支店　382C
東亜合成化学工業　261E
東亜合成化学工業名古屋工業所爆発事件　131E
東亜港湾工業埋立事業　134A
東圧　113F
東圧化学　256C
東亜燃料工業　344C　356B　359E　360B
東亜燃料和歌山工場　138A
東亜ペイント大阪工場　342A
同位元素研究発表会　287F
東海2号炉建設問題　358B
東海原子力グループ　166B
銅会所　11F
東海製鉄所　207E
東海第2発電所建設　342B
東海道新幹線　207F　220A　→新幹線
東海道新幹線沿線　202B　→新幹線
東海道新幹線被害対策協議会　202B　→新幹線
東海道線　199F
道開発局　210B
東海村原子力研究所　164A
東海硫安(のちの三菱油化)　113F
東海労働弁護団　226B
銅器危害状態等注意　14A
東急エビス産業会社　254B
東京・水俣病を告発する会　292B　308B　390B　→水俣病を告発する会
東京医療生協氷川下セツルメント病院　316A
東京衛生試験所　20A
東京会議　335F
東京会議所　12F
東京瓦斯　17F　256C　261D　275F
東京瓦斯大森工場　73A
東京瓦斯局　17F
東京瓦斯工場重油流出事件　136A
東京瓦斯芝浦工場　61A
東京軽合金製作所　247E
東京警視庁保安部工場課　76A
東京決議　282B　283D
東京原子力産業研の原子炉　185F
東京鉱山監督署　22A　26A　37A
東京鉱山司　11F

東京鉱山保安監督部　332C
東京工場協会　76A　77A
東京合成樹脂製品工業協同組合　116C
東京国際空港　321D　→羽田空港
東京市衛生試験所　69A
東京市区改正条例　18F
東京市塵埃処分工場　63A
東京市水産会　85A
東京シネマ労組　236B
東京市羽田貝捲実業組合　81A
東京昇光舎　18F
東京進化製薬　161E
東京人造肥料会社　17F　18F
東京スモッグをなくす都民集会　342B
東京スモン訴訟　364B　→スモン訴訟
東京製鋼　74A
東京製鉄の騒音　198B
東京大学　225F　342B
東京第二国際空港　220B
東京第二陸軍造兵廠忠海製造所　69E
東京地検　163D　320B　341D　361D
東京地裁　308B　381D
東京電気　38F　61A
東京電機　72A
東京電線　61A
東京電灯　70F
東京電灯会社　15F　17F
東京電力　204B　238C　242C　244C　275F　324C　→東電
東京電力東大井発電所　251D
東京都板橋区立加賀中学　212A
東京都衛生局　157D　166A　169D　233D　293D　390A　→都衛生局
東京都衛生局学会　266A
東京都荏原保健所　241D
東京都王子保健所　143D
東京都下水道局　199D
東京都建設局　165D
東京都公害局　375D　→都公害局
東京都公害研究所　245D　248A　267D　382A　→都公害研
東京都公害防止条例　269D　287D　361D
東京都ゴミ戦争対策本部　321D
東京都品川区議会　211D
東京都品川区五反田駅周辺　246A
東京都地盤沈下対策審議会　228A
東京都住宅供給公社烏山北住宅道路対策協議会　362B
東京都消費者センター　300A
東京都新宿区柳町交差点　282A　→新宿区柳町
東京都水道局　307D
東京都杉並清掃工場の建設問題　378B
東京都制　100F
東京都世田谷区農業振興対策委員会　174A
東京都世田谷区大原交差点　240B
東京都騒音防止に関する条例　137D
東京都知事　322B　357D
東京都調布市議会　397D
東京都都市公害対策審議会　181D　191D
東京都都市公害部　199D　217D
東京都都市災害対策プロジェクトチーム　287D
東京都土木技術研究所　248A
東京都内山手線　267F
東京都内湾漁業対策審議会　187D
東京都内湾漁民　190B
東京都ばい煙防止条例　145D　199D
東京都防災会議　281F
東京都港区議会　249D
東京都労基局王子監督署　393D
東京における自然の保護と回復に関する条例　345D
東京日々新聞　26A
東京の地盤沈下　248A　270A　→地盤沈下
東京の中央卸売市場　240A　354A
東京の丸の内署　325D
東京母親大会連絡会　356B
東京ビルディング協会　257D
東京ヘップ・サンダル工組合　167E
東京砲兵工廠　25E　38E
東京ほか関東南部　238A
東京丸の内署　335D　337D
東京油脂工業江戸川工場での爆発　243E
東京硫酸工場　79A
東京硫酸中川工場　78A
東京労働基準局　167E　397D
東京湾沿岸の漁民　162B
東京湾汚染　93A　149D
東京湾汚染問題　89A
東京湾産　174A
東京湾水質保護協会　91A
東京湾内深川浦地先　60A
東京湾内油毒除害期成同盟　40A
東京湾羽田沖　93A
東京湾を囲む都市公害対策会議　351D
統計研究会公害研究委員会　202A　240A
銅検出　268A
東三水族擁護同盟会　80A　81A
陶磁器製食器の鉛害防止のための安全対策を検討する委員会　270C
陶磁器製造工場　379E
陶磁製食器　233D
道指導漁連　312B
東信電気　54F
銅製錬工場　205E
銅製錬排ガスの完全処理　138C
東大工学部　298B　402B
東大生協　246B
盗炭・水洗炭防止対策　155D
東電　133E　202C　206C　207D　208C　209D　230C　256C　286C　328B　→東京電力
東電梓川水系ダム　221E
東電火発設置　269D　→東京電力
東電火力阻止・既存公害追放の決起集会　268B
東電川崎火力発電所の立入り調査　334B
東電第2原発建設問題　356C
東電千葉　151E
東電銚子発電所　294C
東電のLNG発電所　270C
東電発電所の富士市立地問題　240B
東電福島原発　229F　279D　309F　367E
東電富士川火力建設問題　263D　→富士川火力建設問題
銅による土壌汚染　398A
東燃石油化学　243F
東燃本社　360B
東部開発　368A
東プロ製作　310B
東邦亜鉛　88F　→安中鉱害
東邦亜鉛　97A　97F　114B　116C　116B　117D　118B　118C　119D　124A　134C　136A　152C　153D　264B　270B　276C　294B　296B　309D　316B　326B　335D
東邦亜鉛安中　236C　282C　292B
東邦亜鉛安中カドミウム　316B
東邦亜鉛安中工場　289D　307E
東邦亜鉛安中製錬所　113F　114B　114C　124C　125F　133E　144C　156B　164A　250A　264A　268B　268C　280C　289D　292C　294A　295E　297D　332C
東邦亜鉛安中製錬所スト　133E
東邦亜鉛汚水問題　126A
東邦亜鉛鉱害対策委員会　118B
東邦亜鉛鉱害対策委員会連合会　116B　118B
東邦亜鉛鉱毒対策促進期成同盟会　148B
東邦亜鉛鉱毒被害地区民大会　148B
東邦亜鉛第2組合　134C
東邦亜鉛対州鉱業所　206A　366A　380B　386C　387D
東邦亜鉛による鉱害　130A
東邦亜鉛の公害かくし　366C　370C
東邦亜鉛廃水　126A
東邦亜鉛弁護団　288C
東邦亜鉛労組　118C
東北・上越新幹線現在計画反対北区民協議会　357D
東北・上越新幹線建設反対運動　398B　→新幹線
東北・上越新幹線反対運動　384B
東北・上越両新幹線計画　350B
東北・上越両新幹線建設問題　374C
東北医師会総会　357E
東北鉱業会　120C
東北新幹線建設　350B　→新幹線

東北振興パルプ　89A　92A
東北振興パルプ石巻工場廃液被害　96A
東北振興パルプ廃液被害問題　99A　101A
東北水研　154B
東北電力　216C　238C　242C　399D
唐松炭鉱　73E
東名高速道　267F
燈油引火事故　359E
東洋エチル　292B　306C
東洋化工工場　170A
東洋工業　336C　342C　349D　360C　378C　396C
東洋曹達工業　115F　316A　348A
東洋曹達工業南陽工場　363E
東洋曹達南陽工場　386B
東洋紡　118B
東洋紡岩国工場　112A
東洋紡績　56E　58E
東洋紡績川之石工場　60A
東洋レーヨン　66F　69F　78A　115F　123F　175F
東洋レーヨン愛媛工場排水問題　132A
動力炉・核燃料開発事業所　400A
動力炉・核燃料再処理工場　385E　396B
道路運送法　125D
道路建設工事による川魚斃死　322B
道路交通取締法改正令　163D
道路交通法　177D
道路照明水銀灯　226A
道路の路線変更要求　375D
東和アルミニウム工業所　344A
同和鉱業小坂鉱業所　330A　344A
都衛研　312A　386A
都衛生局　286A　331D　336A　→東京都衛生局
都衛生研　324A
都議会日照条例等審査特別委員会　355D
毒ガス　89E
毒ガス患者　261E
毒ガス中毒　99E
毒ガス撤去市民集会　288B
毒ガスによる被害　210A
毒ガス放出　188A
徳島県衛生部　143D
徳島県公害防止条例　241D
徳島大　282A
徳島地検　143D　145D　199D
徳島地裁　338B
特製王銅　127F
独ソ宣戦布告　97F
特定化学物質等傷害予防規則　315D　337D
特定化学物質等障害予防規則令　397D
特定工場における公害防止組織の整備に関する法律　315D
毒物及び劇物取締法　121D
毒物及び劇物取締法施行令　143D
毒物劇物取締法　311D
毒物性皮膚炎　346A
特別鉱害復旧臨時措置法　119D
毒薬劇薬取扱規則　13A
徳山市漁協　236B　254B　256B　348B
徳山曹達　316A　348A　372A
徳山曹達工場　348C　348B　371E
徳山曹達南陽工場　386B
徳山湾沿岸　388B
徳山湾の水銀汚染問題　348B
都公害局　346A　→東京都公害局
都公害研　286A　334A　→東京都公害研究所
都工場公害防止条例　161D　→工場公害防止条例
都市ガス配管工　243D
都市計画法　249D　267D　→改正都市計画法
都市公園法　147D
都市公害対策審議会　287D
都市騒音　313D
都市廃水　112A
土砂崩れ　221E
土壌汚染(カドミウム)対策地域　373D
土壌汚染防止法　305D
土壌汚染補償などに関する誓約書　334B
土壌改良事業費　335D
土壌被害　33A
土石採取場安全及衛生規則　81E
戸高鉱業　305E
土地明渡し請求訴訟　239D
土地改良区　202B
栃木化学工業廃水問題　120A
栃木県会　43A
栃木県議会　37A
栃木県警察部　68F
栃木県公害防止条例　223D
栃木県産米　388A
栃木県知事　23A
栃木県知事宛　19A
栃木県谷中村買収　37A　→谷中村
栃木県立宇都宮病院　19A
と畜場法　133D
土地収用法　329D
土地収用補償金額裁決不服事件　39A　45A　46A　47A
土地収用補償金額裁決不服訴訟　46A　47A　57A
土地買収価格　324B
鳥取県水質汚濁防止委員会　135D
都道府県知事　311D
都内水面委員　159D
都内水面漁業管理委員会　158B
利根川　280A
利根川逆流問題　40A
戸畑共同火力　399D
土木学衛生工学委員会　342A
土木建築工事安全及衛生規則　86E
都保健所　358A
苫小牧漁協　398B
苫小牧東部開発　361D
苫小牧東部開発・伊達火力発電所現地調査団　378B
苫小牧東部開発に反対する会　382B
苫小牧東部工業基地建設問題　362B
苫小牧東部工業地帯企業立地審議会条例　382B
苫小牧東部大規模工業基地　311D
苫小牧東部大規模工業基地開発委員会　311D
苫小牧東部大規模工業基地開発計画　361D
苫小牧東部大規模工業基地建設　349D
苫小牧臨海工業地帯　235F
苫東開発　353D
苫東港建設　396B　398B
都民の生活白書　233D
富山イタイイタイ病控訴審判決　334B
富山イタイイタイ病訴訟　308B　316B　332C　334B　→イタイイタイ病訴訟
富山イタイイタイ病訴訟控訴審　328B　→イタイイタイ病訴訟
富山イタイイタイ病対策協議会　238B
富山イタイイタイ病弁護団　327D　→イタイイタイ病弁護団
富山イタイイタイ病補償の調印　334B
富山化学工業　206A
富山化学の公害輸出をやめさせる実行委員会　376B
富山県衛研　310A
富山県議会　328C
富山県民総決起大会　332B
富山県公害反対市民協議　242B
富山県産カドミウム汚染米　345D
富山県社会保険事務所　313D
富山県神通川流域産米　247D
富山県知事　269D
富山県地方特殊病対策委員会　185D　189D　203D　→イタイイタイ病
富山県地方病対策合同委員会　208A　→イタイイタイ病
富山県婦中町議会　263D
富山県立中央病院　328C
富山食糧事務所　289D
富山湾の水銀汚染　348A
豊国炭鉱　57E
豊島製紙会社　292A
豊洲　145E
豊州炭鉱　176A　181D
豊州炭鉱出水　177E
豊州炭鉱の死亡事故　177D
トヨタ自動車　332C
トヨタ自動車工業　394C　400C
豊羽鉱山　159E　382A
豊橋市商工会議所　80A

トラホーム　42E
ドラム缶海上投棄　284A
トリー・キャニオン号　275F
鳥居薬品　338B
トリクロルエチレン　291E
トリクロルエチレン中毒　101E
取消し裁決　317D　→水俣病
鳥の大量死　388A
塗料工業　15F
ドリン系剤　299D　→農薬
ドリン系農薬　300A　→農薬
ドリン剤　312A　→農薬
ドリン剤有害農薬　327D　→農薬
土呂久・松尾等鉱害被害者を守る会　388B
土呂久銀山　3F　4A　8F
土呂久公害の補償　340B　386B
土呂久公害被害者の会　324B
土呂久鉱山　58F　81A　83F　88A　138C　164B　190C　241F
土呂久慢性ヒ素中毒　342A
トンネル工事現場　313E
トンネル事故　313E

な

内地綿花　17F
内部告発　382C
内部告発への処分　260C
内務・大蔵両大臣　29A
内務省　14A　19E　26E　30E　32F　37A
内務省衛生試験所製薬調査所　55A
内務省に社会局　60E
内務大臣　37A
内湾漁業対策協議会　187D
直江津臨海工業地帯　358A
長久手炭鉱　77E
長崎県衛生部　263D
長崎県環境部　393D
長崎県議会　397D
長崎県知事　15A　387D
長崎県油症対策協議会　348A　→カネミ油症患者の認定
長崎港　83E
長崎新聞社　353E
長崎新聞社労組　353E
長崎地検　387D
中島鉱山　190C　241F
中島鉱山の亜ヒ焼き　139D
中島飛行機製作所田無発動機試験所　75A
長瀬商店　24A
中鶴炭鉱　157E
中通病院　330A
中通病院公害委員会　344A
長野県上高井郡町村議員総会　124B
長野県公害防止条例　211D
長野県厚生連佐久総合病院　224A
長野県千曲川漁協　128B
長野県南佐久八ヶ岳硫黄鉱害対策委　132B
長野県南佐久八ヶ岳硫黄鉱害問題調査　142B
長野製紙　128B
長部田新長炭鉱　185E
長良川清流保存に関する請願　90A
長良川水産会　72A　78E　79A　89A　90A
名古屋港9号地　382A
名古屋高裁金沢支部　323D
名古屋新幹線公害訴訟　384A　396A　→新幹線公害訴訟
名古屋通産局　311D
名古屋電燈会社　17F
灘神戸生協　347E
灘神戸生協労組　347E　369E
灘五郷酒造組合　180B
7大都市自動車排ガス規制問題調査団　375D　377D
7大都市自動車排出ガス対策幹事会　387D
ナフサセンター　165F
ナフサセンター処理基準　211F
ナフサ生だき　336C
ナフサ流出事故　396C
ナフサ漏出事故　390C
生麦漁組組合長　67A
鉛　288A　316A　344B
鉛・亜鉛による汚染　266A
鉛汚染　158A
鉛作業による職業病　401E
鉛暫定基準　291D
鉛中毒　16E　18E　19A　20A　20E　22E　27A　35A　42E　62A　63E　64E　65E　66E　67A　68E　70E　71A　71E　75E　77E　79A　83E　85E　93E　94E　95E　98E　121E　127E　189E　205E　257E　288A　395E　397E　398C
鉛中毒自主検診　389E　395E
鉛中毒の賠償請求訴訟　373E
鉛中毒予防規則　233D　307D　337D
鉛中毒予防対策　325D
鉛に係る環境基準専門委員会　299D
鉛による海洋汚染　356A
鉛による急性中毒死　181E
鉛による中毒の認定基準　317D
鉛の検出　340A
奈良輪漁協　324B
成田空港　391D　392B　→新東京国際空港
成田市議会　225D
成田新幹線　328B　→新幹線
成田の水を守る会　382B
南海電鉄　243F
南極の鉛汚染　206A
南武鉄道　76A
南北石油会社　40A
南陽地区　239D

に

新潟空港公害対策協議会　366B
新潟県阿賀野川関係漁協　222B
新潟県衛生研究所　328A　336A
新潟県青海町の電化工場　131E
新潟県の有機水銀中毒事件　221D　→新潟水俣病
新潟県水俣病患者　400A　→新潟水俣病
新潟県水俣病訴訟　250A　→新潟水俣病
新潟地震　202A　203F
新潟市の民水対　236B
新潟地盤沈下特別委員会　166A
新潟市補償要求連絡協議会　226B
新潟女子短大の水俣病問題研究会　234B
新潟水銀中毒事件特別研究班　217D
新潟大医学部　334A
新潟大学　210A　212A　215D
新潟大学公衆衛生学教室　222A
新潟地裁　283D
新潟水俣病　222A　223D　226B　227D　229D　230C　233D　249F　286B　296B　306B　312B　316C　318B　318C　→阿賀野川有機水銀中毒
新潟水俣病患者　266A　332B　→阿賀野川有機水銀中毒
新潟水俣病患者への激励　238B
新潟水俣病共闘会議　280B　344B　350B
新潟水俣病原因についての厚生省見解　239D
新潟水俣病現地調査　264B
新潟水俣病裁判　238B　266C　282C　286C　287D　292C
新潟水俣病事件　221D
新潟水俣病新認定患者　338C
新潟水俣病訴訟　222B　226B　230B　232B　234B　248B　256A　286B
新潟水俣病訴訟の追加の提訴　266B
新潟水俣病代表団　242B
新潟水俣病についての政府結論　250B
新潟水俣病についての通産省見解　243D
新潟水俣病認定患者　378A
新潟水俣病認定申請者　336A
新潟水俣病農薬説　228C
新潟水俣病の記録映画　236B　244B
新潟水俣病の原因　222A　233D　250A　251D
新潟水俣病の原因解明　237D
新潟水俣病の原因究明　245D
新潟水俣病の原因についての厚相見解　245D
新潟水俣病の認定　322A

ぬ

ね

の

は

ひ

兵庫パルプ鶴崎工場廃液問題　156A
兵庫パルプ鶴崎工場誘致計画　150B
兵庫パルプ鶴崎市進出問題　152B
兵庫パルプ排水　142B
兵庫パルプ排水問題　142C
漂白剤　311D
漂白剤の過剰使用　240A
平金鉱山　53A　56A　218A
平岸炭鉱　179E
平塚海軍火薬製造所　38F
肥料工場排水被害　92A
肥料生産　108C
肥料配給統制　93F
疲労性腰痛・低温作業疾病に関する協定　369E
広島市モーターポンプ事件　63A
広畑製鉄　100F　→日鉄広畑製鉄所
広畑製鉄所　95A　96A　97A　98A　→日鉄広畑製鉄所
琵琶湖環境権訴訟準備会　400B
琵琶湖総合開発特別措置法公布　331D
琵琶湖調査　342A
ピンホール　254C

ふ

フイアンテッド・ケミカル　287F
風致地区内における建築等の規制の基準　279D
風致保存運動　218B
フェノール　276A　306A　307D　308A
フェノール樹脂　177E
フェノール樹脂による皮膚障害　249E
フォークリフト運転手の職業病認定　373E
フォークリフト病　219E　333D
フォコメリー研究班　190A
フォスゲン　246A
フォスゲンガス中毒　56E
深川セメント工場　16E　16F　→浅野セメント深川工場
深川地先　63A
深川土地改良区　136B
福井県敦賀原子力発電所　306A　→原子力発電所
福岡県衛生部　291D　343E
福岡県カネミ油症対策本部　269D
福岡県下の歴史と自然を守る会　342B
福岡県鉱害対策被害者組合連合会　152B
福岡県鉱害対策連絡協議会　152B　155D
福岡県鉱害被害　58A　59A　61A　69A　72A　73A　74A　80A
福岡県公害防止条例　141D
福岡県鉱毒被害　55A　57A
福岡県騒音防止条例　141D
福岡県田川署　185D
福岡県田川保健所　175E
福岡県炭鉱主婦連絡協議会（福炭婦協）結成　125E
福岡県知事　352B
福岡県農会長　58A
福岡県弓削田江田鉱業所　129E
福岡県労働基準局　183D
福岡鉱山監督署　23A　27A　33E
福岡鉱山保安監督局　386C
福岡鉱山保安局　161D
福岡市下水処理場排水　342A
福岡市四エチル鉛対策本部　155D　→四エチル鉛
福岡市中央卸売市場　327D
福岡スモン訴訟　369D　→スモン訴訟
福岡地検久留米支部　289D
福岡地検小倉支部　285D
福岡地裁　347E
福岡地裁小倉支部　298B　308B
福岡通産局内九州地方鉱業協議会　358B
福岡労基局　363D　379D
福島県いわき市農会公害対策委連合会　296B
福島県公害防止条例　223D
福島原発　371F　→原子力発電所
福島第1原子力発電所　376A　→原子力発電所
福島第2原子力発電所　365D　→原子力発電所
福島第2原発設置許可取消請求　382B　→原子力発電所
福島炭鉱　76E
福寿製薬　287D
福硫曹製造場移転問題（亜硫酸）　82A
不顕性水俣病　266A　→水俣病
武甲森林組合　68F
富国鉱業　96A
不作為申請　375D
不作為に関する行政不服審査請求　372B
富士川火発　256C
富士川火発建設反対期成同盟　260B
富士川火力建設計画　247D
富士川火力建設問題　244C　→東電富士川火力建設問題
富士川火力設置問題　253D　→東電富士川火力建設問題
富士川火力特別委員会　273D
富士川火力発電所　242C
富士川火力問題　266A
富士川町議会　251D
藤倉電線　60A
富士公害　333F
富士市議会　261D　263D　265D　273D
富士市公害対策室　245D
富士市公害対策市民協議会　244B　250B
富士市公害対策庁内連絡会議　239D
富士市全員協議会　269D
富士市の公害　260B
富士写真フイルム　81A　81F
富士写真フイルム足柄工場汚水事件　160A
富士署　265D
富士製紙落合工場　64F
富士石油　202C　206B
富士石油設立準備室　200C
藤田組　22F
藤田組製錬所　54A
藤田鉱業柵原鉱山　62A
藤田航空　197F
富士鉄　154A
富士鉄室蘭鉄工所　175E
富士電気化学鷲津工場　208A
富士紡績　61A
富士紡績小山工場　61E
負傷　38E　39E
富士ラバー会社　251E
婦人16歳未満者の坑内労働禁止　79E
婦人矯風会　33A
婦人労働者　92E　97E
婦人労働者数　74F　75F
豊前海　240A
豊前火発建設　319F
豊前火発建設差止め訴訟　362B
豊前火発建設問題　370C
豊前火発の環境保全協定　343D
豊前火力　370B
豊前火力建設反対訴訟　396B
豊前火力建設問題　370C
豊前火力絶対阻止　352B
豊前火力絶対阻止・環境権訴訟を進める会　344B　354B
豊前火力発電所　363D
豊前火力発電所建設差止請求訴訟　354B
豊前火力発電所建設問題　371D
豊前火力発電所問題　352B
豊前火力誘致阻止総決起集会　336B
付帯意見　359D
二つの水俣病についての政府見解　244B
豚の流・死産　346A
フタル酸エステルによる食品汚染　368A
フタル酸エステル類による環境汚染　400A
フタロジニトリル　157F　201F
フタロジニトリル中毒　155E　201E
フッ化カルシウム　211E
フッ化物による大気汚染防止に関する調査委員会　269D
フッ素　298A
ふっ素化合物による被害　268C
フッ素障害　119E　163E
フッ素中毒症患者　365E
物品税　349D
不等沈下　382A
船の火災沈没　346A

船の座礁　232A
不買運動　402B
不法砂利採掘　92A
不法投棄　316B
浮遊粉塵　274A　302A
浮遊粉塵の環境基準　321D　323D
プラスチック企業への課税　343D
プラスチック協会　120C
プラスチックゴミ　342A
プラスチックゴミ公害をなくす都民集会　348B
プラスチック類　343D
腐卵臭　212A
フランスクールマン社　189F
プランス工業　368C
プランテクス社　299F
ブリティッシュ・ペトロリウム社　254C
不良医薬品　243D
古河　17A　23A　26A　33A　36A
古河大峰鉱業所　168B
古河大峰鉱万歳鉱　179E
古河鉱業　36A　38F　338C　342C　358C　368B
古河鉱業会社水沢鉱業所　45E
古河鉱業事務所　31A
古河鉱業下山田鉱業所　279E
古河鉱業下山田鉱事故　280C
古河鉱業所　106B　326B
古河産銅　17F
プルトニウム　283E
プルトニウム飛散事故　267D
プロセス産業の巨大装置　199E
プロパンM　176C
プロパンガス爆発　383E
プロピレンオキサイド　179F
プロピレングリコール　179F
フロリダ州　285F
フロリダ電力会社　285F
プロルトン　192C
文京医療生協医師団　288A
文芸春秋　400C
粉塵　44A　45A　54A　66A　67A　74A　318A
粉塵環境基準　305D
粉塵公害　306B　386B
粉塵公害反対市民会議　286B　292B
粉塵被害　64A　182B　198B　252A　254B
粉塵被害に対する補償要求　260B
粉塵問題　69A
分析結果のねつ造　365D
糞尿汚染　97A
分別収集　343D

へ

ヘアスプレー　288A
へい獣処理場等に関する法律　113D
へい獣処理場等に関する法律の改正法　305D
米杉使用　259E
平民社　39F
平和鉱業所　259E
ベータ・ナフチルアミン　320C　332C　337E
ベータBHC　312A　315D
へその緒　326A
別子産銅　20F
別子四阪島　89A　91A　93A　→四阪島製錬所
別子四阪島製錬所　39A　49A　54A　→四阪島製
別子銅山　4A　4F　5A　5E　7A　7E　8F　13F　14F　15A　15E　16A　17F　23F　43A
別子銅山　109D　109F　163D　→住友別子銅山
別子銅山新居浜製錬所　27A　28A　31A　→新居浜製錬所
別子銅山新居浜分店　22A
別子銅山賠償協議　44A　49A　52A　58A　60A　65A
別府化学　155E
ヘドロ　295E　296A　296B　297D　298A　300A　302A　303D　304A　308C　311D　316A　317D　348C　398A　400B
ヘドロからのPCB　350A
ヘドロからの水銀検出　354A　358A
ヘドロ公害住民　306B
ヘドロ公害住民訴訟　300B
ヘドロ公害追放駿河湾を返せ沿岸住民抗議集会　294B
ヘドロ浚渫　300B　329D　384A
ヘドロ処理をめぐる漁業補償　400B
ヘドロ水銀　348A
ヘドロ訴訟の判決　368B
ヘドロによる漁業被害　358B
ヘドロ不法投棄事件　294B　296C
ペニシリン　107F　275F
べ平連　286B　312C　356B
ベリリウム工場　164A
ヘルユエニツ号　166A
紅ガラ工場　75A
ペンキ　32E
ベンジジン　149E　150C　235E　282C　283E　285E　289E　318C　320C　332C　337E　395E
ベンジジン職場での発癌　173E
ベンジジン製造工場　219E
ベンゼン　165D
ベンゼンを含有するゴム糊の製造等を禁止する省令　173D
ベンゾール　161E
ベンゾール・ガソリン中毒調査　141E
ベンゾール処理工場　267E
ベンゾールタンクの爆発　365E
ベンゾール中毒　121E　127E　139E　167E　167D　169D
ベンゾール中毒対策委　169D
ベンゾール中毒問題　169E
ベンゾールによる火災　265E
ベンゾニトリクリド　397D
ベンゾニトリル　210A
ベンツピレン　174A　234A　379E

ほ

保安条例　17F
ボイラー及び圧力容器安全規則　337D
防衛施設周辺の生活環境の整備等に関する法律　371D
防衛施設周辺の整備等に関する法律　225D　237D
防衛庁　271F
防音工事　367D
防空法　88F
暴行　325D
膀胱癌　395E
暴行事件　322B
膀胱腫瘍　395E
芳香族アミン類　244A
ホウ酸入りカマボコ　162A
紡糸液腐蝕症　94E
放射性同位元素等による放射線障害の防止に関する法律　155D
放射性廃液の漏出　328A
放射性物質の被曝　355E
放射線　93A
放射線医学総合研究所　366A
放射線障害防止法違反の問題点　374C
放射線照射食品　223F
放射線同位元素等による放射線障害の防止に関する改正法律　331D
放射線内部被曝　275E
放射線被曝　370C　380C
放射線漏れ事故　374A
放射能　146A　246A　260A
放射能アイソトープ　374C
放射能異常値　384A
放射能汚染　190A　247D　306A
放射能事故発生　261E
放射能障害　143E
放射能対策本部　192A
放射能被曝症状　367E
放射線被ばく装置　227E
放射能洩れ　400C
放射能漏れ事故　388A
方城炭鉱　50E
法制審議会　361D
法制審議会刑事法特別部会　261D　267D
法政大学第二高等学校　302B

紡績会社設立　18F
紡績工場　30F
紡績工場の死者　26E
紡績職合会　30F
紡績操短　19F　30F
紡績連合会　18F
紡績労働者　21F
房総・三浦半島　146A
砲弾製造原料爆発事件　133E
防腐剤サルチル酸　273D
防腐剤ソルビン酸　220A
砲兵工廠　34E
宝満山銅山製錬所　47A
法務省　299D
崩落　209E　241E
崩落事故　345E
暴力的な強制労働　180C
暴力排除決議　375D
北越炭素工業　294C　298C
北限のサル　294A
北信鉱業所　128B
北大医学部　173E
北炭清水沢電力　158B　228B
北炭清水沢労組　158B
北炭空知鉱業所龍出鉱　179E
北炭電力所　226A
北炭幌内鉱　179E　401E
北炭夕張鉱業所　211E　259E
北炭夕張事故　211E
北炭夕張炭鉱　291E　391E
北電　330B　344C　362B　370B　378C　396C　→北海道電力～
北電からの寄付　371D　→北海道電力～
北電火力発電所建設問題　332B　→北海道電力～
北電原発　288B
北電重油専焼火力　312B
北電伊達火力　313D　382B　→伊達火発
北電伊達火力発電所建設問題　331D　368B　382C　387D　392B　→伊達火発
北電電源開発工事　181E
北陸鉱山会社　292A
北陸トンネル列車事故　358A
保険調査官　60E
保健薬の規制　246B
歩行者天国　293F　295D　349D
補償　234B
補償金改訂　194B
補償金への課税措置　377F
補償交渉　352B　361F
補償処理委の立替え費用　267D
補償の調印　210B
補償要求　314B
補償要求のスト　397E
補償要求を拒否　230C
ホスゲン　317E
ホスゲンガス漏洩　229E
ホスゲン中毒　325E
ホセ・アバド・サントス号　248A
細越部落農民組合　66A
ボタ自然発火　185E
ホタテ稚貝の斃死　377D
ホタテの大量死　390A
ぼた山　154A
ボタ山崩落　141E　179E　182A
北海道　185D　251E　265E　278A
北海道阿寒国立公園　131D
北海道阿寒国立公園の硫黄採掘申請　127D
北海道胆振地方漁協組　302B
北海道岩内郡漁協　288B
北海道衛生研究所　124A
北海道衛生部　141D　158A　222A
北海道江別市議会　375D
北海道開発庁　359D
北海道かんがい用水汚濁防止対策推進本部　190B　192B　194B　200B　204B
北海道議会　131D　201D　203D
北海道漁民同盟　210B
北海道公害対策審議会　349D
北海道自然保護団体連合　386B
北海道獣医師会石狩支部研究会　352A
北海道縦貫自動車道　375D
北海道自由人権協会　376B
北海道砂川町三省鉱業所東山鉱　303E
北海道瀬棚マンガン鉱山　132C
北海道ソーダ創立　121F
北海道曹達幌別工場　204A
北海道空知支庁　381E
北海道伊達町錦町商店会　313D
北海道炭礦汽船　117E　283E
北海道地区災害対策専門調査団　179D
北海道知事　201D　203D
北海道庁　183D
北海道澱粉工業協会　260C
北海道天北炭田浅茅野鉱山　123E
北海道電力　366C　→北電
北海道電力第2原子力発電所　368B　→北電
北海道苫東港審議会　364B
北海道内水面漁場管理委員会　387D
北海道熱供給公社　259D
北海道木材化学木糖工場　172B
ホッキ貝やエゾバカ貝の斃死　184A
北光鉱業室蘭鉱業所廃液流出問題　154B
北方漁業組合　75A
保土谷化学　219E
保土谷化学東京工場　173E　235E
程ヶ谷曹達工場　51F　52A
母乳　302A　312A
母乳中のPCB濃度　370A　→PCB
母乳のPCB汚染　340A　→PCB
母乳のPCB検出　324A　333E　→PCB
母乳の水銀　224A　→水銀
ポリエチレン　179F
ポリエチレン製造研究室　193E
ポリエチレンなどの無害化　356C
ポリエチレン容器化　299D
ポリオレフィン等衛生協議会　356C
ホリドール中毒　133E
ホリドール農薬　131E　→農薬
ぽりばあ丸　283F
ぽりばあ丸事件　281E　339D
ぽりばあ丸の事故　261E
ポリプロピレン　175F　187F
ポリプロピレン製造技術　175F
ポリプロピレンペレット装置の爆発　357E
ポリ容器　313D
ボルドー　127F
ボルドー液　132A
ボルドー液中毒事故　124A
ホルマリン　177E
ホルマリンガス　356A
ホルマリン規制　329D
ホルマリンの溶出　224A
ホルムアルデヒド　117D　300A
幌内炭鉱　15E　45E　56E　58E　76E
幌別鉱山　42A
幌別炭鉱　75E
本川郷の銅山　6A
本州製紙　162C　298A
本州製紙岩淵工場　69A
本洲製紙江戸川工場　158A　158B　158C　159D　159F　160C　161D　162B　164B　165D
本州製紙江戸川工場汚水事件　161D
本州製紙江戸川工場汚水排出事件　161D
本州製紙江戸川工場汚水問題　160B
本州製紙江戸川工場事件　160B　160C
本州製紙江戸川工場廃水問題　158A
本州製紙江戸川事件　158B
本州製紙釧路工場　166A
本州製紙事件の補償協定　164B
本田技研　334C　342C　362C
本牧漁業組合　75A
本牧臨海工業地帯　266A

ま

毎日新聞　33A　34A
米原鉄道診療所　97A
前橋地裁　289D　360B
マグロ　306A　314A　334A　359D
マグロ・フレークかんづめ　350A
マグロかんづめ　342A　352A
マスキー法　334C　335D　337F　→日本版マスキー法・自動車排ガス規制
マスキー法75年基準　342C　→日本版マスキー法・自動車排ガス規制
マスキー法案　297F　→日本版マス

キー法・自動車排ガス規制
マスキー法対策低公害車　336C　→日本版マスキー法・自動車排ガス規制
マスキー法適用の延期　345F　→日本版マスキー法・自動車排ガス規制
マスキー法の１年延期　353F　→日本版マスキー法・自動車排ガス規制
松尾鉱業　257F
松尾鉱業所　241E　332A
松尾鉱業松尾鉱山　277F
松尾鉱山　55F
松川事件　115F
マッコウクジラからの水銀検出　358A
松下電器産業進相コンデンサ事業部　327E
松島炭鉱　61A　73E　229E
マッチ工業　20F
マッチ工場　13F　14F　30F　37E
マッチ工場新燧社　13F
マッチ製造業　21F
マッチ製造業組合　17E
摺附木製造所取締規則　19E
マッチの輸出額　14F
松村調査団　204B
幻の公害病　386C
真谷地炭鉱　52E　57E
丸善石油　153F　364A
丸平興業　294C　298C
マルマン佐賀営業所　230A
マンガン　95A　148C
マンガン粉　282A
マンガン精錬工場　348A
マンガン中毒　61E　→慢性マンガン中毒
マンガン粉塵中毒　348A
マンガンまたはその化合物に因る中毒の認定基準　195D
万石浦漁協　166B
満州事変　75F
満州本渓湖炭鉱(日本軍管理)　98E
慢性カドミウム中毒　328C　→カドミウム中毒
慢性気管支炎　384A　→気管支炎
慢性気管支炎有症率　346A
慢性水銀中毒　61E　99E　→水銀中毒
慢性的潜函病　353E　→潜函病
慢性二硫化炭素中毒　77E　→二硫化炭素中毒
慢性ヒ素中毒　345E　→ヒ素中毒
慢性ヒ素中毒症　175E　→ヒ素中毒
慢性マンガン中毒　58E　→マンガン中毒

み

三池ＣＯ患者を守る会　272B
三池鉱山　217E
三池職組　315E
三池新労組　315E
三池大震災７年忌大集合　275E
三池炭鉱　15E　71E　73E　75E　105E
三池炭鉱労働組合　107F
三池炭山　12E　12F
三池炭田　3F　11E
三池三川坑労働組合　105F
三池労組　315E　347E
三重県会　201D
三重県化学産業労組協議会　196B
三重県魚連　200B
三重県熊野灘原対協　220B
三重県警　227D
三重県原子力平和利用研究会　210C
三重県原発　216C
三重県公害対策室　197D
三重県鉱害防止条例　235D
三重県公害防止対策会議　228B
三重県知事　253D　332B
三重県労協　226B
三河島事故　189F
三河湾　81A
三木塗料工場　79A
三栗谷用水土地改良区　28A
未処理爆弾　126A
水汚染　82A
水島工業基地　192A
水島工業基地公害　197D
水島工業地帯　198A　350B　359E
水島合成化学工場　230A
水島コンビナート　201E　204A　205F　227F　380A
水島生協　216B
水島地区外　248A
水虫治療薬　186A
三田用水　15A
三田用水組合　29A
三田用水水利用組合　32A
三井　11F　320C　323D
三井芦別鉱　191E
三井化学　175F　187F　234A　244A
三井化学泉工業所　356A
三井化学大牟田工業所　233D　243E
三井神岡鉱業所　314B
三井神岡鉱山　53A　54A　56A　126C　241D　→神岡鉱山
三井金属　313D　316B　318B　319D　322C　325D　326C　328B　328C　332C　334B　334C　352B
三井金属鉱業　244C　246C　302C　314C　316C　317D　332C　334C　336C　337D　352C　368C
三井金属鉱業神岡鉱業所　100A　130C　196C　216C　234B　242B　245D　302A　338C　342B　372B　→神岡鉱業所
三井金属鉱業旧竹原精錬所　393E
三井金属鉱業東京本社　313D
三井金属鉱業本社　320B　334B　342C
三井金属本社　338B
三井金属三池製錬所　400B
三井金属三池製錬所横須賀工場　296A
三井組　17A　18A
三井グループ報「三友新聞」　386C
三井鉱山　21F　22F　37F　45F　243E　315E　347E　358B
三井鉱山芦別鉱業所　305E
三井鉱山神岡鉱業所　262C
三井鉱山神岡鉱業所の労組　244B
三井鉱山神岡鉱山　42F
三井鉱山神岡労組　248B
三井鉱山砂川鉱業所　345E
三井鉱山三池鉱業所三川鉱　347E
三井コークス　256C
三井コークス大牟田工場　379E
三井コークス鉱業大牟田工場　399E
三石炭鉱　219E
三井砂川鉱坑内事故　157E
三井砂川炭鉱　163E　209E
三井石炭砂川鉱　381E
三井石油化学　159F　179F
三井石油化学岩国大竹工場　217E
三井石油化学工業　143F　208B
三井石油化学工業千葉工場　295E
三井造船玉野造船所　184A
三井東圧　348C
三井東圧化学　345E　348A　350B
三井東圧化学大牟田化学工業所　269E　289E　318C
三井東圧化学名古屋工業所　387E
三井登川炭鉱　52E
三井物産　13F　71A
三井物産所属横浜製材所　56A
三井不動産　191D
三井ポリケミカル　243D
三井ポリケミカル大竹工場　234A　235E
三井ポリケミカル千葉工場　242C　243D　243E
三井三池鉱山　315E　365E
三井三池鉱山の一酸化炭素中毒　385E　→一酸化炭素中毒
三井三池鉱山の大爆発事故　365E　→一酸化炭素中毒
三井三池鉱山爆発事故　364C　→一酸化炭素中毒
三井三池事故　215E　→一酸化炭素中毒
三井三池炭鉱　40A
三井三池炭鉱事故対策本部　199E
三井三池炭鉱三川鉱　199E
三井三池炭塵爆発事故　379D
三井三池の一酸化中毒患者　381D
三井三池の爆発事故　361E　→一酸化炭素中毒
三井三池三川鉱　239E
三井三池三川鉱事故　213E　243E　→一酸化炭素中毒

三井三池労組　235E　237E　241E　293E
三井山野炭鉱　73E
三菱　15F　22F　24F　126C　130A　130C　320C
三菱江戸川化学四日市工場　195F　282A
三菱大夕張　145E
三菱大夕張鉱業所　259E
三菱瓦斯化学会社四日市工場　345E
三菱化成黒崎工業所　162C
三菱化成工業　133F　191F　196A
三菱化成工業黒崎工場　178C　260A　289E　318C　325E　361E
三菱化成工場　198B
三菱化成水島　204A
三菱化成水島工業コンビナート塩ビ工場　390A
三菱化成水島工場　391E
三菱金属尾平鉱業所　266B
三菱金属鉱業　324A　326C
三菱金属鉱業社長　324C
三菱グループ　306C
三菱原子力工業　159F　172C　186C　228C　233D　234C　236B　240C　243F　244B　248C　252B　268B　360C
三菱原子力施設訴訟　372B
三菱原子炉設置取消の行政訴訟　254B
三菱原子炉設置認可取消請求訴訟　270B
三菱鉱業　55F
三菱鉱業高島炭鉱　399E
三菱合資会社三菱造船所　28F
三菱古賀山炭鉱　151E
三菱重工業　198A　257F　312C
三菱重工業長崎造船所　283F　299E
三菱重工横浜造船所　317E
三菱新入鉱　163E　172C
三菱製紙　28F　128A
三菱製紙工場　348B
三菱製紙所　28F　32F　133D　138B
三菱製紙所工場排水問題　126B
三菱製紙所廃水問題　126A
三菱製紙白河工場　126A　140B　151D
三菱製紙高砂工場　192C　350A
三菱製紙排水対策委員会　142C
三菱製鉄所　13F
三菱石油　77A　227F
三菱石油重油流出事故　382A
三菱石油に対する告訴　390B
三菱石油水島製油所　380A　382A　382B　383D　388C　390C　392C　394A　396C
三菱石油水島製油所の重油流出事件　383D　386A　386B　389D
三菱造船所　33E
三菱高島鉱業所　191E
三菱高島炭鉱　185E
三菱美唄滝ツ沢鉱　180A
三菱美唄炭鉱　69E
三菱方城炭鉱　185E
三菱水島　382C
三菱モンサント　278C　326C
三菱モンサント化成　322C
三菱モンサント化成工場　129F
三菱モンサント化成四日市工場　325E　361E
三菱油化　203E　243F　332B
三菱油化旭工場　254C
三菱油化川尻分工場　191F
三菱油化爆発　204B
三菱油化四日市工場　165F
緑十字　57E　106C
緑十字賞　212C
緑のおばさん　385E
緑のおばさんの健康障害　237E
ミナス原油　229F　241F
「水俣」　349F
『水俣』　357F
水俣川河口への汚水排出中止　168C
水俣奇病　149D
水俣奇病対策委員会　147D
水俣奇病対策連絡会　153D
水俣漁協　126B　138C　152B　162B　174B　176B　176C　179D　180B　188B
水俣漁業組合　66A
水俣漁協補償交渉幹旋委員会　177D
水俣工場　101F　105F
水俣工場の視察　251D
水俣工場の排水浄化設備　168C
水俣工場付属病院の閉鎖　268C
水俣市議会　293D
水俣市議会公害対策特別委　211D
水俣市議会全員協議会　171D
水俣市議会特別委　173D
水俣市議会の公害対策特別委員会　251D
水俣市議会水俣病対策協議会　153D
水俣市漁協　346B　352B
水俣市漁業組合　117F
水俣市漁協の補償問題　352B
水俣市漁民　166B
水俣視察　347D
水俣市市議会　267D
水俣市諸団体　171D
水俣市制　115F
水俣市鮮魚小売商組合　166B
水俣市鮮魚小売商組合大会　180B
水俣市長選　220C　280C
水俣市発展市民協議会　250C
水俣市繁栄促進同盟　188B
「水俣」写真展　344B
水俣食中毒部会　169D
水俣市立病院　165D
水俣市立病院湯之児分院　211D
水俣病　98A　106C　134A　138A　146A　149D　152A　166B　209F　260B　290B　292B　296C　300C　312C　317D　318A　318B　320B　320C　339F　342A　350A　360A　368B　→胎児性水俣病・不顕性水俣病
『水俣病』　273F
水俣病アミン説　180C
水俣病医学研究班　152A
水俣病一任派　289D　292B　→一任派
水俣病患者　166A　193D　330B　336B　338A　352B　375D　382C　383D　387D　390B　394A　399D
水俣病患者家族の支援　250B
水俣病患者家庭互助会　162B　170B　170C　172B　173D　190B　194B　208B　238B　242B　250B　252B　260B　263D　264B
水俣病患者家庭互助会・市民会議　244B
水俣病患者家庭互助会一任派　288B　→一任派
水俣病患者家庭互助会自主交渉派　264B
水俣病患者家庭互助会総会　262B
水俣病患者家庭相互互助会　170B
水俣病患者家庭への謝罪　250C
水俣病患者互助会　154C
水俣病患者支援者の逮捕　335D
水俣病患者支援団体　357F
水俣病患者自主交渉派　347D　→自主交渉派
水俣病患者審査会　185D　190A　206B　266A
水俣病患者診査協議会　173D　181D　182A　185D
水俣病患者訴訟派　267D　270B　→訴訟派
水俣病患者同盟　384B
水俣病患者同盟会　398B
水俣病患者による行政不服審査申立て　377D
水俣病患者認定　338A　344A　396A
水俣病患者認定問題　317D
水俣病患者の慰問　216C
水俣病患者のカナダ訪問　398B
水俣病患者の自主交渉を支援する市民の会　324B
水俣病患者の座りこみ　322C
水俣病患者のための特別病棟　165D
水俣病患者の補償問題　256C
水俣病患者発生　202A
水俣病患者発生区域　326A
水俣病患者補償　172B　344C
水俣病患者補償の一部繰延べ支払い　358C
水俣病行政不服審査請求　296B

水俣病研究　190A
水俣病研究会　270Ｂ　297Ｆ　329F
水俣病研究会合同会議　306Ｂ
水俣病研究班　148Ａ　→熊本大学水俣病医学研究班
水俣病裁判　238Ｂ　324B　330C　336B
水俣病裁判弁護団会議　306Ｂ
水俣病自主交渉派　330C　→自主交渉派
水俣病死亡者合同慰霊祭　250Ｃ
水俣病症状　392Ａ
水俣病症状患者の集団発生　212A
水俣病症状を訴える住民　378A
水俣病新患者認定　320A
水俣病申請患者　391Ｄ
水俣病新認定患者　318A　318C　342B
水俣病新認定患者自主交渉派　326B
水俣病全国キャラバン　266Ｂ
水俣病センター計画案　336B
水俣病センター相思社　362B　368B
水俣病総合調査研究連絡協　174C　181D
水俣病訴訟　270Ｃ　272Ｂ
水俣病訴訟支援公害をなくする県民会議　266Ｂ
水俣病訴訟の判決　344B
水俣病訴訟派患者・市民会議・告発する会　288Ｂ
水俣病訴訟派患者家族会　326B
水俣病訴訟費用の公費援助問題　271Ｄ
水俣病訴訟弁護団　266Ｂ
水俣病訴訟弁護団全国総会　290Ｂ
水俣病第１次訴訟派　352B
水俣病第２次訴訟　342B　392Ｂ
水俣病第２次訴訟派　352B
水俣病対策　161D
水俣病対策市民会議　242Ｂ　246Ｂ　293Ｄ
水俣病第二次検診　326A
水俣病調停派患者　324A
水俣病典型症状　360A
水俣病とみなされる患者　348A
水俣病とみられる患者　348A
水俣病に関する国会派遣調査団　171D
水俣病に関する政府正式見解　251Ｄ
水俣病に関する第三者機関　263Ｄ
水俣病ニセ患者発言　390Ｃ　393Ｄ
水俣病に対する労働組合の取組み　248Ｂ
水俣病についての熊本県文書　169D
水俣病についての新日窒の見解　162Ｃ
水俣病に似た症状のネコ　350A
水俣病による漁業被害補償交渉　166B
水俣病に類似した症状の住民　354A
水俣病認定患者　382B
水俣病認定患者協議会　392Ｂ　396Ｂ　→新認定水俣病患者
水俣病認定患者数　252Ａ
水俣病認定患者総数　398A
水俣病認定患者の自殺　356A
水俣病認定患者の死亡　372A
水俣病認定患者の補償調停　390Ｂ
水俣病認定業務　381D
水俣病認定業務促進検討委員会　374B
水俣病認定業務の遅れ　380B
水俣病認定審査会委員　390Ｃ
水俣病認定申請患者協議会　372B　375D
水俣病認定申請患者の逮捕　399D
水俣病認定申請者　372B　375D
水俣病認定申請者協議会　374B
水俣病認定申請者の起訴　398B　399D
水俣病の疑い　210A　212A
水俣病の刑事責任追及　382B
水俣病の原因　163D　184A　192A　246Ｂ　248Ｃ　250Ｃ　251Ｄ
水俣病の原因解明　166A
水俣病の原因についての答申　171D
水俣病の原因物質　172A
水俣病の子供を励ます会　204B
水俣病の時効起算時　387Ｄ
水俣病の自主交渉　326B
水俣病の実態把握　390Ａ
水俣病の第三者機関設置　257Ｄ
水俣病の認定　266Ａ
水俣病のネコ集団発病　164A
水俣病の発生時期　326A
水俣病の腐敗アミン説　204C
水俣病の補償協定　352B
水俣病の補償問題　252Ｂ
水俣病爆弾説　168C
水俣病発生の責任　399D
水俣病報道キャンペーン　248Ｂ
水俣病法律問題研究会　262Ｂ　264Ｂ
水俣病補償　254Ｃ　260Ｃ　262Ｂ　288Ｂ　358C
水俣病補償斡旋委　177D
水俣病補償金　346C
水俣病補償処理委員会　265Ｄ　273Ｄ　289Ｄ
水俣病補償調停委　173D
水俣病補償の基準づくり　260Ｂ
水俣病補償問題　174B　290Ｂ
水俣病未認定患者　392Ｂ　→未認定患者
水俣病未認定患者による損害賠償請求訴訟　384B
水俣病未認定患者への医療費支払問題　372C
水俣病見舞金　202B
水俣病類似患者　355D
水俣病類似神経症患者　400A
水俣病を考える学生会議　266Ｂ
水俣病を告発する会　264Ｂ　272Ｂ　308Ｂ　312A　336B　341D　→東京・水俣病を告発する会
水俣病を素材にした劇　272Ｂ
水俣保健所　146Ａ
水俣漁組　99Ａ
水俣湾海域内での漁獲　163D
水俣湾周辺の漁獲禁止　346B
水俣湾内漁獲禁止　155Ｄ
水俣湾の水銀　198A
水俣湾の水銀汚染　207D
南アルプス自然保護連合　378B
南アルプスのスーパー林道　378B
南満州鉄道　38F
未認定患者　252Ａ　342B　344Ａ　→水俣病未認定患者
未認定水俣病患者　366B
見舞金　122Ｂ　242Ｂ　280Ｃ
見舞金契約　172B　250Ｃ
見舞金値上げ　206B
見舞金の一部改訂　212C
宮尾炭鉱　69Ｅ　77Ｅ
宮川村農業会　106Ａ
宮城県公害防止条例　217D
宮城県松島湾種ガキが死滅　154Ｂ
宮崎労基局　345E
宮田用水　58Ａ　83Ａ
宮田用水組合浄化設備設置要求　91Ａ
宮田用水土地改良区　39Ａ　43Ａ
美流渡常磐炭鉱　179E
「民間企業における公害防止投資の現状」　272Ｃ
民事訴訟　310B
民事訴訟の解決　202B
民主主義科学者協会　107Ｆ
民主団体水俣病対策会議　214B　→民水対
民水対　216B　226B　238Ｂ　→新潟水俣病
民有林　199E
民有林労働者　385E

む

無鉛ガソリン　286Ｃ
無過失損害賠償責任法案　327D
百足煙道　47Ａ
麦作被害　95Ａ
無許可・非合法炭鉱　174C
無許可林道　378B
武庫川漁協　120Ａ
武蔵野化学研究所　166A
無水硫酸　368A
無水硫酸中毒　273Ｅ
無水硫酸の流出　260Ａ
無断の立木伐採　236Ｃ
むつ小川原開発　311D　324B　335D　342B　374B　→六ヶ所村〜
むつ小川原開発計画　360B　→六ヶ所村〜
むつ小川原開発センター　319Ｄ　→六ヶ所村〜
むつ小川原開発の閣議決定　336B

→六ヶ所村～
むつ小川原巨大開発計画　348B　→六ヶ所村～
むつ新母港化問題　387D　→原子力船むつ
むつの母港移転要求　358B　388B　→原子力船むつ
むつ母港化阻止住民決起大会　386B　→原子力船むつ
むつ誘致　399D　→原子力船むつ
陸奥湾沿岸漁民　376B　→原子力船むつ
紫色鉛筆　37A
村田製作所　325E
村田製作所労組　325E
室蘭漁組　154B
室蘭港　137F　154A
室蘭港タンカー爆発　137F
室蘭製鉄所　87E　91E
室蘭保健所公害係　237D

め

明治期の労働者状態調査　313F
明治鉱業　179E
明治製糖　61A
名鉄特急　201F
明和化成フェノール樹脂工場　293E
メーデー　107F
メキシパック　321F
メタディニトロベンゾール　56E
メタノール　288A
メチルアルコール中毒　106A　108A　110A
メチル水銀　192A　222A　227D　242A　259D　290A　358A　→新生児のメチル水銀濃度・水銀・有機水銀
メチル水銀汚染防止　251D
メチル水銀化合物　184A
メチル水銀検出　246A　250A　354A
メチルパラチオン　141F
メチルパラチオン剤　315D
メチルブロマイド中毒　230A
メッキ工場　194A　214A　221E　272A　272C
メッキ工場王友電化　280A
綿織物工場数　48F
免租　29A
免租処分　30A

も

毛髪からの水銀検出　336A
もく星号事件　129F
門司海上保安部　312C
茂尻炭鉱　76E　145E
本添田鉱　163E
元谷中村同志青年会　43A
籾井炭鉱　179E
もらい公害　374A
森ヶ崎汚水処分場設置反対陳情　152B
森島メッキ工場　266A
森永　142A　362B
森永製品不買運動　362B
森永製品ボイコット　340B
森永乳業　115F　142C　144C　145D　146B　308C　320C　334C　344B　357D　362C　368C
森永乳業製品不買運動　144B
森永乳業徳島工場　142C　143D
森永ヒ素ミルク　298A
森永ヒ素ミルク後遺症追究の委員会　274A
森永ヒ素ミルク事件５人委員会　145D　→ヒ素ミルク中毒
森永ヒ素ミルク事件最高裁判決　261D　→ヒ素ミルク中毒
森永ヒ素ミルク訴訟　222C　→ヒ素ミルク中毒
森永ヒ素ミルク中毒　142A　142B　144A　144B　312B　316A　344B　→ヒ素ミルク中毒
森永ヒ素ミルク中毒患者の自殺　364A
森永ヒ素ミルク中毒後遺症　316A
森永ヒ素ミルク中毒こどもの会　318B
森永ヒ素ミルク中毒事件　140A　143D　145D　146B　199D　202B　221D　228B　272A　362B　→ヒ素ミルク中毒
森永ヒ素ミルク中毒事件差戻し　281D
森永ヒ素ミルク中毒事件差戻し審　345D　361D
森永ヒ素ミルク中毒事件訴訟の最高裁判決　262B
森永ヒ素ミルク中毒事件の救済対策　362B
森永ヒ素ミルク中毒事件のやり直し裁判　338B
森永ヒ素ミルク中毒事件判決　199D
森永ヒ素ミルク中毒者　344A
森永ヒ素ミルク中毒訴訟　354B　368B　368C
森永ヒ素ミルク中毒追跡調査委員会　316A
森永ヒ素ミルク中毒の認定　363D
森永ヒ素ミルク中毒被害者救済　369D
森永ヒ素ミルク中毒被害者救済のための基金　357D
森永ヒ素ミルク中毒被害者の会　336B
森永ヒ素ミルク被災者同盟全国協議会　142B　144B　146B
森永ヒ素ミルク民事訴訟　344B
森永ミルク中毒　283D
森永ミルク中毒訴訟　346B
森永ミルク中毒訴訟者同盟　146B
森永ミルク中毒のこどもを守る会　146B　274B　308C　320C　340B　357D
森永ミルク中毒のこどもを守る会・東京本部　334B
森永ミルク中毒のこどもを守る会全国理事会　344B
森永ミルク中毒被害者の会・全国本部　334B
森山炭鉱　157E
文珠炭鉱　50E　54E
モンテカチーニ社　175F　181F
文部省　307D
文部省研究会　227D
文部大臣　34A

や

夜間航空機による郵便輸送反対　353E
夜間郵便専用機　365D
薬剤中毒　113F
薬剤調合の過失事件　117F
矢口村鉄道省発電所　61A
薬品の製造・販売を制限強化する法案　191F
野菜の汚染　210A
野州日報　35A
野鳥　328A
野鳥激減　184A
野鳥の大量死　348A
八ヶ岳硫黄鉱業の硫黄採掘　132B　→長野県南佐久郡八ヶ岳
谷中村悪弊一洗土地復活青年会　37A
谷中村縁故民大会　47A　59A
谷中村救済会　39A
谷中村強制破壊三周年記念式　43A
谷中村残留民　39A　41A　45A　46A　47A　52A　53A　54A　57A　59A　60A
谷中村に入居　37A
谷中村買収案　36A　37A
谷中村問題　42A
谷中村を潰さぬ決心仲間　38A
山形県農林部　340A
山川製薬工場　83A
山川製薬工場爆発事故　81E
山口ガス　191E
山口県衛生部　292A
山口県都濃郡南陽町　238B　271D
山口県長門市ホウ酸含有カマボコ　145D
山口大　354A
山口大学医学会　293E
山科肥料工場　73A
山田川関係鉱害被害者対策協議会　234B
山梨飼肥料会社　270B
山根製錬所　23A
山野鉱　213E
山野鉱の炭鉱事故　215E
山野鉱臨時災害対策本部医療顧問団

215E
山野炭鉱爆発事故訴訟　389E
弥生炭鉱　76E
八幡化学戸畑製造所　250B
八幡製鉄　37F　165F
八幡製鉄所　35E　58F　81F　83E　84E　89E　93E　95E　106C　113E　117E　→官営八幡製鉄所
八幡製鉄所の労災　90E
八幡製鉄戸畑製造所　177E　266C
八幡製鉄労組　270B
八幡プール　106C　162C

ゆ

有害飲料の販売停止　235D
有害ガス　178A
有害ガス除去装置　302C
有害ガス中毒　127E
有害ガス発散防止同盟　78A
有害食品問題　278A
有害性着色料取締規則　30F
有害添加物　258A
有害排気除去装置　301E
有害廃棄物　246A
有害漂白剤(ロンガット)　140A
有害防腐剤　235D　238C
有機塩素物質　252A
有機合成事業法　95F
有機合成品統制　99F
有機水銀　110A　172A　182A　234A　282A　283E　285D　288A　296C　→水銀・メチル水銀
有機水銀塩　174A
有機水銀汚染　326A
有機水銀化合物　171D
有機水銀原因説　243D
有機水銀検出　250A　271F
有機水銀剤　135F
有機水銀説に対する工場の見解　166C
有機水銀説に対する反論　168C
有機水銀説への反証
有機水銀中毒　222A　282A
有機水銀中毒患者研究本部　215D
有機水銀中毒事件　215D　237D
有機水銀中毒事件調査団　215D
有機水銀中毒症　336A
有機水銀中毒説　169D
有機溶剤中毒　107E
有機溶剤中毒予防規則　337D
有機溶剤による慢性中毒死　399E
有機燐系農薬中毒　207D　→農薬
有罪判決　311D
郵政省　365D
湧泉減少　144A
有毒化　61A
有毒ガス　234A　357E
有毒ガス流出事件　373D
夕張市北炭夕張炭坑　175E
夕張第1坑　46E
夕張炭鉱　40E　43E　48E　50E　56E　58E　61E　67E
郵便配達員　353E
勇払原野の工業化計画　127D
勇払原野の総合開発　158B
雄別　127E
雄別炭鉱　65E　80E　241E　279E
有料道路建設工事　322B
雪印乳業　140C　141D
雪印乳業製脱脂粉乳集団食中毒事件　140A
輸血　119F
油脂剤爆発事故　177E
油臭魚　176A　198A
油臭魚海域での操業自粛　383D
輸出　365D
輸出車の欠陥　266C
油症　310B
油症児　274A
油症対策協議会　393D
油送パイプ事故　230A
油濁賠償責任保険　387D
ユニオン石油　208B
輸入木材依存　403F
指曲り病　294A
指曲り病患者　328A
夢の島の悪臭　232A
ユリア樹脂食器　116C　117D　128A　224A　227D
ユリア樹脂食器着色剤溶出事件　132A
ユリア樹脂食器のホルムアルデヒド溶出事件　146A
ユリア樹脂食器ホルマリン溶出事件　140A
ユリア樹脂のホルマリン溶出事件　128A
ユリア樹脂問題　119D

よ

窯業現場　333E
養魚の斃死　95A
溶鉱炉爆発　195E
養蚕被害　101A
幼児の鼻血続出　334A
養殖カキの汚染　274A
養殖ゴイ斃死　370A
養殖の被害　208A
用水利用　29A
溶接工の身体変調　211E
幼稚園教諭の職業病認定　395E
腰痛　199E　243D　333D
腰痛症　395E
幼年労働者数　36E
洋風彩色従事者　16E
陽邦丸　249F
横沢化工会社　164A
横須賀基地　384A
横須賀造船所　11E　14F
横田基地　264A　286A
横浜海上保安部　382C
横浜化学　61A
横浜ガス会社　11F　13A
横浜ガス局　13A
横浜ガス製造所拡張問題　90A
横浜共同電燈会社　19F
横浜魚油会社　55A
横浜港　240A　244A　281E
横浜市磯子区医師会　174A
横浜市磯子区住民運動連絡会議　204B
横浜市衛生局　209D
横浜市金沢海岸埋立て　320B
横浜市公害委員会　179D
横浜市公害係　203D
横浜市公害対策協議会　269D
横浜市市区改正局　57A
横浜市根岸湾埋立　165F
横浜新貨物線　308B　311D　380B　→新貨物線～
横浜新貨物線計画　232C　329D　→新貨物線～
横浜新貨物線計画反対運動　234B　→新貨物線～
横浜新貨物線建設　382B　→新貨物線～
横浜新貨物線建設問題　270C　352B　373D　379D　→新貨物線～
横浜新貨物線工事　324C　→新貨物線～
横浜新貨物線の事業認定申請　280C　→新貨物線～
横浜新貨物線反対運動　339D　→新貨物線～
横浜新貨物線反対同盟　226B　→新貨物線～
横浜新貨物線反対同盟連絡協議会　234B　→新貨物線～
横浜新貨物線問題　290B　376C　→新貨物線～
横浜新報　34A
横浜精糖　38F
横浜ぜん息　126A
横浜第3管区海上保安本部　237D
横浜地検　390C
横浜電化工業会社　300A
横浜電鉄　39A
吉岡銅山　5A
芳雄炭鉱　69E
吉隈炭鉱　77E　80E
四日市医師会　204B
四日市海上保安部　254C　271D　276C
四日市から公害をなくす会　354B
四日市共同排水処理場　248C
四日市港　134A　254C
四日市公害　174B　202A
四日市公害患者の会　346B

四日市公害患者を守る会　212B
四日市公害死没者大追悼会　248B
四日市公害訴訟　226B　228B　238B　240B　324B　332B
四日市公害対策協力財団　357D
四日市公害調査　200B
四日市公害と戦う市民兵の会　307F
四日市公害認定患者の会　252B
四日市公害の補償　338B
四日市公害防止対策委員会　179D
四日市公害を記録する会　249F　272B　307F
四日市公害をなくす会　354B
四日市コンビナート　199F
四日市市磯津漁協　270B　→磯津漁協
四日市市磯津水産加工組合　194B　→磯津漁協
四日市市磯津地区漁師　196B　→磯津漁協
四日市市革新議員団　202B
四日市市議会建設常任委員会　231D　233D
四日市市公害関係医療審査会　211D
四日市市公害対策協議会　196B
四日市市公害対策資料　202B
四日市市塩浜コンビナート　176A　188B　196A
四日市市塩浜地区自治会　174B
四日市市塩浜地区連合自治会　184B
四日市市総連合自治会　184B
四日市市第二コンビナート　197F
四日市市の患者の会の代表委員　268B
四日市市のコンビナート　179F
四日市市の石油化学コンビナート　180A
四日市市のぜん息　240A
四日市市役所助役　241D
四日市市立教育研　228B
四日市製紙　17F
四日市宣言　294B
四日市ぜんそく　290C
四日市第３コンビナート　267D
四日市大気汚染　212B
四日市地区大気汚染対策協議会　189D
四日市地区反戦と全国実行委　296B
四日市の異臭魚　197D
四日市の実態調査　240A
四日市の石油コンビナート　240C
四倉公害環境保全会　386B
淀橋浄水場　30F
呼松公害排除期成会　206B
呼松町公害対策委員会　204B
呼松町公害排除期成会　229D
予防接種　108A
ヨロケ　64E　107E　109E　→珪肺
４県連合鉱毒事務所　25A　47D　295F
四フッ化エチレン（テフロン）　191E

ら

ライオン油脂小倉工場　312C
雷管の爆発　343E
ライスオイル（カネミ油）被害者の会　256B　260B　→カネミ油症被害者患者団体
落盤　71E　82E　89E　95E　313E　365E
ラサ工業会社　395E
ラサ薬品工業　380A
ラモン・マグサイサイ賞　353F
乱開発への抵抗　380B

り

利川製鋼公害訴訟　336B
陸軍　13F　17E　23F　24F
陸軍の宇治火薬製造所　25E
『六合雑誌』　31A
陸上貨物運送事業労働災害防止規程　225D
理研大和醸造工場廃水問題　90A
リコール運動　342B
リコール不成立　348B
リザーブ・マイニング社　367F
立脚性浮腫（扁平足）　43E
立正高校　292A
立地問題　207D
リベリア貨物船　357E
硫安　28F　70F　97F　105F　131F
硫安工業　110C　115E
硫安工場　117E
硫安在庫　129F
硫安肥料工業経営者連盟　110C
硫安復興会議　108C　110C　116C
硫化カドミウム　325E
硫化水素　212A　354A
硫化水素ガス　212A　250A　298A
硫化水素中毒　89E
硫化水素排出問題　86A
硫化水素流出　367E
硫酸　14A　93A　96A　348C
硫酸アンモニア増産および配給統制法　90F
硫酸アンモニア輸出入許可規制　75F
硫酸化収銅法　14F
硫酸ガス排出問題　89A
硫酸稀釈法　48A
硫酸たれ流し事件　364C
硫酸タンク爆発事故　395E
硫酸チニン剤中毒　117F
硫酸廃液　276C
硫酸噴出　192A
硫酸噴出事故　185E
硫酸ミスト含有の雨　370A
硫酸流出　242A
流出ガス　238B
流出重油被害　324B
流出水銀量　359D
流入重油　240A
緑地問題研究会　360B
緑化税制　399D
緑化都市宣言　375D
臨海学校での皮膚炎症　248A
臨海工業地造成工事　183E
臨海工業地帯　368A
臨界実験装置　232B　236B　240C
臨界実験装置原子炉　172C
臨界実験装置の解体　360C
臨界実験装置の立地問題　233D
燐化学工業会社　395E
林業生産　185F
林業における振動病　363F
林業労働者　363D
リン骨疽症　395E
臨時石炭勤労者対策本部　101F
臨時石炭鉱害復旧法公布　129D
臨時石炭鉱業管理法　111D
臨時民立用水組合　48A
燐中毒　22E
燐毒性顎骨壊疽　45E
林野庁　163D　213E　277E　311D　329D

る

ルーチェ AP　336C
ルーチェ AP2　349D

れ

列車煤煙　128A
レッド・パージ　119F
レンツ　318B
レンツ批判　318C
レントゲン職員の公務障害　175E
連邦水質汚染防止法案　337F

ろ

労災　399E
労災訴訟の和解　325E
労災適用　365E
労災特別補償協定　369E
労災認定　367E　399E
労災法改正　249D
労災法改正案　215D
労災法外特別補償協約　201E
労災防止対策部　213D
労災補償協定　325E　349E
労災補償協定書　353E
労災補償保険法　109D
労使問題　235E
漏水事故　86A
労政局　109D
労働安全衛生規則　337D
労働安全衛生法　331D　337D　337E

労働安全衛生法案要綱(案)　323D
労働安全衛生法違反　366C　393D
労働安全大会　335F
労働衛生　365F
労働衛生研　343E
労働衛生研究会　116C
労働科学研究所　105F　112C
労働管理　105D
労働基準局　109D
労働基準法　109D
労働協議会　176B
労働組合　95F
労働組合法　105D
労働災害　253E
労働災害・業務上補償　353E
労働災害防止団体等に関する法律　205D
労働災害率　98E
労働者　22E
労働者健康調査　157E
労働者災害扶助法　75E　77E
労働者災害補償保険法　109D
労働者疾病保険法　26E
労働者数　64F
労働者年金保険　99F
労働者年金保険法　97E
労働者の体内PCB　343E
労働者の肺癌　365E
労働省　109D　158A　159D　165D　167D　169D　181D　183D　189D　193D　195D　197D　207D　213D　213E　239D　243D　281D　283D　293D　301E　307D　311D　315D　317D　319D　323D　325D　333D　345D　363D　365D　383D　389D　393E　395D　397D
労働省安全衛生部　249D
労働障害補償請求　381D
労働省基準局　131D
労働省労基局　213D
労働省労働衛生研究所　147F
労働総同盟大会　64E
ローダミン　128C
ロータリー・エンジン　342C
六郷橋付近魚類斃死　88A
六価クロム　304A　306A　320A　392C　→クロム
六価クロム汚染　345D　390A　392A　393D　394B　395E　→クロム
六価クロム禍被害者の会　398C　→クロム
六価クロム関係工場　395E　→クロム
六価クロム検出　396A　→クロム
六価クロム鉱滓　392A　→クロム
六価クロム鉱滓汚染　402A　→クロム
六価クロム鉱滓による住民死亡の疑い　398A　→クロム
六価クロム鉱滓の有害性　396C　→クロム
六価クロム事件　397D　→クロム
六価クロム中毒　393E　→クロム
六価クロムとカドミウムの被害者　398B　→クロム
六価クロムに原因する肺癌発生調査　393E　→クロム
六価クロムによる肺癌　393E　→クロム
六価クロムによる肺癌死　397E　→クロム
六価クロムによる鼻中隔穿孔患者数　401E　→クロム
六価クロムを考える会　373E　→クロム
六価クロムを含有する鉱滓　344A　→クロム
六ヶ所村開発反対同盟　374B　→むつ小川原開発
六ヶ所村青年友好会　348B　→むつ小川原開発
六ヶ所村村長選挙　360B　→むつ小川原開発
六ヶ所村を守る会　342B　→むつ小川原開発
ロックフェラー財団　321F
論告求刑公判　345D　→森永ヒ素ミルク中毒

わ

若菜辺鉱山　60E
若菜辺炭鉱　43E　45E　50E　58E
若松・戸畑両漁業組合　58A
わかもと工場　96A
和歌山県海草郡宮井筋村々　43A
和歌山県熊野川電源開発　175E
和歌山県公害防止条例　229D
和歌山県知事　328B
和歌山地検　353D
和合会　19A　62A　80A　81A　164B
和光純薬工業　376A
和田山鉱業　182A
渡良瀬川改修　43A
渡良瀬川合同調査連絡会　358C
渡良瀬川鉱毒　314B
渡良瀬川鉱毒根絶期成同盟会　326B
渡良瀬川流水基準　243D
渡り鳥および環境保護協定　365F
渡り鳥の斃死　328A
稚内漁協　350B

を

ヲサメ合成化学(日本触媒)　101E
ヲサメ硫酸工業　97F

A

ABS　276A　346A
ABS洗剤　180A　186A
ABSによる肝細胞変形　372A
AF_2　370B　371D　372B　372A　372C　373D
APOジャパン社　356C
ATC事故　374A

B

BC兵器　283F
BHC　98F　115F　228A　269D　276A　282A　286A　289D　297D　299D　300A　302A　306A　308A　311D　319D
BHC・DDT使用禁止　281D
BHC剤の使用禁止　321D
BHCによる母乳や人体の汚染　358A
BHCの製造中止　276C
BT剤研究会　335F

C

CO特別措置法案　237E　→一酸化炭素中毒
CO特別立法　237E　→一酸化炭素中毒
CTS建設阻止県民総決起大会　382B　→石油貯蔵基地問題
CTS建設反対訴訟　378B　→石油貯蔵基地問題
CVCC　342C
CVCC方式エンジン　334C

D

DDT　91F　107F　113F　114A　115E　269D　269F　273E　275D　289F　290A　297D　297F　299D　311D　312A　313D　315D
DDT検出　276A
DDT使用禁止　267F　275F
DDTの製造中止　276C
DOP　137F

E

ECAFE政府間会議　357F
EL・DL委員会　264C

F

FAO　273F
FDA　255F　281F　283F　303F

G

GHQ　107F　114C　115F　116B
GM　285F

I

ILO　57E　65E

J

JIS規定　327D

L

LAS　368A
LPGタンカー　257F　379E
LPガス　184A
LPガス事故　173E

M

MF印粉乳　142A　142C

N

NHK　246A　347E　→日本放送協会

O

OECD　293F　→経済協力開発機構
OECD環境委員会大気管理部会
335F　→経済協力開発機構
OECD理事会　329F　343F　357F
→経済協力開発機構

P

PCB　240C　278C　306A　310A
314A　326A　333F　336A　340A
344B　346A　350B　355D　383D
398C　→塩化ジフェニール
PCB汚染　324A　344A　359D　→母乳の PCB汚染
PCB汚染健康調査　361D
PCB汚染対策推進会議　327D
PCB汚染調査　348A
PCB汚染被害漁業者への低利緊急融資
353D
PCB汚染米　332A
PCB汚染問題　326C
PCB環境汚染　332A
PCB含有廃棄物処分基準設定　403D
PCB許容基準に関する答申　335D
PCB検出　326A　328A
PCB混入　204A
PCB使用　338C
PCB障害　384A
PCB使用中止　326C
PCB水域汚染　374A
PCB政策　343D
PCB生産・使用の中止　327D
PCB生産続行　324C
PCB生産販売中止　322C
PCB製造　138C
PCB中毒　327E
PCB追放を考える消費者のつどい
334B
PCB取扱い事業場　343E
PCBに係る諸基準　379D
PCBによるマウスの肝癌発生　336A
PCBの共同規制に関する勧告　343F
PCBの不燃性絶縁油　327D
PCB被害　325E
PCP　190A　199E　234A　345E
PCP検出　376A
PCP工場粉塵　190A
PCP除草剤　311D
PCP複合コンビ　187F
PCT　336A
PPP　331F　→汚染者負担原則
PPPの原則　325F

S

SST(超音速航空機)の排気規制　371F

T

TEPP剤　315D
TNT中毒　133E
TNT爆発　170A

U

USスチール・デュポン化学　283F

W

WHO　249F　273F　276A
WHO公害セミナー　301F

X

X線危険性調査　271F

人 名 索 引

あ

青木平八　107E
青樹篥一　203F
青山進午　88E
赤木五郎　92E
赤塚京治　95E　99E
アグリコラ　3F
浅沼稲次郎　64A
浅野　8A
浅野総一郎　13A　16F　46A　73A　74F
浅野実　99E
朝日茂　155F　177F　199F　201F　235F
飛鳥田一雄　207D　269D　329D　339D
安達将総　78A
足立義雄　264C　298B　303D
安部磯雄　31A
安倍三史　160A
阿部政三　68E
荒井恒雄　54E
荒木　224A　280C
荒畑寒村　39F
有岡直七　92A　93A
有馬英二　96E
安西茂太郎　35A
安西正夫　174C
安藤啓三　108A
安藤孝太郎　91A
安藤守元　85E

い

飯島茂　19E　21A
飯島伸子　295F
飯沼寿雄　90E
井口哲宗　58E
池田牧然　65A
池田菊苗　40F
池山清　76A
伊沢多喜男　44A　45A
石井泰助　47A
石井桂　66A
石井金之助　115F
石川旭丸　72E
石川景親　79E
石川知福　84E　85E　88E　90E　114C
石黒忠悳　25E
石崎有信　241D　254A　265D　346C
石館文雄　90E
石田好数　329F
石津澄子　347E
石西進　93E
石橋政嗣　307D
石原修　43E　48E　55E　56E　293F
石原真蔵　59A
石原房雄　81E
石博敬一　64A
石牟礼道子　219F　261F　285F　308B　353F
磯野直秀　333F
一条守正　97E
一色耕平　42A　45A
井手繁　75F
出光佐三　230C
伊藤久栄　79E
伊藤謙造　89E
伊藤嘉彦　268B
伊東祐俊　79E
稲富稔　60E
井上要　101E
井上幸重　280A　308A　327D
井上善次郎　23F
井上貞次郎　20F
井上達七郎　22F　22E　28E
指宿統一　97A
今井政吉　56E
今崎義則　101E
今村保　34E　36E
入江達吉　29A
入沢達吉　26E　33A　35A
入鹿山且郎　154A　186A　192A　192C　198A　255D
岩上二郎　91D
岩越忠恕　360C
岩崎農　71E
岩崎久弥　18A　22F　40F
岩崎弥太郎　12F　15F
岩田正道　83E
岩野見斉　383D
岩本常次　256C

う

ウ・タント　267F　269F
宇井純　222A　249F　290B　298B　309F
上田浄雪　250C
上田洋一　399F
上野栄子　250B
植村卯三郎　90E
浮池正基　280C
氏岡正行　84E
潮田千勢子　33A　37A
宇治田一也　262B
碓井要作　42A
内田槇男　184A
内村鑑三　32A
宇都宮三郎　17A
梅野正己　85E
浦井財治　30E
宇留野勝正　115E

え

江頭豊　250C　300C
江口襄　15E
江副民也　70A
榎本武揚　24A　25A　26A
円城寺清　28A

お

大石武一　322C
大出貫一　32E
大河内一男　313F
大鹿卓　155F
大島竹治　168C
大島正光　264C
大谷周庵　18E
太田正雄　92E
大塚協　87E
大西清治　62E　70E　85E　99E
大橋謙二　84E
大原孫三郎　57F
大平得三　56E　58E
大平正芳　261D　275D
大村和吉郎　32A
岡崎亀彦　40E　43E
岡崎哲　82A
岡島寿　70E
岡田和一郎　32E
岡田貫一　97E
岡本晴一　77E
小川勇　93F
奥勤一　81E　83E　88E
小口昌美　108A
小此木修三　68E　69E　70E　75E
小野英二　309F
小野寅吉　35A
小幡亀寿　37E
小幡士郎　89E
折田平内　21A

か

カーソン，レイチェル　189F　203F
カービー，ジョン　293F
戒能通孝　267D
香川斐雄　57E

風早八十二　88F　113F
笠松章　265D
梶川欽一郎　184A
梶原三郎　97E　99E　114C
春日斉　377D
片山国嘉　20A　20E　23F
勝木司馬之助　199E
勝木新次　91E　114C
カップ, ウィリアム　121F
勝俣稔　100E
葛城　59A
加藤寛嗣　241D
加藤三之輔　254C　256B　298B　398C
加藤恒雄　334B
可児義雄　64A
金子栄寿　93E
金子健治　100E
樺山資紀　25A　26A
鏑木喜平　65E
神岡浪子　315F
神島文雄　93F
紙野トシエ　336B
紙野文明　322B
紙野柳蔵　254B　262B　353F　372B
上村好男　250B
亀井光　371D
亀田佐平　19A
ガリレオ　332C
川路佐衛門尉聖謨　7E
川手馨　71E
川畑是辰　91E
川村麟也　95A
川本輝夫　296B　337D　339D　340B　341D　347D　375D　383D
監川五郎　98E
神田博　207D　210C
神原武助　170C

き

木内四郎　327D
木口浩三　84E
菊野正隆　109E
菊山嘉男　89A
北川徹三　286C　290C　292C
貴田丈夫　185D
北豊吉　45A
喜田村正次　184A　222A　252A　261E　326C
木戸知恵　92E
紀伊国屋文左衛門　4A
木下尚江　30F　43A
木下博史　98E
木村彬　38E
木村武雄　337D
木村半兵衛　32A
木村文教　112A
木本正次　335F
清浦雷作　170C　172C　174C　188C

く

久木精祐　97A
葛野周一　64E
久原庄三郎　16F
久原房之助　38F
窪川忠吉　32F
久保田重孝　96E　97E　99E　101E　114C　115E
窪田静太郎　32E　34E
熊谷一郎　100E
熊沢満　98E
神代元彦　83E
鞍田武夫　309F
来須正男　110A
栗原善雄　75A
呉秀三　55E
黒岩福三郎　69E
黒岩義五郎　350A　374B
黒沢酉蔵　37A
黒田静　83E　85E　86E
黒田啓次　87E
桑原文作　19E
桑原史成　188B　211F

こ

鯉沼茆吾　55E　57E　57F　63E　66E　67E　68E　72F　81E　85E　86E　88E　90E　95E
甲田寿彦　244B　300B　333F
幸徳秋水　32F
河野一郎　199D
河野敏鎌　21A
河野稔　140B　144B　184A　264C
甲野礼作　364B
ゴールドバーグ, エドワード　338A
古賀賢二　88A
古在由直　20A　21A
小坂淳夫　316B
小坂善太郎　384C
五代友厚　12F
児玉隆也　382C
後藤幾太郎　15E
後藤国利　286B
後藤象二郎　12F
後藤新平　18E
小西光　108A
小西興一　72E
小林晃　75A
小林袈裟夫　90E　115E
小林茂樹　66E
小林純　100A　185D　190B　200A　206A　216A　241D　244A　250A　265D　272A　309E　309D　309F
小林大樹　91A
駒田正雄　76A
小松経雄　92F
小松義久　368C
小宮義孝　63E
小山長規　334C　339D
小山仁示　349F
古山智恵子　234B
近藤六郎　89E
近藤宏二　101E

さ

三枝正孝　91E
斉所一郎　399D
斉藤潔　79A
斎藤邦吉　357D
斎藤蔵之助　34A
斎藤精一　26E
斎藤文次　185D　198A
榊俶　20E
坂本マスヲ　275E
桜内義雄　215D　353D
桜田儀七　55E　72E　75E
桜田武　352C
佐々木誠四郎　39E
佐々木八郎　18F
佐々木秀夫　45E
佐々貫之　106A
佐藤安久　52A
佐藤栄作　249D　293D
佐藤英太郎　19E　21E　28E
佐藤重人　97E
佐藤淳一　58E
佐藤真平　89A
佐藤進　19A
佐藤武春　382B
佐藤哲一　94E
佐藤信之　112A
佐野辰雄　113E
猿田南海雄　222A
沢田　185D

し

椎名悦三郎　181D
塩田武史　371F
志賀達夫　158A
志岐太一郎　285E
重松逸造　241D　265D
篠井金吾　88E
渋沢栄一　14F　17F　55F
島田賢一　322C
島田耕平　38A
島田三郎　27A　31A　32A　32F　35A　36A　39A
島田三郎夫人　33A
島田宗三　37A　43A　327F
島田宜浩　296A　308A　316B
島村俊一　18E
清水賢末　60E
清水誠　13F
清水嘉治　249D
庄司光　203F　395F

正力松太郎　147D　147F
白井佐吉　80A
白川玖治　72E
新宮正久　286A
新谷寅三郎　343D
陣内日出二　87E

す

菅井竹吉　50E
須川豊　93A
杉浦一雄　74E
杉村国夫　396B　398B　399D　403D
杉山博　318C
助川浩　85E　96E
鈴木和夫　73E
鈴木喜三郎　68A
鈴木孔三　59E
鈴木三郎　54F
鈴木三郎助　102F
鈴木茂次　99A
鈴木武夫　157E　196A
鈴木直治　145F
鈴木治雄　344B
スミス，ユージン　344B　376B
住友吉佐衛門　42A
スラマー，マッティ　194A

せ

瀬木本雄　60A
関右馬允　199F　361F
瀬良好澄　397E
世良完介　174A
仙田平正　100E

そ

曾田長宗　63E
園田直　245D　246B　247D　255D
祖父江逸郎　296A

た

高木新　316B
高木正年　42A　50A
高木益太郎　44A　45A　50A
高島嘉右衛門　20F
高瀬武平　309D
高田新太郎　385F
高野六郎　88F
高橋孝太郎　59E
高橋次郎　71A
高橋秀臣　28A　52A
高橋元長　25A
高橋雄之助　192B
高松誠　363F
高見健一　56E
田上初雄　88E
高柳孝行　265D
多木条次郎　48A
滝沢延次郎　222A
滝沢行雄　250A
武居繁彦　91E　93E　94E
武内重五郎　322C　323D　326B　326C
武内忠夫　180A　184A　266A
武田俊光　70E
武谷三男　154B　235F
竹中成憲　37E
竹内勝　111E
竹山祐太郎　311D
田尻宗昭　364C　385D
館正知　173E
立川涼　306A　310A
田名網　41A
田中義剛　86E
田中敏昌　274A
田中角栄　323D　353D
田中正造　21A　24A　25A　26A　28A　29A　30A　31A　32A　33A　34A　35A　37A　38A　39A　40A　41A　42A　43A　44A　46A　47A　49A　327F
田中鉄治　71E
田中初雄　89E
田中昌一　345F
田中龍三　119D
棚橋寅五郎　22F
田辺秀穂　74E
田辺　330F
谷干城　26A　31A
玉山忠太　99E
田宮猛雄　176C　188C
田村昌　60A
田原良純　24E
丹波敬三　20A　35A

ち

近喜代一　347F
千種達夫　265D
チョウ,T.J.　297F
長祐之　20A
長南挺三　26A

つ

辻一郎　183E
津田仙　22A　25A　26A
土本典昭　310B
土屋健三郎　266C　307D　398C　399E
堤友久　46E　47A
常吉剛太　61E
角田文男　174A
椿忠雄　222A　256A　266A　294A　296A　364B
坪井中　98E
坪井次郎　18E　29A　35A
都留重人　243F

て

出川太一郎　46A
寺崎政朝　192B　200B
寺下力三郎　348B
寺本広作　171D　172B　174B　250C　257D
暉峻義等　71E　77E　112C

と

戸木田菊次　180C　204C
土岐頼徳　19E
徳江毅　250C
徳臣晴比古　184A　279D　317D
徳大寺実則　26A
徳田虎之助　101A
徳原正種　77E
所輝夫　95E
戸高　264C
戸田正三　59E　70A
戸塚隆三郎　55E
戸塚巻蔵　16E　43E
富田国男　196C　266C
富田八郎　209F　273F
友成安夫　74F
友納武人　243D

な

ナウマン　15F
中内義夫　95E
長岡宗好　21A　33A
中川善之助　326C
長沢太郎　108A
永島与八　24A　28A　35A
中曽根康弘　353D
長戸慶之介　153E
永富勲　89A
中野昴一　45A
中野友礼　50E
長野正義　247D
中村秋三郎　47A　48A　54A
中村豊弥　96E
中村康　77E
中森黎悟　260B
中山忠雄　184A
夏目隆次郎　42E
夏目　334C
成富信夫　287F
南条政人　55E
南部利恭　14F

に

新妻幸之助　79E
二階堂保則　44E
ニクソン　275F　281F　283F　333F

365F
西川濵八　163E
西川修　91E
西村幾夫　94E
西村英一　193D
西村勝三　16F
二本杉欣一　70E
庭田清四郎　49A

ね

ネイダー，ラルフ　283F　307F　343F
ネルソン　281F

の

野口遵　38F　39F
野口春蔵　35A
野口雄一郎　204A
野尻英一　75E
野地麟　85E
野添憲治　399F
野田昌威　73E
野原正勝　283D
野見山一生　346C
野村茂　115E　119E　133E
野村進　206A
野村守　70E

は

萩野昇　140B　144B　156A　182A　184A　185D　190A　190B　203D　206A　216A　241D　244A　249F　254A　255D　260B　265D　286A　324A　326C
橋本彦七　58F　69F　75F　186C　220C
橋本龍太郎　288B
長谷川信六　79E
畑昇　83E
畑正憲　380B
蜂須賀信之　86A
服部景一　75E
服部清　52E
服部安蔵　98A
花井卓蔵　31A　42A
浜本英次　142A
浜元二徳　382B　398B
浜元フミヨ　275E
早川精一郎　16E
林経三　162C
林信治　93E
林春雄　35A
林与吉郎　95E
早田伝之助　11E
原島進　99E　114C
原田福象　66E
原田一　93A
原田市三　67A
原敬　38F　39A　55F
原田彦輔　63E
原田正純　339F　348A
原田義孝　182A
半谷高久　308A

ひ

東昇　292A
日戸修一　83A
日吉フミコ　293D
平井鉱太郎　62A
平岡健太郎　266C
平岡寛　86E
平尾正治　111E
平田東助　43A
平谷信三郎　75E
平野権之助　56E
広岡治哉　249D
広瀬隆　71E
広田京斉　15E

ふ

福井屯　60E
福井信立　91E
福沢億之助　93E
福島寛四　106A
福島義一　109E
福島要一　243F
福寿　375D　377D
福田令寿　266B
福山　286A
福山喜一郎　48E
藤岡茂敏　108A
富士川游　16A
藤木素士　286A
藤田伝三郎　22F
藤巻卓次　118B
藤山常一　39F
藤原九十郎　66A　68A　78A　79E
藤原為親　15A
二塚信　363F
古川三良　99E
古河市兵衛　13F　17F　21A　22A　25A　26A　36F
古河市兵衛夫人　33A
古河潤吉　37A　38F
古河虎之助　45F
古木仁　59E

へ

ベイル，テオドール　37F

ほ

北條博厚　345F
星合甚之助　70E
星野嘉市　31A
星野金次郎　31A
星野元彦　18E
星野芳郎　330B
細井修吾　21A
細井和喜蔵　64F
細川一　166C　168C　170C　257F　292B
本田啓吉　264B

ま

前尾繁三郎　322B
前崎圭一　72E
真下博　96A
益田玄皓　4E
増田義徳　149E
松尾等　87E
松方正義　25A　28A
松下竜一　335F
松田心一　154A　250A
松永久美子　372A
松藤元　109E
松村介石　25A　31A
松村清二　202A
松本英子　33A　34F
松本英昭　299F
松本英世　190A
真鍋九一　90E　92E
丸岡紀元　93E　113E
丸山頼人　88E
丸山博　272A

み

三浦謹之助　52E　58E　61E
三浦豊彦　141E　191F　365F　387F
三浦百重　91E
三川秀夫　86A
三鬼隆　72A
三木武夫　347D　365D　370C　391D
三島通良　20A　37E
三田弘　72E
光永常四郎　50E
南喜一　67A
南俊治　114C
美濃部亮吉　257D　299D　352B
宮内憲一　93E
三宅鉱一　68E
三宅泰雄　335F
宮崎義郎　79A
宮治清一　84E
宮嶋重信　365E
宮本憲一　203F　239F　309F　395F
三好重夫　265D

む

向井要　45E
向井利一　74E

牟田熊彦　48E
陸奥宗光　20A
村井寿夫　93E
村井純之助　20A
村上俊雄　99E
村田　29E
村田晋　74A
村田勇　328C
村松省吾　84E
村元忠雄　115E
室住正世　206A
室田忠七　28A

め

明治天皇　34A
メリアム　119D

も

毛利松平　373D
茂木清　46A
森崎英夫　91E
森田澄一　107E
森田正馬　42E
森矗昶　54F
森弘　107E
森山豊　194A

や

八木卓爾　74E
矢島楫子　33A
柳沢文正　186A
柳沢文徳　186A　187D
矢野登　78E
山県有朋　31A
山川章太郎　94E
山崎心月　268B
山下重威　36A
山下節義　345F
山田信也　341E
山田義雄　43E
山根正次　32E
山本作兵衛　239F
山本茂雄　266B
山本真三　206B
屋良朝苗　375D
由利建三　106A

よ

横井時敬　33A　35A　45A
横山訒　16E
横山源之助　30F
吉岡守人　86E
吉岡金市　182A　183F　198A　283F
吉田克己　180A　200A
吉田茂　118B
吉田太助　81E
吉田光雄　90A
吉松　120B　122B
米川敏夫　108A

ら

ラマッチニ，ベルナルディノ　4F

れ

レンツ　318C　330B

わ

若月俊一　98E
和田弌　93F
和達清夫　319D
和田維四郎　26A
渡辺凞　37E
渡辺勝海　70E
渡辺喜八　344B
渡部真也　341E　363E　367E　391E
渡辺弘　346C
渡辺龍三　88A

薇郁居士　22E　23E
林曄　37E
小上駅雄　97A
定鹿　220B
萱元彦　334C

C

Chow,T.J.　206A

K

Kurland　162A　172A

M

Moore　190C

P

Patterson,C.C.　206A

地 名 索 引

北海道

青葉炭鉱　92E
赤平鉱　145E
赤平福住鉱　185E
旭川　154A
旭川市　95A　95F　97A　99A　119D　137E　146C　148C　154A　172B　174B　174C　184B　396A　402B
旭川市滝川町　130B
芦別鉱　191E
芦別炭鉱　100E
厚岸町　136A
網走管内　367E
幾春別炭鉱　61E
石狩川　97A　98A　101A　104A　114A　114B　116B　119D　168B　184A　184B　201D　220B　238A　280A　400B
石狩川沿岸　200B
石狩川沿岸の土地改良区　174B
石狩川河口　202A　220A
石狩管内　217E
石狩支庁　333E
石狩町　171D
石狩湾　158A
イタンキ浜　334A
イトムカ水銀鉱山　99E
胆振支庁管内　396B
岩内郡　286B
岩見沢　365E
岩見沢市　392A　402A
歌志内鉱　79E　303E　321E
歌志内炭鉱　73E　95E
雨龍炭鉱　84E
江別市　375D
大和田鉱　145E
大和田炭鉱　56E
小樽市　158A　262A
オタルナイ川　168A
帯広川　368A
帯広市　388A
オホーツク沿岸斜里町　352A
上磯郡七重浜　184A
上歌志内鉱山　62E
上歌志内炭鉱　54E　69E
上砂川町　303E
北見市　158A
共和・泊地区　286B
共和地区　330B
共和村柏木地区　256C
霧多布湿原　380B
釧路市　137E　166A　298A　322B　339E
釧路地方　184A
栗山町　326A　373E　394B　397E
鴻之舞鉱山　67A
札幌市　122A　126A　134C　141E　146A　151D　168A　171D　216A　217D　259D　294B　376A　382A　388A
札幌市琴似町　137E
佐呂間町　324B
支笏湖　386A　387D　389D
積丹　348B
斜里町　374B
祝梅地区　180A
昭和炭鉱　78E
白老町　178B　231E　380C　398A
新川　386A
新釧路川　122C
新幌内炭鉱　100E
新夕張炭鉱　40E　76E　100E
新夕張炭坑　45E
神龍　99A　114B　136B　148B　168B　172B　202B
砂川鉱　157E　209E
砂川市　198A　375D
砂川炭鉱　87E　100E　163E
砂川町　303E
瀬棚マンガン鉱山　132C
空知　99A　114B　136B　148B　168B　172B　202B
空知支庁　339E　345E　381E
空知炭鉱　37E　57E　58E　69E　77E　229E
空知炭鉱歌志内　24E
空知土地改良区　174C　184B
大雪山　359D
太平洋鉱　139E
大夕張鉱　145E
滝川市　188B
太刀別鉱　135E
伊達市　332B　348C　354B　362B　370B
伊達市噴火湾　377D
伊達町　230B　230C　312B　324B
築別鉱　135E
千歳川　212B
千歳市　236A
中央地区　180A
堤炭鉱　157E
天北炭田浅茅野鉱山　123E
道南　398A
唐松炭鉱　73E
洞爺湖　390A
十勝　322B
十勝沿岸　388A
十勝支庁管内　388A
苫小牧　45A　322B　368A　372A
苫小牧沿岸　302B
苫小牧市　215E　351D　361D　362B　378B　380A　381D　382B　384A
苫小牧市明野地区　374A
苫小牧市郊外ウトナイ湖　386A
苫小牧市勇払地区　353D
苫小牧地区　278A
苫小牧東部大規模工業基地　311D
苫小牧臨海工業地帯　235F　316A
苫東港　364B
泊地区　330B
泊村　288B　→共和・泊地区原発
豊羽鉱山　159E
豊平川　216A
中川郡　139E
日東美唄炭鉱　100E
根志越地区　180A
登川炭鉱　52E
函館市　138A　149F
浜益村　348B　366B　366C
春採炭鉱　71E　80E
日高　181E
日の丸炭鉱　80E
美唄川支流　180A
美唄鉱　135E
美唄炭鉱　69E　87E　95E　113E
檜山町沖合　281E
平岸炭鉱　179E
深川　99A　114B　136B　148B　168B　172B　202B
深川市　384A
深川土地改良区　136B
別保炭鉱　100E
ベトマイ川　298A
北炭空知鉱業所龍出鉱　179E
北炭幌内鉱　179E
北炭夕張　211E　291E
北海道　21E　42A　82A　85F　90E　117E　121F　148A　158A　178A　180A　183D　184A　190B　192B　193D　200B　201D　251D　258A　265E　278A　282A　311E　314A　330A　336A　337D　348A　350B　351D　351F　356A　362B　380A　381E　386B　389E　394A
幌内炭鉱　15E　45E　56E　58E　76E
幌内炭山　21E
幌別　121F
幌別鉱山　42A　75E
奔別炭鉱　229E　321E
真谷地炭鉱　39E　52E　57E
万字炭鉱　82E

室蘭　172A　175E　334A
室蘭港　212A　380C
室蘭市　160A　342A　392A
明治鉱業　179E
茂尻鉱　145E
茂尻炭鉱　76E　84E　100E
モベツ川　82A
文殊炭鉱　50E　54E
紋別　67A
紋別地方　82A
弥生炭鉱　76E　87E
夕張川　304A
夕張川支流雨煙別川　320A
夕張市　175E　228B　259E
夕張市清水沢　226A
夕張第1坑　46E
夕張炭鉱　24E　27E　29E　33E　37E　38E　40E　43E　48E　50E　56E　58E　61E　67E　87E　89E　92E　95E　113E
勇払原野　374A
雄別炭鉱　65E　80E
礼文町　398B
若菜辺炭鉱　43E　45E　50E　58E　60E
稚内沿岸　374A

青森県

青森県　180A
鮫町　46A
清水沢炭鉱　283E
下北半島　294A
八戸市　301D
西平内村茂浦地先沿岸　68A
陸奥湾　358B　374B　390A
六ヶ所村　324B　336B　348B　360B　374B

岩手県

板橋鉄山　6A
岩手県　3A　4A　45E　269E　332A
大野鉄山　7A
大原村地方　4A
小本川　7A
釜石町　72A
田名部通　4A
南部藩　4A
南部藩大橋村　6A
南部藩下閉伊郡　6A
野田通小倉金山　3A
野田松倉鉄山　7A
東磐井郡松川村地方　4A
古河鉱業会社水沢鉱業所　45E
宮古湾　274A　286A

宮城県

旭館正宮鉱山　96A
阿武隈川　174B
石巻市　89A　92A
岩倉鉱山　96A
鶯沢　263D　321D
大島金山　96A
大谷鉱山　96A
雄勝　260B
牡鹿　260B
女川町　166B　238C　239D　242C　260B　→女川原発建設問題
鬼首鉱業　96A
鹿又村　62A
三本木町蟻ケ袋地区　124A
塩釜市　294A
仙台市　350B　393F
仙台市蒲生海岸　328A
名取郡　318B
鳴子町　124B
原町　62A
細倉鉱山　18E　96A
松島湾　216C
松保土鉱山　18E
松山町　124B
宮城県　89A　92A　96A　174B　334A　399D

秋田県

秋田郡　36A
秋田県　5E　40A　53A　205E　266C　276A　290A　302A　330A　374A　399F
秋田市　81A
阿仁鉱山　17F
阿仁銅山　13F
院内鉱山　17F
院内銅山　13F
羽後の国　5E
大葛金山　5E　6E
大葛鉱山　14F
大館地方　42A
雄勝郡　53A
尾去沢鉱山　30E　86A
北秋田郡　43A
小坂　20F　17F
小坂川　290A
小坂鉱山　8F　11F　14F　16F　22F　36A　36F　38A　40A　42A　43A　52A　61F　64A　66A　68A　69A　71A　73A　74A
小坂地区　64A　65A　66A
小坂町　64A　344A
小坂町砂小沢部落　63A
小坂町野口部落　63A
小坂町細越部落　63A　64A
小坂村　47A
佐竹藩　6E
東雲村　36A
下吉乃鉱山　53A　54A
釈迦内村　38A
南部藩　8F
八郎潟東岸大久保村　50A
比内町　292A
平鹿郡　53A

山形県

酒田港　316A
酒田市　372B　376B
庄内平野　340A
朱山鉱山　44A
東置賜郡　44A
山形県　107D　301E　328A　330A　345D
山野川　107D
吉野川流域　328A
米沢市　351E

福島県

吾妻山　5A
入山炭鉱　63E　69E　75E　84E
いわき市　293D　306B　338A　345E　347E　349E　386B
いわき市小名浜　286B
いわき市小名浜港　386A
いわき市小名浜地区　290B
いわき市小名浜臨海工業地帯　298B
岩代の国　5A
内郷炭鉱　69E　76E
大熊町　208C
小名浜　157E　294A
常磐小野鉱　139E
常磐鉱　145E
常磐炭鉱　151E
白河市　128A　128B　133D　140B
伊達郡　11E　262A
勿来炭鉱　87E
西白河郡　126A　126B
磐梯町　296A　301D　307D
半田銀山　11E　12A　12F
福島県　5A　12A　28A　79E　151D　174B　264C
福島市　356C
福島炭鉱　76E
鳳城炭鉱　92E

茨城県

赤沢銅山　3F　3A　4A　25A
茨城県　3F　25A　27A　42A　52A　164A　181F　296B　301E　316B　317E　338C
茨城炭鉱　87E
入四間地区　39A
太田町　51A　→日立鉱山
鹿島　319D　337D　384A
鹿島地区　272C
鹿島町　296B
鹿島臨海工業地帯　296B　300A

318A
霞ヶ浦　216B　316A　352A　370A
勝田市　396B
桂川下流　59A
川尻炭鉱　113E
古河町　40A
境町　26A
常磐鉱　145E
常磐炭鉱　151E
高取鉱山　52A　59A
筑波山　316A
土浦市備前川　200A
東海村　173E　186C　217F　225F　272B　327D　328A　355E　385E　396B　398A　400A
華川炭鉱　80E
日立鉱山　38F　39A　40E　42A　43A　45A　46A　47A　47F　48A　51A　95F　109E　118C　128C
日立市　270A
常陸の国　3F
三菱勝田炭鉱　113E
水戸市　396B
宮田川　270A
八郷町　370B
渡良瀬川　43A

栃木県

足尾　14F　17A　17F　19A　20A　20F　21A　22A　24A　26A　27A　28A　29A　30A　32A　33A　34A　35A　36A
足尾鉱山　23A　34A　338C
足尾銅山　3F　7F　13F　14F　16F　17A　19A　20A　21A　22A　23A　24A　26A　27A　29A　31A　31E　32A　33A　34E　35A　37A　39F　83A　84E　90E　226A　342C　343E　343F　356C
足尾銅山間藤　19F
足尾町　26A　32A　107E
足尾町大字松木　32A
足利　20A　21A
足利町　29A　34A
安蘇　20A
安蘇全郡　24A
吾妻　20A
吾妻村　19A　20A　49A
植野村　24A
宇都宮市　167E　220A　269E
上都賀郡字松木　35A
鬼怒川　282A
旧谷中村　324B
久野村　28A　29A
黒磯　225E
毛野　20A
毛野村　19A
堺村　24A
佐野町　28A
下都賀郡　35A
下野の国　3F
栃木県　3F　14A　19A　20A　21A　23A　24A　25A　27A　28A　29A　32A　33A　34A　36A　37A　38A　39A　40A　41A　46A　53A　54A　60A　83A　220A　221E　259E　372B
那須野　38A
南部　348A
野木村　43A
藤岡町　38A　41A　59A　60A
松木村　17A　22A　23A　27A　30A　31A　32A　33A
三鴨村　54A
御厨村　28A
三栗谷用水土地改良区　28A
南犬飼村　39A
谷中村　36A　37A　38A　39A　40A　41A　42A　43A　44A　47A　48A　51A　57A　59A　60A　→栃木県谷中村買収・足尾銅山
梁田　20A
梁田郡　17A　20A　21A
梁田全郡　24A
梁田村　20A　29A　30A　31A　32A
夢前川　112A
渡良瀬川　13F　14A　15A　17A　19A　20A　21A　23A　24A　27A　28A　29A　43A

群馬県

安中　263D　→東邦亜鉛
安中北野殿地区　148B
安中・高崎　321D
安中市　164A　236C　240B　250A　254B　263D　264A　264B　267D　268B　270B　288C　294A　294B　295E　307E　326B　380A　→東邦亜鉛
安中市北野地区　272A　→東邦亜鉛
安中地区　130A　136A　144A　152C　246A
安中町　86A　88A　88F　90A　91A　95A　97A　114B　116B　116C　117D　119D　124B　125F　→東邦亜鉛
安中町中宿地区　93A　95A　97A　114B　116B
岩野谷村　116B　118B
碓氷川　91A
碓氷川支流烏川　126A
邑楽郡渡良瀬村早川田　25A
太田市　314B　326B
大間々町　13A
川俣村　30A
桐生　19E
桐生町　26A
群馬県　15A　20A　21A　25A　27A　28A　29A　33A　36A　83A　109E　114B　118B　181E　249E　292B　297D　307D　325E　335D
境野村　13A
上越南線清水隧道　66E
勢多郡　26A
高崎市　91A　116B　126A
高崎市片岡　118B
高崎地区　148B
館林町　28A
利根川　30A
富岡　12F
新田郡　24A　37A
広沢村　13A
待矢場用水　21A　25A　37A
待矢場両堰　20A
三栗谷用水土地改良区　37A
毛里田地区　333D
毛里田村　13A　106A
矢木沢ダム　225E
山田郡　13A
渡良瀬川　13A　13F　15A　25A　36A　106A　107D　231D

埼玉県

荒川　228A
荒川中流　350A
入間川　376A
大宮市　166B　172B　228B　228C　232B　234C　236B　240C　243D　244B　249D　251D　252B　254B　268B　270B　372B　398B
大宮市北袋町　159F　172C
大宮市内　360C
川口市　300A　302A
川越市　204A
行田市　247E
埼玉県　25A　29A　43A　166A　169E　189D　229D　237D　249E　288A　303E　312A　330A　350B　384B　388B　388A　390A
戸田町　202A　207D
名栗川　166A
飯能市　166A
横瀬村　71A　72A

千葉県

市川市　95A　338B　344A　384C　393D
市川市行徳　306A
市原市　239D　270A　289D　292A　294A　299D　328B　344A　345E　354A　356A　357E　368A　384A　395E　401E
市原市五井　214A
市原市五井地区　380B
市原地区　172B

稲荷町　126A
犬吠埼沖　294A
岩崎地区　292A
浦安町　69A　160B　161D
江戸川　165D　400A
川岸地区　292A
木更津　140A
木更津市　292A　320A
九十九里浜　296B
京葉工業地帯　228A　292A
京葉コンビナート　295E
五井　189F
末広町　324A
袖ヶ浦　324B
千葉　229D　239D
千葉・市原地域　303D
千葉県　14A　27A　91A　162B　162C　165D　219D　229D　237D　257D　270C　285D　287D　288A　289E　309D　328A　333D　334A　373E　384C　388A　388B　388C　390A　399D　400A　400C
千葉県沖　288A
千葉市　144A　211E　306B　328A　332A　334C　345E　383E　384B　388B
千葉市稲毛　396A
千葉市今井町　324A
銚子沖　280A
銚子港　296B
東京松戸方面　282A
成田空港　309D
成田市　224B　398B
富津　255F
富津地区　287D
布良瀬漁場　298A
房総半島　146A
八幡浜　144A

東京都

赤羽　93E　350B
昭島市　230A　298A
浅草　154B　295D
荒川区　211D
荒川放水路　284A
池袋　295D
伊豆諸島　296A
伊豆諸島海域　314A
板橋区　115E　195E　230A　250A　259D　334B
板橋区立加賀中学　212A
板橋区中山道　262A
板橋区前野町　256A
五日市町　322B
入新井町　55F
江戸川　77A　79A　358A
江戸川区　158A　160C　164B　164C　243E　251E　278A　314B　324A　328B　342B　390A　392A　398A
王子区　81E　83A
大田区　186A　276C　361D
大田区大森　176B
大森　77A　96A
大森浦　86A
大森海岸　136A
大森町　55F　70A
小笠原諸島　367F
荻窪　238A
奥多摩町　352B
小河内村　76A　83A
霞ヶ関　238A
葛飾区　169E
蒲田　96A
環状７号線沿線　226B
環状７号線大原交差点　228B
神田　31A　35A　39A
神田川　112A
神田美土代町　33A
北区　146A　164A　242A　249E　257E　389E　393E　395E　397E　398C　399E　401E
北区豊島　400A
北多摩郡　75A
京橋　54E　54F
銀座　193D　232A　295D　349D
粕谷　77A
江東区　138A　157E　196A　214A　345D　368A　392C　393D　393E　395E
江東区北砂町　164A
江東地区　89A
江東デルタ地帯　177D
五反田地区　164A
古里村　76A
三軒茶屋交差点　231D
下町地域　60A
品川　32A
品川沖　81A
品川区　186A　202B　205E　240A　242B　394A
品川区大井　176B
品川区五反田駅周辺　246A
芝　13F　324B
芝区　61A
渋谷区　248B
渋谷川　112A
下大崎　32A
石神井川　112A
城東区大島町　71A　72A　74A　78A　79A
城東区砂町　72A
常磐線三河島　189F
新宿　295D　390A
新宿御苑　24A
新宿区牛込柳町　358A
新宿区柳町　288A　293D
新宿区柳町交差点　282A
巣鴨　360A
杉並区　166A　292A　340B　346A
杉並区高井戸地区　322B
砂町　69A
隅田川　112A　148B　176A　186A　197D　199D　209D
墨田区　214A　311D
世田谷　196B
世田谷区　186A　226B　228B　231D
世田谷区大原交差点　234A　240B
→環７～
世田谷区三軒茶屋　232A
千住　66A
千駄ヶ谷村　24A
善福寺川　166A
台東区浅草　142B
立川市　96A　298A　308B
田無市　357E
多摩川　80A　89A　166A　174A　180B　196B　211D　221D　242A　272A　274A　288A　297D　308A　346A
多摩地区　372A
中央区　214A
調布市　194A　355D
調布堰　190A
築地　334A
天祖山　352B
東京　11F　17F　18F　25A　26A　27A　36A　37A　57E　64A　69E　77E　88F　90F　107E　115E　119F　126A　131D　139E　140A　162A　163E　164A　166A　167E　172A　176A　177E　186A　190A　192A　194A　208A　229D　233F　237D　239E　256C　285F　286C　288A　288B　291E　291F　292A　294A　294C　295D　297F　298B　299F　300A　300B　301E　302A　312A　315D　319F　322B　335D　336B　337D　338B　344B　352B　353E　356B　357F　359F　362B　370B　376B　378B　382B　384B　387D　388A　388B　390A　399F　400B
東京駅　214A
東京・霞ヶ関　238A
東京市　18F　25F　30F　38E　76A　79A　80A　82A　83A　86A　89A
東京下町　167E
東京下町地区　169E
東京全市　83A
東京地方　228A　264A
東京都　112A　115D　120A　140A　145D　148A　149D　150A　152B　159D　160C　161D　162A　163D　165D　166A　174A　175D　183E　187D　189D　191D　191E　195D　197D　198B　199D　206B　209D　217F　220A　226A　228A　230A　233D　241D　246A　251D　257D　260A　271D　272A　276C　281D　282A　282C　284A　285D　285F

神奈川県

204B
横浜市大岡川　57A
横浜市岡野町　55A
横浜市尾上町　19A
横浜市神奈川区　90A　214A　221E
横浜市神奈川区平沼町　85A
横浜市金沢海岸　320B
横浜市釜利谷町　170A
横浜市港北区　214A
横浜市子安町　60A　61A　62A
横浜市瀬田町　63A
横浜市高島町　39A
横浜市滝頭町　56A
横浜市鶴見区　72A　199F　214A　248A　298C　365E
横浜市戸塚町　62A
横浜市中区　202B
横浜市中村町　60A
横浜市根岸臨海工業地帯　209D
横浜市平沼町　40A
横浜市保土ヶ谷　40A
横浜市本牧　44A　75A　83A　85A　90A
横浜市緑区　300A
横浜市守谷町　60A
横浜市吉田町　40A
六郷橋　88A

新潟県

赤谷鉄山　100E
阿賀野川　215D　218B　232B　235D　237D　271D　298A　326B
阿賀野川上流　217D
阿賀野川上中流地域　320A
阿賀野川流域　212A　222A
新井市　356A
青海町　131E
加治川　248B
柏崎市　306A
鹿瀬　70F
佐渡相川町　4E
佐渡金山　8E
佐渡銀山　3F　5E
佐渡鉱山　11F　18F
佐渡御料鉱山　24F
佐渡国　3F
関川　348A
関川流域　400A
中魚沼郡　133E
中頸城郡　358A
新潟　131F
新潟沖　318A
新潟県　3F　121E　128A　162A　177D　202A　203F　214B　215D　221D　221E　234B　244B　267E　282A　283D　296B　298A　320A　320B　324B
新潟市　152A　212A　226B　236B　328A　366B
新津　51A

富山県

大沢野町　337D
小矢部川　242A
上新川郡　59A
黒部川流域　217D
黒部市　288A　288C　289D　289E　290A　290B　295D　300A　301D　307D　309D　321D
黒部市石田地区　300B
神通川　60A　91A　106A　108A　216C　241D　242B　247D　271D　286B　287D　289E
神通川右岸　399D
神通川左岸　373D
神通川流域　198A　240B　252B　310A　325D　368C　→神通川
富山県　112B　185D　190A　191D　196A　198A　200A　203D　216C　231D　234B　243D　286A　286B　287D　288C　290A　317D　319F　325D　326C　332A　336C　337D　369D　373D　398B　399D
魚津市　123E　348A
富山市　184A　195D　266B　313D　314B　319D　332B　337D
富山市稲荷町　395E
富山湾　348A
婦中町　228B　246B　260B　306A　313D　320A　337D
宮川村　106A

石川県

石川郡　40A
石川県　8A　22A
尾小屋鉱山　98A　99A
加賀藩　8A
梯川　292A
金沢市　59A
金沢市・石川郡大衆免地区　62A
河北潟　8A
河北郡　8A
倉谷鉱山　22A　40A
小松市　98A　99A　292A　350A
犀川　22A

福井県

大飯郡　52A
大飯町　325D
三光銅山　21A
三光鉱山　52A
敦賀市　213D　366A　369E
日野川　302A　305D
福井県　21A　262A　400C
美浜町　325D

山梨県

塩山市　270B
甲府市　260A
小菅村　83A
笹子隧道　36E
宝鉱山　308A
丹波山村　83A
道志村　48A
山梨県　306A　374A　378B

長野県

臼田町　273E　328A
岡谷市　323D
長村　132B
長村菅平　128B　131D
木曽谷　173E
関川　348A
長野県　117D　124A　126C　128A　128C　131E　132A　132B　133E　221E　286A　378B
松代町　310A
南佐久郡　306A
南佐久八ヶ岳　140B

岐阜県

荒田川　58A　62A　64A　66A　67A　68A　69A　70A　74A　78A　79A　82A　89A
大垣市　220A
大野郡　53A　56A
大洞村　8A
加納町　82A
神岡　22F
神岡鉱山　17A　37F　48A　48F　53A　54A　56A　91A　126C
神岡町　17A　56A　241D　244B　302A　338C
岐阜県　8A　61A　71A　90A　91A　189E　295E
岐阜市　55F　69A　76A　79A
岐阜市荒田川沿岸　55A
国府村上広瀬部落　56A
国府村三川部落　56A
小八賀川　322B
小八賀川流域　218A
高根鉱山　44A
高根村　44A
高山市　322B
付知国有林　209E
土岐鉱　139E
中津町　48A　50A　51A
長良川　68A　82A　89A　90A　308A
丹生川村　53A　218A
平金鉱山　53A　56A
船津町　48A　54A

美濃の国　8A
名岐バイパス　222A
森山鉱山　157E
吉城郡　53A
吉城郡国府村の三川・上広瀬　56A

静岡県

伊豆の国　4A
伊豆の国東浦　8A
伊東市　210A　210B　214A　222A
磐田郡　141E
磐田市　292A
岳南地域　91F　97A
岳南地区　120A
狩野川　274A
蒲原郡　69A
蒲原町　116B　253D
静岡県　4A　20A　101E　120A　185D　200C　203D　204B　288A　290A　314A　378B
静岡市　350A
清水港　243E　314A
清水市　299D　350A
清水市三保塚間　300B
清水町　200B　203D
下田沖　163F
白田硫黄山　8A　14A　17A
白田村　4A
駿河湾　59A　116B　304A　326A　358B
鷹岡町　19F
田子の浦港　212A　293E　294B　296B　297D　298A　299D　304A　306B　311D　329D　358B
龍山村　141E
沼津市　200B　203D　206B　220B
沼津市牛臥地区　202C
沼津市片浜地区　206B
沼津地区　205D
沼津三島地区　236B
浜岡町　236C　238B　244B　254C　280B　303D
浜名湖　208A
浜松市　220A
東伊豆町　14A　17A
富士川町　93F　96A　101A　247D　251D　253D　260B　262B　269D
富士川町中之郷　98A
富士市　93F　120A　144A　156A　176A　206C　212A　229F　230C　240A　240B　242C　245D　256C　260B　264A　265D　266A　268B　280B　300B　354B　368B　388B
富士市今井町　240B
富士市今井本町　222B
三島市　198B　200B　202A　202C　220B
三島地区　203D　205D
三島・沼津地区　240B
由比町　253D

愛知県

愛知県　54E　91A　207E　251D　290A　293D　299E　302A　346A
渥美半島　346A
一宮井筋　30A
一宮町　30A
一宮町一宮井筋　38A
大府鉱　139E
起町　83A
春日井市　303D
木曽川　84A　266A
久根銅山　31A
庄内川河口　126A
新川河口　126A
新名古屋駅　201F
瀬戸川　99A
瀬戸市　88E
知多半島　230A
天滝河　31A
豊橋市　80A　81A　82A　196B　374B
豊橋市前芝村　80A
豊橋地区　80A
長久手炭鉱　77E
中島　39A
名古屋　17F　263E　280A
名古屋港　263E　290A　300A
名古屋市　76A　88E　175F　191E　238B　261E　319D　336B　342A　354B　364B　366B　380A　384A　387D　398A
名古屋市港区　131E
名古屋地区　334B
葉栗郡　39A
宮田用水　39A　58A
宮田用水土地改良区　29A　30A　39A　43A
三谷町　31A
名岐バイパス　222A

三重県

曙町　188B　196A
芦浜　234C
芦浜原発　205D
芦浜地区　203D
伊勢市　213D
伊勢湾　179D　180A　189D
磯津　189D
午起埋立地　185F
霞ヶ浦　233D
紀勢町　229D　232B　233D
楠町　204A
熊野灘　220B
熊野灘沿岸　199F　216B　220B
熊野灘沿岸海山町　198B　200B
桑名市　243E
志摩半島沖合　166A
津市　220B
南勢町　206B　210C　212B　214B　216B　228B
羽津地区　224B
羽津町　231D
藤原町　346B
三重県　179D　184B　189D　197D　201D　203D　204B　217D　221D　225D　226B　235D　316B　357D
四日市港　134A　176A　254C　308C
四日市市　84A　91F　93F　113F　115F　129F　133F　176B　179D　179F　180A　182B　184A　184B　185F　186B　189D　190B　191F　192A　192C　194A　195F　196A　196B　197D　199D　199F　200A　202A　202B　203D　203E　204B　209D　210C　212A　213A　213D　216C　220B　224A　224B　226B　228B　229D　234A　234B　238A　238B　240A　240B　241D　242A　248A　248B　252B　254B　260B　262B　267D　268B　276C　280C　282B　286C　288A　289F　294B　296B　300B　307D　316A　345E　354B　364C　368A　376B　382A　383D　392B
四日市市曙町　198B
四日市市磯岸地区　184A　200A　338B
四日市市河原田地区　332B
四日市市楠町　196A
四日市市塩浜地区　174B　189D　198B
四日市市高浜３区　196A　196B
四日市市高浜地区　210A
四日市市六呂見町　196A
四日市地域　303D　334C
四日市地区　239D
四日市の石油コンビナート　240C
四日市臨港　224B

滋賀県

逢坂山隧道　72E
草津市　324A　344B
滋賀県　287E　332A
膳所町　64A
瀬田川　65A
琵琶湖　310A　327D
米原地方　97A

京都府

宇治川　310A
京都　132A　218B　399F
京都市　208B　387D　392B
京都府　45A　79A　132A　310A　324A

栗田湾　238B
宮津市　212C　245D

大阪府

芥川　106A　110A　112A　116A
伊丹市　209D
大坂　4F　7E
大阪　11F　13A　14A　14F　16A　16F　18A　18F　21E　32E　34E　37E　57F　68A　77A　83F　90F　131D　175E　208A　267E　294C　300A　300C　301F　302A　315D　316A　324A　343D　352C　362B　398B
大阪港　97A　223E　265E
大阪国際空港　209D　228B　284A
大阪国際空港周辺　334A
大阪市　16A　19F　24E　30E　37A　45A　49A　51A　53A　55A　56A　57A　58A　59A　62A　66A　69F　70A　71A　73A　74A　76A　77A　78A　80A　81A　82A　84A　85A　85E　97A　112A　156A　172C　178A　178B　179F　190B　192B　192C　219D　243F　254A　328B　340A　384A　387D
大阪市生野区　298A
大阪市外豊崎町　55A
大阪市北区　50A　56A　286A
大阪市此花区　137E　395E
大阪市此花区春日町　82A
大阪市此花区酉島　89A
大阪市下福島　50A
大阪市住吉区津守町　73A
大阪市西部　71A
大阪市天王寺区南日本町　75A
大阪市内　190A　198A
大阪市内安治川1・2丁目　56A
大阪市内下福島　56A
大阪市内西野田　56A
大阪市中津川　116A
大阪市中之島　17F
大阪市浪速区　344A
大阪市西成区　82A
大阪市西淀川区　82A　300A　300B
大阪市西淀川区大野町　60A　67A　70A　73A
大阪市西淀川区大和田町　75A
大阪市西淀川区福町　82A
大阪市東成区中川町　75A
大阪市東淀川区上新庄町　73A
大阪府　15A　17A　18A　20F　36A　49A　59A　64F　71A　74A　76A　77A　78A　79A　80A　81A　88A　89A　93E　98A　106A　162A　190A　199D　283D　289E　300A　302A　327E　328A　338A　363D　382A　382C　397E
大阪湾　321D
門真市　298A
岸和田市　78A
木津川飛行場　80A　81A
堺市　20E　70A　78A　112A　302A　397E
堺市三宝町　73A
堺臨海工業地　85F
城北地区　88A
尻無川　275E
住吉炭鉱　139E
泉州沖　373D
泉南沖　371D
泉南郡　362B
大東市　348A
高石市　290B　356A
高津入堀川　17A
高槻市　92E
豊中市　342A　384B
福崎　37A
岬町　328B
守口市　122A
淀川　14A　69F　106A　110A
淀川沿い　198A

兵庫県

明石市　144A
芦屋沖　171E
尼崎市　73A　76F　85A　86A　91A　130A　131D　165D　166B　178A　269D　300B　340A　352C
荒井村　32A
淡路島沖　296A
家島　222B　386A
生野・佐渡両鉱山　12F
生野銀山　3F　5A　6E　7E　11F　18F　19E　21E　28E　59A　324A　324C
生野御料鉱山　24F
生野地区　327D　335D
伊丹市　342B
市川　106A
市川流域　324A　326C　346C
大阪国際空港　228B
大阪国際空港周辺　334A
大津村　90A
加古川　120A　144A　192A　192C　225D　229D
加古郡　155E
川西市　384B
紀伊水道　380A
黒田庄村　140B　142B　146C
神戸港　219E　295E　333D
神戸市　76A　77A　91A　120A　172A　184A　190A　288A　387D
神戸市須磨区　183E
新生田川　91A
洲本市　250A　252A
瀬戸内海永島　240B
高砂市　126A　126C　130A　130C　138B　142C　144A　227D　229D　348B
高砂市西港　350A
高砂町　32A　32F
但馬の国　3F
西島　386A
西宮市　347E　372A
西脇市　227D
西脇市・多可郡　227D
播磨灘　332A　346A　348A　348B　386A
燧灘　396A
姫路市　222C　225D　230C　234C　285D　324C　352C
姫路市四郷地区　106A
姫路市実法寺地区　112A
姫路市高木地区　106A
兵庫県　3F　17E　19E　20F　84E　84A　93A　140A　199E　201E　201F　213A　262C　283D　285D　287E　319E　324A　334A　350A　382B　386B　396A
兵庫東部　319D
広畑　90A　92A
広畑町　98A
備後灘　396A
別府村　48A
坊勢島　386A

奈良県

奈良　86A　218B
奈良県　295D
吉野川　271D

和歌山県

海草郡　48A　122A　138A
海南市　138A
紀伊水道　380A
熊野灘沿岸　199F
宮井筋村々　43A
和歌浦　55A
和歌川　138A　177E　285E　320C　332C
和歌山県　93A　247E　328B
和歌山県沖　295E
和歌山市　150C　173E　262B　289E　301E

鳥取県

荒金銅山　49A　62A　73A　89A
荒金部落　100A
小田川　54A　62A
鳥取県　49A　62A　73A　100A　123D　214A　302A
福部村　165E
日野郡　22A
弓浜地区　122B

米子市　125D　132B　135D　146A　148B
米子地区　123F

島根県

出雲郷村　47A
奥谷村　17A
鹿足郡　370A
江津市　352A
笹ガ谷鉱山　355E　370A　370B
島根県　124B　312A
宍道湖　3A　4A
津和野町　355E
簸ノ川　3A
益田市　151D　152B
松江　17A
松江市　125D
松江藩　3A

岡山県

犬島　54A
井原市　240A　314A　316B
伊部町　62A
岡山　149E　203E　274B　334B
岡山県　5A　99E　184A　197D　204C　205D　231D　239D　283D　350B　382B
岡山県沿岸　382A
岡山市　142B　146B　202B
邑久郡犬島　54A
倉敷　230A
倉敷市　199D　204C　205D　214A　216B　216C　217D　226A　227F　228B　228C　230A　236B　240B　242B　244A　248A　283D　380A
倉敷市旧高梁川　198A
倉敷市の呼松・福田地区　224A
倉敷市福田地区　214A　216B　234A　239D
倉敷市福田町　204A　214B
倉敷市水島　191F
倉敷市水島地区　234B
倉敷市呼松港　214A
倉敷市呼松地区　212B
倉敷市呼松町　204B　204C　206B　230A
倉敷地区　220A
児島市　192A　192B　217D
児島市内　192A
玉島市　217D
玉島市乙島　168B
中本村　28A
備中の国　5A
備中国高梁川沿岸　7A
水島　180A　198A　198B　201E　204A　205F
水島工業地帯　283D
水島地域　303D
水島地区　202A　209D
水島地区外　248A
水島地区高梁川　198A
水島湾　196B
南新産都市　209D
吉岡銅山　5A

広島県

大竹市　120B　234A　238A　277E
呉市広島湾　348A
燧灘　396A
広島　105F　108A　110A　324A
広島県　153D　293E　296C　310B　348C　383D　396A
広島市　56A　63A　175D　294B
広島市江波町　130B
備後灘　396A
福山市　296C
福山市入船町　272B

山口県

岩国市　107F　112A　118B　143F　208B　218B　218C　288A　300C　348A
岩国水域　316A
岩鼻　89E
宇部市　117D　125D　131D　167E　177D　204A　293E　400C
宇部村　46A
大浜炭鉱　199E
沖ノ山炭鉱　89E　95E
小野田市　192A　300A
海軍新原ケ炭鉱　89E
海軍新原炭鉱　92E
潟炭坑　45E
川下村　58A
関門海底　109E
玖珂郡　143F
佐々並村　46A　49A
山陽町　187E
下関市　252B
新南陽市　306C　316A　348A　384B
徳山　239D
徳山沖　345E
徳山港　234A
徳山市　191F　236A　236B　348B　348C　371E　372A　393E
徳山市入船町　234A
徳山市大浦　230A
徳山市西松原地区　346B
徳山水域　316A
徳山湾　361D　348A　348B　388C
徳山湾沿岸　354A
南陽地区　239D
南陽町　229E　230A　238B　271D
錦川　288A
東見初炭鉱　51E　73E　80E
本山炭鉱　100E
山口県　124A　134A　179E　249E　252A　268A　292B　316A　348C　363E　384A　398A　400B
山口市今道　191E
山口地方　112A　113D
和木地区　51A
和木村　138A

徳島県

阿南市　184C　232A　258B　278B
阿波　5A
阿波藩　6A　7A
紀伊水道　380A
小松島市　221E
徳島　15A
徳島県　5A　24A　198A　241D　334A　376A　382B　386B
徳島市　281D　318B
鳴門市　122A
鳴門市北灘町　382B
別子銅山　5A　7A
吉野川　7A　24A

香川県

香川県　4A　334A　382B　386B　390B　396A
国領川　4A
西条領　4A
瀬戸内海丸亀沖　358A
高松市　382A　385D
燧灘　396A
備後灘　396A

愛媛県

伊方町　356B
石鎚山　320B
井野浦　36A
井野浦部落　48A
今治市　89A
伊予の国　4F
伊予三島市　147F
伊予三島水域　303D
宇摩郡　44A
宇和島　295E
愛媛県　4F　5A　15A　18F　27A　41A　42A　43A　193E　396A
愛媛県沖　368A
越智郡　38A　41A　42A　44A
金子村　22A　23A
川之江　303D
川之江・伊予三島沖　296A
川ノ江地区　126A
西條地区　91A
西条藩　5A
佐田岬半島三崎村　47A
四阪島　24A　33A　41A　58A　64A　65A　89A　91A　93A

周桑郡　38A　39A　40A　41A　42A　44A
庄内村　22A　23A
新須賀村　22A　23A
周布郡　13A
角野村　17F
瀬戸内海　296A
立川銅山　4A
千原鉱山　13A　38A　41A　45A
東予市　395E
中川村　45A
新居郡　44A
新居浜　23A　24A　30A　38F　48F　124A
新居浜市　163D　359E
新居浜惣開　16A　19F　23F
新居浜村　22A　27A　38A
西宇和島郡　60A
壬生川町　45A
燧灘　396A
備後灘　396A
豊後水道　216A　216B
別子　13F　17F　20F　24A
別子鉱山　68F
別子四阪島　39A　49A　54A
別子銅山　4A　4E　5E　6A　7E　8F　12F　13F　14F　15A　15E　16A　17F　18A　18F　19F　22F　23A　23F　24A　27A　30A　33A　38F　39F　43A　44A　109E　109F　163D
別子銅山四阪島　35A　37A　38A　39A　41A
別子銅山新居浜　23A　27A　28A　31A
別子山村　16F
松前町地先海面　132A
松山市　49A
松山藩　5A
三島地区　126A
宮窪村　38A
山根　23A
八幡浜　17E

高知県

浦戸湾　124A　160B　162C　163D　196A
江ノ口川　120B　120C　194B
江ノ口川沿岸　214B
大川村　56A
加持川　208A
高知県　6A　15E　112B　127F　128C　141D　163D　192B　195D　217D　314A
高知市　120B　120C　156B　163D　182C　186A　214A　217D　234A　234B　258B　314B　322B　366B
高知市旭区　120B　144A
高知市旭地区　113D　115F　123F
高知市浦戸　208A
高知市鏡川　206A　234A
高知市内　186B
白滝鉱山　56A
杖立山銅山　6A
土佐旭鉱山　26E
土佐藩　6A
幡多郡　208A　383E

福岡県

赤池鉱　145E
赤池炭鉱　37E　84E　100A
朝倉町　210B　210C
新手炭鉱　80E
有明海域　237D
飯塚炭鉱　76E　100E
糸田炭鉱　71E
猪之鼻炭鉱　80E
大谷炭鉱　87E　191E
大辻炭鉱　100E　185E
大任炭鉱　37E
大ノ浦桐野第２坑　43E
大野浦炭鉱　54E
大之浦炭鉱　92E　95E
大牟田町　20A
大牟田川　232A　233D　234A　237D　239D　240A　244A　246A
大牟田川河口　384A
大牟田川河口海域　290A
大牟田市　199E　226A　234A　243E　254C　256C　275D　289D　296A　302C　306A　345E　348A　350A　379E
大牟田市泉町　242A
大牟田地区　298A
福岡県大牟田地区　321D
岡垣村　176A
遠賀川　112B
粕屋郡　48A　122A　142A　182A
金田村　8A
金谷炭鉱　50E
嘉穂炭鉱　89E
上尊鉱業糒炭鉱　199E
上三緒炭坑　84E
上山炭鉱　84E　89E
亀山炭鉱　87E　89E　95E
下山野区中島炭鉱　64A
関門海底　109E
北九州　152A
北九州市　193F　194A　198B　232A　250B　252A　253D　257D　262B　270B　296B　300B　304A　310B　312B　316B　319D　319E　327D　342A　356A　362B　371E　378B　399D
北九州市小倉北区　386A
北九州市小倉北区日明地区　368B　378A
北九州市小倉区　284B
北九州・田川両地区　260B
北九州市戸畑区　218B
北九州市門司区　194B
北九州市八幡区　227E
北九州市八幡区黒崎　325E
旧星野金山　343E
鞍手郡　59A　234B
久留米市　265E　308A　362B
高陽炭鉱　151E
木屋瀬炭鉱　84E
早良炭鉱　92E　95E　120B
椎田町　352B
西ケ浦炭鉱　92E
志免炭鉱　92E
目尾炭鉱　76E
新宮町　368A
須恵川　182A
添田町　168B
第一漆生炭鉱　229E
第二目尾炭鉱　78E
大定炭鉱　89E
高田炭鉱　48A　58E
高松炭鉱　49E　65E　76E　111E
田川市　112B　177D　254B　268B　358B
田川地区　126B　262B
田川地方　134B
忠隈炭鉱　45E　77E　87E
筑後川　210B
筑後の国　3F
筑紫炭鉱　89E　175E　179E
筑前の国　8A
筑豊炭田　59A　104A　112B
鎮西炭鉱　71E
綱分炭鉱　71E　82E　87E
洞海湾　146A　168A　288A　291D　296B　299D
東邦筑紫炭鉱　92E
戸畑　58A
戸畑区　232A
戸畑市　120B　138B　176A　177E　178B
豊州鉱　145E
豊州炭鉱　176A　177D　181D
那珂川　290A
中鶴炭鉱　157E
日炭高松　209E
日炭高松第１鉱業所　191E
直方市　112B
博多港　230A
博多湾　342B
博多湾沖　176A
響灘　296B　302A
平山炭鉱　82E　89E
福岡県　3F　8A　57A　58A　59A　72A　73A　76E　100A　112A　112B　119D　125E　127D　141D　154A　175E　177E　181E　252A　264A　268A　273E　275D　288A　308A　317E　319F　324A　325E

327D　336B　343D　344A　351D　354B　395E
福岡鉱山　161D
福岡市　152A　155D　183D　183E　186A　194A　204A　238A　248B　249E　252B　290A　314A　354B　357E　384B
福岡市内茶山　200A
福岡市野間本町　152A
福岡市姪浜町　120B
福間町　370A
豊前市　319F　334C　336B　343D　344B　352B　371D　374B
二瀬炭鉱　37E　49E　87E　89E
古河大峰鉱万歳鉱　179E
豊国炭鉱　30E　39E　57E　84E　92E　100A
方城炭鉱　50E
本添田鉱　163E
三池大ノ浦炭鉱　16E
三池郡　269E　388A
三池鉱山　18A　217E
三池炭鉱　18E　18F　20A　21F　71E　73E　75E　105E
三池炭山　11E　12E　12F　15E
三池炭田　3F
御笠川　290A
水巻町　189E
三井田川炭鉱　84E
三井三池炭鉱　40A
三井三池三川鉱　239E
三井山野炭鉱　73E
三菱新入鉱　163E
三菱方城炭鉱　185E
宮尾炭鉱　69E　77E
門司市　182B
籾井炭鉱　179E
八幡市　112B
八幡村　24F　25F
山田町　69A　74A
山野鉱　213E　215E
山野炭鉱　389E
八女郡　343E
八女市　329E
芳雄炭鉱　69E
吉隅炭鉱　77E　80E　87E
若松　58A
若松市浜開　173E

佐賀県

有明海　182A
有田町　379E
岩屋炭鉱　69E　199E
唐津炭鉱　95E　100E
杵島鉱業所　191E
杵島炭鉱　230A
玄海町　309F
佐賀県　155D　182A　239E　312A　372A
佐賀市　230A
新屋敷炭鉱　77E
多久市　176A
武雄市武雄町　168A
立川炭鉱　95E
筑後川　19A
長部田新長炭鉱　185E
三菱古賀山炭鉱　151E
諸富港　19A
和田山　182A

長崎県

厳原町　266A　366B
大島炭鉱　92E
皆瀬炭鉱　100E
北松浦郡　401E
香焼炭鉱　100E
五島　306B　360A
五島玉之浦町　316B　326A
五島灘　265E
崎戸炭鉱　80E
佐須(対馬)　93F
佐須川・権根川地域　266A
佐世保　246A　265D
佐世保市　242B
佐世保港　141E　216A　218A　242B　246A　247D　256A　265D　317E　397D　398B
鹿町炭鉱　92E
鹿町村　23A　68A
対州　113F　244A　254A　262C
対州鉱山　93F
高島炭鉱　11F　12F　13E　14F　15A　15F　16E　16F　17E　18A　18E　38E　73E　77E　84E　100E
高島村　15A　18A
棚町　208A
玉之浦町　306B
対馬　206A　244A　254A　262C　263D　366A　366B
対馬・厳原　263D
対馬厳原町樫根地区　296A
対馬厳原町　266A　378A
対馬美津島町　386B
中興鉱業所　163E
長崎　105F
長崎県　155D　161D　252A
長崎港外の野牛島　181E
長崎市　272A　299E　302B
松島炭鉱　61A　73E　82E　229E
松島村　61A
三菱高島炭鉱　185E

熊本県

芦北　181D
芦北町　168C
天草　326A　338A
天草島　312A
荒尾市　336A
有明海　336A
有明町　346A　355D
宇土市　348B　350C　352B
熊本　292B　390B
熊本県　25A　149D　153D　155D　161D　162C　163D　167D　168B　170B　172C　175D　217E　326C　344A　362A　381D　392A　398A　398B　400B
熊本市　272B　361F　369F　398B
御所浦島　164A
下筌ダム　175D
下町村　168B
不知火海沿岸　338A
田浦　181D
チッソ水俣工場　239E
津奈木村　148A
西合志村　210A
久恒鉱　139E
百間港　116C　169D
水俣　154A　162B　242B
水俣川　142A
水俣川河口　164A　169D
水俣近海　166B
水俣市　110A　115F　117F　134A　142A　147D　149D　151D　160A　161E　162A　166B　166C　170C　171D　173D　182C　183E　185E　188B　193D　220C　242B　250C　252C　290B　296B　310B　312A　326A　356A　360A　372B　376B　382B　390B　400B
水俣市内　170B
水俣市百間　180A
水俣市百間港　130A
水俣地区　98A　152A　310A
水俣村　39F　40F
水俣湾　116A　126A　138A　144A　148C　151D　168C　271D　286A　317D　346B　361D　392A　400B
湯浦町　164A

大分県

臼杵市　285D　286B　292B　293D　298B　298C　301D　302B　303D　309D　314C　314B　316B　358B
臼杵市臼杵川　250A
臼杵市臼杵湾　306B
臼杵市風成地区　274B　288B　292B　306B　309D　312B
臼杵市日比海岸　302C
大分　319D
大分空港　201F
大分県　18A　151D　156A　157D　174A　175D　250A　251D　285D　301D　302C　325D　333E　347D　354B
大分市　82A　257E　346A　354A

宮崎県

鹿児島県

沖縄県

関東地方

甲信越地方

東海地方

北陸地方

中部地方

近畿地方

中国地方

四国地方

九州地方

有明海　134A　149D　155D　296A　321D　347D　350B　356B
有明海域　237D
九州　112A　113D　130D　179E　190A　312B　342A　362A　388A
九州７県　235D
九州有明海沿岸一帯　188A
玄界灘　234A
島原湾　134A　149D
下筌ダム　175D
不知火海　134A　149D　152A
不知火海沿岸　167D　354B　356B　360B
祖母山　174A
博多湾　342A
豊前海　240A
八代海沿岸　326A

全国

全国各地　350B
日本　38E　365F

大元浦炭鉱　157E
長札炭鉱　82E
上大豊炭鉱　157E
九州山口地方　110A
差流渡炭鉱　95E
志恵炭鉱　92E
大昇鉱　163E
月隅炭鉱　87E
西沖之山炭鉱　80E
日曹亜鉛鉄山　100E
美流渡常磐炭鉱　179E
村松篠原炭鉱　95E

国外

アイルランド　369F
アムチトカ島　319F
アメリカ　281F　283F　285F　287F　289F　293F　295F　297F　299F　303F　307F　319F　326C　327F　339F　343F　353F
米国ネヴェダ平原　140A
アラビア海　249F
アルジェリア　385F
イギリス　16A　269F　283E　285F　343F　345F　351F　357F
イギリス南西部海岸　233F
イギリスのブライトン　395F
イタリア　271F
イラク　321F
エリー湖　287F
オーストラリア　225F　365F
オハイオ州　287F
オランダ　267F
オランダのライン河　271F
カスピ海　297F
カナダ･オンタリオ州　390A　398B
カナダのトロント　331F
カリフォルニア　295F　331F
カリフォルニア州　285F　345F
韓国　250C　392C
北ベトナム　237F
ジュネーブ　349F
シンガポールのセバロック島沖　383F
スイス　91F　283E
スエーデン　271F　277F　291F　299F　397F
スエーデンのエーテボリ　329F
ストックホルム　329F　331F
ソビエト連邦　283F　341E
太平洋　374A
台湾　385F
ダブリン　369F
タンパ湾　285F
中国　235F　389F
デュッセルドルフ　357F
デンマーク　295E　397F
ドイツ　166A
東西ドイツ　397F
南極海　358A
西ドイツ　204B　281F　283E　287F　303F　357F
西ドイツアーヘン　233F
西ドイツ　ハンブルグ大学　185F
ニューヨーク　287F　325F
ニューヨーク市　293F　369F
ニューヨーク州　275F
ノルウェー　397F
パリ　343D　379F
バンコク　357F
東シナ海　249E
ビルマ　128A
フィリピン　248A　353F
フィンランド　397F
フランス　283F
フロリダ沖　297F
フロリダ州　285F
ベトナム　241F　287F　299F
ペルシア湾　215F
ベルリン　19F
ポーランド　397F
北極海　287F
ボルガ川　297F
ホワイトヘーブン　357F
香港　345F
ミネソタ州　369F
メナム川　356C　356B
モスクワ　339F　359F　363F
ユーゴスラビアのベオグラード　335F
ライン川　267F
リベリア　281F
ロンドン　285F　339F

注記、訂正

頁	欄	月日	本文下線部分	注記、訂正文
3	F	—	越後の国	佐渡国
13	A	5・23	鋼折	布達には「はがねかじ」とルビ。
17	F		場工女同盟罷業	雨宮製糸場工女同盟罷業と思われる。
30	A	2・13	兇徒嘯集	典拠文献により嘯集、嘯衆、嘯聚の記述。旧刑法第三章第一節は「兇徒聚衆ノ罪」。同第百三十六条、同第百三十七条　条文に「兇徒多衆ヲ嘯聚シテ」と記述あり。
33	E	—	1887～1888（明治21～22）	明治21～22年は1888～1889年。典拠文献の記述は元号表記なので、明治21～22年が正しいと思われる。
66	A	6	東京府足立区千住	区制は1932年。東京府下千住町。
77	A	—	東京市江戸川区	東京府の江戸川
79	A	2	上郡	足柄上郡
81	E	2・20	八王子区	王子区
81	A	6・7	上郡南足柄郡	足柄上郡南足柄村
83	A	12・4	東京府八王子区の山川製菓	東京市王子区の山川製薬か。
86	A	11・20	行方不明717人	『秋田県史　第6巻　大正・昭和編』1965年によると死亡362名、負傷81名。
				高瀬博『実録―尾去沢ダム事件・決壊事件』1983年によると死亡314人、負傷81人、行方不明50人。
95	A	5	味の海	味の素か。
97	A	2・29	2・29	1941年は閏年ではない。原資料所在不明のため確認不能。
124	B	10・23	上高郡	上高井郡
137	E	1・15	発生基	発生機か発生器と思われる。
146	B	1	厚相	厚生省
206	B	9・10	小・中校対策研究会	小・中学校公害対策研究会
208	A	12・8	新居浜	新居
231	D	2・21	渡瀬川	渡良瀬川
240	C	—	鐘が淵化学工業	鐘淵化学工業
255	D	11・25	塩化ジフェニール	ジフェニール（Diphenyl）はビフェニール（Biphenyl）ともいう。PCBはポリ塩化ビフェニール（Polychlorinated Biphenyl）の略語。
268	B	7・7	強行な	強行的な意と解される。
274	A	10	北諸郡	北諸県郡
293	F	7・23	ジョンカービー	ジョン・カービーと思われる。
332	B	7・27	全面に	全面的にの意と思われる。
343	F	1・15	サリドマイ児	サリドマイド児
372	A	8・20	国立衛生試験	国立衛生試験所
典拠文献リスト11			丹川村史	丹生川村史
典拠文献リスト14			巻	部と思われる。

あとがき

飯島伸子先生の『公害・労災・職業病年表』は，1977年に初版が，1979年にその改訂版が公害対策技術同友会より刊行された。本年表は1978年に，第4回東京市政調査会藤田賞を受賞したことにも示されているように，各方面から高い評価を受けたものであり，環境・公害問題，労災・職業病問題の研究において，必携の基礎文献という評価を得てきたものである。しかし，すでに長い間，絶版の状態にあり，近年その入手は不可能となっていた。このたび，本年表の索引付き新版の刊行が可能になったが，本年表の意義とあわせてその経緯を記しておきたい。

飯島伸子先生は2001年11月3日に，まだ63歳の若さで逝去された。飯島先生は1960年代半ばより公害研究に取り組んでこられたが，1990年代の初頭の環境社会学研究会の設立と，その発展としての環境社会学会の創設に中心的役割を果たされ，これらの初代会長を5年間にわたって担当された。飯島先生の逝去の後，飯島先生と環境社会学の共同研究を行ってきたグループの有志によって，飯島先生を偲びその学問的業績と志を継承していくべく，いくつかのプロジェクトが組織された。その一つが一周忌に合わせて自主出版された『飯島伸子研究教育資料集』（飯島伸子先生記念刊行委員会編集発行，2002年，A4判，501頁）と，『環境問題とともに――飯島伸子先生追悼文集』（飯島伸子先生記念刊行委員会編集発行，2002年，A4判，291頁）であった。前者は初期論文，国際学会原稿，講義ノート，重要な講演記録，全著作目録などからなる。後者は，親交のあった70人ほどの方々の回想と追悼の文集であり，2冊をあわせて飯島先生の人となりとお仕事の全容を記録することをめざしたものである。

もう一つのプロジェクトが，最後の勤務校である富士常葉大学の図書館に『飯島伸子文庫』を設置することであった。本文庫は，飯島先生が残された段ボール約300箱の書籍や社会調査資料類を包括するものであり，特に，環境・公害問題，労災，職業病についての膨大な原資料を包摂する点において，非常に貴重なものとなっている。飯島先生との共同研究グループの有志が本文庫設立のために「飯島伸子文庫設置準備委員会」をつくり，4年間の間に独自の分類体系を作成するとともに，多数の若手研究者，院生，学生の協力を得て，整理作業を行った。本文庫の開設記念式典は2006年3月25日に開催され，以後一般公開されている（詳細は，富士常葉大学付属図書館ウェブサイト参照　http://www1.fuji-tokoha-u.ac.jp~lib）。

以上の二つのプロジェクトに取り組む過程において，飯島先生の『公害・労災・職業病年表』の再出版とその続編の作成という二つの課題が浮上してきた。実際，飯島先生御自身も，逝去の直前まで，1976年以降を対象とした続編の年表の準備に努力を傾注されており，その準備資料とも言うべき『環境年表1976―1985』(全236頁)が亡くなる一週間ほど前に，研究費による少部数の印刷という形で完成していた。幸いに，2005年夏，縁あって「すいれん舎」が，これらの企画を引き受けてくれることとなり，2006年3月末に飯島文庫開設準備作業が一段落した以後，まず，本年表の再出版の企画に本格的に着手することとなった。

本年表は初版刊行時より高い社会的・学問的評価を得たが，その理由は本年表の次のような特徴にあると言えよう。

①公害，労災，職業病に対する批判的問題意識。それらを相互に関連する問題として把握しようという視点，および，批判的理解に支えられた各項目の執筆内容。
②対象の包括性と資料の網羅性。膨大多岐にわたる公害・労災・職業病関連事項を，500年余の長期間にわたって，包括的に把握しようという努力がなされていること。
③全項目への出典挙示。これにより，原資料に遡及して記述の確認ができることはもとより，年表記載事項を手がかりにしてより詳しい事実を調べることが可能である。
④六欄構成を採用していること。これにより，住民･支援者，企業･財界，行政(国･自治体)という主要主体ごとに，列に沿って縦に読むことによる理解と，列を横断して読むことによる総合的理解が共に可能になること。

本年表の再刊行にあたっては，このような本年表の価値を生かし，より効果的に利用しやすくするために，「索引付きの新版」とすることにし，「事項索引」「地名索引」「人名索引」を巻末に加えた。これらの索引を利用すれば，個別の問題の歴史的展開や，各地域に即した問題の生起や，具体的な個人の関わりや貢献を把握することができる。索引は本年表の有する潜在力をさらに開花させるはずであり，読者各位に活用していただければ幸いである。

索引作成の作業は，次のようにして進めた。第一次の語句抽出作業は，索引編集委員会（船橋晴俊，堀川三郎，湯浅陽一）の準備したガイドラインに沿い，10人の大学院生・若手研究者（朝井志歩，有田洋人，大倉季久，窪川庸介，大門信也，友澤悠季，原口弥生，松村正治，森久聡，吉田暁子）が事項と地名を区分しながら行った。それを基盤に，索引編集委員会が第二次の抽出作業を担当し，抽出基準の整合化と字句の表現の調整に努めた。その上で，「すいれん舎」の助力を得ながら仮索引を作成し，表記の統一と分量の調整を行い最終的な索引をつくるとともに，誤記・誤植の点検・修正作業を行った。

新版刊行にあたり，本文中における単純で明白な誤植は訂正したが，事実誤認・誤記かと思われる字句については，解釈が分かれる場合もあるので，訂正はせず，下線を引いた上で，索引編集委員会としての注記を巻末に記すことにし，読者による検討が可能なようにした。

このような索引付き新版の刊行が可能になったのは，すいれん舎の高橋雅人氏，矢作幸雄氏の見識と熱意に負うところが大きく，また語句抽出作業を担った若手の方々の協力のおかげである。これらの方々の献身的な努力に厚くお礼を申し上げたい。

また、本年表の索引の編集に際しては富士常葉大学図書館、東京大学経済学部図書館、東京大学医学部図書館、明治大学中央図書館等に便宜をはかっていただいた。さらに小田康徳氏、菅井益郎氏、安中市ふるさと学習館、江戸川区立中央図書館、川崎市立中原図書館、岐阜市役所、御殿場市立図書館、東京都北区飛鳥山博物館、四日市市役所、和歌山市立博物館などから適切なご教示を賜った。ここに記して感謝の意を表したい。

さらに初版刊行の出版社公害対策技術同友会、現・(株) 環境コミュニケーションズの代表取締役金井純治氏には新版の刊行をこころよく承諾いただいたうえ、ご協力まで賜った。この場を借りて心から感謝申し上げたい。

本年表の対象期間は1975年までである。その後の30年余に環境問題はさらに大きな展開を見せているから，1976年以後の時期を対象にした年表が本年表の続編のような形で必要である。この課題についても，上述のような飯島先生にちなむ諸プロジェクトを担った関係者のネットワークを生かし，さらにより広範な方々の協力を得て取り組んで行く予定である。

この新版を，飯島先生との共同研究の機会を得た者たちのその後の報告として，先生の霊前に献げることとしたい。

2007年1月14日　　船橋 晴俊

飯島伸子（いいじま　のぶこ）

【略歴】
・1938年1月3日　朝鮮・京城に生まれる
・1946年　　　日本に帰国
・1956年3月　大分県立竹田高校卒業
・1960年3月　九州大学文学部哲学科社会学専攻卒業
・1960年4月　東京都内の民間企業に勤務
・1966年4月　東京大学大学院社会学研究科修士課程に入学
・1968年3月　同上修了
・1968年4月　東京大学大学院社会学研究科博士課程を経て、同大学医学部保健学科保健社会学教室助手
・1979年4月　桃山学院大学社会学部助教授
・1980年6月　同上教授
・1991年4月　東京都立大学人文学部教授
・2001年3月　東京都立大学を定年退任
・2001年4月　富士常葉大学環境防災学部教授
・2001年11月3日　逝去

・1978年　『公害・労災・職業病年表』により第4回東京市政調査会・藤田賞を受賞
・1991年2月　九州大学より『髪の社会史』を対象に博士号授与（文学博士）
・1990年5月－1992年10月　環境社会学研究会代表
・1992年10月－1995年6月　環境社会学会会長

【主要著作】
『地域社会と公害―住民の反応を中心にして』（1968年、修士論文）
『公害・労災・職業病年表』（編著、1977年、公害対策技術同友会）
『改訂　公害・労災・職業病年表』（編著、1979年、公害対策技術同友会）
Pollution Japan: Historical Chronology (ed.,1979,Asahi Evening News.)
『環境問題と被害者運動』（1984年、 改訂版1993、学文社）
『髪の社会史』（1986年、日本評論社）
『環境社会学』（編著、1993年、有斐閣）
『環境社会学のすすめ』（1995年、丸善出版）
『巨大地域開発の構想と帰結―むつ小川原開発と核燃料サイクル施設』（共編著、1998年、東京大学出版会）
『講座社会学12 環境』（共編著、1998年、東京大学出版会）
『新潟水俣病問題―加害と被害の社会学』（共編著、1999年、改訂版2006年、東信堂）
『環境問題の社会史』（2000年、有斐閣）
『講座環境社会学　第１巻　環境社会学の視点』（共編著、2001年、有斐閣）
『講座環境社会学　第5巻　アジアと世界―地域社会からの視点』（編著、2001年、有斐閣）

新版　公害・労災・職業病年表　索引付

2007年6月25日　第1刷発行

編著者　飯島伸子
発行者　高橋雅人
発行所　株式会社 すいれん舎
〒101-0052
東京都千代田区神田小川町3-10 西村ビル5F
電話03-5259-6060　FAX03-5259-6070
e-mail : masato@suirensha.jp
印刷・製本　モリモト印刷株式会社
装　丁　篠塚明夫

ISBN978-4-903763-12-5　Printed in Japan